国家出版基金项目

"十三五"国家重点图书出版规划项目

中国水电关键技术丛书

岩溶水库防渗处理关键技术

余波　徐光祥　郭维祥　刘祥刚　等　编著

中国水利水电出版社
www.waterpub.com.cn
·北京·

内 容 提 要

本书系国家出版基金项目《中国水电关键技术丛书》之一。主要内容包括岩溶发育规律与地下水渗流特征、岩溶地区水库渗漏型式、岩溶水库渗漏条件分析、岩溶水库渗漏勘察评价、岩溶水库防渗处理设计、岩溶水库防渗处理技术、岩溶海子成库论证与防渗处理，以及岩溶防渗处理施工监测与质量检测等，提出了一套系统的岩溶水库渗漏勘察和处理的思路与方法，并以经典的工程实例进行详细说明。其勘察思路及处理技术在复杂岩溶水库的成库论证、勘察与处理中得到了系统应用，效果良好，效益显著，具有较好的推广价值。

本书主要供在一线工作的水利水电工程地质专业技术人员和有关院校相关专业的师生参考。

图书在版编目（CIP）数据

岩溶水库防渗处理关键技术 / 余波等编著. -- 北京：中国水利水电出版社，2020.12
（中国水电关键技术丛书）
ISBN 978-7-5170-9067-0

Ⅰ. ①岩… Ⅱ. ①余… Ⅲ. ①岩溶区－水库－渗流控制 Ⅳ. ①TV62

中国版本图书馆CIP数据核字(2020)第206442号

审图号：GS（2020）6639 号

书　　名	中国水电关键技术丛书 **岩溶水库防渗处理关键技术** YANRONG SHUIKU FANGSHEN CHULI GUANJIAN JISHU
作　　者	余波　徐光祥　郭维祥　刘祥刚　等 编著
出版发行	中国水利水电出版社 （北京市海淀区玉渊潭南路 1 号 D 座　100038） 网址：www.waterpub.com.cn E-mail：sales@waterpub.com.cn 电话：（010）68367658（营销中心）
经　　售	北京科水图书销售中心（零售） 电话：（010）88383994、63202643、68545874 全国各地新华书店和相关出版物销售网点
排　　版	中国水利水电出版社微机排版中心
印　　刷	北京印匠彩色印刷有限公司
规　　格	184mm×260mm　16 开本　23.25 印张　563 千字
版　　次	2020 年 12 月第 1 版　2020 年 12 月第 1 次印刷
定　　价	**198.00** 元

《中国水电关键技术丛书》编撰委员会

编委会办公室

《中国水电关键技术丛书》组织单位

中国大坝工程学会
中国水力发电工程学会
水电水利规划设计总院
中国水利水电出版社

《岩溶水库防渗处理关键技术》编写人员名单

主　　编　余　波

副 主 编　徐光祥　郭维祥　刘祥刚

编写人员（按章节排序）

余　波　郭维祥　杨益才　刘　昌　徐光祥

冯志刚　刘谢伶　曾树元　曾　创　屈昌华

王良太　吴述彧　郑克勋

审 稿 人　王文远

丛书序

历经70年发展，特别是改革开放40年，中国水电建设取得了举世瞩目的伟大成就，一批世界级的高坝大库在中国建成投产，水电工程技术取得新的突破和进展。在推动世界水电工程技术发展的历程中，世界各国都作出了自己的贡献，而中国，成为继欧美发达国家之后，21世纪世界水电工程技术的主要推动者和引领者。

截至2018年年底，中国水库大坝总数达9.8万座，水库总库容约9000亿m^3，水电装机容量达350GW。中国是世界上大坝数量最多、也是高坝数量最多的国家：60m以上的高坝近1000座，100m以上的高坝223座，200m以上的特高坝23座；千万千瓦级的特大型水电站4座，其中，三峡水电站装机容量22500MW，为世界第一大水电站。中国水电开发始终以促进国民经济发展和满足社会需求为动力，以战略规划和科技创新为引领，以科技成果工程化促进工程建设，突破了工程建设与管理中的一系列难题，实现了安全发展和绿色发展。中国水电工程在大江大河治理、防洪减灾、兴利惠民、促进国家经济社会发展方面发挥了不可替代的重要作用。

总结中国水电发展的成功经验，我认为，最为重要也是特别值得借鉴的有以下几个方面：一是需求导向与目标导向相结合，始终服务国家和区域经济社会的发展；二是科学规划河流梯级格局，合理利用水资源和水能资源；三是建立健全水电投资开发和建设管理体制，加快水电开发进程；四是依托重大工程，持续开展科学技术攻关，破解工程建设难题，降低工程风险；五是在妥善安置移民和保护生态的前提下，统筹兼顾各方利益，实现共商共建共享。

在水利部原任领导汪恕诚、张基尧的关心支持下，2016年，中国大坝工程学会、中国水力发电工程学会、水电水利规划设计总院、中国水利水电出版社联合发起编撰出版《中国水电关键技术丛书》，得到水电行业的积极响应，数百位工程实践经验丰富的学科带头人和专业技术负责人等水电科技工作者，基于自身专业研究成果和工程实践经验，精心选题，着手编撰水电工程技术成果总结。为高质量地完成编撰任务，参加丛书编撰的作者，投入极大热情，倾注大量心血，反复推敲打磨，精益求精，终使丛书各卷得以陆续出版，实属不易，难能可贵。

21世纪初叶，中国的水电开发成为推动世界水电快速发展的重要力量，形成了中国特色的水电工程技术，这是编撰丛书的缘由。丛书回顾了中国水电工程建设近30年所取得的成就，总结了大量科学研究成果和工程实践经验，基本概括了当前水电工程建设的最新技术发展。丛书具有以下特点：一是技术总结系统，既有历史视角的比较，又有国际视野的检视，体现了科学知识体系化的特征；二是内容丰富、翔实、实用，涉及专业多，原理、方法、技术路径和工程措施一应俱全；三是富于创新引导，对同一重大关键技术难题，存在多种可能的解决方案，并非唯一，要依据具体工程情况和面临的条件进行技术路径选择，深入论证，择优取舍；四是工程案例丰富，结合中国大型水电工程设计建设，给出了详细的技术参数，具有很强的参考价值；五是中国特色突出，贯彻科学发展观和新发展理念，总结了中国水电工程技术的最新理论和工程实践成果。

与世界上大多数发展中国家一样，中国面临着人口持续增长、经济社会发展不平衡和人民追求美好生活的迫切要求，而受全球气候变化和极端天气的影响，水资源短缺、自然灾害频发和能源电力供需的矛盾还将加剧。面对这一严峻形势，无论是从中国的发展来看，还是从全球的发展来看，修坝筑库、开发水电都将不可或缺，这是实现经济社会可持续发展的必然选择。

中国水电工程技术既是中国的，也是世界的。我相信，丛书的出版，为中国水电工作者，也为世界上的专家同仁，开启了一扇深入了解中国水电工程技术发展的窗口；通过分享工程技术与管理的先进成果，后发国家借鉴和吸取先行国家的经验与教训，可避免少走弯路，加快水电开发进程，降低开发成本，实现战略赶超。从这个意义上讲，丛书的出版不仅能为当前和未来中国水电工程建设提供非常有价值的参考，也将为世界上发展中国家的河流开发建设提供重要启示和借鉴。

作为中国水电事业的建设者、奋斗者，见证了中国水电事业的蓬勃发展，我为中国水电工程的技术进步而骄傲，也为丛书的出版而高兴。希望丛书的出版还能够为加强工程技术国际交流与合作，推动“一带一路”沿线国家基础设施建设，促进水电工程技术取得新进展发挥积极作用。衷心感谢为此作出贡献的中国水电科技工作者，以及丛书的撰稿、审稿和编辑人员。

中国工程院院士 马洪琪

2019年10月

丛书前言

水电是全球公认并为世界大多数国家大力开发利用的清洁能源。水库大坝和水电开发在防范洪涝干旱灾害、开发利用水资源和水能资源、保护生态环境、促进人类文明进步和经济社会发展等方面起到了无可替代的重要作用。在中国，发展水电是调整能源结构、优化资源配置、发展低碳经济、节能减排和保护生态的关键措施。新中国成立后，特别是改革开放以来，中国水电建设迅猛发展，技术日新月异，已从水电小国、弱国，发展成为世界水电大国和强国，中国水电已经完成从“融入”到“引领”的历史性转变。

迄今，中国水电事业走过了 70 年的艰辛和辉煌历程，水电工程建设从“独立自主、自力更生”到“改革开放、引进吸收”，从“计划经济、国家投资”到“市场经济、企业投资”，从“水电安置性移民”到“水电开发性移民”，一系列改革开放政策和科学技术创新，极大地促进了中国水电事业的发展。不仅在高坝大库建设、大型水电站开发，而且在水电站运行管理、流域梯级联合调度等方面都取得了突破性进展，这些进步使中国水电工程建设和运行管理技术水平达到了一个新的高度。有鉴于此，中国大坝工程学会、中国水力发电工程学会、水电水利规划设计总院和中国水利水电出版社联合组织策划出版了《中国水电关键技术丛书》，力图总结提炼中国水电建设的先进技术、原创成果，打造立足水电科技前沿、传播水电高端知识、反映水电科技实力的精品力作，为开发建设和谐水电、助力推进中国水电“走出去”提供支撑和保障。

为切实做好丛书的编撰工作，2015 年 9 月，四家组织策划单位成立了“丛书编撰工作启动筹备组”，经反复讨论与修改，征求行业各方面意见，草拟了丛书编撰工作大纲。2016 年 2 月，《中国水电关键技术丛书》编撰委员会成立，水利部原部长、时任中国大坝协会（现为中国大坝工程学会）理事长汪恕诚，国务院南水北调工程建设委员会办公室原主任、时任中国水力发电工程学会理事长张基尧担任编委会主任，中国电力建设集团有限公司总工程师周建平、水电水利规划设计总院院长郑声安担任丛书主编。各分册编撰工作实行分册主编负责制。来自水电行业 100 余家企业、科研院所及高等院校等单位的 500 多位专家学者参与了丛书的编撰和审阅工作，丛书作者队伍和校审专家聚集了国内水电及相关专业最强撰稿阵容。这是当今新时代赋予水电工作者的一项重要历史使命，功在当代、利惠千秋。

丛书紧扣大坝建设和水电开发实际，以全新角度总结了中国水电工程技术及其管理创新的最新研究和实践成果。工程技术方面的内容涵盖河流开发规划，水库泥沙治理，工程地质勘测，高心墙土石坝、高面板堆石坝、混凝土重力坝、碾压混凝土坝建设，高坝水力学及泄洪消能，滑坡及高边坡治理，地质灾害防治，水工隧洞及大型地下洞室施工，深厚覆盖层地基处理，水电工程安全高效绿色施工，大型水轮发电机组制造安装，岩土工程数值分析等内容；管理创新方面的内容涵盖水电发展战略、生态环境保护、水库移民安置、水电建设管理、水电站运行管理、水电站群联合优化调度、国际河流开发、大坝安全管理、流域梯级安全管理和风险防控等内容。

丛书遵循的编撰原则为：一是科学性原则，即系统、科学地总结中国水电关键技术和管理创新成果，体现中国当前水电工程技术水平；二是权威性原则，即结构严谨，数据翔实，发挥各编写单位技术优势，遵照国家和行业标准，内容反映中国水电建设领域最具先进性和代表性的新技术、新工艺、新理念和新方法等，做到理论与实践相结合。

丛书分别入选"十三五"国家重点图书出版规划项目和国家出版基金项目，首批包括50余种。丛书是个开放性平台，随着中国水电工程技术的进步，一些成熟的关键技术专著也将陆续纳入丛书的出版范围。丛书的出版必将为中国水电工程技术及其管理创新的继续发展和长足进步提供理论与技术借鉴，也将为进一步攻克水电工程建设技术难题、开发绿色和谐水电提供技术支撑和保障。同时，在"一带一路"倡议下，丛书也必将切实为提升中国水电的国际影响力和竞争力，加快中国水电技术、标准、装备的国际化发挥重要作用。

在丛书编写过程中，得到了水利水电行业规划、设计、施工、科研、教学及业主等有关单位的大力支持和帮助，各分册编写人员反复讨论书稿内容，仔细核对相关数据，字斟句酌，殚精竭虑，付出了极大的心血，克服了诸多困难。在此，谨向所有关心、支持和参与编撰工作的领导、专家、科研人员和编辑出版人员表示诚挚的感谢，并诚恳欢迎广大读者给予批评指正。

《中国水电关键技术丛书》编撰委员会

2019年10月

前言

水库岩溶渗漏问题是在岩溶地区开展水利水电工程建设最为突出的工程地质问题之一，且常表现为大规模的集中管道渗漏，具有渗漏量大、分布范围广、不易处理等特点，严重影响水库运行甚至形成废库。国外较早在岩溶地区修建了阿朗坝（法国）、英古里坝（格鲁吉亚）、凯班坝（土耳其）、赫尔斯·巴尔坝（美国）等岩溶水库，总体上都能成功蓄水。但早期修建的凯班坝、赫尔斯·巴尔坝等由于前期勘察工作不够或岩溶防渗处理不彻底等原因，出现了严重的渗漏问题。国内岩溶地区水库建设主要集中在中华人民共和国成立以后，受勘察方法与技术、设计经验、施工技术水平等的限制，早期修建的众多水利水电工程因对岩溶问题认识不足或投入勘察、处理工作不足，岩溶渗漏问题较突出。后期随着岩溶理论的发展及工程经验的积累，在岩溶地区修建水库的成功率大大提高，但依旧有少部分水库出现了岩溶渗漏问题，如云南以礼河二级水槽子水电站、贵州猫跳河四级窄巷口水电站等。窄巷口水电站于20世纪70年代初水库蓄水伊始即发生岩溶渗漏，直至21世纪初，基于岩溶勘察理论的进步、精确探测技术的发展以及岩溶防渗处理经验的积累，方得以彻底查明其岩溶渗漏通道，并进行了有效的防渗处理，取得明显的封堵效果。

半个多世纪以来，中国水利水电工作者针对岩溶地区特有的岩溶渗漏勘察评价与防渗处理，开展了深入的理论研究工作，并经大量工程实践验证，取得了丰硕成果，在岩溶勘察理论、岩溶精确探测方法、岩溶渗漏处理技术等方面取得了长足进步。本书针对岩溶渗漏勘察评价及防渗处理技术，系统总结了岩溶工作者在长期工程实践中形成的岩溶渗漏分析理论、勘察方法、防渗设计思路、施工处理技术等理论研究与工程技术成果。总结了基于岩溶水文地质单元与岩溶地下水流动系统的渗流分析理论，提出了趋势地下水位的概念及应用要点，进一步丰富了化学场等场理论及多场综合分析技术，提出了利用弱岩溶化可溶岩体作防渗依托的"相对隔水岩体"的概念。岩溶精确探测技术的发展与地球物理勘探技术的进步息息相关，本书根据多年工程经验的总结，介绍了适用于岩溶地区探测岩溶发育规律及特征的地表探测方法（如EH-4法、高密度电法）、大功率声波CT等地下岩溶管道精确探测方法及工程应用。在岩溶防渗处理中，为了既能有效处理岩溶渗漏问题，又能节约工程量，提出了分区分期处理的岩溶渗漏处理思路，总结提出了“化大为小、化洞为隙、化动为静”的“三化”防渗处理原则，对大洞径、高压力、大流量岩溶管道的防渗处理，日渐形成并发展完善了控制灌浆、膏浆灌浆、级配料灌注、模袋灌浆、混凝土回填等施工技术与工艺；对充填型溶洞，可采用钻灌一体高压冲挤、群孔高压灌浆置换等有效的处理方法。

本书共分为9章。绪论，介绍了岩溶勘察理论与技术发展的四个阶段以及取得的成果，概述了本书的主要研究内容。第1章，岩溶发育规律与地下水渗流特征，介绍了世界、中国岩溶发育特征，岩溶发育的一般规律，岩溶水文地质结构及地下水渗流特征。第2章，岩溶地区水库渗漏型式，介绍了岩溶水库的类型，对不同岩溶水库渗漏型式进行分析，提出岩溶水库渗漏的基本类型。第3章，岩溶水库渗漏条件分析，提出了岩溶地区水库成库条件论证关键问题，分析了地形地貌、地层结构、构造条件、岩溶发育规律对水库岩溶渗漏的影响。第4章，岩溶水库渗漏勘察评价，重点介绍了岩溶水库渗漏勘察技术及岩溶渗漏地质评价方法。第5章，岩溶水库防渗处理设计，介绍了岩溶水库防渗处理的重点与原则，以及岩溶水库防渗设计思路与方法。第6章，岩溶水库防渗处理技术，介绍了岩溶水库防渗处理思路、原则和灌浆封堵技术、工艺，以及针对特殊岩溶条件下的大注入量岩溶地层综合控制灌浆技术、不同充填类型溶洞段特殊灌浆方法、大型复杂溶洞渗漏通道防渗处理技术。第7章，岩溶海子成库论证与防渗处理，介绍了不同类型岩溶海子成库勘察、渗漏型式与防渗处理原则。第8章，岩溶防渗处理施工监测与质量检测，介绍了岩溶防渗处理施工监测方法、岩溶防渗灌浆处理质量检测方法。第9章，岩溶水库渗漏勘察与防渗处理工程实例。

本书前言、绪论、第1章、第7章由余波编写，第2章、第4章由郭维祥、杨益才、刘昌等编写，第3章由徐光祥、冯志刚、刘谢伶等编写，第5章由曾树元、余波编写，第6章由曾创、屈昌华、王良太等编写，第8章由曾创、余波编写，第9章由吴述彧、郑克勋汇编。全书由余波、刘祥刚负责统稿和定稿。本书在编写过程中得到了中国电建集团贵阳勘测设计研究院有限公司、西北勘测设计研究院有限公司、中南勘测设计研究院有限公司、昆明勘测设计研究院有限公司，中国能建集团广西电力设计研究院有限公司，中国水电基础局有限公司，贵州省水利水电勘测设计研究院等单位领导及同仁的指导和大力支持，并引用了上述单位部分工程实例资料，以及山东大学李术才院士，中国电建集团贵阳勘测设计研究院有限公司杨益才、沈春勇、肖万春等专家的部分研究成果，中国电建集团昆明勘测设计研究院有限公司王文远大师对全书进行审核并提出了宝贵意见；中国电建集团贵阳勘测设计研究院有限公司朱代强、杨桃萍等同志对本书的出版提供了大力帮助，在此一并表示衷心感谢！

由于编者水平所限，书中疏漏和不当之处在所难免，敬请读者批评斧正。

编者

2020年4月

目录

丛书序
丛书前言
前言
绪论 …… 1
第1章 岩溶发育规律与地下水渗流特征 …… 11
1.1 区域岩溶特征 …… 12
1.1.1 全球岩溶区域特征 …… 12
1.1.2 中国岩溶区域工程地质特征 …… 17
1.1.3 中国硫酸盐岩岩溶概况 …… 34
1.2 岩溶发育的一般规律 …… 35
1.2.1 岩溶发育的选择性 …… 35
1.2.2 岩溶发育的受控性 …… 36
1.2.3 岩溶发育的继承性 …… 38
1.2.4 岩溶发育的不均匀性 …… 39
1.2.5 滨海岩溶 …… 40
1.2.6 古岩溶 …… 41
1.2.7 深岩溶 …… 43
1.3 岩溶水文地质结构及地下水渗流特征 …… 44
1.3.1 岩溶含水系统及水文地质单元 …… 44
1.3.2 岩溶地下水流动系统 …… 45
1.3.3 岩溶地下水渗流与动态特征 …… 46
第2章 岩溶地区水库渗漏型式 …… 55
2.1 岩溶水库类型 …… 56
2.1.1 按库盆蓄水空间划分 …… 56
2.1.2 按河谷地质结构类型划分 …… 57
2.2 各类岩溶水库渗漏型式分析 …… 58
2.2.1 盆地型水库渗漏型式分析 …… 58
2.2.2 河道型水库渗漏型式分析 …… 59
2.2.3 半地下水库渗漏型式分析 …… 62
2.2.4 地下水库渗漏型式分析 …… 63

2.2.5 库外库渗漏型式分析 …… 63
2.3 岩溶水库渗漏的基本类型 …… 63
第3章 岩溶水库渗漏条件分析 …… 65
3.1 岩溶地区水库成库条件论证关键问题 …… 66
3.1.1 岩溶水库汇水条件分析 …… 66
3.1.2 岩溶水库坝址选择思路 …… 71
3.1.3 隔水岩体的选择与评价 …… 74
3.1.4 地下水位与水库渗漏的关系 …… 77
3.1.5 高台地水库与峡谷水库岩溶渗漏评价的差别 …… 79
3.2 地形地貌条件分析 …… 80
3.2.1 不同地貌单元岩溶发育特点 …… 80
3.2.2 岩溶地貌形态与岩溶发育程度 …… 84
3.2.3 地形地貌成因及演化分析 …… 86
3.3 地层结构对水库岩溶渗漏的影响 …… 90
3.3.1 矿物成分及结构类型 …… 90
3.3.2 岩组类别 …… 91
3.3.3 地层结构组合 …… 93
3.4 构造条件对水库岩溶渗漏的影响 …… 94
3.4.1 河谷结构 …… 94
3.4.2 褶皱构造对水库岩溶渗漏的影响 …… 95
3.4.3 断裂构造对水库岩溶渗漏的影响 …… 98
3.4.4 构造体系、构造型式及其复合对水库岩溶渗漏的影响 …… 101
3.4.5 近代地壳运动对水库岩溶渗漏的影响 …… 102
3.5 岩溶发育规律对水库岩溶渗漏的影响 …… 102
3.5.1 受控性对水库岩溶渗漏的影响 …… 102
3.5.2 继承性对水库岩溶渗漏的影响 …… 104
3.5.3 不均匀性对水库岩溶渗漏的影响 …… 104
3.5.4 阶段性与多代性对水库岩溶渗漏的影响 …… 104
3.5.5 岩溶发育深度对水库岩溶渗漏的影响 …… 105
第4章 岩溶水库渗漏勘察评价 …… 107
4.1 岩溶水库渗漏勘察技术 …… 108
4.1.1 区域及水库岩溶水文地质条件勘察 …… 108
4.1.2 坝址区岩溶水文地质条件勘察 …… 117
4.1.3 岩溶渗漏地质条件勘察 …… 123
4.1.4 岩溶防渗线路地质条件勘察 …… 142
4.1.5 库坝区岩溶防渗范围确定 …… 149

4.1.6 防渗帷幕灌浆先导勘察与水库蓄水后渗漏补充勘察 …… 154
4.2 岩溶水库渗漏地质评价方法 …… 156
4.2.1 渗漏定性评价方法 …… 156
4.2.2 岩溶渗漏估算方法 …… 162
4.2.3 水库蓄水后岩溶渗漏的判别方法 …… 165
4.2.4 岩溶水库渗漏判定地质标志与评价标准 …… 166
第5章 岩溶水库防渗处理设计 …… 169
5.1 岩溶水库防渗处理的重点与原则 …… 170
5.1.1 防渗依托的选择 …… 170
5.1.2 库区岩溶防渗处理与坝基防渗处理的差别 …… 171
5.1.3 分期分区防渗原则 …… 174
5.1.4 灌前超前探测 …… 175
5.2 岩溶水库防渗处理设计 …… 176
5.2.1 帷幕防渗孔间排距设计 …… 176
5.2.2 灌浆压力与浆液的选择 …… 178
5.2.3 灌浆单耗的初步确定 …… 180
5.2.4 防渗帷幕结构型式及有关参数 …… 184
5.3 岩溶水库防渗处理设计实例 …… 184
5.3.1 无隔水层作为防渗依托的防渗处理设计案例 …… 184
5.3.2 分期分区防渗处理设计案例 …… 188
第6章 岩溶水库防渗处理技术 …… 195
6.1 防渗帷幕钻灌施工技术 …… 196
6.1.1 防渗帷幕钻孔施工技术 …… 196
6.1.2 防渗帷幕灌浆施工技术 …… 198
6.2 大注入量岩溶地层综合控制灌浆技术 …… 206
6.2.1 大注入量灌浆段预判 …… 207
6.2.2 大注入量岩溶地层综合控制灌浆技术 …… 207
6.2.3 工程应用实例 …… 211
6.3 不同充填类型溶洞段的特殊灌浆技术 …… 217
6.3.1 无充填型溶洞灌浆处理 …… 218
6.3.2 半充填型溶洞灌浆处理 …… 219
6.3.3 不同埋深溶洞特殊灌浆技术 …… 219
6.4 大型复杂溶洞渗漏通道防渗处理技术 …… 227
6.4.1 大型复杂溶洞处理的基本原则 …… 227
6.4.2 大型复杂溶洞处理的基本方法 …… 228
6.4.3 大型复杂溶洞处理的设计要点 …… 228

6.4.4　大型复杂溶洞的特殊处理方法 …… 228
6.4.5　工程综合应用实例 …… 232
第7章　岩溶海子成库论证与防渗处理 …… 239
7.1　岩溶海子成库勘察 …… 241
7.1.1　岩溶海子成库勘察的重点 …… 241
7.1.2　岩溶海子成库防渗勘察思路 …… 242
7.2　岩溶海子成库渗漏型式与防渗处理原则 …… 243
7.2.1　洼地型岩溶海子 …… 243
7.2.2　槽谷型岩溶海子 …… 244
7.2.3　岩溶“天窗” …… 244
7.3　毕节金海湖岩溶勘察设计与防渗处理 …… 244
7.3.1　金海湖概况 …… 244
7.3.2　基本地质条件概况 …… 245
7.3.3　岩溶水文地质条件 …… 246
7.3.4　金海湖渗漏分析与岩溶水文地质勘察 …… 250
7.3.5　岩溶渗漏防渗处理 …… 255
第8章　岩溶防渗处理施工监测与质量检测 …… 269
8.1　岩溶防渗处理施工监测 …… 270
8.1.1　施工监测措施 …… 270
8.1.2　施工过程监测 …… 272
8.2　岩溶防渗灌浆处理质量检测 …… 275
8.2.1　检查孔施工、取芯与压水试验检测 …… 275
8.2.2　物探质量检测 …… 278
8.2.3　岩溶坝基帷幕灌浆质量检测工程实例 …… 279
第9章　岩溶水库渗漏勘察与防渗处理工程实例 …… 289
9.1　索风营水电站岩溶渗漏勘察及坝基防渗处理 …… 290
9.1.1　工程概况 …… 290
9.1.2　水库岩溶渗漏专题研究思路 …… 290
9.1.3　勘察工作 …… 291
9.1.4　岩溶水文地质条件分析 …… 297
9.1.5　水库渗漏分析 …… 305
9.1.6　防渗处理设计 …… 308
9.1.7　防渗处理施工 …… 315
9.1.8　防渗帷幕施工质量检查 …… 321
9.1.9　帷幕灌浆防渗处理分析评价 …… 321
9.2　窄巷口水电站岩溶渗漏勘察设计及处理 …… 324

9.2.1 工程概况 …… 324
9.2.2 地质概况和岩溶渗漏特征 …… 325
9.2.3 左岸防渗线岩溶集中渗漏管道探测 …… 325
9.2.4 防渗处理 …… 330
参考文献 …… 338
索引 …… 341

绪论

1. 岩溶水库渗漏研究概述

岩溶又称喀斯特（Karst），是在一定地质条件的基础上，受气候、水文等诸多因素的综合影响，于可溶岩地区逐渐形成的各种地质现象、地貌形态以及溶蚀过程的总称。全球范围内，岩溶现象及其分布面积有2200多万km^2，从寒冷的极地到炎热的赤道，从内陆到沿海，从大洋岛屿到世界屋脊，均有面积大小不一的可溶岩分布，且伴随有不同类型及发育程度的岩溶现象存在。中国碳酸盐岩系分布面积约为136万km^2，约占全国陆地总面积的14%，遍及全国各省（自治区、直辖市），尤以黔、滇、桂、渝为最，云南省碳酸盐岩出露面积占全省土地面积的52%，广西壮族自治区为43%，贵州省则达73%。

在岩溶地区开展水利水电工程建设，最为突出的问题是岩溶水库渗漏，且受岩溶发育的规模、空间分布等影响，岩溶渗漏问题常表现为大规模的集中管道渗漏，其渗漏量大、影响范围广且不易处理，工程建设过程中造成工期、费用增加，甚至形成废库或不能予以充分利用。国外较早在岩溶地区修建了阿朗坝（法国）、英古里坝（格鲁吉亚）、凯班坝（土耳其）、赫尔斯·巴尔坝（美国）等岩溶水库，总体上大部分岩溶水库均能成功蓄水，但凯班坝、赫尔斯·巴尔坝等水库由于前期勘察工作不够或岩溶防渗处理不彻底等原因，出现了严重的岩溶渗漏问题：凯班水库蓄水后即发生岩溶渗漏，渗漏量达$26m^3/s$，后期经过防渗处理，渗漏量减少至$8.7m^3/s$；赫尔斯·巴尔坝坝高仅25m，水库渗漏量却达$50m^3/s$，防渗处理持续26年之久，最后无奈放弃。国内在岩溶地区修建水库主要集中在中华人民共和国成立以后，受技术方法与手段发展的限制，早期修建的众多水利工程因对岩溶问题认识不足或勘察、处理工作不足，岩溶渗漏问题较多，导致水库不能充分利用甚至报废；后期随着岩溶理论的发展及工程经验的积累，在岩溶地区修建水库的成功率大大提高，但依旧出现了一些岩溶渗漏问题，如云南以礼河二级水槽子水电站、贵州猫跳河四级窄巷口水电站等。窄巷口水电站于1970年建成发电，水库蓄水伊始即发生岩溶渗漏，初期渗漏量达$21m^3/s$，后期经多次处理降至$17m^3/s$左右，直至21世纪初，随着岩溶勘察设计理论的进步、精确探测技术的发展及岩溶防渗处理经验的积累，才彻底查明其渗漏通道，进行了有效的防渗处理，最终使渗漏量由处理前的$17m^3/s$左右降低至$1.54m^3/s$，堵水率达90%，堵漏效果明显。

随着水利水电工程的大规模建设，我国岩溶勘察设计理论与防渗处理施工技术的发展可大致划分为四个阶段。

第一阶段：中华人民共和国成立初期至20世纪60年代中期，主要开展了一些中小规模、小范围的岩溶水库建设，如六郎洞、水槽子、官厅等水库或水电站即为此期建成。由于岩溶工程经验的不足，部分水库出现岩溶渗漏问题，但经防渗处理，多有一定效果。此期虽是中国水库建设中岩溶渗漏问题最为突出的阶段，但条件所限，水库建设规模不大，且较多水库的成功兴建，使水利工程师对岩溶的特殊性和复杂性有了初步的认识，增强了在岩溶地区修库建坝的信心。

第二阶段：20 世纪 60 年代中期至 80 年代初。在岩溶地区陆续勘察设计并修建了一批大中型水库或水电站，如拉浪、拔贡、六甲等水电站，贵州地区则全面开展了猫跳河流域的水电开发。猫跳河流域可溶岩分布面积达 80%以上，且为成片分布，岩溶水文地质条件极为复杂；中国电建集团贵阳勘测设计研究院有限公司采取学习交流、专家指导等多种方式，开展了猫跳河流域的工程地质及岩溶水文地质研究，论证在岩溶地区修建大中型岩溶水库或水电站的可行性。经过近 20 年的艰苦奋斗，猫跳河流域最终建成坝型各异的 7 座梯级水电站，成为岩溶地区水电梯级开发的成功典范。期间中国电建集团中南勘测设计研究院有限公司亦勘察设计并成功建成了岩溶地区的第一个大型水电站——乌江渡水电站，该电站采用了深防渗帷幕高压灌浆处理技术，为中国岩溶地区水电建设积累了宝贵的经验，也对之后的大化、鲁布革、东风、彭水、隔河岩、岩滩、龙滩、天生桥、江垭等水电站的岩溶勘测设计提供了重要指导和借鉴。通过上述水电工程的成功建设，中国岩溶工程勘察设计理论、方法不断进步，遥感技术、电磁波透视技术、水文网分析、电网络模型试验、水化学分析等技术手段不断改善，并应用于岩溶水文地质问题的分析与评价，取得了明显的成效。伴随着多座岩溶水库的成功建设，岩溶工程地质水文地质及其处理方法在理论与实践方面均飞速进步，并推动了岩溶地区水利水电工程建设的蓬勃发展。

第三阶段：20 世纪 80 年代初至 90 年代中后期。此期间，前期完成勘察设计工作的鲁布革、天生桥、岩滩、东风、隔河岩等大型水电站动工兴建并投产运行；洪家渡、构皮滩、思林、光照、恶滩、锦屏二级等电站亦进入紧张的勘测设计阶段，部分甚至开始动工兴建，岩溶地区水利水电工程建设进入高速发展阶段。在前述理论研究及工程实践的基础上，岩溶勘察研究涉及范围更大、更深入，在岩溶勘察和研究方法方面都有较大进展或突破，由宏观分析、定性分析，逐步向科学的理论分析、定量评价方向发展，电磁波 CT、声波 CT、微重力、地质雷达等探测手段逐渐得到应用，地下水化学场、渗流场综合分析方法得到了发展，提出了岩溶管道水击穿、压渗系数、汇流理论等新概念和新方法；应用了逻辑信息法、模糊数学法，并提出了数值分析理论等方法，对水库进行渗漏计算和预测；在分析研究大量水库渗漏与库水位动态曲线的基础上，建立了若干地质模型和数学模型；利用岩溶洼地等趋势面分析理论，提出了岩溶地下水及岩溶洞穴顶板趋势面分析法等。上述多种新的计算方法和分析预测方法的提出与应用，为中国岩溶工程地质填补了多项空白。上述研究成果的取得及诸多工程经验的积累，更加增强了人们对岩溶地区兴建水库的信心，为今后在岩溶地区开展大规模河流规划、水库建设奠定了坚实的基础。

第四阶段：20 世纪 90 年代末至 21 世纪初。该阶段，前期开展了大量勘测设计工作的洪家渡、引子渡、索风营、构皮滩、光照、董箐、水布垭等岩溶地区的高坝大库陆续建成并蓄水发电，岩溶地区的诸多抽水蓄能电站也动工兴建，对前期的勘察理论、技术与预测的成果有了充分的检验。随着对前期勘测设计理论的验证及丰富的岩溶防渗处理方法的经验总结，在岩溶理论与方法、岩溶精确探测技术、岩溶渗漏处理方面亦取得了更多的进展与成就。岩溶理论方面，进一步完善了汇流理论，丰富了岩溶水动力分析及地下水流动系统理论，提出了岩溶地区趋势地下水位的概念、改进的地下水径流模数算法与涌水流量计算等。随着测试方法与探测仪器的发展，以及环境保护等方面的要求，种类丰富的示踪试验及检测手段等逐渐得到较好的应用，对化学场、电导率场、温度场、渗流场在岩溶渗漏通道探测方面的综合运用达到了新的高度，与岩溶精确探测手段结合使用，有效解决了诸如猫跳河四级（窄巷口）等水电站的岩溶渗漏问题。对类似原乌江渡等坝基深岩溶的防渗帷幕处理方式也随着测龄技术的进步和地下水渗流理论的发展，不再一味地往深度延伸以图覆盖所有溶洞。随着新技术的发展，各种地表、地下岩溶精确探测技术进一步发展，引进并有效运用电磁测深（EH-4）法、GDP32 法、高密度电法等地表探测方法开展岩溶探测，对岩溶的发育规律、深度、规模等给予了大空间范围内的有效控制。在地下岩溶精确探测方面，开发了大功率声波 CT，引进了钻孔雷达、TSP 超前预报等技术。岩溶防渗处理设计也突破了隔水层的概念，更多悬挂式帷幕、半悬挂式帷幕的设计及在岩溶地区的成功处理，使岩溶防渗处理更具灵活性和针对性，并发展了分期、分区、待观处理等概念，超前探测及针对性岩溶防渗处理的理念得到进一步加强。岩溶防渗处理理论也从常规灌入式、渗入式、劈裂挤压式等灌浆发展到控制灌浆、冲洗灌浆、高压置换灌浆、模袋灌浆等理论和技术；常规灌浆技术与控制灌浆、级配料灌浆、膜袋封堵等技术的综合应用，使岩溶渗漏处理更加有效，更为经济。

通过半个多世纪理论、技术方法的研究及大量水利水电工程在岩溶地区的成功建设，岩溶渗漏处理理论、方法、技术得到不断完善，逐渐形成了一套系统的理论和方法，在国内外岩溶地区也得了广泛的应用。目前，国家在大力开展水利、市政、环境治理等建设，“一带一路”倡议沿线国家也在大规模开展能源电力及基础设施建设，中国在岩溶地区水利水电工程建设中探索、建立起来的岩溶渗漏勘察与防渗处理技术，将会得到更加广泛的应用。本书从区域岩溶、岩溶问题、勘测分析方法、处理设计、处理技术等方面对中国岩溶水库的渗漏勘察与防渗处理技术进行系统的总结，并附以大量成功处理的工程案例，具有较高的使用价值和参考价值。

2. 本书主要研究内容

本书的主要研究内容包括岩溶发育规律与地下水渗流特征、岩溶水库渗漏型式、水库岩溶渗漏条件分析、渗漏勘察评价、岩溶水库防渗处理设计、施工处理、监测检测，以及岩溶海子成库论证与防渗处理等几部分；最后以工程实例的形式，系统介绍了岩溶条件复杂、设计与处理较为系统、岩溶防渗处理效果较好的索风营水电站岩溶防渗、猫跳河四级窄巷口水电站岩溶补充勘察与防渗处理情况，供业内同行参考。研究内容简述如下。

（1）岩溶发育规律与地下水渗流特征。根据全球岩溶区划分，在考虑岩溶特征、构造板块、气候、地形、岩性等因素的主导影响下，将世界岩溶区初步划分为冰川岩溶区、欧亚板块岩溶区、北美板块岩溶区、冈瓦纳大陆岩溶区 4 个大区以及热带亚热带岩溶区、干旱半干旱岩溶区、青藏高原岩溶区等 11 个亚区和 2 个小区，各区岩溶分布、形成条件及岩溶特征各具特色。

属于欧亚板块岩溶区的中国碳酸盐岩系广泛分布在各个大地构造单元中，各地质时期均发育有碳酸盐岩系，但主要发育在寒武纪、奥陶纪、泥盆纪中晚期、石炭纪、二叠纪早期、三叠纪等时期。根据气候、大地构造以及岩溶发育特点，可划分为青藏高原西部岩溶区、华北中温暖温带亚干旱湿润气候型岩溶区、华南亚热带热带湿润气候型岩溶区；根据岩性、地貌及岩溶发育特征等因素，又可细分为黔桂溶原-峰林山地亚区、滇东溶原-丘峰山原亚区、晋冀辽旱谷-山地亚区、横断山溶蚀侵蚀区等亚区。另外，国内以石膏和硬石膏为主的硫酸盐岩在各地不同时代地层中均有不同程度分布，除其本身具溶蚀作用并存在溶蚀现象外，其对碳酸盐岩区岩溶发育的影响亦不可小视。

岩溶作用是一种地质历史时期相对较快速的地质作用，其发育与否及发育程度受气候、地形、岩性、构造、地壳运动、水动力循环条件等综合控制，具有选择性、受控性、继承性和不均一性。另外，本章对滨海岩溶、古岩溶、深岩溶的发育特征亦做了简要介绍，其中对水电工程成库论证与防渗处理影响较大者主要为深岩溶与古岩溶，应充分认识其发育规律及现代地下水渗流场的影响，切忌无限深防渗处理。

“岩溶水文地质单元”及“地下水流动系统”是岩溶发育规律、地下水补排关系评价、水库岩溶渗漏分析的关键词；前者关乎有无含水透水介质连接，后者主要是有无地下水联系及是否存在岩溶渗漏的水动力条件。岩溶地下水的渗流和动态特征与介质类型（裂隙、管道）、补排条件等密切相关。地下分水岭的位置及水位高程对岩溶地区水库渗漏分析评价具有重要价值。但对岩溶地区地下水位的认识，应与一般地区有所区别，岩溶地区的地下水位应定义为地下水位趋势面，即“趋势水位”，所绘制的地下水位线亦是趋势水位线，仅在各级岩溶管道及地下水渗流的缝隙网络内适用，在岩溶、构造相对不发育的较完整岩体地段则适用性差。因此，对岩溶地区勘察图件中所绘制的地下水位所代表的意义应清晰地理解其“趋势水位”的内涵。

岩溶含水介质渗透系数的概念与确定，与碎屑岩地层及第四系孔隙含水层差别较大，同一含水透水地层中或同一个地下水流动系统中，存在管道流、裂隙流甚至孔隙流并存的现象，其渗透系数具有极不均一性，暗河或伏流应按地表水流或管道水流进行水文分析与评估，不适用渗透系数的概念。受岩溶发育的不均一性及岩溶地下水在管道内的优势流动原理影响，除相对均匀的网状溶蚀裂隙等透水地段或砂状均匀风化的白云岩地层外，对某一渗流断面来说，针对其采用综合渗透系数的概念只在前期估算时有意义，实际工程应用中除了根据岩体的现场压水或振荡式渗透试验等渗透试验成果进行渗透性分区外，还应重点考虑管道水流的影响。

（2）岩溶地区水库渗漏型式。岩溶水库兼具独特的地表和地下蓄水空间，除常规的河谷库盆外，尚可利用岩溶洼地、槽谷、伏流、某段暗河等单独或联合建库，故可按库盆蓄水空间组成及库盆形态、水动力类型、地质结构等因素进行水库分类。按库盆蓄水空间可分为地面水库、伏流水库（或混合水库）及地下水库三种类型；按河谷纵、横向水动力条件可分为补给型、补排型、排泄型、悬托型水库；按河谷地质结构可划分为走向谷水库、横向谷水库、斜向谷水库、海子或洼地水库等。

岩溶渗漏型式主要有邻谷渗漏、河湾渗漏、库首绕坝渗漏及坝基渗漏等类型，抽水蓄能上水库或岩溶洼地（或海子）成库中尚存在库周水平渗漏、库底垂直渗漏等类型。渗漏途径主要有岩溶裂隙、断层、岩溶管道及上述几种形式的混合渗漏。对河谷型水库，重点是可能存在的邻谷渗漏、河湾渗漏、绕坝渗漏及坝基渗漏问题，且裂隙型、管道型及混合型渗漏都可能存在，并多数以混合型为主；其中，渗漏评价与防渗处理的重点是断层及岩溶管道渗漏。而对利用岩溶洼地成库等情况，面状岩溶渗漏问题较为突出，且可能存在岩溶塌陷等问题，渗漏问题评价与防渗处理应更为慎重。

（3）水库岩溶渗漏条件分析。岩溶水库成库条件论证应主要围绕汇流条件和岩溶渗漏两个方面进行研究：一方面是论证分析岩溶地区汇流面积是否与地形分水岭圈闭的范围一致，地下水入库径流过程中是否有产生渗漏的可能；另一方面是论证水库蓄水后是否有产生岩溶渗漏的可能。因此，水库区地质结构分析、水库汇流面积复核、入库河段岩溶渗漏条件、坝址选择、防渗边界选择等，构成了岩溶地区水库成库条件论证的关键要素。

岩溶地区坝址的选择实际上也是水库成库论证的过程。在满足工程任务要求的基础上，选择坝址时应宏观分析水库区地形特征及基本地质条件、岩溶水文地质特征，尽量避开可能产生向邻谷、河湾、下游河道的管道甚至暗河渗漏，以及淹没大型岩溶管道可能引起的淹没或洪涝灾害等河段。

岩溶水库应寻找明确、可靠的防渗边界，尽量简化坝址区防渗帷幕的布置，从论证与设计环节节约工程量，是岩溶地区水库坝址选择要考虑的核心问题之一。避开河谷裂点、优选横向谷、寻找防渗依托是岩溶地区坝址选择过程中应关注的问题和主要工作。隔水层的选择应突破传统的非可溶岩的概念，只要是具备岩溶不发育或弱发育、透水性差能构成相邻岩溶含水层的地下水水文地质边界且有足够的厚度和连续分布性，即可满足“隔水层”或“相对隔水层”的概念，可利用其作为防渗依托。

岩溶地下水位尽管是趋势面的概念，但也同时反映了地下水流动系统中岩溶发育的特点，即稳定地下水位或趋势地下水位代表了一定区域内岩溶地下水的渗流特征与排泄基准，尤其是地下水凹槽的存在指示了岩溶管道发育的极大可能性。因此，在岩溶管道尚不明确的条件下，利用地下水位判断水库渗漏条件在岩溶地区是可行的，并可利用地下水位在特定水动力条件下的“防渗”作用，作为防渗帷幕的接头及依托。

由于地形地貌及岩溶发育特征、地下水渗流条件的差别，应注意峡谷水库与高台地水库在渗漏型式、渗漏途径方面的差别，有针对性地开展相应的岩溶水文地质条件分析与成库专题论证。

（4）岩溶水库渗漏勘察评价。岩溶水库渗漏勘察一般经历多期多次、由宏观到微观、由面到线再到点的勘察工作过程与思路调整；工作范围由区域、库区至坝址区，单一建筑物逐渐搜索、定位；工作方法亦由宏观阶段的资料收集分析、区域岩溶发育规律分析，至水库区岩溶水文地质调查、地表物探（EH－4法、高密度电法等）与验证性钻孔、水文地质测试、验证性连通试验等渐进的过程，最后针对具体可能影响水库渗漏的岩溶发育特征、规模、岩溶地下水的渗流等条件和问题，采用钻探、物探CT、压水试验或注水试验、示踪试验等详细的勘察工作予以逐一验证。

区域岩溶研究主要采用资料收集、分析及调查、测绘的方式，重点了解可溶岩地层的分布、岩溶发育规律与各类岩溶地质现象和工程的关系。

库区岩溶水文地质勘察工作的重点是解决成库问题，对邻谷渗漏、河湾渗漏、库首渗漏等问题作出明确的判断。采用的方法先宏观再微观，以调查、测绘的方式了解地层结构、岩溶发育现象与规律、地下水补排特征，初步分析可能存在的沟通库内外的可溶岩地层、构造切口，以及可能发生岩溶渗漏的低矮地下分水岭、可能形成渗漏通道的岩溶管道等。根据可能存在的可疑渗漏带的分布及影响，采用物探、钻探、水文地质试验等方式，论证水库发生岩溶渗漏的可能性，评价其可能带来的影响，提出岩溶防渗处理建议，进行针对性的防渗设计与处理。水库区岩溶渗漏勘察与评价的过程是一个分析与验证密切相关的过程，地质分析是理清思路，地质调查是提出问题，物探、勘探、试验等方法与手段是验证问题。

坝基岩溶渗漏问题主要影响水库蓄水及枢纽运行安全。坝址区岩溶渗漏勘察的主要目的是查明岩溶发育特征、岩体透水性特征、水文地质条件，分析岩溶渗漏的可能性及渗漏类型，寻找相对隔水层（或隔水岩体）作为防渗依托，为坝基防渗帷幕的选线论证与设计提供可靠的地质资料。在防渗线路比选时，主要根据地层结构及岩溶发育规律，选择较为可靠的防渗依托，从技术经济角度比较、选定防渗帷幕线。针对选定的防渗帷幕线，主要是进一步确定防渗接头、防渗下限及施工处理参数。由于范围大为缩小且精度要求高，此期，岩溶勘察的手段以钻孔与渗透试验、水位观测、物探精确探测、洞探、水化学分析等为主。

对已发生岩溶渗漏的水库，因涉及范围及库、坝渗漏的指向性明确，岩溶水文地质勘察的主要目的是查找岩溶渗漏通道，指导防渗处理设计与施工。主要采用的岩溶勘察方法包括地质复核与分析、放空检查、连通试验、钻探、物探CT、场分析等，以确定岩溶渗漏层位，分析渗漏类型，查找渗漏通道，评价影响程度及帷幕可靠性，提出处理建议。

（5）岩溶水库防渗处理设计。岩溶水库防渗包括库区防渗及坝基防渗两部分。前者重点对可能影响水库蓄水的岩溶渗漏通道进行处理，如通过低邻分水岭或岩溶管道向邻谷、河湾、下游河道等的渗漏，通过构造切口向邻谷渗漏或下游河道的渗漏等。后者则主要是应对坝基通过溶蚀裂隙（缝）、岩溶管道向下游河道的岩溶渗漏问题。岩溶渗漏的结果包括库水渗漏影响发电或供水，以及可能影响大坝或枢纽区其他水工建筑物运行安全。两者的处理范围不尽一致，但处理原理与方法基本相同。

水库区岩溶渗漏防渗帷幕的设计重点是防渗依托的选择。首先应查明岩溶水文地质条件及渗漏边界条件，其设计任务是确定需进行岩溶防渗处理的低矮分水岭、构造切口等渗漏部位，以及防渗帷幕端点的位置、帷幕端点及搭接形式、防渗帷幕的深度。在满足水库蓄水功能要求的前提下，当有隔水层、相对隔水层或相对不透水层存在时，防渗帷幕端点及底限尽量与之相接；若无隔水层、相对隔水层或相对不透水层时，防渗帷幕端点可选择地下水位与水库正常蓄水位的交点或与岩溶发育较弱的岩体相接，帷幕底线可选择与岩溶发育较弱的岩体相接。

坝基渗漏会降低水库的效益，增加坝底的扬压力，以及可能引起坝基溶洞充填物、溶蚀夹泥层、断层溶蚀夹泥带等岩土体潜蚀、化学溶解等不良作用，导致坝基失稳。因此，修建大坝时要对坝基渗流进行控制，将其不利影响控制在规定的安全范围内。坝基岩溶渗漏的主要类型有溶蚀裂隙渗漏、岩溶管道式渗漏及混合式渗漏。处理重点是岩溶管道部位及溶蚀裂隙带，以灌浆或控制灌浆为主要手段，以堵为主，堵排结合。为达到有效防渗的目的并节约工程量，根据碳酸盐岩的可溶性及可溶岩体的透水性特征，可以对防渗范围内的防渗帷幕线进行分区处理，即按岩溶发育程度的不同将防渗帷幕线划分为强岩溶发育区及近坝处理区、中等岩溶发育处理区及弱岩溶发育待观处理区，并在施工期开展必要的超前探测，以使防渗处理更具针对性。

由于岩溶地区可能存在集中岩溶渗漏的问题，帷幕灌浆的范围、深度及防渗帷幕孔间排距、施工工艺、灌浆参数、检测方法等宜根据前期勘察成果并结合现场灌浆试验情况确定，总的思路是“化大为小、化洞为隙、化动为静”后再进行常规灌浆处理。且因为岩溶发育的复杂性，必要时需要在现场帷幕灌浆试验的基础上，依据岩溶水文地质调查成果，对导水断层带、溶蚀裂隙密集带、岩溶强发育带等特殊地质条件段进行钻孔加密，或采取其他方法，尽量将大的渗漏通道都堵住，以保证后序帷幕灌浆质量。

（6）岩溶水库防渗处理技术。岩溶地区水库渗漏处理方法可以概括地归纳为以下几种：“堵”（堵塞漏水的洞穴、入口）、“灌”（在可溶岩地层内进行防渗帷幕灌浆）、“铺”（在面状岩溶渗漏区做黏土或混凝土铺盖、HDPE膜铺盖）、“截”（修筑截水墙或防渗帷幕）、“围”（将间歇泉、落水洞等围住，使之与库水隔开）、“导”（将建筑物下面的泉水导出坝外及幕后排水）等。在实际工程中，多是以其中一两项防渗措施为主，再加上其他辅助措施。其中以灌浆加其他辅助措施为目前有效且经济的解决方案，不仅能满足水库防渗要求，还能提高工效，节省工程投资。

由于岩溶发育不均一性等特点，对防渗处理的施工技术要求高，施工工艺复杂。除前期根据勘察成果拟定的设计方案外，具体的灌浆参数尚需结合现场试验、超前探测成果等进一步明确。结合岩溶渗漏多具有溶隙与管道结合的特征，且常遇溶洞埋深大、流速高、流量大、断面大、成群发育等特有的问题，总的思路是采用控制灌浆、膏浆灌浆、索囊、模袋灌浆、级配料灌注、混凝土灌注、钢构格栅及回填混凝土塞、平压堵头等方式“化大为小、化洞为隙、化动为静”，再进行常规灌浆防渗处理。因此，岩溶渗漏处理施工的重点是对岩溶渗漏通道的封堵，灌浆材料、间排距、灌浆压力、水灰比、灌浆段长等需根据岩溶发育情况及试验结果进行针对性选择并动态调整；针对岩溶地区常遇到的掉钻、塌孔、串浆、冒浆、漏浆、不起压等问题，应采用专门的应对措施及施工处理方法。针对充填型溶洞的处理，除一般灌浆或挖填置换处理外，可采用钻灌一体高压冲挤法、群孔高压灌浆置换法等进行处理。

（7）岩溶海子成库论证与防渗处理。利用岩溶海子蓄水成库主要存在的问题是库区岩溶水文地质条件复杂，溶洞、落水洞、暗河管道等岩溶现象发育，天然条件下难以成库但又经常内涝或水位不能有效抬升。因此，如何查明其岩溶发育特征及水文地质条件，并采用适宜的方法进行防渗处理，充分发挥其天然“库盆”的先天优势，形成水库或景观湖，造福当地，是岩溶地区水利及水环境工程治理的重要意义所在。

岩溶海子成库防渗勘察应是一个由面（区域）至线（地下水流动系统）再到点（库盆及防渗区域及勘探点）的循序渐进的过程，切忌仅针对库盆本身或在伏流（或岩溶管道水）入流处盲目开展不确定的、网格状的勘探工作。对岩溶海子渗漏与防渗处理勘察应是一个从宏观到微观的过程，是一个从广泛搜索到针对性研究的过程。各种勘察方法及技术手段的应用都应是对岩溶水文地质条件分析的验证与测试，各种勘察方法与手段应有效且具针对性。

岩溶海子的渗漏方式受地层结构及岩溶发育特征等控制，主要分为洼地型岩溶海子和槽谷型岩溶海子或岩溶“天窗”3种。

对以垂直下渗为主的面状渗漏洼地型岩溶海子，因隔水层分布较深，岩溶发育下限受地下水循环条件控制，地下水的渗流以垂直、分散方式为主时，库水渗透范围宽，采用垂直防渗方式不能有效解决渗漏问题，多采用黏土铺盖、HDPE膜等方法进行水平防渗处理，并需对库底地基进行必要的处理以防止上覆水压力作用导致的库底变形、塌陷破坏。对一定深度范围内分布有相对隔水层，且渗流方向与渗漏带相对确定、渗漏带宽度有限的岩溶海子或洼地，可在采用物探、钻孔等方法查明其渗漏带宽度、深度、主要通道位置与规模、岩溶管道的充填情况等条件后，采用垂直防渗方式进行“扎口袋”处理，这是较为节省、有效的方法。

槽谷型岩溶海子在盲谷入口或伏流入口上游多分布有可靠的相对隔水层或相对不透水岩体。当采取利用伏流洞上游隔水层（或隔水岩体）所在河段建坝成库时，因隔水层的存在，水库的防渗处理相对明确、容易。但利用伏流堵洞成库则较为复杂，岩溶防渗处理需布置大量的物探、钻探、连通试验等工作，查明伏流洞段岩溶发育特征及规模，并采用多层深帷幕进行防渗；防渗帷幕的两端接头应接至地下水位或隔水岩体，下限应深至岩溶弱发育岩体（相对不透水岩体），并考虑现有施工技术可能达到的灌浆深度（目前灌浆钻孔深度超过150m后其精度难以控制）。

岩溶“天窗”是地下暗河在地表的出露口，多发育在大范围巨厚分布的强可溶岩地层中，要想找到一定范围内连续分布的相对不透水岩体或弱透水岩体较为困难。对此类岩溶海子的防渗处理原则是：在出口处适当堵洞后，在不做水平防渗处理或适当处理的情况下抬升微小水头予以利用。如期望按常规灌浆等方式进行防渗处理并达到大规模抬水成库的目标，则处理成本可能难以承受。

（8）岩溶防渗处理施工监测与质量检测。有效的防渗处理是岩溶水库能否蓄水及安全、有效运行的关键。对灌浆质量和防渗效果的评价，施工期应以检查孔岩芯及压水试验成果为主要依据，辅以灌前灌后物探测试。最终灌浆质量的好坏、防渗效果如何，则需蓄水检验，根据渗流、渗压监测资料等，最终形成相应的评价结论。

本书以中国岩溶地区岩溶渗漏勘察设计及防渗处理较为典型的乌江索风营水电站库区岩溶渗漏专题论证及坝基帷幕分期分区处理案例、早期岩溶渗漏勘察及处理存在缺陷但随着理论及技术进步得以有效补充勘察与处理的猫跳河四级窄巷口水电站案例，以及各章随方法与理论所附的工程实例，系统介绍了不同类型岩溶水库渗漏勘察评价及防渗处理的理论、思路、方法，以供参考。

经过多年理论研究及半个多世纪工程经验的积累，中国岩溶理论研究、勘测设计工作思路、精确探测方法、岩溶防渗处理技术等均取得了长足进步。但由于岩溶发育的复杂性及特殊性，岩溶渗漏评价及防渗处理一直都是水利水电工程界困扰工程师们的一大世界难题，且岩溶地区成库建坝工程经验的积累仍主要集中在少数长期面对岩溶问题的区域或单位。如今，我们伴随“一带一路”倡议走向世界，将会在更大范围内的水利水电、基础设施建设过程中遇到更多的岩溶问题，我们对岩溶水库渗漏问题的勘察设计与处理的思路及方法，将贡献于全世界，并将再一次推动岩溶研究水平的提高。

第 1 章

岩溶发育规律与地下水渗流特征

1.1 区域岩溶特征

1.1.1 全球岩溶区域特征

岩溶造就了许多鬼斧神工的地表及地下景观，如众多著名的地下溶洞、暗河、峰丛、峰林等，可供人们游览观赏甚至居住。同时，岩溶的存在给水利水电、交通、市政与工民建、化工等工程建设带来了一系列水文地质、工程地质、环境地质问题，如水库岩溶渗漏、岩溶洼地内涝、隧洞岩溶涌水突泥等。

全球范围内，岩溶现象及其分布面积有 2200 多万 km^2，从寒冷的极地到炎热的赤道，从内陆到沿海，从大洋岛屿到世界屋脊，均有面积大小不一的可溶岩分布、不同类型及程度的岩溶现象存在。根据全球岩溶区划，在考虑岩溶特征、构造板块、气候、地形、岩性等因素的主导影响下，岩溶学者将全球岩溶区初步划分为 4 个大区、11 个亚区和 2 个小区，如图 1.1-1 所示。

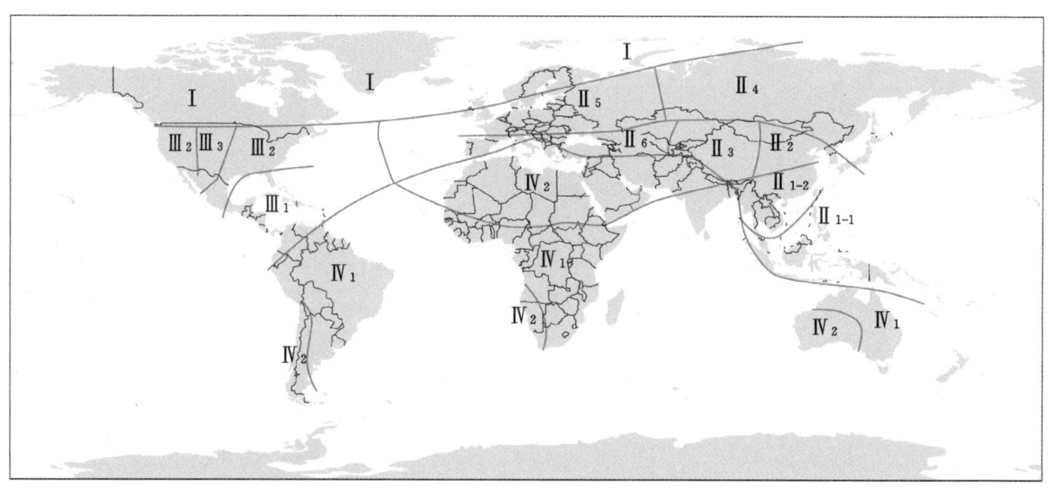

图 1.1-1 全球岩溶分区示意图（袁道先等，2016）

上述分区中，Ⅰ区是冰川岩溶区，Ⅱ区、Ⅲ区、Ⅳ区根据大地构造条件予以划分，依次为欧亚板块岩溶区、北美板块岩溶区、冈瓦纳大陆岩溶区。亚区主要根据气候条件进行划分，并兼顾地形、岩性、构造条件等，其中，$Ⅱ_1$ 区、$Ⅱ_2$ 区主要为依据气候条件划分的热带亚热带岩溶区、干旱半干旱岩溶区，$Ⅱ_3$ 区为地形与气候较为特别的青藏高原岩溶区，$Ⅱ_4$ 区为温带湿润半湿润岩溶区，$Ⅱ_5$ 区为欧洲地台岩溶区，$Ⅱ_6$ 区为地中海气候特提斯构造岩溶区。Ⅲ区主要分布在中美洲及北美南部地区，$Ⅲ_1$ 区为热带亚热带新生代孔隙碳酸盐岩岩溶区，$Ⅲ_2$ 区为北美东部和西部沿海温带湿润半湿润岩溶区，$Ⅲ_3$ 区为北美西部干旱岩溶区。Ⅳ区包括南美、非洲、澳大利亚的冈瓦纳大陆区域，其中$Ⅳ_1$区为湿润半湿润岩溶区，$Ⅳ_2$区为半干旱岩溶区。全球岩溶分区及岩溶特征简表见表 1.1－1。

表 1.1－1　全球岩溶分区及岩溶特征简表

岩溶分区	分布范围	区域条件	岩溶发育特征
Ⅰ区：冰川岩溶区	欧亚大陆北部及西北部地区、北美大陆北部及格陵兰岛等区域，包括俄罗斯西北部、斯堪的纳维亚半岛、爱尔兰、苏格兰、加拿大、美国西北部及阿拉斯加等地	岩溶发育过程受 1.2 万～1.5 万年前末次冰期大陆冰覆盖影响而形成特殊的气候、地形及水文条件，前间冰期发育的岩溶地貌多被刨蚀殆尽，岩溶形态单一，现存主要岩溶形态为冰期之后发育形成，较为年轻	主要岩溶形态为现代气候条件下形成的溶痕、溶沟、溶槽等，局部存在一些落水洞、漏斗和盲谷等岩溶形态，地下较少发育大型洞穴。但在加拿大西部、英国北部等岩溶山区，因具适宜的地形与地下水径流条件，在冰川融水渗透作用下，亦可形成一定规模的地下洞穴系统
Ⅱ区：欧亚板块岩溶区	范围包括除南亚、中东外的亚洲大部，以及除北欧及环地中海外的欧洲大部分地区，可溶岩广泛分布且厚度巨大，受构造运动影响，岩溶多期发育并具继承性；因气候类型与岩性多样，岩溶发育程度不一，形态多样		
$Ⅱ_1$区：热带亚热带岩溶区	主要分布在东亚南部及东南亚地区，该区气候湿润，降水充沛，植被繁茂，碳酸盐岩广布，岩溶发育强烈		
$Ⅱ_{1-1}$区：新生代孔隙性碳酸盐岩岩溶区	分布在东南亚菲律宾、印度尼西亚、马来西亚东部、新几内亚岛、琉球群岛一带	气候湿润，降水充沛，植被繁茂，古近系-新近系孔隙性灰岩或礁灰岩广布，琉球等地区为第四系孔隙性珊瑚礁灰岩	地表岩溶形态以锥状峰丛洼地为主，山峰浑圆；落水洞、溶洞、地下河、岩溶泉等岩溶形态发育，岛屿地区很多地带雨季地表降水通过岩溶通道直接排入海洋，旱季则面临海水入侵问题；马来西亚地区强烈的构造抬升以及丰富的降水使得地下洞穴发育，多发育有大型溶洞
$Ⅱ_{1-2}$区：古生代坚硬碳酸盐岩岩溶区	主要分布在中国南部，越南北部、泰国、缅甸等中南半岛一带，其中以中国南方岩溶分布面最广、最为集中，最为典型	降水丰沛，气温高，三叠系及以前的坚硬古老碳酸盐岩广布，以石炭系、二叠系、三叠系地层中岩溶最为发育，寒武系、泥盆系次之，构造运动导致的地形由东南向西北逐渐抬升，岩溶发育受岩性、地层结构、构造展布、构造运动、气候、水动力条件影响明显	岩溶形态类型丰富多彩，岩溶形态有峰丛、峰林、洼地、落水洞、盲谷、坡立谷、溶蚀残丘、石林、钙华等，地下发育有大型岩溶洞穴、伏流、地下暗河；受地层岩性及其分布、构造展布、构造运动等因素影响，该区域岩溶有由东到西、由南到北逐渐减弱的趋势，且普遍具多期性、成层性、继承性，与阶地对应程度高；缅甸东南部因海平面上升，下游河谷呈现“谷中谷”现象，早期岩溶洞穴在海平面以下埋藏较深
$Ⅱ_2$区：干旱半干旱岩溶区	主要分布在中国北方的山西、陕西、河南、河北、山东一带，西北的新疆、甘肃、宁夏、内蒙古及蒙古国等广大地区	年降雨量小，植被以稀疏且耐干旱的耐旱植物为主，岩溶主要发育于古生代碳酸盐岩如奥陶系灰岩等地层中，部分地层中所含石膏层会加速碳酸盐岩岩溶的发育	岩溶发育普遍弱于南方高温多雨地区，地表岩溶形态以常态山、常态丘陵为主，较普遍的岩溶形态是干谷；地下岩溶多以孔隙、岩溶裂隙或小型岩溶管道为主，部分地区含石膏地层增大了地下水溶蚀能力，导致地下岩溶形态发育，多形成岩溶大泉，如娘子关泉等；降雨相对较多的晋东南太行山区、山东等地，地表亦发育密集的溶沟、溶槽，地下洞穴规模亦相对较大

续表

岩溶分区	分布范围	区域条件	岩溶发育特征
Ⅱ$_3$区：青藏高原岩溶区	主要分布在青藏高原及其东部、东南部的高原高山地带，以及周边的伊朗高原东部、帕米尔高原地区	海拔高，气温低，含氧量低，降雨少，地层岩性复杂，构造运动活跃。根据地质条件及地形地貌、地下水动力条件及气候影响，其尚可分为内陆地区大面积的高原岩溶和边缘地带深切峡谷区的高山峡谷岩溶两种亚类	受特殊的气候、地形、构造环境影响，该区灰岩地层区现代主要以冻融风化等机械破坏作用为主，多形成冻蚀山峰。岩溶主要发育在中生代以来的碳酸盐岩地层及石膏地层中，现代岩溶溶蚀率低，主要岩溶形态为小溶孔、小溶洞、溶蚀裂隙、溶盘、钙华等，岩溶泉水主要沿溶蚀裂隙（浅部）及深大断裂形成，前者规模较小且多以悬挂泉的形式分布于深切河谷两岸，后者多为温泉且伴随大量钙华分布
Ⅱ$_4$区：温带湿润半湿润岩溶区	主要分布在中国东北地区、朝鲜半岛、日本列岛和俄罗斯的东西伯利亚等地区	地区降雨差别大，由东向西逐渐减少；以地台构造为主，较稳定，但在贝加尔裂谷、日本岛弧等台地边缘构造活跃；碳酸盐岩以寒武系至石炭系沉积较厚	东、西区域岩溶发育差别较大，东部的中国东北、朝鲜半岛、日本列岛北部等区，降雨量大，地表地下岩溶形态均较发育，地表形态有峰林、峰丛、洼地、落水洞，以及石牙、浅碟形漏斗、坡立谷等，地下则发育有大型溶洞、地下河。俄罗斯东西伯利亚等地区以覆盖型或埋藏型岩溶为主，地表岩溶形态不甚发育，以漏斗或塌陷漏斗为主，但受石膏层影响，溶洞、塌陷竖井等地下岩溶形态发育
Ⅱ$_5$区：欧洲地台岩溶区	西起大西洋东岸，东抵乌拉尔山、里海，北至波罗的海，南达阿尔卑斯山北部；地形地貌以平原丘陵为主，气候及降雨差异大，区内可溶岩以古生代、中生代碳酸盐岩为主，部分地区分布有蒸发岩；多以覆盖型岩溶为主，主要为落水洞、漏斗、干谷、洼地，以及地下洞穴、岩溶泉等		
	1. 俄罗斯乌拉尔地区	中低山地貌，降雨差别大，可岩溶地区从前寒武系到第四系均有分布，且沿南北构造线展布，二叠系地层中常含有蒸发岩	典型岩溶主要分布在高原，其上覆钙质及黏土质胶结角砾岩，下伏二叠系碳酸盐岩，主要岩溶形态为漏斗及塌陷洼地；乌拉尔褶皱轴部，奥陶系至二叠系灰岩相间并发育纵向深切河谷，发育有岩溶泉、地下河、岩溶洞穴、干谷、洼地等
	2. 莫斯科埋藏型岩溶区	石炭系碳酸盐岩埋藏于20～100m厚的砂泥岩下，且地表覆盖20～40m厚的第四系冰积、冲积层，从而形成上、下双层水文地质单元	本身岩溶不发育或弱发育，在古河道切割沟通及后期地下空间建设中，人为破坏导致地下水位下降并产生岩溶塌陷现象，地下空间建设及地铁等设施运行过程中时有岩溶涌水现象并造成严重影响
	3. 波兰东部、南部地区	分布在波兰东部、南部的苏台德、圣洁十字山等山区，主要可溶地层为元古代至侏罗系碳酸盐岩，且多以穹隆形式出露；该区域与末次冰期的边缘地带重叠，故许多岩溶现象的产生多与此有关	地表岩溶形态主要为孤峰、溶蚀准平原、坡立谷、干谷、洼地、漏斗、落水洞、竖井、岩溶泉等，地下岩溶形态主要为岩溶洞穴及深竖井，以及部分地区大量抽取岩溶地下水形成的岩溶塌陷漏斗

续表

岩溶分区	分布范围	区域条件	岩溶发育特征
$Ⅱ_5$区：欧洲地台岩溶区	4. 波罗的海三国	位于波罗的海地盾区，构造稳定，地形平缓，气候变化大，地表沉积物厚，下伏古生代可溶岩地层	中北部多为覆盖型岩溶，地表岩溶现象稀疏，主要为落水洞、浅小洼地、溶痕、干谷等，地下发育岩溶洞穴及地下河；南部地区落水洞、竖井、塌陷漏斗等地表岩溶形态发育，地下洞穴发育；在可溶岩与非可溶岩相间分布地区多发育广阔的岩溶自流盆地
	5. 法国北部地区	可溶岩面积占国土面积25%左右，分布范围广泛，以古生界、中生界碳酸盐岩为主，局部有新生界碳酸盐岩及蒸发岩，为温带气候区	地表岩溶形态以小型坡立谷、洼地、干谷、落水洞为主，地下形态以岩溶洞穴、竖井为主；巴黎盆地古近系—新近系碳酸盐岩地区岩溶形态不甚发育，稀疏可见浅碟形洼地、塌陷漏斗、盲谷、落水洞及岩溶泉、岩溶洞穴等
$Ⅱ_6$区：地中海特提斯构造岩溶区	大致包括比利牛斯山—阿尔卑斯山脉—南喀尔巴迁山脉—高加索山脉以南受地中海气候控制的伊比利亚半岛、亚平宁半岛、巴尔干半岛、小亚细亚半岛在内的广大区域	以夏干冬湿的地中海气候为主，受地形高差影响，区域气候差异明显；位于欧亚板块与冈瓦纳大陆碰撞带，构造运动活跃，大型推覆构造发育，以中生界碳酸盐岩为主的可溶岩的分布多受构造影响	多为裸露型岩溶，地表岩溶形态主要以坡立谷、洼地、溶沟、溶痕为主，巴尔干地区发育较多岩溶槽谷、岩溶盆地等地貌，地下岩溶发育，常形成大规模的岩溶洞穴、暗河、岩溶泉；受构造活动影响，深部CO_2释放活动强烈，地表形成较多钙华。以“喀斯特”地貌与现象闻名于世的伊斯特拉半岛喀斯特高原即位于该岩溶区内
Ⅲ区：北美板块岩溶区	范围包括北美五大湖以南的美国大部、墨西哥及中美洲地区、哥伦比亚与委内瑞拉西北部地区、西印度群岛等，其主体是前寒武纪地台，北、东、南边缘为古生代加里东和海西褶皱带；气候总体为东西延伸、南北更替，由北而南依次为温带湿润气候、亚热带湿润气候、热带海洋气候；美国大部为古生界坚硬碳酸盐岩，美国东南部、加勒比海地区主要分布古近系—新近系孔隙性碳酸盐岩		
$Ⅲ_1$区：热带亚热带新生代孔隙碳酸盐岩岩溶区	主要分布在美国东南部、墨西哥和加勒比海区域的古巴、牙买加、波多黎各等地区	属热带亚热带气候，降水丰富，植被类型多样且覆盖程度高，主要分布新生界碳酸盐岩地层，岩石孔隙度高（可达14%～44%）	地表岩溶形态主要以峰丛洼地为主，发育有岩溶漏斗、落水洞、干谷等，加勒比海部分岛屿上，受岩性影响，山峰浑圆低矮；地下岩溶形态主要为岩溶洞穴、竖井、岩溶泉等；尤卡坦半岛地区地表岩溶潭发育，近海区域因海水倒灌及潮汐影响，混合溶蚀作用强烈，地下暗河及大型岩溶洞穴发育，沿海岩溶洞穴的发育同海平面变化相一致
$Ⅲ_2$区：温带湿润半湿润岩溶区	位于美国大陆东部和西部沿海地区，以美国东部地区为主，岩溶发育的典型地区为肯塔基州、印第安纳州南部、田纳西州中部平原地区、阿巴拉契亚山脉和阿巴拉契亚高原地区	总体为湿润半湿润气候，年降雨量700～1000mm，海拔200～2000m；以地台构造为主，除东侧阿拉巴契亚褶皱带和西部落基山褶皱带外，其余地区岩层产状平缓，主要以古生界碳酸盐岩为主	阿巴拉契亚山区构造强烈，沟谷深切，可溶岩与非可溶岩相间分布，地貌以常态山为主，岩溶形态主要为浅小洼地、干谷、落水洞，部分地区见岩溶洞穴及伏流；平原地区地形平缓，最具特色的地表岩溶形态为浅碟形洼地（落水洞平原），由于长期的侵蚀作用使上覆砂岩变薄，下伏灰岩多有出露，发育暗河天窗、落水洞、垂直竖井、岩溶洞穴等，世界上已知最长的洞穴——猛犸洞（总长逾600km）即发育于该地区

续表

岩溶分区	分布范围	区域条件	岩溶发育特征
Ⅲ$_3$区：北美西部干旱岩溶区	主要分布在美国哥伦比亚高原、大平原中部地区、科罗拉多高原等地区	气候干旱，年降雨量100～200mm，主要地貌景观为荒原、沙漠，碳酸盐岩地层以石炭系、二叠系为主，但多埋藏、少出露	地表岩溶形态不发育，局部见岩溶干谷；地下岩溶形态主要有大型岩溶洞穴、竖井、岩溶泉等；该区尚分布有相当面积的蒸发盐地层，往往也发育洞穴等形态；著名的内华达州利曼洞由高山冰雪融水下渗溶蚀形成，规模巨大；新墨西哥州的卡尔斯巴德洞的形成则受油气层中的H_2S溶于水后，增强了岩溶水的溶蚀能力从而加速岩溶洞穴的发育
Ⅳ区：冈瓦纳大陆岩溶区	包括南美洲、非洲、阿拉伯半岛、印度半岛、澳大利亚、南极洲等广大区域，长期稳定，地壳运动不强烈，地壳抬升较小，剥蚀不强烈，地形变化小。该大陆经历了几亿年的风化，覆盖层或风化层较厚，硅酸盐岩也能被溶蚀或受溶蚀影响，从而可发育形成长达几千米的洞穴		
Ⅳ$_1$区：湿润半湿润岩溶区	分布范围为南美大部、非洲中部及南部、印度半岛、澳大利亚东部等地区，岩溶典型者为澳大利亚的昆士兰州和新南威尔士州东部、南非和巴西东部东南部等地区	澳大利亚东、南等区域降雨量相对较多，除中生界外，碳酸盐岩从前寒武纪至更新世均有出露，且以志留系、泥盆系碳酸盐岩地层为主	受新生代以来形成的大量火山岩（玄武岩）分布影响，由火山岩区具较强溶蚀能力的外源水进入碳酸盐岩地层后，促进了可岩溶地层区岩溶的发育，岩溶形态主要有溶蚀漏斗、塌陷漏斗、伏流、天生桥、岩溶洞穴
		南非地区岩溶地层主要分布在其中部和东北部，碳酸盐岩主要为元古代白云质灰岩，分布在中部高原区，祖鲁兰沿海地带分布有古近系—新近系孔隙灰岩，气候温暖湿润，植被类型属稀树草原	在经历了晚白垩系到中新生代的夷平作用后，地表岩溶形态主要为落水洞、坡立谷等，且地表多堆积有几米厚的钙质红土，高原面上岩溶洞穴发育，岩溶泉数量多，受上覆土层影响及均匀的白云质灰岩含水层调蓄，泉水流量峰值滞后时间长，由于高原地区地表蒸发量大，地下水径流模数偏小；另外，受金矿开采影响，部分地区地表形成岩溶塌陷
		巴西可溶岩地层主要分布在巴西高原东部、东南部，多为前寒武纪碳酸盐岩；属热带亚热带气候，降雨丰富，降雨量在500～2000mm；巴西地台区域构造稳定，新生代以来长期处于稳定夷平阶段	总体地势平坦，无起伏较大山脉，地表岩溶形态不甚发育，局部见有落水洞、漏斗、坡立谷等，在西部两级夷平面之间的斜坡地带分布有岩溶孤峰；地表多堆积厚十几米的剥蚀红土层，以覆盖型岩溶为主，地下岩溶形态有岩溶洞穴、岩溶泉、地下河等
Ⅳ$_2$区：半干旱岩溶区	主要分布在澳大利亚西南部、巴基斯坦及伊朗高原南部、阿拉伯半岛、北非埃及、利比亚至毛里塔尼亚一带	澳大利亚西部、西南部属典型的干旱半干旱气候，降雨量小但多集中降雨或暴雨，主要分布白垩系到古近系—新近系孔隙性碳酸盐岩，并且直接覆盖在前寒武系变质岩上	集中降雨条件下，降水快速渗透，有利于岩溶发育，但地表岩溶不甚发育，以浅小漏斗为主，沿海一带古近系—新近系地层区海浪侵蚀后形成灰岩孤峰和悬崖；地下岩溶形态为主，发育有竖井、落水洞、岩溶洞穴等

续表

岩溶分区	分布范围	区域条件	岩溶发育特征
Ⅳ$_2$ 区：半干旱岩溶区	主要分布在澳大利亚西南部、巴基斯坦及伊朗高原南部、阿拉伯半岛、北非埃及、利比亚至毛里塔尼亚一带	毛里塔尼亚地处撒哈拉沙漠西部，属热带沙漠气候，高温少雨，碳酸盐岩主要以新生界地层为主，且分布范围小	受气候及地质条件限制，地表地下岩溶形态均不甚发育，现有的少量岩溶形态多发育在第四纪海滩上，如海蚀龛等，部分沙丘之间可见少量溶洞现象
		埃及国土面积的 50%出露有晚白垩系到古近系—新近系灰岩或白垩地层，且主要分布在北部和东北部，尼罗河三角洲和北部沿海地区属地中海气候，其余大部属热带沙漠气候，炎热干燥、降雨少	地表岩溶形态不甚发育；地下发育有岩溶洞穴和岩溶泉，但岩溶洞穴的规模一般较小，红海沿岸发育海蚀龛；西部沙漠地区白垩地层平缓，受高温及风蚀作用，发育灰岩孤峰，地表堆积碳酸盐岩砾石、粉末等，形成著名的“白漠”

注　本表由余波根据袁道先等著《现代岩溶学》及其他相关资料编制。

1.1.2　中国岩溶区域工程地质特征

1.1.2.1　中国可溶岩地层分布与对比概况

中国碳酸盐岩系分布面积约为 136 万 km^2，占全国陆地总面积的 14%。其中尤以贵州、云南、广西、重庆等地区分布最为集中。如云南省碳酸盐岩出露面积占全省土地面积的 52%；广西壮族自治区碳酸盐岩出露面积占全省土地面积的 43%；贵州省碳酸盐岩出露面积占比最大，约占全省土地面积的 73%。中国碳酸盐岩地层层组类型分布如图 1.1-2 所示。中国的碳酸盐岩系广泛分布在各个大地构造单元中，除内蒙古、宁夏、黑龙江、吉林、福建、台湾等省级行政区仅有零星分布外，其余各省级行政区均有较大面积分布；各地质时期均发育有碳酸盐岩系，尤以晚古生代最为发育，分布面积在 100 万 km^2 以上，早古生代次之；新生代海相碳酸盐岩仅见于西藏、台湾及部分岛屿地区，且分布面积小。

太古代厚达千米的变质碳酸盐岩——大理岩常与片岩、石英岩等共同组成古老的变质带，仅见于西昆仑山及北天山的库鲁克山地区。

元古代厚千余米的大理岩见于天山、扬子准地台西缘等地。

震旦纪开始，中国东部的扬子准地台、中朝地台、秦岭褶皱山系普遍发育富硅质的碳酸盐岩系，且多以白云岩为主。

早古生代，除华南、台湾褶皱系以外，均见有碳酸盐岩发育，一般厚 1000～1500m，尤以寒武纪中晚期发育普遍。寒武纪除中朝地台以外，仍具镁质含量较高的特征。奥陶系以灰岩、白云质灰岩、灰质白云岩为主，扬子准地台富含泥质。奥陶纪中期以后，普遍结束了碳酸盐岩沉积，仅滇西、昆仑山、天山等褶皱系有志留纪碳酸盐岩系。泥盆纪碳酸盐岩以天山褶皱系最发育，为厚逾数千米的变质碳酸盐岩。扬子准地台及华南、滇西、秦岭褶皱系等均自中晚期开始见有以灰岩类为主的碳酸盐岩系发育，秦岭地区尚经历了变质地质作用。石炭、二叠纪是该期碳酸盐岩沉积最盛行的时期，除中朝准地台之外，均沉积有巨厚的灰岩；此期部分褶皱系内的碳酸盐岩受到不同程度的变质作用。

中生代碳酸盐岩发育有限，三叠纪碳酸盐岩主要分布在扬子准地台、华南褶皱系、喜马拉雅褶皱系、昆仑褶皱系地区，晚三叠纪晚期以来仅有滇西、喜马拉雅、昆仑等褶皱系有侏罗纪海相碳酸盐岩，后两个地区尚有白垩纪碳酸盐岩。除三叠纪中期的碳酸盐岩常富

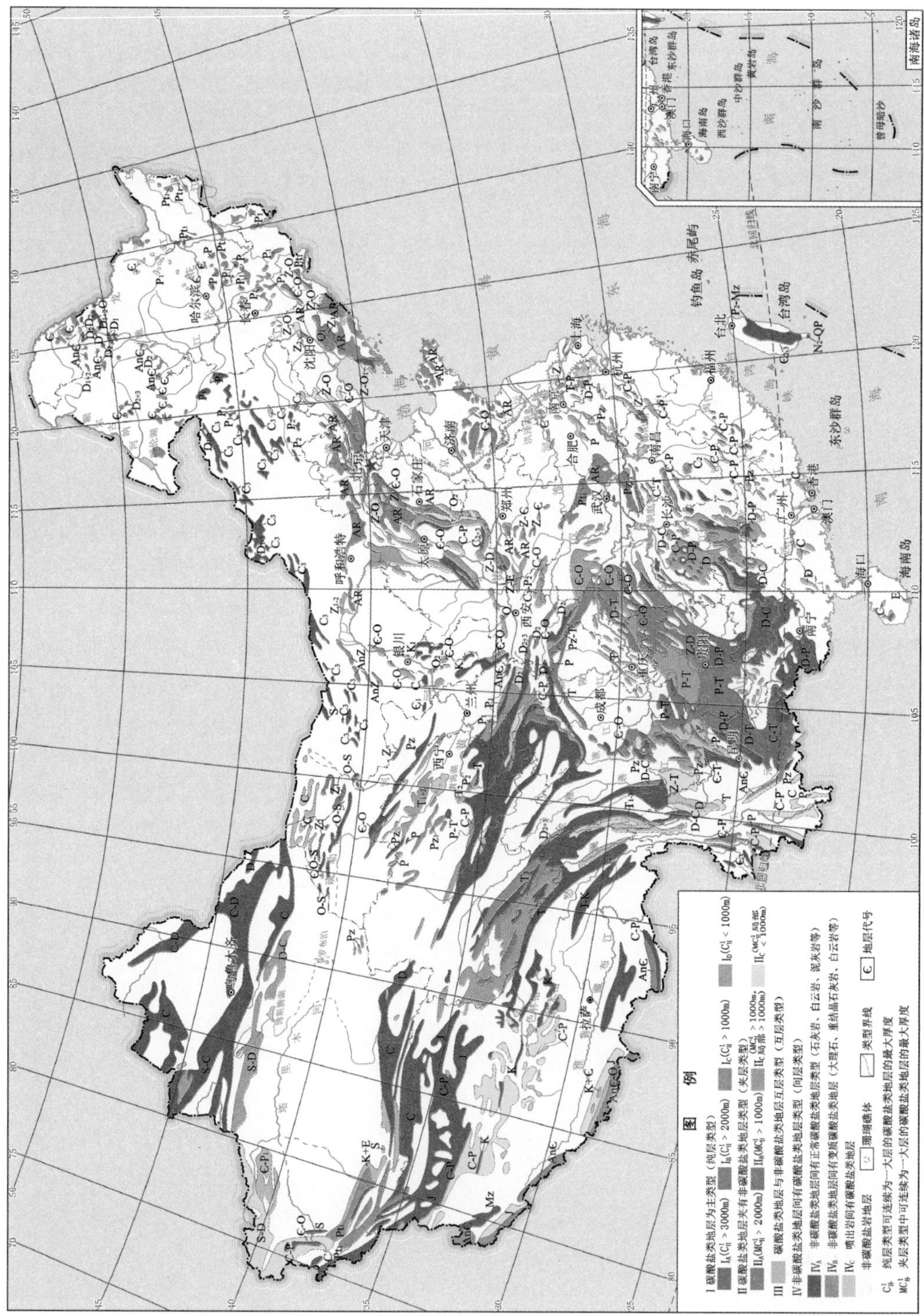

图 1.1-2 中国碳酸盐岩地层组类型分布图（卢耀如等，2000）

含镁质组分外，皆为灰岩类岩石。碳酸盐岩厚度以喜马拉雅、昆仑褶皱系最厚，一般为 3000～5000m，其余多在 1000～1500m。

新生代，塔里木地台及邻近地区的第三纪陆相沉积中分布有碳酸盐岩夹层，其余地区零星分布的陆相沉积中偶见钙质胶结的砾岩。第三纪海相灰岩仅见于台湾、西藏、南海诸岛地区。第四纪时期，仅在台湾及某些海岸、陆棚、岛屿地区零星分布有海相灰岩。另外，许多碳酸盐岩分布地区常有现代地下水钙华及泉华沉积。

总体上，中国碳酸盐岩的主要特点是分布集中、厚度大、时代老，主要集中分布于华南、华北和扬子三大地块，厚度都在 1000m 以上，除了西藏地区出露侏罗系—白垩系碳酸盐岩及南海诸岛有现代沉积的碳酸盐岩以外，大部分地区都是三叠纪以前的碳酸盐岩。由于碳酸盐岩集中分布地区都属地台型沉积，故岩石成分较纯、连续厚度大、分布稳定，因时代较老，碳酸盐岩受到成岩后的强烈改造作用，除寒武系地层节理发育影响其完整性及强度外，多具有孔隙度低、力学强度高等特点。

中国主要地区典型可溶岩地层岩性简表详见表 1.1－2。

1.1.2.2　中国岩溶区域特征

根据气候、大地构造以及岩溶发育特点，可将中国划分为 3 个区（图 1.1－3）：大致以六盘山、雅砻江、大理、贡山一线为界，以西为青藏高原西部岩溶区；以东分为两个区，以秦岭、淮河为界，北部为中温带、暖温带亚干旱湿润气候型岩溶区，即华北岩溶区；南部为亚热带、热带湿润气候型岩溶区，即华南岩溶区。根据岩性、地貌及岩溶发育特征等因素，又可细分为黔桂溶原-峰林山地亚区、滇东溶原-丘峰山原亚区、晋冀辽旱谷-山地亚区、横断山溶蚀侵蚀区等亚区（详见表 1.1－3）。

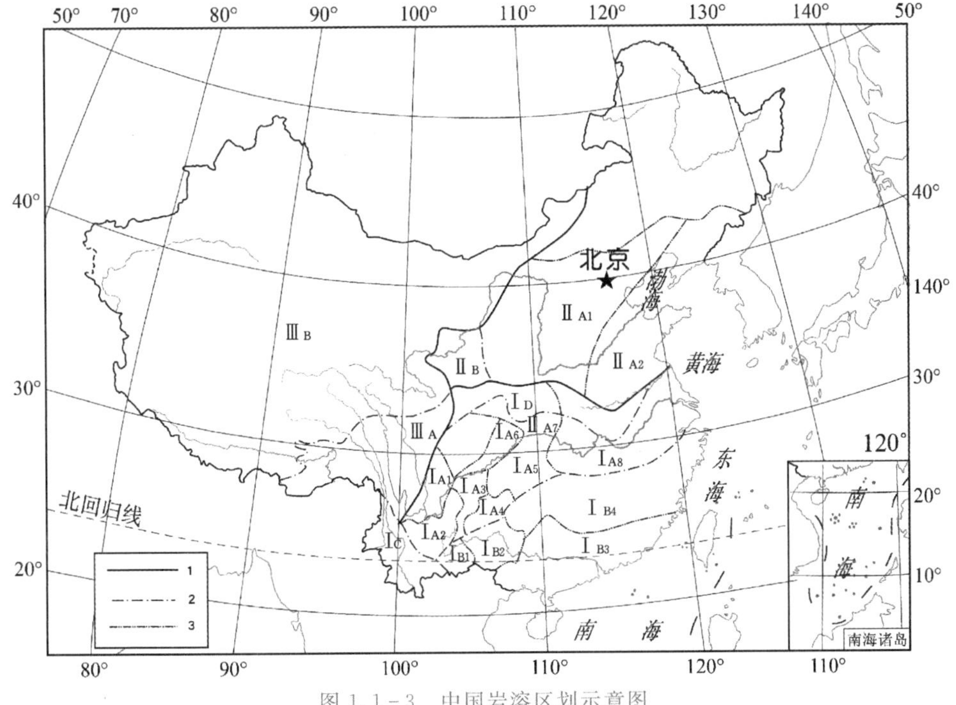

图 1.1－3　中国岩溶区划示意图

1—一级区划界线；2—二级区域界线；3—三级区划界线

表 1.1-2 中国主要地区典型可溶岩地层岩性简表

地质时期		新疆喀喇昆仑地区	青藏高原东部昌都地区	陕西西安地区	云南个旧地区	黔西水城—关岭地区	贵阳等黔中地区	黔东北与川东地区	广西来宾地区	华东浙江建德地区	山东及附近地区	辽西（朝阳）地区
新生界	第三系											
中生界	白垩系											
	侏罗系	灰岩或大理岩夹杂于叶尔羌群和龙山组碎屑岩地层中	中统花开佐组砂砾岩、钙质泥岩夹生物灰岩				中下统自流井群黔灵湖段灰岩夹白云质灰岩及燧石灰岩					
	三叠系上统		波里拉组灰岩									
	三叠系中统				个旧组白云岩夹页岩，东部为灰岩	关岭组（或青岩组）灰岩、白云质灰岩、白云岩	贵阳组白云岩夹泥质白云岩，狮子山组灰岩，松子坎组泥质白云岩	雷口坡组白云岩、泥质白云岩，黔东北一带为狮子山组灰岩、白云岩				
	三叠系下统				永宁镇组灰岩、泥灰岩	永宁镇灰岩、白云质灰岩，顶部为盐溶角砾岩；东部为大冶组灰岩夹角砾状灰岩	茅草铺组或安顺组白云岩泥质白云岩，顶部为溶塌角砾岩；夜郎组上部灰岩	嘉陵江组灰岩、白云岩，夹青盐层	来宾地区北泗组灰岩、鲕状灰岩			
古生界	二叠系上统				长兴组燧石条带灰岩	长兴组燧石结核灰岩	长兴组燧石灰岩夹硅质岩	长兴灰岩，含燧石结核		龙潭组燧石结核灰岩		
	二叠系中统				玄武岩组	玄武岩组	玄武岩组					
	二叠系下统		交嘎组、莽错组灰色厚层灰岩、生物碎屑灰岩、含燧石条带灰岩		栖霞、茅口组灰岩、含燧石灰岩	栖霞、茅口组灰岩、含燧石结核灰岩	栖霞、茅口组灰岩、含燧石结核灰岩	栖霞、茅口组灰岩、含燧石结核灰岩	栖霞、茅口组灰岩、含燧石结核灰岩	栖霞、茅口组灰岩、白云质灰岩、含燧石结核灰岩		
	石炭系上统		里查群生物灰岩、泥晶灰岩			灰色块状细晶灰岩夹白云岩团块	马平群厚层灰岩夹深灰色灰岩白云质灰岩		厚层块状灰岩、白云岩	船山组灰岩夹白云质灰岩		
	石炭系中统		敖曲群灰岩、燧石条带灰岩，乌青纳组灰岩、白云岩		块状-结晶灰岩，局部含硅质灰岩或硅质岩	厚层细晶灰岩夹白云岩，局部相变为深灰色生物碎屑灰岩	黄龙群厚层灰岩，下部为白云岩	黄龙组块状白云岩	黄龙群灰岩、白云质灰岩、硅质团块灰岩	黄龙组块状灰岩、白云质灰岩，含白色燧石团块		
	石炭系下统					摆佐组、岩关组硅质灰岩及燧石灰岩	岩关组灰岩夹泥质灰岩、燧石灰岩		灰岩、白云质灰岩、燧石灰岩			

续表

界	地质时期	新疆喀喇昆仑地区	青藏高原东部昌都地区	陕西西安地区	云南个旧地区	黔西水城—关岭地区	贵阳等黔中地区	黔东北与川东地区	广西来宾地区	华东浙江建德地区	山东及附近地区	辽西（朝阳）地区
古生界	泥盆系上统	//////	羌格组、卓戈洞组灰岩、白云岩、泥灰岩		块状灰岩、白云岩	代化组泥质条带灰岩夹白云质灰岩	尧梭组或高坡场组白云岩		榴江组上段含硅质团块扁豆状灰岩			
	泥盆系中统		丁宗隆组白云岩、白云质灰岩、生物碎屑灰岩		东岗岭组灰岩、白云岩	//////	独山组或马鬃岭组灰岩、白云岩		郁江阶灰岩、白云质灰岩及燧石白云岩			
	泥盆系下统		//////		//////		//////		//////			
	志留系	下统温泉沟群结晶灰岩或大理岩	//////				//////	//////				
	奥陶系上统		//////		//////	//////	龙井组细晶灰岩	五峰组生物碎屑灰岩		黄泥岗组、砚山组瘤状灰		
	奥陶系中统	中下统玛列兹肯群砂质灰岩、生物碎屑灰岩	芒康以东海通一带分布有白云质灰岩、白云岩、泥灰岩		//////	//////	黄花冲组块状灰岩	宝塔组灰岩、生物碎屑灰岩		//////		
	奥陶系下统			深灰色白云质灰岩、白云岩	//////	//////	红花园组厚层灰岩、桐梓组白云岩	红花园组、桐梓组生物碎屑灰岩、白云质灰岩		//////	冶里-亮甲山组灰岩	含燧石结核白云质灰岩夹竹叶状灰岩
	寒武系上统			泥质灰岩、灰岩和鲕状灰岩透镜体	//////	娄山关群白云岩及深灰色厚层夹薄层含燧石白云岩	娄山关群白云岩	娄山关群白云岩	//////	西阳山组、华严寺组瘤状灰岩、条带灰岩、泥灰岩	炒米店组灰岩，崮山组、长山组、凤山组竹叶状灰岩、泥灰岩	结晶灰岩、竹叶状灰岩、砂质灰岩
	寒武系中统			薄层灰岩	双龙潭组、高台组白云质灰岩、灰岩			石冷水组溶塌角砾状白云岩、白云岩，高台组灰岩及白云岩	//////	杨柳岗组条带灰岩、灰岩夹白云质灰岩	张夏组灰岩	白云质灰岩、鲕状灰岩
	寒武系下统				//////	薄至厚层白云岩及泥质条带白云岩	清虚洞组白云岩、泥质条带白云岩或灰岩	清虚洞组白云岩、砂质白云岩、厚层灰岩		//////	馒头组灰岩，朱砂洞组白云岩	厚层花纹状灰岩及砾岩、页岩
元古界	震旦系	震旦系上统库浪那群大理岩，以及蓟县系灰岩、粉昌灰岩及白云岩、白云质灰岩	雄松群地层中分布厚度较大的大理岩	下统薄至厚层块状硅质灰岩夹薄层灰岩，底部为龟裂纹灰岩		上统灯影组厚层夹中厚层硅质白云岩	灯影组白云岩及燧石白云岩	灯影组白云岩		上统西峰寺组条带状灰岩、白云质灰岩，下统雷公坞组上部白云岩夹薄层灰岩	下统荆山群定国寺大理岩、光山大理岩，石旺庄组（香夼组）灰岩、白云岩	上统雾迷山组灰岩及下统高于庄组含锰白云岩、白云质灰岩

注 1. ////// 表示非可溶岩，______ 表示地层缺失。
2. 本表由余波根据各地区区域地质资料整理编制。

表 1.1-3　　中国岩溶区域分区简表

岩溶大区	气候特征	岩溶亚区	范围	岩溶地貌特征	岩溶水文地质特征
Ⅰ区：华南岩溶区	亚热带、热带湿润气候，年降雨量大于800mm，年平均气温大于14℃，向南增至20～24℃，年平均相对湿度为75%～80%	$Ⅰ_{A1}$区：川西南峡谷—山地亚区	大渡河下游及金沙江下游地区，西至天全、宾川一线，东至盐津、昭通，南至云贵高原北麓	峡谷及中低山山地，具海拔2600～2700m、2100～2200m剥夷面，且以后者较为发育；地下岩溶不发育	主要含水透水地层为震旦系白云岩夹硅质灰岩，寒武系白云质灰岩、泥质灰岩，奥陶系泥灰岩，石炭系灰岩及白云岩，二叠系含燧石结构灰岩，三叠系下统灰岩、泥灰岩及下统泥质白云岩、泥质灰岩。多隔槽或隔档式褶皱，断裂发育。新构造运行强烈，河谷深切，沟谷发育，岩溶总体发育较微弱，沿断层时有岩溶大泉发育；新构造上升缓慢区岩溶相对较发育；互状灰碳酸盐岩地区岩溶多顺层面发育。金沙江、大渡河及临江地区地下水循环条件较好，相对岩溶发育强烈，如金沙江西侧鲁南山地区海拔2000m以上发育巨深的落水洞，以下于金沙江畔发育溶洞、大泉等。因此，深切河谷的斜坡地带岩溶发育，且叠加岸坡卸荷影响，岩溶水文地质问题相对复杂，存在绕坝及坝基岩溶渗漏问题，并应注意支流水库向下游及邻谷的渗漏问题
		$Ⅰ_{A2}$区：滇东溶原—丘峰高原亚区	滇东及黔西，即赫章、水城、罗平一线以西，元江以北，元谋以南地区	溶原与丘峰原地貌，具海拔2500～2600m（大娄山期）、2100～2200m（山盆期）剥夷面，后者发育为具较厚古风化壳的溶原面，发育一系列断陷盆地，路南一带发育有闻名的石林地形	主要岩溶含水地层为元古界白云岩、藻灰岩、灰岩、泥灰岩，震旦系含硅质灰岩、白云岩，下寒武统块状灰岩、泥质灰岩，中寒武统薄至中厚层灰岩、白云质灰岩，泥盆统灰岩及白云岩，中石炭统灰岩，马平群灰岩，二叠系下统灰岩，三叠系灰岩、白云岩。短轴状、鼻状及穹状褶皱发育，断裂发育。水文地质结构主要有块断构造型和间互状背斜褶皱型。前者如昆明一带，岩溶主要发育在石炭系、二叠系灰岩中，周围为碎屑岩封闭成为相对独立的地下含水系统，后者主要由背斜核部的互层状碳酸盐岩构成多层含水层。由于深谷深切，分水岭地区地下水位较高，除绕坝渗漏外，干流水库邻谷渗漏问题不甚突出
		$Ⅰ_{A3}$区：黔西溶洼—丘峰山原亚区	川南、黔西及滇东东部，包括盐津、赫章、水城，云南罗平以东，南盘江以北及兴义、黔西、桐梓以西，赤水以西以南的广大区域	大娄山期剥夷面从东部的1500m向西逐渐抬升至2000m，构成分水岭，面上为规模较小的岩溶洼地（以下简称溶洼）与丘峰；高程1000～1500m为由溶洼、溶洞、落水洞与丘峰组成的山盆期剥夷面；乌江期形成深切河谷、发育多级阶地与溶洞层	地表现露的主要岩溶含水层为寒武系白云岩，石炭系马平组、黄龙组灰岩，以二叠系灰岩，三叠系灰岩、白云岩、白云质灰岩；泥盆系碳酸盐岩零星出露。褶皱普遍宽缓，弧形构造发育。背斜位置多较高并构成分水岭，向斜多为谷地。黔西至水城一带，震旦系至三叠系碳酸盐岩由于构造上的隔槽式或隔档式褶皱形式形成了间互状碳酸盐岩向斜或背斜褶皱形水文地质结构，地下含水系统及地下水流动系统多呈带状分布。在大片碳酸盐岩出露地区，隔水层分隔差，主要为平缓型水文地质结构。黔西南及滇东一带的南盘江上游河谷地区，由于南盘江急剧下切，在两岸分水岭地带多形成明流与暗河相应的宽缓河流，以及众多海子，但至斜坡地带后多形成暗河以较陡的水力坡降排向南盘江，故斜坡地带岩溶发育，地下水埋深大，暗河、伏流众多，兴义德卧一带盲谷、洼地、岩溶海子、暗河天窗等串珠状发育，多排泄于南盘江两岸，岩溶海子及洼地岩溶发育，成库条件差

续表

岩溶大区	气候特征	岩溶亚区	范围	岩溶地貌特征	岩溶水文地质特征
Ⅰ区：华南岩溶区	亚热带、热带湿润气候，年降雨量大于800mm，年平均气温大于14℃，向南增至20～24℃，年平均相对湿度为75%～80%	Ⅰ A4区：黔中溶原—丘峰与峰林山原亚区	黔中高原及黔东南部分地区，北以乌江为界，南至独山、望谟，西至水城、纳雍、晴隆、兴仁、安龙，东至凯里	长江和珠江水系的分水岭地区，黔中高原为山盆期溶原，山盆一期剥夷面在安顺、平坝一带为1200～1300m，贵阳一带为100～1100m；大娄山期剥夷面（1500m）基本解体，仅在黔西一带保留较好。更新世以来，乌江、北盘江形成峡谷，进入峡谷期并发育多阶段阶地及溶洞	岩溶含水透水地层从震旦系至三叠系均有分布，但以二叠系、三叠系碳酸盐岩出露最为广泛，主要强可溶岩地层为寒武系清虚洞组、泥盆系尧梭组、二叠系栖霞组、茅口组，三叠系大冶组、永宁镇组、关岭组。具短轴及隔槽式、隔挡式褶皱。该区主要以褶皱型水文地质结构为主。六枝一带发育由二叠、三叠纪碳酸盐岩组成的隔档式褶皱（堕脚背斜）、穹状褶皱（茅口背斜）和宽阔的向斜（朗岱向斜），背斜多构成分水岭补给区，向斜则为汇水盆地，深部发育承压自流水。黔南一带则由泥盆及石炭纪灰岩构成箱状或长条状背、向斜，并面背斜区形成补给区，向斜区形成暗河（亦穿背斜）。安顺、平坝地区为典型山盆期剥夷面，属均匀状碳酸盐岩平缓过褶皱型水文地质结构，显示晚年期岩溶地貌景观，泉水及暗河出露多，地下水埋藏浅。乌江和北盘江为深切河谷，河谷地带地下水垂直入渗带厚达数百米，谷坡地带地下水力坡度经历缓—陡—缓的过程，由于河流快速下切，地下水尚未适应排泄基准面的变化，暗河或岩溶管道水的出口大多高出现代河水面约20m（相当一级阶地或略低于一级阶地），两岸支流多形成跌水或瀑布；在干流河段建库一般邻谷渗漏问题不大，但库首及坝区绕坝渗漏问题突出；支流河段建坝需避开河流裂点；溶原台面地区地层多较平缓，岩溶发育受相间分布的隔水层影响，多具成层性，高原宽谷建水库主要存在邻谷水平渗漏问题
		Ⅰ A5区：鄂黔溶洼—丘峰山地亚区	湘西、鄂西、川东、重庆、黔北等由巫山山脉、武陵山脉、大娄山脉等平行山脉构成的江汉平原与四川盆之间地带	川、渝、鄂、黔一带大娄山期剥夷面约为1500m，山盆期剥夷面为900～1200m，湘西一带为650～700m、350～500m；进入峡谷期（三峡期、乌江期）后，多形成5级阶地及相对应的溶洞，以丘峰、溶洼为主的层状地形主要分布在乌江中下游及湘西地区，长江及其支流深切的峡谷地貌一直伸入两岸山地或山原中心，致使地貌破碎崎岖，形成与云贵高原上岩溶高原、山原岩溶地貌迥然不同的溶蚀峡谷地貌特征	除震旦纪早期、志留及泥盆纪为碎屑岩外，震旦至三叠系中期普遍发育以碳酸盐岩为主的海相沉积。震旦系含硅质白云岩主要分布在鄂西、黔北一带；寒武统白云岩、灰质白云岩厚度大，分布广泛；奥陶系灰岩、泥灰岩、白云岩主要分布在鄂西、湘西及黔北地区；二叠系栖霞组、茅口组灰岩地层有区内出露，三叠系可溶岩地层主要为下统嘉陵江组白云岩、灰岩地层。断裂发育，箱状褶皱束为主，大娄山-八面山褶皱束延展于渝、黔、湘、鄂省境，北北东向延伸并逐渐向北转东西向。水系受地质构造影响较大，长江三峡、乌江下游、清江水系等主、支水流大都沿构造线方向发育。以较纯或间互状碳酸盐岩向斜及背斜褶皱型水文地质结构为主，以箱状褶皱为主的大娄山-八面山褶皱束中的各个构造因志留纪隔水岩体的环绕，将早古生代早期碳酸盐岩为核心的背斜与中生代早期碳酸盐岩为核向的向斜分离成不同的水文地质单元，向斜中的二叠、三叠纪可溶岩具不均一化岩溶特征，背斜部分的寒武、奥陶纪可溶岩具有成岩交代白云岩类整体岩溶化的特征。各隔水岩体将可溶岩分隔成多个地下含水系统，平行于构造线方向沿着可溶岩岩层走向发育岩溶管道水或暗河。此类水文地质结构特点决定了各主要河流之间都有若干隔水岩体阻隔，一般邻谷渗漏问题不大，但需充分利用隔水岩系或弱岩溶发育河段选择坝址，否则库首及绕坝渗漏问题较为严重，处理难度非常大，甚至不可成库

续表

岩溶大区	气候特征	岩溶亚区	范围	岩溶地貌特征	岩溶水文地质特征
Ⅰ区：华南岩溶区	亚热带、热带湿润气候，年降雨量大于800mm，年平均气温大于14℃，向南增至20～24℃，年平均相对湿度为75%～80%	I_{A6}区：川东、渝西溶洼—丘峰山地亚区	川东、渝西地区，西至渠县、广安、荣昌一线，南至江津一线，云阳、忠县、涪陵以西，北至达州、开县一带	NE—SW向的一系列平行褶皱山带像蚯蚓一样断续斜列排行在区内，狭窄的背斜山岭因核部碳酸盐岩受到溶蚀作用而呈浅丘起伏的负地形，翼部侏罗纪砂岩形成山脊，华蓥山一带发育高程1000～1150m、800m、500～600m剥夷面，最广泛发育的长江阶地为320m一级，长江、嘉陵江等干流河谷发育多级阶地，但因水位变幅大，相应岩溶层级与阶地对应并不明显	为川东弧形褶皱群区，背斜狭窄，向斜宽缓，为典型的隔档式褶皱，轴线靠西侧多发育走向逆断层，岩层状多西陡东缓。华蓥山背斜因断裂切割导致寒武系至二叠系、三叠系可溶岩均有出露，南部的中梁山等背斜核部亦见二叠系灰岩出露；此外，其余背斜的核部均为三叠系碳酸盐岩。追踪碳酸盐岩与隔水层接触带发育的一系列以溶洼为主的负地形地貌形态是川东特殊的构造条件控制岩溶分布的特点之一，其岩溶发育情况多受切割侏罗系山脊各垭口的河流这一排泄基准面控制，受构造控制，背斜西侧岩溶化程度一般较东侧深，多形成规模较大的岩溶槽谷并有地表常年溪流；而东侧多为海拔较西侧高的溶丘地形，少常年性地表水流。寒武系、奥陶系灰岩因出露面积小，岩溶化程度相对较弱。二叠系灰岩的岩溶发育及富水程度与其是否出露有关，出露者岩溶多较发育；同时，该地层中古岩溶发育。三叠系主要含水透水地层为中统嘉陵江组及下统飞仙关组的上部（厚约80m）。背斜山地所出露的各个碳酸盐岩含水层均被三叠系上统及侏罗系隔水层所环绕，每个背斜构造均成独立的具补、径、排地段的地下含水系统，并越过切割的垭口峡谷排向碎屑岩区。长江及嘉陵江深切河段，临江两侧岩溶发育，洼地深陷且下伏深埋暗河。上述独特的间互状背斜水文地质结构区，可充分利用侏罗纪隔水层的围限作用，于两侧的出口峡谷区选址筑坝，但应避免在其自成体系、可溶岩广泛分布、难以防渗处理的岩溶槽谷区建坝蓄水
		I_{A7}区：渝鄂溶洼—丘峰山地亚区	重庆、鄂西，包括米仓山和大巴山脉，东南界在巫溪、兴山及房县一带	总的地貌特点是地形起伏大，沟谷深切，分水岭单薄，山高谷深，坡陡流急。主要发育2000m、1500m、1200～1300m、1000m、800m各级剥夷面，尤以后两者较为发育	下古生界至三叠系可溶岩均有分布，其中古生界地层分布在背斜核部，出露面积较小；三叠系岩层出露面积在70%以上。主要可溶岩地层为上寒武统中厚层硅质白云岩及硅质灰岩，下奥陶统灰岩、白云岩及页岩，中奥陶统含泥质灰岩，下二叠统栖霞组、茅口组灰岩，上二叠统长兴灰岩，下三叠统嘉陵江组灰岩、白云质灰岩、白云岩，中叠雷口坡组上部灰岩及白云质灰岩。该区北部发育城口、镇坪、房县深断裂，构造线自西向东呈向南突出的弧形褶皱束，且背、向斜紧密相间并受上述深断裂的制约。受构造控制，可溶岩呈条带状近东西向展布，岩溶顺层发育，多形成规模较大的长大暗河系统，并于深切河谷中的背斜核部或与隔水层的接触带出露成泉。由于暗河管道的规模较大，其出口除随河谷下切见多期出口外，部分泉水甚至在河床底部形成上涌出口。部分可溶岩分布较宽的横向河谷段，尚可能存在顺河向的岩溶地下水深部循环状况。岩溶顺层发育强烈，水库选址论证时应注意邻谷渗漏问题，并注意沿河岩溶大泉及河谷裂点对坝址选择的影响。如双通水库坝址即选择在河谷裂点上游，下游尚发育有岩溶大泉，水库蓄水后存在严重的多层通道渗漏问题

续表

岩溶大区	气候特征	岩溶亚区	范围	岩溶地貌特征	岩溶水文地质特征
Ⅰ区：华南岩溶区	亚热带、热带湿润气候，年降雨量大于800mm，年平均气温大于14℃，向南增至20～24℃，年平均相对湿度为75%～80%	Ⅰ$_{A8}$区：长江中游溶原—丘峰与低山丘陵亚区	鄂东南、鄂中、赣西北、皖南、浙西、苏南地区	碳酸盐岩多呈小面积斑点状或条带状分布，绝大部分属溶原-丘峰及低山丘陵区，也有溶蚀平原分布，浙西一带发育550～650m、400～450m、200～380m三级剥夷面，普遍发育封闭的溶洼，溶洞、暗河分布也较广泛。部分层段受物质组成及层组间互特征影响，不具岩溶地貌特征	碳酸盐岩总厚度较大，但多零星地呈斑点状、条带状出露，碳酸盐岩在浙西厚度最小，鄂东南及皖南一带厚度最大，鄂中随县地区见中下元古界变质碳酸盐岩，钟祥一带震旦系灯影组为白云岩类，浙西上震旦统为硅质白云岩，江苏滁县一带震旦系为碳酸盐岩与碎屑岩互层；中寒武至中奥陶纪普遍发育碳酸盐岩，鄂中与三峡地区相似，从泥质白云岩类逐渐过渡到奥陶系的灰岩；浙西、皖南、赣西北、鄂东南等地中寒武统以深灰色灰岩、泥质灰岩为主，常夹页岩，上统为泥质灰岩或泥质条带灰岩，鄂东南为较厚的白云岩；安徽长江北岸零星分布的中上寒武统以薄层灰岩为主。中下奥陶统在鄂东南至皖、苏两省沿江地带为灰岩，下统在东部常含白云质，向西多含泥质。中石炭纪碳酸盐岩广泛发育，黄龙组下部富白云质，上部为厚层灰岩。二叠系栖霞、茅口、长兴组灰岩分布亦广泛。浙西没有三叠系分布，皖苏境内长江沿岸及太湖以西为灰岩，鄂东南、鄂中、赣西北为大冶组灰岩夹页岩，中统嘉陵江组为白云岩。零星分布的碳酸盐岩分别形成各自的地下含水系统，较多的是向斜或单斜式水文地质结构。总体上，除石炭、二叠系碳酸盐岩中岩溶普遍较发育且含水丰富外，寒武、奥陶系一般岩溶发育程度较弱，三叠系岩溶发育也有限，岩溶对成库建坝影响相对较小
		Ⅰ$_{B1}$区：滇东南溶原—峰林高原亚区	罗平、广南、富宁以西，建水、元阳、金平以东的滇东南地区	为南盘江与元江的分水岭地区，山势雄厚，剥夷面海拔2000～2400m，个旧-蒙自地区的剥夷面上保留有第三纪时发育的丘峰、埋藏石芽、溶斗、溶洼、落水洞等，剥蚀面较开阔；中和营、平远街、文山等地发育峰林地貌。受断块运动影响，沿断层形成较多断陷盆地	下古生界可溶岩主要分布在麻栗坡地区的南溪河流域，以碎屑岩夹碳酸盐岩为特征，寒武系为变质碳酸盐岩；上古生界及三叠系可溶地区分布在开远、个旧以东至丘北、广南一带，其中尤以三叠统个旧组白云质灰岩、白云岩及灰岩分布最广。断裂构造发育，以北西、北东东及北东组互相切割出现。个旧、蒙自、草坝一带的断陷盆地区属个旧组碳酸盐岩构成的均匀块状纯碳酸盐岩断块构造，断陷盆地南部为碎屑岩及火成岩隔水层围绕，南侧山区是元江与南盘江的分水岭，草坝以东的鸣鹭街一带有地下分水岭与平远街溶原为界共同构成该水文地质单元的边界，溶盆与周围山区的地形高差大，斜坡山区垂直入渗带极厚，但溶盆边缘是地下水排泄区，多见岩溶大泉分布。中和营、平远街一带为由个旧组碳酸盐岩组成的间互状纯碳酸盐岩断裂褶皱型水文地质结构，1450～1500m剥夷面上发育有孤峰、溶洞、大泉及岩溶湖，中和营一带地下水从东、西、南三个方向向六郎洞方向排向南盘江，岩溶管道水具广泛补给区，径流途径长且埋深大、流量大。斜坡地带地下水深部径流作用强，水力坡度大，修建水库可能存在强烈的渗漏问题

续表

岩溶大区	气候特征	岩溶亚区	范围	岩溶地貌特征	岩溶水文地质特征
Ⅰ区：华南岩溶区	亚热带、热带湿润气候，年降雨量大于800mm，年平均气温大于14℃，向南增至20～24℃，年平均相对湿度为75%～80%	$Ⅰ_{B2}$区：黔桂溶洼—峰林山地亚区	黔南及广西中西部，北界为独山、望谟、册亨，西界是兴义、广南、西畴、屏边，与桂东溶原的界线在融安、隆安、大新、龙州一线	地貌景观由峰丛-溶洼向峰林-溶盆逐渐演化。桂西地区岩溶形态主要为峰丛、溶洼、落水洞、天生桥、盲谷和伏流，红水河上游河床纵剖面较陡。桂西南地区主要为峰林-溶盆或溶洼，暗河时出时没，但地貌斜坡区落水洞、伏流增多。红水河及右江中游地区地势降低，具过渡型特点，水平及垂直的岩溶形态均有发育，于溶盆地区发育暗河水系	主要发育上古生界碳酸盐岩，岩性纯，厚度大且分布广，给峰林地貌的发育奠定了物质基础。较纯的灰岩主要为中石炭统黄龙、马平组灰岩，以及二叠统栖霞组、茅口组灰岩。较纯白云岩主要为中上泥盆统白云岩及灰岩，下石炭统上司段中厚层白云岩及灰岩，中石炭统黄龙组、马平组白云岩及结晶灰岩。发育开阔型及过渡型褶皱，局部发育线状紧密褶皱。区内各类背斜多构成分水岭，为附近向斜的补给区，向斜倾角缓，埋藏浅，上层发育潜水含水层，深部含水层承压但不自流。分水岭地区岩溶发育强烈，各类岩溶形态均具，暗河及地下水埋藏相对较浅，但地表明流少见。红水河深切的凤凰山背斜区为峡谷地貌，河谷地带水动力剖面发育完善，地下水以暗河形式径流，埋深30～50m，但地表干旱。该区处于由云贵高原向桂东溶原过渡的地貌斜坡地带，总体上地形起伏剧烈，发育幼年期峰丛地形，地表河流的伏流河段屡见不鲜，干流河谷深切300～600m，常呈陡立的障谷，河床纵剖面较陡；此类地貌斜坡地带修建大型水库，应研究沿深部径流的渗漏问题。因两岸分水岭较高，一般不会产生邻谷渗漏问题，但由于河流裂点的发育及两岸地下水位低槽带的存在，以及深部岩溶的影响，库首岩溶渗漏问题突出，应是研究的重点
		$Ⅰ_{B3}$区：粤桂溶原—峰林平原亚区	广西中东部及粤北大面积碳酸盐岩分布区，闽赣、粤等碳酸盐岩零星分布区	该区从新生代以来具间歇性缓慢隆起为特征的地壳运动，属于上升幅度小的稳定区，因而发育了典型的溶原，溶洞层明显，典型者如桂林岩溶地貌。广西发育220～250m、150m、110～100m剥夷面，除高层外均有溶洞层；在相对高度60～80m、30～40m及以下尚有溶洞层，以30～40m这一层发育最普遍，相应的红土台地是溶原的主要台面	广泛分布晚古生代均匀状纯碳酸盐岩，泥盆系、石炭系、二叠系分布最广，发育最完善，桂东以中泥盆统—下石炭统为主，桂中以石炭二叠系为主。晚泥盆世、早石炭世、早二叠世等时期的非碳酸盐岩地区除后者分布普遍外，都不具区域性，因而在桂东厚千余米、桂中厚约3000m的碳酸盐岩中几乎没有隔水层相隔，且碳酸盐岩的纯度高，碳酸盐岩矿物占97%～98%，以灰岩类为主。弧型构造发育，多以平缓褶皱为主。在平缓褶皱为主的地质构造条件下，大面积连续分布的碳酸盐岩构成了均匀状灰岩平缓褶皱型水文地质结构，当断裂构造发育时，更增长了岩溶发育的程度。由于地壳相对稳定且每次上升幅度小，致使碳酸盐岩经受了强烈而深刻的溶蚀作用，地下水以水平径流为主，地下洞穴系统发育完善，地下水丰富且埋藏浅，地表、地下水文网发育。因岩溶发育强烈，水库渗漏问题突出，应主要以修建低水头径流式电站为主，不宜建高坝大库

续表

岩溶大区	气候特征	岩溶亚区	范围	岩溶地貌特征	岩溶水文地质特征
Ⅰ区：华南岩溶区	亚热带、热带湿润气候，年降雨量大于800mm，年平均气温大于14℃，向南增至20～24℃，年平均相对湿度为75%～80%	Ⅰ$_{B4}$区：湘赣溶盆一丘峰山地与丘陵亚区	湘赣中南部及闽中北的南岭、雪峰山、罗霄山、武夷山等地区	溶盆—丘峰山地与丘陵地貌，各山系之间碳酸盐岩分布区构成丘峰与溶盆，溶盆规模十数平方千米至数十平方千米。湘南具海拔750～950m、500～650m、250～400m剥夷面，其中250～400m剥夷面上各岩溶形态发育。更新世以来的溶盆分布在海拔50～200m，溶洼及溶盆继承性扩大；发育有四级河流阶地及相应溶洞	湖南境内主要碳酸盐岩发育在上泥盆统、石炭统、二叠统及下三叠统地层中，赣、闽省境主要为零星分布的中上石炭统及下二叠统、下三叠统碳酸盐岩。由开阔褶皱及过渡型褶皱组成的复式向斜发育。主要发育向斜褶皱型地下水含水系统，也有块断构造型。湘中及湘东南地区复式向斜褶皱发育了典型的自流水盆地，下三叠统碳酸盐岩组成向斜核部的上层潜水含水层，中上石炭统及下二叠统灰岩构成深部承压含水层，一般呈北东至南西向延伸，面积大，水量丰富，承压水头一般高出地面3～5m；岩溶发育强度在补给区最弱，承压区居中，排泄区岩溶发育强烈；另外，受承压水深循环影响，下二叠统灰岩中的岩溶发育深度可达负高程350m左右。闽中地区为典型的间互状纯碳酸盐岩块断层构造型水文地质结构，如三明盆地石炭、二叠系灰岩埋深30～50m，上覆白垩系及新生界岩层，深部岩溶可发育至150～240m，钻孔承压水位高出地面0.6m
		Ⅰ$_C$区：滇西褶皱系古生代碳酸盐岩岩溶区	沿元江及大理、贡山一线以南地区	地貌为中山及高山山地，怒江及澜沧江为深切达1500m以上的河谷，两河之间的分水岭地块上保留着带状分布的平缓山原盆地特点。第三纪末期以来，该区块断强烈的不等量抬升，表现为水系普遍不对称并有河流袭夺现象，发育坳陷盆地，同一级高原面在不同地区高度上有差异，抬升量北部大于南部，西部大于东部	均匀状灰岩主要有下石炭统含燧石条带厚层灰岩、下二叠统灰岩及白云岩、中三叠统厚层灰岩。间互状碳酸盐岩主要有上寒武统灰岩与砂页岩互层、中上奥陶统砂质泥岩与泥灰岩互层、中志留统灰岩泥灰岩夹砂页岩、中上泥盆统灰岩泥灰岩、中上石炭统砂质泥岩、石英砂岩与生物碎屑灰岩互层。区内断裂发育，褶皱宽缓，碳酸盐岩主要分布在保山-镇康复向斜内，复向斜介于澜沧江、怒江深断裂之间。保山地区一般向斜开阔，核部由下二叠统灰岩组成，为区内主要含水层。镇康地区构造线为北东向，北部有勐简、南部有勐堆两个向斜，核部为下二叠统、中三叠统含水层，地下水沿层面自北东向南西排向南汀河。罗明—勐棒一带为线形紧密褶皱及倒转褶皱，总体为一向斜构造，二翼下石炭统、下二叠统灰岩为主要含水层，地下水向北向南径流排向怒江，谷底有泉水出露。耿马、孟连地区主要含水层亦为中上石炭统及二叠系灰岩。此外，在维西—无量山地区有三叠系间互状碳酸盐岩、中上奥陶统间互状变质碳酸盐岩含水层分布，在西盟一带有下古生界富水性强的大理岩，福贡—陇川地区变质岩中夹有大理岩含水层，南部的龙陵—瑞丽一带向斜核部侏罗系及翼部志留、泥盆系产间互状碳酸盐岩，中上奥陶统及下二叠统分别为均匀状白云岩及灰岩含水层。由于滇西地区强烈的抬升，河流深切，地下水的作用尚不适应排泄基准面的下降，多发育悬挂泉；近代岩溶发育微弱，主要为岩溶裂隙水，在保山、施甸、耿马、南定河一带见有暗河或岩溶大泉发育

续表

岩溶大区	气候特征	岩溶亚区	范围	岩溶地貌特征	岩溶水文地质特征
Ⅰ区：华南岩溶区	亚热带、热带湿润气候，年降雨量大于800mm，年平均气温大于14℃，向南增至20～24℃，年平均相对湿度为75%～80%	I_D 区：秦岭褶皱系晚古生代变质碳酸盐岩岩溶区	秦岭以南至大巴山、米仓山以北	位于侵蚀—溶蚀地区北缘。北坡陡峻的、东西走向的秦岭主脉居于北侧，构成黄河与长江流域的分水岭。该区皆属嘉陵江及汉水流域，属中等切割（500～1000m）的中山山地，汉水谷地中见有低山与丘陵分布	上震旦统、寒武统、奥陶统、志留统、泥盆统、石炭统、二叠统、中三叠统地层中均见有碳酸盐岩分布，但分布狭窄，多为变质碳酸盐岩，常具碎屑夹层或与碎屑岩互层，厚度及岩相变化均较显著。岩溶水文地质特征具有向邻区过渡的特征，是现代岩溶封闭负地形分布的北部边界，既有东秦岭及大巴山北麓的溶沟、溶斗、溶洼现象，又有西秦岭的侵蚀、霜冻、泥石流作用与溶蚀作用共同塑状的山地地貌，近秦岭北缘则是岩溶旱谷与常规山地。石炭系、二叠系碳酸盐岩中岩溶相对较发育，以岩溶裂隙水为主，也有岩溶管道水。东秦岭及大巴山北麓地区地表岩溶现象较西部丰富，沿条带状分布并受断层切割的碳酸盐岩中发育有串珠状溶斗及条形洼地，地表岩溶洞穴规模较大，但地下岩溶不甚发育
Ⅱ区：华北岩溶区	中温、暖温带亚干旱湿润气候，年降雨量400～800mm，年平均气温8～14℃，年平均相对湿度55%～70%	$Ⅱ_{A1}$ 区：晋冀辽旱谷—山地亚区	山西、河北为主，辽宁和内蒙古的南部、河南西部，陕西有零星分布，所辖范围包括燕山、太行山及山西高原	燕山、太行山、吕梁山属块状中山山地地形，沟谷发育，多悬崖陡壁，河流上游呈深切峡谷。地表岩溶发育较弱，岩溶形态单一，分布也不普遍，以旱谷、泉群居多，其次为溶洞、落水洞、溶沟等，封闭负地形少见，局部残留有已被第三系红土充填的古溶斗。在山西高原及晋冀交界的太行山麓过渡地带，旱谷是常见的形态	均匀较纯的碳酸盐岩主要为中寒武统厚层鲕粒灰岩、下奥陶统含燧石条带厚层白云岩和白云质灰岩、中奥陶统厚层灰岩及白云质灰岩，间互状碳酸盐岩主要分为上寒武统泥质条带灰岩、白云质灰岩、竹叶状灰岩；另外，中下震旦统中上部为断续分布的硅质白云岩、硅质灰岩。区内构造主要由燕山运动形成，构造体系在山西一带为雁行式褶皱和逆断层，在燕山形成箱状及穹状褶皱；喜山期则主要为正断层活动，大面积上升和下陷形成若干相对应的地垒隆起和地堑盆地。碳酸盐岩多沿复式背斜翼部分布。地堑盆地边缘受构造影响，岩层倾角较陡或较乱，地垒或地堑部分岩层则相对平缓。主要水文地质结构为均匀状纯碳酸盐岩平缓褶皱型、块断型及单斜型，且以前两者为主。均匀状平缓褶皱型灰岩水文地质结构主要分布在太行山中南段东南麓广泛出露的中寒武统至中奥陶统灰岩地层中，岩溶发育，但单个岩溶形态总体规模较南方小，受其中所夹膏盐层溶解对岩溶发育的加速影响，发育有娘子关泉、神头泉、司马泊泉等岩溶大泉。均匀状块断层构造水文地质结构主要分布在太原盆地、太行山两翼的地堑式盆地区，底部多为平缓但广泛分布的奥陶系灰岩，岩溶发育且较均匀，岩溶裂隙水丰富，形成晋祠泉等岩溶大泉。主要水文地质问题为地下洞室的涌水及水库渗漏问题；在研究洞室涌水及水库渗漏问题时，应重点关注断裂带及古岩溶的影响，以及膏盐层对岩溶发育的影响

续表

岩溶大区	气候特征	岩溶亚区	范围	岩溶地貌特征	岩溶水文地质特征
Ⅱ区：华北岩溶区	中温、暖温带亚干旱湿润气候，年降雨量400～800mm，年平均气温8～14℃，年平均相对湿度55%～70%	Ⅱ$_{A2}$区：胶辽旱谷—山地亚区	山东、辽宁及淮河以北地区，北至开原、长白山，西以辽河平原及黄淮平原为界，东濒渤海与黄海，包括辽东及鲁中南低山和丘陵区	为浅切割的低山与丘陵，旱谷发育，仅在较高的剥蚀面上残留有浅平封闭的负地形及溶沟、溶洼、落水洞、溶洞等现象，但不太普遍，它们多是地貌发育历史过程中的产物，并逐渐被现代常态地貌所改造。山东地区具海拔700～800m、500～600m、300～400m、250m等剥夷面，有时发育相应溶洞	徐淮地区震旦系上部为较厚的灰岩、白云质灰岩，辽北震旦系为巨厚的硅质白云岩、灰岩，旅大、吉林浑江一带震旦系为巨厚灰岩。寒武系、奥陶系碳酸盐岩在区内较为稳定，辽宁、吉林一带为中上寒武统鲕粒灰岩和中、下奥陶统灰岩、白云岩。山东地区寒武纪张夏组灰岩分布范围较广且厚度稳定。奥陶系下统含燧石结晶白云岩分布较广；中统由灰岩逐渐过渡为泥质灰岩、白云质灰岩夹角砾状灰岩。鲁中南地区碳酸盐岩多构成产状平缓的背斜翼部，且受断裂切割而形成单斜地块。徐淮地区碳酸盐岩零星分布且多呈单斜构造。地表早期剥夷面残留的溶沟、石芽、溶洼及落水洞、溶洞等现象发育，且尚有一定规模。徐淮地区零星分布的丘陵一般海拔均在200m以下，零星见有小型溶洞发育。旅大滨海地段碳酸盐岩海岸有海水作用形成的溶沟及石芽，海平面80m以下溶洞不太发育，多为溶孔及溶隙。鲁中南一带，寒武系、奥陶系在泰山、沂蒙山以北被近南北向断层切割，以南则被北西至近东西向断裂切割，形成一系列单斜构造，岩溶潜水受到河流的补给，尤其河流顺岩层走向发育时，地表水多朝着单斜岩层顺倾向一侧补给地下水；地表分水岭与地下分水岭不一致的现象较为普遍，部分甚至不存在地下分水岭；寒武、奥陶系单斜含水层在山前地形较低的地段，受隔水层阻挡，多形成承压岩溶泉，如济南诸泉；沿着裂隙溶蚀扩大组成的溶隙网，使含水层具有均一的透水性，构成具统一地下水面的地下含水系统，并形成该区丰富的地下水资源，水库选址应注意库坝区岩溶渗漏及库区长距离渗漏问题
		Ⅱ$_{B}$区：祁连褶皱系元古代至古生代变质碳酸盐岩岩溶区	宁夏南部、甘肃东部、峡西中西部及北部地区	中山山地及黄土高原，主要表现为侵蚀地貌特征，除局部残留的零星古岩溶现象外，总体上岩溶地貌不明显	零星分布极少量的元古代至古生代变质碳酸盐岩，在早石炭世以后皆为碎屑岩。碳酸盐岩分布区多居褶皱紧闭的狭窄背斜部分，产状陡倾或直立，并伴随逆断层。受岩性组成、气候、降水及地下水的补、径、排等条件影响，总体上岩溶弱发育或不发育，沿断层带地下水可能较丰富，但岩溶现象不甚明显

续表

岩溶大区	气候特征	岩溶亚区	范围	岩溶地貌特征	岩溶水文地质特征
Ⅲ：西部岩溶区	绝大部分地区属亚湿润气候，年降水量在500～1000mm，年平均气温一般2～12℃，南部为2～20℃	$Ⅲ_A$区：大横断山区溶蚀剥蚀区	沿西藏东部的昌都至四川红原一线为其北界，东邻热带、亚热带气候型侵蚀岩溶地区，南抵国境线及云南贡山、大理以北的川、滇、藏交界的大横断山区；根据构造、地形及气候条件，该区可分为内陆大面积分布的高原岩溶区和边缘深切峡谷高山岩溶区，后者即大横断山区的高山岩溶地貌	主要是深切割的高山及极高山，既有冰川、霜冻、泥石流等外营力的作用，也有一定的溶蚀作用，流水侵蚀作用盛行；新构造运动强烈。在剥蚀面上有各种岩溶封闭负地形残留，尤其在较早的台面上继承早期岩溶现象进一步发育现代岩溶。在金沙江中游的德钦、中甸、丽江一带，有保存不甚完好的三级剥夷面，高程分别为3700～4200m、2700～3000m、2000～2400m，大都构成分水岭，在后二级剥夷面上岩溶发育，2700～3000m的高原面以下是宽广的盆地和谷地，如丽江、大理等地，再以下为深邃的峡谷。锦屏山一带广泛残留三级剥蚀面，高程分别为4000m、3000m、2200m左右，第二级剥蚀面上分布有溶洞、天生桥等，后两级面为高级及低级谷肩，局部有深大溶隙发育，地表见有溶洼、落水洞、溶沟、石芽发育，沿断裂带局部发育岩溶大泉	主要可溶地层结构特征为褶皱系内的上古生界及中生界碳酸盐岩夹碎屑岩，且上古生界及三叠系均遭受了变质作用。金沙江以东的川西地区，木里地区发育泥盆系碳酸盐，以及泥盆～二叠系片岩与火山岩间夹大理岩；零星分布在得荣、木里南部、锦屏山及康定地区的石炭纪大理岩、结晶灰及白云岩类厚逾千米；邛崃山区片岩与千枚岩中略夹大理岩薄层；理县、丹巴一带石炭、二叠纪片岩中夹大理岩，二叠纪碳酸盐岩岩相复杂，厚度大，普遍变质；甘孜、雅江等地以三叠纪西康群碎屑岩夹灰岩为主；锦屏山一带中三叠统为厚约3000m的大理岩。藏东左贡—巴塘等区，怒江沿岸为上古生界片岩、千枚岩与大理岩、灰岩互层；昌都、理塘、巴塘等地二叠系为灰岩、结晶灰岩夹片岩及火山岩；昌都地区三叠纪波里拉组为灰岩、结晶灰岩。滇西北丽江、大理一带自奥陶至三叠纪均以碳酸盐岩为主夹碎屑岩及少量硅质岩。该区新构造运动强烈，断裂发育，褶皱形态复杂，在不同期构造运动影响下，碳酸盐岩遭受强烈褶皱及区域变质。总体上，该区由于强烈的新构造运动导致河谷深切，地势陡峻，山高谷深，物理风化作用强烈，碳酸盐岩多耸立在分水岭地带，大部分降水迅速汇集成地表径流，尽管具流水侵蚀与溶蚀的双重作用，但仍以流水侵蚀作用为主，地下水的溶蚀作用微弱，仅在一些宽谷、盆地中在继承新生代以来的岩溶发育的基础上，地下岩溶获得一定程度的发育。丽江、中甸等石炭、二叠、三叠统碳酸盐集中分布区，地下水分向深切的金沙江及其支流排泄，地下水循环深，沿隔水层边界溢出泉水，岩溶较发育，常见伏流、暗河发育。丽江、大理地区高原面保存较完整，主要沿大断裂发育系列构造溶蚀盆地。在横断山脉及东部的大雪山区的变质碳酸盐岩中，岩溶中等发育或弱发育，多分布高悬于深切河谷之上的岩溶裂隙水，除少数者外，多流量不大。锦屏山复向斜区，大理岩地下含水系统被隔水岩组包围，地下水沿岩层走向方向径流，排泄于横切碳酸盐岩的一级支沟内，岩溶地下水丰富，但向深部岩溶逐渐减弱，以岩溶裂隙水及岩溶层间水深循环为主。大渡河以东的邛崃山区变质碳酸盐岩岩溶中等发育或弱发育，多为裂隙岩溶泉，仅天全、宝兴一带夹金山中南段上古生界变质碳酸盐岩中泉水流量略大。该区南部边缘已居于向溶蚀作用为主的过渡地带，岩溶较北部发育，溶盆与溶洼、岩溶湖泊及岩溶泉等较北部多。如金沙江、澜沧江所剧烈分割而破碎的分水岭地带，仅在盆地和高原面上保存着面积不大的平坦地面，海拔2800～2900m高原面大部分为红色风壳所掩覆，零散地分布着溶斗、溶洼，发育有盲谷，其下的断陷盆地边缘多为碳酸盐岩，岩溶相对发育，地下水丰富，多形成常年性湖泊或季节性积水，如香格里拉一带的纳帕海。另外，该区沿深大断裂时有岩溶泉水出露，且多伴随大片钙华分布。总体上，除局部岩溶峡谷外，岩溶对建坝无太大影响，主要存在深埋洞室的岩溶高压涌水问题

续表

岩溶大区	气候特征	岩溶亚区	范围	岩溶地貌特征	岩溶水文地质特征
Ⅲ：西部岩溶区	气候寒冷干燥，绝大部分属干燥地区，年降水量多在500mm以下，在可溶岩分布的高原及山地地区，年平均气温多低于2℃	$Ⅲ_B$区：新、藏干旱岩剥蚀溶蚀区	其东、南界线沿银川、西宁、岷县、红原、德格、昌都、工布、措美一线分布，包括新疆、西藏、青海、内蒙古、甘肃、四川、宁夏等省（自治区）的全部或部分地区	新疆等地为山盆地貌，青藏高原多为海拔4000m以上的高原与山地，外营力为冰川、霜冻、泥石流及干燥作用，现代溶蚀作用居极次要地位。早期岩溶现象如溶沟与石芽、溶洞等时有发现但逐渐受到破坏	碳酸盐岩多分布于加里东、海西、印支及燕山、喜山等期形成的祁连山、天山与昆仑山、松潘、甘孜与唐古拉、拉萨、喜马拉雅等褶皱系中，且多以变质碳酸盐岩为主，仅塔里木地台包括古生界在内的寒武系、下石炭统碳酸盐岩未受变质。褶皱剧烈，断裂发育。稀少的降雨量与强烈的蒸发使该区气候较为干旱，几乎没有地表水流的侵蚀与溶蚀作用。喜马拉雅山地区南坡岩溶强于北坡，与其坡向有关；北坡处于冰缘区，各时期岩溶受高原环境及气候变化制约，岩溶化程度不充分，并在气候强烈影响下的霜冻、泥石流作用逐渐破坏不产生岩溶现象。念青唐古拉山纳木错一带，见有溶洞、天生桥、石芽等岩溶现象。青藏高原北缘山地及天山山地普遍见有物理风化剥落的碳酸盐岩岩屑以及屹立的碳酸盐岩山岭，偶见规模不大的残留溶洞。祁连山及天山一带虽有丰富的硫化物矿床，但受气候影响，亦未致碳酸盐岩强烈岩溶化现象。该区岩溶总体上弱发育或弱发育，除早期残留的岩溶现象外，现代岩溶多为溶蚀裂隙，或沿裂隙、断层发育规模不大的溶洞，但除深大断裂带外，岩溶发育深度一般不大。一般均为岩溶裂隙水，流量不大；沿断层深循环泉水流量一般较大且稳定；部分渗流通道补给区处于融雪水补给区时，亦可导致泉水流量较大，对岩溶溶蚀扩大有一定影响

1. 华南岩溶区

该区包括长江中、下游与珠江流域地区，碳酸盐岩出露面积约为 60 万 km^2，占全国岩溶地区总面积的 44%。滇东、黔、桂、川东、湘西和鄂西，碳酸盐岩大面积出露，是中国岩溶最为发育的地区，此外，苏、浙、赣、粤等省亦有碳酸盐岩零星分布。

该区属中亚热带至暖亚热带湿润季风气候。大部分地区年平均气温为 15～23℃，年平均降雨量为 800～1300mm，部分地区达 2000mm 以上。

该区在大地构造上属于华南地台，基底由前震旦系浅变质岩系组成。震旦纪至三叠纪，地壳升降频繁，沉积了厚达 5000m 以上的多层碳酸盐岩及碎屑岩，并有火成岩活动，造成了若干次沉积间断。中生代晚期的燕山运动，使该区地层普遍褶皱，构造轮廓基本定型。新构造运动主要表现为大面积的间歇性上升，西部上升幅度最大，形成云贵高原，向东、向南渐次降低成阶梯状。滇东-黔西高原面一般高程为 2000～2500m（北部达 2700～3000m）；黔中高原面的高程一般降至 1000～1200m；桂中准平原的高程仅 100m 左右。滇东南、黔南、桂西北、黔东及黔北则为云贵高原的斜坡过渡地带。川东、湘西、鄂西山地为江汉、洞庭平原与四川盆地之间的隆起区，高程在 1000m 左右，亦属云贵高原向北递降的斜坡地带。

该区在地质历史过程中发育了多期古岩溶，自震旦系以来区内曾有多次沉积间断，形成了多层古溶蚀面和古岩溶。例如：滇东、黔西晚震旦世至早寒武世、晚泥盆世至早石炭世、晚石炭世至早二叠世、早二叠世末至晚二叠世初，黔中地区寒武纪末至石炭纪初、早二叠世末至晚二叠世初、三叠纪末至侏罗纪初，四川盆地早二叠世末至晚二叠世初、三叠纪晚期至侏罗纪初，广西地区早二叠世末至晚二叠世初均有古岩溶发育。其中早、晚二叠世之间发育的古岩溶较为普遍。

近代岩溶的发育可分 3 期，白垩纪末至第三纪初为第一期，地壳经历了燕山运动之后，处于相对稳定时期，夷平作用居主导地位，形成了云贵高原面及黔中（如大娄山期）、桂西北、川东、湘西、鄂西等地现存的峰顶面，当时碳酸盐岩暴露于地表，岩溶有所发育，但因后期地壳上升，岩溶现象大多遭受破坏，仅在高原面上残留。第三纪至第四纪初为第二期，地壳相对稳定的时间较长，气候比较炎热潮湿，岩溶充分发育，形成宽阔的山盆期剥夷面、断陷岩溶湖、盆地、大型洼地、谷地及峰林、石林等岩溶景观。第四纪以来为第三期，地壳强烈上升，形成水系干流的深切峡谷，进入峡谷期（如乌江期），岩溶作用进入全盛时期，垂直、水平形态的岩溶都很发育，发育多级河流阶地以及与之对应的溶洞层、岩溶泉。

2. 华北岩溶区

华北岩溶区主要属黄河流域及辽西等区域，碳酸盐岩出露面积约 23 万 km^2，占全国岩溶地区总面积的 17%。集中分布在晋、渭北（陕西渭河以北）、冀北、冀西、鲁中及辽中太子河、浑江、辽西大凌河流域等地区。

该区属中温带至暖温带半干旱、半湿润气候。大部分地区年平均气温为 5～15℃，年降雨量为 400～800mm，部分地区达 1000mm 以上。

华北岩溶区在大地构造上处于华北地台。从震旦纪至中奥陶世沉积了厚达 1000～2000m 的碳酸盐岩。加里东运动后，地壳抬升成陆，沉积间断，大陆长时间遭受剥蚀，缺失上奥陶统至下石炭统地层。印支运动后，大陆再次抬升遭受剥蚀，但这次沉积间断的时间较短。燕山运动后，整个华北地区上升成陆。新构造运动有明显的差异性，表现为太行山、吕梁山、燕山、泰山等山区强烈上升（辽东上升较缓慢），而华北平原、东北平原和汾渭地堑则相对沉降。

该区在震旦纪晚期、晚奥陶世至早石炭世及三叠纪晚期均有古岩溶发育，其中奥陶纪、石炭纪之间发育的古岩溶最典型。近代岩溶的发育可以大致分 3 期。白垩纪末至第三纪初为第一期（北台期或吕梁期），地壳经历了燕山运动后隆起，岩溶有所发育。但由于后期地壳的升降，该期岩溶保留不多。太行山南段及雁北山区的一些大型溶洞残留于 1500～1900m 高程的山顶面附近。第三纪至第四纪初为第二期（唐县期），上新世，华北地区气候温湿，地壳相对稳定，近代水系开始发育，地表水、地下水循环条件较好，岩溶作用较强烈，是华北近代岩溶发育的主要时期，其岩溶形态多被保留至今。第四纪以来，岩溶发育进入第三期，当时气温较低，降水较少，不利于地表岩溶的发育，但因山地与平原间新构造运动的差异、排泄基准面的下切，岩溶有向深处发育的趋势。地表以干谷和岩溶泉为特征，大型溶洞罕见。在深切河谷岸坡可见一些裂隙式溶洞，但规模一般较小。地下发育的岩溶多数以溶隙和溶孔为主。上述岩溶形态一般均沿结构面（包括层面裂隙、可溶岩与非可溶岩的接触带）、断裂及其交汇带发育。

该区主要的岩溶层组有：中奥陶组马家沟组和中寒武统张夏组厚层灰岩、鲕状灰岩，下奥陶统白云质灰岩、白云岩，上寒武统灰岩及震旦系硅质灰岩、白云岩。其中马家沟组和张夏组岩溶最发育，是该区主要岩溶含水层，地下水丰富。

3. 西部岩溶区

西部岩溶区主要包括雅砻江、金沙江上游、澜沧江、怒江等所在的大横断山区及宁夏、川北、昌都、工布、措美以北的西北干旱地区两大区域。

该区碳酸盐岩出露面积约 53 万 km^2，占全国岩溶地区总面积的 39%。该区的范围以新疆、宁夏、甘肃、青藏高原为主，平均高程在 4500m 以上，气候严寒干燥，降水较稀少，且以降雪为主。

青藏高原在大地构造上处于喜马拉雅地槽区。古生代至早新生代沉积了多层碳酸盐岩和碎屑岩，碳酸盐岩层大致呈东西走向条带状分布，尤以高原南部较广泛。中新世晚期发生的强烈构造运动，使中新统及更老的地层遭受到剧烈的褶皱与断裂。上新世地壳相对稳定，气候温湿，是青藏高原岩溶发育的主要时期，发育了峰林等亚热带岩溶形态，并保留至今。第四纪以来，强烈而持续的整体性抬升运动使地壳大幅度上升，气候转为干冷，坚硬或中等坚硬的碳酸盐岩多高屹在分水岭地区或单薄的山脊地带，成为“神山”，特殊的气候及地形条件非常不利于地表岩溶的发育，早期岩溶形态亦多逐渐被后期的物理风化作用破坏，“残留”现象明显。现代岩溶作用主要在地下进行，但受干旱气候条件的影响，除少数沿深大断裂发育的岩溶大泉及大片钙华外，一般发育深度不大，且发育程度差，主要为溶蚀裂隙或沿层面、结构面发育的小型溶洞；发育少量溶蚀裂隙及岩溶泉，地下水流一般仍以岩溶裂隙性渗流为主，当径流通道沟通融雪补给区时，泉水流量较大。

1.1.3 中国硫酸盐岩岩溶概况

中国硫酸盐岩以石膏和硬石膏为主，其成因较复杂，形成与分布受古地理-地质环境的演化制约，在各地不同时代地层中均有不同程度的分布。除其本身具溶蚀作用并存在溶蚀现象外，其对碳酸盐岩区岩溶发育的影响亦不可小视，在某些地方甚至起决定性影响。

不同成因的硫酸盐岩的岩性特性、沉积规模、分布情况都是不尽相同的，在其成岩过程中多伴有相应的溶蚀-沉积的岩溶作用过程，次生沉积的硫酸盐岩就是岩溶作用的产物。中国几种成因的石膏、硬石膏的基本特性、岩溶发育概况、典型分布地点见表 1.1-4。

表 1.1-4　中国石膏、硬石膏基本特性及岩溶发育概况

类型	亚型	基本特性	岩溶发育概况	典型分布地点
海相沉积	块状、厚层状	石膏（或硬石膏）与碳酸盐以块状或层状存在，局部与碎屑岩共存	岩溶通道、洞穴、陷落柱与角砾岩	山西太原（中奥陶统峰峰组）、甘肃天祝（奥陶系）、宁夏中卫（石炭系）
	薄层状	石膏以薄的夹层存在于碳酸盐岩、岩盐及碎屑岩中	岩溶角砾岩、岩溶通道和陷落柱	华北地区及东北、西北和华南部分地区，如贵州三叠系永宁镇组顶部的硬石膏夹层
湖相沉积	块状、厚层状	红层中的石膏（或硬石膏），具有少量湖相碳酸盐岩	岩溶通道、小洞穴和塌陷	湖北应城（古近系）、宁夏同心（第三系清水营组）、内蒙古鄂托克旗（第三系）
	薄层或透镜状	石膏呈薄层或透镜状，具红色碎屑岩和卤化物岩	洞穴与溶蚀裂隙，陷落柱和角砾岩	中国南北方的断陷盆地内
热液作用沉积	接触交代变质	在侵入岩和碳酸盐岩接触带发生变质作用生成硬石膏和石膏	溶蚀裂隙、小洞穴系统	湖北大冶、黄石
	火山变质	在安山岩、安山凝灰岩和变质石英岩中形成透镜状硬石膏，再生成石膏	少量溶蚀裂隙	安徽马鞍山和向山
	区域变质	变质作用形成大理岩、片岩，相应生成硬石膏，再形成石膏	热液岩溶通道	辽宁凤城
岩溶与次生水化作用沉积	洞穴沉积	由复合岩溶作用水化作用重结晶作用而成	多呈薄层、透镜状及脉状沉淀于岩溶洞穴中	贵州绥阳、山西西南及北京地区
	裂隙与脉状沉积	硬石膏水化作用生成次生石膏，多为纤维状	小型至中型溶蚀裂隙	广西和山西，主要是具海相及湖相石膏层的沉积地带

注　本表引自卢耀如等著《硫酸盐岩岩溶及硫酸盐岩与碳酸盐岩复合岩溶——发育机理与工程效应研究》。

总体上，中国硫酸盐岩分布区岩溶发育特征或其对岩溶发育的促进作用主要表现在以下几个方面：

（1）中国硫酸盐中以石膏和硬石膏分布最为广泛，在其形成过程中，也伴随着岩溶作用的过程。这种岩溶作用表现在溶蚀-沉积的变化机理中，且明显受当时、当地古地质环境特别是古水文地质环境的控制。据现有资料，有硫酸盐分布的地带也都发生着岩溶，目前的岩溶作用多是相应的古岩溶作用过程的继续或复活。中国西部干旱地区的现代盐湖分布地带也是硫酸盐岩沉积和发生岩溶的主要场所。

(2) 硫酸盐岩岩溶作用过程可产生许多岩溶现象，但由于硫酸盐岩岩性较软弱，又易于为水所溶解，受构造活动及湿热气候影响，中国广大地区不易保存大规模的硫酸盐岩岩溶现象，大型硫酸盐岩中的岩溶洞穴在中国仍未见有保存。

(3) 南方新生代红层沉积盆地中有较多石膏、硬石膏分布，相应地在地下深处也有一定岩溶发育。在三叠系中，特别是四川盆地，也有较多石膏分布；贵州等部分地区亦有夹层状石膏发育。此类石膏夹层本身岩溶发育较弱，但其会加速邻近碳酸盐岩中岩溶的发育。中国北方寒武-奥陶系地层中有较多石膏分布，除地下深处仍有岩溶作用在进行外，地表浅处亦见有早期发育的岩溶现象和第四纪以来发育的岩溶现象。

硫酸盐岩分布多较零星，对一般水利水电工程建设影响相对较小，但硫酸盐岩与碳酸盐岩共生的现象在中国较为突出，二者的复合作用对岩溶发育的影响巨大，且多会加速、加剧碳酸盐岩中岩溶发育的速度与规模。此类共存及岩溶“激化”现象的存在，在岩溶地区成库建坝过程中应引起充分重视，并重点考虑因石膏或硬石膏快速溶解可能导致的岩溶管道或岩溶裂隙、孔隙的长期渗流稳定性，以及中生界晚期石膏与砂泥岩互层地层中因石膏溶解带来的抗滑稳定问题与渗透稳定问题。

本书中，硫酸盐岩岩溶不是研究重点，有关其分布与岩溶特征，读者可参考相关文献，本书后续涉及的岩溶均特指碳酸盐岩岩溶。

1.2　岩溶发育的一般规律

新生代以来，中国大陆尤其是西部地壳的大幅度抬升，加上可溶岩广泛分布，使得各个时代形成的岩溶形态得以较好保存。因此，中国保存了世界上时间跨度最长、分布连续性最好的岩溶形态及其组合，为研究岩溶发育的一般规律提供了丰富的研究样本。

由于岩溶作用是地质历史时期内一种相对较快速的地质作用，而中更新世后中国气候格局基本形成，因此，与现代气候条件相匹配的主导岩溶形态是现代气候条件下岩溶动力系统对岩溶环境作用的产物，在岩性分布基本确定的情况下，岩溶发育更多受气候及地下水循环条件的影响。总体上，岩溶发育与否及发育程度受现代气候、地形、岩性、构造、构造运动、动力循环条件等综合控制，具有选择性、受控性、继承性和不均匀性。

1.2.1　岩溶发育的选择性

岩溶发育的选择性表现在岩性和地层两方面。

对岩性的选择，总体说是碳酸钙含量越高，岩溶越发育。灰岩与白云岩，包括其过渡岩类，因化学成分及孔隙度不同，溶蚀特征亦各有差异。总体上，白云岩孔隙度多大于灰岩，故在相同地下水渗流条件下，白云岩的透水性好于灰岩且较为均匀，镁质残渣易存留，因此，白云岩地层区岩溶发育虽规模较小但较为均匀，与风化作用重叠后多形成砂状。而灰岩地层中，岩溶现象多沿节理裂隙、断层或层面等结构面发育，多呈带状、线状、脉状，块状完整的灰岩中岩溶反而相对不甚发育；灰岩中溶解后的钙质易随水消逝，这也是砂状岩溶现象多在白云岩中，且白云岩地层岩溶发育规模总体相对较小，而大溶洞、暗河多发育在灰岩中的主要原因。

对地层的选择亦与岩性息息相关。如上所述，保存较好、规模较大的岩溶现象多以灰岩地层为主，如贵州等西南地区的寒武系下统清虚洞灰岩地层，石炭系中统黄龙、马平群灰岩地层，二叠系下统栖霞组、茅口组灰岩地层，三叠系下统夜郎组、永宁镇组灰岩地层等，北方地区岩溶强发育者如寒武系张夏组灰岩、奥陶系冶里-亮甲山组灰岩、马家沟组灰岩等地层。大型溶洞、暗河、伏流等多发育在上述灰岩、灰质白云岩地层中。

在古老的寒武系白云岩地层中亦时有大型岩溶系统发育，如贵州绥阳长约238km的双河溶洞系统，系在特定的地质构造背景下，发育在古生代白云岩地层中的多层多支有水文网联系的复杂洞系，该溶洞的发育演化与区域地质背景及地史时期的构造事件和古地理环境密切相关。双河地区构造体系受新华夏系构造的强烈影响，断层展布多为北东向，构造线方向和派生的次生断裂控制着地貌和岩溶的发育。节理是控制洞系发育和展布的重要构造形迹，节理方向多为北东和北西，且以北西向最为发育，节理密度为1.2～8.0条/m，两组节理多呈“X”交叉，这些共轭节理控制着地下与地表河系的延伸方向及洞腔的发育。上述地质构造背景深刻地影响了地理环境的变化和岩溶作用过程。中生代末至第四纪以来气候由温暖湿润逐渐过渡到温凉和冷暖交替，尤其是第四纪（距今约200万年）以来的喜马拉雅构造运动使这一地区受到强烈影响，表现为多次间歇性抬升，在强烈上升阶段外力作用活跃，河流下蚀作用和岩溶作用过程加剧，出现多层多期的岩溶山地峡谷地貌和溶洞系统。区域内明显可见多级地貌夷平面并表现出不同的地貌特点，如海拔1300～1500m的金钟山地区残留有大娄山期高原面，海拔900～1300m的山盆期夷平面出现齐平的岩溶峰丛和溶蚀谷地，发育有众多的水平溶洞，直到峡谷期（乌江期）海拔降至900m以下至600m左右。新构造上升，强烈水动力活跃，地表切割加剧形成幽深峡谷，地表水流向纵深形成复杂的水文网和暗河系统，双河地区复杂多层多支的溶洞系统无不与这一特殊的地质地貌演化背景有关。另外，双河洞系发育的主要物质基础是早古生代中上寒武统娄山关群与下奥陶统桐梓组台地蒸发相白云岩和白云质灰岩地层，且普遍含有膏盐；除双河地区地层构造裂隙发育、新构造上升强度大、地表水和地下水交替循环迅速外，更重要的是白云岩地层中的石膏层和含有SO_4^{2-}水溶液的离子效应，碳酸镁在含SO_4^{2-}的地下水中溶解度相当高，由于它的溶解使水中的Ca^{2+}几乎全部析出，双河地区有较多的富含SO_4^{2-}的地下水通过承压向上运移，与岩体中$CaSO_4 \cdot 2H_2O$交替后水中SO_4^{2-}含量会迅速增加，$CaSO_4 \cdot 2H_2O$交代石灰岩的过程中因膨胀及重力崩落使洞腔不断扩大，从而发育出现今宏伟的双河岩溶洞穴系统。

1.2.2 岩溶发育的受控性

（1）受隔水岩组控制。当隔水岩组或相对隔水岩组具有一定厚度，且呈缓倾状态分布时，可以阻止岩溶向深发育，隔水岩组成为溶蚀基准面，多有悬挂泉、飞泉形成（图1.2-1）。当隔水岩组具有一定厚度，且与可溶岩陡倾接触时，一方面可以阻止岩溶在水平方向向前发育；另一方面由于接触溶蚀，又可以加剧岩溶的发育，多形成接触泉（图1.2-1）。当可溶岩为隔水岩组所覆盖时，河流接近切穿非隔水岩组或切割下伏可溶岩不深时，多形成承压泉（图1.2-1和图1.2-2）。当有多组隔水岩组与可溶性透水岩组相间分布时，岩溶发育多具成层性，且多发育在接触带附近，当可溶岩地层较薄时，总体上岩溶发育程度不会太强。当可溶岩地层较厚且分布范围较宽时，多形成相对完整且受隔水层围限的岩溶管道系统。

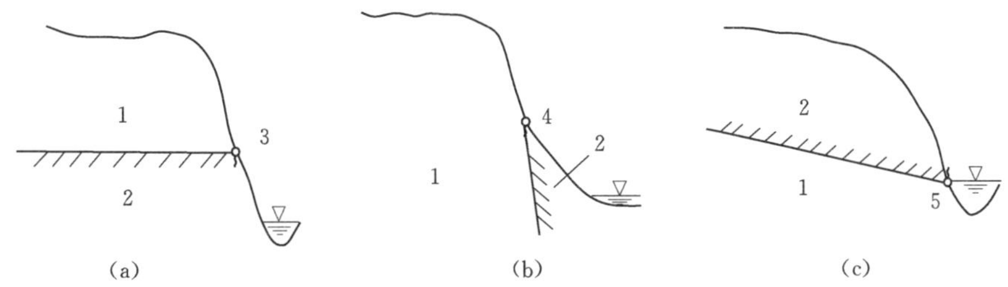

图 1.2-1 岩溶发育受隔水岩组控制

1—可溶岩；2—非可溶岩；3—悬挂泉；4—接触泉；5—承压泉

图 1.2-2 岩溶暗河发育受隔水岩组控制（重庆巫山青龙潭）

(2) 受褶皱构造控制。向斜形成盆地的情况下，有利于地表水的汇集；同时向斜属汇水构造，有利于地下水的汇集。丰富的地表水和地下水有利于岩溶发育。与隔水层相间分布的可溶岩形成的向斜，还可促使岩溶向深发育［图 1.2-3 (a)］，形成承压岩溶含水层。背斜多形成地形分水岭，不利于地表水的汇集；同时背斜，特别是与隔水层相间分布的可溶岩形成的背斜不利于地下水的汇集，因而岩溶发育相对弱。但是，当非可溶岩被剥蚀，背斜轴部的可溶岩出露后，则形成四周为非可溶岩包围的“槽状”储水构造，如华蓥山背斜等，也有利于岩溶的发育，在可溶岩与非可溶岩接触带多有泉水出露［图 1.2-3 (b)］。当可溶岩出露面积及接触泉与当地排泄基准面高差足够大时，接触泉还往往为温泉。

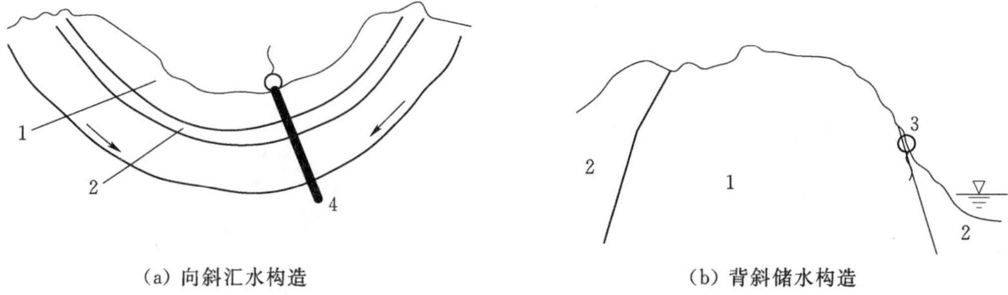

图 1.2-3　岩溶发育受褶皱构造控制示意图

1—可溶岩；2—非可溶岩；3—岩溶泉；4—断层或裂隙

(3) 受断裂构造控制。导水断层、裂隙密集带有利于岩溶的发育，地质工程师们的认识几乎一致，但阻水断层对岩溶发育的影响，人们的认识就大相径庭了。阻水断层一方面可以阻止岩溶的发育；另一方面由于侧支断裂力学性质的改变及接触溶蚀作用的加强，又可加剧岩溶的发育。因此，阻水断层不是岩溶不发育，只是岩溶发育的部位不同而已，岩溶主要发育在两侧（尤其是上盘）影响带内，断层带内一般岩溶不甚发育；在现场可看到阻水断层也发育有较多串珠状溶洞，多为两侧岩溶发育塌空后侵蚀的结果。另外，断裂构造不仅控制岩溶发育的强弱，还控制岩溶发育的方向。

(4) 受新构造运动及地壳上升速度变化控制。地壳上升速度快时，岩溶发育以垂直形态为主；地壳运动相对稳定时，岩溶发育则以水平形态为主。因此，随着地壳上升运动间歇性变化，岩溶分布具有成层性，且这种成层性与新构造运动形成的剥夷面、阶地面具有较好的对应性。

(5) 受气候控制。气候控制表现为中国北方的地表岩溶形态（如峰林、洼地等）不如南方发育，西部不如东部发育。贵州峰林的相对高度不如广西，有人认为这是贵州峰林遭蚀余的结果，但贵州地壳上升幅度比广西大，为何这种蚀余作用反而比广西强？袁道先等在全国不同气候条件下设置 13 个观测点，量测降雨量、蒸发量、气温、土壤和空气中的 CO_2 含量等对碳酸盐岩溶蚀速率的综合影响。主要观测点分布在亚热带湿润气候区（桂林等地）、温带干旱半干旱区（北京、格尔木等地）、高原湿润区（贵州等地）、温带湿润区（长春等地）。监测资料表明，各观测站点的碳酸盐岩溶蚀速率大致伴随平均气温的降低而减弱，相关性最大者主要为降雨量，由南到北、由东到西，石灰岩的溶蚀速率的峰谷起伏情况与各地降雨量的峰谷对应很好。总体认为，降水是造成石灰岩溶蚀的最直接和最活跃的因素，而气温主要是通过其他条件如植被、土壤等来影响岩溶作用。另外，埋片试验的结果亦表明，岩溶作用是较快的地质作用或地貌作用，各种岩溶形态通常是现代气候条件作用的产物，其影响远大于地质环境。

1.2.3　岩溶发育的继承性

对应地壳上升运动的每一个轮回，都有垂直变化、季节变动、水平及深部渗流带岩溶的发育；同时，早一轮回发育的岩溶带又为晚一轮回的岩溶发育提供了条件，或者说晚一轮回岩溶往往是继承早一轮回岩溶发育。这种继承可以是叠加，也可以是改造，或两者兼而有之（图 1.2-4）。

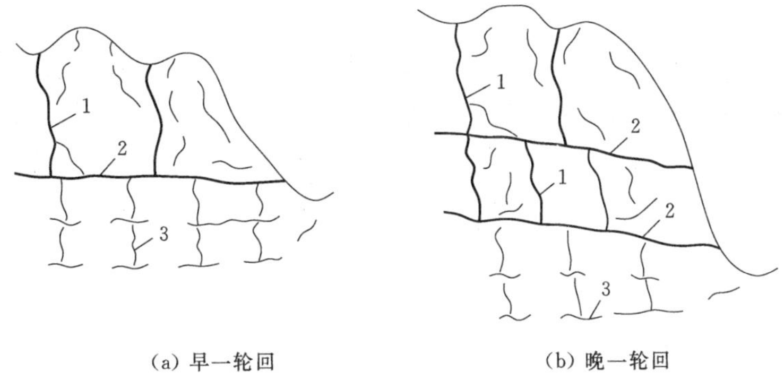

(a) 早一轮回　　(b) 晚一轮回

图 1.2-4　岩溶发育的继承性示意图

1—垂直管道岩溶（入渗补给）；2—水平管道岩溶（水平循环）；3—网格状裂隙岩溶（深循环）

1.2.4　岩溶发育的不均匀性

岩溶发育的选择性、受控性和继承性的结果是岩溶发育的不均匀性。因此可以说，不均匀性是岩溶发育的最大特点，是造成岩溶地下水系统性、孤立性、变迁性、悬托性、穿跨性等的前提条件。白云岩地层区岩溶发育的均一性略好，但受构造条件及地貌演化、水动力学条件等影响，也会存在差异性溶蚀，最终亦表现为岩溶发育的不均匀性。

另外，在河谷地带，岩溶发育常有向岸边退移的现象。当河谷两侧有明显的地下水位低槽带或岩溶大泉分布时，两岸地下水的循环多受岩溶大泉或岸坡地下水位低槽带的控制，而河床部分地下水主要表现为与地表河水联系紧密的浅部循环，此种情况下，河床部位的岩溶发育呈现停滞现象，现有的岩溶现象主要为早期岩溶发育的结果，且除表层岩溶外，河床深部的溶洞多呈充填状态，地下水的渗流条件较浅部差。

但岩溶发育的不均一性亦是阶段性的。在漫长的地质年代中，随着岩溶作用的不断进行，对岩溶通道的改造也在逐渐进行。如上所述，溶蚀作用在刚开始时，一般多是沿着岩体中最薄弱的环节进行的，一些导水结构面，如层面、裂隙面、张性断层、压性断层的影响带、可溶岩与非可溶岩接触带等部位都是溶蚀作用最易发展的部位，所以，最初的单一管道延伸方向亦受主导结构面的控制，此阶段岩溶的发育及富水性具有强烈的不均一性，横向水力联系较差且具明显的各向异性。在可溶岩分布范围足够大的情况下，随着溶蚀作用的进一步发展，与主导结构面相通的次要结构面也逐渐遭受溶蚀，岩体构造的各向异性逐渐被改造，岩溶管道的组合形式由平行、折线等单一管道向管网结合的管道网络过渡，并最终发展成为网状岩溶管道系统；现实当中，绝大部分岩溶通道一般表现为裂隙、管道、洞穴的复杂组合（图 1.2-5），形成不同层级的网络系统。当然，若受隔水岩组限制，单一岩溶发育的最终结果是裂隙岩溶—岩溶管道—暗河、伏流—溶蚀平原的形态过渡。当然，部分白云岩地层因岩体孔隙较灰岩大、镁质残留等影响，亦存在岩溶规模虽小但较为均匀的“砂状”岩溶化现象；北方寒武系张夏组灰岩中亦发育有较为均匀的孔状溶蚀现象。

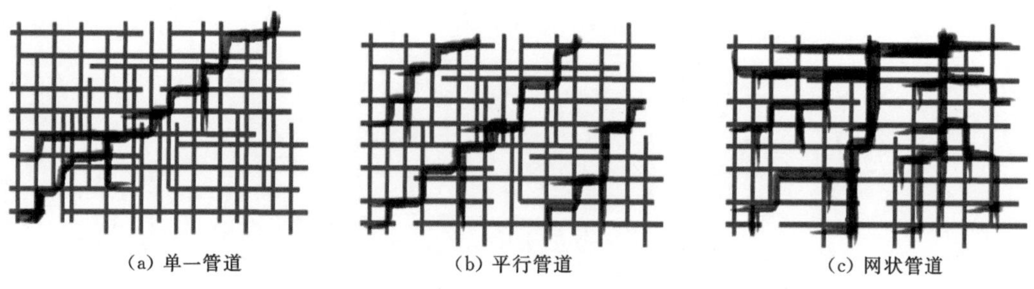

图 1.2－5　岩溶管道及岩溶不均匀性发展阶段示意图

1.2.5　滨海岩溶

在有可溶岩分布的滨海地区，受海平面升降和混合溶蚀作用而形成的岩溶现象为滨海岩溶。滨海岩溶在中国华北、华东及南部沿海一线较为常见，国外的许多岛屿及沿海国家如印度尼西亚、马来西亚及缅甸等碳酸盐岩地区亦见发育，其主要受海平面升降和淡水、咸水混合溶蚀影响。

沿海一线，咸淡水交界面对滨海岩溶的发育深度有一定控制作用，在该面以上，地下水向海洋排泄，在交界面上产生混合溶蚀作用，导致岩溶管道的规模不断扩大、溯源延伸。另外，第四纪以来，由于海平面的升降运动，咸淡水交混界面位置亦随之升降变化，从而在海面以下形成多层溶洞（图 1.2－6）。大连滨海地段海平面 80m 以上发育多层溶

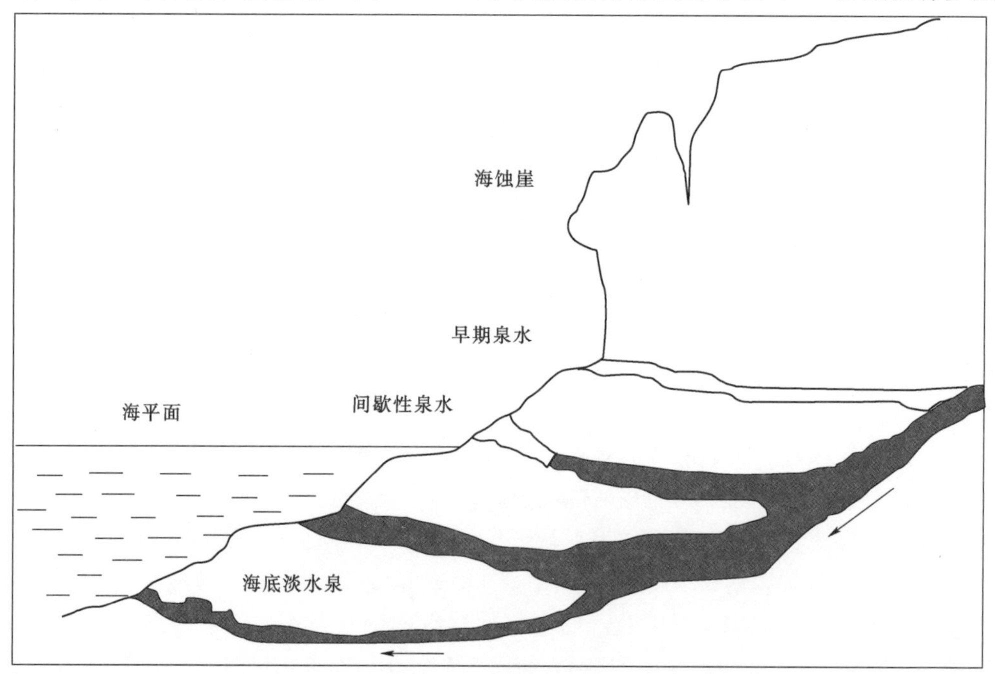

图 1.2－6　滨海岩溶及岩溶管道多期性示意图

洞，80m以下溶洞不太发育，多为溶孔及溶隙。缅甸境内萨尔温江下游入海口河段，受海平面上升影响，现代河水位以下发育深60～80m的碳酸盐岩深切河槽（图1.2-7），且相应发育多层岩溶管道、溶洞，深埋于现代河水位以下且具多期发育下限，成为隐伏溶洞，对水电站成库建坝影响极大。

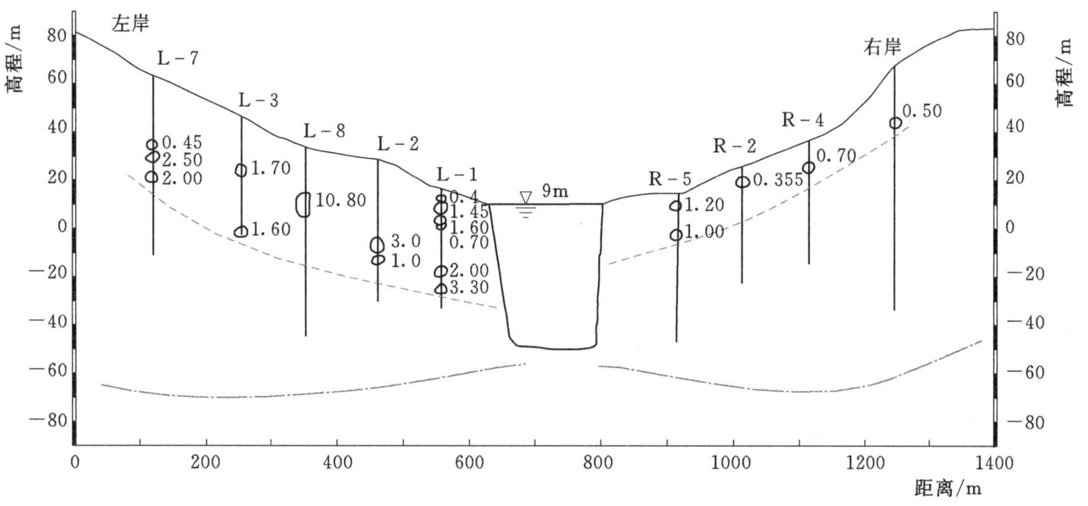

图1.2-7　缅甸某电站坝址河谷深槽及岩溶发育示意图

L-7，R-2—孔号；○1.00—溶洞及高度，m

总体上，滨海岩溶发育规律与一般岩溶地区岩溶发育规律基本一致，主要受岩性、构造的控制，但受混合作用影响强烈，滨海岩溶区混合过渡带内碳酸盐岩的混合溶蚀速率大于纯淡水或纯海水中同种岩石的溶蚀速率。典型的滨海岩溶，其短促的河流起不到排泄基准面的作用，而周围海平面成为排泄基准面，海水是沿海岩溶作用的一种动力甚至是主要动力，沿海形成的海蚀岩溶形态主要有海蚀洞、海蚀柱、海蚀阶地等，在海平面以下则形成溶蚀-海蚀洞，并有很多海底泉眼发育，此类海底泉眼多沿构造断裂发育或继承早期岩溶管道发育，成为滨海地带地下水的排泄通道。

1.2.6　古岩溶

水电工程前期勘察及施工期开挖揭露后，在不同时期地层中均见有充填或未充填的岩溶发育，充填者多为黏土、粉砂质土及胶结或半胶结的角砾岩、黏土岩及砂岩等，未充填者多为空洞或饱水溶洞，部分为晶洞。此类岩溶现象在早期乌江渡河床坝基防渗灌浆钻孔、广西天生桥二级等水电站引水隧洞开挖中较为常见（如T_2jj角砾岩，见图1.2-8），曾引起众多学者对其成因的争论。实际上，此类岩溶现象大多为不同时期形成的古岩溶，以及因构造运动及现代岩溶作用影响，叠加了近现代岩溶作用（继承性）或地下水袭夺现象所造成。

古岩溶为非现代营力环境下形成的岩溶。目前已知最早的古岩溶时期为元古代，主要发生于华北地块，这一时期中国北方曾发生过3次地壳上升运动。第一次是长城系高于庄组碳酸盐岩沉积后的滦县上升运动，在太行山中段和北段的长城系顶部硅质白云岩遭受溶

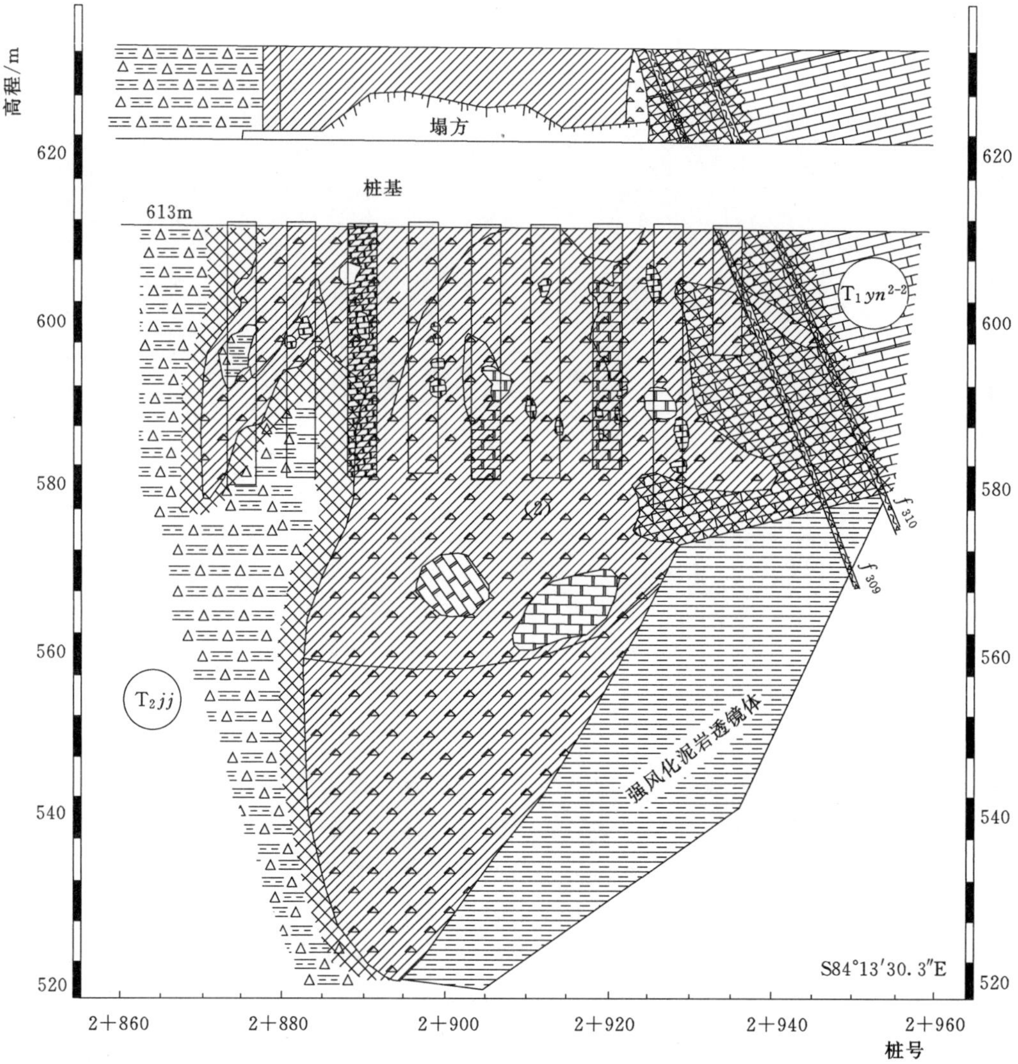

图 1.2-8 天生桥二级水电站早期溶塌角砾岩（T_2jj）与现代溶洞充填物分布

蚀，形成起伏不平的古溶蚀面，且有漏斗及溶蚀特征；第二次是蓟县（今蓟州区，下同）系雾迷山组碳酸盐岩沉积后的铁岭上升运动，燕山及太行山北段造成雾迷山组和铁岭组顶部碳酸盐岩古剥夷面，其上常有被青白口系碎屑岩充填的洞穴和起伏不平的古溶蚀洼地；第三次是晚元古代末的蓟县上升运动，造成寒武系底部的区域性沉积间断，在云南东部一带可见此期古岩溶发育。

在整个古中国地块早古生代岩溶较发育。华北地块自中奥陶世至中石炭世，受加里东运动影响而长期整体抬升，且此期间华北地块四周被海洋包围，气候温暖湿润，有利于岩溶发育，在古剥夷面上形成丰富多样的岩溶现象及堆积。扬子地块寒武系-奥陶系碳酸盐岩沉积以后，直至晚古生代中期，也经受了长期的剥夷作用，黔中地区寒武系-奥陶系碳酸盐岩顶面上形成了起伏不平的准平原，并沉积了风化壳型铝土矿和铁矿。而在西北的塔里木地块北缘，中奥陶统 200 余 m 厚的石灰岩在一些地方全部被剥蚀掉，剥蚀面呈波状起伏状态。

晚古生代时期的古岩溶主要发育于扬子地块及华南准地块的西南部。由于受海西运动影响，中二叠统与上二叠统之间出现沉积间断，间断面之下岩层厚度变化大，甚至缺失，有古漏斗及堆积其中的高岭土矿，间断面之上分布的峨眉山组玄武岩厚度反映出古地形高差在各地差别较大且高差大。而华南准地块西南部一带在泥盆系-石炭系沉积之后，曾有一沉积间断，中二叠统栖霞阶沉积缺失，泥盆系-石炭系碳酸盐岩曾一度出露水面，并遭受岩溶化作用，当海水再次入侵后，这些古岩溶负地形和溶隙中沉积了角砾灰岩和沉积灰岩岩体，如广西凌云背斜轴部一带中上泥盆统灰岩中沉积的茅口期灰岩或角砾状灰岩岩体。

中生代印支运动和燕山运动造成了中国广大地区三叠纪末和白垩纪末的两次沉积间断。晚三叠世以后，除西南地区仍处于特提斯海域外，中国大部分地区均已上升为陆地，加上晚三叠世至早侏罗世时中国大部分地区处于潮湿热带或亚热带或温带气候的控制下，对岩溶发育非常有利，许多地区都留下了这一时期的岩溶痕迹，湘南和桂北中生代至少发生了两次岩溶作用，普遍发育溶蚀洼地和洞穴，分别堆积了灰色和红色岩溶角砾岩，并伴随铅、锌、铜、铀等矿化作用。四川东部三叠系碳酸盐岩顶部为一明显的古岩溶剥蚀面，剥蚀面上三叠统碳酸盐岩残留厚度大的地方形成了良好的油气储集层，剥蚀面以下 40～80m 深度尚可见到被上覆碎屑岩填充的岩溶洞穴，局部可见由于膏溶作用形成的角砾状碳酸盐岩。而贵州部分三叠统碳酸盐岩地层中的岩溶洞穴中充填有呈囊状分布的紫红色或砖红色胶结或半胶结角砾岩（T_2jj）、泥岩，亦应是此间断期古岩溶作用（溶塌）的结果，因岩溶发育的继承性，其至今仍是地下水的排泄通道，并与现代溶洞充填的黏土、砂土共存；而其附近的未充填的空洞中则主要以方解石晶体充填为主。与此同时，晚白垩世末也是中国北方地质史上岩溶化最强烈的一个阶段，不仅有大量暗河、溶洞发育，而且还塑造了与目前长江流域的溶丘-溶洼等类似的岩溶地貌景观。

中生代末的燕山运动奠定了中国广大地区的地质构造轮廓，也大致构成了现代地形地貌的基础；进入第四纪以后，特别是中更新世以后，中国现代气候格局基本形成，主要岩溶类型及其相应形态组合也在这个时期形成。在南方白垩纪以后的岩溶，都是叠加在各级高原面（夷平面）及其与第四纪以来形成的峡谷相配套的地貌格局上，由于各地区抬升幅度不同，其代表性高程也不同；溶痕、溶蚀及溶沟、溶槽等小型岩溶形态可在全新世形成，但峰林、大型岩溶洼地等则在此之前就已基本形成。

1.2.7　深岩溶

现代地下水循环带以下存在的岩溶现象为深岩溶。其形成原因包括继承古岩溶发育、深循环构造型岩溶、受排泄基准面控制发育的深部循环岩溶、河谷裂点型深岩溶等。

如前所述，古岩溶是地质历史时期多次构造运动间歇期发育的岩溶形态，其分布深度取决于沉积间断时期及其所在地层的埋藏深度，除部分沿之继承性发育的现代岩溶管道外，多埋藏较深，可以地层为单位进行分析，且分布总体可预测，与现代岩溶连通总体较差。若无现代岩溶管道导通，对水电工程建设渗漏评价总体影响不大，但对地下洞室等基础设施建设有一定影响。因此，本书对此类深岩溶不进行详细论述。

现代深岩溶形成的原因总体上受水动力循环条件及地层结构、构造条件控制。在无构造条件控制下，岩溶地下水的循环深度总体与岩体可溶蚀程度、水力梯度有关，且总体与地表地形条件呈“反对称”趋势（图 1.2－9）。水力梯度越大、岩体渗透条件越好，岩溶发育的深度相应越深，但在无深构造控制条件下，根据能量转换原则，岩溶地下水的循环深度一般不会超过水头差值，主循环带一般多集中在现代水位以下 40～80m，以下岩溶发育逐渐减弱，以小溶洞、溶孔、溶隙为主，且多充填。但对河谷裂点来说，岩溶发育与地下水的循环特点与机制遵循溯源侵蚀理论，岩溶发育程度及地下水位、地下水水力坡降与侵蚀溶蚀条件、时间相关。

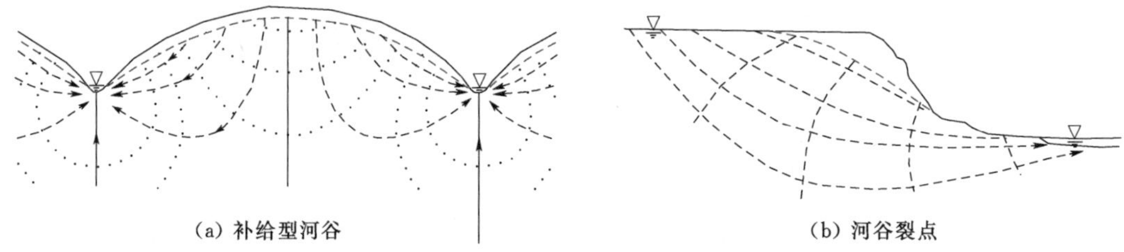

图 1.2－9　河谷地下水循环示意图

在岩性控制条件下，岩溶发育深度与隔水层及相对隔水层的分布密切相关。此时的深岩溶受岩性控制，但隔水层附近深岩溶多较发育，且多无充填或半充填。另外，在深大断裂发育的可溶岩地区，深岩溶的发育多与构造透水性及地下水循环条件相关，其发育深度多较大，但多呈带状分布，且岩溶形态多以沿层面或断层、长大裂隙等结构面发育的溶蚀裂隙或溶缝为主。

1.3　岩溶水文地质结构及地下水渗流特征

1.3.1　岩溶含水系统及水文地质单元

岩溶含水系统是指相互连接的各类可溶岩地层构成的统一的岩溶含水透水地块，它可以是同一时期的可溶岩构造，也可是不同时期相近时序的连续分布的可溶岩地层构造，还可以是因构造原因导致不同时代或地块的可溶岩地层相互连接形成的统一岩溶含水透水地块。岩溶含水系统是一个相互连通的若干可溶岩地层构成的区域性的概念，一个岩溶含水系统中可包括若干个岩溶水文地质单元，亦可仅有一个岩溶水文地质单元。

岩溶水文地质单元是根据水文地质条件的差异性（包括地质结构、岩性、含水层和隔水层的产状、分布及其在地表的出露情况、地形地貌、气象和水文因素等）而划分的若干个区域，是一个具有一定边界和统一的补给、径流、排泄条件的地下水分布的区域。一个水文地质单元内可包含若干地下水流动系统，也可仅有一个地下水流动系统。图1.3－1即为一典型示例。该岩溶水文地质单元西、南、东南侧为隔水层与豆腐桥岩溶水文地质单元相邻，东北侧与寒武系地层因断层导通形成统一的水文地质单元，北侧则向浪坝河排泄，故而形成一个统一且独立的岩溶水文地质单元，该岩溶水文地质单元内发育有鸭草坝、老落函、发财洞岩溶地下水流动系统及部分季节性岩溶泉。

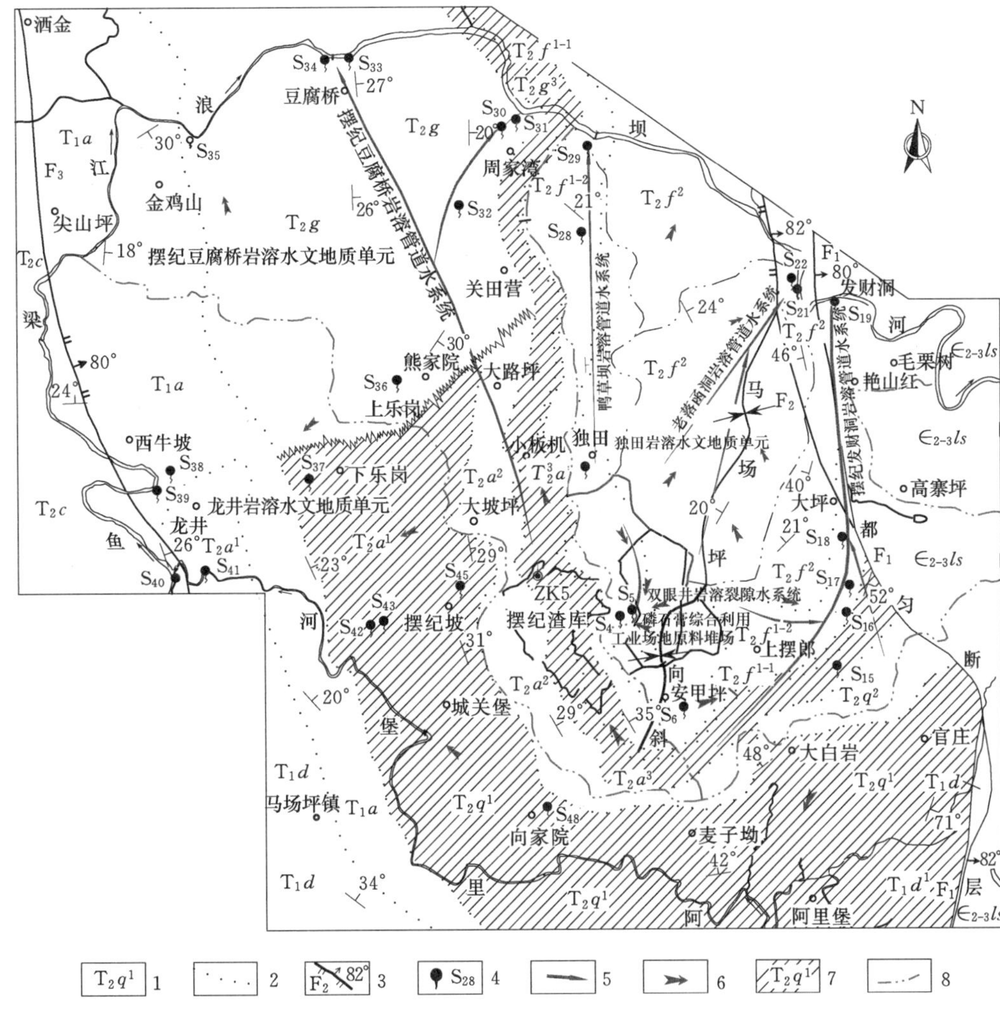

图 1.3-1　岩溶水文地质单元及岩溶地下水流动系统关系示意图

1—地层代号；2—地层分界线；3—断层及编号；4—泉水及编号；5—岩溶管道水及流向；6—地下水流向；7—隔水层；8—水文地质单元分区界线

水库成库建坝时，应重点分析同一岩溶水文地质单元内各地下水流动系统的发育与相互联系特征和地下动态特征，以及水库蓄水后地下水渗流场的变化情况；不同岩溶水文地质单元岩溶地下水一般不相互连通，但同一岩溶含水系统的不同水文地质单元，蓄水后随着地下水位的变化，存在相互连通的可能。

1.3.2　岩溶地下水流动系统

岩溶地下水流动系统是发育于岩溶水文地质单元内、由源到汇的流面群构成的、具有统一时空演变过程的地下水体。不同地下水流动系统之间以零通量边界或隔水层为边界，同一岩溶水文地质单元内，各地下水流动系统之间以零通量边界为界；每一个地下水流动系统具有独立的补给、径流、排泄系统，自成一体。根据其规模不同，以岩溶管道水、暗河等对其命名，如图 1.3-1 所示的各岩溶管道水系统。

地下水流动系统具有统一的水流，沿着水流方向，盐量、热量与水量发生有规律的演变，呈现统一的时空有序结构。因此，流动系统是研究水质、水量时空演变的理想框架工具。流动系统以流面为界，属于水力零通量边界，边界受季节变化及水库蓄水等外界环境的影响是可变的，从这个意义上说，与三维的含水系统不同，地下水流动系统是时空四维系统。

1.3.3 岩溶地下水渗流与动态特征

1.3.3.1 河谷岩溶水类型

河谷岩溶水类型一般可按下列方法划分：

(1) 按循环系统特征分为分散流和管道流。

(2) 按水的运动带分为包气带水、季节变动带水、饱水带水及深循环带水。

(3) 按水流性质分为潜水和承压水。

(4) 按渗流介质及规模，工程上岩溶水常分为溶蚀裂隙水、岩溶管道水、地下暗河。其中，岩溶管道水流量小于 $0.1m^3/s$；暗河为枯季流量大于 $0.1m^3/s$，且有规模较大的明显出口的大型地下水渗流通道，比如中国广西都安地区的地苏地下河系总长 50 多 km，集水面积达 $900km^2$，有支流 13 条，洪水期最大流量达 $390m^3/s$。

1.3.3.2 岩溶水动力类型

岩溶水动力类型分补给型、补排型、补排交替型、排泄型及悬托型等 5 类。

(1) 补给型。河谷两岸地下水位高于河水位，河水受两岸地下水补给。其形成条件有：①河谷为当地的最低排泄基准面；②两岸有地下分水岭。

(2) 补排型。河谷的一侧地下水补给河水；另一侧为河水补给地下水，向邻谷或下游排泄。形成条件为河谷一侧有地下分水岭；另一侧的可溶岩延伸至邻谷，且无地下分水岭。

(3) 补排交替型。洪水期地下水补给河水，枯水期河水从一侧或两侧补给地下水。形成条件为河谷两岸和河床岩溶发育，地下水位变动幅度大，洪水期为补给型河谷，枯水期为排泄型河谷。

(4) 排泄型。河水向邻谷或下游排泄，河水补给地下水。形成条件有：

1) 横向排泄型的河谷两侧有低邻谷，并有可溶岩层延伸分布，且无地下分水岭。

2) 纵向排泄型的河谷两岸有强岩溶发育带或管道顺河通向下游，近河部位岩溶发育，有地下水低槽，河水补给地下水。

(5) 悬托型。河水被渗透性弱的岩土层衬托，地下水深埋于河床之下，与河水无直接水力联系。形成条件为河床表层岩土体透水性弱，下伏岩体岩溶发育，透水性强。

1.3.3.3 河谷岩溶水动力类型

河谷岩溶水动力类型因岩溶水的运动形式和循环强度、深度的不同而变化。

(1) 由单一岩性组构成的河谷，在向地下深处的垂直方向上，按地下水循环条件可划分为 4 个水动力带（图 1.3-2）。

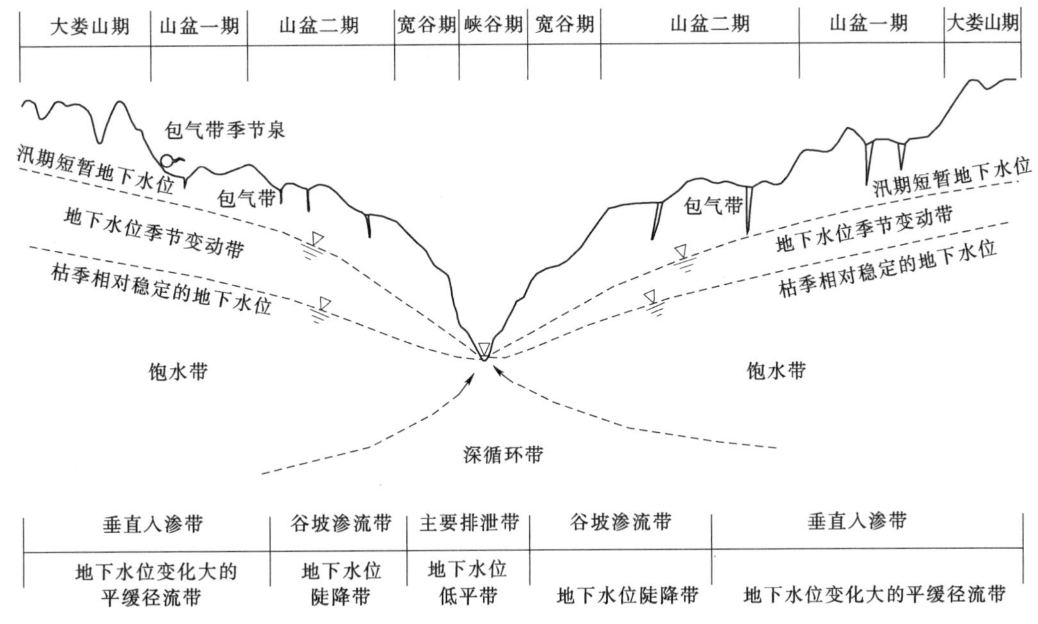

图 1.3-2　河谷岩溶水动力垂直分带示意图

1）包气带。从地表到最高地下水位面之间的部分。该带中，地下水自上向下渗透，主要在垂直形态岩溶中活动，并促使垂直形态岩溶发展；局部形成上层滞水和季节泉。

2）地下水位季节变动带。位于最高、最低地下水面之间。此带地下水水平和垂直运动均有，在高水位时期以水平运动为主，在低水位以垂直运动为主，故水平形态和垂直形态岩溶均易发育。

3）饱水带。范围从最低地下水面至深部地下水向河流运动区。此带地下水在两岸向河床排泄，河床以下自下向上运动。岩溶发育主要在中上部，以发育水平状岩溶形态为主，辅以相互连接的竖直岩溶管道；下部岩溶发育微弱。因分水岭地区地下水排泄存在屋顶效应，而河床为集中汇流区且部分有深循环通道存在。大量勘探资料表明，一定范围内存在分水岭地区钻孔地下水位随深度的增加而下降，河床钻孔地下水位随深度的增加因承压汇流或揭穿部分裂隙等通道而存在地下水位升高的现象。

4）深循环带。该带岩溶发育和地下水运动都十分微弱，并且地下水不向邻近的河床排泄，而是向下游或远处缓慢运动，是深部岩溶发育的基础条件。

（2）水平方向上，岩溶河谷地下水位与一般岩石河谷不同，总体区别是岩溶区地下水位埋深大，坡降平缓，河床岸边受强溶蚀影响而出现水位低平带，地下水位坡降更加平缓。岩溶地下水水位动态，在不同的地貌部位各有其特征：

1）河谷地段。该地段为地下水排泄区，地下水水位变化几乎与河水位的年变化曲线同步，幅度也接近。地下水位低平，两岸常存在地下水位低平带或地下水位低槽带，地下水位动态一定程度上受河流水文因素变化控制。

2）谷坡地段。该地段属地下径流区，地下水位陡降且动态变化复杂，可分为缓变与剧变两种类型。缓变型与分水岭地段相似，但变幅大。剧变型，是在集中降雨期水位急剧上升，形成局部的暂时性水位高峰，而在雨后短时间内，水位又迅速下降，水位趋于平缓，其动态曲线呈尖峰型。谷坡地段地下水位动态主要受气象因素变化控制。

3）分水岭地段。该地段为地下水补给区，水位变幅一般比近岸地带大，但总体较为平缓，一年中的高、低水位过程，分别出现在雨季和枯季的后期，其地下水位动态亦属气象因素变化控制。

1.3.3.4 岩溶地区地下分水岭

岩溶地区地下分水岭位置与地形分水岭在多数条件下仍基本保持一致，但在下列条件下则易出现偏离：

（1）岩溶发育不对称，一侧岩溶发育，地下分水岭偏向岩溶不发育一侧。

（2）地质构造的不对称。

（3）岩性不对称。由可溶岩与非可溶岩共同组成，地下分水岭偏向非可溶岩一侧。

（4）河谷切割深度的不对称。河湾地形，地下分水岭受内部地质结构和岩溶发育特点控制，可能平行河谷也可能与河谷或大角度相交，且偏向于切割浅的一侧。

1.3.3.5 岩溶地区地下水位特征

由于岩性、构造及地形地貌等方面的差异，岩溶发育不均匀，具水平及空间分带性等特点，故其水文地质条件极为复杂。各岩溶地下水流动系统自成补排体系，且各以其主岩溶管道（或渗流通道）为中心或局域排泄基准，形成一个个地下水低槽带，此地下水位低槽带以各岩溶管道为轴线，沿之呈长条形或曲线状延伸，在大范围内形成一自成体系的地下水位凹槽。该系统内各分支管道之间亦在局域范围内自成补排体系，相互之间水力联系差，缺乏统一的地下水位。对同一岩溶系统，由于其岩溶管道断面的变化，造成即使是同一水体也会出现地下水位不同的现象。但总体上，局部范围内，地下水位趋向于主岩溶管道，而在大范围内，地下水位还是倾向于暗河下游及河谷，故岩溶地区的地下水位线应定义为地下水位趋势面，即“趋势水位”，所绘制的地下水位线亦应是趋势水位线，且仅在各级岩溶管道及地下水渗流的缝隙网络内适用，在岩溶、构造相对不发育的较完整岩体洞段则仅具象征意义。因此，对岩溶地区勘察图件中所绘制的地下水位所代表的意义应清晰地理解其“趋势水位”的意义，不能滥用，因为地下水位以下并非处处有水。在岩溶地区进行水文地质钻孔时，对钻孔中的水位应进行提水试验等必要的敏感性测试与分析，了解其是代表该岩溶地下水流动系统或其分支系统的真实水位，还是钻探施工用水残留的“假水位”。

岩溶地区的地下水位在分水岭地区、径流区、排泄区受岩溶发育程度及岩溶管道通畅程度的影响，变化较大。天生桥二级水电站Ⅱ号引水发电隧洞地下水位示意如图 1.3-3 所示。该隧洞沿线地下水位线的特点是：凸峰和凹槽相间出现，凹槽为岩溶暗河或管道所在位置，沿部分岩溶管道涌水较大；凸峰洞段为各暗河间横向分水岭地段，隧洞内干燥。枯水期地下水位线以主要岩溶管道为中心形成相间分布的凹槽带。雨季临时地下水位线较光滑，仅在排泄条件较好的岩溶主管道附近洞段出现微弱的凹谷，有时两个相对独立的暗河系统间在一定高程可能并不存在地下分水岭；枯季、雨季隧洞沿线地下水位在低槽带变幅可达几十米甚至几百米；地下水位线出现凸凹不平及枯、雨季地下水变幅大的原因是由于隧洞沿线各洞段岩溶发育的不均一性及岩溶的水平与垂直分带性造成的。隧洞区各大暗河系统由于其岩溶管道的通畅程度不一、地下水的补给条件不同，各暗河系统范围内的地下水位变化亦不一样。

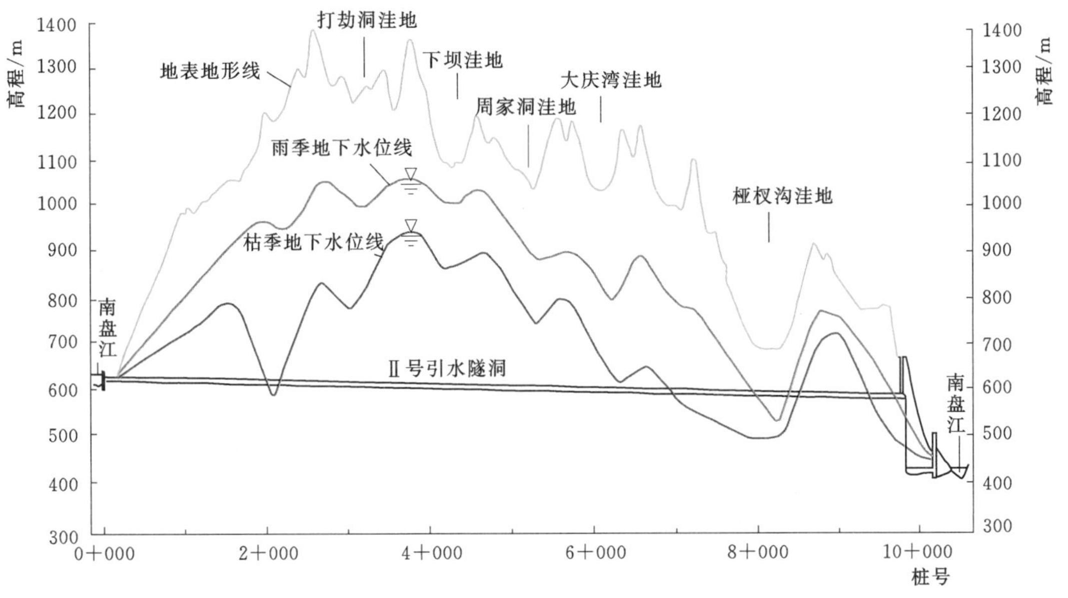

图 1.3-3　天生桥二级水电站Ⅱ号引水发电隧洞地下水位示意图

1.3.3.6　岩溶地下水动态特征

岩溶地下水流动系统从河间地块的分水岭至河谷可以分为补给区、补给径流区、径流区、排泄区，如图 1.3-4 所示。

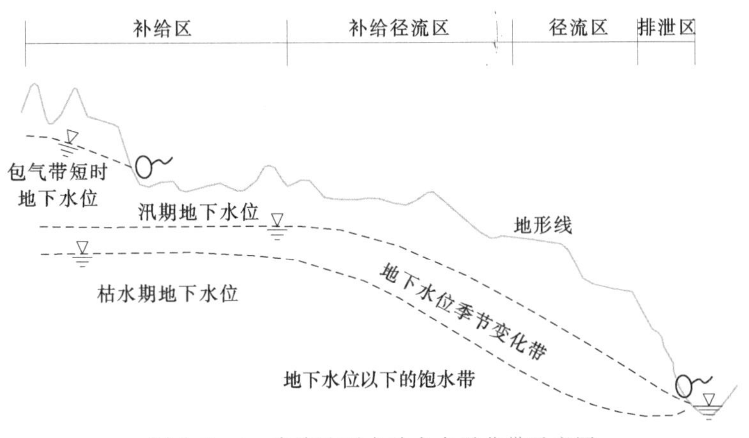

图 1.3-4　岩溶地下水动力水平分带示意图

补给区：地下水位高，季节变化带厚度大，但饱水带岩溶发育相对弱，发育深度也较浅，主要以竖直状岩缝、溶洞等为主。地下水活跃程度主要受地表来水及集水条件影响。

补给径流区：地下水埋深增大，地下水位变动带岩溶发育，地下水活跃，其上以垂直入渗管道为主，汛期地下水集中补给，枯季则较干涸；其下地下水丰富、活跃。

径流区：位于临河岸坡地带，补给少或无补给，地下水埋深大，以近水平径流为主。

排泄区：包气带厚度一般变化较大，饱水带多以水平溶蚀为主。地下水位以上岩溶现象主要为垂直补给及随河流下切发育的多期出口溶洞。岩溶发育深度加大，可以在暗河口以下或河水面以下形成倒虹吸循环带。在暗河口或河床岸边，随钻孔深度加深，钻孔水头不断升高，说明地下水有向上运动的趋势。此带岩溶发育深度可达暗河口以下一百至数百米。隧洞在暗河排泄区下面通过，往往会遇到高压涌水。如大巴山隧道、华蓥山隧道都是在暗河排泄区下面遇到特大涌水，并导致暗河口干涸。而地下水位线以上，由于补给范围有限，且地表排水条件较好，地下水反而相对不活跃。

岩溶地下水的动态特征与岩溶含水介质及岩溶发育程度密切相关，岩溶管道水、暗河与岩溶裂隙水、岩溶孔隙水的动态特征差别较大。岩溶孔隙水总体上可归属均匀含水介质，如北方的寒武系张夏组灰岩，其地下水动态与一般地区地下水补排特征及动态无太大差别。本书重点阐述岩溶管道水（含暗河）及岩溶裂隙水的动态特征。

（1）岩溶管道水动态特征。岩溶管道型涌水是中国岩溶地区水电水利工程建设中面临的主要水害类型，由它带来的一系列工程问题对水电工程成库建坝及地下工程建设具有极强的控制性和危害性。一方面，沿岩溶管道发生的水库渗漏往往会导致水电工程的建设功亏一篑，极难处理；另一方面，岩溶地区地下工程施工过程中，常常揭露隐伏的岩溶管道、地下暗河、溶洞溶腔或沿断裂发育的岩溶管道，有时甚至揭露成片分布的岩溶管道网络，地下水将涌入地下工程，在岩溶地区修建隧洞、地下厂房等地下工程中所遇到大型地质灾害中，以岩溶管道型涌水水害最为严重。

岩溶管道水或暗河地下水的动态特征属典型的陡涨陡落型。地下水位的变化由补给区至排泄区、由支管道至主管道，变幅由大至小，此与岩溶发育程度及地下水的径流条件相关。泉水流量的变化与山区河流的快速消散特点类似，前期缓慢上涨，随之猛涨，然后快速消落，最后缓慢下降。当暗河上游与地表河流相通时，其动态特征受上游地表河流及暗河管道的排泄条件限制，当暗河或伏流排泄不通畅时，上游洼地或盲谷常发生内涝。由源头至泉水出口，岩溶管道水亦由无压流至有压流再逐渐转为无压流，出口区与排泄条件有关。当泉水为悬挂泉等无压排泄时，出口段多为无压流；当泉水为上升泉时，多属有压流，且时有潮汐泉等现象。

地下工程中，当隧洞在岩溶管道以外区域通过时，隧洞内地下水不活跃，多较干燥，或仅见滴水、渗水等现象。而一旦隧洞揭露岩溶管道后，当隧洞位于地下水位以下或岩溶管道的排泄带时，即发生突出、稳定的岩溶涌水、涌泥现象。当隧洞区位于地下水位以上时，多在汛期发生突发性涌水现象，此类涌水多随降雨量的变化而变化。当揭露的岩溶管道与地表水体之间有直接联系时，涌水量的变化从突发开始，逐渐增大，至一定高峰期后又逐渐变化直到稳定（至地下水稳定补给），岩溶管道导致的涌水具突发性、大流量、高压力、涌散快等特点。

（2）岩溶裂隙水动态特征。岩溶裂隙的形成多基于地表风化裂隙、层面裂隙、构造裂隙及小裂隙等。地表风化裂隙多分布在地表浅层地带，后三者分布较深且呈带状分布。地表岩溶裂隙水多为季节性地下水，冬枯夏盈，变化较大，泉水流量一般较小。而沿层面裂隙或构造发育的岩溶裂隙多呈带状密集分布，形成相对集中的裂隙含水层及富水带。富水带内，越靠近渗流中心裂隙越密集，溶蚀化程度越高，岩溶越均匀，地下水渗流及动态变化更类似于均匀含水介质；远离渗流中心，溶蚀化程度逐渐降低，裂隙间连通性逐渐变差，地下水渗流条件逐渐变差甚至趋于闭合，地下水动态变化差别较大。钻孔揭露不同部位溶蚀裂隙时，测得的地下水位可能差别较大，此时应结合水位敏感性测试分析其是否为真实的地下水位，不能泛泛而定。

总体上，岩溶裂隙水具有定向分布、非均匀性、泉水或涌水量非线性变化等特征，地下水动态变化情况受水文地质环境影响显著。如地下工程开挖时，若揭露孤立裂隙含导水系统，系统内地下水主要为静储量，则涌水量总体表现为衰减特征，直至枯竭；若揭露次级裂隙含导水系统，因其补给能力有限，裂隙系统动储量小，隧洞涌水量表现为总体较少，且长期稳定的特征；若揭露主控含导水裂隙或主干裂隙系统，常沟通含水层（体），隧洞涌水量表现为水量大且逐渐衰减至稳定的特征，涌水量大小与沟通含水层的富水性有一定正相关性。同时，若揭露裂隙有胶结差的充填物，则随着充填物随涌水携带出，裂隙涌水量呈现初期较小，后逐渐增大至稳定量的特征。另外，在锦屏二级水电站等深埋隧洞开挖揭露后，众多岩溶涌水沿溶蚀裂隙或层面发生，且呈现稳定、高压、大流量的特征，此与其稳定的补给水源、连续的渗流通道（层面）及溶蚀裂隙切割连通有关。

1.3.3.7　岩溶含水透水地层渗透系数的确定

岩溶地区可溶地层的渗透性与岩体完整性及岩溶发育程度有关，呈不均性与均匀性共存、不透水与强透水共存等现象，除均匀的岩溶孔隙水及均匀裂隙化或孔隙化的白云岩或裂隙网络带外，其渗透系数往往出现极端变化特征。

光照水电站坝基可溶岩地层钻孔压水试验成果如图 1.3－5 所示。该坝基岩体中，三叠系下统永宁镇组（T_1yn^{1-1}）为薄至中厚层灰岩，飞仙关组（T_1f^{2-3}）为泥灰岩、泥岩。从压水试验情况看，透水率在可溶岩地层中远高于相对隔水地层，且高透水率主要集中在风化带内。岩溶管道一带因透水性好多采用注水试验，岩溶管道以外也存在的诸多注水试验段主要为长大裂隙发育段。

岩溶地区岩溶含水介质渗透系数的确定与碎屑岩地层及第四系孔隙含水层差别较大，同一含水透水地层中或同一个地下水流动系统中，同时存在管道流、裂隙流甚至孔隙流并存的现象。其渗透系数具极不均匀性，透水带主要分布在长大裂隙、导水断层及岩溶管道等导通性好的地段，其余地段岩体透水性差。暗河或伏流应按地表水流进行水文分析与评估，不适应渗透系数的概念；单一且通畅性好的岩溶管道亦应单独考虑。

因此，岩体的渗透系数宜主要通过钻孔压水或注水试验来确定，并根据钻孔压水试验成果绘制透水率等值线图，计算相应的渗透系数。在计算帷幕渗漏量或大坝、厂房等基坑涌水量时，可根据所绘制的等值线图及相应渗透系数计算渗流范围内相应的渗流量。当存在岩溶管道时，由于优势渗流原理，岩溶地下水主要在岩溶管道内流动，此时，应主要根据揭露的岩溶管道的汇流特征计算基坑涌水量；帷幕渗漏量由主要岩溶管道漏水量及其余地段渗水量两部分构成。

目前已提出了很多岩溶地区渗透系数的计算或估算方法、折算方法，但根据岩溶发育的不均匀性及岩溶地下水在管道内的优势渗流原理，除相对均匀的网状溶蚀裂隙等透水地

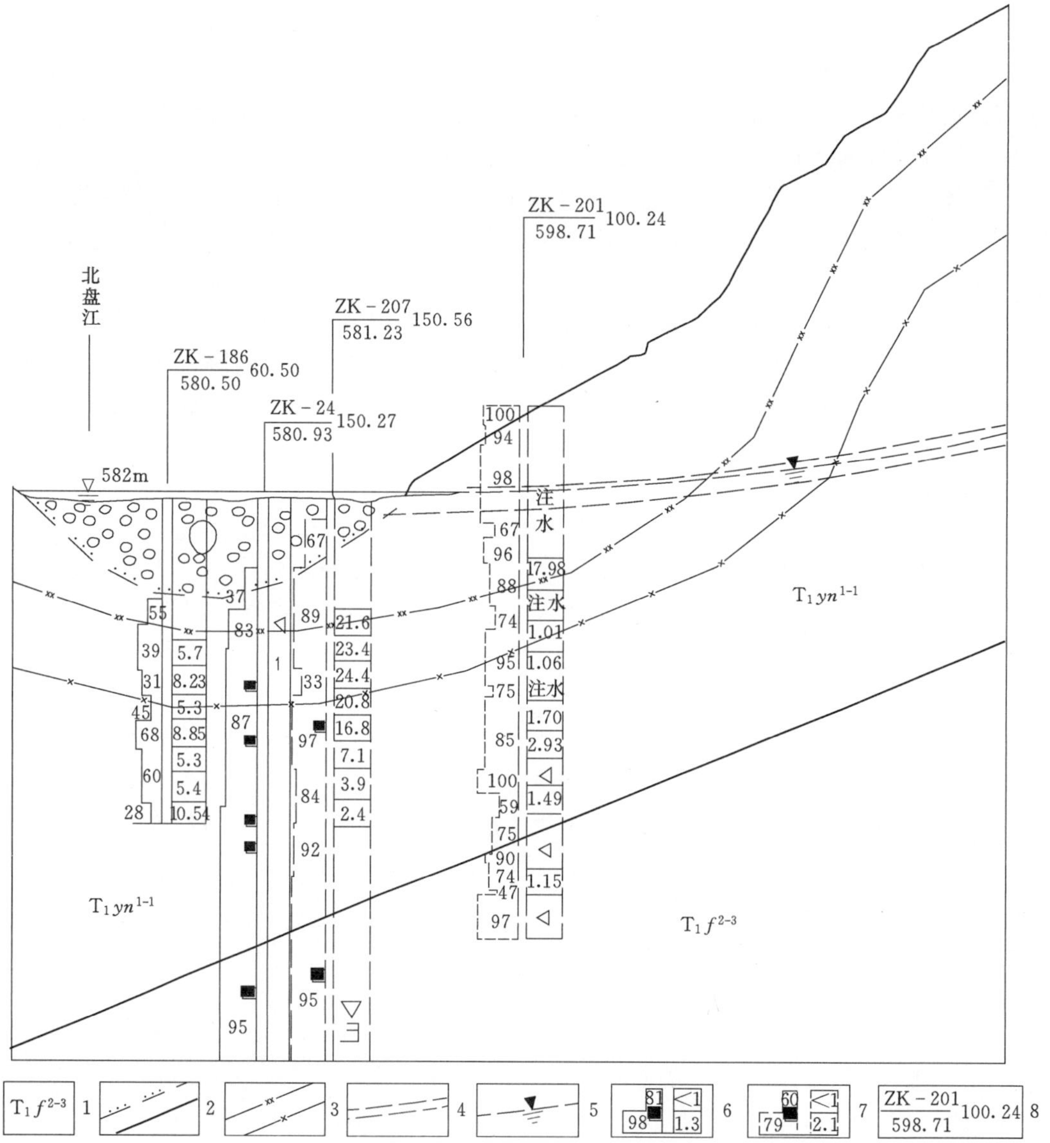

图 1.3-5　光照水电站坝基可溶岩地层钻孔压水试验成果

1—地层代号；2—覆盖层与基岩分界线、地层分界线；3—弱风化、微风化界线；4—推测岩溶管道；5—推测地下水位线；6，7—钻孔、投影钻孔，左为岩芯获得率（%），右为透水率（Lu）；8—钻孔编号，下为高程（m）右为孔深（m）

段外，对某一渗流断面来说，采用断面综合渗透系数的概念只在前期估算时有意义，实际工程应用中还是应以现场压水等水文地质试验获取的渗透试验成果为防渗设计与治理的主要依据。

1.3.3.8　岩溶地区地下水径流模数

岩溶地区地下水径流模数与不同地层岩溶发育程度密切相关。如在黔中地区，灰岩地层区地下水径流模数多为 5～7L/(s · km^2)，岩溶强烈发育地区甚至高达 10～15L/(s ·

km^2)，白云岩地层区一般为4～5L/(s·km^2)，泥质白云岩、泥灰岩地层一般为1～2L/(s·km^2)，碎屑岩地层区一般为0.1～1L/(s·km^2)。此径流模数多为区域平均地下水径流模数，在进行区域地下水均衡计算时可用作估算。但针对某一特定工程，应根据工程所在区域相同地层类似岩溶管道水的流量观测资料，先测算其汛期、枯季地下水径流模数，再用于地下水均衡分析或地下工程涌水量计算会更为合理。

第 2 章

岩溶地区水库渗漏型式

2.1 岩溶水库类型

岩溶水库具有独特的地表和地下蓄水空间，除常规的河谷库盆外，尚可利用岩溶洼地、槽谷、伏流、暗河、洞穴等单独或联合建库，故可按库盆蓄水空间组成及库盆形态、水动力类型、地质结构等因素进行分类。

2.1.1 按库盆蓄水空间划分

岩溶水库按库盆蓄水空间可分为地面水库、半地下水库及地下水库3种类型。

地面水库是指由岩溶河谷、洼地蓄水而成的水库，在水电水利工程中最为常见。

半地下水库是指由半地面、半地下伏流或明暗相间伏流河段形成的水库，介于地下水库和地面水库之间。贵州省冗各水库即利用两岸发育的岩溶洞穴，增加有效库容近1/3。

地下水库是指利用地下岩溶洞穴、暗河、管道等空间蓄水而成的水库，其规模小，已建数量不多，但随着水资源开发利用的深入，今后会有所发展。

2.1.1.1 地面水库

岩溶地区既有处于高原夷平面上的大型岩溶宽谷盆地型水库，也有位于岩溶峰林、峰丛或山间的河流或洼地、海子等形成的水库。但绝大多数仍为常见的利用江河拦蓄而成的河道型地面水库。地面水库按库盆形态可分为盆地型水库和河道型水库。

（1）盆地型水库，可进一步划分为以下4种类型。

1）河谷-盆地型水库：库盆位于岩溶高原或丘陵盆地地区河流干流、支流上，水库库盆宽阔。蓄水后水面宽阔，库周山体单薄蜿蜒曲折、库中多岩溶丘陵半岛、峰林孤岛屿等，形成人工湖泊。其特点是河流补给流量大而稳定，河床坡降平缓，地形开阔如盆地。如猫跳河一级、二级水电站的红枫湖、百花湖水库等。

2）沟谷-盆地型水库：库盆为常年有水或季节性有水的岩溶沟谷盆地地形，蓄水后形成短小开阔水库，沟谷地表水流量小而不稳定，但由沟底水流控制着谷坡侵蚀基准面。如安徽滁州琅琊山抽水蓄能电站上水库。

3）洼地-盆地型水库：利用岩溶山间洼地修建的水库，水库周边自然完全封闭或大部分封闭，天然条件下无明流或仅有季节性明流补给，底部发育漏斗、落水洞等，悬托于地下水位之上，如贵州修文大树子抽水蓄能电站上水库。

4）海子-盆地型水库：利用天然岩溶洼地、海子、湖泊建库，多为季节性天然水库，汛期满库枯季无水，对其进行封堵成库，其岩溶水文地质条件往往差异大。如贵州南盘江支流白水河一级海庄电站水库，在马鞭田封堵落水洞后即成水库，而二级八光海子电站的库盆大、渗漏点多，因渗漏条件复杂而被放弃建库；但毕节瓦厂塘岩溶海子则成功查明并封堵了岩溶渗漏通道，成为当地予以充分利用的岩溶景观湖（金海湖）。

（2）河道型水库，包含河谷型、宽谷型水库或两者均有。主要依据勘察工作中重点研究的库首及坝址区按河谷形态及地貌进行分类，可分为以下4种类型。

1）平直峡谷型坝址水库，即库首和坝址区为平直河谷，无支流交切与河湾，如思林水电站坝址水库。

2）河湾型水库，库首和坝址河谷有河湾，如东风、索风营、团坡、马岩洞等电站水库。

3）河间型水库，库首和坝址处于干、支汇合或平行发育河段的水库。如普定坝前发育左岸濛普河水库、洪家渡坝前右岸有底纳河水库、沙沱水电站坝前左岸有马蹄河水库等；引子渡坝后右岸齐伯小河—补宜河水库；光照坝后右岸光照小河水库；沙沱坝后右岸车家河水库；格里桥坝后左岸马路河水库等。

4）河湾河间型水库，河湾与河间均有的坝址水库。如猫跳河六级左岸河湾河间水库、普定水电站坝址左岸坝前支流与坝后河湾地形水库、洪家渡水电站坝址右岸坝前支流与坝后河湾地形水库等。

2.1.1.2 半地下水库

由沟谷、洼地、海子等地表蓄水空间与伏流、暗河、大型地下洞穴等地下蓄水空间组合而成的岩溶型水库，称半地下水库。其中，通过利用伏流形成的水库可进一步细分为：①坝区伏流型水库，其伏流洞保存完好，大坝位于伏流洞内，如贵州铜仁天生桥水电站、平塘甲茶水电站及陕西二郎坝水电站的水库；②库区伏流型水库，即库区局部河段为伏流河段的水库，如贵州盘县（今盘州）响水水库。

通过“封堵暗河＋防渗帷幕”形成的水库。如，已建成蓄水的贵州开阳县鹿角坝水库；在建的贵州兴仁县七星水库，该水库库容约1600万m^3，是目前国内库容最大的洼地（盲谷）水库。

2.1.1.3 地下水库

地下水库是通过封堵暗河并利用地下岩溶空间蓄水形成的水库，如贵州道真县上坝水库。

岩溶水库类型及实例见表2.1-1。

2.1.2 按河谷地质结构类型划分

岩溶水库按河谷地质结构通常划分为以下3类。

（1）走向谷水库。库区河谷主要为走向谷。库区河谷沿岩层走向以及背（向）斜、断层、相变带、岩性分界面等发育和展布，两岸地形多不对称，一般岩层倾向库外侧，岩溶渗漏问题突出，如猫跳河一级水库、二级水库和大花水水电站水库等。但若库区两岸发育顺河向断层、破碎带等，两岸均容易出现沿顺河向构造发育暗河、伏流等邻谷（或地下低邻谷）岩溶渗漏问题，并发育顺河向排向下游的岩溶管道或暗河，如重庆中梁水库库区右岸地下低邻谷岩溶渗漏问题突出而复杂。

（2）横向谷水库。库区河谷总体为横向谷。库区岩层层面自两岸延向库外，当有邻近河谷、沟槽发育、两岸分水岭单薄或断层构造切割时，两岸均易出现低邻谷渗漏问题。如普定水电站，为此作了全面地质调查与论证。

（3）斜向谷水库。库区河谷总体为斜向谷。库区岩层走向与河流斜交，以延向库外下游侧低邻谷渗漏问题突出。如黔西沙坝河水库库区右岸沿岩层层面和断层走向发育暗河集中渗漏至远处出口，影响到水库运行。

表 2.1-1　　岩溶水库类型及实例

类别	亚类名称		实例工程	江河名称或区域	勘测年份
地面水库	盆地型	河谷-盆地型	贵州红枫水电站	猫跳河	1958—1960，已建
			贵州百花水电站	猫跳河	1958—1966，已建
		沟谷-盆地型	安徽琅琊山上水库	—	2007 年建成
		洼地-盆地型	贵州大树子上水库	—	预可行性研究
		海子-盆地型	贵州海庄水电站	白水河	—
			贵州毕节金海湖	岩溶海子	2012—2015，已建
	河道型（库首及坝址）	平直峡谷型	贵州思林水电站	乌江	1983—2009，已建
		河湾型	贵州东风水电站	乌江	1965—1994，已建
			贵州索风营水电站	乌江	1999—2006，已建
			贵州修文水电站	猫跳河	1958—1961，已建
			重庆马岩洞水电站	郁江	2002—2010，已建
		河间型	贵州格里桥水电站	清水河	2004—2009，已建
			贵州光照水电站	北盘江	1990—2009，已建
			贵州引子渡水电站	三岔河	1981—2003，已建
		河湾河间型	贵州红岩水电站	猫跳河	1965—1974，已建
半地下水库	伏流洞型水库		铜仁天生桥水电站	大梁河	1967—2007，已建
			甲茶水电站	六洞河	预可行性研究
	洼地-暗河水库		贵州七星、马官水库	那郎河、普定	2009—2019，在建
地下水库	暗河水库		贵州长岗、上坝水库	仁怀、道真	已建成

2.2　各类岩溶水库渗漏型式分析

2.2.1　盆地型水库渗漏型式分析

2.2.1.1　河谷-盆地型

水库区大多地形开阔，河道平缓，支流水系发育，河水位代表河谷侵蚀基准面，河水流量稳定，河床以下岩溶发育深度有限。但库周尤其是库首两岸地形封闭条件较差，局部可能存在单薄分水岭或低矮垭口地形，主要存在库周单薄分水岭或低矮垭口渗漏问题。其渗漏途径主要是沿分水岭地带浅表层风化、溶蚀破碎岩体等渗漏，以及沿贯通上、下游的溶蚀破碎结构面、岩溶管道、导水构造带集中渗漏。渗漏性质以溶蚀裂隙性渗漏为主，局部可为脉管性渗漏。

坝址区受河谷切割影响，坝肩两岸地形较单薄，绕坝岩溶渗漏问题较突出，渗漏途径以溶蚀裂隙性为主。

如猫跳河一级、二级水电站水库，经分析均存在库首单薄分水岭与低矮垭口岩溶渗漏问题，渗漏性质均为裂隙性渗漏，前期渗漏勘察主要针对其地形、岩性组成、构造切割、岩溶发育与岩溶泉出露高程、地下水位高程等展开，评价认为渗漏影响小，以蓄水观察为主，设计铺盖处理措施备用。

2.2.1.2 沟谷-盆地型

由于沟底常年有水或季节性水流通过，沟谷两侧山体地下水总体向沟谷排泄，故一般无库底渗漏，主要存在库周山体上部或局部单薄地带与低矮垭口处岩溶渗漏问题，以单薄分水岭与低矮垭口处渗漏更为突出。如安徽琅琊山抽水蓄能电站上水库，库底3条冲沟常年有水流，经勘探证实库周存在地下分水岭，但大多低于水库正常蓄水位，存在库周和绕坝岩溶渗漏问题。

2.2.1.3 洼地-盆地型

洼地地形自然封闭或基本封闭，库周无地下分水岭存在，洼地地下水位埋藏较深，落水洞、溶蚀裂隙（缝）等发育，甚至盆底与下伏地下暗河连通，库底岩溶渗漏和库周岩溶渗漏问题均突出。渗漏性质以溶蚀裂隙性和管道性集中渗漏兼备，如拟建的大树子抽水蓄能电站上水库，库盆为一大型封闭型岩溶洼地，库周地形单薄，经钻探揭示，地下水位低于洼地底部100m左右，存在库底和库周岩溶渗漏问题，且库底存在岩溶管道性垂向渗漏问题。

2.2.1.4 海子-盆地型

在西南岩溶高原台地区发育众多积水洼地或伏流天窗——岩溶海子，在此类地质单元区，岩层产状多较平缓，可溶岩与隔水层相间分布，且岩溶发育受相对隔水层控制，岩溶发育深度有限。受层状结构相对隔水层控制，溢流性海子库底渗漏不明显，但壅高后库周渗漏问题突出，库水可能沿溶蚀裂隙或溶蚀构造带发育面状或带状渗漏。季节性海子，则库底和库周渗漏问题均突出，渗漏性质以管道性集中渗漏为主，除存在库底渗漏问题外还存在库底渗透稳定问题，一旦击穿水库蓄水功能将立即全部失效。

2.2.2 河道型水库渗漏型式分析

2.2.2.1 不同类型河道型水库渗漏的特点

（1）平直峡谷型。库首和坝址区河道平直，两岸山体雄厚，构成平直峡谷型地形，主要存在绕坝渗漏问题，绕坝渗漏范围与岸坡地下水力坡降有关，平缓则范围大，坝肩岩溶渗漏问题突出，反之则小。渗漏性质以岩溶裂隙性渗漏为主。如思林水电站坝址河段平直，为横向谷，多层岩溶水文地质结构，绕坝岩溶渗漏问题是其突出工程地质问题。

（2）河湾型。库首及坝址河流弯折，易使一岸地形下游出现临空，使渗径缩短，除绕坝渗漏问题外，库首河湾岩溶渗漏问题突出。一般为裂隙性渗漏，发育有沿贯通上、下游地质构造强溶蚀带或槽谷时，还存在岩溶集中渗漏。如洪家渡水电站库首右岸河湾地带，存在F_5断层带构造切口集中渗漏问题。

（3）河间型。库首及坝址上游或下游发育支流或沟谷，改善了库水入渗条件或渗出临空条件，缩短了渗流的渗径，除绕坝渗漏问题外，还存在河间地块岩溶渗漏问题。如格里桥水电站坝址河段平直，但左岸坝下游有马路河汇入，存在河间地块岩溶渗漏问题。

（4）河湾河间型。库首及坝址区存在三面临空的单薄地块，渗径短，渗漏方向多，除绕坝渗漏外，还存在突出的河湾河间渗漏问题。如猫跳河六级库首和坝肩左岸与裁江沟-红岩沟存在河湾河间地形，蓄水后长期出现沿断层内脉状管道集中渗漏问题。

2.2.2.2 河道型水库渗漏的基本类型

（1）地面低邻谷岩溶渗漏。所谓低邻谷岩溶渗漏，是以建坝河流为基准，库水通过库岸的岩溶地层或其中发育的岩溶管道、低矮槽谷、构造破碎带等向远距离外流域或同流域内的支（干）流产生渗漏。按具体低邻谷位置关系可进一步细分为跨流域渗漏、支流向干流渗漏、干流向支流渗漏、平行支流间渗漏等多种类型，平面上的相互关系如图 2.2-1 所示。

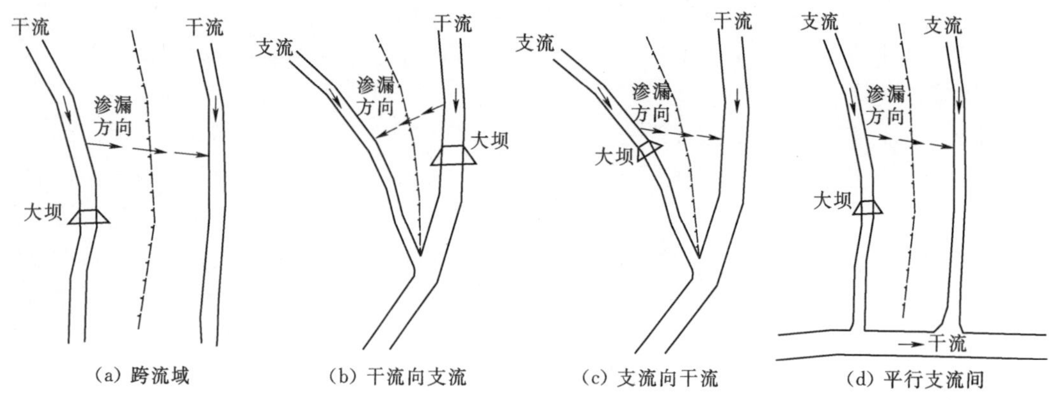

图 2.2-1　低邻谷岩溶渗漏类型示意图

1）跨流域低邻谷岩溶渗漏，即由水库所在的河流向相邻的外流域河流水系（另一干流）产生渗漏，一般渗漏距离远。如云南以礼河水槽子水库渗漏即属于远距离跨流域低邻谷岩溶渗漏。

2）支流向干流低邻谷岩溶渗漏，即由同一流域的支流（水库所在河段）向低邻谷干流产生渗漏。如，黔西沙坝水库渗漏属支流向干流低邻谷岩溶渗漏。

黔西沙坝河水库修建在野鸡河（骂腮河段）支流皮家河的中下游河段上，由于河流转弯导致支流与干流形成宽 11～12km 的河间地块，落差逾 100m。河间地块分布的三叠系下统茅草铺组第二段相对隔水层因构造切割及侵蚀破坏，局部失去隔水作用，在库首上游右岸林家垭口至坝址约 6.3km 河段形成河水补给地下水的悬托河。水库蓄水后，产生了严重的向干流低邻谷岩溶渗漏，渗漏流量约 2.81m^3/s，大于坝址河流多年平均流量 2.40m^3/s。后经地质调查论证并对林家垭口集中渗漏带进行堵漏处理后，水库恢复正常蓄水。黔西沙坝河水库岩溶渗漏示意如图 2.2-2 所示。

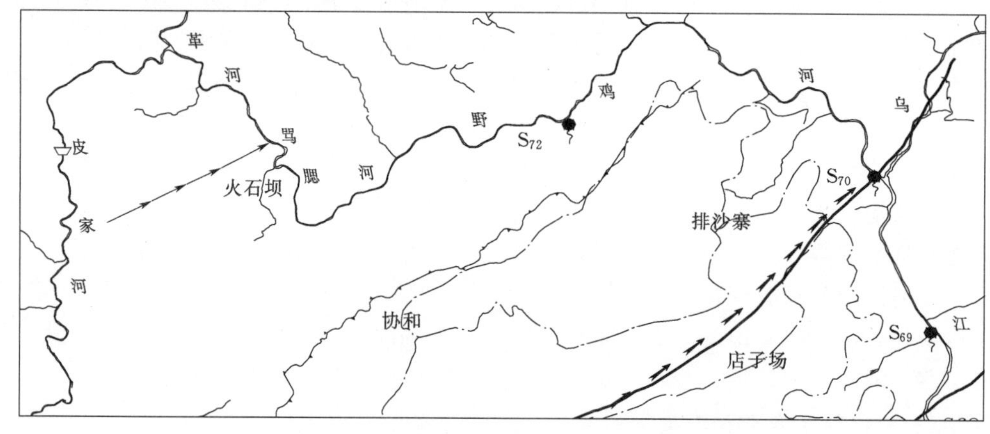

图 2.2-2　黔西沙坝河水库岩溶渗漏示意图

3）干流向支流低邻谷岩溶渗漏，即由水库所在河段的干流向同一流域的支流产生低邻谷岩溶渗漏。如贵州格里桥水电站库首左岸向马路河支流渗漏等。

4）平行支流间低邻谷岩溶渗漏，即水库所在的河段为支流，向同一流域的相邻支流产生岩溶渗漏，一般距离较近。如云南绿水河水库渗漏属于近距离的平行支流间低邻谷岩溶渗漏类型。

（2）河湾岩溶渗漏。当坝址上、下游一定范围内的建坝河段存在较大的流向改变时，建坝河段在坝址上、下游构成河湾地块地形，河湾地块上又存在沟通水库上下游的溶蚀渗漏途径（如断层破碎带、贯通性岩溶管道、地下水位低槽带等），则存在库首河湾岩溶渗漏可能。如索风营水电站左右岸河湾型渗漏、贵州猫跳河三级（修文）水电站库首左岸河湾岩溶渗漏（图 2.2－3）。

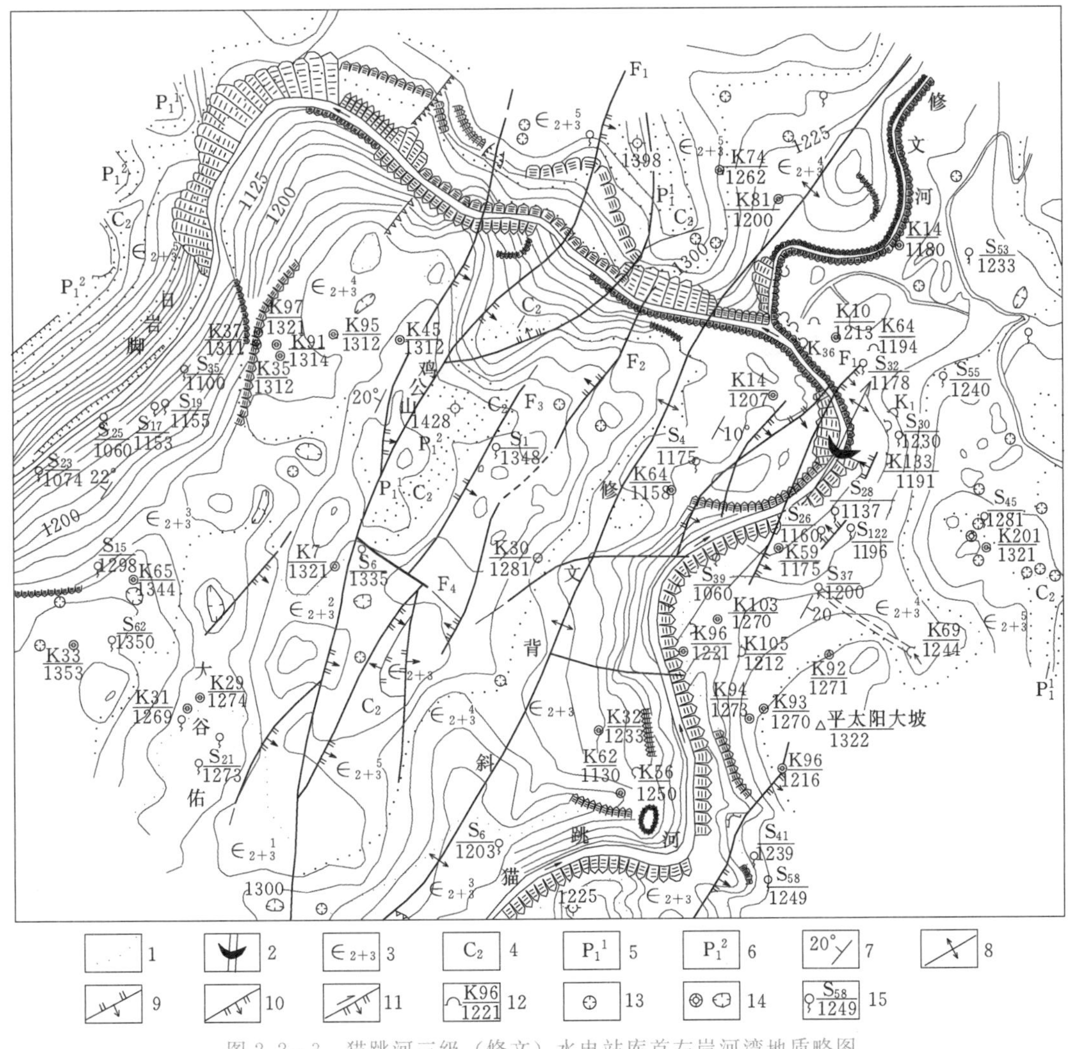

图 2.2－3　猫跳河三级（修文）水电站库首左岸河湾地质略图

1—地层界线；2—坝址；3—层状白云岩；4—灰岩底部为铝土矿；5—页岩；6—厚层灰岩；7—岩层产状；8—背斜；9—逆断层；10—正断层；11—平移正断层；12—水平溶洞编号及高程（m）；13—落水洞；14—漏斗及洼地；15—下降泉，上为编号，下为高程（m）

(3) 地下隐伏低邻谷岩溶渗漏。当水库周边一定范围内存在地下隐伏暗河时，同样可构成低邻谷，存在库水通过可溶岩地层或导水构造向库岸隐伏低邻谷渗漏的可能，而且此类渗漏问题往往比较复杂，渗漏边界和集中渗漏通道不易查明。重庆中梁水电站水库右岸沿星溪沟向白马穴暗河的渗漏即属此类型。

中梁水电站坝址位于碎屑岩河段上，坝高为 118.50m。水库区内两岸岸坡陡立，河谷深切，为纵向谷。右支流龙潭河岩溶极为发育，河水断续断流，在枯水季节甚至干涸，河水全部潜入地下，形成悬托河。右岸支沟星溪沟段二叠系灰岩出露高程低于正常蓄水位，汛期沟水通过沟内消水洞全部潜入地下，经连通试验证实，地下河（白马穴暗河）长约 17km，基本顺右岸二叠系灰岩地层发育，与河道近平行，其出口白马穴泉位于坝址下游。为解决此渗漏问题，设计单位专门开展了勘察论证，并在水库中段星溪沟设置防渗帷幕进行封堵处理。中梁水库顺层岩溶渗漏示意如图 2.2-4 所示。

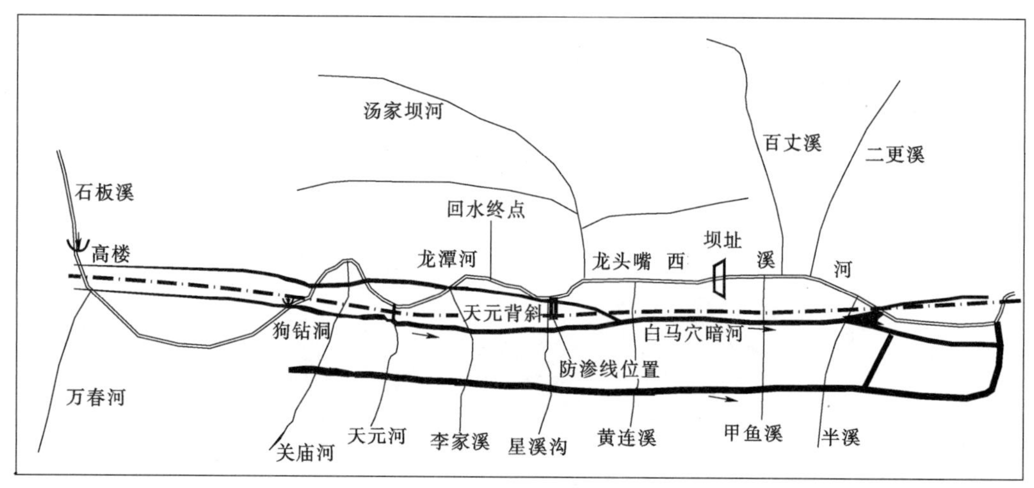

图 2.2-4 中梁水库顺层岩溶渗漏示意图

2.2.3 半地下水库渗漏型式分析

2.2.3.1 伏流洞型

当河谷水动力条件为补给型时，渗漏主要发生在库首两岸、伏流山嘴（含古河床垭口）地带，库首渗漏问题突出。除伏流洞口处为管道型渗漏外，其余地段渗漏性质以裂隙性为主，在古河床附近或天生桥岩体内易出现沿断层或节理带集中渗漏。如铜仁天生桥水电站，河床下深部渗漏问题反而不如浅部及上部明显。

当河谷水动力条件类型为补排型或排泄型时，除了已发现的伏流入口外，深部岩溶管道与洞穴发育，存在伏流洞深部岩溶集中渗漏，故该类水库除存在库首两岸、伏流山嘴库首岩溶渗漏问题外，还存在伏流洞下部一侧或两侧纵向深部岩溶渗漏，且多为岩溶虹吸管道性集中渗漏。如目前处于前期筹建中的甲茶水电站，尚存在纵向深部岩溶集中渗漏问题。

2.2.3.2 伏流坍塌型

原伏流全部或大部转入深部，仅残留溶蚀坍塌堆积体于河床中，河谷水动力条件属排泄型，深部岩溶管道发育充分且左、右岸网状交错。其库首和河床纵向岩溶倒虹吸管道渗漏问题复杂和突出。如猫跳河四级水电站，大坝建于河床堆积体上，蓄水后河床坝基和两岸均发生深部虹吸管道性渗漏，总渗漏量近 $20m^3/s$，占河流平均流量的近 40%。

2.2.3.3　封堵暗河＋防渗帷幕型

贞丰七星水库天然状态下为岩溶湖，工程区岩溶强烈发育，且具有明显的成层性，地下岩溶管道发育主要在两个高程段：上层岩溶管道发育高程为 870～880m，为孔岭暗河早期岩溶管道发育高程；下层暗河发育高程为 820～840m，为孔岭暗河现代岩溶水通道。为有效成库，需在岩溶湖下游侧筑坝，并在地下形成连续帷幕封堵孔岭暗河，从而利用岩溶湖泊洼地形成地表蓄水空间、利用暗河形成地下蓄水空间，达到水资源充分利用的目的。

2.2.4　地下水库渗漏型式分析

由于地下水库主要通过“封堵暗河＋防渗帷幕”形成，而受岩溶发育的多期性、继承性影响，暗河具有多进口、多出口的特征，岩溶发育极为复杂。相应地，其渗漏型式较复杂，可表现为岩溶库周管道性渗漏、岩溶脉管性渗漏或裂隙性渗漏，需结合工程具体特点来分析。如贵州省开阳县鹿角坝水库通过“堵洞＋帷幕”已成功建成蓄水。但也有失败的工程案例，如贵州省沿河县老鹰迁工程，想通过堵洞将暗河河水引出来，先后两次封堵都未获得成功。

2.2.5　库外库渗漏型式分析

由于伏流洞、暗河、管道水等的壅水与贯通，形成库外水库，库外水库又存在岩溶渗漏与内涝等问题，需要引起重视。如贵州省平塘石龙水库下坝址因右岸分水岭地带存在通过地下岩溶管道与库水连通的低岩溶洼地，岩溶水文地质条件极为复杂，最终放弃下坝址。

2.3　岩溶水库渗漏的基本类型

岩溶水库渗漏的形式和类型与一般岩性地区渗漏基本相同，不同点在于多伴有沿岩溶管道的集中渗漏形式，增加了可向暗河（岩溶管道）等隐伏低邻谷渗漏、库底渗漏、库周渗漏等类型。根据已有岩溶地区建坝成库工程实践，按低邻水系展布与大坝空间位置关系、发生渗漏的部位、水系组成的岩溶地块类型、渗漏深度、渗漏通道形式、工程部位等对岩溶水库渗漏进行分类，见表 2.3-1。

表 2.3-1　　岩溶水库渗漏基本类型汇总表

序号	划分依据	渗漏类型	亚　类	涉及水库类型	备注
1	低邻水系展布与大坝空间位置关系	邻谷岩溶渗漏	跨流域低邻谷岩溶渗漏	各型水库	
			本流域低邻谷岩溶渗漏	各型水库	支流等
2		河湾岩溶渗漏	—	各型水库	
3		隐伏低邻谷岩溶渗漏	—	伏流型水库	含坝区

续表

序号	划分依据	渗漏类型	亚　类	涉及水库类型	备注
4	发生渗漏的部位	库周岩溶渗漏	—	盆地型水库	
5		库底岩溶渗漏	—	盆地型悬托水库	
6	水系组成的岩溶地块	河湾地块岩溶渗漏	—	河道型水库	
7		河间地块岩溶渗漏	—	河道型水库	
8		河湾河间地块岩溶渗漏	—	河道型水库	
9	其他类型	构造切口岩溶渗漏	—	各型水库	库坝区
10		单薄分水岭岩溶渗漏	—	各型水库	库首等
11	岩溶渗漏的深度	一般岩溶渗漏	—	补给型河流	
12		深岩溶渗漏	河谷纵向虹吸管道岩溶渗漏	排泄型、悬托型水库	库区
			河谷横向虹吸管道岩溶渗漏	排泄型、悬托型水库	库坝区
13	渗漏通道型式	管道型渗漏	—	各型水库	
14		脉管型渗漏	—	各型水库	
15		溶隙型渗漏	—	各型水库	
16	工程部位	库区岩溶渗漏	—	各型水库	
17		库首岩溶渗漏	—	各型水库	
18		坝址岩溶渗漏	绕坝岩溶渗漏	各型水库	
			坝基岩溶渗漏	各型水库	
			坝区隐伏低邻谷渗漏	各型水库	
			坝基虹吸管道岩溶渗漏	伏流型、裂点型水库	坝区

第 3 章

岩溶水库渗漏条件分析

渗漏是岩溶地区水库主要的工程地质问题之一，岩溶地区已建的水库工程，存在大量岩溶渗漏的工程实例，特别是20世纪80年代以前兴建的小型工程，强岩溶发育区产生水库渗漏的超过50%。本章根据国内尤其是西南地区的工程实践总结了成库条件论证的关键问题，论述了地形地貌、地层结构、地质构造等条件对岩溶发育及水库渗漏的影响。

3.1 岩溶地区水库成库条件论证关键问题

岩溶地区论证水库成库条件主要围绕汇水条件和水库渗漏两个方面进行。一方面是论证分析岩溶地区汇流面积是否与地形分水岭圈闭的范围一致，地下水入库径流过程中是否有产生渗漏的可能；另一方面是论证水库是否有产生岩溶渗漏的可能。因此，水库汇流面积复核、入库河段岩溶渗漏条件、坝址选择、防渗边界选择、水库区地质结构等，构成了岩溶地区水库成库条件论证的关键问题。

3.1.1 岩溶水库汇水条件分析

3.1.1.1 汇流面积分析

对于岩溶地区，地下水系统是重要的水源，特别是岩溶极为发育又处于分水岭的地区，往往地表水系不发育或发育不全，按地形分水岭圈闭的汇流面积往往与实际有很大的出入。水库工程勘察设计过程中，作为水文基本资料的汇流面积复核，需要地质工程师予以必要支持，岩溶区水库汇流面积复核是一项非常重要的地质工作。

由于岩溶地下水流动系统的边界条件往往十分复杂，而且经历漫长的地质时期，岩溶地下水流动系统内部及系统之间在发展过程中经历了复杂的演化，要全面查明其边界条件极其困难。汇流面积复核的任务，是确保水资源评价资料基本符合客观情况，避免产生重大的偏差，从而造成与此有关的工程规模或工程任务等论证的失误。

岩溶地区水库汇流面积分析可基于以下原则：①以黑箱模型为主，按照水量均衡理论评价系统边界条件；②以具体的岩溶地下水流动系统为研究对象，分析对水库区汇流面积有影响的岩溶水文地质条件。

1. 岩溶作用对汇流面积的影响

岩溶作用对汇流面积的影响主要有以下3种情况。

（1）岩溶地下水实际汇流面积较地形分水岭圈闭的面积大。此类情况是因为有外部岩溶地下水系统排向水库区，或者说水库区岩溶地下水系统边界向外袭夺，地下水通过伏流等补给该区域，类似的岩溶地下水系统可能是1个或多个，从而造成岩溶地下水的实际汇流面积较地表地形分水岭圈闭的范围大。如贵州思南沙坝水库引用的代家沟岩溶大泉作为补充水源，泉水出露于二叠系底部，地形分水岭圈闭的地表集雨面积20.9km²，地下发育

3个岩溶地下水系统，岩溶地下水集雨面积向南延伸至林家寨一带，总汇水面积可达 44.0km²，如图3.1-1所示。

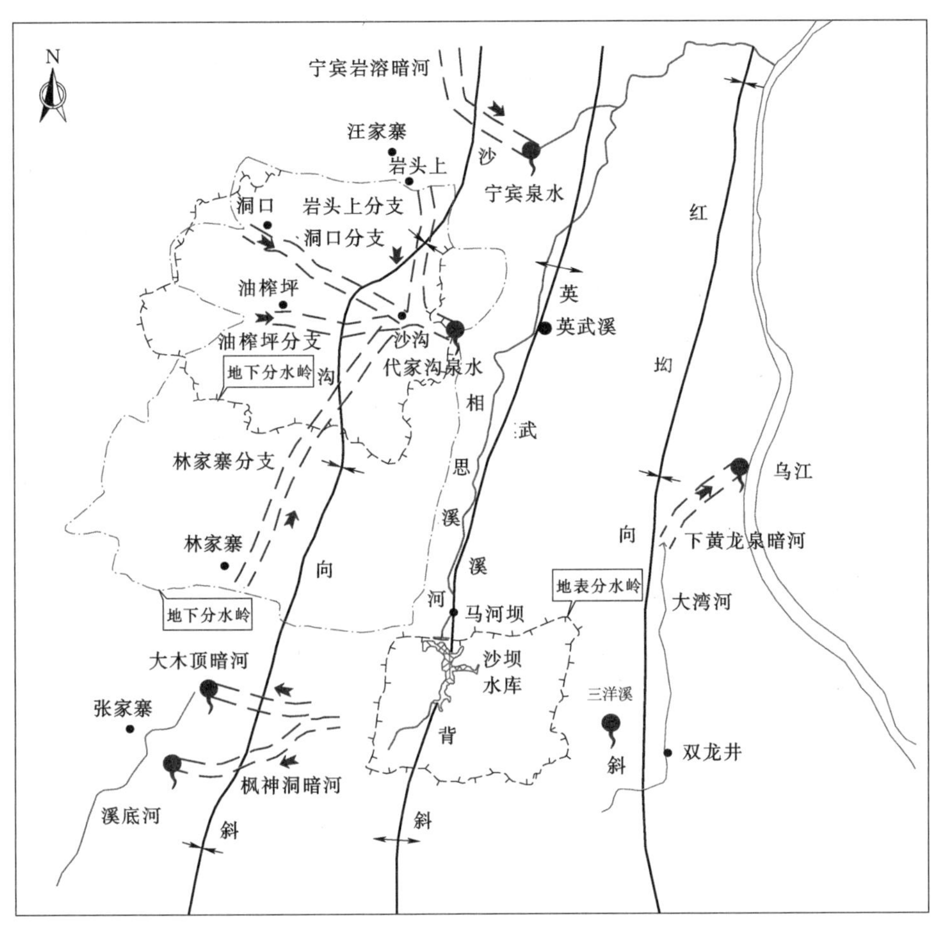

图3.1-1 沙坝水库汇水面积示意图

(2) 实际汇流面积较地形分水岭圈闭的面积小。此类情况是区内发育的岩溶地下水系统排向库外，或者说库外岩溶地下水系统边界向内袭夺。尤其是很多岩溶大泉地区及伏流、暗河发育地区，地表水会通过岩溶管道排向地表分水岭圈闭范围以外或库盆外，从而造成实际汇入水库的水资源量较基于地表水系计算的入库量小，甚至产生水库渗漏问题。

(3) 实际汇流面积与地形分水岭圈闭的面积基本一致。在岩溶发育相对微弱、水库及周边无较大的岩溶地下水系统或者特殊的构造边界条件限制，在库区内形成较为完整的岩溶水文地质边界，地表、地下分水岭基本一致或重叠。

2. 岩溶地下水流动系统边界条件的确定

当一个岩溶水文地质单元只发育一个岩溶地下水流动系统时，汇流面积的确定相对简单。根据地质测绘资料所获取的地形、地质条件较容易确定岩溶地下水流动系统的边界。

实际上同一岩溶含水层或岩溶水文地质单元往往发育多个岩溶地下水流动系统，或者多个岩溶含水层因构造作用沟通而形成同一个岩溶水文地质单元甚至同一个岩溶地下水流动系统，这种情况下汇流面积的确定相对复杂。如索风营水电站右岸大锅寨地区由三叠系下统茅草铺组（T_1m）构成的岩溶含水透水地层中，发育了 S_{49}、S_{54}、S_{77} 3 个岩溶地下水流动系统，在补给区投入示踪剂后，在 3 个泉点均观测到示踪剂出露（图 3.1－2）。

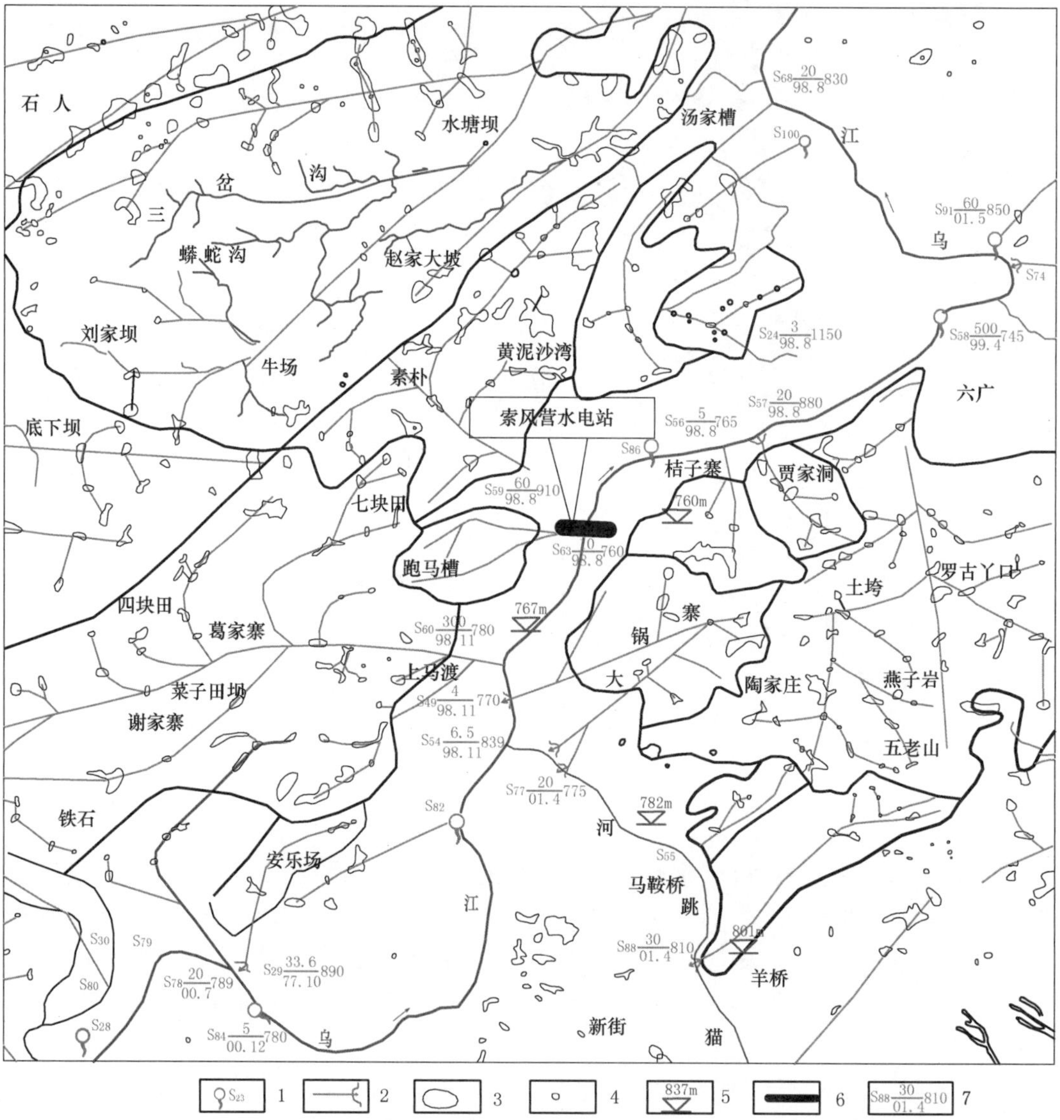

图 3.1－2　索风营水库区岩溶地下水流动系统分布略图

1—泉点；2—推测岩溶管道；3—洼地；4—落水洞；5—河水位；6—岩溶地下水流动系统边界；7—泉水及编号，上为流量（L/s），下为观测年及月份，右为出露高程

而索风营水电站库区 S_{60} 岩溶地下水流动系统，由于断层切错，造成管道系统沿途谢家寨、菜子田坝等地的三叠系、二叠系岩溶含水层相互连通并构成统一的含水系统，并于

上马渡一带的 S_{60} 号泉排出（图 3.1-2 和图 3.1-3）。

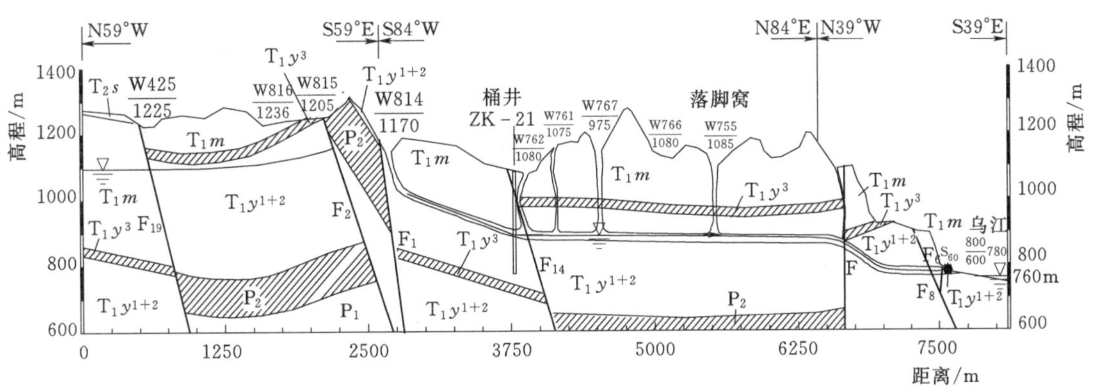

图 3.1-3　索风营水电站库区 S_{60} 地质剖面示意图

当同一岩溶水文地质单元中发育有多个岩溶地下水流动系统时，在利用水均衡法宏观划分各岩溶地下水流动系统的基础上，需开展更为详细的岩溶水文地质调查及勘探试验工作，甚至对边界附近重要的岩溶洼地、落水洞等，需逐一查证其地下水流向，以确定各岩溶地下水流动系统的边界。该项工作难度较大，具体工作中应注意各种地质信息的综合分析，善于利用各种信息的相互验证和判断，同时注意各岩溶地下水流动系统形成条件和演化过程中的变化关系。如索风营水电站库首右岸大锅寨至桔子寨岩溶水文地质单元由三叠系下统茅草铺组（T_1m）中厚层白云质灰岩构成，水库下游发育有 S_{56}、S_{57} 两个岩溶地下水流动系统，水库上游发育有 S_{49}、S_{54}、S_{77} 3 个岩溶地下水流动系统（图 3.1-2）。为划分其系统边界，开展了大量的地质调查、连通试验、钻探、物探等工作，并将这些勘探及试验资料进行了深入细致的分析，确定各系统边界后，又对当地降雨资料及泉水流量进行长期观测和对比，用水均衡法检验边界划分的合理性。

有时，多个岩溶含水层会因构造作用沟通形成一个岩溶地下水流动系统。此类情况下，岩溶地下水流动系统边界的确定相对简单，可通过查明有关岩溶含水层的空间组合关系、沟通各岩溶含水层的断层等构造空间分布、沿断层带或其影响带的岩溶发育特征等基本条件，分析岩溶地下水系统形成的基本条件和演化过程，从而概括圈闭其系统边界条件。

3.1.1.2　入库河段岩溶渗漏分析

前述汇流面积的复核，是确保岩溶地区水资源评价的准确性。而入库河段岩溶渗漏分析，是论证水资源进入库区的可靠性。

入库河段岩溶渗漏，主要指水库正常蓄水位以上的天然河段岩溶渗漏，而且渗流跨越水库流向库外的情况。此类情况一般在分水岭地区、地形裂点河段较为典型。

如贵州南部向广西过渡地带的霸王河航龙一带漏水河段（图 3.1-4）、贵州中部乌江流域两侧宽谷期台地向乌江峡谷过渡的石干河（图 3.1-5）等，均存在严重的河道渗漏情况，除洪水期偶有地表水贯流外，此类河流下游河道常年处于断流状态。重庆中梁水电站库区上游河段，因发育平行河谷的大型岩溶地下水系统，工程实施过程中进行了防渗工程处理。

图 3.1-4　霸王河航龙一带漏水河段示意图

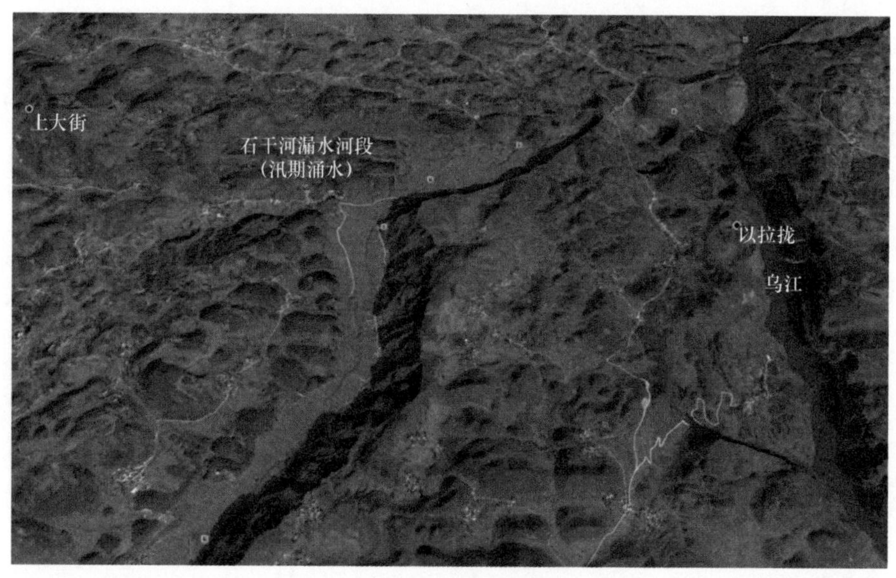

图 3.1-5　石干河漏水河段示意图

以上较为明显的河段，在作水库勘察设计时一般都会引起高度重视。但岩溶裂隙性渗漏等天然情况下不明显的渗漏，对工程规模小、水资源有限的中小型水库工程而言，前期勘测设计工作投入实物勘探量较小，且勘测周期短，此类影响多容易被忽视，并造成众多干库现象。因此，在岩溶地区实际工作中，对此类入库河段的岩溶渗漏应予以重视，必要时应开展岩溶成库论证专题研究工作。

入库河段渗漏分析一般应明确以下问题：

(1) 入库河段是否存在渗漏，渗漏的形式及渗漏地段。

(2) 渗流出露点是否超出水库范围。

(3) 渗漏规模是否影响工程正常运行。

对于渗漏规模不影响工程正常运行或渗流出露点未超出水库范围的，可不再进行进一步的勘察和研究，甚至可不进行防渗处理。大量更详细的勘察工作应主要针对水源不能进库且渗漏量影响水库正常功能发挥的情况进行。

入库河段渗漏分析，应从河段地形地貌特征、基本地质条件、岩溶发育程度等宏观条件入手，判断渗漏性质，测流确定重要渗漏地段和渗漏量。另外，有关工作选择枯水期进行较为适宜。

3.1.2　岩溶水库坝址选择思路

在河流综合规划中，各级水利或水电枢纽选址考虑的因素，除满足工程建设的地形地质条件外，还包括适应周边国民经济发展需求的水资源综合利用、防洪减灾等任务的综合要求。本节所述的坝址选择思路，仅限于从地质专业角度应考虑的技术思路。

岩溶地区坝址选择的原则可归纳如下：

(1) 满足水库成库的基本条件。

(2) 保证防渗处理方案可靠性、节约防渗工程量。

(3) 尽量节省挡水建筑物工程量。

(4) 满足枢纽建筑物布置及施工条件。

如本书第 2 章所述，岩溶地区水库渗漏型式分为水库区邻谷渗漏、库首河湾渗漏、河间渗漏、坝址区坝基（肩）渗漏、绕坝渗漏等，范围涉及水库各区域。坝址选择的原则是满足工程任务的基础上，尽量将坝址选在岩溶水文地质条件相对明朗、处理难度小、防渗处理效果可控的河段；当坝址位置不易调整时，应针对可能的渗漏问题开展详细的岩溶水文地质勘察工作。

3.1.2.1　岩溶水库成库的基本条件分析

岩溶地区，坝址的选择实际上也是水库成库论证与选址的过程。在满足工程任务要求的基础上，选择坝址时应宏观分析水库区地形特征及基本地质条件、岩溶水文地质特征，尽量避开可能产生向邻近河谷渗漏、向下游管道型绕坝渗漏、大型滑坡、大型岩溶管道引起的淹没或洪涝灾害等河段。

(1) 避免产生严重的岩溶型邻谷渗漏。在区域最低排泄基准的河流建库、且水库水位低于邻近河谷河面高程时，不会产生邻谷渗漏。

当拟建水库河段有低邻河谷时，应尽可能地选择有相对隔水地质边界的河段建库。与邻谷间没有隔水边界的，应选择岩溶发育相对弱的地层作为库盆。若拟建水库河段与邻近河谷间为可溶岩连续分布且有倾向邻谷的层面或岩溶发育的断层沟通，应引起高度重视，有条件的应避开这样的不利地段建库。特别是正常蓄水位以下沿层面或断层带有大量早期溶洞发育时，应研究水库蓄水后沿早期岩溶管道形成邻谷渗漏的可能性。图 3.1-6 为岩溶水库邻谷渗漏示意图。

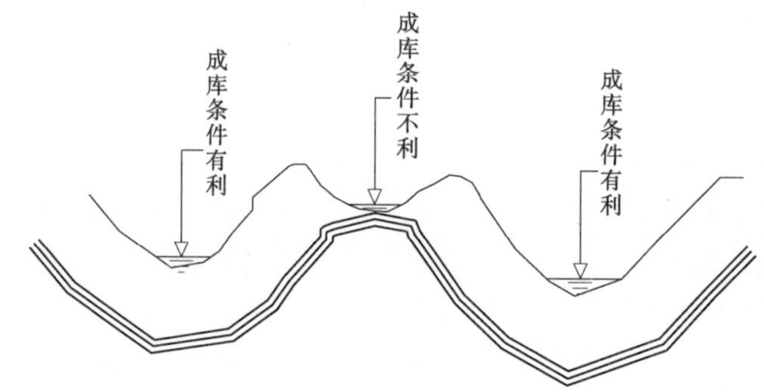

(a) 沿背斜轴部发育的河流，两岸为可溶岩分布且有相邻低邻谷

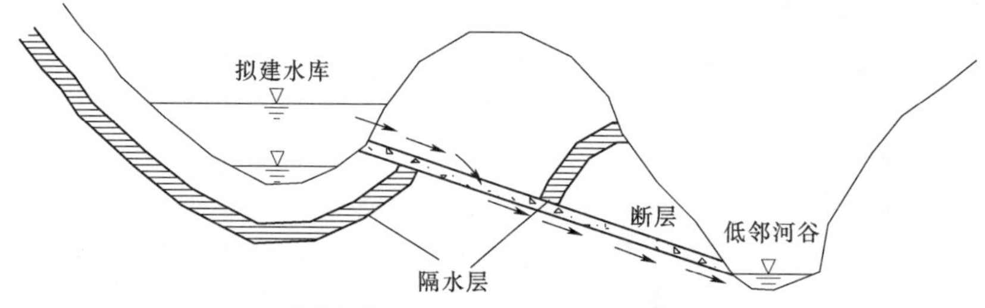

(b) 正常蓄水位以下有大型断裂沟通相邻低邻谷

图 3.1-6　岩溶水库邻谷渗漏示意图

(2) 避免严重的岩溶管道型绕坝渗漏。坝址区不宜选在上、下游或平行河床发育有大型岩溶管道的河道，尤其是下游近坝区发育有大型岩溶管道及左、右岸平行河床的岩溶管道或暗河、伏流区，此类河段岩溶发育强烈，地下水位低平，岩体溶蚀破碎，透水严重，水库蓄水后多会发生严重的岩溶渗漏问题，且处理难度非常大，坝址选择应尽量避开此类河段。

(3) 尽量避开大型滑坡、崩塌等对库岸稳定不利的地质条件。岩溶地区河床两岸常发育有溶蚀塌陷成因或岸坡崩塌成因的大型堆积体，此类堆积体规模巨大，结构复杂，边界不易查清，稳定性较难分析评价，水库选址应避开水库区大型堆积体、可能存在的大型岩质滑坡和崩塌等不利地质现象。当水库区沿线分布有大量堆积体，其上有大量人口居住时，水库再造影响范围大，变形在短期内难以收敛，应考虑移民搬迁或土地补偿对工程投资的影响。

(4) 尽量避免淹没上游有集中居民区或耕地的伏流或大型岩溶管道出口。有条件时尽量避免淹没浅埋平缓的大型岩溶管道。对天然伏流，应根据水库蓄水位评价其对上游淹没和防洪的影响。由于水库淹没岩溶管道出口削弱了上游河道的排洪能力，造成如岩滩水库右岸板文地下暗河出口被淹没后岩溶管道滞洪形成的纳板地区岩溶内涝的问题。因此岩溶管道进口上游河段的防洪和排涝也应纳入水库选址考虑的内容。此外，若水库周边有大面积低岩溶洼地负地形存在的情况，亦应注意避免产生大范围浸没、内涝。

(5) 水库诱发地震也是常规的工程地质问题之一。从已建的大型水库诱发地震监测资料分析，水库诱发高烈度地震的工程案例较少。但有条件时，岩溶区大型水库应避免淹没大型岩溶洞室群、活动性深大断裂带，以免产生严重的岩溶型或构造型水库地震。

3.1.2.2　防渗条件选择分析

寻找明确、可靠的防渗边界，尽量简化坝址区防渗帷幕的布置，从论证与设计环节节约工程量，是岩溶地区水库坝址选择要考虑的核心问题之一。

选坝河段地貌特点、地质结构是防渗边界条件选择的重要依据。

从地貌角度，坝址选择应尽量避开地形裂点，特别是区域地貌单元分界的台阶状前缘。这些地带若河床下伏无可靠的隔水层限制，上游河道受下游巨大落差影响，在强烈的地下水动力作用下，河床可溶性岩体溶蚀强烈，容易形成大规模的深部纵向岩溶管道，河床地下水位亦低于河水位或河床地面，形成反均衡地下水位剖面，导致库首及坝址岩溶防渗条件极为复杂。

从地质结构角度，应优先选择横向河谷，若横向河谷坝址区有展布稳定、厚度可靠的隔水层或相对隔水层，库区无邻谷及河湾渗漏等问题存在，则该坝址应作为优先选择的坝址，库区岩溶发育程度已不是控制坝址建设的主要影响。如北盘江光照水电站坝址选择即是按此原则进行，所选择的坝址与目前岩溶地区已有的大型水利水电工程坝址相比仍是难得的优良坝址。在顺向河谷地区应尽量选择两岸有可靠隔水边界分布的地段建坝，对于水平岩层构成的河谷，应选择坝基下伏有可靠隔水边界的河段。在没有非可溶岩作为防渗边界的情况下，若附近无低邻谷或裂点等不利条件，可选择岩溶发育程度弱的泥质白云岩、泥灰岩等地层或可溶岩与非可溶岩互层地层作为坝址。岩溶水库河谷防渗帷幕布置图如图3.1-7所示。

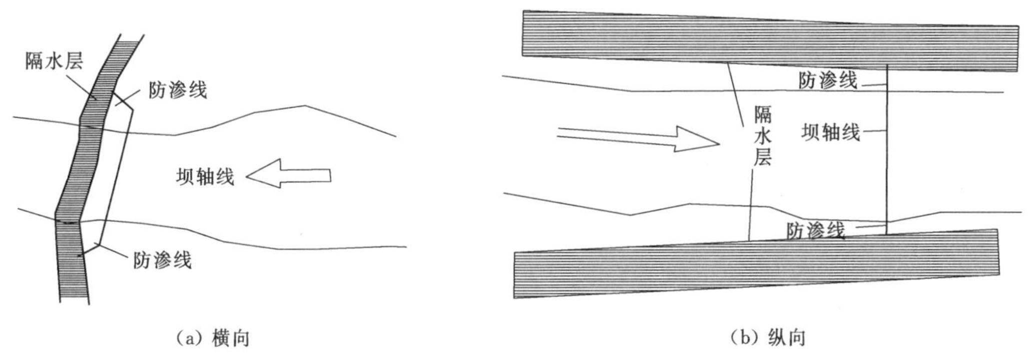

(a) 横向　　　　(b) 纵向

图3.1-7　岩溶水库河谷防渗帷幕布置图

3.1.2.3　岩溶水库坝址选择

（1）横向谷优于纵向谷。岩溶易沿倾斜层面或顺岩层走向发育。纵向谷的岩层走向与河谷平行或近于平行，沿层面地表水、地下水渗流条件相对较好，如防渗措施不到位，水库蓄水后，库水易通过沿层面发育的地下岩溶通道，在水平方向上向下游发生纵向径流，往往造成较大规模的渗漏。横向谷的岩层走向与河谷垂直，可分为倾向上游和倾向下游两类，其中，倾向上游较倾向下游更利于水库防渗；相对于纵向谷，横向谷发生大范围的绕坝渗漏和较深的坝基渗漏的可能性和规模会大大减小。但要注意在倾向下游的情况下，当沿岩层层面发育有地下岩溶通道时，由于坝基（肩）防渗底界的深度有限，库水会沿倾斜下游的溶蚀通道向下游深处排泄，当下游一定范围内存在该岩溶导水层“天窗”时（如向斜条件下或断层发育），应详细调查是否会产生沿深层渗漏的可能性。

（2）向斜构造优于背斜、单斜构造。背斜构造轴部挤压强烈，但地表浅层往往处于张拉区，密集发育纵张节理裂隙甚至断层，岩体破碎，导致岩溶一般比较发育，沿背斜轴部多形成顺层向渗漏带，可能导致坝基处理深度、难度较大，渗漏较难控制。向斜构造轴部则相反，地表浅层由于受垂直轴向的两侧压应力作用岩层多挤压紧密，而深部张拉区受围压的影响，张性节理裂隙发育也相对较弱，岩溶一般发育较弱，岩溶管道发育一般比较单一，渗漏通道比较集中，因此坝基处理难度较小，同时若下伏有隔水层易于衔接，防渗处理也较容易。

（3）陡倾岩层优于缓倾岩层。地下水易沿溶蚀裂隙和管道运动，而岩溶裂隙和管道易沿倾斜层面发育。在顺岩层层面有溶蚀裂隙和管道的情况下，如果岩层陡倾，那么水将更倾向于沿溶蚀裂隙或管道向地下深处运动；相对于缓倾岩层，库水产生坝基渗漏的可能性和渗漏规模将大为减小。

（4）充分利用隔水层、岩溶发育微弱的岩层或有利的水文地质条件。隔水层为透水性极弱的非碳酸盐岩层或不纯碳酸盐岩层，岩溶发育微弱的可溶岩地层的透水性也相对较弱，亦可视为相对隔水层；如坝基部位存在隔水层或岩溶发育微弱的岩层，可充分利用它们，并对透水性较强的可溶岩地层或岩溶裂隙、管道进行封堵，将库水的渗漏通道堵塞，减少库水渗漏量。如在洼地地带存在集中渗漏通道，可充分利用岩溶发育的不均一性，用围堰将落水洞或强岩溶化岩体与库水隔开，或者采用混凝土塞、灌浆等方式将其封堵，从而创造水库蓄水条件。

（5）尽量避开坝基、坝肩或坝址下游有泉水出露的部位。有泉水出露，往往意味着岩溶渗漏通道的存在，以及近坝库岸地下水位低平。当岩溶大泉发育在近坝下游时，其与库区的联系多较为密切，甚至在坝上游有其早期、多期出口发育，如果渗漏通道难以查明或工程治理措施不到位，在建坝蓄水后，可能沿未封堵的岩溶渗漏通道产生较大的渗流，导致水库蓄水达不到设计要求，水库效益难以正常发挥，也可能在坝基发生管涌而危害坝体。

3.1.3 隔水岩体的选择与评价

3.1.3.1 隔水岩体的定义

隔水岩体，指相对岩溶不发育、岩体透水性满足工程防渗要求的岩体，是岩溶地区水库防渗工程的边界。隔水岩体作为防渗边界应满足以下条件：

（1）岩溶不发育或微弱发育，地下水多为裂隙性储存形式。

（2）相对附近透水岩体，其透水性最弱。

（3）构成相邻岩溶含水层的地下水水文地质边界。

（4）有足够的厚度，在水库防渗要求范围内连续分布。

一般情况下泥岩、页岩、板岩、泥灰岩、泥质白云岩等致密、连续分布且有一定厚度的非可溶岩类或弱岩溶化岩体常作为隔水岩体选择为防渗边界。当可溶岩与非可溶岩互层分布时，若可溶岩单层厚度不大且间夹于非可溶岩中、互层状岩体整体岩溶不发育时，具有较好的隔水作用，亦可视作隔水层（相对隔水层）并予以利用作防渗依托。因此，根据岩性、岩体完整程度、裂隙发育情况等，岩溶地区隔水层可分为隔水层、相对隔水层、相对弱透水层 3 类，见表 3.1-1。

表 3.1-1 岩溶地区隔水层主要类型

类型	岩性	亚类	主要特征			实例
			裂隙发育情况	溶蚀现象	岩体透水率/Lu	
隔水层	泥质、炭质页岩、砂页岩、硅质岩等	完整性好的隔水层	裂隙发育微弱，且多充填	上下界面无溶蚀现象	<1.0	百花坝址河床下部 T_1y 砂页岩、江垭上游两岸、构皮滩坝址上游两岸砂页岩
		轻微破坏的隔水层	裂隙发育中等，且多充填	上下界面有轻微溶蚀现象	1.0～3.0	乌江渡坝址河床及左岸、东风坝址河床深部，隔河岩坝址下游两岸砂页岩
		破坏轻微的隔水层	有裂隙破坏，但多充填，有小断层，但断距很小，影响不大	上下界面有溶蚀孔隙，但不影响隔水层稳定	3.0～5.0	百花坝址左岸及乌江渡坝址 T_1y 砂页岩
相对隔水层	泥灰岩、泥质白云岩、炭质灰岩，或岩溶不发育的互层地层	完整性好的相对隔水层	裂隙发育微弱，且多充填	上下界面及隔水层本身无溶蚀现象	<1.0	修文坝址泥质白云岩
		轻微溶蚀破坏的相对隔水层	裂隙发育中等，且多充填	上下界面及隔水层本身有轻微溶蚀现象	1.0～3.0	红枫坝址 T_1 白云质灰岩
		构造及溶蚀破坏轻微的相对隔水层	有裂隙破坏，但多充填，有小断层，影响不大	上下界面及隔水层本身有溶蚀孔隙，但不影响隔水层稳定	3.0～5.0	窄巷口坝址左岸 P_1^{2-7} 炭质灰岩
相对弱透水层	灰岩、白云岩、灰质白云岩	完整性好的相对弱透水层	裂隙发育微弱，且多充填	仅有轻微裂隙溶蚀或无溶蚀	1.0～3.0	东风坝址河床、普定坝址河床灰岩及白云岩
		构造及溶蚀破坏轻微的相对弱透水层	有裂隙破坏，但多充填，有断层，影响不大	沿裂隙溶蚀，有少量晶孔发育	3.0～5.0	隔河岩坝址河床、红岩坝址河床及鲁布革坝址河床深部的灰岩及白云岩

3.1.3.2 隔水岩体选择

碳酸盐岩隔水层包括相对隔水层和相对弱透水层两类。在一定条件下，碳酸盐岩中的相对隔水层和相对弱透水岩层，可起到较好的隔水作用。但在大面积分布的厚层灰岩及白云岩的地区，当无泥质、炭质页岩、砂页岩等碎屑岩隔水层分布时，对碳酸盐岩相对隔水层和相对弱透水层隔水作用的研究就显得十分重要，对论证大型水利水电工程的岩溶渗漏问题具有实际意义。

碳酸盐岩的隔水性能与下述参数相关：

（1）不纯碳酸盐岩的层数占岩层剖面中总层数的百分比（S）。

（2）纯碳酸盐岩与不纯碳酸盐岩的累计厚度比值（T）。

（3）纯碳酸盐岩的单层厚度（H）。

有学者曾对数个工程实例进行归纳分析，初步总结出碳酸盐岩相对隔水层和相对弱透水层分类表，见表3.1-2。

表3.1-2　　碳酸盐岩相对隔水层和相对弱透水层分类表

分类名称	S/%	T	H/cm
相对弱透水层	30～45	2.0～20.0	70～100
相对隔水层	>45	<2.0	<70

隔水岩体的选择，要根据具体工程的情况，结合实际地质条件灵活掌握。有条件时，尽量选择连续、稳定、厚度大、岩体透水性小（岩体透水率小于1Lu、渗透系数小于10^{-5}cm/s）的相对隔水层，如泥页岩及其他致密的非可溶岩。在工程实践中也有大量的中小型水库成功利用岩溶不发育的极薄层灰岩夹页岩、泥质白云岩等具总体相对隔水作用的相对隔水层作为防渗边界的实例。

隔水岩体的选择原则为：①满足工程渗漏损失的要求，即渗漏损失不致影响工程效益的正常发挥；②不造成大坝渗透稳定问题；③渗漏水量不对周边环境及居民安全和生产造成影响。相关规范对防渗边界透水性的要求：低坝小于5Lu、中高坝小于3Lu、高坝小于1Lu。因此，从某种意义上说，只要岩体本身的渗透性小，甚至漏水量在水库允许渗漏范围内，无论是非可溶岩或可溶岩，均可视为隔水岩体而在水库防渗中予以充分利用。

3.1.3.3　隔水岩体评价

作为水库防渗处理边界，隔水岩体必须满足长期承受库水渗透压力工况下的稳定性和可靠性。有关厚度没有统一的标准和要求，但在岩溶地区，对防渗边界及隔水岩体的选择除岩性及透水性评价外，尚应包括厚度及可靠性、连续性的评价。

由于隔水岩体又是相邻岩溶含水层的边界，沿边界往往岩溶形态集中发育，甚至形成岩溶管道，导致库水有时直接作用在隔水层或防渗体上，因此隔水岩体在水库运行过程中多会承受较大的渗透压力。因此要从岩体结构特征、两侧岩溶发育情况、岩体厚度及可能承受的不利工况等论述其永久运行条件下的可靠性。

（1）隔水层的抗潜蚀厚度。若隔水层两侧含水层中水位不同，则在高水位一侧产生向低水位一侧的地下水运动，并形成一定的渗透压力。如果隔水层厚度能够足以承受这种渗透压力，则可以认为能起到隔水作用，否则，隔水层可能被潜蚀破坏。当隔水层两侧具有一定水位差时，隔水层的临界有效厚度可用h_0表示，即

$$h_0=\beta H/I_0 \tag{3.1-1}$$

式中：H为隔水层两侧的水头差，m；β为取决于含水层透水性的水头折减系数，一般在0.65～0.95范围内选用；I_0为根据隔水层透水性决定的允许水力坡降，数值见表3.1-3。

表 3.1-3 隔水层允许水力坡降值

隔水层透水率/Lu	隔水层渗透系数 K/(cm/s)	允许水力坡降 I_0
1	$<1\times10^{-5}$	20
3	$(1\sim6)\times10^{-5}$	15
5	$(6\sim10)\times10^{-5}$	10

h 为隔水层的实际厚度，判别标准如下：①$h>3h_0$，为可靠隔水层；②$h=(1\sim3)h_0$，为基本可靠隔水层；③$h<h_0$，隔水层可能被潜蚀破坏。

同时考虑到裂隙发育迹长，隔水层最小厚度不宜小于5m。

(2) 隔水层的连续性。天然隔水层除有厚度变化外，还有延伸范围的变化，在隔水层尖灭或呈断续分布情况下，隔水层只有局部意义。如水槽子水库石炭系、二叠系之间的矿山组页岩，在库区厚8～15m；该地层把石炭系和二叠系分隔成两个岩溶含水层，并有不同的地下水位，能起到一定的隔水作用。但该层在向金沙江方向延伸的过程中逐渐尖灭，至金沙江边的龙潭沟附近，石炭系、二叠系灰岩已合成一个统一的含水层，从而导致库内无论是从石炭系灰岩或是从二叠系灰岩渗漏的水流，均在龙潭沟从同一个泉眼排出。

(3) 隔水层的完整性。有时隔水层的地表露头是连续完整的，但在地下可能被构造错断或因岩溶洞穴而塌通，从而在局部地段即会失去隔水作用，使两侧岩溶含水层互相沟通。草北海子盆地中的万寿山组砂页岩，经在地面测绘追索，发现其连续分布、很稳定，但在那者附近厚度由30多m减为10m左右，且被159号岩溶竖井溶蚀塌通，使上部灰岩组和下部灰岩组两个岩溶含水层彼此连通，形成岩溶渗漏通道。

3.1.4 地下水位与水库渗漏的关系

由于岩溶作用是在水的作用下产生的特殊地质现象，岩溶地下水位亦反映了某一地下水流动系统中岩溶发育的特点。即稳定地下水位或趋势地下水位代表了一定区域内岩溶地下水的渗流特征与排泄基准，尤其是地下水凹槽指示了岩溶管道存在的极大可能性，并可代表岩溶管道及周边的地下水条件。因此，即便是在岩溶管道尚不明确的条件下，根据代表性较好的地下水位判断水库渗漏条件在岩溶地区也是可行的，如水库蓄水后，水库蓄水位高程为 H_S，两岸地下分水岭的最低（如岩溶发育段或管道附近）水位高程为 H_L，则当 $H_S<H_L$ 时，水库不会产生渗漏；当 $H_S\geqslant H_L$ 时，水库可能会产生渗漏。

3.1.4.1 两岸地下水位高于河水位

河谷为当地的最低排泄基准面，建库前地下水位高于河水位，地下水补给河水。岩溶发育下限受当地侵蚀基准面控制，与邻谷之间存在地下分水岭。

水库蓄水后，两岸地下分水岭水位一般情况下会有所壅高。按壅高后地下水位与水库正常蓄水位的关系，有两种情况。

(1) 地下水位高于水库正常蓄水位。此种情况一般不发生水库渗漏。如毛家村水库与邻谷卡郎河间的分水岭地带灰岩岩溶发育弱，库岸地下水位高于库水位，水库未发生渗漏。

岩溶地区分析地下水位应注意其代表性，对于补给型水动力类型，两岸系统均排向库内，分水岭地下水位作为评价水库渗漏的依据是可靠的。若水库处于地下水补给区，发育有排向库外的岩溶管道系统，作为判断依据的地下水位只是系统补给区较高分支管道的水位，在水库正常蓄水位以下可能还发育有更低高程的溶蚀通道构成其分支系统，此种情况下，水库蓄水后，库水会由这样的通道产生渗漏。

（2）地下水位低于水库正常蓄水位。强岩溶条件下可能产生水库渗漏。如租舍水库，建库前地下水向坝址下游河床排泄；蓄水后，库水位抬高，通过库尾强岩溶分水岭向库尾邻谷弥勒盆地大量渗漏。又如猫跳河二级水库，地表覆盖第四系土层，水库蓄水后出现数个塌陷、漏斗、落水洞，库水沿渗漏通道产生集中渗漏，后筑坝将库水与漏水洼地隔开，才有效减少了渗漏量。

地下水位虽低于水库正常蓄水位，但弱岩溶条件下也可能不会产生水库渗漏。如猫跳河六级水库，坝址左岸存在低邻冲沟，地层为三叠系上统泥质白云岩，岩溶不发育或弱发育，未进行任何防渗处理，水库蓄水后渗漏量较小或不明显，并未影响该水库的正常运行。

3.1.4.2 两岸地下水位低于河水位

两岸地下水位均低于河水位，河水补给地下水。此类型一般位于河湾地带或有较低的邻谷，具有较低的地下水侵蚀基准面，岩溶发育较深，并有可溶岩层延伸分布至邻谷或下游，常在邻谷或河湾地带的下游河床有泉水出露。邻谷越低、岩溶越发育，地下水位就越低于河水位、渗漏越严重。

根据库区及库周岩溶发育程度和渗漏程度，将其分为 3 种渗透亚型。

（1）弱岩溶渗漏亚型。河间地块或河湾地带岩溶发育弱，不存在库水集中渗漏通道，邻谷或河湾下游泉水流量小，多为溶隙型散流，不具备产生大流量岩溶渗漏的条件，地表水汇入量较大的工程可不进行防渗处理，地表水汇入量较小的工程需视渗漏量是否影响工程运行而确定相应的防渗处理措施。

（2）强岩溶渗透亚型。河间地块或河湾地带岩溶强烈发育，存在垂直溶洞及水平溶洞等库水集中渗漏通道，邻谷或河湾下游泉水流量较大。水文地质结构复杂，一般难以查明渗漏通道。要尽可能利用岩溶弱发育岩层和隔水岩层进行处理，或采取截水帷幕等工程措施直接对集中渗漏地带进行处理。

响水坝水库左岸副坝利用泥岩作为隔水层，重新建砌石坝阻断渗漏通道；五里冲水库采用地下帷幕截断岩溶透水层；水槽子水库，地下水位低于河水百余米，排泄基面（金沙江）低于河段 1300m，相距 15km，河床分布冲积层厚超过 30m，$K=10^{-3}$cm/s，水库蓄水后出现几十个落水洞，后采用堵漏水洞和大面积铺盖混凝土方法进行防渗处理，防止了库水的大量渗漏。

（3）隐伏岩溶渗漏亚型。存在隐伏岩溶，上部为第四系或半成岩或非岩溶化地层等弱透水层覆盖，厚度较大，下部岩溶发育，存在隐伏溶洞等集中渗漏通道。建库前由于地下水位坡降小，溶洞充填较好，河水补给地下水量小。建库后，由于水位抬高，库水击穿弱透水层或通过孔隙、裂隙渗漏，地下水对溶洞充填物产生潜蚀，透水性增加，甚至形成管道产生集中渗透，致使库水向邻谷产生严重渗漏。如麦子河水库蓄水后，在坝上游水库内形成向坝下游连串的落水洞，将大坝拉槽、溃坝。经填堵落水洞及大坝地基高压喷射灌浆处理，效果较好。

3.1.5 高台地水库与峡谷水库岩溶渗漏评价的差别

不同地貌单元的岩溶作用及发育规律不同，其岩溶水文地质条件会有较大区别，岩溶地区水库评价应注意辨识。

3.1.5.1 高台地水库

处于地下水补给区分水岭高台地附近的水库，往往处于岩溶地下水系统的补给区，地下水系统一般是排向库外的，水库高悬于补给区台地，库周发育的构造裂隙、可溶岩层面等，均可能是地下水补给通道，产生岩溶渗漏的可能性大。但若具备以下条件之一，可判断不会产生水库岩溶渗漏：

(1) 水库库盆有可靠的隔水岩体构成封闭条件。如下伏有隔水层分布的向斜盆地或谷地，限制了岩溶地下水系统向外发育的条件，周边发育的岩溶地下水系统均排向库内。

库盆范围内，周边发育的岩溶地下水系统均排向库内，这种情况库区河道成为局部最低排泄基准，有稳定的地表径流，周边岩溶地下水系统发育及其演化过程中，未遭受外部系统的袭夺，其形态构成的地下空间与库外无水力联系，库周有高于水库正常蓄水位的地下分水岭，此种情况下，水库具备成库条件。

(2) 构成库盆的地层岩溶不发育或弱发育。水库区地层为含有泥质或可溶岩与非可溶岩互层结构的弱岩溶含水层，岩溶不发育或者未能发育大型的岩溶地下水系统，库内河段有稳定的地表径流。

以上两种类型在黔中安顺、册享等地区较为常见。该区域为山盆期形成的岩溶峰林或岩溶槽谷地貌，地形总体平缓略起伏，在高原岩溶平地间常分布浑圆山峰，形成千姿百态的岩溶高原台地地貌景观。在山盆一期、二期形成的台地上，受下伏相对隔水岩体阻挡，岩溶发育深度受限，多形成地表水流丰富的山间盆地或坝子；但一旦进入无隔水层分布的厚度较大的可溶岩地层分布区，即形成伏流潜入地下。在此类地区，可充分利用有隔水地层“兜底”的河段，在两岸地下水补给河水且两岸地下水位高于库水位或总体高于库水位情况下，可建坝成库，或花较小的防渗代价对局部地下水位较低的垭口或构造带进行适当处理后建坝成库。

3.1.5.2 峡谷水库

峡谷水库，特别是大型河流的峡谷河段，一般为区域地表、地下径流的排泄基准面，两岸岩溶地下水系统向库区河段排泄。峡谷水库岩溶渗漏评价重点如下：

(1) 坝址河段是否存在地形裂点。如贵州猫跳河四级水电站坝址即处于河谷裂点附近，下游河床高程较坝址河床低约30m，并发育有左岸黄桶坝岩溶地下水系统，20世纪70年代水库建成后，库水由周边早期岩溶通道、通过左岸岩溶地下水系统形成岩溶渗漏。后期经过补充勘察查明了渗漏原因并提出了根治方案，但因处理工程量和难度大，数次实施局部防渗处理，但主要渗漏通道一直未能封堵，直到2012年才完成系统的防渗处理。

(2) 水库抬高水位是否超越上、下游岩溶地下水系统的边界——上、下游岩溶地下水系统的分水岭。若库水位抬升幅度越过了上、下游岩溶地下水系统边界，可能沿其各时期形成的管道系统产生岩溶渗漏。如东风水电站库首左岸上游发育有鱼洞岩溶地下水系统、右岸下游发育有凉风洞岩溶地下水系统，为此，右岸防渗帷幕延伸了约3km才封闭了这两个系统的边界。

(3) 库首存在沟通上、下游的大型断裂构造，在水库正常蓄水位以下有可能形成岩溶渗漏的条件。

(4) 库首上下游河段间是否存在完整的隔水边界，隔水边界连续性是否受构造破坏。理论上，水库蓄水位只要不超过上、下游发育的岩溶地下水系统分水岭，或者上、下游岩溶地下水系统间无岩溶发育的导水构造连通，水库蓄水后一般不会发生大流量的岩溶管道型渗漏。但重要的高坝大库，往往需更严格地研究库首及坝址区隔水边界的连续性，若存在可疑的渗漏地段，也应采取工程措施进行防渗处理。如洪家渡水电站库首右岸，因 F_5 断层切割了防渗边界，形成了构造切口，工程实施过程中对构造切口进行了系统的防渗处理后方下闸蓄水。

3.2 地形地貌条件分析

作为一种特殊的地质现象，千姿百态的岩溶地貌形态是重要的特征。地表溶蚀形态表现为正地形的有石芽、石林、孤峰、溶丘、峰丛、峰林等，表现为负地形的有溶沟、溶槽、漏斗、洼地、盲谷、坡立谷、天生桥等，地下溶蚀形态有溶缝、竖井、溶洞等。地表堆积形态有析出堆积形成的石钟乳、石幔、泉华滩，溶蚀残余形成的红黏土及溶蚀崩塌形成的溶塌角砾等；地下堆积形态有析出堆积形成的石钟乳、石幔、石笋、泉华滩，水汽凝结的石花，毛细水形成的石珊瑚等。

地形地貌分析是岩溶研究的重要手段之一，关于岩溶地貌，有关科研机构、院校、企业已经完成大量研究，资料极为丰富。本节从西南岩溶地区工程地质角度，分别从不同地貌单元岩溶发育特点、岩溶地貌形态与岩溶发育程度、地形地貌成因及演化分析等三个方面予以介绍。

3.2.1 不同地貌单元岩溶发育特点

3.2.1.1 分水岭地带——补给区

地下水活动以垂向补给为主，地下水沿可溶岩层面、节理裂隙组成的网络空间渗流，岩溶作用亦伴随地下水活动产生。地表岩溶形态以溶沟溶槽、落水洞、洼地等为主，地下岩溶形态以溶缝、竖井等垂直发育的洞穴为主。除岩性以外，地形陡缓对入渗条件的影响不同，形成的岩溶形态组合特征有所差异。

地形宽缓的台原地貌：降水入渗条件好，同等介质条件下岩溶发育相对强烈，发育大型岩溶洼地、竖井、落水洞与溶沟溶槽等形态。

地形窄陡的山脊地貌：降水入渗条件差，同等介质条件下岩溶发育程度相对弱，发育形态表现为溶沟溶槽及小型竖井、落水洞等。

岩溶水文地质特点：为岩溶地下水系统补给区，地下水位埋藏较深，处于岩溶地下水系统“末梢”，岩溶管道规模小，地下水位相差大。

分水岭地带布置钻孔勘察岩溶地下水位应注意以下问题：

（1）注意钻孔的代表性：孔位选择位置相对低的洼地底部，且保证2～3个钻孔，确保其代表性。

（2）钻探过程中坚持起下钻时对地下水位的观测，以发现地下水位变化并记录水位变化深度，以便与地质剖面比较、分析引起变化的原因。

（3）有多层可溶岩结构的，应分别观测每个层位的地下水位。

这一类地区由于水源小、地势高、地形不开阔，兴建地表水库的适宜地段不多，建库的水文地质条件较差、工程地质条件也相当复杂。一般来说，地表水库的工程量较大，水库集水面积小，坝高而库容小。同时，岩溶发育，垂直漏斗、落水洞分布较广，岩石透水性强，覆盖层又薄，地下水位埋藏很深，因此存在严重的岩溶渗漏问题。虽然条件比较不利，但有时也可找到一些比较适宜的地段，如在地下河中、下游段或出口处堵塞，建地下水库，或堵塞落水洞、地下河进口或出口，并利用封闭洼地或谷地建成地表小型水库。如宜山市拉尚水库，就是堵塞地下河出口使洼地蓄水成库的。拉尚洼地标高为250m，向北西微倾斜，集雨面积为11.3km^2。洼地易涝，最大涝灾时水深达超过10m。洼地东南角有一地下河出口，水流顺洼地流向西北边的4个落水洞再潜入地下汇成拉尚地下河，在大楞坡立谷山脚下出露。洼地出露岩层为上石炭系灰岩，地下河沿裂隙线状发育，集中排泄洼地水流。选择在地下河段的跌水处上方堵塞，堵头处上大下小如喇叭形且岩层完整。采用截锥式堵头，仅用56m^3埋石混凝土即成功地使洼地蓄水成库，获得了1389万m^3的库容，虽有少量裂隙渗漏，但不影响正常蓄水。处于分水岭地带的贵州毕节金海湖水库采用防渗帷幕的方式，对向斜轴部的岩溶渗漏通道进行封堵后成库，效果较好。

3.2.1.2　各级台地和阶地——径流区

由地形分水岭至河谷排泄区，一般是现代岩溶地下水系统的径流带。在河谷演化过程中，各台阶分别是岩溶地下水系统不同时期的排泄区。

地表岩溶形态以岩溶洼地、溶蚀谷地、岩溶盆地、盲谷、溶丘、峰丛、悬挂型溶洞等为代表。悬挂型溶洞为早期系统残留的形态，天生桥及岩溶漏斗、天坑等是岩溶地下水系统不断发展并产生崩塌的形态。地下发育近水平溶洞，局部与垂直发育的溶洞相交形成大型厅堂，洞内有地下径流。

岩溶水文地质特点：此单元为早期地下水排泄区，同时又是现代河流岸坡地下水径流区及沿程补给区。在西南地区，受间歇式抬升构造活动的影响，地下岩溶管道在剖面上也呈现台阶状分布。地下水径流带地表、地下岩溶形态极为发育，特别在平缓产状的可溶岩大面积分布区，岩溶地下水径流区管道分布一般较为复杂。

地下水径流区典型峰丛地貌如图3.2-1所示。此类地区，大型岩溶洼地、盆地、岩溶槽谷发育，集雨面积较广，在有相对隔水层可利用的情况下，往往有地下河出口，地下水位又较高，且水量丰富，是建库的好场所，贵州省的众多中小型水库多选择在此类河段建坝，成库条件一般较好。

广西壮族自治区南宁市上林县大龙洞水库的总库容为1.51亿m^3，由堵塞峰林洼地末端山坡脚四个较大的溶洞而成。水库坐落于大型岩溶洼地上，库区地势西北高东南低。洼

图 3.2-1　地下水径流区典型峰丛地貌

地四周峰丛、峰林发育，石山环绕。补给水源主要来自西部和北部的三条地下河，水量丰富，枯水期总流量在 $1m^3/s$ 以上。洼地内有孤峰残丘多处，底部平坦，并有地表溪流通过，溪流长约 13km，至洼地末端大龙洞洞口附近，通过 4 个落水洞潜入地下成为地下河。地下河主干长约 1km，在下游排凌和寺依洼地分三支集中出露，再汇流成三里谷地小河。1958 年将地下河进口堵塞，使洼地蓄水成库。大龙洞水库是修建在岩溶地区的一座大型水库，水源丰富，库区地质条件比较理想，建库投资不大，而经济效益很大，是岩溶地区堵塞地下河进口使天然洼地成库的一个典型的成功案例。

广西壮族自治区南宁市隆安县布朗水库的库容为 1426 万 m^3。水库位于印支-燕山期褶皱右江复向斜下莫向斜轴部，轴向北西，断裂沿轴向发育，在库区坝址上下游形成两级洼地，高差为 20～25m。第一次将坝址选在上游长条形溶蚀洼地末端垭口，以洼地为库区，洼地中发育有一小溪，蜿蜒曲折，至洼地末端由一进口潜入地下，穿越 200 多 m 的垭口灰岩山体从下游洼地边缝又流出地表。洼地末端垭口灰岩受北西向张扭性断裂组及北东向断裂组交汇切割，岩层破碎，岩溶沿深切的北西向断裂扩大发育成互相连通的廊道，成为洼地漏水通道，严重漏水宽度超 100m，如作为坝基，必定难以处理。因此，放弃在洼地垭口筑坝的方案，将坝址往上游推移超 1000m，即在该长条形洼地中段的砂页岩地层上，这里虽亦属顺河断裂带，但砂页岩挤压密实，防渗能力良好，基本不漏水。

3.2.1.3　河谷地带——排泄区

作为地表地下水排泄基准的河谷地带，是地下水汇集区域。在未受构造影响情况下，两岸发育的岩溶地下水系统一般都在河谷地带出露。

排泄区地表岩溶形态可分为峡谷型及平原型两大类。峡谷型排泄区地表岩溶形态相对较少，以岩溶峡谷、早期出口形成的悬挂型溶洞等为代表，早期管道出口常伴有析出的钙华积的石钟乳、石幔等堆积形态。地下岩溶形态发育，以溶洞及石钟乳、石幔等形态为代表，地下径流现出口一般淹没于枯期河水面以下。

平原型排泄区地表岩溶形态以峰林、坡立谷、溶蚀平原等地貌为代表，地下形态以溶洞及石钟乳、石幔等形态为代表，岩溶地下水转为地表径流。

峡谷排泄区由于汇流面积大、水量充沛、不存在大范围邻谷渗漏条件，具有良好的建库条件。如西南地区乌江、北盘江、红水河等流域已经成功完成了大量大型水电站建设并正常发挥工程效益。

岩溶平原排泄区岩溶发育强，且以水平溶洞为主，发展成网状通道系统，覆盖型岩溶分布很广，因此在这一类地区兴建水库时要做详细的勘查工作，一般只适宜建低水头水库，最好把水库选择在有相对隔水层或岩溶弱发育地层作为防渗底板的峰林洼地、谷地和平原区接触带或残丘洼地中，因为这些地段的地形和水文地质条件一般具备建坝的条件。如柳州市柳江县里团水库，总库容为 630 万 m^3。水库位于开阔的向斜轴部，库盆为第四系所覆盖，厚 5～10m。库区地层主要为中石炭系黄龙组灰黑色厚层灰岩夹少量燧石结核和下二叠系灰白色夹灰黑色中厚层灰岩间夹燧石条带，岩溶发育受岩性不纯所控制，仅限于浅层，以溶沟、溶槽和小型溶洞为主，大型溶洞少见。库区所处位置正是峰林谷地与平原的过渡地带，地下水露头较多，沿河流两岸分布，水量充沛，其中有一泉水终年不竭，枯水流量为 0.08m^3/s。仅由于施工清基不彻底，蓄水后产生坝基渗漏，后采取截水墙处理，达到防渗效果。

排泄区岩溶地貌如图 3.2-2 所示，岩溶地貌单元分布示意如图 3.2-3 所示。

图 3.2-2　排泄区岩溶地貌

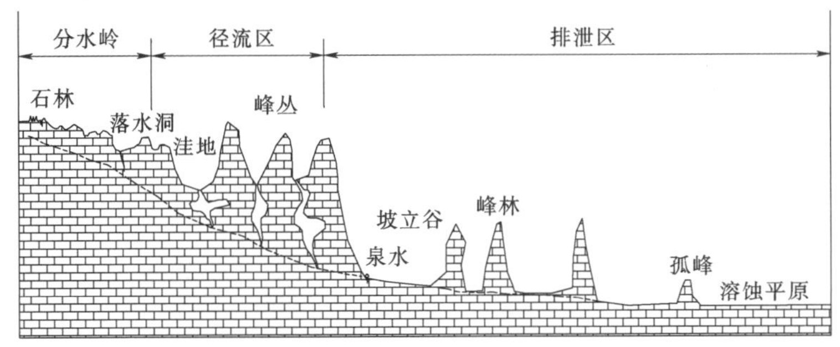

图 3.2-3　岩溶地貌单元分布示意图

3.2.2 岩溶地貌形态与岩溶发育程度

3.2.2.1 岩溶地貌形态指示岩溶作用的强弱

岩溶区千姿百态的地貌景观其实是影响岩溶作用的各项因素及其组合作用形成的结果。在熟悉这些因素及相互作用关系基础上，基于逆向分析，可以综合可溶岩介质结构构造、地质构造条件、新构造运动特点、地形地貌单元的地表地下水汇流条件等有关的信息，对当地岩溶水文地质的有关条件进行初步判断。不同岩溶地貌与岩溶发育关系示意如图 3.2-4 所示。

(a) 弱岩溶的溶丘谷地

(b) 强岩溶峰林谷地

(c) 析出形态少的弱岩溶洞穴

(d) 析出形态发育的强岩溶洞穴

图 3.2-4 不同岩溶地貌与岩溶发育关系示意图

(1) 地表溶蚀形态。溶沟、溶槽、小型竖井等地表溶蚀形态指示岩溶发育程度弱。大型洼地、落水洞、盲谷、天坑等则指示岩溶发育强烈。形态锋利的孤峰、峰林、峰丛区，岩溶发育强烈。形态圆钝的溶丘、丘陵区，岩溶发育较弱。

(2) 地下溶蚀形态。断面小、形状变化不大、石钟乳等析出堆积物少的溶洞，指示岩溶发育相对弱，代表岩性均一、断裂构造不发育、岩体完整性较好的白云岩、泥质灰岩等条件，且地下水作用以侵蚀为主，溶蚀为辅。断面形状及规模变化大、石钟乳、石幔等析出堆积形成的形态大量分布，指示岩溶发育强烈，一般代表厚层灰岩、岩体结构面发育、岩溶系统继承发育条件好的地质条件。

3.2.2.2 岩溶地貌形态组合与岩溶发育特点

以溶沟溶槽、小型竖井等组成低缓的溶丘台地、溶丘谷地，有常年的地表径流或季节性地表径流，有较多的小型季节性泉水出露。此类组合特征指示其物理地质作用为溶蚀-侵蚀共同作用的结果，岩溶发育相对较弱。泥质白云岩、泥质灰岩类分布区一般是此类地貌。

以大型岩溶洼地、天坑、盲谷与峰丛等组合形成的峰丛洼地、峰丛谷地，无明显的地表径流，除个别构造条件下形成的悬挂泉点外无岩溶泉水出露。因此其物理地质作用以溶蚀为主，强可溶岩分布区一般是此类地貌。

大量的落水洞、岩溶洼地、谷地以及天坑等形态在平面上呈线状分布时，指示下部岩溶系统主要管道的延伸方向。

为表述岩溶发育程度及其分布规律，在分析过程中，可根据岩溶形态分布密度、高程、溶蚀面积占可溶岩出露面积的百分比等加以统计，但要注意统计样本反映客观情况的合理性。如图3.2-5所示，索风营水电站库区如仅用每平方千米发育洼地的数量分析岩溶发育程度，可得出T_1y^2、P_2c岩溶较T_1m、T_2sh低的结论，但实际上T_1y^2、P_2c岩溶发育强度较T_1m高，T_1m又较T_2sh高，造成这种不一致的原因是P_2c出露面积小，而T_1y^2由于岩层产状平缓，岩溶个数虽少但规模大，一个大型岩溶洼地面积可能超过$1km^2$，而岩溶发育较弱T_1m和T_2sh的泥质白云岩地层中可能每平方千米会发育很多个小型洼地。

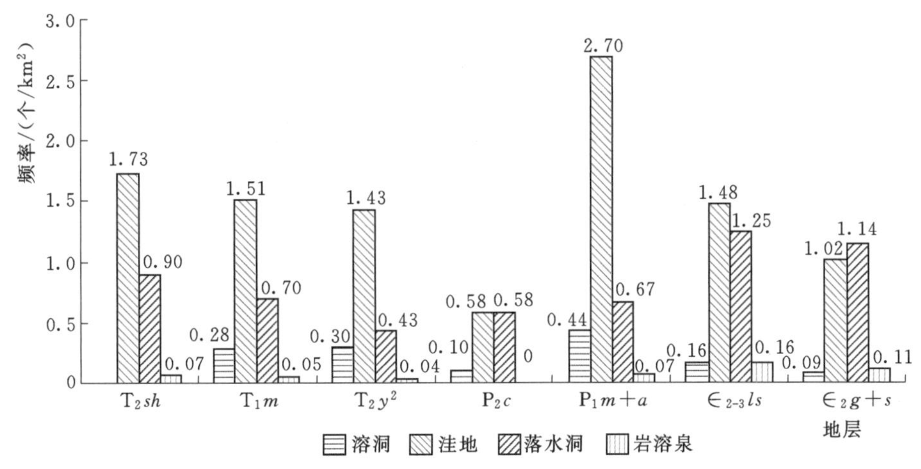

图3.2-5 索风营水库区岩溶形态分层统计图

因此，按可溶岩出露面积溶蚀的百分比作为评价岩溶发育强度较为合理。为表达新构造运动过程中岩溶形态在不同高程成层分布特点，可以剖面图的形式加以概括。

岩溶地貌与岩溶发育的关系，尤其是与岩溶管道发育方向的指标作用研究中，洼地分析较为常用。该方法由陈治平提出，邹成杰等地质工作者加以总结和发展，是建立在地表洼地等岩溶形态的展布方向、分布高程等与地表、地下水系统具有一定的相关性的基础上的一种岩溶发育趋势分析方法。一般情况下，洼地高程随着地表岩溶和岩溶地下水系的发展，从分水岭向排泄方向逐渐降低。在地形图上绘制岩溶洼地底部高程等值线图，等值线V形等高线敞开方向指示地下水排泄方向，多条V形脊线顶点的连线通常就是地下水系流经的路线或渗流带。根据这一原理，在室内作图基础上进行野外地质调查，详细标示出暗河天窗、岩溶泉出露点的位置和高程，绘制图、综合分析，可以解析暗河地下水流的运动轨迹。

通过天生桥二级水电站隧洞区岩溶洼地分析法及其应用与验证等工程实例（图 3.2-6），总结出洼地底等高线的三种典型图型形式：

（1）封闭型：等值线图呈封闭形式，代表各自独立的岩溶水文地质条件。

（2）V 形（开敞型）：等高线呈开敞形，岩溶地下水流向为等高线开敞方向。

（3）马鞍形：两个 V 形的底等高线相背展开，表明此处为早期分水岭位置，若无暗河袭夺，地下分水岭位置可就此确定。

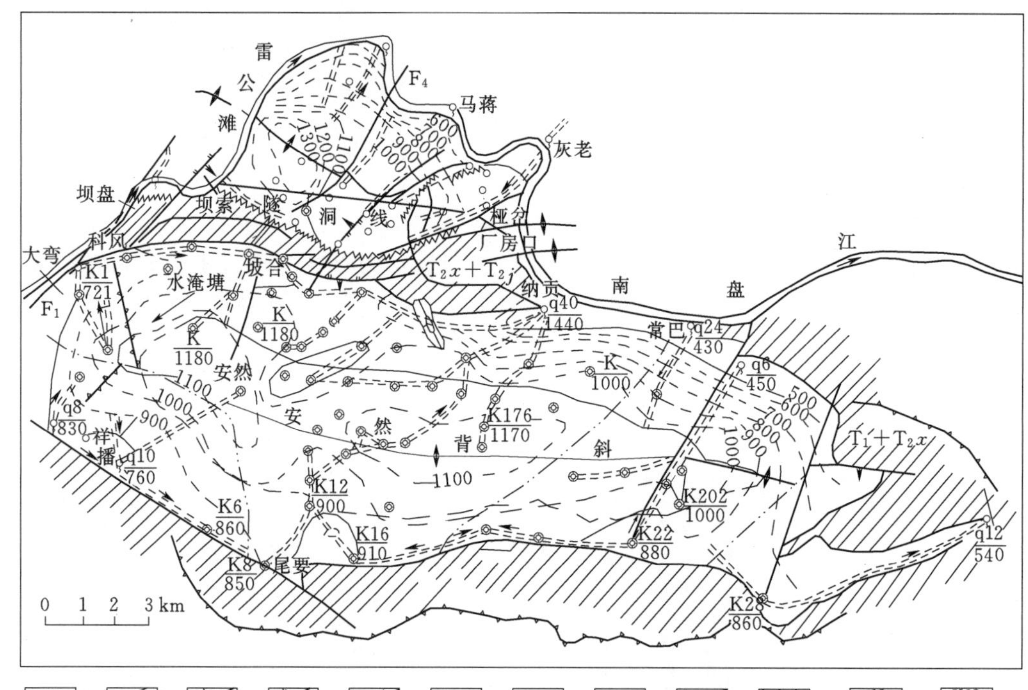

图 3.2-6　天生桥二级电站隧洞区岩溶洼地底部高程等值线图

1—地层代号；2—地层界线及相变线；3—背斜；4—向斜；5—逆断层；6—岩溶洼地；7—暗河及泉水；8—洼地底高等值线（间距 100m）；9—地表及地下分水岭；10—砂页岩；11—暗泉、泉水编号，下为高程（m）；12—岩溶洼地编号，下为高程（m）

初步划分岩溶管道系统后，结合排泄区泉点流量、相应补给区岩溶洼地等分布特征，可划分地下水流动系统的汇流面积，按降水资料及入渗条件做初步的均衡计算，复核相应地下水流动系统的地下水量与汇流范围是否匹配。有条件的情况下往往开展洞穴测绘与编录、地下水示踪试验等对相应的岩溶地下水系统进行复核，必要时通过测年资料，对管道系统发育与演化进行更深入的研究。

3.2.3　地形地貌成因及演化分析

地壳间歇性隆升会对地表、地下水系统发育与演化产生重要影响。学术界结合新构造运动，宏观上将岩溶发育过程分为3个阶段，对应贵州省中部地区分别为大娄山期、山盆期、乌江期。山盆期又分为山盆Ⅰ期和山盆Ⅱ期两个亚期。乌江期划分为宽谷期和峡谷期，其中峡谷期又划分了四级至五级阶地。

各级台地或阶地，表示地壳隆升过程中的间歇，也是地下水排泄基准面相对稳定的时期。在这一过程中，地下水渗流场相对稳定，岩溶作用充分，形成的地表及地下形态丰富、规模大。各级台阶之间的斜坡地带，为地壳隆升时期，河谷下切作用强，地下水排泄基准面不断向下转移，岩溶作用时间短，发育的形态少，规模小。

根据岩溶地貌成因及在新构造过程中的岩溶水文网演化规律，可以进行以下研究。

3.2.3.1　判断岩溶发育下限

根据岸坡至河谷地下水流网（图3.2-7）的基本特点，由分水岭到河谷，地下水渗流路线先向下、再接近水平、最后向下再向上或平流，流线密度从分水岭到河谷排泄区越来越密，代表径流不断加强。实际调查资料显示，靠近河谷排泄区，岩溶发育深度加大，存在虹吸带。乌江中游索风营水电站河段岩溶管道的虹吸深度一般在20m，下游思林水电站左岸K_{30}、K_{31}等岩溶管道的虹吸深度约35m。值得注意的是构造条件对岩溶发育深度的影响，当有隔水层构成地下水活动的边界条件时，岩溶发育亦受到相应的限制；同样，导水构造、深部承压岩溶含水构造存在时，岩溶发育深度亦随之加大，如乌江渡水电站在河床以下220m仍发育有规模达9m（洞高）的溶洞，分析为沿F_{20}断层带的地下水深部循环形成。

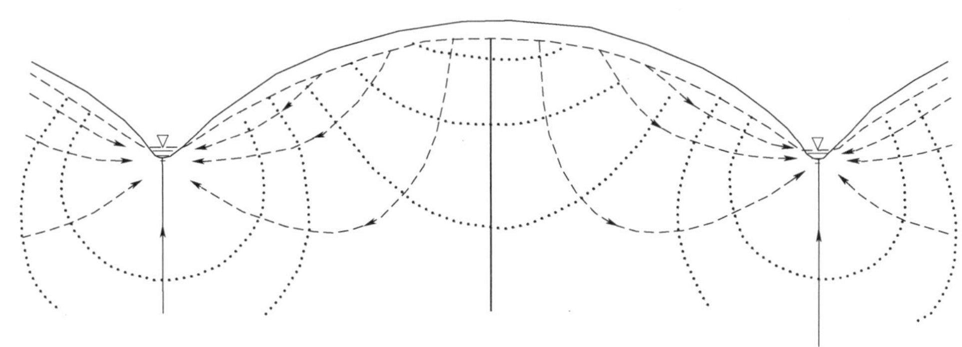

图3.2-7　岸坡至河谷地下水流网示意图

各级阶地时期岩溶发育下限也受上述条件控制，虽然后期在河床下切过程中，靠近排泄区岩溶作用发生了垂直方向的改造，但远离河岸方向有一定滞后。因此河谷两岸岩溶发育下限呈台阶状逐渐上升的规律（图3.2-8）。这一规律在乌江中游多个水电工程的勘察资料中得到证实。

3.2.3.2　地下水补给、径流、排泄区岩溶发育的差异性

分水岭地区，为地下水补给区，地表地下径流分散，地下水以垂直运动为主，形成溶沟溶槽及竖井等岩溶形态，规模较小，但发育频数较高，径流区地下水逐渐汇集，有一定规模，同时接受途经范围上部的入渗补给，上部分布有落水洞、岩溶洼地等形态，下部发育岩溶管道；排泄区地下水集中，形态以溶洞、管道为主，规模大。

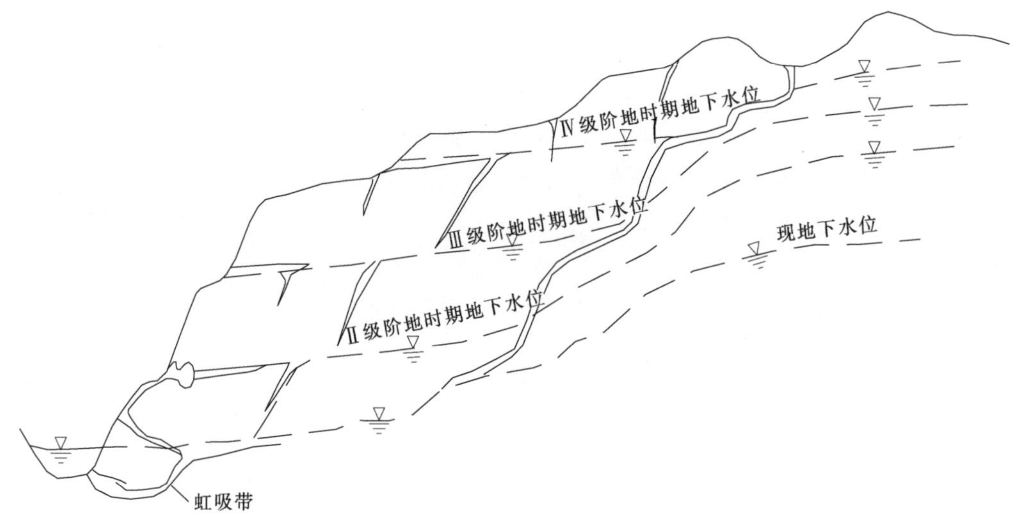

图 3.2-8　岩溶发育下限示意图

3.2.3.3　岩溶地下水系统类型与规模判断

受地质条件、河流侵蚀作用强弱、汇流面积等因素的影响，岩溶地区地表、地下水系的发育和演化可分为悬托型、袭夺型、衰减型。

(1) 悬托型。如图 3.2-9 所示，受下部隔水地层封闭构造条件的限制，地下水未能在形成后的地壳抬升运动中随侵蚀基准面向下转移；这种条件下的水文网控制范围内，岩溶发育基准面未产生大的变化，岩溶发育主要是向水平方向的拓展，在垂直方向上受限，岩溶发育的层数有限，发育深度边界条件明确，相应流域控制范围内所有岩溶地下水系统的排泄仍在该水系内。在长期侵蚀作用下地下水补给来源减少且滞留时间渐短，后期岩溶作用逐渐减弱。该类岩溶地下水系统的岩溶发育特点是有明确的发育下限，形态分布范围有限，但局部发育程度可能很高。

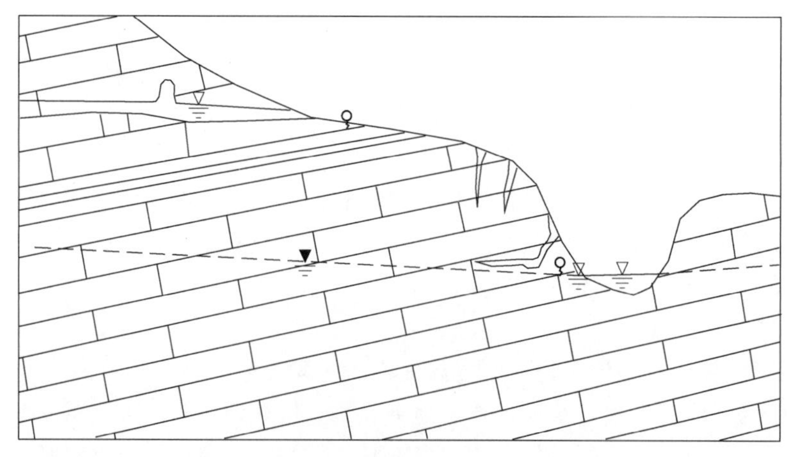

图 3.2-9　悬托型示意图

(2) 袭夺型。如图 3.2-10 所示，随着地壳隆升、侵蚀基准面向下转移，岩溶作用在

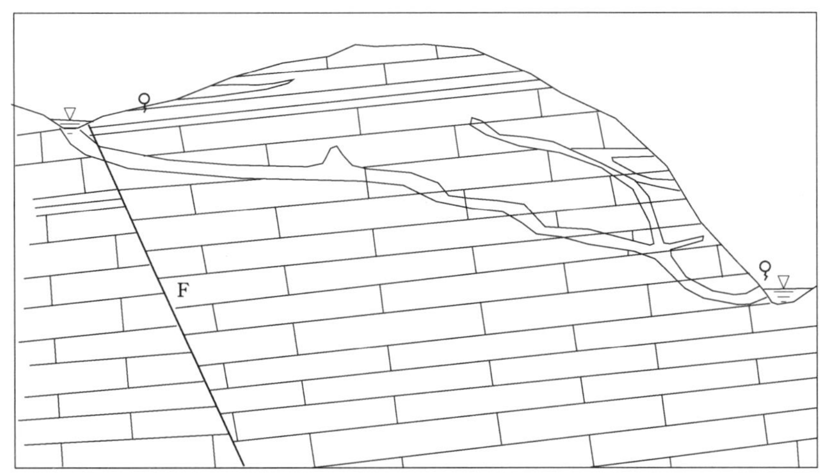

图 3.2-10 袭夺型示意图

水平方向上和垂直方向上均相应发展，形成的地表、地下水系统规模不断扩大，其边界不断扩展，袭夺甚至完全兼并了附近早期形成的水系。此类岩溶地下水系统的岩溶发育特点较为复杂，岩溶形态空间分布具有多层性，地壳运动过程中不同时期形成的岩溶形态与各级剥夷面或阶地具有对应关系。地表、地下水系的排泄出口一般位于侵蚀基准面附近。

（3）衰减型。如图 3.2-11 所示，早期形成的地表、地下水系，在后期发展过程中，受汇水面积、地质构造条件等限制，侵蚀、溶蚀作用较弱，受周围系统的不断袭夺，其规模逐渐减小。此类岩溶地下水系统岩溶发育强度相对较弱，岩溶形态空间分布范围有限，往往处于分水岭地带或河谷岸坡部位受地质条件限制的孤岛效应区域。

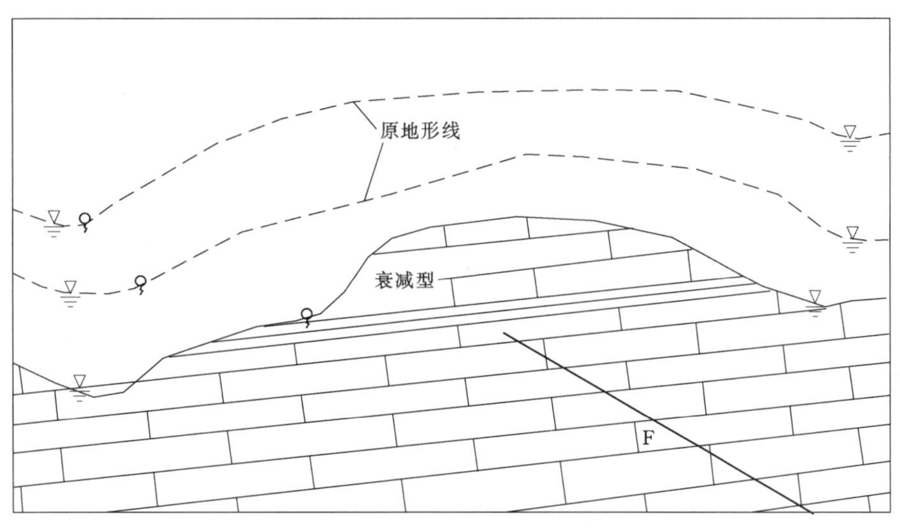

图 3.2-11 衰减型示意图

因此，岩溶地区的工程地质问题，特别是岩溶地区兴建水库工程，应根据区域构造特点，结合水库区可溶岩分布、地质构造条件、地形地貌等，研究河谷发育过程中有关地下岩溶水系统发育与演化规律。切入点是具体岩溶地下水系统的空间分布情况及系统间的联系，针对可能存在岩溶渗漏、地下洞室可能穿越的岩溶管道、可能发生集中岩溶涌水等不同的工程地质问题，制定勘察方案。

3.3 地层结构对水库岩溶渗漏的影响

岩石的矿物成分及结构类型对溶蚀速度有较大的影响，岩组类别和结构组合对岩溶发育具有一定的控制作用，一定程度上决定了岩溶发育的程度和规模。

3.3.1 矿物成分及结构类型

3.3.1.1 矿物成分

碳酸盐岩主要矿物成分为方解石和白云石，方解石含量对岩溶发育起着控制性作用。各类碳酸盐岩成分分类见表 3.3-1。与白云石相比，方解石更容易与水和 CO_2 发生化学反应，产生溶蚀作用。

表 3.3-1　　碳酸盐岩成分分类表

岩石名称	方解石含量/%	白云石含量/%	CaO/MgO
灰岩	90～100	10～0	>50.1
含白云质灰岩	75～90	25～10	9.08～50.1
白云质灰岩	50～75	50～25	3.96～9.08
灰质白云岩	25～50	75～50	2.25～3.96
含灰质白云岩	10～25	90～75	1.68～2.25
白云岩	0～10	100～90	<1.68

红水河大化水电站勘察期间，曾对 16 组碳酸盐岩岩样中矿物成分对岩石相对溶蚀速度的影响进行了试验研究。试验结果（表 3.3-2）表明，碳酸盐岩中方解石含量越高，即越纯的灰岩，其相对溶蚀速度越大，越有利于岩溶的发育；白云石含量越高，白云岩化越强，则相对抗溶蚀能力越强，甚至可以起到相对隔水作用。

表 3.3-2　　矿物成分与相对溶蚀速度表

编号	结　构　类　型	方解石含量/%	白云石含量/%	相对溶蚀速度
1	显晶或粗晶结构	95.56	4.91	1.11
2	微晶结构 1	97.63	3.00	0.78
3	微晶结构 2	97.83	2.63	0.53
4	片状构造	99.07	1.29	1.05
5	斑状结构	98.04	2.24	1.01
6	他形镶嵌状结构	97.00	3.19	1.25
7	鲕状结构	98.04	2.24	1.24
8	隐晶质结构	18.05	81.00	0.89

续表

编号	结构类型	方解石含量/%	白云石含量/%	相对溶蚀速度
9	自形和半自形镶嵌结构	40.15	60.29	0.87
10	自形和半自形镶嵌结构	21.21	79.98	0.53
11	片状构造	98.43	1.88	0.98
12	显微粒状结构	99.43	0.63	0.84
13	压碎结构	99.30	0.88	0.95
14	多介形虫重结晶	97.63	3.00	1.05
15	微晶结构 3	97.68	1.69	1.13
16	镶嵌状结构	48.25	52.03	0.84

3.3.1.2　结构类型

岩石结构指组成岩石的物质的结晶程度、矿物颗粒的大小，矿物的形状以及它们之间的相互关系所表现出来的特征，其对碳酸盐岩的岩溶发育也有较大的影响。碳酸盐岩在含 CO_2 流动水的作用下，除了化学溶解作用外，还存在机械冲蚀、崩解等机械破坏作用，这与岩石结构有关，表现为不同组织结构的岩石具有不同的溶蚀速度。由表 3.3－2 可知，鲕状结构灰岩的相对溶蚀速度最大，微晶结构次之，微晶结构 2 最低。

3.3.1.3　晶粒大小

对红水河大化水电站碳酸盐岩的试验研究还发现，岩石晶粒大小对溶蚀速度有较大的影响。这体现在：岩石晶粒粗大的，相对溶解度较大；而晶粒细小的，则相对溶解度较小。这是因为粗大晶粒常具有良好的破裂构造，利于溶蚀的进行，而晶粒小的微晶、隐晶质岩石往往含有较多的泥质，不利于溶解作用的进行。

3.3.2　岩组类别

岩性是岩溶发育的物质条件，同一地区的不同地层时代和地层组合，岩溶发育程度也会出现差异。厚层质纯的灰岩一般岩溶化强烈，透水性大，含水量亦丰富；不纯的薄层灰岩或含泥质的灰岩、白云岩，岩溶化微弱，透水性较差，含水量小；岩溶区往往还有不透水层的分布，如砂岩、页岩、碳质岩、硅质岩、泥岩等，它们对岩溶的发育和水文地质条件起着控制作用，对水库起着隔水止漏的作用，应加以充分利用。一般来说，根据岩石的可溶性、岩溶发育程度和透水性，可将碳酸盐岩划分为以下 3 类不同地质特征的岩组。

3.3.2.1　强烈岩溶化岩组

此类岩组基本为层厚质纯灰岩，岩性脆而坚硬，方解石含量高，可溶性强，岩体构造节理裂隙密集发育。该岩组地层岩溶强烈发育，规模大，连通性好，富含岩溶水，常形成多层溶蚀通道。难以查明这一类型岩组的岩溶渗漏通道，防渗处理也非常困难。在这一类型岩组上修建的水库，一般都存在严重的岩溶渗漏问题。

贵州省属于这一类岩组的主要有：震旦系上统灯影组（$Z_b dn$），寒武系下统清虚洞组（$\in_1 q$），奥陶系下统红花园组（$O_1 h$）、中统宝塔组（$O_2 b$），石炭系下统摆佐组上段（$C_1 b^2$）、中统黄龙组（$C_2 hn$）、上统马平组（$C_3 mp$），二叠系下统栖霞组（$P_1 q$）、茅口组

(P_1m)，三叠系下统夜郎组第二段（T_1y^2）、永宁镇组第一、第二段（T_1yn^1、T_1yn^2）、茅草铺组第一、第三、第四段（T_1m^1、T_1m^3、T_1m^4）、中统凉水井组（T_2lj）、坡段组（T_2p）、窿头组（T_2l）等。

在广西壮族自治区，属于这一类岩组的主要有：桂林、梧州和玉林地区的上泥盆系，尤其是融县组（D_3r）灰岩；河池和百色地区的中石炭系黄龙组（C_2h）灰岩、上石炭系马平群灰岩和下二叠系茅口组（P_1m）灰岩；柳州地区的中、上石炭系（C_2、C_3）灰岩；南宁地区的上泥盆系（D_3）、石炭系（C）和下二叠系（P_1）灰岩。

例如，河池地区南丹县八圩水库，坝址和大部分库区位于上石炭系马平群（C_3mp）灰岩上，库尾则位于下二叠系栖霞组（P_1q）灰岩上，灰岩层厚质纯，岩溶极为发育，建成后蓄满水时，在大坝附近产生了 3 个大陷坑，库水通过陷坑内的地下渗漏通道全部漏光。

3.3.2.2 中等岩溶化岩组

这类岩组一般为岩性较不纯的碳酸盐岩，一般为中厚层，碳酸钙含量相对较高，可溶性相对较差。该岩组地层岩溶中等发育，规模较小，富水性和透水性较差。在这一岩组上修建的水库，一般也都存在较大的渗漏问题，但经过详细的勘察也能基本查明岩溶渗漏通道，可针对性地采取防渗工程措施，也能收到好的防渗效果。

在广西壮族自治区，属于这类岩组的主要有：桂林、梧州和玉林地区的中泥盆系东岗岭组（D_2d）灰岩、上泥盆系（D_3）白云质灰岩、下石炭系岩关阶（C_1y）灰岩、下石炭系黄金段（C_1d）灰岩；河池、百色地区的中泥盆系东岗岭组（D_2d）灰岩、上泥盆系榴江组（D_3l）灰岩、下二叠系栖霞组（P_1q）灰岩；柳州地区的上泥盆系（D_3）白云质灰岩和白云岩、中上石炭系（C_2，C_3）白云质灰岩和白云岩，下二叠系（P_1）灰岩；南宁地区的中泥盆系东岗岭组（D_2d）、上泥盆系榴江组（D_3l）、下石炭系岩关阶（C_1y）、下三叠系罗楼组（T_1l）的中薄层灰岩、白云质灰岩和燧石灰岩。

例如，贵港市九凌水库，总库容为 1699 万 m^3。库盆为一溶蚀洼地，库坝区分布岩层主要为上泥盆系（D_3）灰岩夹白云质灰岩和白云岩及下石炭系灰岩、白云质灰岩。坝址处于上泥盆系岩层上，岩层走向与坝轴线平行。库区灰岩广泛出露，溶蚀沟槽发育，下石炭系岩层中有多处常年涌水的上升泉出露，成为水库的补给水源之一，水库建成后，未发现渗漏现象。

3.3.2.3 弱岩溶化岩组

这类岩组主要是各地质时代沉积的碳酸盐岩中的中薄层不纯灰岩、白云质灰岩、白云岩、泥质灰岩、硅质灰岩等，以及碳酸盐岩与黏土岩、砂页岩、硅质岩等相对隔水岩层呈互层或夹层。这一岩组的特性是碳酸盐岩厚度不大，质不纯，可溶性差；因相对隔水层的存在，碳酸盐岩岩溶发育受到限制，规模不大，连通性差，透水性较弱。在这一类型岩组上修建的水库的成功率较高，尤其是将坝址选在相对隔水层上更为可靠。有时虽有少量渗漏，但对大坝的安全和水库的正常蓄水一般不存在很大的影响，且处理起来也较容易，是岩溶区建库的较好地段。

广西壮族自治区崇左市天等县那利水库，总库容为 1480 万 m^3。库区分布在上泥盆系榴江组扁豆状灰岩夹薄层硅质岩和下石炭系硅质灰岩夹硅质页岩上，岩性极不纯。坝址选在隔水良好的硅质页岩上，蓄水后多年也未见渗漏。

3.3.3 地层结构组合

地层结构组合包括碳酸盐岩单一岩性组合，碳酸盐岩互层、夹层组合及碳酸盐岩与非碳酸盐岩互层、夹层组合。

3.3.3.1 碳酸盐岩单一岩性组合

岩性决定岩石的可溶性，碳酸盐岩地层中岩性越纯越易溶蚀，岩溶越发育。根据试验资料，作为碳酸盐岩可溶程度主要标志的比溶蚀度随岩石中方解石含量的增加而增高，随白云岩含量的增加而减小。白云岩中白云石含量高。方解石含量高的质纯碳酸盐岩主要有灰岩、白云质灰岩、纯大理岩等；方解石含量较低的不纯碳酸盐岩主要有泥灰岩、硅质灰岩、泥质白云岩、硅质白云岩、不纯大理岩等。

对于灰岩、白云质灰岩、纯大理岩等质纯碳酸盐岩，其方解石含量较高，在其他条件相同的情况下，岩溶较其他不纯碳酸盐岩更加发育，含水层类型一般为岩溶管道水含水层，岩溶强度发育。在该类岩性作为基底的地区修建水库，发生岩溶渗漏的可能性和规模更大。

不纯碳酸盐岩中含水层类型一般为岩溶裂隙水含水层，富水性较低，透水性较差，岩溶发育一般～较差，可作为相对隔水层来考虑。

相对于灰岩来说，白云岩地层中的含水层以岩溶裂隙含水层为主，透水性相对较差，以白云岩作为基底的水库，岩溶渗漏可视为裂隙岩体的渗漏，一般不严重、不复杂，基本为岩溶裂隙性渗漏，处理也较为简单，防渗处理不必寻找泥页岩、砂岩隔水层作为防渗依托。有的水库虽存在地下水洼槽也不一定产生渗漏，仅为微不足道的渗透，不需处理。

例如，鲁布革水电站位于云南、贵州交界处的黄泥河下游，大坝为心墙土石坝，最大坝高 103.8m，水库总库容为 1.11 亿 m^3，装机容量为 600MW，1989 年年底蓄水发电。坝址为深切 V 形谷，两岸山体高出河水面 300m 以上。分布地层为三叠系中统关岭组（T_2g），以白云岩为主，岩层缓倾下游偏右岸，有 3 条断层与河流斜交。岸坡地表岩溶不发育，只有沿断层可见较宽的溶蚀裂隙，河边有小泉水出露。坝基钻孔发现的岩溶多为溶孔、溶隙和小溶洞，直径一般为 2～5cm，最大 7cm。在两岸的 30 个平洞中共见 40 个小溶洞和 104 条溶蚀裂隙，多沿断层发育。两岸存在地下水低平带，左岸宽 210m，右岸宽 115m，地下水位与河床水位接近或略低。防渗采用灌浆帷幕。帷幕只能与微透水岩体相接，经电网络模拟试验确定：左岸帷幕长 214m，右岸长 110m，只拦截两岸低平水位带；坝段帷幕长 107m，深 42m。帷幕防渗总面积 2.8 万 m^2，钻孔进尺 9300m，钻孔利用系数为 3.01，灌浆单位耗灰量为 100～300kg/m。蓄水后实测渗漏量仅为预期值 0.28m/s 的 35%～37%，处理是成功的。

3.3.3.2 碳酸盐岩互层、夹层组合

各种碳酸盐岩呈互层、夹层状产出时，岩溶发育程度受到不纯碳酸盐岩的层数占岩层剖面中总层数的百分比（S）、纯碳酸盐岩与不纯碳酸盐岩的累计厚度比值（T）以及纯碳酸盐岩的单层厚度（H）等参数的综合影响，一般来说，岩层岩溶发育程度随着 S 的增大而降低，随 T 的增大而增大，随 H 的增大而增大。在灰岩与白云岩或不纯碳酸盐岩

呈互层地层上修建水库时，可勘察查明其岩性分布特征，研究白云岩或不纯碳酸盐岩作为相对隔水层的可能性。

例如，乐滩水电站为二叠系栖霞阶（P_1q^{1-15}）深灰色中厚层含燧石结核或燧石条带灰岩夹泥质灰岩薄层，其分布于河漫滩和河床，据坝基地质编录资料，岩溶发育较弱，主要为溶隙及少量串珠状小溶洞，溶隙宽 0.03～1.0m，深 0.1～0.3m，小溶洞洞径为 0.5～1.2m，均有黏土充填；向深部的 49 个钻孔中，有 8 个钻孔揭露 28 个小溶洞，平均洞径为 0.48m，均有黏土充填，线岩溶率为 0.54%。其岩性不纯，相对溶解度低，不利岩溶发育，透水性差，向深部岩溶发育微弱，可视为相对隔水层。

广西壮族自治区崇左市大新县乔苗水库，总库容为 2227 万 m^3。库坝区出露地层主要为下石炭系岩关阶（C_1y）厚层灰岩夹白云岩团块或白云质灰岩和下石炭系大塘阶厚层灰岩与厚层至巨厚层白云岩互层。灰岩岩溶发育，在库区可见发育三层溶洞，而白云岩岩溶发育微弱，所见到的溶洞一般小而短，并为黏土所充填。水库建成后蓄水正常，没有渗漏现象，主要原因是弱岩溶化厚层白云岩互层起到了相对隔水的作用。

3.3.3.3 碳酸盐岩与非碳酸盐岩互层、夹层组合

呈条带状夹在砂岩、页岩、碳质岩、硅质岩、泥岩等隔水岩层之间的碳酸盐岩，隔水岩层对岩溶的发育和水文地质条件起着控制作用，往往使其中水的循环和溶解作用受到限制。当碳酸盐岩很薄并与隔水岩层呈互层状时，其水文条件常与周围岩石相似，使碳酸盐岩不能作为单独的水文连续体存在。这种情况下岩体中的水循环太弱，而使得岩溶发育受到限制，其含水层类型为以裂隙水为主的多层含水层结构，富水性低，透水性差，岩溶发育差，一般可作为隔水层或相对隔水层加以充分利用，这在岩溶地区具有实际意义。

例如，猫跳河流域下二叠系（P_1^{2-7}）薄层泥炭质页岩及泥炭质灰岩互层，泥炭质页岩的单层厚度是 0.5～12cm，泥炭质灰岩的单层厚度是 3～25cm；实测 2.4m 地层层段中共有 38 个单层，多属闭合性。P_1^{2-7} 岩层之下伏 P_1^{2-6} 灰岩含水层具有承压水头，反映该层起隔水作用。

贵州乌江下三叠系玉龙山组（T_1y）底部薄层（3～22cm）为灰岩、泥灰岩（单层厚度 2～9cm）及页岩互层。实测地层剖面 6m 厚层段共计 115 个单层，其中泥灰岩 13 层、页岩 44 层、薄层灰岩 58 层，据水文地质测绘属于微弱岩溶化岩层。

广西壮族自治区河池市古丹水库，库区灰岩岩溶发育，坝址出露中厚层灰岩夹薄层泥质页岩，泥质页岩夹层厚度为 1～1.5m，岩层走向与坝轴线平行，倾向上游，倾角很陡，灰岩受到不透水夹层的抑制，岩溶发育微弱，形成了良好的天然隔水屏障。

3.4 构造条件对水库岩溶渗漏的影响

3.4.1 河谷结构

根据河流流向与岩层走向的关系，河谷水文地质结构可分为 3 类，即横向谷、纵向谷和斜向谷。

3.4.1.1 横向谷

横向谷指河谷流向与岩层走向垂直，因可溶岩与非可溶岩往往呈相间分布，沿河流方

向有相对隔水层分布，在无断裂构造影响的情况下，不存在顺河向的岩溶地下水系统。

横向谷因可溶岩横向分布，其水库渗漏主要研究邻谷渗漏。

（1）岩层倾向。一般倾向上游较倾向下游渗漏可能性和规模为小。岩溶一般顺层面发育，尤其在碳酸盐岩与非碳酸盐岩呈夹、互层状产出时，在没有断裂构造切穿隔水层的情况下，由于非碳酸盐岩阻断了碳酸盐岩之间的水力联系，岩溶基本上顺层面发育。因此，岩层倾向上游时，较之倾向下游的情况，向下游的集中渗漏通道发育较差，向下游渗漏的可能性较小，即使存在向下游的集中渗漏通道，其渗漏量也较倾向下游的情况为小。

（2）岩层倾角。一般缓倾岩层渗漏条件较复杂。因岩溶一般顺层面发育，岩层陡倾时，岩溶在水平方向的发育受到一定的限制，因此水平方向上的集中渗漏通道发育较弱，而岩层缓倾时，因浅层水动力条件较强，水中溶解性气体含量更高，岩溶发育条件较好，岩溶渗漏通道更容易顺层面在缓倾斜面上发育，渗漏条件更加复杂，对水库防渗不利。

（3）低邻谷。当横向有低邻谷存在的情况下，应评价沿强可溶岩顺层向邻谷产生水库渗漏的可能性。特别是天然情况下水库区岩溶系统的发育情况，若库区无稳定的岩溶泉水分布，而邻近河谷靠水库一侧发育有规模较大的岩溶泉或暗河的情况下，需要详细查明其与水库区是否具有地下分水岭及地下分水岭高程等重要条件。

3.4.1.2 纵向谷

纵向谷指河流流向与岩层走向平行，在地下水纵向径流的作用下，容易发育顺河向岩溶地下水系统。纵向谷两侧一般有非可溶岩分布，因此一般不具备向邻谷产生水库渗漏的条件，主要研究坝址区渗漏。

单斜地层情况下，在互、夹层状碳酸盐岩中，河谷两岸不对称，尤其在河湾地带向下游的纵向渗漏可能性大；背斜轴部纵张节理发育，纵向渗漏问题更加突出，且岩溶发育深部较大。

作为纵向谷的特殊情况，近水平状岩层的渗漏条件主要受岩性及其组合控制。水平岩层构成的河谷，既可能产生坝址渗漏，也可能产生邻谷渗漏，但深岩溶发育受到下伏隔水岩层的限制。由于地层结构的不同有以下3种代表性模式，如图3.4-1所示。

（1）完全由非可溶岩构成的库盆，不具备岩溶发育条件，不会产生水库岩溶渗漏。

（2）完全由可溶岩构成的库盆，具备岩溶发育的基本条件，产生水库岩溶渗漏的可能性较大。具体要根据水库及邻谷间发育的岩溶地下水系统之间的联系判断。这样说的原因是，在岩溶发育程度不高或者岩溶地下水系统发育不完善的情况下，有很多不具备隔水边界的水库也有成功建成并正常运行的工程实例。

（3）可溶岩与非可溶岩互层的情况下，有产生水库岩溶渗漏的可能，具体也取决于水库与邻谷间岩溶地下水系统的发育情况。互层条件下，夹持于非可溶岩间的可溶岩组，因接受降水补给条件差，岩溶发育条件较有降水补给条件的差。

3.4.2 褶皱构造对水库岩溶渗漏的影响

褶皱控制了水库区地层的空间分布，概括地讲，沿向斜发育的河谷，只要下部有非可溶岩或者弱可溶岩分布，形成封闭的库盆结构，则发生岩溶型水库渗漏的可能性小；沿背斜核部发育的河谷，可溶岩呈开敞形的空间分布，产生岩溶渗漏的可能性大。背向斜水库

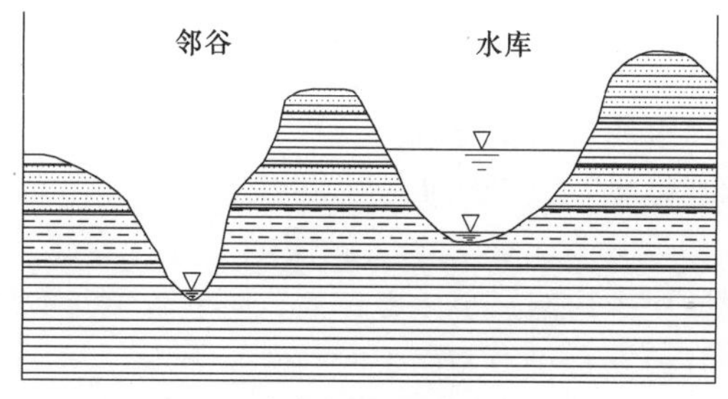

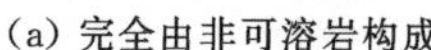
(a) 完全由非可溶岩构成

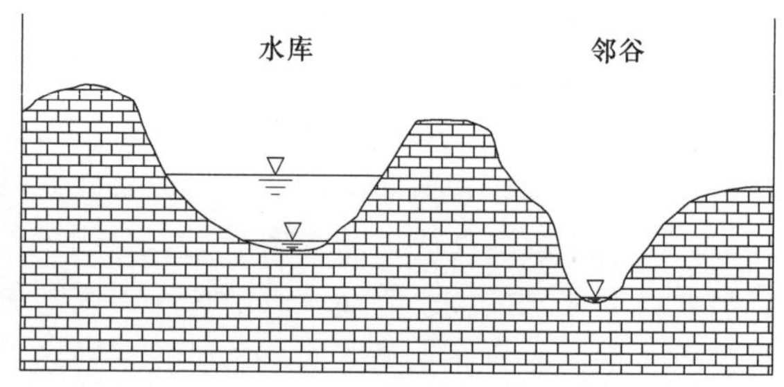

(b) 完全由可溶岩构成

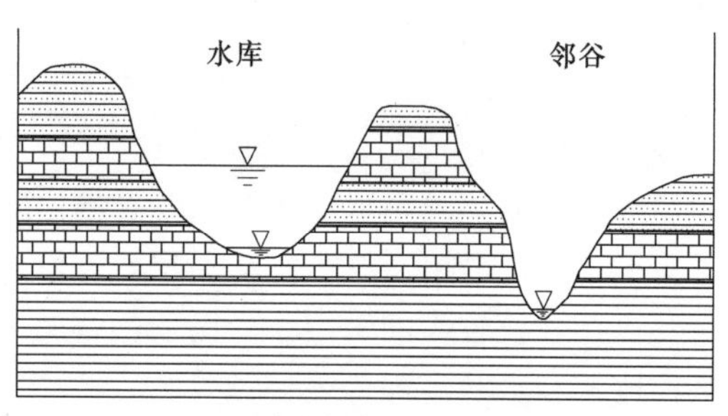

(c) 可溶岩与非可溶岩互层

图 3.4-1　水库地层结构示意图

和互层含水层背斜水库示意如图 3.4-2 和图 3.4-3 所示。

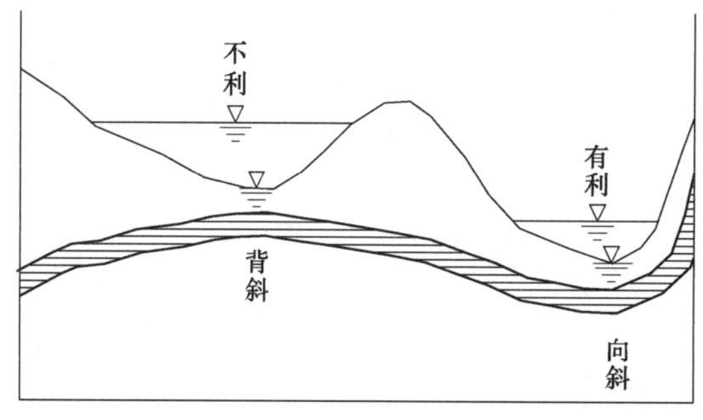

图 3.4-2　背向斜水库示意图

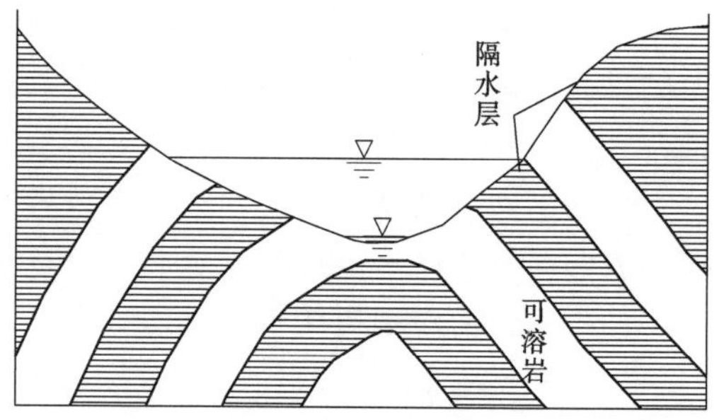

图 3.4-3　互层含水层背斜水库示意图

3.4.2.1　背斜构造

挤压强烈的背斜构造轴部，地表浅部一般处于张拉区，张性节理裂隙往往极为发育，互相穿切，岩体破碎。岩溶一般比较发育，岩层倾向库外，岩溶水呈多向径流，一般不适宜建库筑坝，可能造成大量漏水。但有些比较宽缓的背斜轴部，岩层往往近于水平，连续性较好，或有相对隔水层分布于坝址和库围，形成较好的封闭条件，也可建库。

例如，柳州市柳江县（今柳江区）北弓水库，总库容为 778 万 m^3。库区位于背斜倾伏端的轴部，轴部岩层为上泥盆系质纯灰岩，倾角较缓，约 10°左右，岩溶强烈发育。虽有 NE 向断层及 NW 向节理呈 X 形发育，但岩层的连续性和岩体的完整性都比较好。背斜两翼顶板由砂页岩组成，倾角较陡，一般为 20°～30°，将轴部十多公里范围内的巨厚岩溶含水层封闭起来，形成了独立的水文地质单元，水库建成后蓄水良好。

天等县那利水库，为均质土坝，高为30m，总库容为1480万m^3。库区处于背斜轴部，地层主要为上泥盆系榴江组扁豆状灰岩夹薄层硅质岩，坝址为硅质页岩夹薄层硅质灰岩，硅质层起到了良好的隔水作用，而水库汇水区没有超过隔水层的分布范围，所以水库虽处于背斜轴部，但蓄水良好。

3.4.2.2 向斜构造

水库建在向斜构造上是比较理想的。向斜两翼岩层倾向库内，封闭条件较好，向库外邻谷渗漏的可能性小。向斜轴部地表浅部一般为受压区，垂直轴向的两侧压应力使岩层挤压紧密，张性裂隙不发育，岩溶发育受到抑制，除非有复杂构造断裂剧烈切割破坏，一般岩溶管道的发育比较单一，渗漏通道比较集中，处理较容易，尤其是有相对隔水层存在时更为有利。

例如天等县塘吉水库，总库容为262万m^3，库区位于强烈挤压的向斜轴部，地层为下二叠系栖霞组和茅口组灰岩，岩层倾角较陡，一般为55°～70°，形成一封闭条件较好的峡谷，岩溶作用较为微弱，水库没有岩溶渗漏现象。

3.4.2.3 单斜构造

对于单斜地层来说，岩溶一般顺层发育，且倾角陡的比倾角缓的相对发育。在岩层倾向上游且倾角较大的地段筑坝是比较有利的；当岩层倾向下游时，容易产生渗漏，倾角越缓其危害亦越大，岩溶往往沿层面及节理裂隙发育，形成通向下游的分散性网络状渗漏通道，其发育程度决定于岩性和构造断裂条件等；岩层倾向一岸时，坝基岩性往往很不均一，除坝体容易产生不均匀沉降外，岩溶也往往顺层发育沟通上下游导致坝基渗漏。后两种情况一般都不利于筑坝建库，但有时也需要结合其他条件而定。

横向河谷，坝址附近有可靠隔水层分布，构成库区封闭条件的情况，不具备产生岩溶渗漏的条件；无隔水层分布或者隔水层封闭条件不足时，产生岩溶渗漏的可能性大。坝址区有完全封闭条件和封闭不完全分别如图3.4-4和图3.4-5所示。有完整封闭条件是指坝基及两岸水库正常蓄水位以下均有隔水岩体连续分布，坝址区封闭条件不完全指隔水层不能完全封闭坝基及两岸水库正常蓄水位以下区域。贵州省内就有类似工程实例：一中等倾角倾下游的横向谷坝址，为多层隔水层互层结构，建约50m高的面板堆石坝，面板坝趾板为泥岩，堆石区为中厚层灰岩，且两岸均有顺层的岩溶泉，坝趾为厚层泥岩。防渗帷幕设计沿趾板封闭两侧灰岩，形成封闭条件。试蓄水时，因右岸帷幕灌浆工程未能完成，沿右岸可溶岩层间溶蚀裂隙、通过右岸坝基岩溶泉形成渗漏。

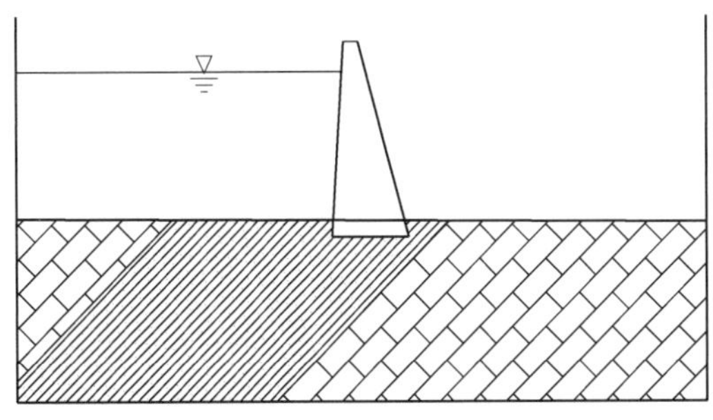

图3.4-4 坝址区有完全封闭条件

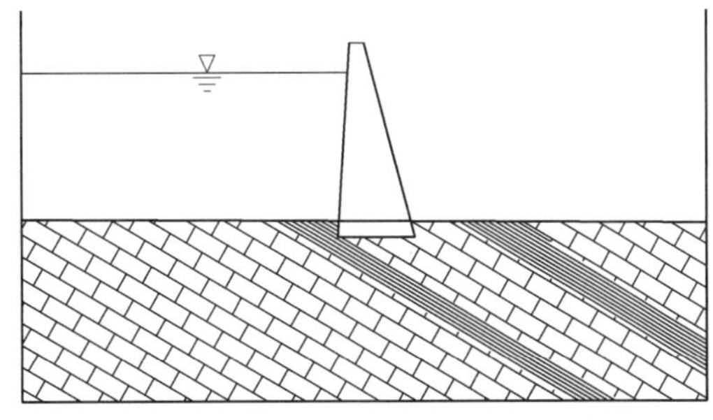

图3.4-5 坝址区封闭不完全

例如，柳州市柳城县独山水库总库容为 2294 万 m^3。库区位于单斜构造上，地层为中、上石炭系质纯灰岩、白云质灰岩和白云岩，岩层基本倾向上游，倾角较平缓，一般为 11°～15°，局部大于 30°。灰岩岩溶发育，但白云岩岩溶不发育，且形成了隔水顶板，较好地把强烈岩溶化的灰岩封闭起来，蓄水条件比较好，除坝基因小断裂的影响有渗漏外，库区未发生渗漏现象。

3.4.2.4 褶皱各部位岩溶发育条件

褶皱构造不同部位的节理发育程度有很大差别，岩层透水含水性能强弱不同，岩溶发育程度也显著不同。对溶蚀性大致相同岩层所组成的褶皱，平面上和剖面上形态复杂的褶皱比形态简单的褶皱岩溶通常较强烈。但各种形态褶皱岩溶强烈、发育程度高、岩溶水较丰富的部位，都是轴部（特别是背斜轴部）地带和岩层走向变化较急剧的转折段或角隅地段。

（1）褶皱核部。在岩性条件相同的情况下，核部地带纵张裂隙非常发育，有时还存在"脱空"现象，利于地下水渗入流动，岩溶发育一般强于翼部，岩溶水也较丰富。一些研究资料表明背斜核部较向斜核部岩溶发育强烈，发育程度也较高，成为串珠状洼地或者进而发育成纵向槽谷、河谷，尤以背斜的倾伏端更为强烈。核部在汇聚排泄两翼地带地表水过程中进一步加剧岩溶发育。

（2）褶皱转折部位。在可溶岩层走向转折变化的地段，岩层走向及倾向均发生改变；由于岩层弯曲，产生第二级构造应力场，压应力方向与褶皱轴平行，于是产生与轴向近平行的第二序次纵张裂隙，所以此部位岩体破碎，岩溶发育较强烈，发育程度较高。如背斜倾伏端或向斜挠起端，各种褶皱的转折部位，弧形褶皱的转折端和不规则向斜盆地的角隅地段等，岩溶都往往发育剧烈，并常成为岩溶水富水地段。

（3）褶皱翼部。陡倾岩层变形较强，张性断裂较缓倾岩层发育，有利于地下水的赋存，还需结合地形条件、植被覆盖等综合考虑，地形平缓，植被覆盖良好就不利于地下水的富集，缓倾岩层裸露面积广就有利于降雨的入渗。再如倾角缓的反向坡较倾角陡的反向坡更利于汇水，有利于地下水的富集。

3.4.3 断裂构造对水库岩溶渗漏的影响

3.4.3.1 断裂构造形成水库渗漏的形式

断裂构造形成水库渗漏的形式一般有两大类型。沿构造切口及断层带渗漏示意如图 3.4-6 所示。

（1）断裂构造错开相对隔水层（形成构造切口），破坏了水库封闭条件，形成了可溶岩贯穿水库内外连续分布的条件。这种情况下是否发生水库渗漏取决于沿构造切口是否发育沟通水库内外的岩溶管道系统。洪家渡水电站库首右岸 F_5 断层形成的构造切口，因其下游发育有相应的岩溶地下水系统，所以实施了防渗工程处理。

（2）沿断裂构造岩溶发育，形成沟通水库内外的岩溶地下水系统。值得注意的是：以往有同行将断裂构造按压扭性及拉张性分为阻水断层和导水断层的，实际上压扭性断裂有较宽的破碎带及影响带，沿其地下水活动强烈，往往是岩溶强烈发育的地带。另外，即使断裂通过隔水层，在隔水层单薄的情况下，岩溶地下水系统也会沿断裂带穿越隔水层发育。

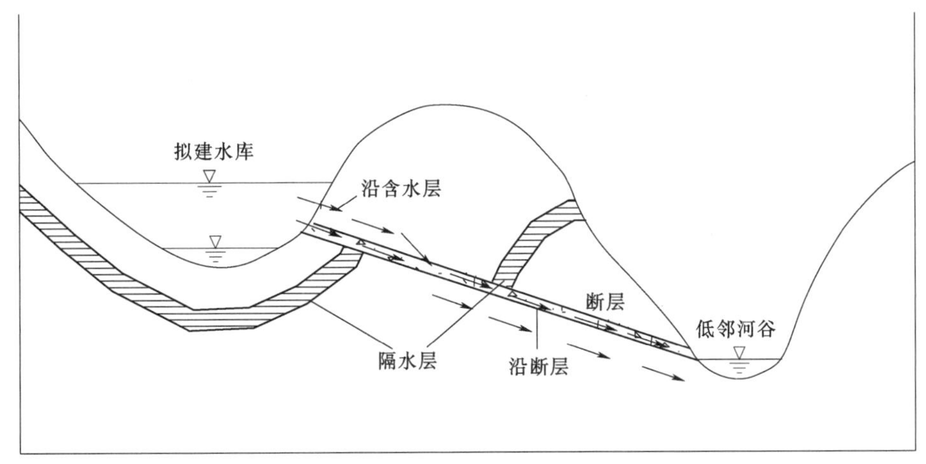

图 3.4-6 沿构造切口及断层带渗漏示意图

顺河谷发育的断裂对水库渗漏的影响很大，而位于河床中部的顺河断裂危害尤大。由于断裂带岩体破碎，岩溶发育，渗透性强，往往引起坝基的严重渗漏。位于岸边的顺河断裂除影响边坡稳定性外，还可能导致向下游的绕坝渗漏。虽然顺河断裂的危害性一般很大，但在有些条件下，渗漏问题是可以处理和解决的。

例如，河池市拔贡水电站，原坝址为“三边”工程，未经详细的地质勘察，坝基出露岩层为中石炭系黄龙组（C_2h）灰色中厚层灰岩夹黑色薄层含燧石条带灰岩及少量白云质灰岩，岩性不纯，但是岩层走向与河流一致，属纵向谷，且有顺河断裂（打狗河断裂）通过。该断层为压扭性正断层，产状为 N15°～45°E/SE∠48°～70°，断距 900～1500m，断层破碎带宽 20～50m。该断层破坏了岩体的完整性，岩溶沿层面裂隙和断层破碎带强烈发育，坝基岩溶管道系统上下游贯通。由于施工中未做彻底清基和防渗处理造成坝基严重渗漏，虽先后 4 次采取较大的坝基堵漏措施，但堵漏效果不能持续，最后只能拆除旧坝，在其下游 220m 另选新坝址，经防渗处理成功蓄水发电。

横穿河谷的断裂对库坝渗漏条件及稳定性的影响也是多种多样的。坝址处的横向断裂破碎带，当其倾角不大时，无论是倾向上游或下游，都是不利的，均可能引起滑动和大量漏水；而库区内的横向断裂，当其形成富水带且补给河流时，则可以利用。

例如，大新县团结水库，库容为 360 万 m^3，有垂直于河流的东西向张扭性断裂存在，断裂破碎带形成了地下水富水带，地下水补给库区，库内泉水点较多，补给量充沛，水库年年满蓄溢洪。

3.4.3.2 不同力学特性断裂的岩溶发育特点

断裂构造是岩体内地下水径流的通道，为地下水活动和岩溶作用提供了极为有利的条件，岩溶常沿着断裂破碎带发育。不同力学性质的断裂类型、岩体破裂程度、形式和充填情况对岩溶发育影响不同。一般情况下，张性断层附近的岩溶发育程度较强，而压性断层附近的岩溶发育程度较弱。另外，各种断层错动变化，改变岩层产状及岩层正常的接触关系，改变岩溶发育的边界条件与水动力条件，无疑将使岩溶发育情况复杂化。如沿可溶岩层与非可溶岩层的断层接触带岩溶普遍强烈；上下两组灰岩因断层直接相接，其间非可溶性岩层失去隔水作用而发育成统一岩溶体。

各种力学性质的断层胶结带都是阻水的，断层破碎带都是富水的，主要区别在于它们阻水或富水程度上的差异。断裂可归纳为压性、张性、扭性、张扭性、压扭性、X形断裂和层面6类。

（1）压性断裂。由中间主应力处于水平状态时的一对剪切应力形成的断层，走向一般与褶皱走向一致，组成断层破碎带的构造岩以断层角砾岩、糜棱岩、断层泥为主。断层带的宽度变化较小。主要的压性断裂，沿其走向与倾向往往呈舒缓的波状，因受张性和扭性断层的切割、拖拉，在它的走向方向上这种变化尤其显得清楚。由于压性断裂所承受压应力最大，所以破碎带内物质一般胶结良好，孔隙小且孔隙率低，往往起隔水作用。

压性断层由于断裂带常发育有较厚的断层泥或糜棱岩，溶蚀性较弱，因而断裂带本身通常岩溶微弱，且常成为隔水带。沿压性断层发育的溶洞常发育在断裂带一侧，有时以断裂带为一侧洞壁，其形态较规整平齐，而另一侧洞壁则参差不齐多变化。而岩溶主要发育于两侧影响带，特别是主动盘（一般为上升盘）影响带内。这是因为主动盘影响带规模一般较大、低序次小断层与节理裂隙较发育也多较张开所致。但压性断层下盘的岩体有时破碎程度也较强，故下盘岩溶现象有时亦比较发育，但溶蚀程度一般弱于上盘。在压性断层的两端受力条件发生改变时，往往形成富水地段。

（2）张性断裂。由张（拉）应力产生，常沿一对扭性断裂面追踪发育，断层面粗糙不平。张性断层的断裂带及影响带一般相对较宽大，裂隙多较张开，利于地下水入渗流动，故沿张性裂隙带及两侧影响带岩溶普遍强烈。沿较大的张性断层更强烈，溶蚀发育成低洼沟谷河谷。岩溶水也常较丰富。但张性断层断裂带的宽度及破碎情况等在断层走向和倾向方向常变化较大，所以，岩溶发育情况也往往很不均一。如张性断层发育的溶洞一般洞宽、洞高、延伸分布高程都多变化，洞顶、洞壁都参差不齐，溶洞的规模形态变化较大。地表的洼地沟谷形态、规模及分布情况更是复杂而多变。组成断层破碎带的构造岩以压碎岩、断层角砾岩为主，断裂面上张裂程度大，裂隙率高。断层带的宽度变化最大，同一断层最大与最小宽度之比可达十倍或更多。张性断层的上盘岩溶较下盘发育，这是由于上盘在相对下降过程中产生较多的张裂隙所致。沿张性断层岩体破碎、岩溶发育、富水性强。总之，张性断层对岩溶最为有利，沿张性断层断裂带岩溶常很强烈，但各段的发育情况差别较大。

（3）扭性断裂。由扭（剪）应力产生，在平面上常成对出现，为共轭形的X形断层。裂面平直，一般呈现闭合形态或较窄的裂隙，但延伸远、发育深度大、分布广，如有破碎带往往一侧或两侧壁上有一层很薄的构造角砾岩，糜棱岩化。影响带往往裂隙密集成群，平行密集的扭节理与扭动方向呈斜交的张性裂隙发育，常见X形分支断裂。在灰岩、白云岩等脆性岩石中，若受牵引较强烈，这些扭动裂隙延伸较大，导水性强。扭性断层的破碎带一般阻水，但影响带岩体破碎强烈，往往富水性亦强。

过去曾认为扭性断层断裂带狭窄，两侧影响带范围小，岩溶不强烈。但近年来发现沿扭性断层，特别是张扭性断层岩溶也普遍发育。许多巨大的廊道型溶洞及地表的深坑槽谷经常都是沿扭性断层，甚至只是沿较密集的扭节理发育形成。原因有：①因为扭性断层产状多近直立，利于地下水向下渗入，并在渗入溶蚀过程中逐渐扩大裂隙增强透水性、加剧过程；②大致平行扭性断层经常还发育有大量产状相似的扭节理；③在溶蚀过程中常沿断层面、节理面伴随产生强烈的崩塌、坍塌作用，因而常形成较大的溶洞，甚至在溶蚀性微弱的不纯灰岩内也可因崩塌、坍塌而形成大型廊道型溶洞。扭性断层由于产状近直立、影响深度相对较大、断裂带宽度及破碎情况向地下深度变大，利于岩溶向深发展，因而常看到扭性断层岩溶发育深度也相对较大。

（4）张扭性断裂。由张性兼扭性产生的断层，断层的特征以张性为主，也有扭性的特点。因而张裂程度较大，破碎带物质多为较松散的角砾岩，孔隙率高，富水性优于扭裂面。次一级张扭性断层也是良好的富水带。

例如，崇左市龙州县的金龙水库，总库容为 2300 万 m^3。库区和坝址出露地层为中泥盆系东岗岭组灰岩、白云质灰岩和白云岩。副坝右肩有一北东向张扭性大断裂斜穿库区，断层两侧北东向的节理裂隙极为发育，尤以上盘更为强烈，沿这组裂隙方向，落水洞、溢水洞极为发育，成为水库渗漏的主要途径，水库建成后漏水严重。

（5）压扭性断裂。由压性兼扭性形成的断层，特征以压性为主，也兼有扭性的特点，其开裂程度小于扭性裂面，破碎带物质较细，因而富水性应较扭性裂面差。但压扭性断层的影响带节理裂隙发育，岩体破碎，尤其是断层旁侧岩石受强烈牵引或分支断层发育时，其富水范围亦广。压扭性断层断裂带岩溶常很强烈，发育深度相对较大，对岩溶形态发育延伸分布方向的控制作用也最明显。

例如，天等县弄汤水库，总库容为 300 万 m^3，库区有一压扭性大断层通过，断层上盘为上泥盆系灰岩，下盘为中、下泥盆系灰岩夹薄层硅质岩，上盘岩石破碎，岩溶发育，库底多处塌陷，渗漏严重，而下盘则岩石完整，岩溶不发育，无塌陷和渗漏现象。

（6）X 形断裂和层面。X 形断裂为不同断裂的交汇处，该部位一般岩体破碎，裂隙密集发育，地下水动力条件好，溶解性气体含量高，具备了岩溶强烈发育的条件。岩溶往往沿 X 形断裂和层面发育，并且在这些断裂和结构面的交汇处常发育成规模较大的厅堂式溶洞，对库坝威胁较大。

例如，百色市靖西县（今靖西市）大龙潭水库，出露基岩为上泥盆系和下石炭系中厚层至厚层浅灰色灰岩和白云质灰岩，岩层倾向上游，倾角 25°，NEE 向和 NE 向断裂发育。岩溶沿 X 形断裂面和层面发育成廊道或溶沟和溶槽，同时在这些结构面的交汇处形成了厅堂式溶洞，在坝址的垂直方向上发育有三层漏水的溶洞，地下水呈网状分布，水力联系好。水库蓄水后，坝基产生严重渗漏，坝基局部被淘空，溢流坝及厂房下的溶洞和溶沟上下游全部沟通，虽经多次处理，终未见成效。

3.4.4　构造体系、构造型式及其复合对水库岩溶渗漏的影响

构造体系与构造型式对岩溶的控制作用通过组成的褶皱和断裂带反映出来。①扭动构造体系与经向、纬向线性构造体系相比，构造裂隙较发育，也多较张开。如部分扭性断裂常转化为张扭性，压性断裂常兼具扭性等，地下水径流条件较好，因而总的岩溶发育情况往往较强烈。②扭动构造体系中的“山”字形构造和各种旋扭构造形式，形态较复杂，各部分裂隙发育情况差别较大，对岩溶发育影响的控制作用反映也常较明显。如“山”字形

构造的弧顶、反射弧顶、脊柱及盾地部位，岩溶可能都较其他部位强烈。帚状构造、莲花状及涡轮状构造的收敛段，S形、反S形及“歹”字形构造的转折段等都因裂隙较发育而岩溶强烈，特别是张性旋钮构造的这些部位岩溶都往往发育非常强烈，成为岩溶水富集地段。

构造体系、构造形式的复合地段，或具体表现为褶皱、断裂等构造形迹的复合部位，由于构造裂隙较发育，岩溶无疑将较强烈；而且，交接角度越大，裂隙将越发育，岩溶一般越强烈。

3.4.5 近代地壳运动对水库岩溶渗漏的影响

近代地壳运动对岩溶发育的影响主要是垂直升降活动对岩溶发育的控制作用。现代岩溶发育过程中地壳活动的影响控制作用主要反映在以下3个方面：

(1) 岩溶区总的岩溶地形景观单元都和近代活动构造体系或构造形式的升降活动特征及涉及范围大致吻合。如近代断块上升山区形成岩溶断块山地，大面积显著上升地区形成岩溶高原等。

(2) 升降活动的速度、幅度等直接影响控制岩溶发育的特征。急剧上升山区形成岩溶高原峡谷，岩溶水垂直循环带厚度大，深大落水洞等发育较普通。岩溶过程也因水力坡降大而较强烈。较大区域的不断下降使岩溶过程减缓，而地下深处的岩溶较发育。地壳活动相对稳定时，岩溶水平运动长期稳定在一定高度内，因而可能形成较大水平溶洞。而在间歇性上升山区，河岸溶洞与阶地相对应成层发育。

(3) 升降（特别是上升）使断层裂隙增大张开程度，破坏原来的胶结物，甚至产生新的裂隙，都将促进岩溶发育。在不均匀上升或升降活动的接触地带，断裂构造活动更加明显，岩溶也较强烈。此外，近代水平挤压运动也同样会导致原有断裂构造活动和产生新的断裂构造，因而也必然促进岩溶发育。

3.5 岩溶发育规律对水库岩溶渗漏的影响

3.5.1 受控性对水库岩溶渗漏的影响

3.5.1.1 受岩性控制

可溶岩是岩溶发生的载体，其矿物成分、结构对岩溶发育有直接关系。可溶岩可分为3类：①碳酸盐岩，如灰岩、白云岩、硅质灰岩等；②硫酸盐岩，如石膏、芒硝等；③卤盐类岩，如钾盐。一般情况下，溶蚀速度为：卤盐类＞硫酸盐岩＞碳酸盐岩。

就碳酸盐岩而言，质纯厚层灰岩方解石含量最高，岩溶最为发育，不纯碳酸盐岩和白云岩方解石含量相对较低，岩溶发育相对较弱，如岩组中存在互层、夹层状隔水岩层，因岩溶受隔水岩层控制，岩溶一般不甚发育。岩石结构类型方面，不等粒结构，如鲕状结构、斑状结构可溶岩的岩溶发育程度较等粒结构更为强烈。岩溶地区水库成库论证时，首先要进行岩性调查，必要时进行岩矿鉴定和岩矿分析，研究岩性发育程度与岩性及矿物组成的相关性。当地下水的分布不利于水库成库时，要避免水库及坝址区处于厚度较大、岩性较纯的灰岩、灰质白云岩地段。

3.5.1.2 受隔水岩组控制

当隔水岩组或相对隔水岩组具有一定厚度，且呈缓倾状态分布时，可以阻止岩溶向深发育，隔水岩组成为溶蚀基准面，多有悬挂泉、飞泉形成。当隔水岩组具有一定厚度，且与可溶岩陡倾接触时，一方面可以阻止岩溶水平方向向前发育；另一方面由于接触溶蚀，又可以加剧岩溶的发育，多形成接触泉。当可溶岩为隔水岩组所覆盖时，河流接近切穿非隔水岩组或切割下伏可溶岩不深时，多形成承压泉。当有多组隔水岩组与可溶性透水岩组相间分布时，岩溶发育多具成层性，且多发育在接触带附近，但总体上岩溶发育程度不会太强。尤其是上覆隔水层时，下伏可溶岩地层的岩溶化程度相对偏弱，对岩溶水库库盆防渗有利。

3.5.1.3 受褶皱构造控制

在贵州，向斜多形成盆地，有利地表水的汇集；同时向斜属汇水构造，有利地下水的汇集。丰富的地表水和地下水有利于岩溶发育。间互状可溶岩形成的向斜，还可促使岩溶向深发育，形成承压岩溶含水层。背斜多形成地形分水岭，不利地表水的汇集；同时背斜，特别是间互状可溶岩形成的背斜不利于地下水的汇集，因而岩溶发育相对弱。但是，当非可溶岩被剥蚀，背斜轴部的可溶岩出露后，则形成四周为非可溶岩包围的储水构造，也有利于岩溶的发育，在可溶岩与非可溶岩接触带多有泉水出露。当可溶岩出露面积及接触泉与当地排泄基准面高差足够大时，接触泉还往往发育为温泉。

3.5.1.4 受断裂构造控制

导水断层、裂隙密集带有利于岩溶的发育。阻水断层一方面可以阻止岩溶的发育，另一方面由于侧支断裂力学性质的改变及接触溶蚀作用的加强，又可加剧岩溶的发育。阻水断层的岩溶主要发生在两侧（尤其是上盘）影响带内，断层带内一般岩溶不发育。阻水断层发育有较多串珠状溶洞，多为两侧岩溶发育塌空后侵蚀的结果，且断层多分布在溶洞下方。另外，断裂构造不仅控制岩溶发育的强弱，还控制岩溶发育的方向性。构造断裂带天然集水条件较好，岩溶一般都较发育，沿构造线常发育有地下河，成为当地岩溶地下水的总排泄通道或富水带。当富水带被深切河谷垂直切割通过库区呈横向分布时，由于库区成为汇水区，断裂富水带的水可能补给库水，富水带如平行河谷发育，则可能成为水库的漏水通道。

3.5.1.5 受新构造运动及地壳上升速度变化控制

地壳上升速度快时，侵蚀基准面下降，岩溶发育以垂直形态为主；地壳运动相对稳定时，侵蚀基准面相对静止，岩溶发育则以水平形态为主；地壳下降时，可造成垂直和水平岩溶形态的叠加，形成复杂的岩溶形态。因此，地壳构造运动在上升稳定再上升的交替变化过程中，河流相应地产生下蚀、旁蚀再下蚀的交替变化。由此岩溶水的运动产生垂直，水平再垂直的变化，溶洞也就具有垂直的管道和水平的溶洞交互出现，从而形成相互叠置的成层溶洞。这种成层性与新构造运动形成的剥夷面、阶地面具有较好的对应性。

3.5.1.6 受地下水循环控制

中国气候类型主要有热带、亚热带、温带三大类，在不同气候带内，岩溶发育各具形态和特征。中国北方温带地区的地表岩溶形态（如峰林、洼地等）不如南方热带、亚热带发育；贵州峰林的相对高度不如广西。这在一定程度上与地下水的循环快慢有关系，热带、亚热带降雨频繁、降雨量大，广西降雨频率和降雨量也较贵州大，从而地下水能得到充足的补给，地下水循环相对较快，可以将碳酸氢钙更快地带出岩体，加快了岩体溶蚀的速度，从而岩溶发育更为强烈。

3.5.2 继承性对水库岩溶渗漏的影响

对应地壳上升运动的每一个轮回，都有垂直、季节变动、水平及深部渗流带岩溶的发育。同时，早一轮回发育的 4 个岩溶带，又为晚一轮回岩溶发育提供了条件，或者说晚一轮回岩溶往往是追踪早一轮回岩溶发育。这种追踪可以是叠加，也可以是改造，或两者兼而有之。

3.5.3 不均匀性对水库岩溶渗漏的影响

所谓不均匀性，是指岩溶发育的速度、程度及其空间分布的不一致性。岩溶的发育受到岩性、地质构造和岩溶水循环交替的控制。岩溶发育的选择性、受控性和继承性的结果就是岩溶发育的不均匀性，它是造成岩溶地下水系统性、孤立性、变迁性、悬托性、穿跨性的前提条件。

另外，在河谷地带，岩溶发育常见向岸边退移的现象。当河谷两侧有明显的地下水位低槽带或岩溶大泉分布时，两岸地下水的循环多受岸坡地下水位低槽带或岩溶大泉的控制，而河床部分地下水主要表现为与地表河水联系紧密的浅部循环，此种情况下，河床部位的岩溶发育呈现停滞现象，现有的岩溶现象主要为早期岩溶发育的结果，且除表层岩溶外，河床深部的溶洞多呈充填状态，地下水的渗流条件较差。

3.5.4 阶段性与多代性对水库岩溶渗漏的影响

岩溶的发育是一个缓慢的地质过程，和其他自然现象一样，必有其发生、发展、壮大和消亡的过程。在岩溶发育条件长期稳定的条件下，它要经过幼年、青年、中年到老年，完成一个岩溶的发育旋回。

岩溶发育的每个阶段都有相应的岩溶形态类型：幼年期，河流下切，但仍保持原来的河道，地面上出现很多石芽和溶沟及少量漏斗；青年期，河流进一步下切，河流纵剖面逐渐趋于均衡剖面，漏斗、落水洞、干谷、盲谷、溶蚀洼地广泛繁育，大气降水几乎完全转化为地下水，地表河流消失，只有主河仍然存在；中年期，地表河流受下部不透水岩层阻挡或地表河流停止下切侵蚀，溶洞进一步扩大，许多地下河又转变为地上河，有大量溶蚀洼地、溶蚀谷地和峰林形成；晚年期，可溶岩的不透水层广泛出露地表，地表水流又发育起来，出现了溶蚀准平原，平原上残留一些孤峰和残丘。实际上，岩溶的发育大多是多旋回的，且有些旋回在时间上有重叠。

岩溶发育各个阶段的岩溶形态对水库岩溶渗漏的影响也是不同的，相对于幼年和晚年时期，青年时期的岩溶发育更为强烈，水库岩溶渗漏发生的可能性和规模大为增加。

3.5.5　岩溶发育深度对水库岩溶渗漏的影响

岩溶发育需具备以下条件：①有富含 CO_2 的水补给；②岩体有足够的渗透性；③水要能从岩体中排出。随着深度的增加，上述 3 个条件均逐渐减弱，从而导致岩体溶蚀速度逐渐变慢，因此岩溶化程度随着深度的增加而逐渐减弱。

第 4 章

岩溶水库渗漏勘察评价

岩溶水库渗漏勘察一般经历多期多次、由宏观到微观、由面到线再到点的勘察工作过程与思路调整，工作范围由区域、库区到库首、坝址区逐渐搜索、定位，工作方法亦由宏观阶段的资料收集分析、区域岩溶发育规律分析，到水库区岩溶水文地质调查、地表物探（EH－4法、高密度电法等）与验证性钻孔、水文地质测试验证性连通试验等，逐渐到针对具体可能影响水库渗漏的岩溶发育特征、规模、岩溶地下水的渗流等采用钻探、物探CT、压水试验或注水试验、示踪试验等详细的勘察工作。

与非可溶岩地区水库水文地质条件勘察与渗漏评价不同，岩溶水库的渗漏勘察切忌一开始即大规模针对某一问题或某一部位铺开勘察工作，应是一个先宏观再微观的循序渐进的过程，是一个先分析再勘探的过程，是一个不断调整与验证的过程，否则将会花费极大的代价但仍解决不了岩溶渗漏分析与防渗处理的问题。

4.1 岩溶水库渗漏勘察技术

4.1.1 区域及水库岩溶水文地质条件勘察

4.1.1.1 区域岩溶水文地质调查方法

岩溶水库渗漏勘察需从区域地形地貌、地层岩性、地质构造、岩溶水文地质条件入手，重点分析岩溶地貌、可溶岩地层岩性、埋藏与出露条件、岩溶发育程度与分期、地下岩溶水系分布、河流展布格局、水库与可溶岩空间位置关系等宏观地质条件，调查方法主要通过收集遥感与卫星图片、区域地质、区域岩溶水文地质、邻近工程水库岩溶渗漏勘察成果等资料，现场实地调查了解等。

(1) 收集库坝区域水系（含海子等）分布、区域地质、区域岩溶水文地质等资料，分析了解库坝区所处区域地貌、区域地质概况、河谷地文期划分与岩溶发育史、河流演化与消水断流情况、岩溶大泉流量、伏流、洞穴、岩溶堆积体、漏斗、地形分水岭位置等，为宏观判定库坝区岩溶发育程度、分期、水动力条件、建库岩溶水文地质条件与岩溶渗漏问题部位、性质及处理难易程度等奠定基础。

重庆巫溪刘家沟水库位于大宁河支流小溪河上，水库正常蓄水位为448m，库容近2000万m^3，具河湾、低邻谷地形，坝下游存在河谷裂点，岩溶发育，水文地质条件复杂。在成库条件论证专题勘察中，先从区域地质和岩溶水文地质背景的调查着手，收集区域地质资料，并开展了100km^2大范围的1：10000区域岩溶水文地质测绘、地质调查及取样试验工作，对可溶岩地层岩性、构造格局、地文期划分、河谷地貌演化与河谷阶地分布、岩溶洞穴分布与地下水系、泉水出露、邻谷条件、水库渗漏条件等进行宏观地质调查、地貌分区和河谷演化地质分析，判断库坝区渗漏问题所在部位、复杂程度，初步确定蓄水成库条件等。

（2）利用卫星、遥感资料。结合实地调查成果，利用卫星遥感图片宏观了解库坝区域地形地貌、构造格局、可溶岩出露与分布、地表岩溶形态分布、岩溶洼地槽谷发育走向、岩溶洼地水体与地下水系出露等。如索风营水电站在可行性研究阶段对库区水系分布、构造格局、可溶岩分布、洼地、伏流入口分布等进行分析研究。北盘江善泥坡水电站采用遥感方法对库区岩溶地形地质条件进行调查分析，对其岩溶发育特征、主要泉水及温泉、库区大型构造、枢纽区构造发育特征等进行了系统的调查研究。重庆中梁水库渗漏研究中也利用卫片遥感资料进行解译分析，研究面积达 510km^2。

（3）收集了解流域内或邻近江河水系已建或在建水库渗漏勘察成果、蓄水初期防渗与运行渗漏等情况。如猫跳河六级红岩水电站在开始蓄水时，借鉴了四级窄巷口水电站的经验，采用试验性蓄水查找灌浆帷幕的缺陷，及时采取补充处理措施。又如甲茶水电站与铜仁天生桥水电站均为同类伏流水库，虽处不同地区和河流，但地形地貌和水文地质条件极具相似性，勘察借鉴了铜仁天生桥水电站勘察技术与方法，少走弯路。

（4）现场地质调查。通过现场查勘，对河流上下游、库坝区、分水岭等的地貌、岩溶发育程度、规模与分布、岩溶泉流量等的观察了解，为水库渗漏勘察与分析判断奠定基础。如贵州境内的乌江与清水江，在岩溶发育程度上存在较大差异，乌江岩溶发育且岩溶规模较大；重庆中梁水库岩溶渗漏勘察中曾进行 400km^2 大范围 1：50000 区域岩溶水文地质调查，以及 150km 长的 1：10000 岩溶水文地质线路调查，目的是对区域岩溶水文地质背景、岩溶发育程度、水库渗漏条件等进行全面认识了解。

4.1.1.2　水库区岩溶水文地质条件勘察

1. *水库区岩溶水文地质测绘*

水库区岩溶水文地质测绘，一般分库区和库首分别进行。当库区无可疑渗漏存在时，可用库区综合地质测绘代替，如普定、洪家渡、思林、沙沱、光照等水电站的库区均未开展专门的库区岩溶水文地质测绘。

库区岩溶水文地质测绘范围，要求覆盖至水库邻谷及库首、坝址邻谷及下游一定范围的可能渗漏的低邻谷、低地、暗河出口等区域。如乌江索风营水电站库区岩溶水文地质测绘左岸至邻谷野纪河，右岸至猫跳河与坝址下游的广大分水岭地区，测绘面积约 200km^2。重庆巫溪刘家沟水库库区左岸分水岭外侧存在低邻谷、坝址下游存在河湾渗漏问题，确定的水库区岩溶测绘范围跨过左岸地下分水岭至邻谷冉家沟和整个下游左岸河间河湾地块。无邻谷渗漏水库测绘范围一般包括至地形分水岭或至可靠大范围出露隔水层边界即可，如东风水电站水库测绘。

库区岩溶水文地质测绘比例尺一般为 1：10000～1：50000，视岩溶发育与水文地质条件复杂程度和范围而定。

库首岩溶水文地质测绘范围包括库首、各坝址岩溶渗漏问题研究的区域。一般较库区放大 1～2 倍达 1：2000～1：10000，多采用 1：5000 比例尺；小范围专题渗漏问题研究的岩溶水文地质测绘时，可采用 1：2000。如猫跳河二级黄家山垭口单薄分水岭水文地质测绘。

规模小、回水短的小型盆地型水库或河道型水库，库区、库首岩溶水文地质测绘可合并进行，比例尺一般选用1：2000。如猫跳河四级、团坡、大树子抽水蓄能电站等库区。

实例工程库区、岩溶水文地质测绘与比例尺汇总情况见表4.1-1。由表4.1-1中可见，岩溶水文地质条件复杂的水库，均开展了专门水文地质测绘。

表4.1-1　　实例工程水库区岩溶水文地质测绘与比例尺汇总情况

序号	实例工程	库区测绘	比例尺	库首测绘	比例尺	备注
1	猫跳河一级			√	1：10000～1：2000	
2	猫跳河二级			√	1：1000	局部
3	猫跳河三级			√	1：10000	库坝
4	猫跳河四级	√		√	1：2000	库坝
5	猫跳河六级			√	1：5000	
6	普定			√	1：10000～1：1000	两次
7	引子渡			√	1：10000	
8	洪家渡			√	1：10000～1：2000	
9	东风	√	1：25000	√	1：5000	
10	索风营	√	1：10000	√	1：5000	
11	思林			√	1：5000	
12	沙沱			√	1：10000	
13	格里桥			√	1：10000	
14	光照			√	1：10000	
15	团坡			√	1：10000	库坝
16	马岩洞			√	1：10000	
17	铜仁天生桥			√	1：2000	
18	甲茶			√	1：10000	
19	中梁水库	√	1：10000	√（渗漏段）	1：2000	中南院

在岩溶水文地质测绘的基础上，采用平、剖面图来反映、分析测区岩溶地形地貌、岩溶含（隔）水层分布、构造切割关系、地表岩溶形态与洞穴分布、泉水或暗河出口等情况，作为水库岩溶渗漏地质分析的基础。

2. 水库区岩溶地质调查

水库区岩溶地质调查通常包括岩溶地貌调查、岩溶大泉调查和岩溶洞穴调查等内容。

岩溶地貌调查，是结合收集的遥感影像、区域水文地质成果、库区地形图与地质图等进行现场岩溶地貌调查，了解库坝区岩溶地貌与分区、岩溶洞穴分布与延伸特征。对典型夷平面、阶地、岩溶洞穴层、暗河出露高程等进行详细调查，分析其与地貌、侵蚀基准面的关系。

根据调查结果，编制岩溶地貌分区图、剖面图等图件与岩溶水文网演化分析研究报告。地貌分区图比例尺一般为1：50000～1：10000。如索风营、刘家沟、格里桥、中梁等水库区，由于岩溶水文地质条件复杂，均开展了此项工作。索风营水库区左岸岩溶泉水、溶洞与剥夷面、阶地对应关系如图4.1-1所示，反映岩溶发育与夷平面、河谷阶地的对应等关系。

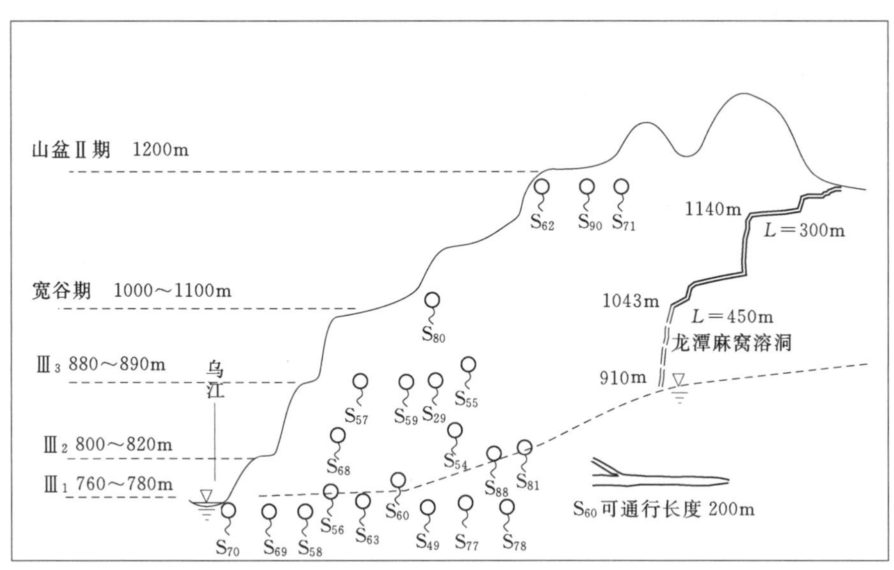

图4.1-1 索风营库区左岸岩溶泉水、溶洞与剥夷面、阶地对应关系

岩溶发育与洞穴地质调查，在初步调查了解、地质测绘、岩溶水文地质测绘等工作基础上开展此项工作，主要针对库区两岸分水岭、斜坡地带及河床附近洼地、漏斗、落水洞，早期岩溶洞穴、伏流洞、管道、暗河、泉水等岩溶现象，以及沟谷、河道消水点及附近地质条件等进行。其中对可疑渗漏地带的大型洞穴、暗河、天坑等进入内部调查，做好量测、编录、照相、录像，对其位置、展布和延伸等进行投影，以及取样、测试、测龄等。

实例工程中大部分水库开展了此项工作，特别是猫跳河四级、东风、索风营、思林、普定等库区、库首发育较大规模岩溶洞穴、管道，均做了深入调查和详细编录。猫跳河四级左岸库首地下K_{18}溶洞，经洞穴地质调查，其距拱端最近100m，南北长超过80m，东西宽（近平行河流）长123m，主洞长360m，宽1～4m，高1.5m，内分高程1100m和1060m两层水平溶洞，之间有垂直与倾斜管道连通，有大量钟乳石、石笋等，空洞体积超20万m^3，发育最低高程1006m，低于坝址河水位48m，处于库水集中渗漏途径上；经过详细的洞穴地质调查，并绘制成平剖面图，对水库岩溶渗漏集中管道位置、性质、重点防渗处理的分析、评价具有重要作用。

3. 水库区岩溶水文地质钻探

为查明库区、库首薄弱部位及坝肩两岸岩溶水文地质条件，常采用钻探手段查明大范围岩溶水文地质结构、隔水边界、强透水构造、岩溶洞穴发育、地下水位趋势等，以及做测试试验、地下水位长期观测等。

布置于库区或库首薄弱地带（垭口、单薄地形、断层切口、河湾、河间等）的钻孔，多以验证地下水位、隔水层顶板高程、断层带与上下盘地下水位、可溶岩与非可溶岩分界线高程等为目的，排除有无岩溶渗漏条件和问题，布置以单孔为多，孔深按河床或渗漏底界控制，尤其是分水岭下卧强岩溶含（透）水层并存在邻谷切割时，必须揭露其底界条件。如洪家渡水电站库首右岸，既是河间河湾地块地形，又存在构造切口，为了解其水文地质结构、断层带透水性、上下盘含水层搭接关系、地下水位高低，可行性研究阶段在分水岭地带的断层槽谷中布置了2个钻孔，发现深部岩体溶蚀强烈，断层错距大，地下水位低于水库正常蓄水位，判断存在构造切口岩溶渗漏问题，后在施工详图阶段又布置6个钻孔加密查明了该构造切口部位的渗漏边界条件。

库首两岸多数考虑沿坝线和防渗线剖面布置钻孔，来查明地下水位变化，当地形和岩溶水文地质条件复杂时应在渗漏薄弱部位加密钻孔，孔深一般按河水位控制，水动力条件复杂的河段孔深再加深。如猫跳河四级左岸、普定坝肩两岸因在前期勘察中地下水控制性钻孔少而对地下水位变化趋势掌握不够，施工期帷幕灌浆揭露出地下水位低平带和多个地下水位槽谷异常，导致原库首绕渗范围和渗漏问题估计出现偏差。

4. 水库区岩溶平洞勘探

库区平洞主要用于查明局部集中渗漏带岩溶、强渗漏地层或强溶蚀构造带位置与溶蚀程度、集中渗漏管道等。如东风水电站曾用270m长斜洞揭露要封堵的鱼洞北东岔。

在库区或库首采用平洞勘探，主要是为揭示岩溶地层分布、地质构造、岩溶发育程度、地下水活动、主要渗漏通道与渗漏范围等。例如索风营水电站库首两岸、普定水电站库首右岸、马岩洞水电站库首两岸、中梁水库库区右岸渗漏勘察等。重庆中梁水库由于在天然条件下右岸横河向冲沟发育，河床消水、断流明显，分析有集中渗漏通道而采用平洞勘探。通过勘探平洞揭露了主要渗漏层和构造、地下水流量等，为后续连通试验、洞内钻探、物探等渗漏勘察提供了场所条件。重庆马岩洞水电站库首左岸分水岭为与库首河流平行向斜，坝肩平洞揭露二叠系栖霞组茅口组灰岩中炭质燧石灰岩挤压破碎，围岩富水性强，水量丰富，地下水位随平洞加深下降明显，预示下部发电洞开挖后会影响到帷幕端头的稳定，同时高富水性对帷幕灌浆效果也有一定影响，库首防渗线路选择需考虑避开，因而在可行性研究阶段将防渗线路向上游转折，平行河床做防渗处理。

5. 水库区岩溶水文地质物探

为有效勘察岩溶发育规律与岩溶管道水的发育特征与渗流途径，岩溶地区库区、库首岩溶水文地质勘察应优先考虑采用物探进行大范围宏观调查，在此基础上用钻孔、平洞进行验证，物探与勘探孔、洞点、线结合使用，优势突出，效果较好。

地表物探方法主要有电法和电磁法两类，如EH－4法、高密度电法等；地下有平洞内地质雷达、孔间CT（电磁波、声波）透视、平洞地震波穿透等方法。测线宜垂直地下水流向或岩溶管道布置，多为单条布置，对重点区域采用交汇网格化布置，且剖面宜有钻孔、平洞或洞穴已知点进行验证。

电法在早期应用较为广泛，如猫跳河梯级、思林电站等。EH－4法自1999年在索风营库区应用，探测深度达400m，应用发展较快。如铜仁天生桥水电站，先用EH－4法探测库首两岸防渗线路地下洞穴和地下水位，再对复杂地段钻孔验证。由图4.1－2可见，伏流洞轮廓清晰，形态相符，符合性好。

利用地质雷达探测平洞围岩隐伏溶洞，效果明显。如普定水电站右坝肩坝顶平洞，通过地质雷达探测发现洞底隐伏Pk380岩溶管道，其规模较大，上、下游延伸远，后补充开展了地质复核与渗漏勘察论证。

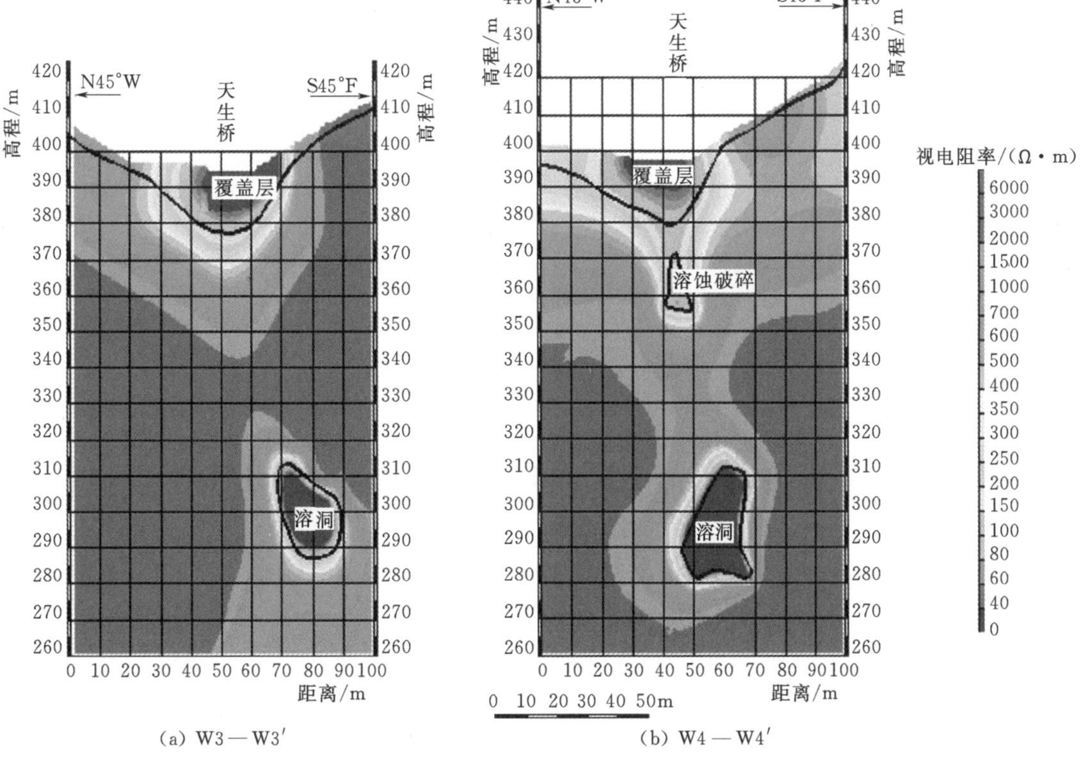

图 4.1-2 铜仁天生桥水电站副坝坝基物探探测

孔间电磁波和声波透视技术，在20世纪80年代末至90年代初期的思林水电站前期勘察中采用后在库坝区地表、平洞内与灌浆廊道内大量推广。洪家渡水电站构造切口防渗帷幕线先导探测成果，如图4.1-3所示，在图中可见永宁镇（T_1yn^{3+4}）地层岩溶程度低，永宁镇（T_1yn^1）灰岩地层岩溶发育，溶洞规模较大（K_3 溶洞），钻孔地下水位为1077～1082m，库水从永宁镇（T_1yn^{3+4}）地层中产生渗漏的可能性小，主要应在永宁镇（T_1yn^1）含水层中作防漏处理。

为增强库区渗漏地段孔内地下水位可靠性，判断渗漏性质，还可利用物探孔内扫描成像、孔内声波技术探测洞穴或溶蚀带。如索风营库区可疑渗漏途径上钻孔中均布置了孔内物探扫描测试。

6. 水库区岩溶水文地质观测与试验

水库区岩溶水文地质观测与试验主要指压（注）水试验、河流测流、钻孔水位观测，岩溶管道水系统水位、流量观测以及连通试验、水质分析等。

（1）压（注）水试验，是水文地质勘察的主要内容，用以了解可溶岩的透水性和岩溶发育程度。对库区、库首钻孔水库设计正常蓄水位以下孔段均要求进行压（注）水试验。

（2）测流，是对排泄型（补排型、悬托型）河流通过上、下游河流流量测量，对天然条件下渗漏、消水能力宏观判断。如中梁水库库区流量在中部河段明显减少，通过测流测

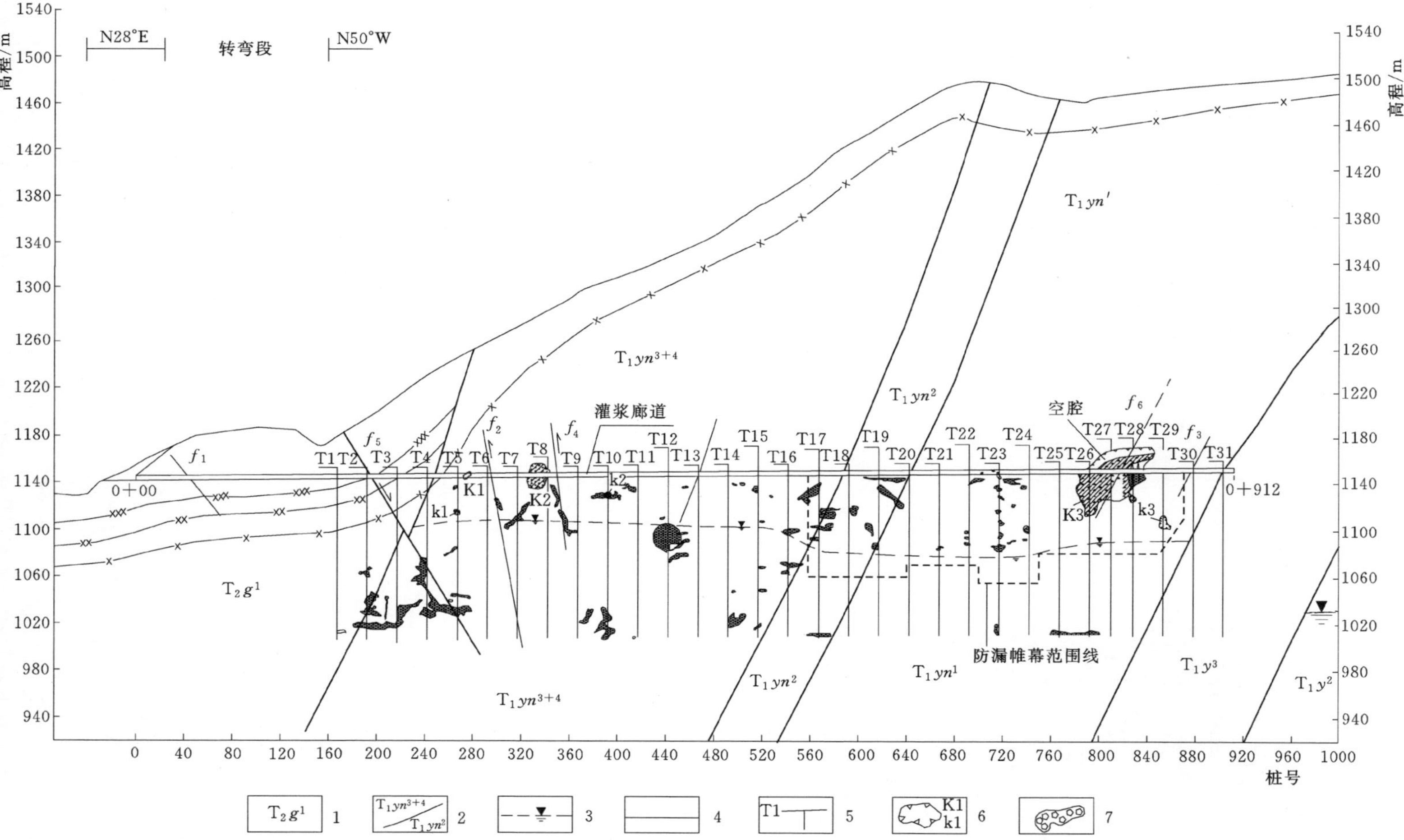

图 4.1-3　洪家渡水电站库首右岸构造切口防渗线先导孔物探透视剖面简图

1—地层代号；2—地层分界线；3—地下水位线；4—防渗帷幕范围线；5—物探钻孔及编号；6—廊道、钻孔揭示溶洞；7—物探 CT 解释溶蚀区

定其渗漏量和查找渗漏地点；团坡坝址下游存在伏流洞，库底发育溶洞，曾采用对河流实测流量，证实其无明显变化才选定建库位置并作成库评价。

（3）管道水流量观测，是对岩溶管道水等进行流量观测，除掌握其流量变化特征外主要是建立蓄水后对比分析，可为蓄水后渗漏评价提供资料。如东风水电站坝下游桥头暗河，蓄水初期发现水质变浑、流量增大，再通过颜色观察、水质分析等对比，确定有库水参与渗漏。

（4）连通试验，指大范围岩溶水文地质勘察的库坝区连通试验，主要应用于调查地下水的水力联系，包括判别地下水流向、排泄点、管道水流速等。连通试验有从地面落水洞、管道投放示踪剂的，也有从钻孔、平洞内管道等投入示踪剂的。示踪剂常用酸性大红、荧光粉、食盐、钼酸铵、碘化钾等。示踪剂选择比较重要，一般以查明连通性为目的且连通距离不远时，常采用肉眼容易辨别的酸性大红、荧光粉等进行试验；当连通试验区环境较为敏感，且岩溶大泉为当地居民主要生活用水时，不宜采用酸性大红、荧光粉、钼酸铵等染色试剂，应选择无色无害的食盐为连通试剂。对流量大、连通距离远、需要研究岩溶管道水流特性的，则常选择多种连通示踪剂和采用仪器测量含量，并绘制含量（浓度）变化曲线，进行分析。

重庆中梁水库前期勘测中采用了多种示踪剂进行对比试验。2002年在星溪沟口与黄连溪做了食盐示踪，在星溪沟天元背斜两翼二叠系灰岩段又做了两次大型二元示踪试验，其中2002年8月18日先在星溪沟天元背斜北翼栖霞组地段（高程601.40m）投放500kg钼酸铵，投放点水量约50L/s，在下游河段、各泉水点、黄连溪钻孔中进行接收检测，8月22日在下游白马穴泉群出现，次日浓度达到峰值（最大检测值116.6μg/L），随后逐渐回落，8月24日突降大雨，26日两扇门处乌龙洞泉（W_8）也出现反映，29日峰值达214μg/L。各接收点浓度变化如图4.1-4所示。同年9月3日在星溪沟天元背斜南翼吴家坪灰岩（高程663.83m）投放弱酸红A 200kg，9月8日在白马穴泉群出现。

当需要检验深部岩溶洞穴与地表泉水联系时，可利用钻孔、伏流洞内开展必要的连通试验。甲茶水电站库首右岸古河床钻孔内进行了孔内连通试验和伏流洞内消水洞连通试验，反映深部岩溶洞穴贯通性存在差异。示踪剂均为酸性大红，在拟进行连通试验的溶洞以上选择一完整岩体孔段下入栓塞隔离以上岩体，通过钻杆将示踪剂投入拟定试验段位置，然后进行连续注水：在ZK1号孔高程420.88～422.54m和377.57～379.47m（相当于伏流洞底板以下）溶洞内分别进行连通试验，高程420.88～422.54m溶洞与下游陡壁脚S_3泉群连通。高程377.57～379.47m溶洞则未连通。在ZK2孔高程358.61～364.15m溶洞内进行连通试验，连通点是下游陡壁脚S_3泉群。ZK4孔高程368.00～372.50m和316.19～320.99m溶洞内分别连通试验，高程368.00～372.50m溶洞与下游陡壁脚S_3泉连通，而高程316.19～320.99m溶洞经近一个月注水观测，显示不连通。根据ZK1、ZK2、ZK4号孔连通试验成果分析，孔内地下水位为442m，S_3泉群出水从河底涌出，河水面高程437m，钻孔至泉水点直线距离620m，连通时间15～20h，平均流速约34m/h，孔内溶洞在古河床高程358m以上与下游陡壁脚泉群存在直接的水力联系。而ZK4号孔高程316.19～320.99m段溶洞连通试验历经近1个月注水观测显示不连通，分析其深部

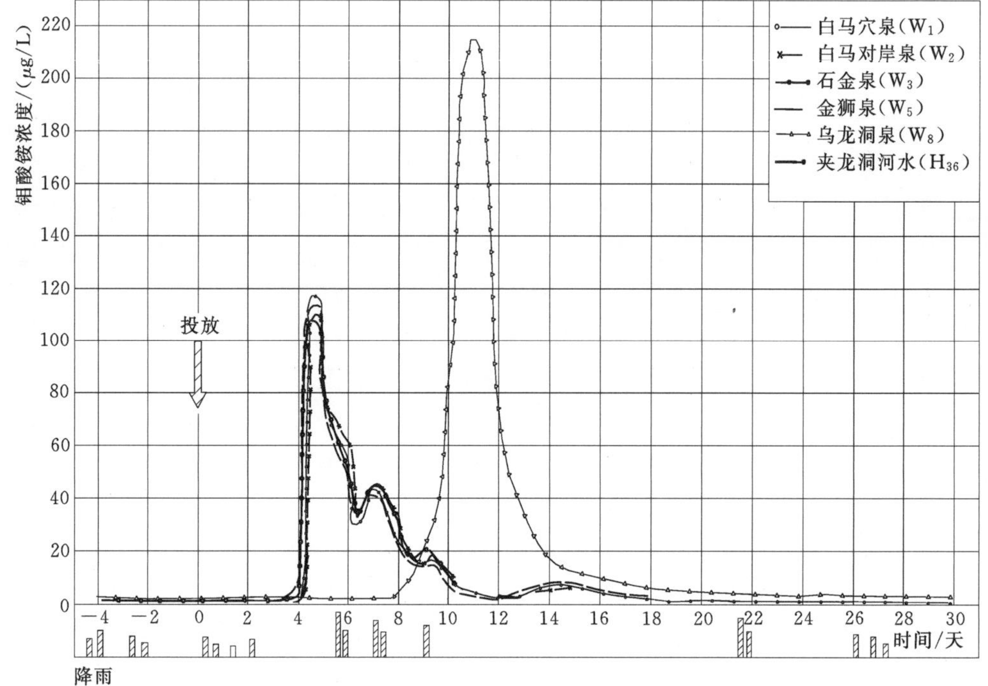

图 4.1-4 中梁水库星溪沟连通试验（钼酸铵）浓度变化曲线

岩溶是孤立的。

甲茶伏流洞内连通试验：利用拟堵洞体位置下游 40～100m 处右侧伏流洞边发育多个落水洞，在落水洞处倒入酸性大红进行连通试验，近半个小时后，即从下游陡壁脚 S_3 泉群流出，消水洞高程 455m，至泉水点直线距离 460m，平均流速约 0.27m/s。可见伏流洞右侧与下游泉群之间岩溶极发育，属河水补给地下水区域。

（5）水质分析试验。其主要应用于裂隙水、岩溶管道水、暗河等补径排关系鉴别分析，也可作为库水渗漏的对比资料。对库区主要岩溶管道水、暗河，尤其可疑渗漏出口，须有蓄水前的水质成果，并分析与补径排途径岩矿分析成分的相关关系。如猫跳河一级在第二次定检时，库外 S_8 枯季泉，经水质分析复核，排除渗漏可能。而猫跳河四级水电站左岸岩溶渗漏专题勘察时，采用水质试验成果，根据库水、钻孔水样、下游鱼洞暗河水样对比分析，结合电导率测试、水温测试等成果，较为准确地判断出水库渗漏通道，经防渗处理后，达到了较好的封堵效果。

（6）钻孔地下水位观测。其包括钻进过程、勘察期及蓄水后地下水位观测。单一含水层可测量综合水位，多层水文地质结构孔则需查明分层水位，需要进行孔身地质和钻进作业安排，并视地下水位变化情况确定其可靠性。如索风营水电站库区右岸 ZK17 等水文孔做了专门孔身地质结构设计和钻进水位观测计划，ZK17 孔上部依次为茅口组（P_1m）灰岩强岩溶含水层，栖霞组（P_1q）中等岩溶含水层，底部为梁山组（P_1l）、大塘组（C_1d）砂泥岩隔水层，钻进中自上而下观测孔内水位直至获取稳定可靠的综合水位。

钻孔地下水位长期观测成果的可靠性分析，主要依据地下水位变幅与降雨或河水位变化是否同步。如索风营水库左岸ZK12号孔，其后期长期观测曲线地下水位基本无变化，在进行地下水位动态分析时不作为渗漏评价依据。若某钻孔地下水位对水库渗漏分析较为重要时，应进行提水或注水敏感性试验，判断该钻孔水位的可靠性与动态变化特征。

(7) 堵洞抬（壅）水试验。通过对岩溶管道、暗河等封堵水位壅高，查找与之相连通的洞穴、管道、层位间的水动力联系。如东风水电站曾对库首左岸鱼洞、右岸凉风洞等进行堵洞抬（壅）水试验。其中凉风洞暗河堵洞抬水试验，使暗河水位上升至850m以上，同时染色试验证实有关河段与闸鱼塘不连通，表明该暗河为现代岩溶管道，无更低管道存在，其出口流量稳定，一般为40L/s。由地下水位等水位线图反映，该暗河在新14孔至新16孔通过。此试验在地下水水库勘察中为渗流场研究具有重要作用，一般均需做此试验。

4.1.2 坝址区岩溶水文地质条件勘察

坝址区岩溶水文地质勘察的目的是论证岩溶发育特征与水文地质条件，寻找可靠的防渗依托岩体，提出详细的防渗处理建议。

4.1.2.1 坝址区岩溶水文地质调查与测绘

(1) 岩性剖面测绘。坝址可溶岩地层岩性剖面测绘突出对岩石可溶性的鉴别、单层厚度、岩性组合、溶蚀特征观察描述，进行岩溶水文地质岩组和单元划分，合理确定含（透）水层、隔水层、相对隔水层。

(2) 地质测绘。坝址区通常不进行专门岩溶水文地质测绘，而是与工程地质测绘结合，将河谷阶地、各种岩溶现象和泉水、管道水、暗河等反映在平、剖面图中。

(3) 岩溶地质调查。对坝址区大型岩溶洞穴进行追踪、调查、编录，大泉、管道水、暗河等进行测流、分析推测展布方向、泉域等，并绘制在平、剖面图上。

如北盘江光照水电站坝址区为多层岩溶水文地质结构，横向谷，在前期勘察中对可溶岩地层岩性均做了详细的测量统计，并将各岩溶现象反映在地质平面图上，便于岩溶渗漏分析。其中为研究永宁镇组第二段（T_1yn^2）隔水性能，在坝下游左岸专门布置平洞以进行岩性统计和观测岩溶发育、渗水状态等，后作为隔水层和防渗依托加以利用。

思林水电站在前期可行性研究勘测中对坝址大型岩溶洞穴进行了洞内平面、剖面编录测绘，了解其内部空间和发育地质条件（图4.1-5），并将坝址区地表、地下岩溶现象投影在河谷横断面上，研究岩溶空间分布的规律性，如图4.1-6所示。

4.1.2.2 钻探

坝址区岩溶水文地质钻探，是为查明河谷水动力条件和绕坝渗漏范围与性质，而在河床和两岸按剖面布置一定数量钻孔。河床按纵向剖面，两岸按坝线剖面和防渗线路布置，结合河谷宽度、坝高、岩溶水文地质结构、防渗帷幕端头等按一定间距和孔深布置，钻孔全部取芯，并做压（注）水试验和地下水位测量。遇多层水文地质结构钻孔和河谷裂点附近河心孔，应随孔深增加分若干段测内、外管地下水位。

如光照水电站永宁镇组（T_1yn^2）相对隔水层存在上、下含水层不同水位。猫跳河四级河床地下水纵向径流带钻孔揭示，自坝前经河床防渗线至下游向K_{11}花鱼洞排泄，P_1^2地

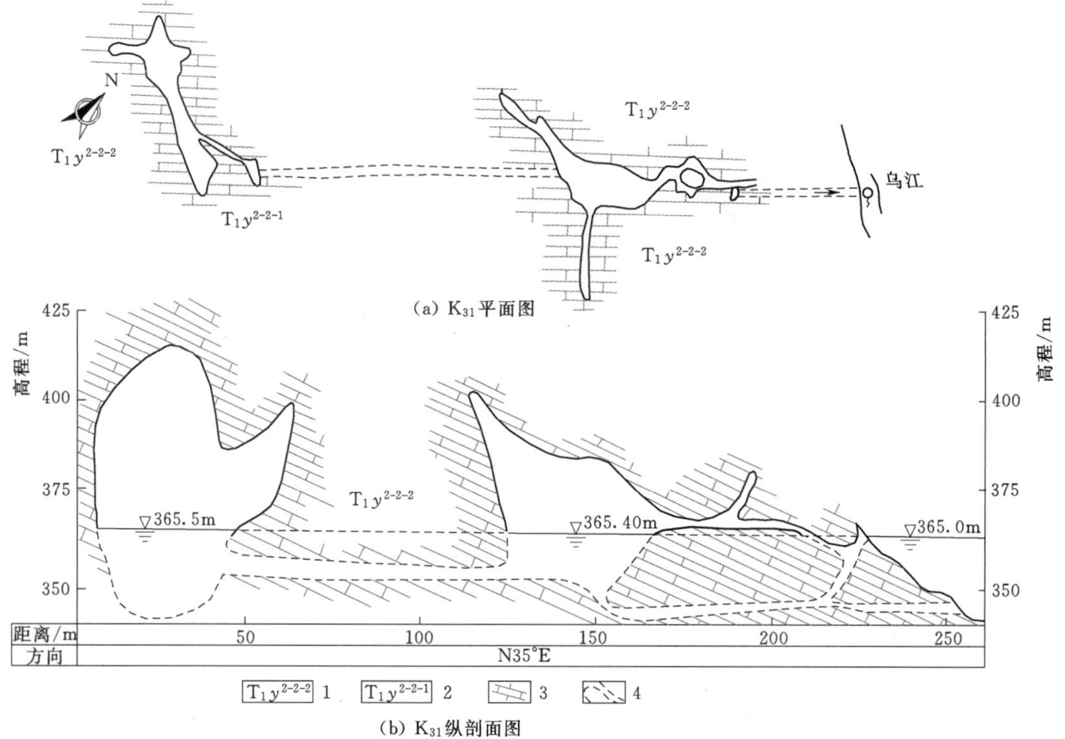

图 4.1-5　思林坝址左岸夜郎组地层 K_{31} 溶洞地质简图

1—灰色厚层块状灰岩；2—灰色厚层、中厚层灰岩；3—岩性花纹；4—实测及推测岩溶管道

说明：①该溶洞地面进口高程 381.54m，PD-23 平洞揭露溶洞系统；②溶洞内见石钟乳、石笋等；③溶洞型式为厅堂型；④洞内常年有水，与乌江的水位连通较好

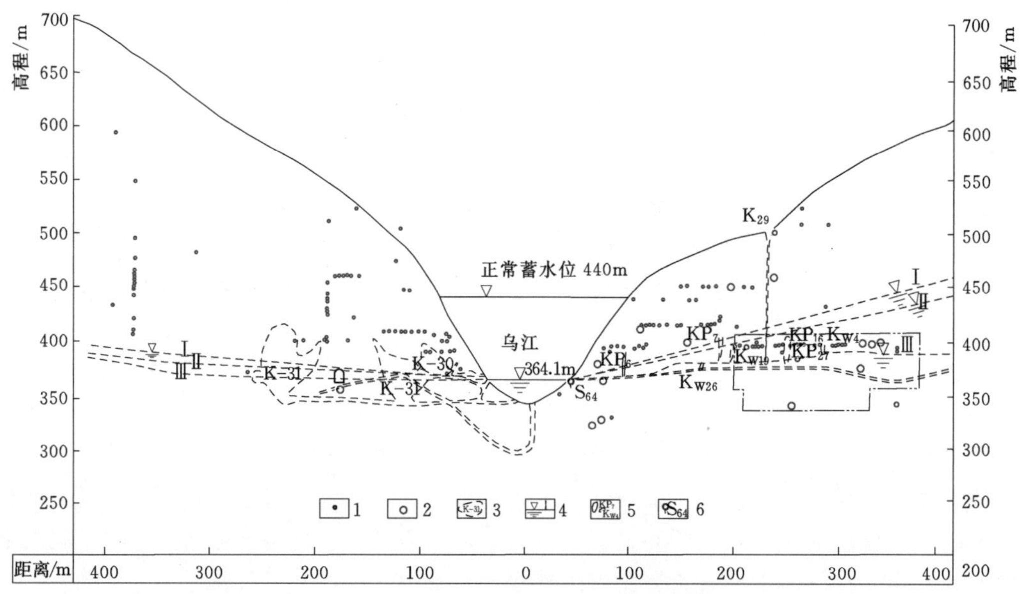

图 4.1-6　思林坝区岩溶空间分布示意图

1—钻孔、平洞、地表揭示溶洞；2—物探解译溶洞；3—大型岩溶管道系统；4—地下水位线（Ⅰ表示 P_1m，Ⅱ表示 P_2c，Ⅲ表示 T_1y^2）；5—左为平洞揭示溶洞投影，右为物探解译溶洞投影；6—泉水及编号

下水位为 1035.07m，低于 P_1^3 水位 3～10m，低于河水位 19～25m，平均纵向水力坡降 P_1^3 为 3.2%，P_1^2 为 2.0%。

团坡水电站坝址区靠近下游伏流河段，为查明河谷水动力条件，对河心孔（ZK6、ZK7、ZK8、ZK9）进行 24h 内、外管水位观测：ZK6、ZK7、ZK9 号孔内、外管水位基本持平，ZK8 号孔内、外管水位相差 1m，低于河水位。左岸 ZK4 号孔地下水位 777.8～778.5m，略低于河水位（780m），说明河床及左岸河湾地带河水补给地下水。

4.1.2.3　洞探

洞探除揭露地下岩溶水文地质条件外，还可为复杂地段进行岩溶洞穴追踪、洞间岩溶洞穴透视等进一步作业提供条件。如思林水电站坝址左岸K-31管道水追踪勘探，其出口高程 381.10m，向山内呈阶梯状下降至高程 366m 后顺层发育水平溶洞。前期勘察进行了平洞追索和连通试验，发现在枯水期河水面下有出口，再用地质雷达查明水下出口形态，呈裂缝状，宽约 0.5m。而对规模大而长的铜仁天生桥伏流洞、甲茶伏流洞设计堵洞体部位围岩均采用平洞勘探，查明有无支洞和岩体的完整性。

4.1.2.4　物探

坝址区岩溶水文地质条件物探，分地表和地下两种。地表探测多用于垭口、断层带、洼地等；地下主要利用孔间透视探测查明河床水下和绕渗范围内有无岩溶洞穴、管道、溶蚀破碎带等。如索风营水电站坝址对坝肩水上部位采用电磁波透视（图 4.1-7），对河床水下采用声波透视，探测效果较好，直观地反映了深部岩溶的发育与分布情况。

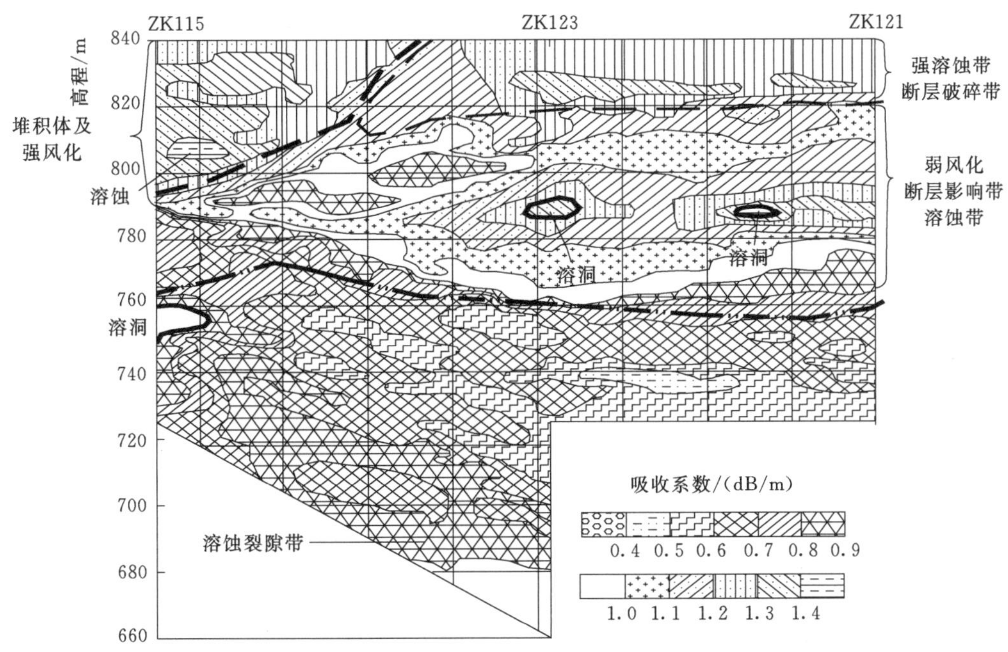

图 4.1-7　索风营坝址左坝肩 ZK115—ZK123—ZK121 电磁波（CT）层析成果图

又如甲茶水电站对古河床垭口部位采用钻探与物探结合勘探岩溶洞穴，对比图 4.1－8 和图 4.1－9 可知，ZK2 孔内溶洞在透视图中很明显，利用物探查明地下溶洞是有效的。

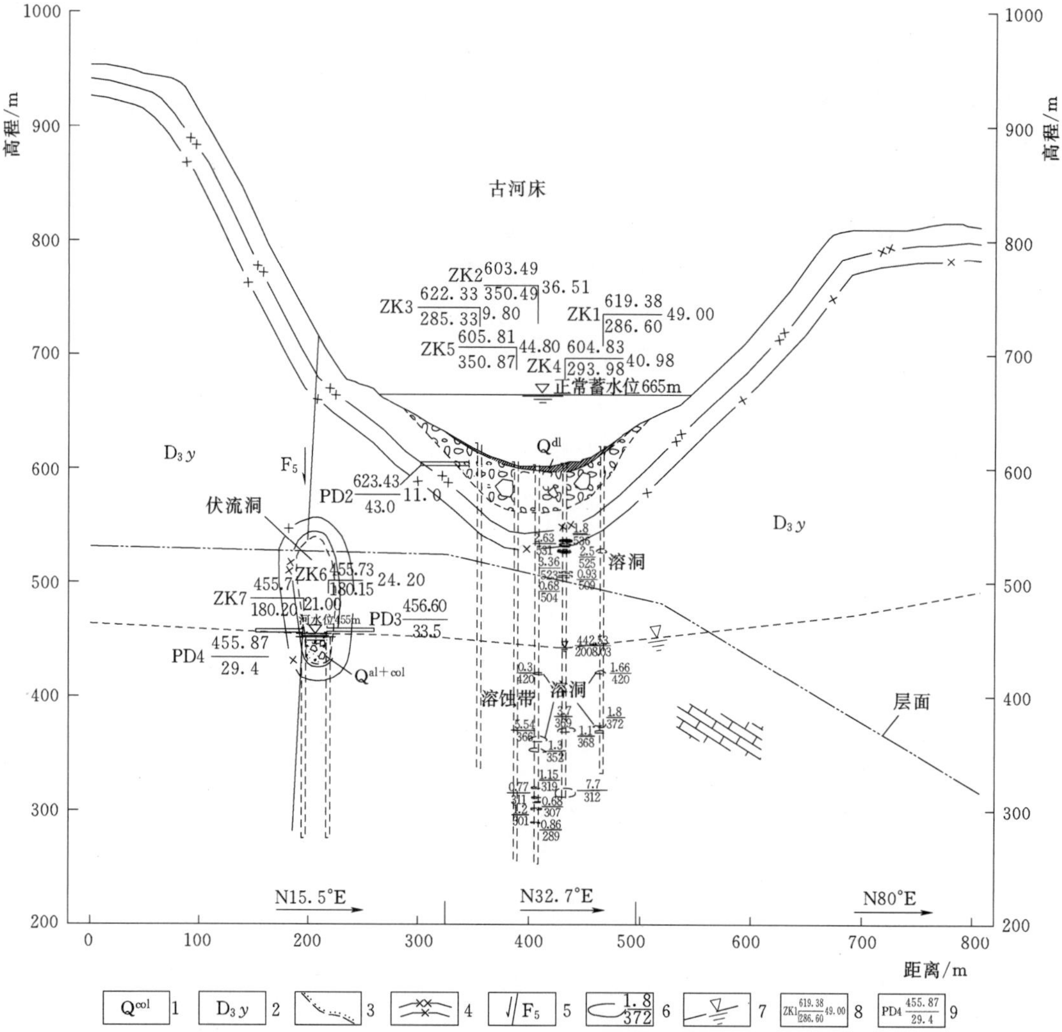

图 4.1－8 甲茶水电站伏流钻孔勘探地质剖面示意图

1—覆盖层代号；2—地层代号；3—基岩与覆盖层分界线；4—风化线；5—断层及编号；6—溶洞；7—推测地下水位线；8—钻孔编号，上为孔口高程（m），下为孔深（m），右为覆盖层厚度（m）；9—平洞编号，上为洞口高程（m），下为孔深（m），右为覆盖层厚度（m）

图 4.1－10 为大花水水电站河床坝基声波透视（CT）测试成果。未见河床中有大型隐伏溶洞发育，且岩溶发育受下部隔水性良好的 P_1l、O_1d 组地层控制；验证钻孔中亦仅见直径较小的溶孔、晶孔，部分钻孔沿裂隙见溶蚀夹泥现象。

4.1.2.5 连通试验

坝址连通试验，主要用于调查岩溶管道的连通性、流速大小及查找河床下岩溶管道水出口、过河管道、深岩溶连通性等，如思林坝址区 K_{31} 溶洞通过连通试验发现水下出口、猫跳河四级右岸发电洞进水口渗漏通道穿过坝基和帷幕延伸到左岸边 K_{11} 溶洞等，以及甲

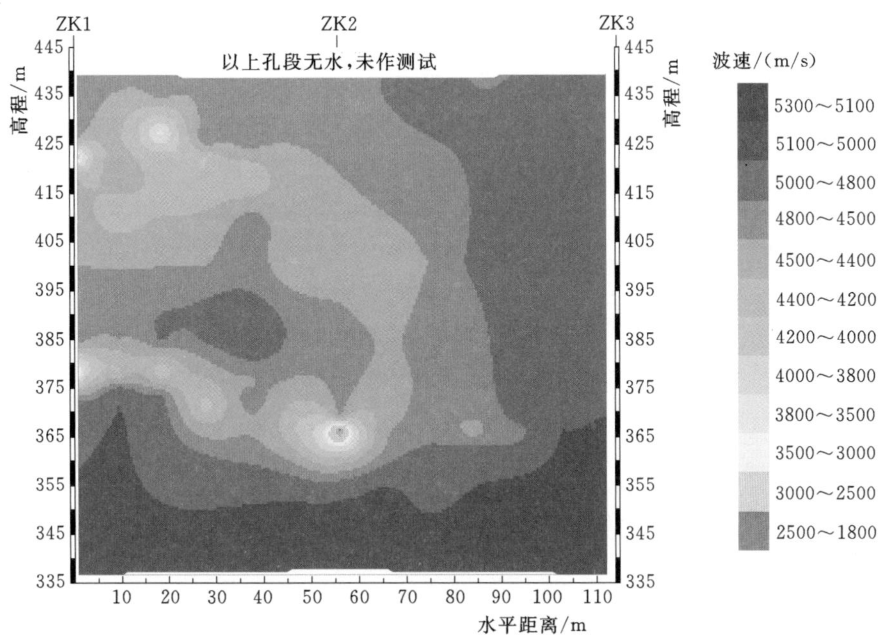

图 4.1-9 甲茶水电站伏流横剖面 ZK1—ZK3 孔间大功率声波透视（CT）成果图

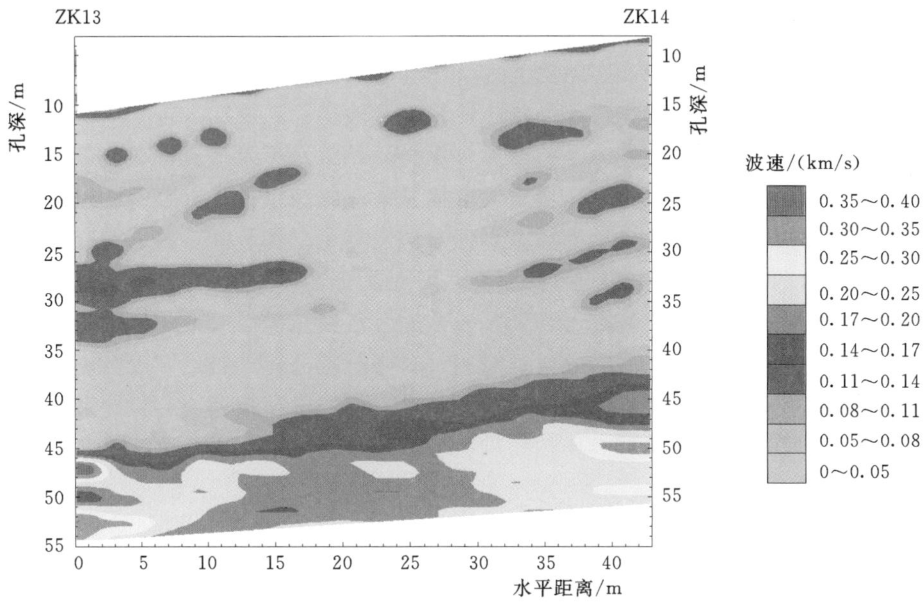

图 4.1-10 大花水水电站河床坝基声波透视（CT）测试成果示意图

茶古河床孔内深部岩溶洞穴连通试验等。

4.1.2.6 观测、试验

除钻孔水位、岩溶泉水流量观测、水质分析等与水库区相同外，早期在坝址区还可采用河床孔内地下水氚分析、化学离子含量分析对比水的流动性与溶洞性质等，现在应用较少。

如思林水电站前期勘察中对坝址河床ZK12孔地下水氚的分析测定成果为：高程323～123m地下水氚含量为10.43～1.47TU，河水氚含量为48.7TU，反映河床深部地下水与河水连通性不好，随深度增加地下水循环迅速减弱。判定永宁镇组（T_1yn）地层河床高程330m以下岩溶发育微弱。思林坝区ZK20不同深度地下水化学成分分析成果见表4.1-2，相应变化曲线如图4.1-11所示。

表4.1-2　思林坝区ZK20地下水化学成分随深度的变化

取样深度/m	主要离子含量/(mg/L)							总矿化度/(mg/L)	总硬度/(mg/L)	pH	游离CO_2/(mg/L)
	Cl^-	SO_4^{2-}	HCO_3^-	CO_3^{2-}	Ca^{2+}	Mg^{2+}	Na^++K^+				
50	6.0	75.44	286.79	0	72.75	27.24	13.11	481.33	16.46	7.7	13.2
100	6.0	78.48	257.50	0	64.13	27.36	13.11	446.58	15.28	7.7	13.2
150	6.50	109.30	262.39	0	62.12	25.54	35.88	501.73	14.58	7.7	13.2

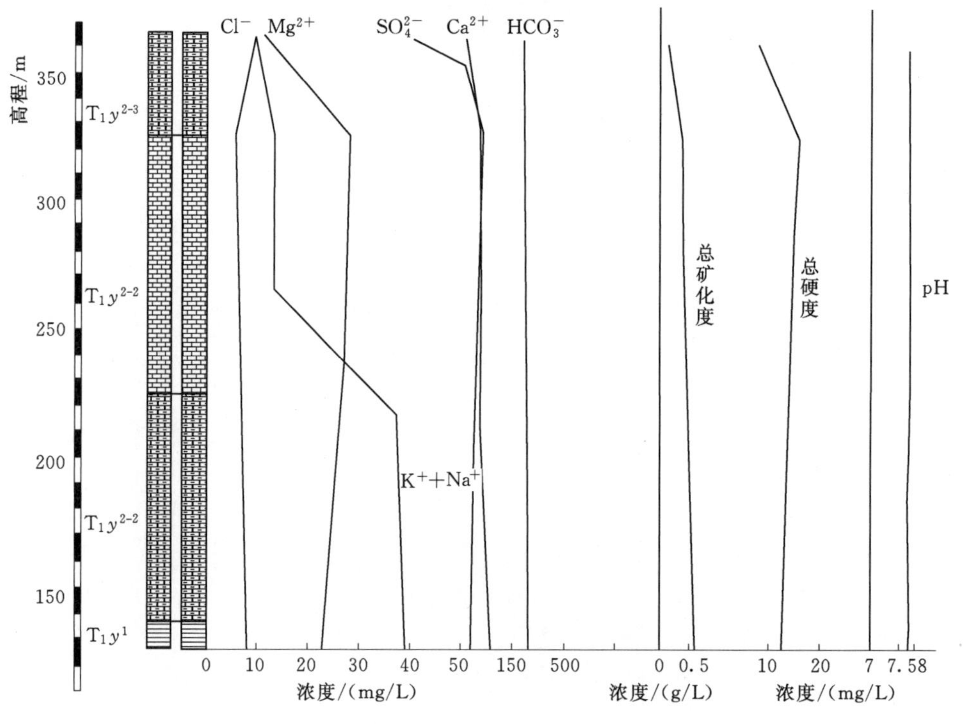

图4.1-11　思林坝址夜郎组地层河床ZK20孔地下水化学成分随深度变化曲线图

（孔口处化学成分是取河水的平均数值，钻孔中取样深度分别是50m、100m、150m）

由图4.1-11可见：以320m高程为界，以上Mg^{2+}、Ca^{2+}离子随深度增加而减小，以下随深度增加而增加。认为320m高程以上为地下水循环相对较强的地带，为弱风化带，与氚分析和物探孔间透视（CT）成果基本吻合，320m高程以下岩体深部岩溶发育微弱。

4.1.3　岩溶渗漏地质条件勘察

库坝区岩溶渗漏勘察可结合水库区岩溶水文地质结构，采用针对性综合勘察手段，当其岩溶水文地质条件极其复杂时，需开展岩溶水文地质专题勘察工作，通过加大勘察工作深度及精度专门论证，从而为成库条件论证提供技术支撑。如贵州东风水电站库首渗漏、索风营水电站库区渗漏、洪家渡库首右岸构造切口渗漏、甲茶库首渗漏，重庆刘家沟成库条件、中梁库区渗漏地段、四川广安龙滩水库等水电水利工程均进行了岩溶水文地质专题勘察论证，为项目推进提供了可靠的技术支撑。

4.1.3.1　地面低邻谷岩溶渗漏地质条件勘察

岩溶水库库区两岸低邻谷，包括同流域支流、溪沟和不同流域江河、溪沟，以及低邻洼地、槽谷等，可分为河谷、溪沟、槽谷洼地等地表低邻谷和伏流、暗河、管道等地下隐伏低邻谷两类。

1. 以岩溶水文地质调查与测绘为基础

通过库区、库首岩溶水文地质调查与测绘或综合地质测绘，查明低邻谷分布高程和分水岭地带地形地质、岩溶水文地质条件，包括分水岭地形宽厚程度、岩溶含水层、隔水层分布、构造切割条件、岩溶化程度、岩溶形态类型与规模、岩溶水系、泉水出流高程等。当分水岭宽厚，两侧有岩溶泉水、暗河出露，推测地下分水岭存在并高于水库正常蓄水位，或内部有隔水层分隔、阻挡渗漏等，排除了邻谷渗漏可能后则不再进行实物勘探。如普定水电站水库区与南岸北盘江、北岸六冲河邻谷间渗漏勘察，通过系统的岩溶水文地质调查与测绘，查明了河间地块的岩溶水文地质结构，两侧均存在高于水库正常蓄水位的地下分水岭，排除了水库向南岸北盘江、北岸六冲河邻谷渗漏的可能，不再进行实物勘探。

2. 岩溶水文地质调查测绘与物探结合

在岩溶水文地质调查与测绘基础上，采用物探方法对地下分水岭高程进行探测，来判断渗漏的可能。物探方法具有快速、简便的特点，主要采用对地下水和洞穴敏感的电法和 EH-4 法，但现场应能满足无电磁波干扰、地形和通行作业要求。

如甲茶水电站库首左岸发育斜穿分水岭岩溶槽谷，渗漏勘察采用了 EH-4 法。在 1 号岩溶槽谷内布置了 2 条 EH-4 法的测线。如图 4.1-12 中 4—4′测线反映岩溶槽谷底部溶蚀最深，发育下限高程在 550m 左右；W_{61}洼地中 5—5′测线剖面强岩溶发育下限高程为 680m 左右，地下水位会更低，存在渗漏可能性。后在它们之间的 W_{60}洼地布置 ZK14 号钻孔验证，孔口高程 714.26m，终孔稳定水位高程 556.26m，孔内见局部溶蚀裂隙发育，在高程 574.91～578.48m 和 580.98～582.26m 揭露洞高 2～4m、底部充填黄色黏泥的半充填型溶洞。说明采用物探探测岩溶发育下限和地下水位是有效的。

3. 岩溶水文地质调查测绘与钻探结合

通过钻孔揭示分水岭水文地质结构、地下水位及岩溶发育程度，判别邻谷范围和渗漏性质，是岩溶渗漏勘察的常用方法。如贵州盘县（今盘州）盘南火电厂配套的响水水库库区，右岸存在向下游支流低邻谷渗漏问题。在库内发育青鱼塘暗河，下游支流亦发育暗河（S_{37}），分水岭地带发育大型岩溶洼地、天窗，通过在洼地内布置 2 个水文地质钻孔查明地下水位高于水库正常蓄水位，排除了向下游低邻谷渗漏可能。

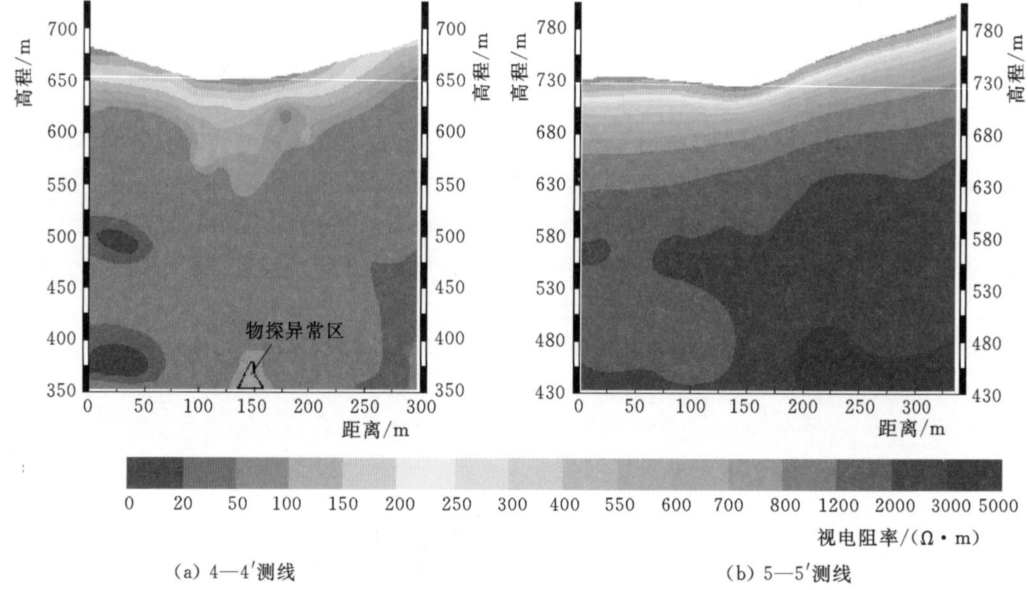

图 4.1-12 甲茶水电站库首左岸分水岭1号岩溶槽谷物探 EH-4 法探测成果图

重庆巫溪刘家沟水库与左岸冉家沟低邻谷渗漏勘察亦是采用岩溶水文地质调查测绘与钻探相结合。其水库左岸分水岭为背斜褶皱山，背斜向下游端倾伏，地形较宽厚，属二元水文地质结构，上部为强可溶岩，下部为非可溶岩，但背斜纵张、横张构造均发育，存在多条途径向邻谷渗漏，分水岭钻孔证实隔水层顶板和地下水位均高于水库正常蓄水位(448m)(图 4.1-13)，排除了此断面上游库段（第二渗漏带）向左岸小溪河邻谷渗漏的可能性。

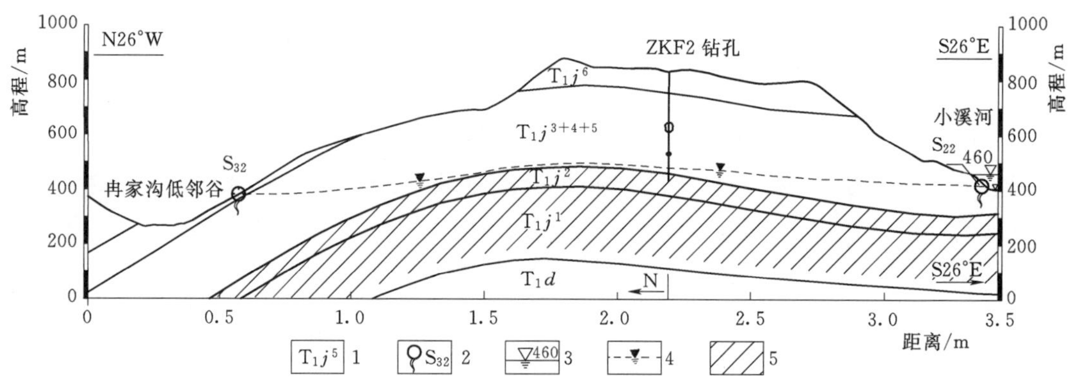

图 4.1-13 刘家沟水库左岸背斜山钻探揭示（第二渗漏带）水文地质剖面示意图

1—地层代号；2—泉水及编号；3—设计蓄水位；4—推测地下水位线；5—弱岩溶含水相对隔水层

4. 综合勘探

综合勘探是指采用岩溶水文地质调查测绘、物探、钻探、平洞等相结合进行勘察。如索风营水库区左岸向下游野鸡河低邻谷渗漏问题勘察，采用了综合勘察技术。如图 4.1-14 所示，左岸假角山向斜（含 F_{45} 断层）可疑渗漏带的渗漏途径为 $S_{81}\rightarrow S_{70}$、$S_{78}\rightarrow S_{70}$、

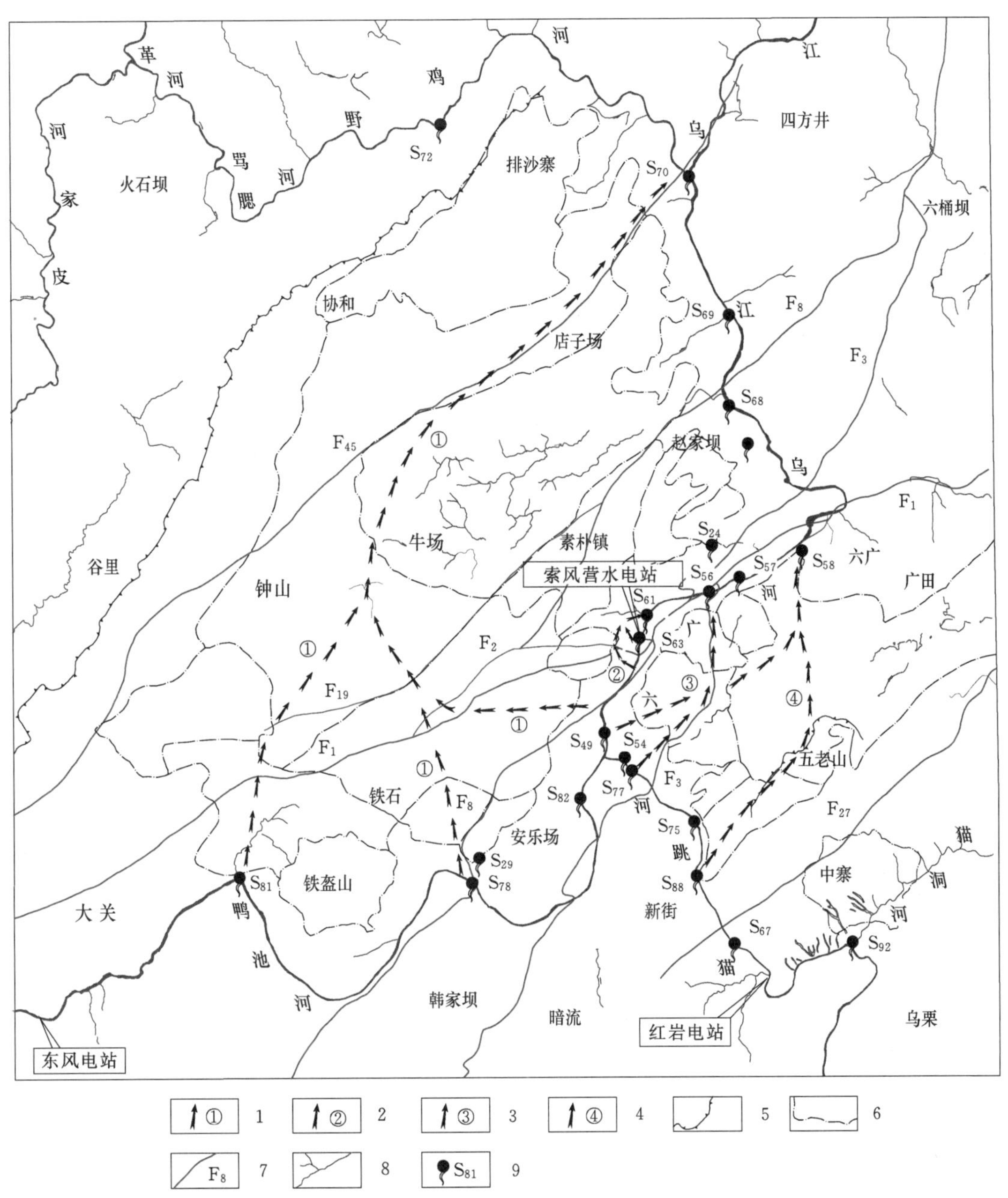

图 4.1-14　索风营水库区岩溶含水系统及可疑渗漏带划分示意图

1—左岸跨河间地块含水系统（假角山可疑渗漏带）；2—库首左岸含水系统（可疑渗漏带）；3—右岸大锅寨含水系统（可疑渗漏带）；4—右岸二叠系含水系统（可疑渗漏带）；5—地形分水岭；6—泉域；7—断层及编号；8—河流；9—泉点及编号

S_{60}→S_{70} 等 3 条。在分水岭构造渗漏切口地带布置了物探和钻探剖面，其中物探剖面 13 条，水文地质钻孔 4 个。物探 W1（图 4.1-15）、W2 测线剖面表明，S_{70} 岩溶管道源头在 S_{90} 分支系统潜入点以北 1km 地带高程 1020m 以上，高于水库正常蓄水位（837m）。钻孔

ZK20 地下水位 918.48m，ZK21 号孔地下水位 877.14m，至出口的平均地下水力坡降分别为 3.3%及 2.8%。位于 S_{60} 北部岩溶管道源头的 ZK22 钻孔地下水位为 955.7m，至 ZK21 的地下水水力坡降约 7.3%。渗漏途径上地下水位均高于水库正常蓄水位，排除了渗漏可能。

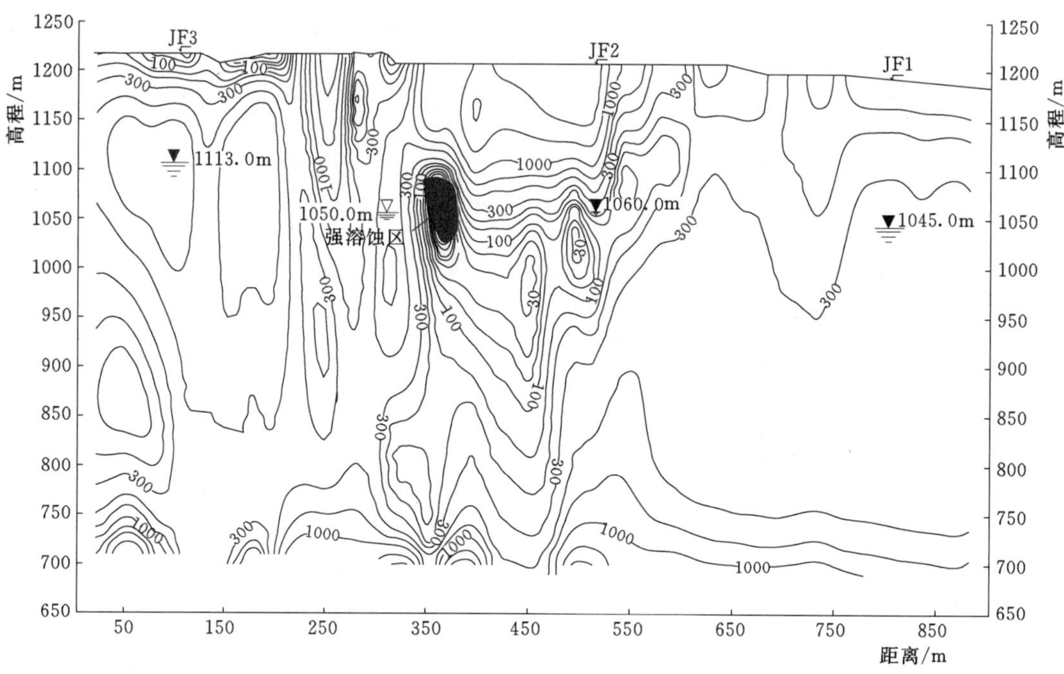

图 4.1-15　索风营库区左岸物探 W1 剖面图

安徽滁州琅琊山抽水蓄能电站上水库库区分水岭外侧低邻地形的岩溶渗漏勘察，开展了大量地质测绘（1∶1000）、岩溶水文地质测绘（1∶2000）、地质调查及钻孔、平洞、连通试验、施工平洞勘探、钻孔地下水位长期观测等工作，并对龙华寺左侧分水岭使用 EH-4 法连续电导率电磁成像探测地下岩溶渗漏通道、岩溶破碎带、地下水位与起伏情况；要求探测深度在 200m 范围，布置的 D—D、E—E 测线横跨地形分水岭，与 ZK26、ZK27、ZK289、ZK267 等勘探孔构成剖面，目的是查明孔间地下水位变化情况。探测表明，EH-4 法探测地下水位与钻孔地下水位接近，多低于钻孔水位，暴露了在直立产状岩体中钻孔地下水位的局限性。

4.1.3.2　地下隐伏低邻谷岩溶渗漏地质条件勘察

地下隐伏低邻谷主要是两岸地下水位或一岸地下水位低于建库河段常年河水位或水库正常蓄水位的现象。常见的地下隐伏低邻谷可分有明显渗漏入口暗河型、无明显渗漏入口暗河型、伏流型等 3 种情形。地下隐伏低邻谷岩溶渗漏地质条件勘察方法如下。

1. *以地质测绘与洞穴管道地质调查为主*

通过测绘查明水库与地下隐伏低邻谷之间的岩溶水文地质条件等，当存在明显隔水地质边界，与水库之间没有水力联系或水力联系弱，限制了库水的入渗不存在渗漏问题可不再做进一步实物勘探。

如猫跳河二级水电站库首右岸黄家山水库与库外牟老暗河隐伏低邻谷，牟老暗河长度在1km以上，与库岸之间发育翁车背斜和茶饭寨背斜。翁车背斜核部地层为三叠系下统大冶组，茶饭寨背斜核部地层为二叠系龙潭煤系地层，分别为弱可溶岩与非可溶岩，转折点高于水库正常蓄水位，评价认为库水不会向下游侧牟老暗河隐伏低邻谷渗漏。

又如引子渡水电站坝址左岸引子渡暗河隐伏低邻谷渗漏勘察。暗河顺层发育，在分水岭有地表水注入，出口在大坝下游600m河边，分上、下两层。通过连通试验和出口洞穴地质调查，查明引子渡暗河与大坝所处地层间分布有大冶组第一、第二层相对隔水层。隔水层倾向山内，隔断了暗河与水库的水力联系，无渗漏条件，尽管左岸暗河地下水位低于水库正常蓄水位，但两者之间无水力联系，水库蓄水后不会发生岩溶渗漏，因而未再布置钻孔等实物勘探，经蓄水检验无渗漏发生。

2. 综合勘探

当隐伏低邻谷渗漏岩溶水文地质条件复杂时，应采用多种勘探方法查明其渗漏边界条件、集中渗漏通道的位置与规模等，布置的勘探线尽可能与防渗线路基本一致。

普定坝址右岸坝肩F_{67}断层上盘P_K380（即距岸坡380m）隐伏岩溶管道水低邻谷渗漏勘察。管道直径1～5m，坝肩部位低于水库正常蓄水位13m，地下水位更低，发育地下水位低槽，存在渗漏的可能。施工期对此进行了专门补充渗漏勘察论证，主要通过地表地质复核，洞穴内地质追踪调查与地质编录、连通试验、物探、钻探、地下水位观测等综合手段，查明其出口在下游厂房河边。上游端库岸岩性为白云岩，透水性弱，因此最终仅用管道混凝土进行了封堵处理，取消了防渗帷幕。通过钻孔地下水位监测，发现渗漏与库水无相关关系，蓄水检验无渗漏。

重庆中梁水库库区右岸白马穴暗河地下隐伏邻谷渗漏勘察。其渗漏途径是从库区河床和岸边冲沟消水区向下游白马穴暗河渗漏，深部岩溶水文地质条件极其复杂，渗漏部位距离坝址区约5km。中国电建集团中南勘测设计研究院有限公司在岩溶渗漏专题勘察中以岩溶水文地质调查与测绘为基础，库内渗漏入口地带布置了垂直岩层的深平洞。在洞内再做洞穴追踪、钻探、地下水位观测、孔间物探透视、连通试验等勘探试验工作，还对场区做了温度场、化学场、地下水渗流场、水均衡分析等项研究。通过孔间电磁波透视探测到了岩溶洞穴分布和主要管道位置，结合暗河出口确定帷幕灌浆处理下限高程（等于出口高程或略高于出口高程）。帷幕灌浆施工中因局部地下水位仍无明显上升，曾降低帷幕下限，以致接近白马穴暗河出口高程，反映深部可能发育倒虹吸管道。

4.1.3.3　单薄分水岭（或低矮垭口）岩溶渗漏地质条件勘察

1. 以地表地质调查与测绘为基础

利用库区、库首岩溶水文地质测绘或单独专门岩溶地质测绘，排除渗漏可能后可不再进一步深入勘探。

如猫跳河一级库首左岸蚂蚁坟单薄分水岭渗漏勘察。其距坝址1.2km，水库正常蓄水位处山体厚度400m，二元水文地质结构，上部为老第三系砾岩，下部为三叠系白云质灰岩，白云质灰岩以30°～40°倾向库内。F_{34}断层贯穿分水岭并延向库外下游，断层带地表胶结较差，为黏土、块石充填，破碎带宽约0.5m，风化破碎。渗漏途径有：①沿三叠系白云质灰岩与砾岩的不整合面；②沿下部白云质灰岩中的断层带外渗。未进行实物勘探，主要基于以下原因：

(1) 库内侧冲沟顶部 S_{22} 泉点高程 1224.5m，仅低于正常蓄水位 15.5m，终年流量稳定，推测地下分水岭应高于水库正常蓄水位，即使低于水库正常蓄水位亦不会太多。

(2) 不整合面库内出露高程 1230m，低于正常蓄水位不足 10m，水头压力不大，库水渗漏面积仅 500m^2，渗漏量小。

(3) 白云质灰岩虽岩溶发育，但在蚂蚁坟一带出露面积不大，其顶底板有隔水层限制，能起一定隔水作用。

(4) 不整合面底部的泥质砂岩遇水后易崩解，但分水岭宽度达 400m 以上，不致产生机械管涌破坏形成渗漏通道。

(5) 采用卡明斯基公式估算渗漏量仅为 0.012m^3/s，即使渗漏也可黏土铺盖处理。

根据以上分析，认为猫跳河一级库首左岸蚂蚁坟单薄分水岭不会产生岩溶渗漏，经蓄水后验证，确无渗漏。可见，单薄分水岭内部地质结构和两侧地下水出露条件至关重要，当单薄分水岭或低矮垭口分布隔水层或弱透水层时，以及上、下游两侧有泉水出露时，说明有地下分水岭存在，当地下分水岭高于水库正常蓄水位时，一般不会发生渗漏；略低于水库正常蓄水位者，若经论证岩溶不发育或弱发育，一般亦不会产生渗漏，即使渗漏，亦易于处理。

2. 综合勘探

在岩溶水文地质调查与测绘基础上，利用物探、钻孔、平洞等点、线结合的综合勘探技术，查明岩溶渗漏条件。

早期猫跳河一级库首右岸的燕墩坡、水淹坝，猫跳河二级库首右岸黄家山，均采用测绘与物探、钻探结合进行勘察。当时的物探方法主要是电法，测线剖面与钻孔布置于可疑渗漏途径，按单孔或多孔剖面布置，互相验证。现今对单薄分水岭或低矮垭口已发展为综合勘探。如甲茶水电站伏流洞上部古河床垭口渗漏勘察，采用了平洞、钻探、物探等勘探。安徽琅琊山抽水蓄能电站上水库副坝低矮垭口地段，除在库内侧岸坡和分水岭沿线进行地表物探、钻探、岩溶洞穴掏挖外，地下利用平洞、溶洞追踪、连通试验等，查明岩体透水性、地下水位、岩溶化程度、岩溶洞穴分布与规模、充填物及性状等。

勘探前要宏观分析地下分水岭是否存在和大致位置，再采用物探、钻探、洞探等确定地下分水岭的高程；勘探布置主要集中在垭口附近，钻孔和物探按单点、单测线或网格状布置为宜。

4.1.3.4 河湾地块岩溶渗漏地质条件勘察

1. 走向谷河湾地块

坝址为走向谷时，多存在下游河湾地形，岩溶渗漏主要途径是沿层面和顺河向溶蚀性地质构造的渗漏。常见为单斜河湾、背斜河湾、向斜河湾。按其内部水文地质结构又细分单一含水层和多层含水层结构类型。

(1) 以岩溶水文地质调查与测绘为主。当为单斜层并有隔水边界的岩溶水文地质条件河湾地块时，主要查明隔水层顶、底板空间分布，以此作为隔水边界和防渗依托，再对可溶岩地层做进一步实物勘探。贵州大花水水电站库首右岸为走向谷与河湾地形，河流由南向北流，河床高程 755m，岩性为二叠系栖霞组、茅口组含燧石灰岩中等可溶岩，岩层以近 30°倾向河床，之下分布梁山和奥陶系砂页岩隔水层，如图 4.1-16 所示。库水主要沿横河向张性构造入渗和沿层面渗向下游。按前期勘察中测绘资料确定隔水层顶板并进行控制，确定渗漏范围。

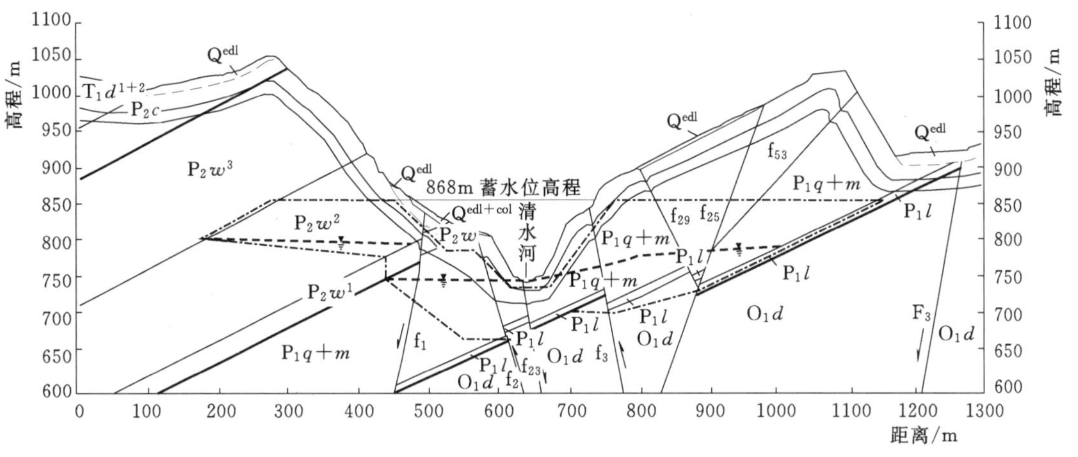

图 4.1-16　大花水水电站拱坝坝基防渗剖面示意图

猫跳河三级库首左岸河湾地块岩溶渗漏勘察。其左岸为背斜褶皱山分水岭，为多层互层状岩溶水文地质结构，岩层层次薄，岩性以白云岩为主，岩溶发育较弱，同时沿发育纵张断层，坝后河湾无泉水出露。河湾地形地质特点为：①河湾地形宽 1.8～2.4km，自然落差 25m，水库蓄水后总落差增大为 57m。河湾地块被 F_{20}、F_{21}、F_{22} 等大断层切割贯穿至下游，形成渗漏通道。②河湾地块主要由寒武系厚层、中厚层白云岩类组成，其间夹多层隔水层或相对隔水层，层间岩溶发育弱，岩溶现象主要发育在水库正常水位以上，且未见较大的岩溶管道；岩体透水性小，透水率小于 1Lu，泉水出露高程也多在正常蓄水位以上，推测河湾地块中心部位地下水位高于正常蓄水位。

河湾地形分水岭高程在 1300m 以上，分布白云岩，局部夹有页岩和泥质白云岩为隔水层或相对隔水层。岸边泉水大多高于库水位，按一般地下水力坡降（10%）推算，河湾地下分水岭高程在 1190m 以上，远高于库水位 1131m，故不会发生渗漏。前期勘察中通过分析后未进行实物勘探，经蓄水验证是可行的。

（2）岩溶水文地质调查测绘和钻探结合。对于无明显隔水层分布的走向河谷河湾，尤其当发育平行河谷的富水构造（褶皱、断层等）时，渗漏勘察需再用钻孔加以勘探，查明渗漏地质条件。

重庆刘家沟水库坝址左岸背斜山河湾，除利用测绘成果外，还依靠钻孔查明分水岭岩体岩溶发育程度和地下水位。重庆马岩洞坝址左岸亦为向斜褶皱山走向谷河湾，向斜平行河谷，核部富水，河湾为临空渗出条件，前期渗漏勘察布置 2 个分水岭钻孔，查明地下水位为 370m，略高于库水位 350m，但受施工影响不稳定。

2. 横（斜）向谷河湾地块

（1）岩溶水文地质调查测绘与钻孔相结合。横向或斜向谷岩溶河湾渗漏途径，一般为层面与顺河向断层组合。无论为单一或多层岩溶水文地质结构，通过岩溶水文地质调查测绘均难以确定边界条件。

如贵州三岔河金狮子水电站，坝、厂址均处于二叠系茅口组灰岩上，岩性质纯层厚，以厚层块状为主局部夹薄层中厚层；单斜构造，近于横向谷，倾下游倾角 32°～55°。库首右岸为河湾地形，岩溶渗漏只能通过钻孔确定分水岭高程和渗漏范围。

又如格里桥水电站坝址右岸河湾，岩层缓倾上游，在坝址下游分布长兴组、大隆组砂页岩隔水层，防渗帷幕总体向下游接防渗依托，但在分水岭附近存在顺河向断层纵向切割，需用钻孔查明隔水层顶板高程、地下水位及隔水层完整性。

（2）综合勘探。即采用多种勘探手段相结合进行横、斜向谷河湾岩溶渗漏勘察。如沙沱水电站库首左岸河湾渗漏勘察，采用了岩溶水文地质调查测绘、物探、钻探、连通试验等多种手段，查明大范围垂直沿河断裂带渗漏边界，如图 4.1-17 所示。在沿河县城下游 16km 处乌江流向由 N20°E 转为 N50°W，与马蹄河支流在左岸围成面积约 590km² 的巨型河湾地块和深沟子以下至崔家村小河湾地形。库水存在沿钟南断裂带及其 NW 盘可溶岩、沿河断裂带及其 NW 盘可溶岩向下游渗漏的可能性。其中，在钟南洼地布置 ZK116 孔进行地下水位观测，地下水位已高于水库正常蓄水位，排除库水沿钟南断裂带及其 NW 盘可溶岩向河湾下游渗漏可能；沿河断裂带呈 NNE 向纵切小河湾地块，断裂带下盘上升致使可溶岩地层 O_1t+h 抬升，形成渗漏切口，如图 4.1-18 所示。通过断裂带两侧 6 个水文孔勘探查明了渗漏构造切口范围，从而采用局部防渗帷幕成功进行封闭，经蓄水检验，防渗方案有效。这一工程实例也说明了关键部位必须采用可靠的钻孔水位确定渗漏与否。

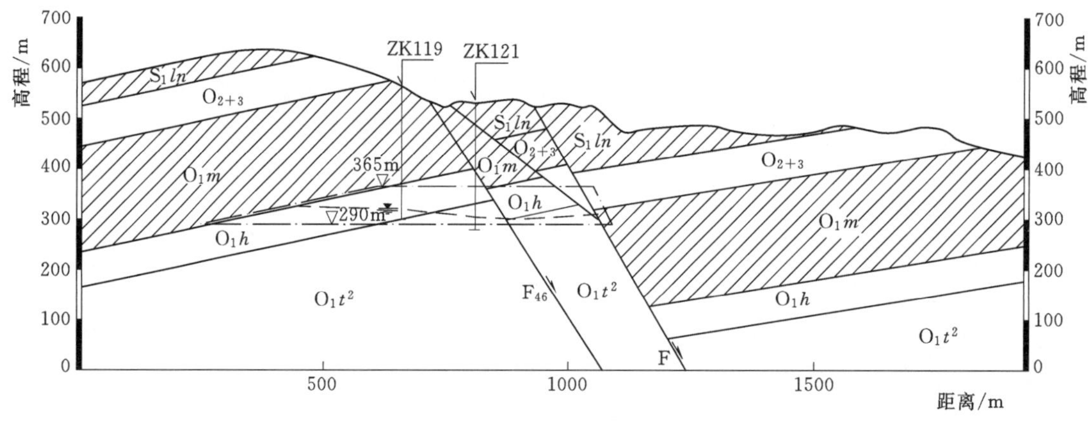

图 4.1-17 沙沱水电站库首左岸河湾垂直沿河断裂带渗漏分析剖面图

4.1.3.5 河间地块岩溶渗漏地质条件勘察

从实例工程看，河间地块岩溶渗漏主要发生于横向谷或斜向谷，走向谷中则很少。

1. 横向谷河间地块岩溶渗漏

（1）岩溶水文地质调查测绘与钻探相结合。库水沿层面向外渗漏，渗漏条件比较复杂，除地质测绘调查外需有钻孔勘探。

光照水电站库首右岸与光照小河河间地块岩溶渗漏勘察。由于坝址右岸下游存在光照小河，为查明渗漏条件，在河间地块地下分水岭布置了多个水文地质钻孔，了解岩体岩溶发育、岩溶化程度及透水率，进行地下水位观测。勘探表明，河间地块地下分水岭远高于

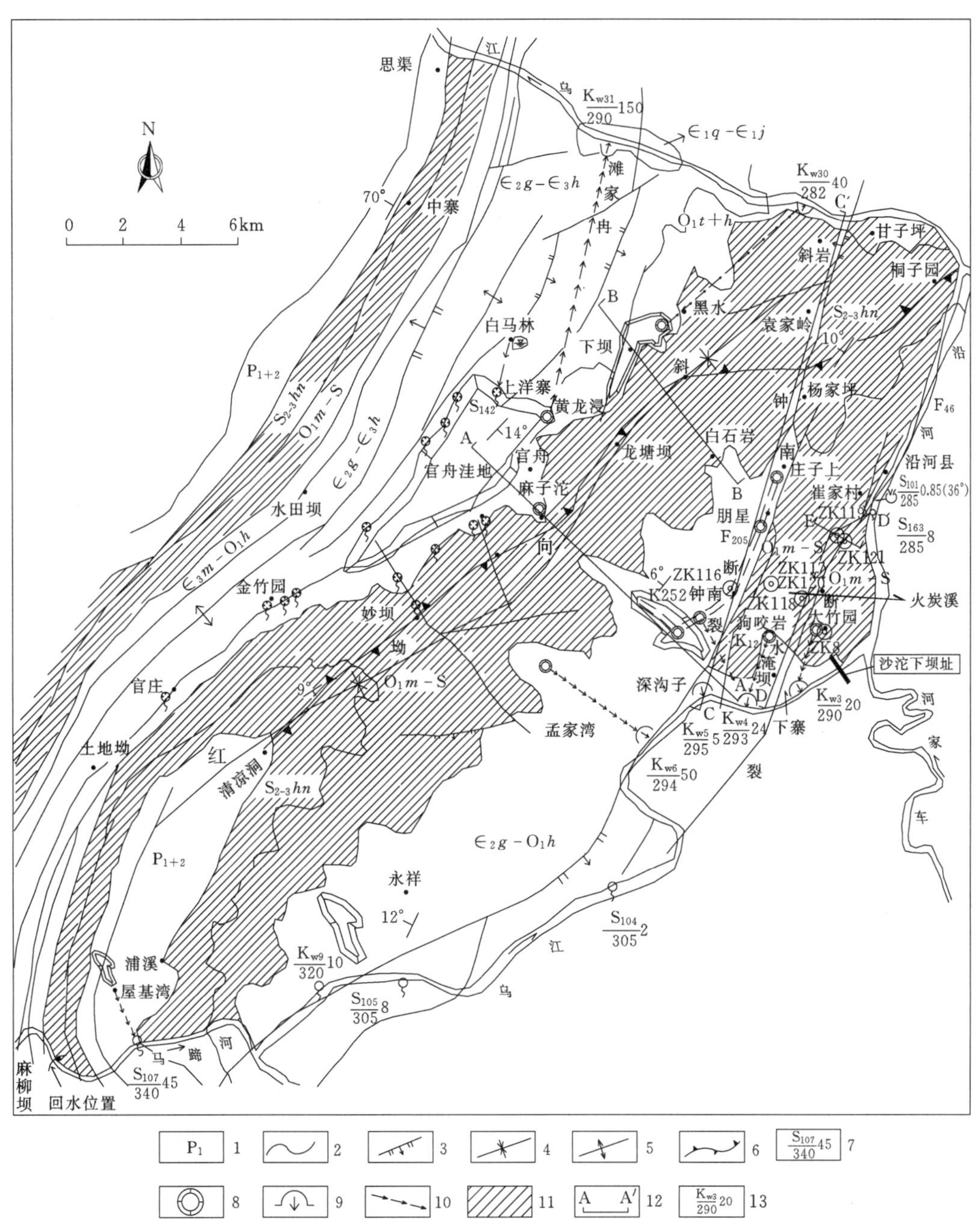

图4.1-18　沙沱水电站库首左岸河湾地块岩溶水文地质略图

1—地层符号；2—地层分界线；3—断层；4—向斜；5—背斜；6—地表分水岭；7—泉水；8—落水洞；9—出水溶洞；10—推测岩溶管道；11—隔水层；12—剖面线位置；13—出水溶洞及编号，下为高程（m），右为流量（L/s）

水库正常蓄水位，排除了河间地块渗漏可能。

（2）岩溶水文地质调查测绘及多种勘探手段结合勘察。河间地块受构造组合切割，两侧地下水均有出流，地形比较单薄，地下水分岭位置和高程需要综合勘察确定。如格里桥库首左岸与马路小河间，由于受下黄孔断裂等多条平行水库断层切割，形成多个构造切口，采用了测绘、物探、钻探等手段综合勘察，确定渗漏范围。

沙沱库首右岸与车家河河间地块岩溶水文地质情况，如图 4.1-19 所示，受构造切割影响，在河间地块乌江和车家河之间存在可疑渗漏带，采用了岩溶水文地质测绘、物探、钻探、连通试验、地下水位长期观测等综合勘察手段，排除了渗漏可能。考虑到河间地块单薄和构造切割因素，建议蓄水初期仍列为渗漏观察重点地段，蓄水后的观测结果验证了可行性研究阶段的勘察分析结论。

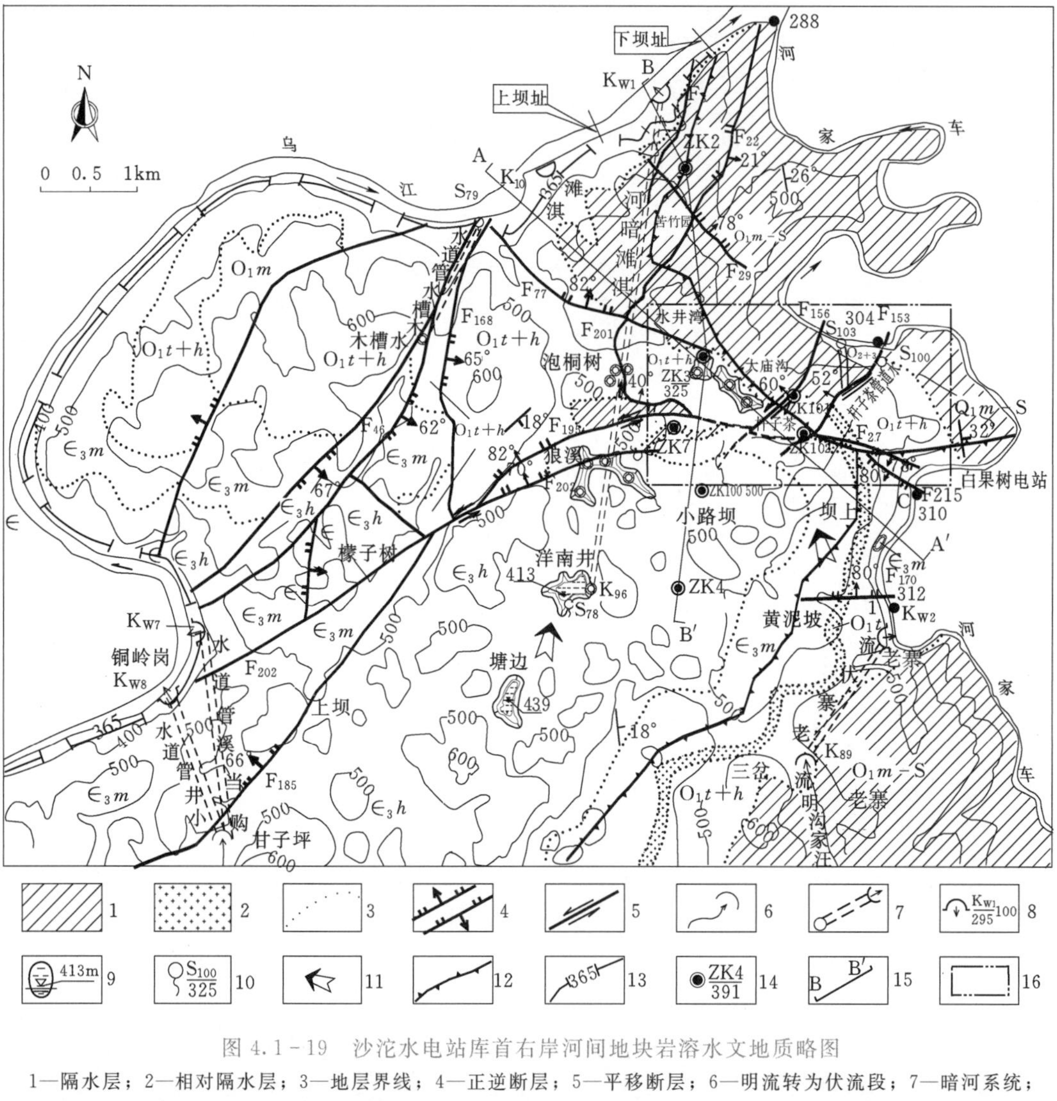

图 4.1-19　沙沱水电站库首右岸河间地块岩溶水文地质略图

1—隔水层；2—相对隔水层；3—地层界线；4—正逆断层；5—平移断层；6—明流转为伏流段；7—暗河系统；8—出水溶洞及编号，下为高程（m），右为流量（L/s）；9—岩溶湖（湖面高程）；10—泉水及编号；11—地下水流向；12—地表分水岭位置；13—正常蓄水位线；14—钻孔及编号，下为高程（m）；15—剖面线及编号；16—渗漏构造切口

2. 走向谷河间地块岩溶渗漏

河间地块岩层走向与库水渗漏方向基本一致，主要沿层面或层面和构造带渗漏，渗漏地质

条件普遍复杂，尤其有构造切割时更为复杂，需要岩溶水文地质调查测绘与多种勘探手段综合勘察。如引子渡水电站库首右岸河间地块岩溶渗漏勘察，应用了岩溶水文地质调查与测绘、钻探与压水试验、孔内连通试验、水质分析等综合勘察技术。

4.1.3.6 河间、河湾地块岩溶渗漏地质条件勘察

河间、河湾地块在地形上同时具有平行水库和下游的三侧临空条件，渗漏范围大，渗漏途径可沿层面和多个构造切割方向，岩溶水文地质条件复杂，勘察范围和难度比单一河湾地块或河间地块要大。

1. *走向谷河间河湾地块岩溶渗漏*

走向谷河间河湾地块，渗漏途径既有沿岩层走向层面、褶皱、断层，也可沿垂直岩层张性构造，地下分水岭形态复杂，需要岩溶水文地质测绘与钻探结合或多种勘探相结合进行综合勘察。

重庆巫溪刘家沟水库，库首左岸小溪河左转弯与其平行的冉家沟汇合，形成库首左岸河间河湾地块地形，尤其是河湾裂点落差大，岩溶渗漏条件复杂，对成库是关键勘察论证部位。采用了岩溶水文地质测绘与钻探结合进行勘察，其岩溶渗漏途径如图 4.1-20 所示。结合岩溶水文地质结构在分水岭部位布置 ZKF1 孔，揭示隔水层底界和分水岭地下水位。

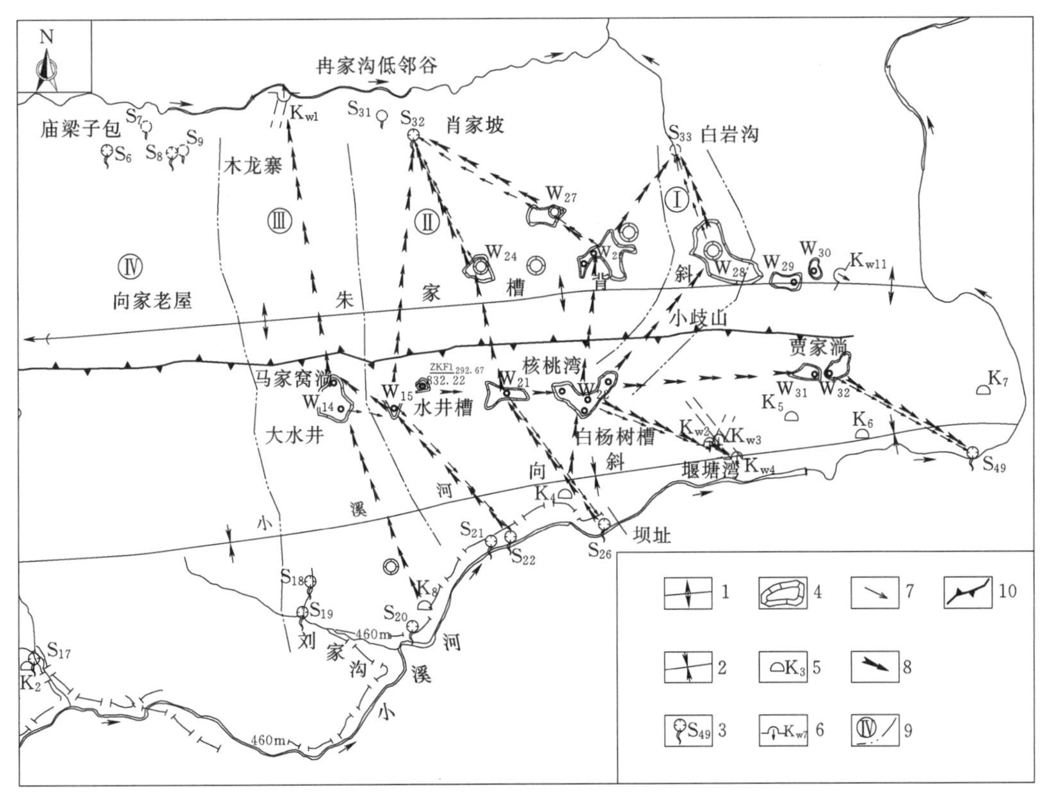

图 4.1-20　重庆巫溪刘家沟水库库首左岸河间河湾地块岩溶渗漏途径示意图

1—背斜；2—向斜；3—泉水及编号；4—岩溶洼地；5—溶洞及编号；6—出水溶洞及编号；7—推测地下水流向；8—可疑渗漏通道；9—可疑渗漏带编号及分区界线；10—地形分水岭界线

对于向坝后下游左岸河湾渗漏，则采用水文地质结构中隔水层位置、高程与暗河出口水位综合分析，未做钻探。受背斜核部 T_1j^{1+2} 的阻隔影响，在坝下游一带均具备渗漏条件，其集中通道呈放射状，有：①沿库首 S_{21}、S_{22}、S_{26}→水井槽→核桃湾→堰塘湾 K_{w4}；②沿库首 S_{21}、S_{22}、S_{26}→水井槽→核桃湾→贾家淌→S_{49}。

对于①渗漏带，K_{w4} 出口高程为 459m，水库建成蓄水至设计蓄水位 460m 后，不存在库水通过 S_{21}、S_{22}、S_{26} 岩溶管道向 K_{w4} 岩溶管道产生渗漏的可能性。位于坝址区最下游的 S_{49} 岩溶地下水系统，出口高程较低（330m），流量也较大，从其演变过程分析，早期出口位于 K_6 溶洞处，随着小溪河河床的下切，地下水揭穿 T_1j^{1+2} 相对隔水层，出口迁移至现在的位置，从其出露位置及左岸分水岭地形地貌分析判断，在核桃湾至贾家淌一带，可能有地下水位深槽存在，按 3%水力坡降反推至核桃湾一带，地下水位高程约 405m，水库蓄水后存在渗漏的可能性。为此，将坝址河轴线尽量上移，以减少向下游河湾的渗漏勘探范围和防渗工程量。

2. 横（斜）向谷河间河湾岩溶渗漏

横向谷河湾河间地块对沿层面渗漏有利，但若分水岭存在平行河谷断层等导水构造，则沿层面与断层组合渗漏会发生在坝后河湾，渗漏与否关键在于地下分水岭的高低，需要进行岩溶水文地质调查与测绘及钻探或综合勘探。

猫跳河六级红岩水电站左岸库首河间河湾地块岩溶渗漏勘察，采用库首岩溶水文地质测绘和钻探，但在试验性蓄水阶段发现左岸河间河湾地块下游河湾的岩溶小管道集中渗漏，反映了对下游河湾岩溶沿断层渗漏途径勘探的不足。

红岩水库库首左岸马鬃岭分水岭外侧有栽江沟-红岩沟切割，在坝线下游交汇于干流上，沟底低于库水位 5～25m，正常蓄水位 884m 处山体厚度 200m 左右。组成分水岭的岩性为三叠系下统永宁镇组上段（T_1yn^2）细晶白云岩，其中泥质、灰质白云岩、页岩，因构造关系，于高程 860m 以上夹于分水岭之中，垂直库岸厚 0～100m，平行库岸长 320m，因此对渗漏有一定阻隔作用。

F_{30} 断层及其支断层与分水岭近于平行，其产状为 N30°～40°E/NW∠70°～80°，即陡倾向库外，断距 50～100m，破碎带宽 0.2～0.5m，为铁钙质胶结角砾岩及糜棱岩，影响带宽 5～10m，使部分地段岩体透水性有所增强，但未发育大溶洞或管道贯穿，属裂隙性弱透水。坝肩分水岭钻探揭示，孔 7 内地下水位为 838.54m，仅略高于河床。栽江沟枯水期沟水以 3.27m³/s 流量（为冲沟总流量的 7%）经裂隙分散补给地下水。

1974 年 2 月，在两岸防渗帷幕工程进行很少的情况下，曾进行过试蓄水。当库水位达 854m 时，在左岸下游河湾（红岩沟）右侧出现 1 号集中漏水点，出口为一水平岩溶小管道，高程 854m，直径 0.5m 左右，分析与上游坝前的 S_{56} 泉水相连通，进、出口距离 280m，且渗漏量随库水位上升而增加，当库水位达 857m 时漏水量为 2.5L/s；当库水位达 871m 时漏水量增至 33L/s，渗流水力坡降 5.4%，按此预测到正常蓄水位 884m 时最大渗漏量可能达 95L/s。很明显 1 号漏水点属于岩溶管道渗漏性质，出口高出红岩沟底 8m 左右，形成孤立水流。后进行了补充勘察和处理，最终得以解决。

此例说明前期勘察中钻孔揭示地下分水岭极低甚至可忽略的结论是正确的，但对顺河向断层岩溶发育、地下水变化控制不够，还需利用钻孔或平洞勘探查明。

4.1.3.7 断层构造切口岩溶渗漏地质条件勘察

1. 单一构造切口

库区或库首主要沿可溶岩中构造破碎带渗漏，渗漏途径主要沿溶蚀断层带、破碎带及其内管道渗漏，勘察需要查明溶蚀破碎带的宽度与管道发育、分布等，岩溶水文地质条件复杂，多采用岩溶地质调查与测绘、物探、钻探、平洞等相结合的综合勘探技术。

如陕西汉中地区某水电站，库首河段为走向谷，右岸为强可溶岩地层，分水岭被一横河断层（F_1）切割，地形上形成垭口，断层风化溶蚀较破碎，库内侧出露小泉水，库外支流河边出露管道水，前期勘察将其列为库首渗漏重点可疑地段，进行了岩溶水文地质测绘、垭口布置钻孔；库内侧岸坡布置平洞勘探，查明了断层带宽度、错断性质、胶结程度、岩溶溶蚀情况，以及断层带地下水位、透水性等，认为存在渗漏问题，对构造切口做防渗处理。

贵州黔西沙坝河水库库首右岸林家垭口蓄水后的岩溶集中渗漏补充勘察。前期从沿林家垭口断层地表洼地、槽谷地形、钻孔揭示地下水位低于河水位等分析，认为存在岩溶渗漏缺口。水库蓄水后，在林家垭口 F_1 断层带发现4个渗漏点；S_{33}泉出露于骂腮河右岸河床，出口高程约910m，距林家垭口直线距离11km左右，出露地层为茅草铺组（T_1m^1）。S_{33}泉区间补给面积约45km^2。说明构造切口对岩溶管道发育和渗漏影响大，前期勘察中应加强分析和勘探控制，查明渗漏条件。

2. 河湾地块上构造切口

河湾地块中存在大断层切割时，渗漏途径除了一般河湾渗漏型式外，构造切口对渗漏起主导作用，除查明河湾渗漏条件外，还应重点查明其内构造切口的渗漏条件。

如沙沱水电站库首左岸河湾地块渗漏，受沿河断层切割影响，控制了地表溶蚀、风化槽谷的走向和地下水的流向，通过大范围岩溶地质测绘、地表岩溶调查、连通试验、钻孔、垭口下平洞勘探、物探、地下水位测试等，追踪查明了沿河断层带上的渗漏缺口和下限高程。又如蒙江冗各水电站库首左岸河湾受断层切割，为集中渗漏通道，贵州省水利水电勘测设计研究院开展了大量岩溶地质测绘、调查与物探、钻探、连通试验、水质分析等综合勘探论证。

3. 河间地块上构造切口

河间地块上构造切口岩溶渗漏，除结合河间地块地形地质勘察外，重点需对沿断层构造带渗漏进行勘察，采用综合性勘探技术。

如格里桥水电站库首左岸河间地块沿下黄孔断层构造切口渗漏勘察。库首左岸清水河与马路河河间地块被下黄孔断层（F_1）、F_6断层等切割形成切口，并在马路河右岸断层下盘发育S_{15}岩溶管道水（出口高程880m），可能形成集中渗漏通道，如图4.1-21所示。前期勘察在岩溶水文地质调查与测绘基础上，于马路河右岸 F_1 断层附近通过钻探和地下水位观测，发现地下水位高于水库正常蓄水位而排除渗漏可能。

4. 河间河湾地块上构造切口

河湾河间地形与断层构造等切口组合地形的岩溶渗漏途径不仅受临空地形、层面控制影响，还受断层、破碎带等溶蚀构造切口影响，并可能成为主要渗漏地带。要查明其渗漏岩溶水文地质条件，需采用岩溶地质测绘、调查与物探、钻探、平洞等综合勘察技术，由

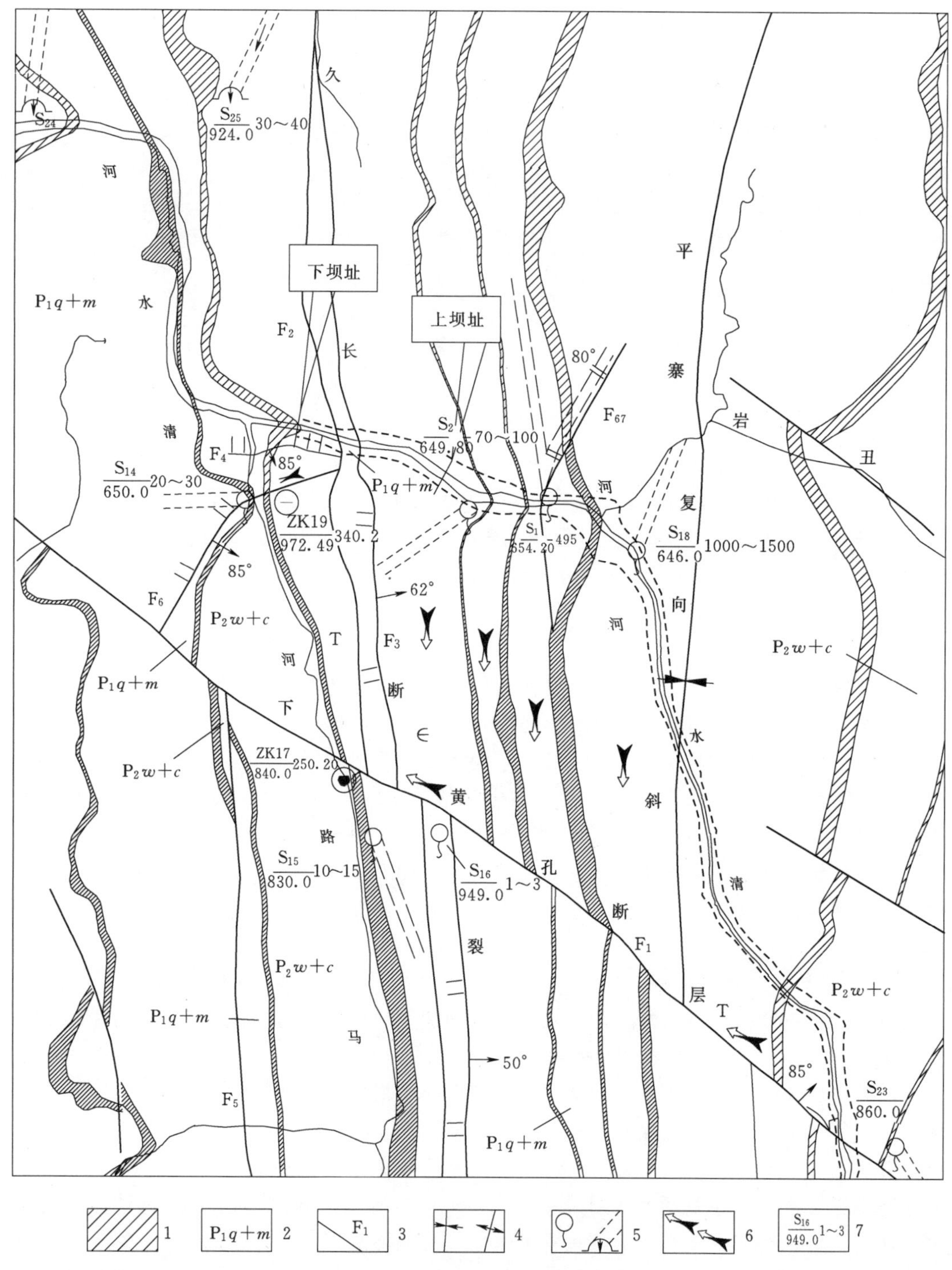

图 4.1-21　格里桥水库库首渗漏分析示意图

1—相对隔水层；2—含（透）水地层；3—断层及编号；4—向斜、背斜；5—泉水、推测岩溶管道；6—分析渗漏途径；7—泉水及编号，下为高程（m），右为流量（L/s）

于构造切口内岩溶洞穴、管道、暗河等的发育与边界变化复杂，施工阶段的先导勘察也是十分重要的。

如洪家渡水电站库首右岸构造切口渗漏勘察，可行性研究阶段进行了岩溶水文地质测绘、钻探、EH－4法测试等综合勘察工作，拟定在右岸构造切口进口设置防渗帷幕进行拦截，防渗面积9.4万m^2。施工阶段又通过灌浆廊道开挖编录和灌浆先导孔的补充勘探，进一步查明了构造切口处T_1yn^1、T_1yn^{3+4}地层的岩溶发育情况、岩溶化程度、岩溶发育下限、管道集中发育部位、地下水位高程及岩体的透水性等，结合钻孔CT透视、压水试验等，将防渗处理方案（在T_1yn^1、T_1yn^{3+4}地层中防渗）优化为灌浆施工只在可疑渗漏进口T_1yn^1地层中进行，同时防渗下限也相应抬高，使防渗帷幕面积从原设计9.4万m^2减少到2.41万m^2，大大节约了工程投资并缩短了工期。

4.1.3.8　库底与库周岩溶渗漏地质条件勘察

1. 局部库底岩溶渗漏

此种情况下，库盆局部落水洞、消水坑等成为集中渗漏点，附近还存在溶隙性渗漏，渗漏地质条件复杂，查明集中渗漏通道和渗漏范围需要采用综合勘探手段。

如团坡水电站的库坝区范围甚小，但坝前库底存在数个落水洞，河床孔内水位也略低于河水位，通过多种勘察技术查明其渗漏条件。该水库河段属中低山峡谷地形，两岸为灰岩陡壁，河流上游流向为S17°E，下游近EW向。该水库河段属峡谷河湾地形，河流深切，两岸发育3层溶洞：第一层在770～800m河床附近，第二层在870～900m陡壁上，第三层分布在930m宽谷台面附近。

分析认为，水库存在库底溶洞、落水洞等岩溶集中渗漏问题。针对库底岩溶渗漏问题，前期勘察主要技术如下。

（1）岩溶水文地质测绘与调查。与水库、坝址渗漏勘察时一并结合进行。其包含两岸平台以上地貌、岩溶现象，河谷阶地、岩溶洞穴分布、落水洞、消水坑、水平管道等，岩溶泉出口高程和流量。对较大岩溶洞穴进行追踪与编录。

（2）平洞与钻探。无论河心孔还是岸坡水文地质孔，考虑到河底消水坑现象可能存在河水补给地下水水动力条件，故钻进时要求每一循环后测量孔内水位并整理成曲线，从而发现岩溶发育孔段与渗透性变化；河心孔则要求分隔测量管内、管外地下水位，以便揭示地下水异常，管内地下水位低于管外时即反映河水补给地下水。

（3）物探。主要采用平洞地震波、孔内声波、孔间声波透视、地表电导率成像等探测方法，探测岩体完整性、岩溶发育及地下水位变化。

（4）连通试验。采用必要的示踪剂，开展库底、两岸岩溶管道水连通试验，查明各岩溶管道水出口、流速及上下层岩溶含水层水力联系；通过连通试验证实马平灰岩与茅口灰岩之间隔水层完整，无水力联系，为各自独立的地下岩溶水系统，从而找到水库左岸防渗帷幕依托地层和端点。

（5）岩矿鉴定与水质分析。对库坝区主要地层岩性进行取样磨片鉴定，尤其是隔水层岩性组成、层厚、总厚度等需详细测量，分析岩石可溶性或隔水性能。对河水、岩溶管道水、泉水进行水质分析，了解地下水的循环条件及河水与地下水的关系。

（6）地下水位和岩溶管道水流量长期观测。采用观测成果分析孔内地下水位高低与变幅、与降雨和河水位关系等。

2. 全库盆岩溶渗漏

岩溶洼地成库、悬托型抽水蓄能电站洼地-盆地型上水库等类型的水库，均可能存在面状、集中岩溶管道和裂隙性渗漏问题，其渗漏范围大，且以铅直向渗漏为主，需进行岩溶综合分析并查明库盆下地下水位埋深与渗漏排泄点、库底岩溶洞穴、漏斗等分布，以及覆盖层厚度、隐伏溶洞等，应采用多种勘探手段综合勘察。

贵州大树子抽水蓄能电站上水库前期勘察。其地下水位埋深最大低于库盆底近100m，且库盆表层分布残坡积层和发育串珠状落水洞、漏斗，集中消水渗漏点明显，存在库底岩溶渗漏问题。前期勘察主要采用岩溶水文地质调查与测绘、EH-4法、钻探等综合勘探手段查明覆盖层厚度、隐伏溶洞、落水洞深度、地下水位埋深、岩体透水性等。物探测线按网格状布置，间距为50～100m，钻孔深度为80～150m，沿洼地底部沟谷、漏斗、断层带布置。

3. 库周岩溶渗漏

无论部分库周或全库周渗漏，渗漏途径主要是沿岩层层面和地质构造向库外渗漏。渗漏勘察除岩溶水文地质测绘外，需采用均匀布置钻孔、物探等综合勘探手段，尤其对单薄地形垭口、构造溶蚀破碎带等薄弱部位需加密勘探。如琅琊山抽水蓄能电站上水库，库周存在大范围上部分水岭岩溶渗漏，也存在局部垭口无地下水位分水岭岩溶渗漏，除对库周采用岩溶水文地质调查与测绘、钻探、物探等综合勘探外，对局部无地下分水岭的副坝垭口地带还采用了平洞等进行勘探。

4.1.3.9　深岩溶渗漏地质条件勘察

深岩溶渗漏地质条件勘察指河床底部或平行河床方向的深岩溶渗漏勘察。

1. 河谷纵向倒虹吸岩溶管道渗漏

渗漏途径为深部岩溶管道及附近的溶蚀性裂隙。从实例工程所遇深岩溶渗漏情况发现：①前期勘察不易发现深岩溶渗漏性质；②集中渗漏管道多呈倒虹吸状，勘探深度控制不够。前期勘察除地表岩溶地质调查与测绘外，主要采用以下勘察方式。

(1) 利用钻孔与连通试验结合勘察。河床下或岸坡地下水位以下深部岩溶渗漏勘察，其目的是：①通过孔内地下水位的测定确定河水与地下水的补排关系，或岸边是否存在地下水位低槽带；②通过孔内揭示深岩溶洞穴充填性质；③通过孔内连通试验确定与下游河水或出露岩溶管道水、暗河的水力联系，连通即说明存在深岩溶渗漏通道。

贵州平塘甲茶水电站右岸古河床垭口的钻孔在低于伏流洞河水位50～165m深部揭示岩溶洞穴，经连通试验部分洞穴与伏流洞出口下游S_3泉群连通，分析存在深岩溶渗漏问题。

(2) 综合勘探手段勘察。猫跳河四级坝址河段，从窄巷口峡谷进口至坝址下游花鱼洞河道长仅1.7km，呈一向右岸凸出的河湾地形，其弦长1.2km，在两岸高程1060～1100m偶见阶地遗迹。坝址下游左岸发育方家山沟支流，其下游为伏流，出口为花鱼洞暗河。总体上，花鱼洞暗河为伏流、岩溶管道等形成的复杂的地下岩溶网络系统，并与上游库水导通，从而构成库首左岸的河间河湾地块与低邻谷渗漏地形，蓄水后渗漏严重。经多次补充勘察，发现库首及坝址存在3个纵向径流带：

1）右岸地下水纵向径流带。范围自右岸坝前及引水发电洞进口附近一带，经右坝肩及右岸防渗线向下游越过河床排泄至左岸 K_{11} 花鱼洞。洼槽中心水位为1036m左右，低于河水位16～17m，平均水力坡降3.8%。

2）左岸地下水纵向径流带。范围为自坝前一带经防渗线0＋000～0＋100向坝后左岸下游 K_{11} 花鱼洞排泄，洼槽中心水位为1037m左右，低于河水位15～16m，纵向水力坡降2.63%。

3）河床地下水纵向径流带。范围为自坝前一带经河床防渗线至下游向 K_{11} 花鱼洞排泄，P_1^2 地下水位为1035.07m，低于 P_1^3 水位3～10m，低于河水位19～25m，平均纵向水力坡降 P_1^3 为3.2%、P_1^2 为2.0%。

蓄水后的主要渗漏类型呈倒虹吸式。为查明此深部岩溶虹吸渗漏，采用了多种综合手段进行勘察：

1）库坝区岩溶水文地质测绘。比例尺为1：25000～1：1000。

2）岩溶水文地质调查。范围主要是地表与河岸、冲沟、伏流等进、出口地带。

3）地下岩溶溶洞追踪调查。对左岸 K_{18} 溶洞进行了洞内调查追踪、编录，比例尺1：200，查明其延伸方向、形态、规模、积水水位等要素。

4）连通试验。前期勘察阶段主要用于 FK_5、K_{18}、下坝伏流等。水库渗漏后则大量用于渗漏进出口查找等，示踪剂主要采用酸性大红。孔内连通试验，用以验证溶洞与地表出水点水力联系，判断溶蚀下限高程。

5）钻探。前期主要采用钻孔探测岩性分布、断层构造、溶蚀程度、洞穴、地下水位等，并进行孔内连通试验。对水位测试采取分层测量和分隔，发现了河床基岩地下水位低于河水位的重要问题。

6）物探。定检与放空检查则采用了当时先进的物探孔间CT透视，了解帷幕线上孔间岩溶发育情况和查找集中渗漏管道部位。

7）放空渗漏检查。鉴于水库库容小、库区岩溶水文地质条件复杂，渗漏后，通过放空发现了坝前数米淤积层和库区左岸溶洞入渗、右岸发电洞进水口渗漏点入渗漏斗等，并利用连通试验查找库水与渗水之间的水力联系，确定渗漏途径。

8）地下水位长期观测。通过帷幕线和上、下游地下水位长期观测，与库水位变化进行相关分析，查找渗漏通道的位置。

9）水质分析。采用水质分析，鉴别各地表、岩溶管道水、泉水、渗漏水流等的水力联系与水质特征，尤其发生渗漏后使用较多。早期还曾采用同位素——氚含量分析法，通过检测地下水氚含量确定库水渗漏途径，氚含量高说明库水渗入参与多，从而查明主要渗漏带或集中管道。

10）流场分析。开展了库坝区渗流场、温度场、电导率场、化学场等各种流场分析，尤其是温度场的分析，为成功查找集中渗漏通道并最终制定针对性处理措施打下了基础。

2. 河谷横向倒虹吸岩溶管道渗漏

河谷横向倒虹吸岩溶管道渗漏主要指垂直河流的跨河或向库外的渗漏，其渗漏途径主要为岩溶管道从渗漏后反演分析，河谷横向渗漏主要通过钻孔、物探孔间透视、孔内连通试验等查明。如猫跳河四级右岸坝前发电洞进水口渗漏漏斗，经连通试验证实漏向坝后左

岸下游 K_{11} 花鱼洞出口，横跨了河流，早期坝址勘察如在钻孔内进行孔内连通试验是可以发现的。

4.1.3.10 绕坝岩溶渗漏地质条件勘察

1. 坝基（肩）有隔水层分布

（1）当坝基（肩）下方或岸坡分布隔水层时，绕坝基（肩）岩溶渗漏范围明确，渗漏勘察主要查明隔水层顶（底）产状和以上（以外）可溶岩岩溶发育程度与强溶蚀带、地下水位、地下岩溶洞穴分布与规模等。常以库首岩溶水文地质测绘和坝址岩溶水文地质测绘成果为基础，采用钻探、物探、洞探等综合勘探手段查明。

光照水电站坝基和两岸分布飞仙关组（T_1f^{2-2}）和永宁镇组第二段（T_1yn^2）砂页岩隔水层，岩层倾向下游 50°～60°，在重点查明隔水层顶板位置基础上，结合对河床坝基可溶岩岩溶发育弱的特点，考虑隔水层埋藏深，河床坝基改悬挂帷幕，防渗线路岩溶渗漏勘察主要转向对可溶岩透水性和有无岩溶管道发育的勘察。

该电站大坝为高度超 200m 的碾压混凝土重力坝。飞仙关组隔水层之上 T_1yn^1 灰岩河段 12 个河心钻孔均未遇到溶洞，具有控制作用的 F_1 断层带内也未发现大的岩溶洞穴，物探孔间 CT 透视深部仅局部发育溶蚀破碎带及溶蚀裂隙密集带，且范围不大。故认为河床坝基为沿溶蚀裂隙性分散渗漏，可利用其作为防渗依托；右岸防渗线路向上游接飞仙关隔水层，岩溶不发育，左岸既可向上游接飞仙关隔水层，也可向下游接永宁镇组第二段（T_1yn^2），通过设计线路的勘察比选，最终选择帷幕端点接永宁镇组第二段（T_1yn^2），经水库蓄水检验无渗漏发生。

（2）当隔水层厚度不大或遭受构造破坏时，勘察范围和深度应加大，穿过隔水层对下部可溶岩透水性和岩溶发育程度等进行勘探查明。

东风水电站坝基和坝肩两岸分布九级滩（T_1y^3）紫红色页岩，岩层倾向上游偏左岸，倾角较平缓 15°～20°，钻孔揭示九级滩页岩铅直厚度为 37.43～46.00m，顶板在坝基河床以下高程 750～760m，右岸距右坝肩 1km 处高程达 980m，连续分布，为良好隔水层。永宁镇组上、下段间夹有多层泥页岩，具有较好隔水性，钻孔揭示其上、下段地下水位各异。

河床 17 个钻孔中，仅孔 9 遇 1 个小溶洞，其余为集中在九级滩页岩顶、底部灰岩中的溶孔。从透水性分析，玉龙山灰岩在河床九级滩以下 20m 内，透水率 43.28Lu，属强透水带。河床玉龙山灰岩为承压含水层，水头 36.34～112.37m，高出河水面 0.04～0.31m，与河水位基本持平。前期勘察分析认为，库水在高压水头作用下，沿 F_7 断层与玉龙山灰岩靠近九级滩页岩底板部位的较严重渗漏带可能产生管涌甚至破坏，防渗帷幕设置应穿过九级滩页岩伸入玉龙山灰岩中。

2. 坝基无隔水层分布

当河床坝基与两岸均无隔水层分布时，除查明坝基（肩）岩体地下水位、岩溶发育程度、溶蚀破碎带、洞穴分布、岩体透水率外，还需加大勘探深度寻找弱岩溶地层作相对隔水层，并以之作为防渗依托或边界，故主要采用钻探、物探、平洞为主的综合勘探技术。

如普定水电站坝基岩性为安顺组（T_1a）下段中厚层、厚层夹薄层白云岩、灰岩，岩溶发育弱，在前期勘察中主要采用钻孔、平洞勘探。在坝址区的54个钻孔中，遇溶洞孔6个，仅占11.11%。依据钻孔透水率和平洞确定坝基防渗下限，但左坝肩由于地形陡峻，前期勘探少，对地下水位变化和表层岩体风化溶蚀带控制不够，导致施工阶段帷幕线延长，说明须有合理的孔数和孔距才能探明地下水位和相对隔水层分布。

思林水电站坝址渗漏勘察，其坝基岩性、构造切割、岩溶孔洞发育，采用综合手段进行勘探。坝址区为多层岩溶水文地质结构，岩层陡倾上游达70°，两岸陡立、可溶岩地层分布和发育岩溶暗河、管道水等基本对称，两岸地下水低平带宽，河床深部局部有深岩溶洞穴发育，岩溶水文地质条件复杂。为查明渗漏地质条件，可以采用以下方法。

（1）按剖面布置钻孔，查明坝址河床及两岸各地层岩性、地质构造、岩溶发育程度、洞穴分布、岩溶地下水位、岩体透水率，并进行地下水取样、连通试验、水位观测及物探工作等。利用钻孔成果，综合分析坝址区河床岩溶发育下限、水化学和岩体透水率变化规律、深岩溶发育、隔水性等；河床附近两岸的岩溶发育及河流纵横向展布特点、低平带宽度、地下水力坡降、地下水位变幅、岩体透水性特点等。

（2）采用物探综合测井、放射性测速、孔间电磁波（声波）透视（CT）、平洞间穿透、地质雷达、地震波穿透等，从数量上看是采用物探方法探测孔（洞）间岩溶发育与分布较多的工程。通过物探探测，结合其他手段揭示的岩溶现象，分析勘察范围内岩溶发育与分布特点，尤其是洞隙、破碎带、管道水等，以及河床水下深部岩溶发育情况。其可与钻孔成果形成河流纵横向全探测剖面，展示岩溶管道系统、集中发育地段及变化趋势。

（3）水质及水化学分析等试验。其包括水化学成分分析、氚分析等，利用分析成果，总结两岸及地下水化学成分分布特点，揭示地下水活动性能与岩溶作用强弱，并分析岩溶发育程度。通过水质分析，了解地表水与地下管道水、泉水的离子成分和水质类型、腐蚀性及补给地层成分，还可为岩溶管道水分布层位、化学成分、补给来源等地质分析提供资料。

3. 坝后存在河谷裂点

坝后存在明显跌坎、瀑布、急滩等河谷裂点的坝基岩溶渗漏勘察，主要通过钻探、物探、连通试验等揭示河床地下水位或分层地下水位变化，判断河床水动力类型、是否发育纵向岩溶管道，查明渗漏部位、渗漏性质和可疑排泄点。

如猫跳河三级水电站坝基河床存在坝后河谷裂点和纵向岩溶渗漏问题。坝址区坝前河床比降较小，但下游变陡，在坝址至修文河汇合口长800m河床中，水力坡降为7.5%，于修文河口形成深达14m的深潭，水面1086m，底部高程1072m，并在深潭附近形成上升泉，流量一般为1.0L/s，最大达1.14L/s。

坝址区出露寒武系中上统（$\in_{2+3}$）灰红色厚层、中厚层及薄层白云岩，中部夹燧石结核，总厚237m。岩层倾角平缓，仅为6°～10°。白云岩中夹有软弱夹层，上部夹层较少，向下部逐渐增多，其中在高程1131m以下有60层以上，占岩层分层厚度的7%～28%，岩体总体透水性和岩溶发育弱。坝址区河谷地质结构为典型走向河谷，河床无顺河向断层，但顺河向裂隙发育，对渗漏有利。另河床局部钻孔高程为1082～1084m，地下水位低于河水位6～8m，已适应下游河谷裂点，存在纵向岩溶渗漏问题。

施工期在厂基和坝基固结灌浆时，普遍发生掉钻现象，掉钻后孔内承压水呈黑色，略带油质，30～50min 后逐渐变为清水，应为河水纵向向下游排泄现象。河床防渗帷幕设计由单排改为双排，蓄水后库水从检查孔内冒出 7～9m，水位达 1103～1105m，流量为1～4L/min。1963 年又进行了第二排帷幕孔施工，方基本解决问题。

4.1.4 岩溶防渗线路地质条件勘察

目前，防渗处理的型式主要有垂直防渗和水平防渗两大类。选择何种型式为主的防渗方案及具体的防渗方案如何确定，是由其地质结构、岩溶水文地质条件及工程特点所决定的。垂直防渗一般应用于以水平渗漏通道为主的工程，水平防渗应用于以垂直渗漏通道为主的工程。对于补给型河谷，两岸地下水高于河水位但较为平缓，河床岩溶发育相对弱于两岸且发育深度较浅，岩溶渗漏通道集中于两岸且以水平向为主，多采用垂直防渗。对于排泄型和悬托型河谷，两岸地下水位低于河水位，岩溶渗漏通道不仅在两岸发育在河床也发育，垂直向岩溶渗漏通道发育，渗漏范围很大。一般要避免在此河段修坝蓄水，不可避免时水头较低的多采用水平防渗，水头较高的需水平防渗和垂直防渗相结合。因此，防渗线路的选择是在大的防渗方案（水平或垂直）确定后进行的。本节主要研究采用垂直防渗方案时的岩溶防渗线路地质条件勘察。

4.1.4.1 库区防渗处理线路拟定与比选

1. 库区

拟定库区岩溶防渗线路需考虑的地质因素有防渗边界条件、地表地形条件及施工条件等，选择具有可靠防渗依托、工程量少、防渗处理难度较小、便于施工的环境进行。基本方法是：当附近有隔水层分布时，首先考虑以隔水层作为防渗依托，其次是接地下水位分水岭或地下水位。对于单薄分水岭渗漏，一般选择地形分水岭，岩溶发育相对较弱，岩溶洞穴发育少而规模小，容易封闭处理。但对于构造切口岩溶渗漏，一般埋深大，需要对渗漏入口、中部、出口等部位进行比较，优选线路。

如东风水电站库首右岸防渗线路勘察共比较了 4 条线路（4 个方案）：上游鱼洞暗河出口的堵洞方案Ⅰ，面积 16.3 万 m^2；下游凉风洞中游关门方案Ⅱ，面积 22.2 万 m^2；中部接地下水位方案Ⅲ，基本垂直坝肩岸坡，面积 20.89 万 m^2；追索利用地下水总分水岭方案Ⅳ，面积 19.3 万 m^2。经初步比较认为方案Ⅰ、Ⅱ明显不足被剔除，进一步对方案Ⅲ、Ⅳ进行比较。

（1）方案Ⅲ存在的主要地质问题如下。

1）处于暗河的补给及中游径流区，地下水活动剧烈、岩溶十分发育，集中管道位置不明。暗河补给区包括大洞口洞、老虎洞至石膏洞与无名洞末端宽 600～700m 的地带，外源水补给的洞穴有大洞口洞、老虎洞及大水井落水洞。附近管道网络发育，钻孔遇洞多而大。暗河中游区，由无名洞至鱼洞竖井 5，宽约 900m，此区 W_{34} 岩溶管道、无名洞末端至扁洞口的暗河管道位置、高程都不明确。两次连通试验在鱼洞口均未发现示踪剂，表明扁洞口以下的鱼洞暗河下层管道位置不清晰。

2）线路布置问题。拟利用 970m 地下水等高线或沙堡湾页岩顶板 970m 等高线作帷幕的衔接端点，线路长 2720m，能否接地下水位 960m 或隔水层 960m 处以缩短长度？若接 960m 可缩短 160m，但端点下游 150m 即为大洞口洞末端，有流量 5～6L/s 的地下水向深处运移，难以达到端点以外岩体透水率小于5Lu的防渗标准，另外，在大洞口末端的影响下，绕帷幕端点以外是否有无管道渗漏，亦难判定。

若线路改从扁洞口下游通过，则位于暗河中游区中部，帷幕线的端点只能接沙堡湾页岩，接960m高程点，长度为3km，比原线路增加较多，且孔8在孔底处透水率为7.9Lu，表明相当多的地段防渗下限在830m以下，工程量显然不比原线路少。

3）重点防渗地段范围问题。大洞口洞、老虎洞、大水井扩水洞，是以单一管道还是多支管道汇集于无名洞末端，一时难于查明。其位置和W_{34}岩溶管道过防渗线位置，均按空间直线和管道交于防渗线上，各管道则分布于900m长的地段内。考虑这些管道周围岩体的岩溶化程度，透水性不会很快降低，同时还应考虑管道位置的变化，因此重点防渗地段应大于900m。

在桩号2+200～2+300尚有F_{27}等张性断层通过，桩号2+575下游150m有大洞口洞末端的存在，因而将重点防渗地段定于700～2700m，长度为2000m。

（2）方案Ⅳ存在的主要地质问题如下。

1）衔接端点问题。其衔接端点可能有两个：

a. 接地下水位970m。新27孔枯期水位960m，其与新26孔成2.74%坡降，推测至距新26孔1106m升至970m线，即为端点，此时帷幕线长3076m，面积28.71万m^2。

b. 接地下水位960m和透水率小于5Lu，基于钻孔揭示资料是可靠的。

（a）新26孔孔内水位经一个水文年观测，枯期最低水位为940.09m，汛期最高水位944.67m；新27孔6月初测得终孔稳定水位977.22m，7月初测得972.07m，为季节变化水位，据煤系地层覆盖区茅口灰岩钻孔水位变化规律分析，该孔水位不会低于960m。

（b）端点部位已插入龙潭煤系地层覆盖区250～500m，煤系地层厚100～130m，且端点已远离马鞍山落水洞950m，鱼洞暗河系统末端600m外，距新3孔1250m，距新11孔950m。即处于已知岩溶管道与地下水系之间的地带，岩溶不发育。如新27孔，穿过灰岩309.4m，未见掉钻，仅发育溶孔及微溶蚀裂隙。

（c）岩石不透水性。据压水试验，新27孔最大透水率为4.7Lu，平均0.7Lu；新26孔最大透水率为4.6Lu，平均1.77Lu，属微透水或极不透水岩石。

可见方案Ⅳ可接地下水位960m，线路缩短为2700m，较方案Ⅲ省去376m廊道和2.71万m^2的防渗面积。

2）F_1断层对防渗帷幕的影响。该断层在桩号1+310从970m以15°视倾角向新26孔方向倾斜。在桩号1+810交于高程850m过防渗线，其处理段长500m。据新7、新24、新25、新26等孔揭示，断层破碎带铅直厚度3.46～8.57m，真厚度1.73～4.28m，为灰岩角砾岩及糜棱岩，廊道通过时应注意稳定和支护。其透水性不大，新26孔断层带为0.2Lu，影响带0.3～5Lu，在900m高程以上，特别是离地表较近时有溶洞发育，但多充填黏土；以下则未发现溶洞，但有多个孔控制在防渗线上准确定位，列入重点处理地段内，处理方法一般灌浆即可，因为其上下分别有沙堡湾和九级滩隔水层。

3）重点防渗处理范围。

a. 桩号0+776～1+760段为永宁镇组灰岩区，透水性小，但渗漏会影响地下厂房安全，故列入坝厂防渗区，应全部防渗封闭。其中777～1380m段，九级滩下玉龙山灰岩埋藏较深，透水性小，如渗漏也对工程安全无影响，建议不作处理。

b. 桩号 1+735～3+335 段，将在大水井间歇性冲沟之下穿过，有经鸭池河背斜与倒转向斜，遇 F_1 等断层 6 条，横切鱼洞北东岔。为拦截鱼洞向凉风洞的直接渗漏，有必要作为重点防渗地段，全长约 1600m。

（3）推荐方案。综合各因素，推荐方案Ⅳ的防渗线路。其有利条件是：

1）利用了两暗河系统间地下分水岭地段岩溶发育深度浅的有利因素，同时避开了位置和规模不明的 W_{34} 管道以及大洞口洞、老虎洞、大水井落水洞等外生洞穴通向鱼洞系统的复杂岩溶管道。

2）施工避开了过境水流的影响，不受主体工程干扰，交通、通风条件等均较方案Ⅲ优越。

3）重点防渗处理方案比方案Ⅲ线路短，同时可利用高程 960～970m 的地下水位、岩石透水率小于 5Lu 的荒田坝地段作为防渗帷幕衔接端点，以缩短防渗线路、节省处理工程量。

（4）洪家渡水电站库首右岸构造切口防渗线路选择。勘察论证中对库首右岸构造切口防渗线路提出了 3 个防渗线路比较方案：

1）方案Ⅰ：进口拦截方案。在底纳河右岸 T_1yn^1 及 T_1yn^{3+4} 含水层中设置防渗帷幕线。防渗范围以高程 1010m 作为下限，上游侧与 T_2g^1 隔水层底板相接，下游侧与 T_1y^3 隔水层顶板相接，防渗处理面积 9.4 万 m^2。

2）方案Ⅱ：出口拦截方案。在坝址下游右岸 T_1y^2 含水层中设置防渗帷幕，使地下水位壅高，防渗范围以高程 1000m 为下限，上游侧与 T_1y^3 隔水层底板相接，下游侧与 T_1y^1 隔水层顶板相接，防渗处理面积 9.6 万 m^2。其中包含了 K_{40} 溶洞管道集中渗漏处理。

3）方案Ⅲ：中间拦截方案。在分水岭地带构造切口通过地段（高家坝）设置防渗帷幕，防渗范围以高程 1040m 为限，上游侧接 F_5 断层上盘 T_1y^3 隔水层底板，下游侧接 F_5 断层下盘 T_1y^3 隔水层顶板，防渗处理面积 2.0 万 m^2。

经比较，方案Ⅰ离冲沟较近，有利于施工，虽防渗处理面积较大，但防渗部位岩溶较弱，无大的溶洞群发育，施工难度较小；方案Ⅱ离河岸近，且靠近大坝施工区，施工方便，但防渗处理面积大，岩溶发育强烈和存在 K_{40} 溶洞，施工难度大；方案Ⅲ虽防渗面积小，但其防渗部位远离库岸，所需交通洞长达 1.9km，施工条件差，工期长且发育规模较大的溶洞、落水洞等，还存在 F_5 断层破碎带及影响带，成幕较困难，施工难度大。通过比较最终选定方案Ⅰ——进口拦截方案。

2. 库周和库底

库周岩溶渗漏主要出现在盆地、洼地、岩溶槽谷等部位，防渗线路主要沿水库正常蓄水位库边线和地下分水岭拟订和比较，多选择沿水边线方案，对防渗帷幕施工有利。如琅琊山抽水蓄能电站上水库即是如此。

库底渗漏防渗方案拟订相对复杂，个别零星落水洞、漏斗集中渗漏，采取进口封堵、下游防渗帷幕拦截的处理方案，如团坡水电站，对库内落水洞采取混凝土塞处理，下游坝区采取防渗帷幕处理。对成片和大范围以上库底岩溶渗漏，多采用铺盖处理。

4.1.4.2　坝址区防渗线路拟订与比选

1. 补给型河谷

（1）有隔水层分布。当坝区附近有隔水层分布时，坝基（肩）防渗帷幕线路的拟订尽可能利用隔水层作为防渗依托，形成接触式帷幕。由此，坝区防渗帷幕布置具有多种型式：走向谷多选择对称直线型布置；横向谷则形式有对称的，也有非对称的，包括直线型、折线型、前翼型、后翼型、S型、自由型等。

如猫跳河三级、大花水等走向谷，防渗帷幕都以“直线型”布置接至隔水层上。

光照水电站坝址为横向谷，防渗帷幕线拟订和选择时，拟订了多条线路比较，最终呈不对称布置。坝前飞仙关组砂页岩隔水层，坝后分布有永宁镇组第二段（T_1yn^2）泥岩、泥灰岩等隔水层，总体倾向下游，中等倾角，两岸防渗帷幕端头可接飞仙关组（T_1f^{2-2}）隔水层，还可接永宁镇组第二段（T_1yn^2），防渗均可靠。经勘察比较，右岸坝后需穿过两条断层，规模大，其内发育岩溶管道水和洞穴，施工处理难度较大，选择向上游接飞仙关组隔水层；左岸坝前沿飞仙关组顶部发育岩溶管道，选择向下游接永宁镇组第二段（T_1yn^2），防渗线布置防渗总面积近13万m^2。

再如贵州金狮子水电站为横向谷，最大坝高66m，坝基（肩）位于茅口灰岩上，防渗帷幕呈“基”字形布置，右岸向上游接梁山组砂页岩，左岸向下游接玄武岩相对隔水层，因防渗帷幕线太长（1300m）、面积大（超过6万m^2），两岸均采取分期实施的办法处理，一期两岸共实施340m，面积2.8万m^2，但蓄水后两岸均出现一定渗漏，渗漏量约0.18m^3/s，占河流多年平均流量的0.5%，属允许范围。

索风营水电站左坝肩与库首防渗线路相结合。左坝肩防渗线路方案一为沿含水层接高于库水位的地下水位，方案二为横截含水层向上游或下游接隔水层。方案一立足于详细查明各岩溶管道分布情况及地下水位的条件下，根据地下水等水位线图，针对地下水位低槽带岩溶管道进行拦截，需要足够的勘探资料作为依据；方案二反接坝址下游的P_2l煤系地层，该地层连续可靠，为库首左岸稳定可靠的隔水边界，最终选择方案二。库首绕渗带防渗线路长约1300m，防渗面积为18.4万m^2，经处理至2020年运行良好。

（2）无隔水层分布。当坝址附近无隔水层分布时，坝基（肩）防渗帷幕线路的拟订和选择主要考虑接地下水位或弱岩溶化岩体，形成悬挂式帷幕。除存在构造切割、坝肩分布地下水位低槽谷外，一般采取直线型布置，线路比选条件有限，多为一条防渗线路方案或微调比选。如猫跳河一级、二级和普定水电站等。其中猫跳河六级右岸坝肩岩体破碎，为保护拱坝右坝肩而向下游偏转。

2. 排泄型河谷

防渗线路拟订方法的不同点主要在于防渗底界的确定，从实例工程来看，主要利用深部地下水位和岩体透水率来综合确定，而不能简单地以岩溶管道出口高程控制。如猫跳河四级、重庆中梁水库等，最终帷幕线处理下限都低于岩溶暗河管道出口高程。

4.1.4.3　防渗线路地质条件勘察

1. 利用已有地质调查与测绘成果，结合钻探、平洞勘探

早期完成勘察的水库工程均是在岩溶水文地质测绘或坝址工程地质测绘基础上，对库区防渗帷幕线上端点、转折点等按一定间距控制进行勘探，对坝址区的坝肩坝头和帷幕端点（隔水

层或地下分水岭、地下水水位)、转折点、断层溶蚀破碎带等，分别布置钻孔进行控制，查明沿线岩溶水文地质条件，尤其是沿线断层带、破碎带、褶皱构造核部等关键点的地下水位和透水性、岩溶发育程度等。防渗线水文地质勘探钻孔孔深要求达到河床高程以下。

猫跳河三级水电站坝址防渗帷幕勘察结合坝轴线布置钻孔，对左岸断层、河床断层、两岸地下水位进行勘探，钻孔需穿过断层带，揭示有无地下水位低槽和地下水位的总体变化趋势，探明总的防渗范围。

猫跳河四级窄巷口水电站在出现渗漏后进行了以左岸防渗帷幕线为重点的补充岩溶水文地质勘察，将勘探线端点外延至 F_{19} 断层东南头，如图 4.1-22 所示。通过钻探揭示沿线地下水位的变化和整个左岸河间河湾地块岩溶水文地质条件、地下水位洼槽分布、地下水总分水岭位置等，基本查明了防渗边界条件。

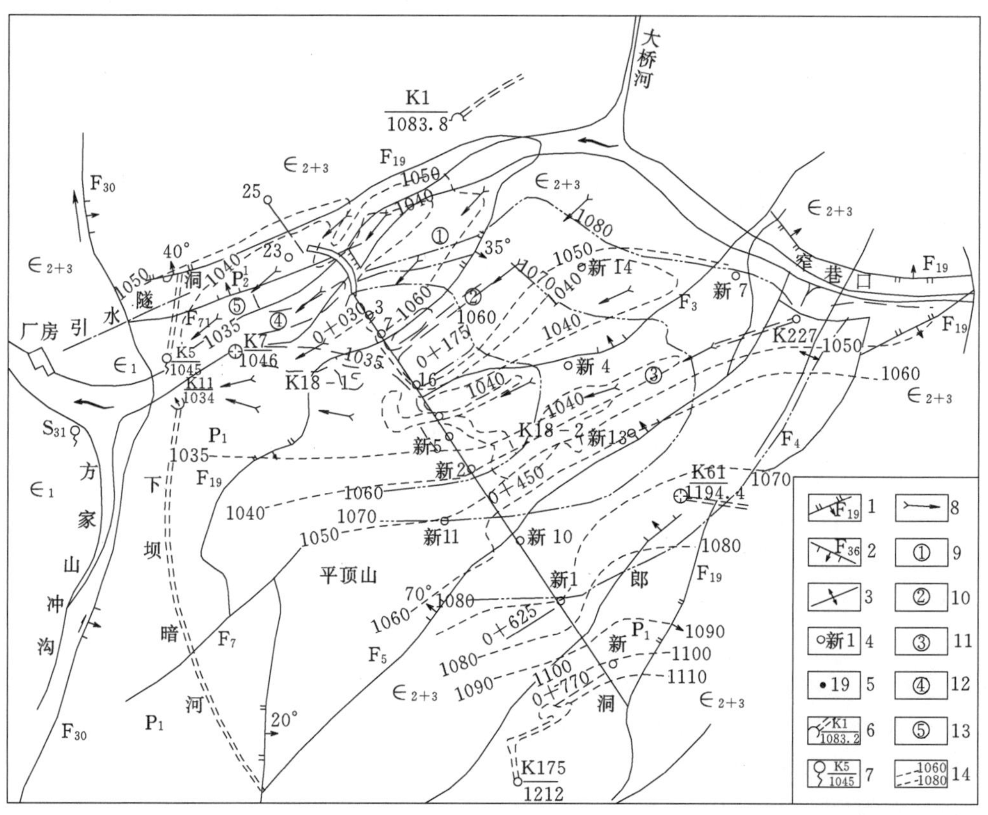

图 4.1-22 猫跳河四级水电站库首左岸防渗线路及勘探孔布置示意图

1—逆掩断层及编号；2—正断层及编号；3—背斜；4—地表钻孔及编号；5—平洞钻孔及编号；6—溶洞及编号，下为高程 (m)；7—泉水及编号，下为高程 (m)；8—蓄水前地下水流向；9～13—①②为左岸绕坝渗漏带，③为左岸库首渗漏带，④为河床纵向渗漏带，⑤为右岸绕坝渗漏带；14—蓄水前、后地下水位等值线

2. 综合勘察

在岩溶水文地质测绘基础上，采用地表物探、地下物探及钻孔、平洞等综合勘探查明防渗线路岩溶水文地质条件，为防渗范围的确定提供依据。

乌江思林水电站坝址两岸岩层陡立，属隔水层与岩溶透水层互层岩溶水文地质结构，两岸帷幕线布置端头均向上游接隔水层。前期勘察中采用了大量平洞、钻孔及物探孔间透视技术来查明防渗线地质条件。由于地下水位低平，岸边上部大部分孔段无地下水，物探勘探主要采用电磁波孔间CT透视技术，平洞采用分层布置，钻孔采用等间距，两岸均揭露不少溶隙、孔洞以及深岩溶洞穴，防渗处理存在一定难度。

索风营水电站左坝肩防渗线路的勘察，是在渗漏途径地质分析基础上对防渗线路进行综合勘察。

(1) 先对渗漏途径及边界条件进行地质分析。如图4.1-23所示，由于F_1、F_2、F_{13}

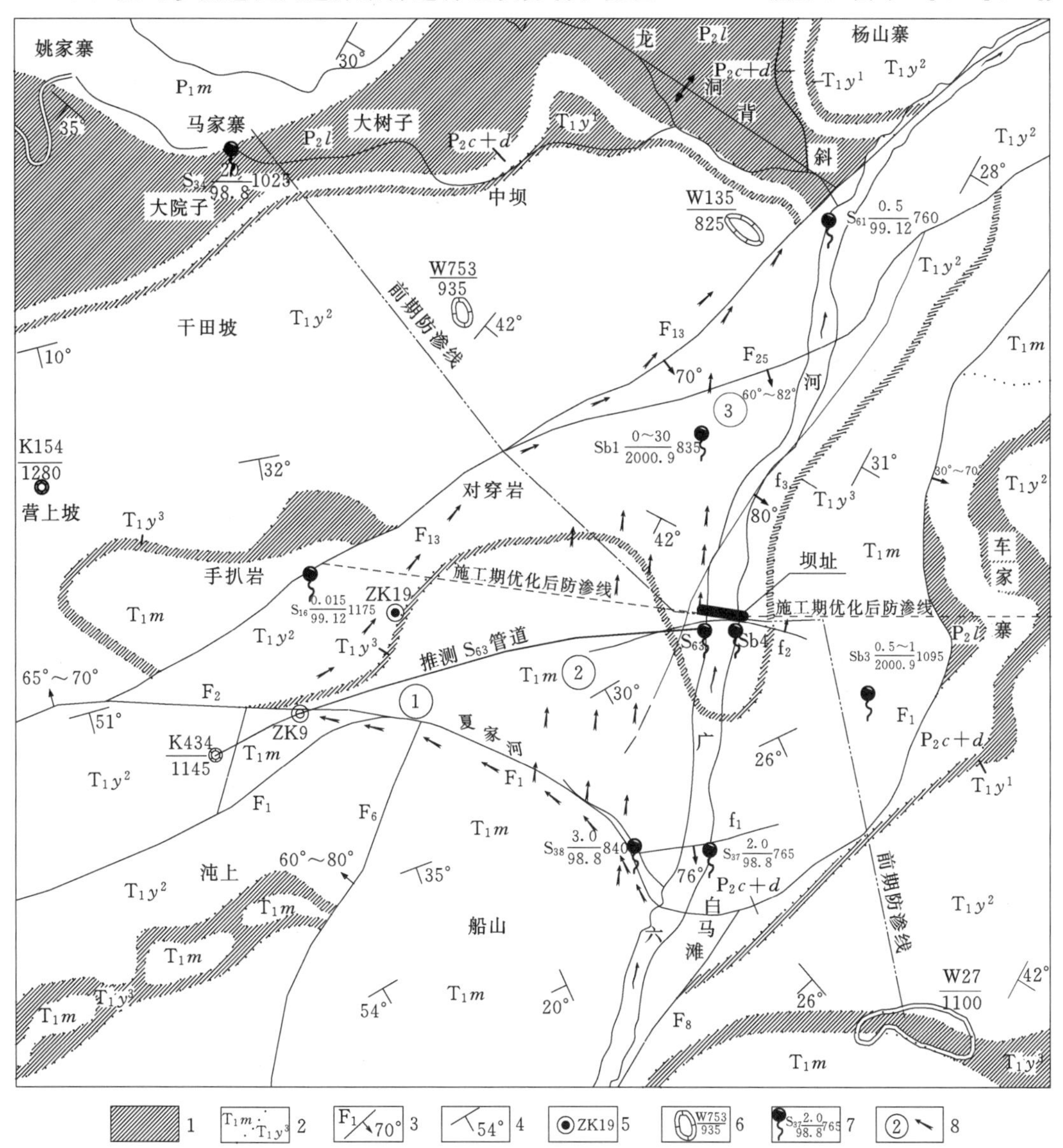

图4.1-23　索风营坝址区左岸库首地带渗漏途径平面示意图

1—隔水层；2—地层界线；3—断层及编号；4—岩层产状；5—钻孔及编号；6—岩溶洼地及编号，下为高程(m)；7—泉及编号，上为流量(L/s)，下为观测日期(年.月)，右为出露高程(m)；8—可能渗漏途径及编号

等断层切割，使 T_1m 和 T_1y^2 强岩溶含水层构成统一岩溶含水系统，发育了坝址左岸 S_{63} 及坝址下游河床 F_{13} 断层带 S_{61} 管道水。第一种渗漏途径是沿 F_1、F_2 及 F_{13} 断层带渗漏，第二种渗漏途径是由库首 T_1m 含水层通过 F_1 断层带绕过 T_1y^3 向下游的 T_1y^2 含水层渗漏，第三种渗漏途径则是沿 S_{63} 管道水系统向下游 S_{61} 系统的小范围绕坝渗漏。

（2）勘探布置及成果分析。对第一种渗漏途径在分水岭部位布置了 2 个钻孔，ZK9 孔位于 F_1、F_2 断层之间，开孔位于 T_1m 地层中；ZK19 孔位于 F_2 断层下盘，开孔位于 T_1y^2 中。在近岸第二、第三种渗漏途径上，分别布置了 ZK115、ZK121、ZK123、ZK125 等 4 个钻孔。

第一种渗漏途径上 ZK9 孔在 1053.15～1050.73m、1034.07～1031.94m、1024.3～1022.8m 等 3 个高程段遇溶洞，洞高均小于 3m。从强可溶岩茅草铺组 T_1m 地层中开孔，穿过九级滩 T_1y^3 隔水层，终孔于强可溶岩 T_1y^2 地层中，相应孔段岩溶发育均较弱。ZK19 孔全部位于 F_2 断层下盘地层强可溶岩 T_1y^2 中，在高程 927.84～926.84m 发现溶洞，其余孔段岩溶发育微弱。

1）孔内揭示岩溶发育特点。通过孔内连通试验证明以上两孔地下水均向位于坝前库内的管道水 S_{63} 排泄。

第二、第三种渗漏途径，ZK115 孔在高程 748～733m 共揭示 3 个溶洞，高度 0.50～3.07m，地下水位低平，通过 ZK115 孔、ZK123 孔、ZK121 物探电磁波 CT 透视，反映沿第三种渗漏途径在高程 740～800m 段岩溶相对发育，存在集中强渗漏区域。

2）地下水位动态。位于 S_{63} 岩溶管道水末端的 ZK9 孔的地下水位在 848m 左右，水力坡降 8.8%，略高于库水位；ZK19 孔地下水位为 933m，至 S_{63} 出口水力坡降达 20%。近岸地带 ZK115 等钻孔水位与河水位基本持平，且随河水位同步变化，处于河床附近地下水位地平带中。各孔钻进过程地下水位动态变化：ZK9 孔在钻进过程中地下水位无明显的变化，长期观测汛枯期水位变幅较小。分析认为 ZK9 孔水位仅代表补给区裂隙型地下水位，而非岩溶管道主管道水水位；ZK19 孔在高程 920m 以下岩溶不发育、岩体完整性较好，水位观测曲线及钻进过程中水位曲线均无明显的变化。综合测井资料反映，在地下水位附近 932～929m 孔段同位素法测试流速相对较快，判断为溶蚀裂隙发育段，929～897m 段地下水流速基本为零，高程 897m 以下岩体略具透水性，但总体上岩体完整性较好。因此判断该孔水位为完整岩体中的孤立水位；近岸 ZK115 等钻孔地下水位与注、压水试验及物探成果较吻合，且连通试验证明 ZK115 孔地下水排向 S_{63}，其地下水位代表了虹吸带岩溶管道地下水位。

（3）渗漏分析。左岸第一种渗漏途径，特别是其第二、第三种渗漏途径，处于峡谷岸坡部位地下水集中排泄区，岩溶发育深度较大，地下水位低平。根据 ZK115、ZK123 等钻孔揭示，岩溶发育深度可达高程 733m 左右。并且在高程 850～740m 的 110m 高差范围内岩溶相对发育的溶蚀带，钻孔内有掉钻现象，岩体透水率相对较高，溶蚀带一般在 10Lu 以上，且多数为注水段。

另据左岸平洞揭示，S_{63} 早期在高程 800m 附近具有多个出口，其中在 T_1y^2 地层中有 K_{10}、K_7 等，T_1m 地层中有 K_9 等，水库蓄水后存在多个库水倒灌岩溶通道。

此外 F_{13} 断层从左岸绕渗带延向下游河床，靠近断层及其分支断层 F_{25}，透水性较好。

坝前的 S_{63} 与坝后的 S_{61} 岩溶管道系统间无可靠的隔水边界；3 种可疑渗漏途径中，第二、第三种渗漏途径均处于地下水位低平带，上、下游间不具备高于库水位的地下分水岭；第一种渗漏途径的 ZK9 孔、ZK19 孔地下水位虽高于水库正常蓄水位，但分析岩溶水文地质结构不足以代表主要岩溶管道的地下水位。基于以上条件，结合该渗漏带距大坝近、渗径短、水头高等特点分析，认为存在左岸库首绕坝渗漏的条件和问题，进行了防渗处理。

贵州铜仁天生桥水电站库首两岸防渗线路勘察，采用了地表、地下物探和钻孔勘探相结合的综合勘探技术，先物探、后钻探，减少布孔的盲目性。所拟订防渗线路在沿线地表布置了 EH－4 和堵头附近孔间 CT 透视，为沿线岩溶发育程度、地下水位变化及岩溶发育分区变化提供了勘察资料。

重庆中梁水库区右岸地下隐伏暗河防渗线路勘察时，对防渗帷幕线先进行平洞勘探，再按一定间距布置钻孔，进行孔内声波测试、孔间电磁波透视等，查明沿线岩性、地质构造、地下水位、岩溶洞穴分布等，为防渗设计提供充分依据。

4.1.5　库坝区岩溶防渗范围确定

4.1.5.1　隔水层可靠性勘察

隔水层一般是作为岩溶水库防渗线路上首选的防渗依托，对其可靠性有较高的要求，在前期勘察中要详细查明其岩性组成、完整性、厚度、隔水性能、空间展布等。

猫跳河三级水电站坝基为由白云岩夹泥质白云岩所组成的多层含水层，其间有 5 个相对隔水层，厚度仅为 0.6～1.6m，勘探成果显示，隔水性能良好，形成承压含水层，仅在坝址左岸被 F_1、F_{10} 断层错开，破坏了含水层系统，但总体上具隔水性能，可利用作坝基帷幕的防渗依托。

1. 思林水电站

思林水电站在前期勘察中对坝址区夜郎组第一段（T_1y^1）和第二段底部（$T_1y^{2\text{-}1\text{-}1}$）联合隔水层的性能和可靠性进行了详细勘察论证。

（1）T_1y^1 层隔水性分析。现场岩性统计表明，T_1y^1 层总厚 7.7～10.4m，泥页岩占 30%～54%，泥灰岩或泥质灰岩占 70%～46%，展布连续。

勘探过程中当河床 ZK15 孔、ZK20 孔揭穿 T_1y^1 进入 P_2c 时，P_2c 承压水头达 236m（高程 347m）；左岸 ZK17 孔 P_2c 地下水位与 ZK7 孔 T_1y^2 地下水位差达 74m；上、下含水层 K_{30}（P_2c 中）、K_{31}（T_1y^2 中）岩溶管道水的离子含量、pH 都有较大差异。由此判断，T_1y^1 层虽然总厚度较薄，但隔水性是可靠的。

（2）$T_1y^{2\text{-}1\text{-}1}$ 层隔水性分析。$T_1y^{2\text{-}1\text{-}1}$ 层总厚 15～17m，以泥晶灰岩、泥质灰岩为主，并夹有泥页岩（5%左右）。沿 $T_1y^{2\text{-}1}$ 与 T_1y^1 界面附近布置的 ZK59 等 10 个钻孔查明：$T_1y^{2\text{-}1\text{-}1}$ 层透水率小于 1Lu；左岸 ZK45～ZK59 孔 $T_1y^{2\text{-}1\text{-}1}$ 地下水位由高程 380m 上升至 465m，透水率小于 1Lu，右岸同层位 $T_1y^{2\text{-}1\text{-}1}$ ZK72～ZK82 孔，地下水位由高程 368m 上升至 410m，透水率小于 1Lu。

据上述钻孔孔间透视（CT）剖面，ZK72 孔附近 $T_1y^{2\text{-}1\text{-}1}$ 层有的齿状异常带，由高程 445m 向下延伸至 360m 左右，推测该异常与卸荷裂隙有关，进入 $T_1y^{2\text{-}1\text{-}2}$ 层与岩溶有关。

此外，其他地段岩溶发育甚为微弱，故认为 T_1y^{2-1-1} 薄层泥晶灰岩、泥质灰岩夹页岩透水性和岩溶化程度均甚为微弱，在坝基防渗中可作相对隔水层加以利用。T_1y^{2-1-1} 层与 T_1y^1 层联合总厚度 27m 左右，作为大坝两岸防渗依托是可靠的，但端头宜尽量向山内延伸，避开卸荷风化带影响。

2. 重庆中梁水库

重庆中梁水库库区岩溶渗漏勘察也涉及隔水层可靠性论证问题，其中梁隔水层由三叠系大冶组底部中梁段（T_1d^1）和二叠系上统大隆组（P_3d）组成，其隔水可靠性结合如下几方面进行勘察论证。

（1）岩性构成。中梁段上部岩性为灰、深灰色泥质灰岩、泥岩、炭质泥岩夹薄层微晶灰岩；下部为薄层泥质灰岩与页岩互层；该层厚度 35.21～44.55m，其中灰岩占 8.04%、泥质灰岩与泥岩占 50.39%、页岩占 41.57%。二叠系上统大隆组（P_3d）主要为黑色薄层炭质页岩，厚度 14.55～22.0m。大隆组与大冶组中梁段统称为中梁隔水层，总厚度 49.76～61.55m。

（2）地表风化特征。中梁隔水层在地表风化主要表现为低洼槽（沟）或缓坡，南侧有长兴灰岩陡坎分布。沿该层多为耕地，连续分布，仅在坝址下游甲鱼溪被 F_8（北西向）断层切错，在纵、横方向上，岩性无相变，岩性和产状稳定。

（3）孔内地下水位和透水率。为论证其防渗的可靠性，在星溪沟、南瓜沟与黄连溪分别对中梁隔水层布置了 4 个钻孔（ZK_{52}、ZK_{56}、ZK_{30}、ZK_{114}），岩体透水率小于 3Lu，无岩溶发育，地下水位高。

（4）平洞揭露岩溶化程度。洞内 80.0～137.0m 段为中梁隔水层段，其中 80～117m 为灰至深灰色薄层泥质灰岩与页岩互层，无溶蚀现象，洞壁有滴水。117～137m 为大隆组黑色薄层钙质页岩、炭质页岩，岩层倾角 67°，在 129.5m 下游洞壁上有一出水点，流量为 0.5～1.0L/s。130m 处布置 ZK114 钻孔，孔深 112m。22 段压水试验，仅 2 段透水率大于 3.0Lu，最大为 3.22Lu（T_1d^1 地层中），钻孔地下水位在 607.0m 以上。根据平洞揭露情况，该隔水岩组岩溶不发育。

（5）总体连续性。坝址以上库区无横向断层切错，仅在星溪沟出露高程低于库水位，其余南瓜沟（出露高程 787.00m）、潭子沟（出露高程 890.00m）、黄连溪（出露高程 630.00m）均在库水位 625.00m 以上。

综上勘察成果分析，中梁隔水层是该区可靠隔水层，可利用作防渗依托。

4.1.5.2 相对隔水层可靠性勘察

相对隔水层的透水率随大坝防渗要求或设计具体要求而变化。对于重力坝高坝，其河床透水率要求一般为 1～3Lu，两岸为 3～5Lu，而堆石坝或中低坝要求更低；满足以上渗透要求的岩体，可定义为“相对隔水层”。为此，按设计要求，通过各种勘探手段查明其顶界高程、分布与变化，以利于防渗底界的确定。

光照水电站河床坝基，其深部虽有飞仙关砂页岩隔水层分布，但埋深大、防渗面积大，对施工也不利，需采用钻孔、物探勘探在其上部寻找相对隔水层。河床飞仙关隔水层之上（永宁镇组第一段 T_1yn^1 薄～厚层灰岩）岩体透水率小于 1Lu 下限高程远高于隔水层顶面，故明确采用悬挂式帷幕。帷幕下限依托的相对隔水层，主要根据河床孔间电磁波透视（CT）和超声波透视（CT）成果，在高程450m沿F_1断层发育裂隙密集带，在500m高程沿F_1断层局部见溶蚀带，再结合T_1yn^1岩体的透水率、F_1断层发育情况，并按规范及有关经验以0.5倍坝高综合而定，即防渗帷幕下限至高程460m。

索风营水电站河床坝基为玉龙山段（T_1y^2）薄层至中厚层灰岩，主要通过钻探、物探等勘察分析，查明相对隔水层分布。

（1）钻探。在坝址河床共布置了钻孔14个，孔距60～160m不等。钻探揭示仅在ZK110孔发现一溶洞（高1.8m），高程为680.59～678.79m，其余钻孔除有一些溶蚀裂隙、溶孔、晶孔发育外，未揭示大的岩溶现象。

（2）物探。钻探之后又在河床共布置了顺河向与横河向7对大功率超声波透视（CT）、1对电磁波透视（CT），均未发现大的岩溶管道异常区。

（3）岩体透水性分析。据钻孔压水试验成果，坝址河床及两岸岩体透水率随深度明显减小。认为河床岩溶不甚发育，在高程700m以上存在较多升不起压的地段，高程700～620m存在较多透水率大于5Lu的地段，620m以下透水率在1～3Lu，可视为相对隔水层对待。

4.1.5.3 岩溶防渗范围的确定

1. 当有隔水层存在时

当坝基（肩）下方或附近分布有可靠隔水层时，防渗帷幕端头或下限以隔水层为依托，深入隔水层的深度可结合顶板产状和岩溶发育程度综合确定，一般较非岩溶地区略深，但均不少于5m，但当接触面附近岩溶发育时，适当加深。若隔水层遭遇断层等切割破坏后，则需结合考虑受破坏范围，在隔水层底板以下寻找新的防渗依托。

洪家渡水电站坝址防渗处理范围的确定：大坝趾板处于较坚硬的T_1yn^{1-2}～T_1yn^{1-3}灰岩可溶岩地层上，之下为九级滩（T_1y^3）泥页岩连续、厚度稳定（75～85m），岩体透水率小于3Lu的达85%以上，是大坝坝基（肩）良好隔水层。根据其产状，防渗帷幕左右岸端头及底界均接T_1y^3隔水层，搭接深度进入T_1y^3隔水层5m，形成封闭帷幕。设计趾板帷幕钻孔深入T_1y^3隔水层5m。帷幕形成后效果良好。

东风水电站河床坝基，考虑库水在高压水头作用下，沿F_7断层与玉龙山灰岩靠近九级滩页岩底板部位较严重，渗漏带可能产生管涌甚至破坏，防渗帷幕设置应穿过九级滩页岩伸入玉龙山灰岩中，下限高程700m左右。在九级滩页岩顶板以上采用2～3排孔，其下采用单排孔，排距1.5～2m，孔距均为3m。对坝肩右岸考虑到地下厂房防渗需要与库首右岸渗漏处理相结合，防渗线路采用折线布置方案和接触式帷幕。由坝肩4号点过孔20，以孔42右方向接到九级滩页岩顶板970m处。帷幕长940m以外，按水库防渗处理。帷幕下限进入到九级滩页岩顶板以下3m。

2. 当防渗依托为相对隔水层时

当防渗依托为相对隔水层时，深入相对隔水层一定深度，一般要求5～10个灌浆孔段的透水率满足设计相对隔水层的要求。但对于断层带、破碎带、岩性接触带等，透水率指标不能满足相对隔水层透水率下限标准时，均采取在一般下限高程上适当加深进行处理，降低的幅度视断层破碎带的性状、岩溶化程度、抗渗破坏能力及水工建筑物重要程度等综合确定，一般加深不小于10m。

3. 按岩溶地下水位确定时

当两岸地下水位以稳定水力坡度上升时，岩体较为均一，岩溶洞穴、管道不发育，防渗帷幕下限高程可按接地下水位线确定下限，一般低于最低地下水位 10～20m。对于地下水位低平、岩体透水率高的地段，应按岩体透水率设计标准确定防渗端头和下限。

4. 当河床或两岸局部发育深岩溶时

当河床或两岸局部发育深岩溶时，防渗下限按深岩溶发育下限高程，作为该段防渗帷幕下限。

如思林水电站坝址河床发育最低溶洞高程为 291～298m，河床帷幕考虑将其封闭，前期防渗帷幕下限高程定为 290m，施工期在考虑坝高、建基面局部地形凹槽和局部溶蚀的基础上，最终确定坝基防渗下限为高程 252m，两岸为高程 280m。

团坡水电站防渗帷幕端头和下限高程的确定。防渗帷幕线垂直两岸布置，但坝高小，峡谷深，地下水循环虽低平但较远，故最终的防渗帷幕深度并不深。团坡水电站防渗帷幕线路岩溶水文地质剖面示意图如图 4.1-24 所示。

（1）防渗帷幕线端点确定。

1）左岸。坝肩左岸防渗线 ZK4 号孔揭示水位代表之下 C_3mp 强岩溶含水层水位，低于水库正常蓄水位，存在岩溶渗漏问题。由于 f_5 断层的切割，P_1q^1 连续性遭到一定程度破坏，但 f_5 断层小且为压扭性质，透水性较差，P_1q^1 仍然保持较好隔水性能，因此，选择以 P_1q^1 为防渗端点是可靠的。

2）右岸。ZK3 孔位于 P_1q^{1+2} 内，钻孔长观水位均在 809m 以上，而 C_3mp 强岩溶含水层水位低平，以 P_1q^1 相对隔水层为界，同样形成了 C_3mp 及 P_1m+q 两个独立岩溶含水系统。连通试验证明 P_1q^2 因 P_1q^1 具有较好隔水性能，形成河湾下游独立 S_3 岩溶管道水，可见选择 P_1q^1 作为防渗线端点是可靠的。

（2）防渗帷幕下限的确定。根据钻孔压水试验成果分析，河床坝基透水率为 0.4～2.0Lu，仅 ZK5 孔于孔深 21～43m 透水率达 3.8～5.3Lu。说明坝基岩体尽管裂隙较发育，但多处于闭合或充填状态，ZK5 号孔透水率大是受 f_1 断层影响。另据钻孔声波透视（CT）成果，坝基下高程 740～755m 发育有溶蚀区，因此坝基防渗应包含该溶蚀区，将防渗线下限定为 730m，在断层带附近再适当加深。

左岸 ZK4 孔钻进过程中分别于高程 787～809m、840～850m 水位突变；ZK17 孔高程 720～735m、840～852m 水位突变，地下水位突变一般反映岩溶发育程度的差异，高程 780～809m 及 840～852m 分别与库区第一、第二层溶洞集中发育高程相对应。高程 720～735m 与物探 EH-4 异常区高程（710～735m）相对应，表明库首岩溶发育深度较大，地下水有深循环的现象。ZK4 孔孔长观地下水位低于河水位，推测在 ZK4 孔的 f_5 断层发育岩溶管道，应加强防渗处理。

结合钻孔地下水位长期观测成果、岩体透水性及 EH-4 法成果，防渗下限应选择在地下水位以下 20m 即高程 760m；对于物探 EH-4 异常区，防渗下限应低于异常区下限 10～20m。

前期勘察表明，防渗线上内部已探明的小断层带及左岸地下水位低槽带是防渗处理的重点。施工中两岸灌浆廊道可先贯通至帷幕端点，并用灌浆先导孔结合孔间物探透视（CT）

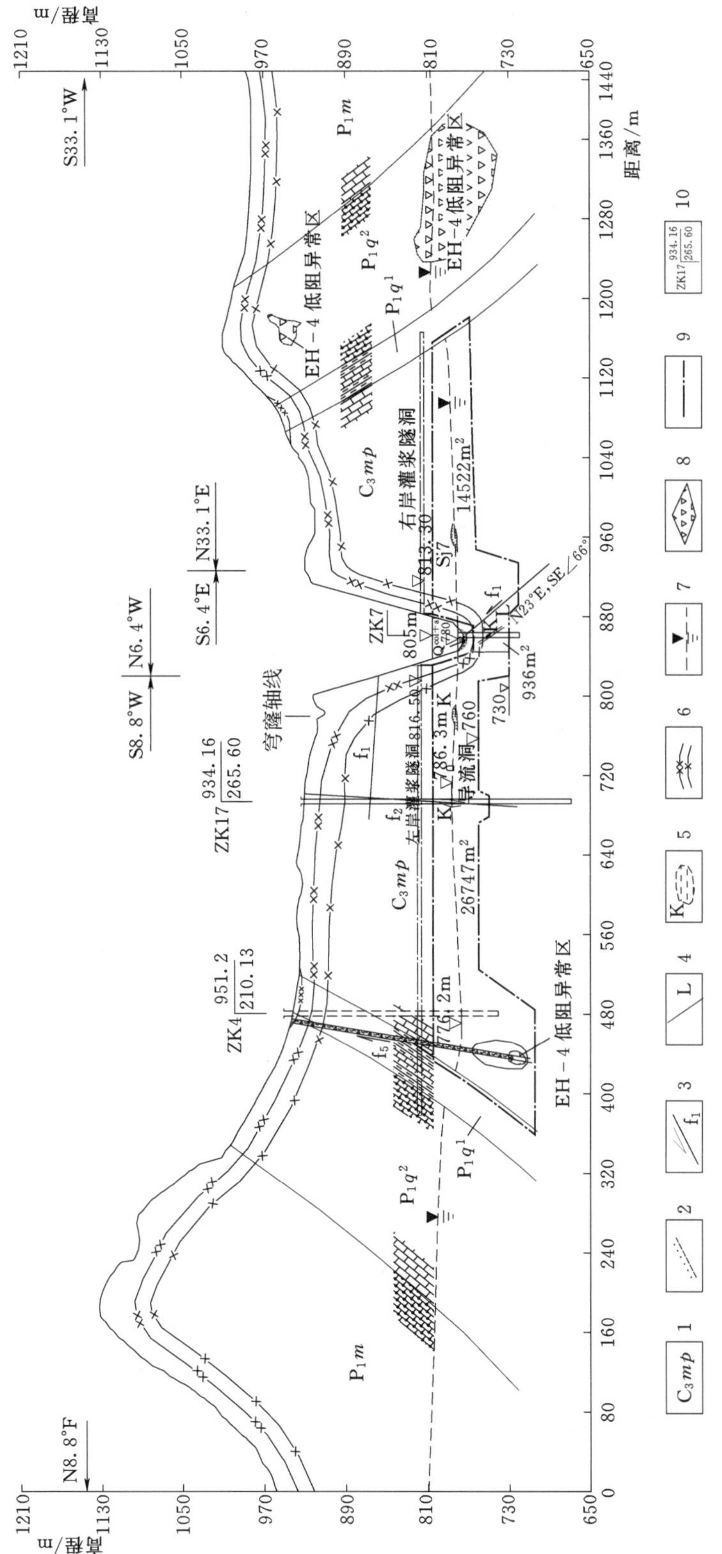

图 4.1-24　团坡水电站防渗帷幕线路岩溶水文地质剖面示意图

1—地层代号；2—覆盖层与基岩分界线；3—断层及编号；4—裂隙；5—溶蚀区；6—弱、微风化下限；7—推测地下水位线；8—EH-4 异常区；9—防渗范围线；10—钻孔编号，上为高程（m），下为孔深（m）

查明岩溶管道的位置、规模及性状，有针对性地加强灌浆处理。

对库盆左岸发育的低于正常蓄水位的岩溶洞穴，均进行封堵处理以防止纵向渗漏。对库盆右岸 K_{16}溶洞（高程 792m），其下游低洼地带有消水现象，消水流量达 0.5～1L/s，也对其封堵处理以防止纵向渗漏。

4.1.6 防渗帷幕灌浆先导勘察与水库蓄水后渗漏补充勘察

4.1.6.1 防渗帷幕灌浆先导勘察

1. 利用灌浆廊道开挖勘察

对于坝肩绕渗范围内的岩溶发育、强溶蚀破碎带、岩溶管道与洞穴分布等，利用灌浆廊道开挖做进一步查明，根据沿线岩体完整性、岩溶发育程度、地下水渗出状态等，进行设计调整，确定重点处理的区段或不做灌浆处理的范围。

格里桥水电站坝址防渗帷幕分两期，右岸防渗线总长 945m，廊道开挖一次完成，其中一期帷幕线长 311m。上、下层廊道开挖中揭示：一期帷幕范围发育竖井状早期岩溶管道通道，对右坝肩渗漏有较大影响，进行了追踪勘察和掏挖，采取混凝土回填处理；二期范围内岩溶发育较弱，普遍渗水，说明处于稳定地下水位之下，对二期采用优化渗漏观察的办法处理，不再实施防渗帷幕灌浆。蓄水后检验是合适的。

索风营水电站库首右岸防渗帷幕线由偏上游穿过断层接隔水层，改为沿地下厂房上游向山体内延伸接地下水位。通过灌浆廊道的开挖，揭示山体深部岩溶不发育，围岩较完整、裂隙型地下水丰富，后确定缩短了帷幕实施长度，优化了防渗工程量，经多年蓄水观察，防渗效果较好。

2. 利用先导孔和物探综合勘察

对防渗线路岩溶地质条件复杂的，在前期勘察确定的防渗范围内布置先导孔取芯、压水试验等，揭示帷幕区域地质和岩溶发育程度，并对岩溶发育地段孔内进行物探录像、孔间透视等，确定帷幕范围内渗漏区，调整帷幕设计参数，对强渗漏区加强处理，对弱或完整岩体区域则减弱处理甚至不处理，可保证成幕质量和防渗效果。

洪家渡水电站右岸构造切口帷幕施工中，采用了灌浆廊道开挖、先导孔勘探、物探透视岩溶洞穴等综合勘察技术，指导帷幕灌浆施工，保证防渗质量。在选定进口拦截防渗方案后，为了进一步查明构造切口的渗漏通道，合理选择防漏处理范围及深度，又利用灌浆隧洞进行了岩溶渗漏处理勘察，完成钻孔 31 个，压水试验 416 段，物探透视（CT）30 对。通过施工期的先导补充勘察，进一步查明了 T_1yn^1、T_1yn^{3+4} 地层的岩溶发育情况、岩溶化程度、岩溶发育下限、管道集中发育部位、地下水位高程及岩体的透水性等，结合透视（CT）钻孔压水试验，将防渗处理方案（在 T_1yn^1、T_1yn^{3+4} 地层中防渗）优化为灌浆施工只在可疑渗漏进口 T_1yn^1 地层中进行，同时防渗下限也相应抬高，使防渗帷幕面积从原设计的 9.4 万 m^2 减少到 2.41 万 m^2，大大节约了工程投资并缩短了工期。

光照水电站在施工详图阶段，对防渗帷幕进行了先导孔和孔间电磁波透视探测，共完成 CT 探测 120 对孔，钻孔 CT 剖面间距 16～24m。另外，还利用物探透视检查灌浆结石效果。以左岸 560m 廊道强渗漏区灌浆试验区透视成果为例，对比显示：①灌前岩体破碎区占测区的 53.4%，灌后岩体破碎区占 22.9%，比灌前减少 57.1%；②灌前桩号 F 左 0

+094.5～0+096.5，高程551～547m范围的强溶蚀区，灌后未显示，说明已灌浆充填，岩体整体质量得到明显提高。可见，施工期先导探测对指导岩溶地区灌浆施工和保证成幕质量起到了积极作用，已在思林、沙沱等水电站广泛采用。

4.1.6.2　水库蓄水后岩溶渗漏补充勘察

此阶段岩溶渗漏勘察多是指试验性蓄水时或运行初期水库发生岩溶渗漏后，对岩溶渗漏而开展的补充勘察。

1. 放空、临时围堰分隔水库或连通试验找出岩溶渗漏进出口

严重岩溶渗漏绝大多数为集中渗漏。其进、出口均具有明显表征和出口流量显著增大的特点，且出口多为早期岩溶洞穴或管道水、暗河水出口处。通常采用降低库水位或放空水库查找库水渗漏入口，并通过连通试验验证与渗漏出口的水力联系。如猫跳河四级的渗漏勘察，曾多次放空水库进行查漏。黔西沙坝河水库在分析渗漏库段位置后，采用临时围堰分隔水库和连通试验查找到多处渗漏进、出口点和主要渗漏通道。

对未能影响到库水位变化的少量岩溶渗漏，主要采用防渗帷幕幕前、幕后及附近地下水位观测孔水位、渗压结合帷幕灌浆地质剖面、耗灰量图等查找渗漏通道的大致位置，如三岔河普定水电站左坝肩绕帷幕端头渗漏、洪渡河石垭子坝址右岸绕渗等。

2. 地质复核与补充综合勘探

水库发生严重渗漏后，需对渗漏地段进行全面岩溶水文地质条件复核和勘探，以查明渗漏边界、渗漏部位、渗漏性质等。

黔西沙坝河水库试验性蓄水渗漏后，在对前期勘察资料成果、灌浆资料分析及现场地质调查基础上，对主要渗漏地段补充了钻探、物探等勘探试验工作，进一步查明主要集中渗漏部位和通道。应用的主要勘察技术有：

(1) 岩溶水文地质复核与现场调查。利用前期勘察成果图件，主要是1∶10000岩溶水文地质调查图，到现场进行复核调查。重点是库首地带岩溶发育和存在负地形、洼地、消水坑等，以及与构造关系，下游河湾、河岸及槽谷出水点等，对比以前勘察测绘时流量，发现异常点，并标注于图上。

(2) 库内筑围堰观察和排查漏水地段及漏水点。根据复核和分析水库渗漏地段主要集中于林家垭口以下库段，通过在库内修筑临时围堰，观察消水点，查找集中渗漏点。

(3) 连通试验。从临时围堰上游投放示踪剂，观察下游库水流动和消落部位。另通过对各主要消落点的连通试验，进一步揭示渗漏出水点位置，尤其是跨河渗漏。

(4) 钻探。钻探分布在原帷幕、林家垭口下游冲沟及4个可疑渗漏带，共计22孔1900余m。

(5) 物探。主要采用电磁测深（EH-4）法、高密度电法探测渗漏通道和溶蚀区域。

(6) 渗漏量监测。通过河流断面测流和出水点测流，掌握库水渗漏情况。

猫跳河四级水库渗漏补充勘察中，曾进行多次放空检查、物探透视、补充钻探、连通试验、场分析等综合勘察，认为在右岸、河床、库首左岸等地段均存在岩溶集中渗漏，但勘察研究主要集中于库首左岸FK5花鱼洞一带，是堵漏处理的重点和关键，经处理后效果较好。

3. 试验性蓄水

试验性蓄水是对复杂岩溶水库防渗效果的一种直观、有效检验方法。如猫跳河二级、四级、六级及黔西沙坝河水库等工程在正式蓄水前均进行过，发现渗漏后及时进行了地质复核、补充渗漏调查与补充防渗处理。

4.2 岩溶水库渗漏地质评价方法

4.2.1 渗漏定性评价方法

4.2.1.1 岩溶渗漏层位的分析确定

1. 岩溶岩组类型划分

岩溶渗漏评价，首先根据库坝区分布地层岩性、地质构造、岩层厚度、层组可溶岩比例等划分岩溶层组类型，是岩溶渗漏分析的基础工作。根据实例工程情况和经验总结，碳酸盐岩层组类型划分见表 4.2-1。

表 4.2-1　碳酸盐岩层组类型划分表

分类	亚　类	分　类　指　标		
		岩性厚度比例/%		岩性组合特征
		碳酸盐岩	碎屑岩	
纯碳酸盐岩类	石灰岩层组	＞90	＜10	连续沉积的单层灰岩，无明显碎屑岩夹层（＜5m），岩石化学成分中酸不溶物含量小于 10%
	白云岩层组	＞90	＜10	连续型单层白云岩，无明显碎屑岩夹层（＜5m），酸不溶物含量小于 10%
	白云岩石灰岩层组	＞90	＜10	石灰岩、白云岩互层或夹层沉积，无明显碎屑岩夹层，碳酸盐岩酸不溶物含量小于 10%
次纯碳酸盐岩类	石灰岩或白云岩过渡岩类、碳酸盐岩夹碎屑岩层组	70～90	30～10	连续型单层石灰岩或白云岩过渡岩，或夹层型沉积，碳酸盐岩连续厚度大，碎屑岩夹层明显，连续厚度大于 10%，酸不溶物含量大于 10%且小于 30%
不纯碳酸盐岩类	碎屑岩、碳酸盐岩间互层岩组	30～70	70～30	碳酸盐岩、碎屑岩互层、夹层沉积或碳酸盐岩较高的泥质、硅质、酸不溶物含量大于 30%且小于 50%

注　碳酸盐岩层包括变质碳酸盐岩类岩石。

实际工作中以库坝区地层的层、段、小层等作为基本单位，相同岩性上、下层组可合并。如三叠系下统夜郎组（T_1y）多按沙堡湾段（T_1y^1）、玉龙山段（T_1y^2）、九级滩段（T_1y^3）归并不同层组类型，而栖霞组（P_1q）、茅口组（P_1m）岩性和可溶性相近，常合并为同一层组类型。因而在开展岩溶水文地质测绘前需进行详细岩性统计，编制地层柱状图。

2. 岩溶化含（透）水层组的确定

主要根据地表调查、钻探、平洞等揭露各岩组岩体完整性、岩溶化程度、含（透）水性等，即依据富水性或透水性进行层组划分，与岩组类型不一定对应，见表 4.2-2。

表 4.2-2　　岩溶含（透）水层类型划分表

名　称	地层岩性特征	岩溶化特征	排泄形式
强岩溶含（透）水层	由强可溶性岩组成，厚层～块状构造为主，地层厚度大	地表和地下岩溶现象发育且规模大，含水层内有地下大厅、暗河、管道发育	管道水或暗河出露
中等岩溶含（透）水层	由中等可溶性岩组成，中厚层—块状构造为主，地层厚度大	地表和地下岩溶现象较发育且规模较大，含水层内有地下溶洞、管道发育	集中泉点或管道水出露
弱岩溶含（透）水层	全部由弱可溶岩组成，中厚或薄层构造为主，地层厚度大	地表和地下岩溶现象发育较弱且规模较小，含水层内溶洞、脉枝管道发育	分散泉点或脉状管道水出露
微岩溶（透）水层	全部由微可溶岩组成，薄层、极薄层或与非可溶岩互层构造为主，地层厚度大	地表和地下岩溶现象发育微弱，含水层内地下有溶洞、细小晶孔、溶孔状管道发育	小泉、渗水等
非岩溶（透）水层	全部由非可溶岩组成	无岩溶现象发育	裂隙水出露

从各工程岩溶含（透）水层划分情况看，不同地区和流域，由于气候、岩相、地质构造、变质作用、岩溶发育等的差异，对同一地层划分的含（透）水层类型是不同的。如贵州境内栖霞组、茅口组（P_1q+m）灰岩，在西部北盘江、乌江上游地区，岩性纯、结晶致密，可溶性强，地表发育洼地、漏斗、落水洞等，地下发育暗河、管道水等，属强岩溶含透水层，但在东部清水江、乌江下游等地区，岩性中不可溶燧石成分增加，可溶性减小，地表、地下岩溶洼地、暗河等少见，属中等岩溶含水层，渗漏性质具有明显差异。

3. 岩溶渗漏类型和性质的确定

岩溶渗漏类型，可按可疑渗漏地段地形地质条件和所在水库、大坝建筑物部位确定，但是否成为渗漏问题则需依据勘察成果综合分析判定后确定。

根据岩溶渗漏性质，一般按渗漏途径分为岩溶裂隙性（分散）渗漏和岩溶管道性（集中）渗漏两种基本形式。各工程中多为单一岩溶裂隙性渗漏或两者兼具的混合性渗漏。岩溶管道集中渗漏虽在层组内或地段上是局部的，但渗漏量往往占总渗漏量的绝大部分，故它是库坝区岩溶渗漏勘察、评价及防渗处理的重点和关键。

如洪家渡水电站库首右岸构造切口总渗漏量估算为 $5.8m^3/s$，其中岩溶管道渗漏量达 $4m^3/s$，占近 70%；思林坝肩绕坝渗漏量估算为 $2.65m^3/s$，管道性渗漏量为 $2.45m^3/s$，占 92%；猫跳河六级试验性蓄水出现绕坝渗漏，在 871m 库水位下渗漏总量近 37L/s，而红岩沟 1 号岩溶管道集中渗漏点达 33L/s，约占 90%。

4.2.1.2　岩溶渗漏地质评价方法

1. 低邻谷渗漏

（1）地形条件。

1）当常年有水流通过的补给型邻谷河床（谷底）高程高于水库正常蓄水位时，不会发生渗漏。

如沙沱水电站库首右岸车家河邻谷，在老寨伏流出口（K_{w2}）以南上游河段，车家河河床已达水库正常蓄水位 365m，且沿岸出露奥陶系和志留系隔水层，无渗漏条件。相反则有渗漏条件。

但当邻谷谷底存在地表水入渗、消落等现象属排泄型甚至悬托型水动力条件时，则不能简单地以沟底高程为评价依据，应以沟谷下地下水位作为评判依据。

如猫跳河六级红岩水电站库首左岸裁江沟沟底存在分散性消水现象，光照水电站坝址下游左岸永宁镇组三、四层分界线附近沟底地表水呈明暗相间悬托型，地下水位远低于沟底，只能以沟底地下水位作为低邻谷渗漏评判依据。

2）当低邻谷被断层切割时，需查明地下水位和确定过沟段水动力条件。

如贵州清水河格里桥水电站库首左岸马路河低邻谷与下黄孔断层（F_1）交汇处，专门布置ZK17钻孔查证，孔内地下水位839m，与马路河水位相当，排除渗漏。

（2）岩性条件。

1）当低邻谷全部被隔水层包围时无渗漏。如铜仁天生桥水库区与牛郎河低邻谷间，牛郎河与水库相对应河段为上游牛郎镇至下游新龙村，长约8km，河水位低于库水位80～134m不等。距库首和库尾水平距离分别为3.5km和7km，构成水库的低邻谷。但牛郎河该段两岸均由寒武系下统杷榔组（$\in_1 p$）薄至中厚层砂页岩、页岩夹炭质页岩等隔水层出露，不存在库水向牛郎河渗漏的问题。

2）当水库库盆为隔水层岩体且隔水层顶板高于水库正常蓄水位时无渗漏，反之可疑渗漏层有临空渗出条件，渗漏与否取决于地下分水岭高低。如猫跳河二级黄家山垭口，水库与下游牟老暗河间背斜，核部分布的隔水层顶板高于水库正常蓄水位，不会发生渗漏。

（3）构造条件。

1）断层带、破碎带、岩性接触带等构造溶蚀后形成溶蚀破碎带，透水性强，发育暗河、岩溶管道水等集中渗漏通道，延伸远，横切地形分水岭至低邻谷，渗漏与否取决于断层带或破碎带内的岩溶化程度和地下水位（地下分水岭）的高低。

如黔西沙坝河水库右岸林家垭口断层（F_1），位于库区南部林家垭口，产状N35°E/NW∠70°～80°，张性断裂。其上盘由T_1m^1灰岩、下盘T_1y^2灰岩构成，断层带20m，影响带50～80m，岩溶作用极为强烈，发育地表槽谷地形，岩溶漏斗、竖井、地下暗河等，其地下暗河低于河床水位。F_1断层及其两侧强岩溶层组贯穿垭口。垭口内侧河流阶地上发育K_{89}落水洞，洞口高程1158m，经开挖探明洞底高程1151m，竖直高度7m，低于河水位约6m，消水能力强。垭口外侧，沿F_1断层发育长约1km的冒水洞洼地。洼地内套多个落水洞，其中K_{92}洞内见地下水流，水位约1140m，低于河水位17m。垭口地段ZK7钻孔地下水位1150m，低于河水位约7m。串珠状洼地套落水洞及反常的地下水位充分显示，林家垭口存在地下暗河。水库蓄水后，沿该断层带暗河发生严重管道性渗漏，出水口相距超过10km。

2）断层错动导致地下不同含水层错位搭接，使渗漏层位增多，范围增大。如洪家渡水电站库首右岸构造切口，F_5断层斜切右岸河间地块，错开九级滩（T_1y^3）泥页岩隔水层，使永宁镇组（T_1yn^1）灰岩与玉龙山（T_1y^2）灰岩相搭接，形成统一岩溶含水系统。

（4）岩溶水条件。当地形分水岭两侧稳定的岩溶泉、暗河等出露高程高于水库正常蓄水位，或据岩溶大泉、暗河等推测的地下分水岭高于水库正常蓄水位时，无渗漏问题存在。

如普定水电站库区为典型的褶皱发育横向谷地质结构，利于库水外渗，但经测绘调查，分水岭地区岩溶水以管道水的形式向两侧排泄，向库内排泄的熊家场暗河出口高程为1192m，十三湾暗河（K_{14}）出流高程为1202m。排向邻河的鱼井暗河（K_{34}）、干河寨暗河（K_{37}）的出流高程为1300～1350m，比白水河源头高出100～150m，推测地下分水岭远高于水库设计蓄水位，故认为无渗漏。

2. 地下隐伏低邻谷渗漏

地下隐伏低邻谷的存在，主要是由于两岸或一岸山体存在平行河流的岩溶管道系统或暗河，形成山体内部的局部排泄基准面，与地表低邻谷相比，地下隐伏低邻谷潜伏于地下，不易直接识别，需引起重视。同地表低邻谷渗漏分析评价类似，地下隐伏低邻谷渗漏主要通过对比隐伏邻谷谷底岩溶最低发育深度（或最低水位）与水库库水位的关系及岩性、构造和岩溶水条件来分析评价。

当隐伏低邻谷高于水库库水位，或两者间有隔水层，或两者间岩溶不发育，或隐伏低邻谷与水库无水力联系或水力联系很弱，或存在高于库水位的地下分水岭时，均不会发生渗漏。当隐伏低邻谷发育与河床、库岸相连的岩溶管道时则会发生严重的岩溶渗漏问题。

如引子渡水电站左岸的引子渡暗河，由于受左坝肩大冶组地层中第一段（T_1d^1）隔水层的分隔而无渗漏问题，经蓄水运行检验是正确的。

普定水电站库首右岸PK380岩溶管道水，构成与水库库首隐伏低邻谷条件，但上游补给区由于有F_{67}断层的分隔和库岸白云岩地层岩溶发育弱，与水库水力联系减弱，蓄水后其附近的观测孔（Zg-1）孔内地下水位与库水位变动不相关，无渗漏发生。

又如重庆中梁水库库区，右岸分水岭下白马穴暗河隐伏低邻谷，出口位于坝址以下，尾部由河水、冲沟水直接补给，与水库相连必然存在岩溶隐伏低邻谷渗漏问题。

3. 单薄分水岭或低矮垭口渗漏

主要通过地下分水岭高低和隔水层的有无进行判别评价。

(1) 地形单薄且无地下分水岭，则存在渗漏。如猫跳河六级水电站库首左岸单薄分水岭，钻孔揭露分水岭地带地下水与河水位基本一致，无地下分水岭存在，水库蓄水后即发生库水渗漏。

(2) 地形单薄、地下分水岭低于（包括蓄水后）水库正常蓄水位则存在渗漏。如猫跳河二级黄家山垭口，前期勘察地下分水岭低于水库正常蓄水位9～25m，蓄水后1968年1月库水位达1193m时，库水跨过低矮垭口进入黄家山洼地内，数小时内发现5个以上因渗漏而造成的土层塌陷漏斗和充填物被冲开的落水洞，随即在分水岭下游的K_{58}溶洞出流，估计渗漏量$1m^3/s$以上，为估算量的375倍以上。

(3) 地形单薄，但分布有阻断库内外地下水水力联系的隔水层，地下分水岭水位壅高后高于水库正常蓄水位时无渗漏。如猫跳河一级蚂蚁坟单薄分水岭地带，可溶岩中夹有倾向库内的薄层泥灰岩和页岩，透水性差，而且断层溶蚀破碎不严重、深部胶结良好，无库水入渗条件。而库首右岸水淹坝和燕墩坡两单薄地形地带，水淹坝地下分水岭高程略低于水库正常蓄水位3～4m，蓄水后并无渗漏，观测表明，蓄水后地下水位壅高而没有发生渗漏。

燕墩坡采用10号孔内地下水位1233m，推至燕墩坡地形分水岭地下水位约1237m，仅低于库水位3m。据实测，10号钻孔的水位当库水位达到1239.8m时已壅高到1243.5m，升高了十余米，推测至分水岭水位将上升到1246m左右，水力坡降减小到0.28%，分析认为不会产生渗漏，蓄水后观测无渗漏问题。

4. 河湾地块渗漏

主要通过水文地质结构和地下分水岭高低进行判别。

（1）单一水文地质结构河湾渗漏取决于河湾地下水位或分水岭高低。如贵州金狮子水电站库首和坝址处于厚层块状灰岩强可溶岩地层河段，坝后下游右岸为河湾地形，其渗漏与否完全取决于地下分水岭高程。蓄水后曾出现少量渗漏，帷幕延伸后渗漏基本消失。东风水电站库首左岸河湾渗漏，是由于原勘探孔控制地下水位不够，帷幕长度不足，发生绕帷幕端点的渗漏，采用延长左岸帷幕补充防渗处理后，渗漏量减少。

（2）多层水文地质结构河湾渗漏取决于隔水层分布和各层地下水位高低。如格里桥水电站库首右岸河湾，坝基、坝肩渗漏取决于下部隔水层顶板的高程，高于水库正常蓄水位后即无渗漏。

（3）河湾与断层切割、破碎带组合渗漏主要取决于构造带中岩溶地下水位及上、下盘地下水位高低。如沙沱水电站库首左岸河湾受沿河断裂切割，沿河断裂地下水位低于库水位，存在渗漏问题。

（4）河湾与背、向斜组合渗漏取决于褶皱核部地下水位高低。如猫跳河三级水电站库首左岸背斜与河湾渗漏取决于各层地下水位。又如马岩洞水电站库首左岸河湾为向斜山，地下水位高于库水位，受地下洞室开挖水位降低影响，存在渗漏问题。

5. 河间地块渗漏

主要通过水文地质结构和地下分水岭高低进行判别。

（1）单一水文地质结构河间地块渗漏取决于地下水位或分水岭高低。如沙沱水电站库首右岸河间地块岩溶渗漏，为单一岩溶水文地质结构。勘探查明几条小断层切割处，地下分水岭水位仍高于水库正常蓄水位而无渗漏。

（2）多层水文地质结构河间地块渗漏取决于各层地下水位高低。如光照水电站库首右岸为永宁镇组灰岩与砂页岩构成的多层岩溶水文地质结构，无断层切割，完整性好，通过布置于地下分水岭的多个钻孔查明，各可溶岩层位地下水位高于水库正常蓄水位，从而排除了渗漏可能。

6. 断层构造切口渗漏

主要以溶蚀构造带内地下水位高低以及上、下盘含水层地下水位高低判别。

（1）构造切口岩溶渗漏取决于构造带本身和上、下盘地下水位高低。如洪家渡水库库首右岸构造切口，除沿断层带渗漏而外，还使上、下盘含水层搭接，形成统一含水系统，地下水位低于水库正常蓄水位，形成渗漏缺口存在渗漏问题。

（2）断层、破碎带等胶结良好，岩溶化程度低，无渗漏，反之则为集中渗漏部位。如格里桥水电站库首左岸，坝前发育横河向久长区域性断裂，分水岭部位发育后期顺河向下黄孔断层，因久长断裂胶结好后期溶蚀程度低，勘探证实不会形成构造切口渗漏通道，经蓄水检验评价是正确的。又如沙坝河水库林家垭口断层带岩溶化程度高，发育洞穴管道、竖井等，蓄水后沿之发生管道性渗漏。

7. 库底与库周渗漏

主要采用河谷或库盆水动力类型和库周地下水位高低进行判别。

（1）补给型河谷或库盆无库底渗漏，排泄型或悬托型则会出现渗漏。如团坡水电站，库区左岸、右岸河底均出现落水洞，经勘探，河床和左岸地下水位均低于河水位，说明受左岸河湾影响，河床下和左岸均存在向下游伏流排泄水动力条件，存在库底渗漏。

（2）库周渗漏取决于库周地下分水岭存在与否和隔水层分布的高低。如大树子抽水蓄能电站上水库，库底无水，为悬托型库盆，库底分布多个落水洞和漏斗，地下水位埋深100m，既存在库底也存在全库周渗漏问题。又如安徽滁州琅琊山抽水蓄能电站上水库库周大部分存在地下分水岭，但多低于库水位，其中副坝垭口受断层切割，岩体溶蚀强烈，无地下分水岭，库周渗漏下限低于库盆，局部存在严重渗漏问题。

8. 深岩溶渗漏

主要采用河谷水动力类型和岩溶洞穴管道深度进行判别。

（1）当库坝区两岸或河床地下水位低于河水位，深部发育岩溶洞穴、管道等，并与下游岩溶大泉或暗河、管道水连通，或有通畅的通道排向远端排汇基准面时，可能存在深岩溶渗漏问题。如猫跳河四级库首左岸、河床纵向岩溶渗漏，库水均从坝下游左岸河边花鱼洞（K_{11}溶洞）涌出。

（2）河床深部发育孤立的岩溶洞穴，但河床和两岸地下水位均高于河水位，为补给型河谷水动力条件，则不会发生深岩溶渗漏。如思林水电站坝址河水面以下六十余米发育洞高6m多的岩溶洞穴，为孤立的岩溶洞穴，不存在虹吸管道性渗漏，经蓄水检验判断正确。

9. 坝基及绕坝渗漏

坝基及绕坝渗漏主要通过地形地貌、地层岩性、地质构造、水文地质条件、岩体透水性和岩溶化程度、地下水位高低判别评价。

（1）坝基渗漏。主要取决于河谷水动力类型和河床地形、岩性、地质构造、岩体透水性、岩溶发育程度等。

1）当坝址河谷为补给型河谷时，坝基岩溶渗漏范围有限，渗漏深度取决于隔水层或相对隔水层埋藏深度。如在建的高生水电站坝基直接置于隔水层上，无坝基岩溶渗漏存在。洪家渡水电站坝基为永宁镇组灰岩，之下分布九级滩隔水层，隔水层完整，渗漏底界明确。东风水电站坝基九级滩隔水层遭断层切割破坏，连通下部含水层，下部含水层存在岩溶渗漏，需查明底界并进行防渗处理。

2）河床下无隔水层或隔水层埋藏过深时，相对隔水层之上即为岩溶渗漏范围，多为岩溶裂隙性渗漏，如普定、光照等水电站坝基。

3）坝址河谷为补排型、排泄型或下游存在河谷裂点时，存在岩溶渗漏问题，且以岩溶管道性渗漏为主，岩溶渗漏底界相对隔水层埋藏较深。如猫跳河四级水电站坝基为二叠系灰岩，勘探揭示河床地下水位低于河水位19～25m，防渗处理后仍出现斜向、横河向岩溶管道集中渗向下游花鱼洞。

（2）绕坝岩溶渗漏。两岸绕坝岩溶渗漏取决于两岸地下水位高低和水位以下岩体透水性、岩溶发育程度等。

1）当岸坡有隔水层分布时，绕坝渗漏取决于隔水层顶板（或底板）边界。如马岩洞水电站右坝肩岩体为栖霞组厚层块状灰岩，往岸里20m即为梁山组泥盆系粉砂岩、泥岩、石英砂岩等隔水层，具有明确的渗漏边界。

2）岸坡无隔水层分布时，绕坝渗漏取决于岸坡地下水位高低，渗漏下限至相对隔水层，如光照水电站、索风营水电站等。

3）当两岸地下水位低平时，绕坝渗漏范围通过地下水位和岩体透水性综合评价。如思林水电站和团坡水电站两岸渗漏范围端头依托隔水层，渗漏下限主要按岩体透水率考虑，与河床坝基渗漏下限接近。

4）当为多层含水层时，绕坝渗漏按最低层水位判别。如猫跳河三级水电站两岸为多层含（透）水层，存在渗漏问题，渗漏范围按最低层地下水位确定。

5）当两岸存在局部地下水位低槽或洼槽时，是否渗漏取决于洼槽边界与水库的水力联系的强弱。

如猫跳河六级，在进水口竖井闸门附近孔内地下水位即低于库水位，但无渗漏，原因是弱透水性岩体起到与水库分隔作用。

又如普定水电站库首右岸自河边至岸坡地下水位，按一定坡度上升并超过水库正常蓄水位，但往里跨过F_{67}断层后，地下水位下降形成地下水位低槽谷，低于水库正常蓄水位，但没有出现渗漏，说明上游库岸岩体透水性弱和F_{67}断层具有一定隔水性能。

6）当坝肩附近存在断层或溶蚀破碎带切割时，存在集中岩溶渗漏问题，渗漏下限适当考虑降低。另外，坝址区所处地形地貌、河谷地质结构等对岩溶渗漏范围会有一定影响，如河流上游下切，溶蚀侵蚀不充分，地下水位埋藏较浅，地下水坡降较陡。渗漏范围小，河流下游溶蚀侵蚀充分，两岸地下水位低平；渗漏范围较大，渗漏强烈。如猫跳河上游一、二级水电站，坝址岩溶渗漏地质条件较为简单，而中下游复杂，渗漏强烈。

7）走向谷地质结构对库水渗透有利，容易出现渗漏；而横向谷沿层面渗漏不易发生。如猫跳河三级、刘家沟水库、马岩洞等坝址为走向谷，倾角平缓，渗漏可能性大。思林水电站坝址为典型横向谷，岩层陡倾，渗漏可能性小。

4.2.2 岩溶渗漏估算方法

岩溶渗漏按渗漏途径和渗流形式不同分为岩溶裂隙性渗漏和岩溶管道性渗漏，渗漏量估算通常分别计算，叠加后得总渗漏量。

4.2.2.1 部分工程岩溶渗漏估算差异对比

早期岩溶渗漏量估算，所采用的估算公式不尽一致，详见表4.2-3。

表4.2-3　部分工程库坝区渗漏量估算应用公式与成果对比一览表

编号	渗漏部位及渗漏类型	应用渗漏估算公式	渗漏量/(m^3/s)	实际渗漏情况	备注
1	猫跳河一级蚂蚁坟等3处分水岭	卡明斯基公式	0.012～0.212	无	
2	猫跳河二级黄家山分水岭	卡明斯基公式	0.0026	1～2m^3/s	发生管道渗漏

续表

编号	渗漏部位及渗漏类型	应用渗漏估算公式	渗漏量/(m^3/s)	实际渗漏情况	备注
3	思林坝基与绕坝渗漏	坝基：$Q=BKH\dfrac{M}{2b+M}$； 坝肩：$Q=0.366KH(H_1+H_2)\lg\dfrac{B}{r_0}$	裂隙性：0.2， 管道性：2.45	未发生	进行了防渗处理
4	东风库首右岸及绕坝渗漏	裂隙性：$Q_L=KB\dfrac{y_1^2-h_1^2}{2L}$	0.0184～4.61	仅库首左岸桥头暗河渗漏 0.6～0.8m^3/s	已补充处理
		管道流：$Q_g=VS\Delta H$	15.33		
		坝基：$Q=KBH\dfrac{T}{L+T}$	1.3816		
		坝肩：$Q=0.366KH(h_1+H_1)\lg\dfrac{B}{r_0}$	0.0265～0.86		
5	普定坝基及绕坝渗漏	坝基：$Q=KBH\dfrac{T}{L+T}$	0.047	左坝基 1110m 水位出现 0.016m^3/s 渗漏	已补充处理
		坝肩：$Q=0.366KH(h_1+h_2)\lg\dfrac{B}{r_0}$	0.2451～0.83		
		库首右岸 Pk380：裂隙性与管道性	0.014 与 0.04		
6	猫跳河三级绕坝渗漏		裂隙性：0.00265 管道性：0.0387～0.039	坝基 0.1m^3/s	多年流量的 0.25%
7	洪家渡右岸构造切口		裂隙性：1.8 管道性：0.2～4.0	未发现	仅按 k40 天然流量
8	沙沱左岸沿河断层渗漏	断层及岩层：$Q=\dfrac{(h_1-h_2)\omega K}{L}$	0.05～5.2 （不同 K 值下）	防渗处理	多年流量的 0.54%
9	猫跳河六级	坝基：$Q=0.8KM_1L_1\sqrt{I}$	0.0051	左岸实际渗漏单股最大 0.033m^3/s	已处理
10	猫跳河四级	坝基紊流： $Q=0.8BTH\sqrt{\dfrac{H}{2b+T}}$	0.00232	实际渗漏 20m^3/s	多年流量的 40%
		坝基层流： $Q=0.36KH(H_1+h_1)\lg\dfrac{B}{r_0}$	0.116～0.055		

由表 4.2-3 可见：①库区局部单薄分水岭岩溶渗漏，早期如猫跳河一、二级按卡明斯基公式估算；②坝基及绕坝岩溶渗漏估算，因渗漏边界不同和考虑渗漏流态不同渗漏估算公式也不同，多数按裂隙性渗漏计算，如猫跳河梯级和东风、普定水电站等，只有思林水电站考虑了管道性渗漏。

现对典型工程估算渗漏量与实际渗漏量对比如下。

（1）百花水电站黄家山垭口下游侧沿 K_{58} 溶洞渗漏。水库蓄水后 1968 年 1 月库水位达 1193m 时，库水翻过库周垭口进入黄家山洼地，数小时内随即在分水岭下游的 K_{58} 溶洞出流，估计渗漏量 2m^3/s 以上，为估算量的 375 倍以上。原计算渗漏量尽管采用的综合性渗透系数偏大，但较之岩溶管道的渗透系数还是小得多。

（2）猫跳河六级左岸库首红岩沟渗漏。1974 年 2 月，在两岸防渗帷幕工程进行很少的情况下进行试蓄水。随库水位抬高，在左、右坝肩两岸顺层面及裂隙也出现了单股流量为 0.01～0.4L/s 的漏水点 9 处。左岸渗水点共 4 处。位于坝脚下游 35m 范围内，高程 840～850m，另在坝下游 100m 左右的陡壁中下部也有一片渗水。当库水位达 854m 时，在左岸红岩沟右侧出现 1 号集中漏水点，出口为一水平岩溶小管道，高程 854m，直径 0.5m 左右，分析与上游坝前的 S_{56} 泉水相连通，进、出口距离 280m，且渗漏量随库水位上升而增加，当库水位达 857m 时渗漏量 2.5L/s；当库水位达 871m 时渗漏量增至 33L/s，渗流水力坡降 5.4%，按此预测到正常蓄水位 884m 时最大渗漏量可能达 95L/s。

蓄水后实际渗漏量与估计渗漏量差异大。在库水位达到 871m 时总渗漏量已达 35L/s，为原估算渗漏量的 3 倍。究其原因，是未曾估计到 1 号集中漏渗水点的渗漏量。

（3）猫跳河四级坝肩和库首左岸渗漏。1970 年 9 月，在坝址防渗帷幕处理工作大部分尚未进行的情况下，水库进行试验性蓄水：在库水位达 1065m 时，渗漏量为 $0.9m^3/s$；库水位 1075m 时，渗漏量 $13.1m^3/s$；库水位 1085m 时，渗漏量 $19.1m^3/s$，渗漏量随库水位上升而增大。渗漏发生后，1972 年 1—5 月曾放空水库进行过防渗处理。重点放在绕坝和坝基的防渗帷幕上。可见，前期勘察估算渗漏量小，而实际渗漏量大，以岩溶管道性渗漏为主。

（4）东风水电站坝肩右岸渗漏。库首右岸河湾地带，由于鱼洞与凉风洞暗河相背发育，其末端相距仅 200m 左右，分布高程又低于库水位 40～50m，暗河两侧 500～600m 范围内岩溶化程度较高，透水性大，地下分水岭在鱼洞北东岔地区低于蓄水位 70 余米。因此，当库水位超过 900m 时，以两暗河为中心的集中倒灌过分水岭，经凉风洞漏出库外。

库首右岸管道性渗漏计算。设实际流速为直线变化，则

$$Q_g = VS\Delta H \tag{4.2-1}$$

式中：V 为单位水头流速，取实测值的平均值，为 $0.0088m/(s \cdot m)$；S 为管道断面积，鱼洞末端北东岔为 $13m^2$，凉风洞出口断面 $12m^2$，假定全部贯通，全长 2700m，占总长 53%，故以 $13m^2$ 计算断面；ΔH 为设计蓄水位与下游暗河出口水位 836m 的差，为 134m。

计算得管道性渗漏量为 $15.33m^3/s$。

总渗漏量则为 $19.94m^3/s$，为河流多年平均流量的 18.05%，其中管道性渗漏占 76.88%。必须处理。

（5）普定水电站坝址渗漏。普定水电站根据坝肩岩体渗透特性，明确绕坝渗漏性质为岩溶裂隙性渗漏。估算总渗漏量为 $1.1215m^3/s$，为河流多年平均流量（$129m^3/s$）的 0.87%，处于允许范围内。防渗处理属渗控性质。实际渗漏量比估算值小得多。

4.2.2.2　岩溶管道性渗漏模型

（1）将岩溶管道（或暗河）天然最大流量作为渗漏量。如洪家渡库首右岸构造切口采用的渗漏量为 K_{40} 暗河的出口流量 $0.2～4m^3/s$。其原理是基于在天然状态下暗河的上游部位达到承压过流状态，从而引起地下水位的壅高，并以此反推库水通过岩溶管道的渗漏量。该方法的缺点是对于地下水位以上早期管道水渗漏会估计不足。

（2）依据已知坝肩岩溶管道过流断面、连通实测流速按水力学管道流计算渗漏量。如东风水电站库首右岸河湾岩溶渗漏管道性渗漏计算，考虑岩溶管道的面积、单位水头流速、库水位与暗河出口落差水头，其中单位水头流速取实测值的平均值。其表面上比较客

观，但关键在于所选取的过流断面是否代表实际控制断面。

（3）依据坝址区岩溶发育程度和揭示管道规模，假定岩溶管道断面面积按有压管道水面以下淹没出流流量公式计算渗漏量，如前述思林水电站坝址即是如此。通过多个断面尺寸的模拟计算类比确定，参考性强，但与岩溶管道的实际规模和勘测工作精度有关。

（4）根据库坝区实际库水位与渗漏流量曲线推测最大渗漏量。利用水库在低于正常蓄水位条件下获取的库水位—渗漏量观测曲线，按曲线的发展变化趋势推求在高水位和达到正常蓄水位后的岩溶管道性渗漏量，是比较准确的。猫跳河六级、猫跳河四级、沙坝河水库等工程，出现渗漏后都有此项观测成果，作出了最大渗漏量预测。

通过国内多个发生水库渗漏的岩溶渗漏量观测曲线对比研究，发现岩溶管道内部的复杂性，模式有多种类型。中国电建集团贵阳勘测设计研究院有限公司邹成杰曾研究总结归纳为直线型、指数函数型、双曲线型、抛物线型、S曲线型、复合曲线型等6种，其中将猫跳河六级、四级（FK5封堵后）归纳为指数函数型，猫跳河四级（FK5封堵前）归纳为复合曲线型。

（5）利用河流（或岩溶洼地）等天然消水流量曲线推测水库渗漏量。河流（或岩溶洼地）在建库前有一定流量潜入地下补给暗河或岩溶管道，此类海子在汛期常存在内涝、消水特征，可据此得出其天然消水流量曲线；水库蓄水后水位提高，可采用天然消水量或渗漏量特征曲线推测推求最大渗漏量。其代表天然岩溶水文地质条件，相当于现场模型试验，是比较客观的。但随着库水位的提升，渗透压力增大，涉及库盆面积增大，仍存在使渗漏量增大的因素，且岩溶洼地不同高程岩溶发育特征不一致，因此，此法仍存在一定的误差，但结果总体可信。如重庆中梁水库研究的渗漏库段，通过断面测流，天然状态下河水的消水渗漏量达2.43m^3/s以上，渗漏量占年径流量的14%。其所补给的白马穴岩溶暗河系统的总流量枯季为1.3m^3/s、雨季为5.5m^3/s，说明尚有自身汇水面积（262km^2）的补给排泄。

4.2.3 水库蓄水后岩溶渗漏的判别方法

蓄水后水库出现岩溶渗漏，其地表特征明显，尤其是岩溶管道渗漏，流量大而集中。主要采用地表观察、水化学特点、地下水位与流量观测关系等判别。

（1）直观现象。主要包括库水位异常、水面漩涡、水声等，以及库内外天然的消水坑、落水洞、漏斗、岩溶塌陷、洼地积水消水、下游泉水流量增大等。除主库盆外，对高水位漫入的岩溶洼地、伏流、暗河回水区域也应列入观察范围。如猫跳河二级水库黄家山垭口渗漏是通过库外岩溶洼地子库盆渗向分水岭垭口下游侧K_{58}早期洞穴。猫跳河四级、沙坝河水库在水库渗漏后出现过水面漩涡、消水坑、下游泉水增大等典型渗漏现象。

（2）渗出点水温、水质分析。蓄水后是否发生渗漏，从渗出水流的物理、化学性质也可进行判别，主要是利用水温和化学成分与水质类型的差异。地下水的水温在某一时段基本是恒定的，而库水温度与其差异明显（夏季低、冬季高）。库水和岩溶地下水、暗河、管道水，在化学成分和水质类型上往往存在一定差异，尤其上游岩性差异大的库区。因此，可以利用水温、水质等差异判断库水渗漏及其部位等。

（3）地下水位与渗漏量观测。利用库坝区渗漏监测孔地下水位高低（或渗压大小），与同期库水位进行比较，若发现低于库水位并与库水位相关同步变化的即存在渗漏。与天然条件下岩溶大泉、管道水、暗河流量对比，流量有明显增加并与水库水位变化相关的，说明有渗漏发生。

4.2.4 岩溶水库渗漏判定地质标志与评价标准

4.2.4.1 岩溶渗漏判定地质标志

岩溶渗漏工程研究及经验表明，要判断水库工程是否出现岩溶渗漏，以及其严重程度如何，经过大量工程反复归纳、检验后得出：水库与坝基的渗漏应根据地形地貌、地质构造、岩溶水文地质与岩溶化程度逐次分析综合判定。

1. 水库区岩溶渗漏判别标志

（1）地形地貌条件。水库邻谷水位（非悬托河）高于水库正常蓄水位者，不存在水库渗漏；为低邻谷与河湾者则可能出现渗漏。

（2）地层岩性、地质构造条件。河间或河湾地块在水库正常蓄水位之下有连续、稳定可靠的隔水层或相对隔水层封闭阻隔者，不存在水库渗漏；反之，或因可溶岩直接沟通库内外，或构造切割使库内外可溶岩组成有水力联系的统一岩溶含水系统时，则有可能出现渗漏。

（3）岩溶水条件。河间或河湾地块为一个岩溶含水系统时，若河间地块两侧或河湾地块上、下游有稳定可靠的岩溶泉，则表明地块存在地下分水岭。当地下分水岭高于水库正常蓄水位时，不存在渗漏。若地下分水岭低于水库正常蓄水位，或是库内不出现岩溶泉，而受下游或远方排泄基准面控制，仅库外出现岩溶泉，则河谷水动力类型为河水补给地下水，且多无地下水分岭存在，将出现水库渗漏，且后者多为严重的渗漏，其严重程度取决于河间或河湾地块区蓄水位以下岩体的岩溶化程度。

（4）岩溶化程度条件。河间或河湾地块地下分水岭虽低于水库正常蓄水位，甚至下游侧有地下水洼槽，若分水岭地带岩溶不发育，特别是无贯穿性的岩溶管道时不会发生大量水库渗漏，其严重程度取决于地下分水岭以上岩体的岩溶化程度。

2. 坝基岩溶渗漏判别标志

（1）地形地貌条件。峰林山原或丘峰平原浅切河谷上建坝，易发生绕坝渗漏，随蓄水位的抬升，渗漏范围迅速扩大，而坝基渗漏一般较浅；峰丛山地深切峡谷中建坝，一般绕坝渗漏范围较小，坝基渗漏较深；峰林山原向峰丛峡谷过渡的河段，特别是在河流裂点上、暗河或伏流段建坝，易出现复杂的岩溶渗漏。

（2）地质构造条件。在有封闭良好的隔水层或相对隔水层的横向或斜向谷上建坝，若有渗漏，其范围受限制，有防渗依托；隔水层受断裂切割，或无隔水层以及可溶岩走向谷的坝址，易出现岩溶渗漏，其严重程度与河谷水动力条件和岩溶化程度有关。

（3）岩溶水动力条件。坝基位于一个岩溶含水系统上，河谷两岸有稳定可靠的岩溶泉出露，为补给型水动力类型的河谷，在其上建坝，渗漏问题较小，范围和深度有限；两岸或一岸无稳定岩溶泉，并证实为排泄型或悬托型水动力条件类型的河谷，在其上建坝将出现渗漏，一般较严重与复杂。

（4）岩溶化程度条件。坝基位于一个岩溶含水系统中，在河床或河岸有纵向岩溶管道发育并有地下水洼槽者，将出现复杂的、严重的岩溶渗漏；坝基位于一个岩溶含水层中，其内某岸虽有纵向岩溶管道发育，但水库正常蓄水位以下范围内与河水无水力联系，其地下水洼槽不随库水位变化者，不一定出现渗漏。

其中，峰林山原泛指云贵高原面上的盆地、残丘坡地、丘峰溶原地貌；丘峰平原泛指桂东南孤峰残丘平原类地貌。在这类岩溶地貌区的河流多河曲，支流也发育，岩溶多期叠加发育，地下水浅埋，水力坡降十分平缓，比邻谷地下分水岭低矮，故绕坝渗漏范围极易扩大。峰丛山地包括峰丛洼地、谷地与峡谷地貌。这类岩溶地貌区的河流深切后，一般为当地地下水的最低排泄基准面，两岸溶洞、暗河可多层发育，造成岩体透水的垂向不均一性，地下水埋藏深，水力坡降较陡，两岸绕渗范围一般有限。从峰林山原向峰丛峡谷过渡的河段，易为河水补给地下水的水动力条件类型。有的有河床落水洞、暗河或伏流。后两者不一定是单一的岩溶管道，其周围总会有大小不一的溶缝。故在此类地段建坝，岩溶渗漏问题比较复杂。

在地质构造条件中，当有断层切断隔水层，使上、下层可溶岩互相衔接沟通时，以往称为构造切口或统一的含水层，按系统理论则将不同成因造成的有统一水力联系的含水岩系称为岩溶含水系统。

4.2.4.2 岩溶渗漏对工程影响及允许渗漏量

1. 岩溶水库实际渗漏量与处理实例

现将部分工程实际渗漏量、补充处理情况列入表4.2-4中。由表4.2-4可得出以下结论。

（1）渗漏部位。实例工程中各水库严重岩溶渗漏主要出现在库区。如窄巷口水库渗漏以库首及坝址区为主，其渗漏量相当于河流多年平均径流量的40%，严重影响电站发电。

（2）渗漏量与防渗处理。如表4.2-4所示，库区发生岩溶渗漏的水库，渗漏量占河流多年平均流量的5%～14%，均进行了补充处理。而部分工程坝址估算渗漏量均小于河流多年平均流量的1%，亦都做了防渗处理。处理后红岩、普定、东风等工程所出现的实际渗漏仅占河流多年平均流量的5%以内，但基本都做了补充防渗处理，处理目的主要是为了渗透稳定。

表4.2-4　不同类型水库的岩溶渗漏量及处理情况

水库名称	库区			库首及坝址区		
	渗漏量	占河流多年平均径流量的比例	处理情况	渗漏量	占河流多年平均径流量的比例	处理情况
百花 黄家山	渗漏 $1\sim2m^3/s$	5%	处理			
修文				估算和实际渗漏量均为 $0.1m^3/s$	0.25%	未处理
窄巷口				估算为 $0.173m^3/s$，实际渗漏量约 $20m^3/s$	估算占0.35%，实际渗漏量占40%	补充处理完毕
红岩				估算 $0.0123m^3/s$，实际渗漏为 $0.1m^3/s$	估算占0.028%，实际渗漏量占0.2%	补充处理完毕
普定				估算 $1.121m^3/s$，实际渗漏 $0.02m^3/s$	估算占0.87%，实际渗漏量占0.02%	补充处理完毕

续表

水库名称	库区			库首及坝址区		
	渗漏量	占河流多年平均径流量的比例	处理情况	渗漏量	占河流多年平均径流量的比例	处理情况
东风				估算 $2.27m^3/s$，实际渗漏 $0.4m^3/s$	估算占 0.66%，实际渗漏量占 0.12%	补充处理完毕
思林				估算 $2.65m^3/s$	占 0.3%	已处理
石垭子				实际 $0.01m^3/s$	占 0.01%	补充处理
洪家渡切口	估算 $1.8m^3/s$	占 1.16%	已处理			
中梁水库河道	天然消水量 $2.43m^3/s$	占 14%	已处理			
索风营				实际 $0.02m^3/s$	占 0.005%	已处理完毕
格里桥				实际 $0.02m^3/s$	占 0.02%	已处理完毕
沙坝河水库				库坝区实际渗漏量平均为 $2.81m^3/s$，处理后降为平均 $0.51m^3/s$	占 20%～117%，补充处理后仍占 21%（推求允许 40%）	补充处理
金狮子				实际 $0.18m^3/s$	0.5%	不处理

水库岩溶渗漏量对工程的影响，主要体现在对工程安全和效益两个方面。对工程安全的影响包括：①库外边坡、水工建筑物、居民点等建构筑物和人身安全；②渗漏量的突变增大。从岩溶渗漏途径分析，主要是由溶隙、管道等有无充填物来决定的，无充填的岩体稳定，不会发生渗透破坏；但有充填时，则会发生渗透破坏，甚至击穿，故对于有充填岩溶溶隙、管道的渗漏要做好处理。对发电效益的影响，在水库相同渗漏量情况下，常规水电站水库影响较小，抽水蓄能电站影响较大。同时与发电利用水头大小的关系也十分密切，所以对高坝从渗透稳定和效益影响来说，对水库渗漏量要求更严格。

从实例可看出，对于工业类供水水库渗漏处理要求可低些。如贵州黔西沙坝河水库虽然补充防渗处理后仍有占河流多年平均流量约 10%的渗漏存在，但水库仍可满足火电厂运行的供水要求，业主确定暂不再进行进一步防渗处理，但对渗漏量进行了系统的长期监测。

因此，允许渗漏量标准的制定，既要考虑水库的性质、坝高及利用水头大小，也要结合水库功能综合分析合理确定，不能一概而论。

2. 岩溶渗漏量计算公式和允许渗漏量

（1）岩溶渗漏量计算公式。裂隙性介质，用地下水动力学公式；管道性介质用水力学管道流公式；两种介质均有时，应分别计算后再加起来；用类比法应注意其相似性。

（2）允许渗漏量：原则是岩溶渗漏不得影响工程效益发挥及工程运行安全，且应区分渗漏与工程部位的关系。对工程安全有影响的应作渗控性质的处理；漏水量过大，影响水库发挥正常效益的需做堵漏性质的处理。其漏水量一般以河流多年平均流量的允许百分比作依据，对多年调节的水库，其允许百分比为河流多年平均流量的 5%；否则为 3%，或为枯季河流平均流量的 3%。

第 5 章

岩溶水库防渗处理设计

岩溶地区水库建设，在选址过程中须首先解决成库问题，一般来说，多会选择在建坝条件良好、有连续可靠的相对隔水层或隔水岩体可利用作防渗依托的峡谷河段。但在岩溶地区，并非岩溶发育或强烈发育就不能建坝，如前所述，若有稳定可靠的隔水层可以利用，则在地层结构有利的河段，无论库区岩溶水文地质条件有多复杂，只要坝基无不可处理的渗漏问题、库区无不可处理的邻谷或库盆渗漏问题，均可建成不同规模的水库。如光照水电站，其库区岩溶发育，水文地质条件复杂，但坝址区地层结构为横向谷，且有连续稳定的飞仙关组（T_1f）相对隔水层可利用予以防渗，库水不会产生邻谷或绕坝渗漏，对坝基进行必要的防渗处理后，建成了高逾200m的世界级RCC重力坝。因此，岩溶水库经成库条件论证，除难以处理或处理代价大的集中大流量岩溶渗漏、深岩溶渗漏、大面积多通道岩溶渗漏外，一般都可以通过防渗处理解决其建坝蓄水的问题。

岩溶水库防渗包括库区防渗及坝基防渗两部分。前者重点对可能影响水库蓄水的岩溶渗漏通道进行处理，如通过低矮分水岭或岩溶管道向邻谷或河湾下游的渗漏，通过构造切口向邻谷渗漏或下游河道的绕坝渗漏等。后者则主要是坝基通过溶蚀裂隙（缝）、岩溶管道向下游坝基的岩溶渗漏问题，岩溶渗漏的结果包括库水渗漏影响发电，以及可能影响大坝或枢纽区其他水工建筑物安全。两者的处理范围不尽一致，但处理原理与方法基本相同。

5.1 岩溶水库防渗处理的重点与原则

5.1.1 防渗依托的选择

在岩溶地区影响水库渗漏的基本地质因素较多，一般有地形地貌、岩性和岩层层组、地质构造、岩溶发育规律、地下水动力条件等，在无相对隔水层的岩溶地区，岩溶渗漏很大程度上取决于地形（如有无相邻的低邻谷）和地下水动力条件（如有无地下分水岭），而渗漏量大小一般取决于岩溶发育情况。

水库防渗帷幕轮廓的设计即防渗依托的选择，应先应查明岩溶水文工程地质条件及渗漏边界条件，其设计任务是确定防渗帷幕端点的位置、帷幕端点搭接形式、防渗帷幕的深度及采取何种帷幕类型。

5.1.1.1 防渗帷幕长度设计及帷幕端点的确定

在进行防渗帷幕长度设计时，应首先确定控制渗漏范围及渗漏量。当水库对渗漏有严格要求时，帷幕长度应控制两岸和河床全部渗漏范围；当水库允许一定的渗漏量时，防渗帷幕只要控制主要渗漏范围即可，其他渗漏量小的地段可以少做处理或者不做处理；当水库只要求保证大坝或枢纽区其他水工建筑物安全时，防渗帷幕可仅在河床及大坝两岸或枢纽区其他水工建筑物影响范围内设置，其他地段则少做处理或不做处理。

根据水库枢纽区的水文地质情况及渗漏边界条件，防渗帷幕端点的确定，有如下5种类型：

（1）帷幕端点接隔水层。水库枢纽区有砂页岩、砂泥岩及其他非可溶岩类隔水层岩体存在时，帷幕端点可接隔水层。

（2）帷幕端点接相对隔水层。水库枢纽区有岩溶不发育或微发育的泥灰岩、泥质白云岩等微透水性岩体形成相对隔水层时，帷幕端点可接相对隔水层。

（3）帷幕端点接弱透水层。水库枢纽区有弱透水层存在时，由于岩溶发育相对微弱，透水性小，微弱的库水渗漏不影响大坝或枢纽区其他水工建筑物安全，帷幕端点可接弱透水层。

（4）帷幕端点接地下水位。水库枢纽区无隔水层或相对隔水层，帷幕端点可接两岸地下水位与水库正常蓄水位的交点，防渗下限一般接至地下水位以下一定深度（以岩溶发育及地下水循环深度控制）。

（5）帷幕端点同时接隔水层或相对隔水层及地下水位。水库枢纽区有隔水层或相对隔水层存在，而水库对渗漏量要求极高时，帷幕端点可以在接隔水层或相对隔水层的同时与地下水位和水库正常蓄水位的交点相接。

5.1.1.2 防渗帷幕深度及帷幕类型的确定

防渗帷幕深度确定的基本原则与防渗帷幕长度确定的基本原则一致，即先确定控制渗漏范围及渗漏量。根据防渗帷幕底线的搭接形式，可将帷幕分为以下3种类型：

（1）全封闭帷幕。幕底与隔水层或相对隔水层搭接，在剖面上形成良好封闭体系。

（2）悬挂帷幕。幕底与相对不透水层或与岩溶弱发育岩体相接，在剖面上不能形成封闭体系。

（3）混合式帷幕。当水库枢纽区地质构造复杂，隔水层、相对隔水层或相对不透水层被错断，分布高程相差悬殊，防渗帷幕底线可视具体条件分别与隔水层、相对隔水层或相对不透水层搭接，组成帷幕底线沿高程起伏变化的混合式帷幕。

综上所述，岩溶地区防渗帷幕防渗依托的选择，主要依据岩溶水文地质条件、渗漏边界条件及防渗要求，选择经济、合理、可靠的防渗帷幕形式。当有隔水层、相对隔水层或相对不透水层存在时，防渗帷幕端点及底线尽量与之相接；若无有隔水层、相对隔水层或相对不透水层时，防渗帷幕端点可选择地下水位与水库正常蓄水位的交点，帷幕底线可选择与岩溶发育较弱的岩体相接。

5.1.2 库区岩溶防渗处理与坝基防渗处理的差别

5.1.2.1 库区岩溶防渗处理

排除地形（含古河道等）因素外，库区（含库首）岩溶渗漏的类型主要有：①于低矮或单薄地下分水岭部位，库水通过可溶岩地层或可能发育于其中的岩溶管道或导水构造，向邻谷或河湾下游渗漏；②因构造切割原因，导致库盆内外可溶岩地层导通，造成库水沿可溶岩向邻谷或河湾下游渗漏。

由于水库区面积大、地质条件复杂，滴水不漏的水库极为少见。为了保证水库不漏水或少漏水，必须在查明库区和周围地区的地形地层结构、构造切割、岩溶水文地质情况的基础上，因地制宜采取相应的防渗措施。

1. 构造切口岩溶渗漏防渗处理

水库区隔水层、相对隔水层或相对不透水层受地质构造的影响，如在水平构造、倾斜构造、褶皱构造或者断裂构造等作用的影响下，隔水层、相对隔水层或相对不透水层被切断，导致不同层位或岩溶水文地质单元的岩溶含水透水地层相互衔接，形成地质构造切口，破坏了隔水层、相对隔水层或相对不透水层，导致岩溶穿越隔水层、相对隔水层或相对不透水层发育，形成地质渗漏切口，库水将沿此切口形成集中渗漏通道，称之为水库构造切口渗漏。

对于水库构造切口渗漏，应重点关注两个方面：一方面是对库区层间非碳酸盐岩隔水层的厚度、岩体强度及构造切割情况进行详细研究分析，综合地质调查、钻孔勘探、地球物理勘探、示踪试验等多方面的资料，以求对库区构造特征及地层结构进行详细研究，查明各种可能的构造切口或通道；另一方面是由于碳酸盐岩内岩溶发育的隐伏性，断裂切割或层间塌陷破坏形成的地质缺口的确切位置、规模难以准确把握，因此需要对各种可能的地质缺口进行全面分析，对于分布高程高、渗漏距离远的缺口，一般不会产生太大的渗漏，可暂时不做防渗处理；对于分布高程与库水位相当、渗漏距离较近的缺口，易引起严重渗漏，因此重点调查，采取防渗处理措施。

岩溶地区水库构造切口渗漏处理措施如下：

（1）岩溶通道渗漏。可采用混凝土或浆砌块石堵塞其咽喉要道，再进行水泥或水泥黏土等灌浆处理。

（2）大断裂溶蚀破碎带和强溶蚀裂隙渗漏。可采用喷混凝土或水泥砂浆进行堵塞。

（3）落水洞渗漏。可修建围堤、围井，将岸坡、库内的落水洞与库水隔离开。

2. 低矮地下分水岭岩溶渗漏防渗处理

库盆两岸分水岭地区，常存在地下分水岭水位低于水库正常蓄水位的现象。在非可溶岩地区，分水岭地下水位虽可能低于正常蓄水位，但构成库盆的岩体本身属隔水层或相对隔水层，对地下水渗流具有较好的控制作用与隔水效应，一般不会发生大规模的水库渗漏问题。有的多是沿风化裂隙或砂岩等孔隙裂隙透水地层产生的渗漏，渗漏方式明确，渗漏量与渗漏范围有限，一般易于处理或不需处理。对岩溶地区，若可溶岩地层导通库盆及邻谷或河湾下游，在地下分水岭低于水库正常蓄水位时，岩溶渗漏现象较为常见。当低矮分水岭地区是早期的古河道、岩溶槽谷或有断层通过时，可能存在岩溶化程度较高的强溶蚀带，甚至早期岩溶管道。当分水岭两侧都发育有岩溶管道时，分水岭地带甚至可能有两侧岩溶管道系统在发育过程中相互“袭夺”而留下的早期岩溶“窗口”，当水库蓄水后，库水将通过岩溶渗漏通道，越过低矮分水岭向邻谷或河湾下游渗漏。

分水岭地带渗漏类型包括面状岩溶裂隙（缝）渗漏、岩溶管道渗漏及隙管混合渗漏等，处理范围相对较大，处理方式根据岩溶发育特征则各不相同。对面状岩溶裂隙型渗漏，一般采用常规灌浆方式进行防渗处理。对岩溶管道型渗漏，一般采用回填混凝土或模袋灌浆等方式进行处理后，再进行常规灌浆处理。对隙管混合渗漏，则采用上述防渗方式进行有针对性的混合处理。防渗处理的范围为正常蓄水位以下的岩溶发育部位，重点是岩溶管道、导水断层等集中渗漏通道，两端接地下水位，下限至相对隔水层或弱岩溶化岩体。

5.1.2.2　坝基岩溶防渗处理

坝基渗漏是指水库蓄水后由于上、下游水头差，使库水沿坝基岩体中的溶蚀裂隙、溶洞、导水断层等通道向大坝下游的渗漏。沿大坝两侧岸坡岩土体中的渗漏称为绕坝渗漏。坝基渗漏多发生在未进行防渗处理或防渗措施不当之处。坝基渗漏会降低水库的效益，增大坝底的扬压力，还可能引起坝基溶洞充填物、溶蚀夹泥层、断层溶蚀夹泥带等岩土体潜蚀、化学溶解等不良作用，导致坝基失稳。因此，修建大坝时要对坝基渗流进行控制，将其不利影响减小到规定的安全范围内。

根据岩溶发育程度及坝基岩体透水特征的不同，坝基岩溶渗漏可分为以下3种类型。

1. *岩溶裂隙性渗漏*

岩溶裂隙性渗漏为通过可溶岩地层中的岩溶裂隙产生的渗漏。当岩溶裂隙很多且互相切割时，可近似视为均匀透水介质，其中的地下水（库水）渗流近似均匀流，此种现象在弱风化以上的强溶蚀风化带中较为常见；当岩溶裂隙发育不均一或不规则时，渗流常呈脉状流，且由于岩溶化过程中的溶蚀扩张作用，沿此类岩溶裂隙发生的渗漏多较非可溶岩地区严重。

南方可溶岩地层的风化特点与分层结构如下。

（1）地表残坡积红黏土（或黄壤土）层：多为碳酸盐岩溶蚀风化的产物，铝镁矿物含量高，透水性差，当厚度较厚且连续分布范围较宽时，可起到隔水铺盖的作用。

（2）表层强溶蚀带：岩体溶蚀风化严重，基岩表面溶沟溶槽（包括隐伏者）发育，基岩面起伏大；裂隙发育，且沿裂隙溶蚀扩宽现象明显，沿岩溶裂隙或溶缝黏土充填程度亦多较高。白云岩地层表层强溶蚀风化带砂状风化特征明显，渗透性好且较均匀。

（3）中等风化溶蚀带：裂隙发育较表层强溶蚀风化带少，沿裂隙的溶蚀现象多继承表层溶蚀带向下延伸，但间距渐小，充填程度较表层强溶蚀风化带差，裂隙导水性反而更好。

（4）微新岩体（弱溶蚀带）：裂隙不发育或少发育，除沿长大结构面或断层发育的岩溶管道外，一般沿裂隙岩溶不发育，溶蚀现象少见。

此外，沿断层溶蚀影响带尚发育带状风化槽或风化带，沿岩溶管道周围常发育一定范围的溶蚀影响圈。

受溶蚀程度及充填情况等影响，浅层地下水的活动常集中在强溶蚀带下部的溶蚀裂隙密集带及弱风化带内的长大溶蚀裂隙或溶缝中进行，该带也是岩溶地区浅层地下水的主要渗漏带，属均匀或半均匀渗漏介质，亦是水库蓄水后除岩溶管道、导水断层、深切长大裂隙等的主要渗漏区域，是影响大坝或枢纽区其他水工建筑物安全的重点渗流区，一般需作均匀防渗处理，这也是岩溶地区坝基防渗需重点封闭中风化及以上风化带的主要原因。

2. *岩溶管道式渗漏*

建坝河段所在的岩溶河谷一般是当地岩溶地下水的排泄基准面，也是各类岩溶大泉的主要排泄区，岩溶管道多沿层面、断层、长大结构面等发育，且具多期性，甚至承压性；岩溶强烈发育河段可能发育有顺河向岸坡水位低槽带，位于河谷裂点附近者尚可能于河床底部或两岸发育顺河向岩溶管道。当坝基横跨岩溶管道时，水库蓄水后可能存在库水沿库底、岸坡通过岩溶管道向大坝下游的渗漏问题。如重庆巫山双通水库大坝下游为青龙潭暗河出口，水库蓄水后，库水由库盆底部、坝前等多处早期落水洞入口渗漏，并统一由大坝下游青龙潭暗河排出，导致该水库至今不能正常蓄水。

3. 隙管混合渗漏

即坝区岩溶裂隙、岩溶管道均存在，且导通大坝上、下游，水库蓄水后，沿此类含水介质均可能发生渗漏，且此类现象在岩溶地区较为常见。

控制坝基岩溶渗漏的基本原则与一般大坝坝基防渗处理类似，即先灌浆以防渗、后排水以降压。对透水强的地带，灌浆效果较好，宜采用“阻水”为主、结合排水的措施；对透水性差的坝基，灌浆效果不好，但渗漏量不大，宜以“排水”为主、灌浆为辅的方式予以处理。但基于岩溶发育的不均一性及复杂性，以及透水介质强弱混杂的特性，纯粹的灌浆或排水在很多情况下达不到防渗处理的效果。因此，针对岩溶地区大坝基础防渗处理，主要方法如下：

（1）对较均匀的岩溶裂隙性透水介质，主要采用灌浆方式进行防渗处理；当溶蚀裂隙规模较大，透水性较好时，需采用控制灌浆方式进行防渗处理。

（2）对通过坝基的岩溶管道，当规模较小时，可采用控制灌浆方式进行处理，必要时在进行回填级配料、砂浆等充填灌浆处理后，再进行控制灌浆或常规灌浆处理。对大型岩溶管道或溶洞空腔，多采用回填混凝土、钢格栅＋模袋灌浆等方式进行处理后，再进行控制性常规灌浆处理。当岩溶空腔可能影响坝基稳定或受力时，应对岩溶空腔进行一定范围的回填加固处理。对充填型大溶洞，可采用高压联合冲洗灌浆、高压群孔置换灌浆等方法进行处理。

（3）当水库或坝基一定范围内的岩溶渗漏呈面状，且坝基需进行岩溶防渗处理的深度较深，现有处理技术达不到相应深度时，为减少坝基渗漏量可采用上游设水平铺盖方式进行防渗处理。

（4）在坝基进行防渗处理后，通常幕后采用排水孔、排水廊道、减压井等工程措施进行排水，以减小扬压力或渗流梯度。

5.1.3 分期分区防渗原则

根据碳酸盐岩的可溶性，可以将碳酸盐岩划分为强可溶岩、中等可溶岩和弱可溶岩3类，其中强可溶岩地区通常循层面、断层带或其他长大结构面发育规模较大的洞穴管道系统及溶隙；中等可溶岩地区通常循层面、断层带或其他长大结构面发育单个溶洞及溶隙；弱可溶岩地区岩溶发育微弱、极微弱或不发育。因此，根据碳酸盐岩的可溶性及可溶岩体透水性特征，可以将防渗范围内的防渗帷幕线进行分区处理，即按岩溶发育程度的不同及岩溶渗漏通道可能分布的位置，将防渗帷幕线划分为强岩溶发育处理区、中等岩溶发育处理区及弱岩溶发育待观处理区。

（1）强岩溶发育处理区。由于发育有规模较大的洞穴管道系统及溶隙，洞穴常常成规模存在，且类型多样，从形态上看，有厅状、水平管道、竖井（或斜井）等；从充填程度看，有全充填、半充填及无充填等；从地下水丰富程度看，有暗河、渗水及无水等。岩溶强发育带是水库蓄水后的主要渗漏区，且主要以集中大流量渗漏为主，当存在渗漏问题时，须对之进行有效处理。根据具体岩溶发育情况，强岩溶发育区防渗一般采用开挖置换或控制灌浆进行处理，也可根据工程地质条件及工程具体要求，针对岩溶的具体特点，采取避让、混凝土换填封堵、防渗墙、高压旋喷、高压灌浆、地下水引排等岩溶处理措施。当单一的岩溶处理措施不能奏效时，需要综合运用“挖、堵、灌、排”等多种手段对强岩溶区进行处理，以阻截防渗帷幕线上的岩溶通道。

(2) 中等岩溶发育处理区。岩溶常常成单个发育，岩溶系统往往相互独立，且规模有限，各岩溶系统被非岩溶岩或弱可溶岩阻隔，地下水基本沿各自独立的、规模有限的岩溶管道和裂隙网络流动。该区地下水主要在裂隙网络及相对孤立的岩溶管道内流动，库水渗漏主要沿岩溶管道及溶缝、溶隙、溶蚀层面进行，帷幕防渗处理亦主要处理岩溶发育区域，其余区域采用物探 CT 等进行超前探测，若岩溶不发育或弱发育，可根据具体岩溶发育情况予以常规灌浆处理或不作处理。因此，对中等岩溶发育区防渗一般采用灌浆进行处理，对于溶洞规模较大地段，也可采取先回填再进行防渗灌浆的处理方式。

(3) 弱岩溶发育待观处理区。岩溶发育微弱、极微弱或不发育。在弱岩溶发育区，岩体透水性差，对于透水率能满足规范防渗要求的部分，可作为隔水层或相对隔水层考虑，不做处理，对于局部透水率不满足规范要求的，可采取灌浆进行局部处理。当此部分区域分布较深或距坝肩较远时，一般多是在施工时先施工灌浆廊道，作待观处理。

对防渗范围比较大的岩溶水库，尤其是采用悬挂式帷幕或相对隔水层分布较远，受前期勘察精度所限，帷幕沿线岩溶水文地质条件不是很明了时，可以对防渗帷幕进行分期。第一期是水库蓄水之前必须进行处理的，重点处理影响水库蓄水的岩溶管道、集中渗漏带或者蓄水后无法进行处理的渗漏通道，以及近坝部分可能影响大坝扬压力及渗流稳定的区域。第二期主要是在第一期实施的基础上通过观测来确定是否实施，若第一期实施后，水库渗漏量很小，不影响工程效益和工程安全，可以不用再处理；若渗漏量较大，对工程效益和工程安全有影响，则根据渗流观测、补充地质勘查情况进行有针对性的处理。从有利于后期观测、补充灌浆施工并降低施工开挖对大坝的影响考虑，第一、第二期灌浆廊道应同时开挖完成。

根据岩溶发育情况，对防渗进行分区、分期，有针对性地采用不同防渗处理措施对各分区进行防渗处理。这样既可以保证防渗帷幕的质量，又可以避免采用单一的处理措施以致达不到防渗效果而造成不必要的浪费，做到经济与效果和谐统一。

5.1.4　灌前超前探测

岩溶的产生和发育主要取决于各种地质条件的共同作用，如岩性、地质构造、地形地貌、地下水和构造运动等，是一种非常复杂的地质现象。为查明工程区的工程地质情况及下伏岩溶发育情况，前期勘察手段主要有：地质测绘、水文地质调查、水文地质测试与室内实验、钻探及取样等，通过对工程区大范围的岩溶地质调查后，往往会对重点区域采用反射波法及电磁波法等物探手段进行探测。鉴于前期工程地质勘察工作对于岩溶的专项勘察往往有限，对于岩溶的发育程度、范围、充填情况等的分析判断，主要取决于地质人员的经验，这就使得在工程施工前很难完全查明岩溶的位置、规模及形态。因此，在防渗帷幕施工过程中，往往需采用超前钻孔及物探测试，进一步了解防渗帷幕范围内的岩溶发育程度及空间分布、规模等，为针对性防渗处理提供地质依据。

在岩溶地区，主要集中渗漏带包括溶蚀裂隙密集带、导水断层破碎带及影响带、岩溶管道等，其中导水断层及其影响带因空间分布较明确，在灌浆前即可对其位置、导水性及可能需处理的范围进行初步判断，并在帷幕防渗设计时针对其进行灌浆处理设计。而对裂隙密集带及溶洞，受其有限的分布范围（裂隙）及空间不确定性（溶洞）的影响，前期有限的勘察工作量有时难以准确查明，对大范围成片分布的裂隙密集带或表层强溶蚀风化带，可根据其岩体透水性特征进行钻灌设计、连续处理；而当溶蚀裂隙密集带、溶洞范围小且不确定时，一般需采用超前钻孔结合物探 CT 的方式对其进行超前探测，根据其分布范围、规模进行针对性处理，其余弱发育岩溶或不发育部位，可进行单排孔常规处理甚至不处理。

超前先导孔本身是灌浆孔的组成部分，只是将其提前施工并略增加深度作为超前探测钻孔使用，其布置可以均匀布置亦可针对性布置。前者基于岩溶发育的不确定性，后者则主要针对可能的断层、长大裂隙或裂隙密集带、岩溶管道或暗河的可能分布区段。受限于现有物探 CT（声波 CT 或电磁波 CT）的探测精度，超前钻孔的间距宜为 15～25m，最远不宜超过 30m。

灌前钻孔及物探须结合前期工程地质勘察已查明的岩溶发育总体特征进行合理布置，目的是进一步验证前期勘察推测的岩溶在防渗范围内的具体发育情况，从而全面准确地掌握防渗范围内岩溶的分布及发育情况，使防渗帷幕的设计可靠，确保防渗帷幕的设计及施工经济合理。

5.2 岩溶水库防渗处理设计

5.2.1 帷幕防渗孔间排距设计

灌浆孔距和排距设计是否恰当，将在很大程度上决定帷幕的防渗效果和帷幕造价。若灌浆孔距设计得太大，最终将达不到规定的防渗标准，以至于后期不得不进行大量的补充灌浆；若灌浆孔孔距设计得太小，将使得后来的一部分孔在已充填的有效范围内做没必要的重复灌浆，造成浪费并提高了工程造价。恰当的灌浆孔距应当使左右相邻孔的，有效充填范围能彼此衔接起来，到最后既不会留下能导致透水性超过防渗标准的大裂隙，又不使重叠部分太多，以形成一个能达到防渗标准的连续防渗面。

在岩溶地区可能存在集中岩溶渗漏的问题。帷幕灌浆的范围、深度及防渗帷幕孔间排距需根据现场情况确定。岩溶地区帷幕灌浆的深度，当有隔水层或相对隔水层作防渗依托时，帷幕下限进入隔水层 5～10m 即可；若为悬挂式帷幕，一般根据透水率进行控制，高坝一般不超过 3Lu，中低坝按 5Lu 控制，但防渗深度多不超过 1 倍坝高，中低坝一般为 0.3～0.5 倍坝高；个别岩溶特别发育的，帷幕深度有时达到 2～3 倍坝高，局部透水率高的区域可单独进行防渗处理。岩溶轻微发育的，可视其为相对隔水层按一般岩层布置。当帷幕总深度大于 100m 时，为确保钻灌质量（主要是钻孔倾斜问题），形成有效防渗帷幕，宜分层灌浆施工。

岩溶地区帷幕灌浆孔排数设置，至今还没有统一的标准。在美国，帷幕灌浆孔设计时，通常都先试用单排孔，再根据实际灌浆情况再确定是否需要增加辅助孔。在日本，主要根据岩石情况及岩溶发育情况来确定帷幕灌浆孔的排数，岩溶发育的地段多采用主、副孔布置形式，多采用两排孔布置；在坚硬新鲜基岩上，即使是高坝，一般也采用单排孔布置形式。在苏联和中国，以前都是先规定在幕体前后的水头差及灌浆孔的充填范围来计算所需要的帷幕厚度与灌浆孔排数，据此一般情况是：坝越高，需要帷幕就越厚；基岩透水性越小，帷幕孔的充填范围越小，需要的帷幕灌浆孔排数就越多。后来颁布的相关设计规范又重新定义如下：在考虑帷幕上游区的固结灌浆对加强基础浅部的防渗作用后防渗帷幕排数，一般情况高坝为两排孔，中、低坝可为一排孔，对地质条件较差的地段或经研究认为有必要加强防渗帷幕时，可适当增加帷幕孔的排数。实际上，中国近年来在岩溶地区所建的高、中坝，大多数都采用双排孔和三排孔，较少采用一排孔，在岩溶较发育地区，低坝大多都采用双排孔，部分为一排孔。

从近年在西南岩溶地区水利水电工程防渗帷幕的实施效果来看，无论是高坝或中、低坝，由一排灌浆孔能达到规定的防渗标准的，可以采用一排孔，不能达到防渗标准的，就需要采用多排孔，关键在于岩溶水文地质情况。当采用多排孔时，一般情况下，排距为孔距的0.7～0.8倍，在平面上应错开呈梅花形布置，以便尽量多地堵住渗漏通道或者溶蚀裂隙。对于多排孔，一般情况下，上游排或者中间排为主孔，深度应达到帷幕底线，并最先施工，下游排一般为辅助孔，深度一般为主孔的1/2～2/3，待主排孔施工完成后，最后施工辅助孔；实际施工中，多是先施工上、下游排孔，后施工中间排防渗主孔。

影响灌浆充填范围的因素比较多，有岩溶发育特征、灌浆材料、灌浆压力、施工工艺及人员素质等。即使在相同的灌浆方法下，不同大小的溶蚀裂隙、岩溶空腔，所能达到的充填范围也不尽相同。因此，孔距设计时，设计人员一般根据工程的具体岩溶水文地质条件和已建的类似工程进行类比。根据类比情况，选择一个比较合适的孔距，然后选择一个典型的帷幕段进行灌浆试验，对孔距、灌浆压力、水灰比等具体的灌浆参数进行试验验证。根据试验情况对孔距等灌浆参数进行调整，以确定最终的灌浆参数。

帷幕灌浆试验的一般步骤是：设计孔距若为2m，就先取相距8m的孔位为Ⅰ序孔，取孔距为4m的孔为Ⅱ序孔，取孔距为2m的孔为Ⅲ序孔，逐渐加密进行试验。若设计孔距为2m合适，到Ⅲ序孔时，根据其灌后的压水试验情况判断灌浆段的透水率是否满足要求。若透水率满足要求，就说明孔距合适；若灌浆段透水率不满足要求，说明孔距偏大，应予以加密或者增加排数。若到Ⅱ序孔时，其灌后透水率已满足要求，则说明设计孔距偏小，应加大孔距，直到Ⅲ序孔透水率满足要求为止。通过现场灌浆试验，根据分析各孔的透水率和耗灰量的顺序递减情况，从中找出合适的设计孔距，再由灌浆试验段扩大到整个帷幕。

由于岩溶地区岩溶水文地质条件的复杂性，有时需要在现场帷幕灌浆试验的基础上，依据岩溶水文地质调查成果，对导水断层带、溶蚀裂隙密集带、岩溶强发育带等特殊地质条件段进行钻孔加密、加深，尽量将大的渗漏通道都堵住，以保证帷幕质量。从近年在岩溶地区水利水电工程防渗帷幕的实施情况来看，一般孔距为1.0～3.0m。岩溶发育程度高且不均匀时，多布置2排甚至3排孔；岩溶弱发育或微发育多采用一排孔，局部岩溶发育区域加密一排孔。当发育大型岩溶空腔时，空腔部位采用混凝土回填或模袋灌浆等处理后，接触部分再采用加密灌浆方式进行防渗灌浆处理。

5.2.2 灌浆压力与浆液的选择

5.2.2.1 灌浆压力的选择

岩溶地区水库防渗处理灌浆时，灌浆压力是保证和控制灌浆质量的重要因素，同时也是帷幕灌浆工程成本的重要影响因素。

为将浆液输送至需要充填的地层空隙中，就必须对浆液进行加压。给定的灌浆压力，一部分需要克服浆液本身的黏聚力和内摩擦力，驱动浆液流动；另外一部分则需要克服浆液沿灌浆管路、钻孔孔周及裂隙面的流动摩阻力。因此灌浆压力越大，浆液在一定裂隙里的运行距离就会越远，形成的帷幕厚度亦越厚；但由于岩溶通道的贯通性较好，当压力过大时，亦会造成不必要的浆液流失。而在充填型岩溶发育区，有时则需采用较高的灌浆压力，将溶洞内的夹泥及充填物或其他软弱地层进行挤压压密、置换。因此，岩溶地区灌浆压力需根据岩溶发育特征及渗漏通道的可灌浆性予以合理选择，既确保防渗灌浆效果，也不致造成不必要的浪费。

(1) 在日本，对于破碎岩体或者岩溶地区中、低坝帷幕灌浆，灌浆压力一般按式(5.2-1)来确定：

$$P=(0.25\sim0.4)h \tag{5.2-1}$$

式中：P 为灌浆压力，0.1MPa；h 为灌浆段深度，m。

对于坚硬岩石，灌浆压力有时取值达到 0.1MPa，但要求采用高压灌浆时应密切监视灌浆压力与吸浆率的变化，避免对岩石造成破坏。

(2) 在欧洲，灌浆压力一般按式（5.2-2）来确定，即灌浆压力一般取 0.1MPa。

$$P=h \tag{5.2-2}$$

式中：P 为灌浆压力，0.1MPa；h 为灌浆段深度，m。

(3) 在中国，灌浆压力主要采用式（5.2-3）来计算确定：

$$P=P_0+mh \tag{5.2-3}$$

式中：P 为灌浆压力，MPa；P_0 为基岩表层段允许灌浆压力，MPa，岩溶地区一般取 0.3～0.5MPa；m 为灌浆深度每增减 1m 可增加的压力，MPa，岩溶地区一般取 0.2～0.5MPa；h 为灌浆段深度，m。

在灌浆前，一般要进行压水劈裂试验或者原位地应力试验，对试验成果进行 P—Q 曲线（压力与浆液流量曲线）分析，以确定合适的灌浆压力。当 P—Q 曲线呈线性分布，说明有宽大裂隙和岩溶发育，因此灌浆压力抬升不起来；当 P—Q 曲线先呈线性分布后有拐点呈非线性曲线，说明拐点处的压力即为岩体破坏压力，代表发生劈裂、裂缝扩张或者发生冲蚀现象；当 P—Q 曲线不通过坐标原点，灌浆压力达到一定数值时岩体开始吃浆，说明吃浆时的压力即为劈裂压力。在 P—Q 曲线中，灌浆流量急剧增加之前的压力即为临界压力，大于临界压力岩体会发生破坏，因此一般取临界压力除以大于 1 的系数后的压力值作为容许灌浆压力。灌浆压力的量测，一般由埋设在孔口回浆管的压力表显示，当压力表上的读数稳定、指针摆动较小时取其最大读数。

一般情况下，岩溶地区采用的灌浆压力应既能达到防渗灌浆效果，又不致让浆液流散过远造成浪费。当岩溶通道过大时，应采用砂浆灌注、级配料回填、限流低压灌注，甚至回填混凝土等方式将大型通道封堵或转换为小通道甚至裂隙、孔隙性通道后，再用常规灌浆方式进行防渗处理。岩溶通道过大时要求采用低压甚至自流灌注方式进行限流灌浆，转为常规灌浆处理后，则考虑大坝承受的水头因素确定帷幕灌浆压力。一般情况下，坝高100～150m时，帷幕灌浆压力不宜大于4倍坝前水深；坝高150～200m时，不宜大于3倍水深；坝高200～250m时，不宜大于2.5倍水深。对于坝高200m以上的高坝防渗灌浆，应开展必要的灌浆试验，研究合适的灌浆压力及相应施工工艺后再进行灌浆施工处理。当帷幕范围内有充填型溶洞发育时，为了使溶洞内充填物固结、密实，常使用高压灌浆的方式，一般情况下灌浆压力多为5～6MPa；当对溶洞充填物采用高压群孔置换灌浆以达到更好的灌浆处理效果时，所使用的灌浆压力亦在6MPa以下，大于6MPa似无必要。

5.2.2.2 浆液选择

根据灌浆材料的不同，灌浆浆液可以分为颗粒型浆液和溶液型浆液两大类。其中颗粒型浆液是指以水泥基或其他颗粒物为主要灌浆材料的浆液，应用最为广泛的是以水泥基为主要灌浆材料的水泥浆液；溶液型浆液主要是化学类材料为主要灌浆材料的灌浆浆液，如环氧树脂系列、聚氨酯系列、聚丙酸盐系列、水玻璃系列等，又简称“化学灌浆”。

溶液型浆液由于不含固体颗粒物，其可灌性好，不像水泥浆液受其粒径大小的限制，同时其胶凝时间可以控制，还可以调节材料配比，通过化学反应以生成高强度的胶结体。但由于溶液型浆液相对于普通水泥类浆液材料而言，价格昂贵，且多数浆液有不同程度的毒性，耐久性方面也存在一定问题，因此主要用于孔隙性可溶岩地层灌注或裂缝开度小或其他灌浆材料难以注入的细砂岩、粉细砂岩等细颗粒构成的致密地层和细微裂隙岩层中。在岩溶地区，防渗处理主要仍采用颗粒型浆液。

常用的浆液主要有以下几种：

(1) 水泥浆液，即以水泥为基础成分，采用水泥与水充分混合后所形成的浆液，灌注过程中可通过调节水灰比，加入速凝剂、早强剂、减水剂等来调节水泥浆的性能。

在岩溶地区，浆液水灰比对灌浆质量影响较大。水灰比的选择主要依据受灌地层的地质条件、现场灌浆试验及室内浆液性能试验成果。当岩层完整、岩性致密，裂隙细小，岩层透水率较小时，宜选择稀浆，如水灰比为6∶1、5∶1、3∶1；当岩层破碎，断层、岩溶比较发育时，宜选择浓浆，如水灰比为2∶1、1∶1、0.8∶1、0.5∶1；在强岩溶地段，水灰比可越级加浓进行灌注，在漏水地段、溶缝及溶洞地段，为限制浆液扩散过远，可在浆液中加入速凝剂，甚至采用膏浆进行灌注。

在岩溶地区，浆液的水灰比一般遵循由稀到浓逐级变换的原则，起始水灰比一般由5∶1开始，视灌浆孔吸浆情况逐级变换，其变浆一般遵循以下原则：

1) 当灌浆压力不变，注入率持续减少时，或注入率不变而压力持续升高时，不应改变水灰比。

2) 当某级浆液注入量已达300L以上，或灌浆时间已达30min，而灌浆压力和注入率均无改变或改变不显著时，应加浓一级。

3) 当注入率大于30L/min时，可根据具体情况越级加浓。

(2) 水泥基混合浆液，即在水泥浆液中加入砂子、黏土、粉煤灰等，包括水泥砂浆、水泥黏土浆、水泥粉煤灰浆，甚至级配料等，适用于溶蚀裂隙、岩溶管道等注入量很大时的灌浆。

(3) 稳定浆液，通常在水泥浆液中加入3%～5%的钠基膨胀土和外加剂制成，适用于遇水性恶化或注入量大的地层。

(4) 膏状浆液（简称膏浆），通常在水泥浆液中加入较多黏土、增塑剂等制成，其基本特征是屈服强度值大于其重力的影响，具有自堆性能，主要用于大孔隙地层，如溶蚀裂隙、溶缝、溶洞、溶塌堆石体等的灌浆。

一般情况下，化学灌浆、黏土浆液适用于微细开度的裂隙灌浆或孔隙性灌浆；细水泥浆适用于细开度的裂隙灌浆；纯水泥浆、水泥黏土浆、水泥粉煤灰浆适用于小开度、静水或小水流的裂隙灌浆；普通水泥膏浆、砂浆、水泥水玻璃浆、低级配混凝土适用于中等开度、静水或者小流量的溶蚀裂隙、小型岩溶通道灌浆；速凝膏浆适用于中等开度、一定流速下的动水裂隙或溶缝、溶管灌浆；对于大开度、大空腔、高流速强岩溶地层灌浆，宜根据现场情况采用填级配料、速凝浆液、模袋灌浆或其他特殊措施。但岩溶地区主要渗透介质包括裂隙型、管道型及隙管混合型3类，且以隙管混合型为主，单一的浆液灌注多达不到防渗处理效果，需根据岩溶发育特征，采用不同的灌注材料及施工工艺进行综合处理，方可达到满意的防渗效果。

5.2.3 灌浆单耗的初步确定

岩溶地区主要渗透介质包括裂隙型、管道型及隙管混合型3类，部分为充填型溶洞。不同介质灌浆单耗不一致，采用单一的浆液灌注亦达不到防渗处理的效果。因此，需要根据岩溶发育特征，采用不同的灌浆施工工艺方可达到防渗的效果。

岩溶地区注浆按原理分为回填灌入式灌浆、渗透性注浆和劈裂挤压式注浆三类。

回填灌入式灌浆是采用水泥浆液、水泥砂浆、水泥粉煤灰浆液、水泥黏土浆液、膏浆、级配料、混凝土等材料，对溶缝、岩溶管道、大型岩溶空腔进行回填处理的一种低压灌注施工工艺。

渗透性注浆指浆液以渗透方式，渗入岩溶裂隙岩体的注浆方法。在压力作用下，浆液填充岩溶化岩体裂隙或小型岩溶空腔、溶孔，排挤出裂隙或孔隙中的水和气体，而基本上不改变岩石的结构和体积，所用压力相对较小。渗透性注浆一般适用于开度一般或孔洞较小的岩溶裂隙化岩体，具有代表性的渗透性注浆理论有球形扩散理论（溶蚀均匀岩体）和板形扩散理论（不均匀岩溶裂隙化岩体）。在渗透注浆中，灌浆材料必须与裂隙、孔隙规模相适应。一般认为，对渗透系数小于10^{-5}cm/s数量级的地层，即使选用溶液注浆也难以达到渗透形式。

劈裂挤压式注浆是指采用高压注浆工艺，将水泥或化学浆液等注入岩土体中，通过挤压、劈裂填充、高压置换等方式，达到灌浆防渗的目的。在注浆过程中，注浆管出口的浆液对四周地层施加了附加压应力，使岩土体发生挤压甚至形成剪切裂缝。而浆液则沿着裂缝从土体强度低的地方向强度高的地方劈裂，劈入岩土体中的浆体便形成了加固岩土体的网络或骨架。由于浆液在劈入岩土层过程中并不是与土颗粒均匀混合，而是呈两相各自存在，所以从岩土的微观结构分析，岩土体除受到部分的压密作用外，其他物理力学性能的变化并不明显，故其加固效果应从宏观上来分析，即应考虑岩土体的骨架效应。另外，当岩溶空腔中充填为软塑或流塑状黏土时，若需考虑其对水库防渗的影响，则多采取高压置换的方式，用水泥浆液高压挤压、置换充填土体，形成坚硬、密实的浆液结石填充体，达到防渗处理的目的。

岩溶水库防渗处理所进行的灌浆，大多数属于上述3种类型，其耗浆量与岩体岩溶发育程度及灌浆压力、浆液种类、浆液水灰比等有密切关系。不同的岩溶地层其浆液流动特点也各不一致。

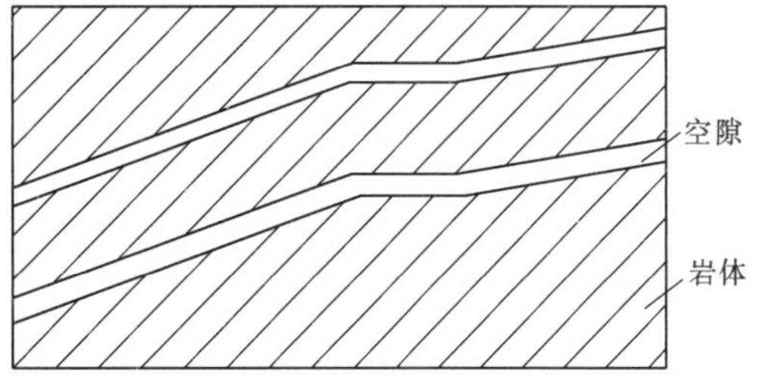

图5.2-1　板状空腔示意图

1. 板状空腔

岩溶地区的板状空腔，多是沿结构面或岩层层面的后期溶蚀作用而形成的一种薄片状空隙，如图5.2-1所示。板状空腔的开度受溶蚀作用影响不同而千差万别，但多导水性好。但岩溶裂隙性板状空腔的延伸度受裂隙影响，延伸有限，多是不同空间分布溶蚀裂隙相互切割方可形成一定组合的导水通道，单一裂隙往往延伸不远。而沿层面溶蚀形成的板状空腔则延伸较长，多形成良好、稳定的导水通道。

对岩溶裂隙性板状空腔灌浆，由于钻孔形成的环形面积很小，浆液达到一定的距离后不再具有携带全部固体颗粒物的流速和动力而发生沉积。对于不同宽度的岩缝而言，在灌浆压力一定的条件下，缝内的流速和进浆量是不同的，因而发生沉积的距离也不同。往往是岩缝宽，发生沉积的距离就远，耗浆量就大；岩缝窄，发生沉积的距离就近，耗浆量就小。在同一岩缝宽度，同一灌浆压力下，由于浆液的不均匀性，在岩缝相对狭窄处会发生堵塞，导致充填范围内沉积物呈不均匀分布，不是规则的圆形或者椭圆形。

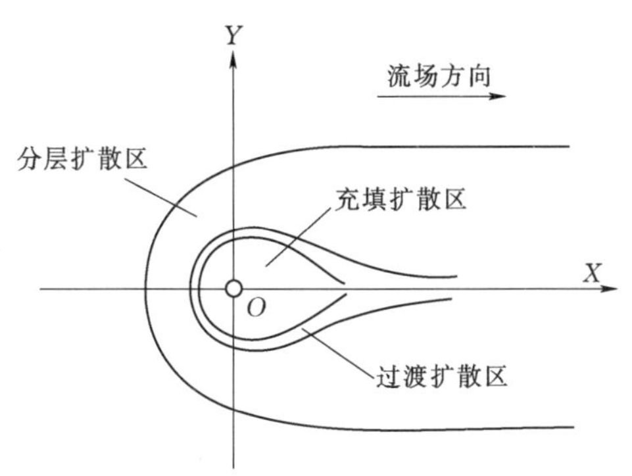

图5.2-2　水泥浆液分区扩散示意图

山东大学李术才等（2007）的研究认为，岩溶裂隙性板状空腔灌浆过程中，水泥浆液存在分区分层扩散现象。根据浆液的扩散流态，可以分为充填扩散区、过渡扩散区和分层扩散区，如图5.2-2所示。

1）充填扩散区。灌浆开始时，灌浆孔周围浆液流速较快，呈紊流状态。浆液在紊流状态中不易沉积，灌浆孔附近区域内形成一个半径较小的非沉积区。随着灌浆进行，浆液扩散范围逐渐增大。充填扩散范围到一定程度不再增大，而且充填扩散范围边界在恒定灌浆压力和流场条件下，呈现稳定态势。充填扩散区以浆液的扩散为主，浆液没有被水稀释。

2）在充填扩散范围外，浆液在一定区域内呈紊流状态，包裹在充填扩散区外围，称之为过渡扩散区。随着浆液扩散距离的增大，浆液由紊流向层流状态转化。在过渡扩散区内，随着与灌浆孔距离增大，逐渐出现浆液析水分层现象。上层为浆液与水的混合区，下层为析水后的浆液扩散层。与充填扩散区和分层扩散区相比，过渡扩散区范围较小，但过渡区作用重大。浆液在过渡区实现了快速析水分层，是浆液由充填扩散向层流扩散转变的一个必然状态。

3）最外层为分层扩散区。在分层扩散区，流场较为稳定，浆液和水均呈现层流状态。在试验中，可以看到有明显、稳定的流线，浆液和水分层明显，不相互干扰，水的流场稳定，浆液的扩散也呈现稳定状态。浆液的扩散并没有充填整个裂隙，而是呈现分层状态。

经过对试验现象分析研究，认为浆液在扩散过程中与裂隙流场中的水流呈现上下分层的现象，且各层之间的流态稳定，互不干扰，如图 5.2-3 所示。

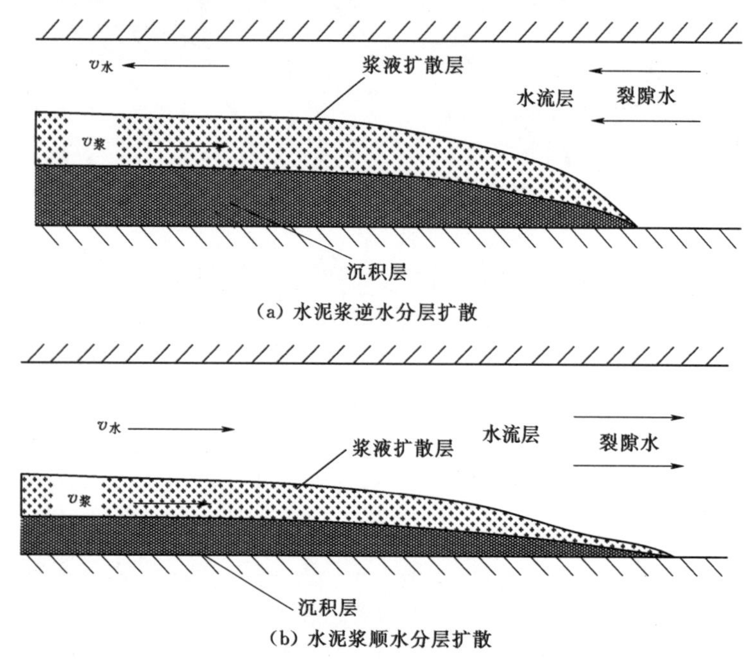

图 5.2-3　水泥浆液分层扩散示意图

浆液的分层扩散只发生在分层扩散区。在分层扩散模型中，自下而上将浆液划分为沉积层、浆液扩散层及水流层，其中位于底层的沉积层在没有外力扰动下是静止的，中间的浆液扩散层和顶层的水流层层间流线明显，没有发生浆液被水稀释现象。

研究还认为，影响浆液扩散的主要参数有 6 个，分别为裂隙水流速度、裂隙宽度、单位时间灌浆量、浆液黏度、浆液容重和裂隙倾角。在一定的条件下，浆液扩散开度和逆水扩散距离均与灌浆速率呈线性正比关系；在灌浆速率不变的条件下，裂隙水流速度只有在一定范围内才能使浆液的扩散开度和距离与速度呈现标准的线性关系。流速太大，则浆液不能呈现有效的扩散状态，水泥浆液也不能在裂隙中沉积留存。因此，在灌浆压力和灌浆设备允许的条件下，尽量增大灌浆速率或减小裂隙水流速度，可以获得更好的浆液扩散效果；反之，降低灌浆压力，控制灌浆流速，增大水泥浆液的黏度，则可以控制浆液的扩散范围。根据以上原理，通过布置合理的孔排距，人为调节水灰比以控制浆液的扩散，选择合适的灌浆压力，可以达到最佳的防渗处理效果。在很多工程中，当岩溶通道不大且以溶蚀裂隙性渗漏为主时，通过持续不断的常规浆液灌注，亦能达到灌浆封堵防渗的效果。

2. 岩溶管道或岩溶空腔

岩溶管道或岩溶空腔在岩溶地区较为常见，尤其是作为地下水主要渗流通道的岩溶管道，渗流条件较好，且岩溶空腔容量大。当多个溶洞连通时，甚至属“无限空间”，防渗帷幕灌浆遇到此类情况时，多存在不起压、难以达到结束标准的现象，灌注的浆液亦如泥牛入海，无影无踪。在脉管或岩溶通道或岩溶洞穴有充填物阻挡或者降低灌浆压力和提高浆液浓度的情况下，浆液流速才会衰减而进行沉积，最后停止流动。脉管和岩溶洞穴状空隙内灌浆的耗浆量，与脉管和洞穴状空隙发育情况、灌浆压力、水灰比关系密切，为将岩溶管道和岩溶洞穴状空隙充填密实，耗浆量往往会非常大，只有在注浆达到一定程度时方有一定效果；但此类巨量的注浆量是一般工程所不能承受的，也是没必要的。因此，对此类岩溶管道及岩溶空腔，不能一味地按常规方式进行防渗灌浆处理，其巨量的耗灰量也只是显示此段透水性大而已，并不能达到防渗的效果。应根据超前探测及灌浆施工钻孔揭露的岩溶通道发育特征，采取灌注水泥砂浆、水泥粉煤灰浆液、水泥黏土浆液、膏浆、级配料等措施，甚至模袋灌浆、直接浇注混凝土等方式，对大型通道进行封堵，化大为小、化洞为隙后，再进行常规的灌浆处理方有效果。

3. 蜂窝状空隙

在溶蚀破碎带、断层破碎带及影响带等部位，尚存在以颗粒状土、砂卵砾石及其混合物、溶蚀破碎岩体等多孔隙透水介质，各个颗粒间都包含着大量类似于蜂窝的空隙，称之为蜂窝状空隙，如图5.2-4所示。

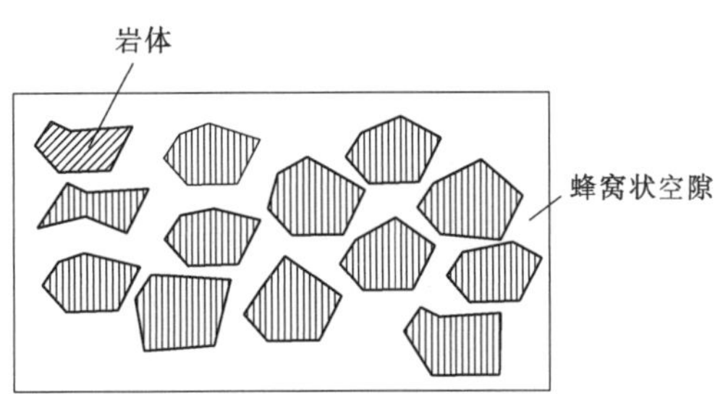

图5.2-4　蜂窝状空隙示意图

蜂窝状空隙，空隙之间的尺寸大小及其透水性，取决于固体颗粒直径的大小、物质构成及松散程度，一般是颗粒直径越大、越松散，空隙直径及透水性也就越大。在断层或溶蚀破碎岩体中，空隙尺寸及透水性与断层或溶蚀破碎岩体中的充填物及充填密实情况有关。充填物为颗粒物或硬性物质，越松散，其空隙直径和透水性也就越大；充填物为黏土或软塑状物质，越紧密，其空隙直径和透水性也就越小。

在蜂窝状空隙地层内灌浆，如果只让浆液作“渗透扩散”，不造成劈裂缝，浆液流经的线路将更为曲折、阻力更大，浆液流速和压力将快速衰减；在相同的灌浆压力和水灰比的情况下，由于浆液将在短距离内沉积，导致扩散半径较小。

在岩溶地区，透水介质往往为板状空隙、岩溶管道或者蜂窝状空隙的组合，因受空隙充填情况、灌浆材料、灌浆压力、水灰比等因素的影响，很难采用单一灌浆理论来进行耗浆量的计算，其单位耗浆量往往根据岩溶水文地质条件、岩溶发育程度、结构面发育特征与溶蚀程度、岩体透水性、灌浆材料、灌浆压力、水灰比采用工程类比的方法来进行初步估算。本书初步统计了岩溶地区部分已建成的乌江及北盘江流域乌江渡水电站、东风水电站、洪家渡水电站、引子渡水电站、索风营水电站、构皮滩水电站、思林水电站、沙沱水电站、大花水水电站、格里桥水电站、光照水电站、马马崖一级水电站、董箐水电站及善泥坡水电站等采用水泥灌浆防渗的十余座大中型水电站大坝帷幕灌浆的单耗情况，由于其具体防渗标准、地质情况及岩溶发育的各不相同，因此单位耗浆量也各异。根据初步统计结果，除岩溶管道及大型溶洞外，其平均单耗大多为150～600kg/m。

在岩溶地区，由于溶洞、溶蚀裂隙多，岩体透水性大，所以灌浆材料的耗用量较非岩溶地区要大。鉴于岩溶地区地质条件的复杂性，灌浆工程隐蔽性强，其实际单位耗浆量很难进行复核，加之其灌浆工程量的计价非常复杂和困难，已建类似工程的单位耗浆量统计资料也有失真的情况，因此在进行岩溶地区防渗灌浆工程单位耗浆量初步估算时，应结合具体地质情况，在类比同类工程的基础上根据经验判断，在具体施工过程中加强监管，以取得真实的灌浆单耗，最终达到有效的灌浆效果。

5.2.4 防渗帷幕结构型式及有关参数

根据地质条件和设计要求，参考灌浆试验取得的成果资料，确定合理并有效的帷幕结构形式。

（1）帷幕灌浆孔的排数布设。如前所述，一般防渗部位或远坝区域地层较好部位宜布置单排孔；在岩溶发育、透水性大的地段，重要防渗部位等防渗帷幕宜布置双排孔、三排孔乃至多排孔。设两层以上灌浆廊道的防渗帷幕灌浆，为确保帷幕线闭合，上、下层帷幕灌浆采用搭接灌浆连接。

（2）帷幕孔深度控制。

1）帷幕深度以深入相对不透水层内5～10m为宜。岩溶发育严重地区，帷幕深度宜深至排泄基准面以下。

2）终孔段遇性状较差、规模较大的断层、强岩溶带等地质缺陷时，应根据相关要求加深钻孔至穿过该地质缺陷5m以上。

3）终孔段基岩透水率应满足设计防渗标准，否则应根据相关要求加深帷幕孔深至满足标准为止。在断层、溶洞、裂隙发育带、强透水地带，若最终两个灌浆孔段（10m）范围内单位注灰量大于200kg/m（参考），应降低帷幕底线。若最终两个灌浆孔段（10m）范围内单位注灰量小于50kg/m（参考）且灌前岩体透水率小于设计防渗标准时，可适当抬高帷幕底线。

（3）防渗帷幕灌浆序次。灌浆次序与钻孔次序相同。灌浆应按分序加密的原则进行。两排帷幕灌浆孔时，应先灌上游排，后灌下游排；三排帷幕灌浆孔时，宜先灌上、下游排，后灌中间排；同排孔分3个序次，其施工顺序为先导孔→Ⅰ序→Ⅱ序→Ⅲ序。

（4）灌浆方法。多采用“自上而下、小口径钻进、孔口封闭、不待凝、孔内循环”高压灌浆工艺。射浆管距灌浆段孔底一般不得大于0.5m。

孔口无涌水的孔段，灌浆结束后可不待凝。但在岩溶管道、断层、破碎带等地质条件复杂地区则宜待凝，待凝时间应根据地质条件和工程要求确定。

5.3 岩溶水库防渗处理设计实例

5.3.1 无隔水层作为防渗依托的防渗处理设计案例

5.3.1.1 工程概况

马马崖一级水电站位于贵州省关岭县与兴仁县交界的北盘江中游尖山峡谷河段，是北盘江干流（茅口以下）水电梯级开发的第二级，距上游光照水电站45km。工程任务以发电为主，航运次之。电站装机容量为558MW，安装3台单机容量为180MW的水轮发电机组和一台单机容量为18MW的生态流量机组，属二等大（2）型工程。枢纽工程由碾压混凝土重力坝、坝身开敞式溢流表孔、坝身放空底孔、左岸引水系统、左岸地下厂房等主要建筑物组成。碾压混凝土重力坝坝顶高程为592m，最大坝高为109m。电站于2010年9月开始施工准备，2012年9月工程截流，2014年11月工程下闸蓄水，2015年6月4台机组全部投产发电。

5.3.1.2 水库区地质概况和岩溶渗漏评价

库区地貌特征表现为岩溶中低山地貌。水库地势NW高，SE低，Ⅰ级夷平面在五月朝天—大椏口一线为高原期夷平面，高程在1800m以上；花江一带的$Ⅱ_1$、$Ⅱ_2$级夷平面高程分别在1500m、1200m左右；北盘江宽谷期夷平面（Ⅲ级）高程在800～900m；在800m高程以下，北盘江河谷急剧下切，形成切深达300m左右的峡谷地貌。

库区支流、冲沟较发育，多与河流呈大角度相交，总体上右岸冲沟较左岸切割深、规模大，右岸沟口多与北盘江干流相交；左岸冲沟沟口多悬挂于较高高程，汛期冲沟汇集地表水以瀑布形式注入北盘江。河谷上部较开阔，下部狭窄、高陡，两岸山体较雄厚，多呈V形峡谷。

库区主要为可溶性碳酸盐岩类。由于该区气候湿润多雨，地质构造复杂，褶皱频繁，断层纵横交错，加上河谷深切，北盘江为最低排泄基准面，因此岩溶较发育。岩溶形态主要有溶沟、溶槽、岩溶洼地、落水洞、溶洞、岩溶管道和岩溶泉水等。

光照—马马崖一级坝址河段，库区右岸50km范围内不存在低邻河谷，地形封闭条件好，且分布T_2g^1、T_1f、T_1yn^2等多层隔水岩组，因此右岸不存在邻谷渗漏问题。左岸下游存在低邻河谷——打帮河，打帮河与库区相距27km以上，邻谷间分水岭宽厚、地形封闭条件好，其间有T_2g^1、T_1y^3、T_1f等相对隔水层相阻隔，且不存在连通两河谷的断裂构造，隔水层连续分布，同时北盘江干流河谷两岸有泉水呈跌坎状注入河流（如S_{86}、S_{108}、S_{85}、S_{84}等岩溶大泉），北盘江为地下水的最低排泄基准面，水库左岸不存在向打帮河的渗漏问题。

5.3.1.3 坝址区工程地质概况和岩溶渗漏特征

坝址位于补朗村下游约2km的尖山河段右岸，11号与12号冲沟之间河流流向S40°～50°E。坝址河段为岩溶中切峡谷地形，左岸最高山头1156m，右岸600m高程以下为悬坡地形，以上至1100m高程左右为斜坡。坝址河谷两岸缓坡平台或溶洞发育段附近留存Ⅰ、Ⅱ、Ⅲ、Ⅳ级阶地，Ⅰ级阶地高程为510～520m，Ⅱ级阶地高程为525～540m，Ⅲ级阶地高程为550～600m，Ⅳ级阶地高程为630～660m。Ⅰ级阶地为堆积阶地，Ⅱ、Ⅲ、Ⅳ级主要为基座阶地。河谷呈不对称的V形，总体地形左岸陡右岸缓，左岸地形较完整，右岸因冲沟切割完整性较差。左岸高程880m以下为陡坡，自然坡度为40°左右，其间局部夹小悬坡（坡高为10～30m），高程880m以上为悬坡（高约为250m）；右岸高程600m以下为100m左右的悬坡，高程600～765m为斜坡地形，坡角为15°～30°。

坝址区两岸冲沟较发育，左岸有6号、7号冲沟，右岸有9号、10号、11号、12号、13号冲沟，切割深度一般为3～10m，11号冲沟最大切割深度达20m，冲沟与河流大角度相交。冲沟枯季无水，汛期汇集地表水流。

坝址区主要为可溶性碳酸盐岩类，出露地层为 T_2y^2、T_2y^1、T_2g^{2+3}（含 T_2g^{2-3-4}、T_2g^{2-3-3}、T_2g^{2-3-2}、T_2g^{2-3-1} 四小层）白云岩及灰岩，无隔水岩层存在。

坝址区岩溶发育程度较弱，地表岩溶形态有溶蚀洼地 W_{48}（左岸）、W_{49}（左岸）、W_3（右岸）、溶蚀裂隙，局部发育小型溶洞，规模较大的为右岸 K_1 溶洞。

库首左岸为河湾地块，如图 5.3-1 和图 5.3-2 所示。水库蓄水后，存在可疑渗漏带，可疑渗漏途径为：S_{133}→法郎向斜轴部→S_{30}（下瓜河边），沿线岩性主要为 T_2y 白云岩、灰岩岩溶含水岩组。

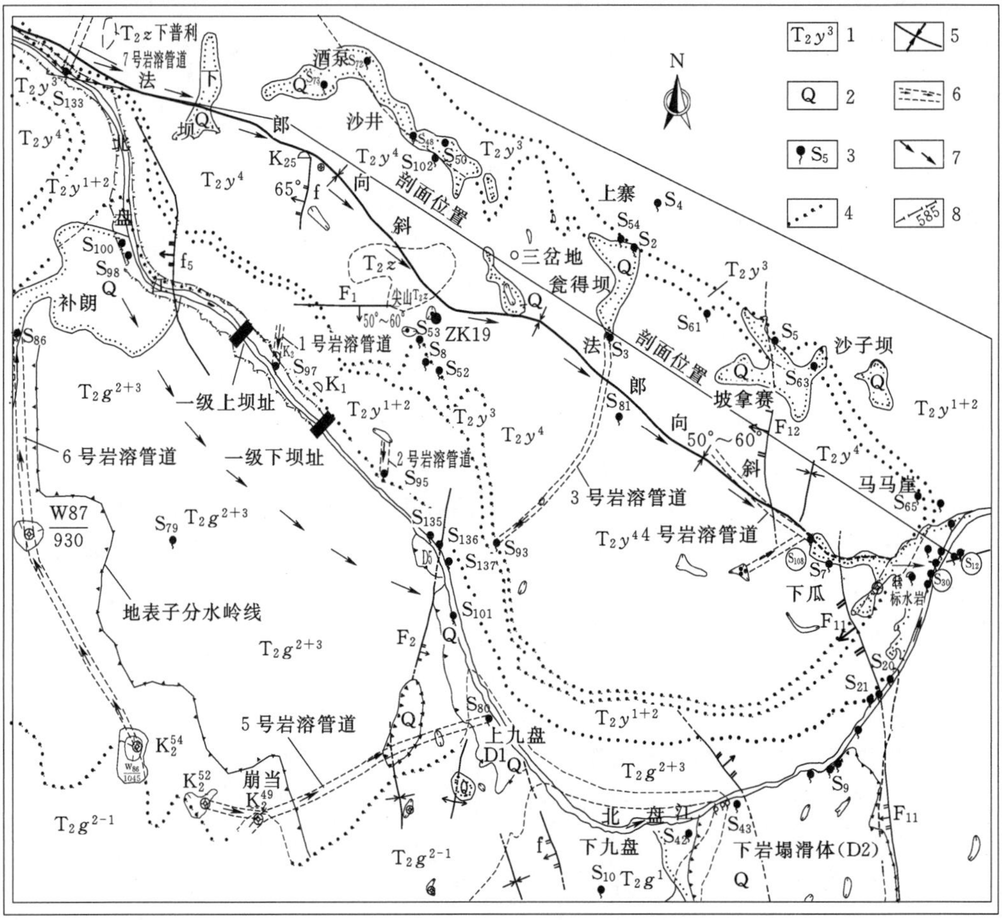

图 5.3-1　马马崖一级水电站库首渗漏途径分析简图

1—地层代号；2—覆盖层；3—泉水及编号；4—地层分界线；5—向斜轴线；6—推测岩溶管道；7—可疑渗漏途径及方向；8—设计蓄水位线

法郎向斜槽谷附近，地表较大泉水点高程均在 800m 以上，较大的岩溶管道主要发育于 T_2y^4 岩溶含水层中；下层 T_2y^{1+2}、T_2g^2 岩溶含水层，因 T_2y^3 相对隔水层的阻隔，形成了岩溶上、下的分带性，在向斜轴部形成相对独立的地表和地下水补排关系，并在地表成片分布有水田（沙井、瓮得坝、沙子坝及下瓜一带）和岩溶泉点（高程 800m 附近，如

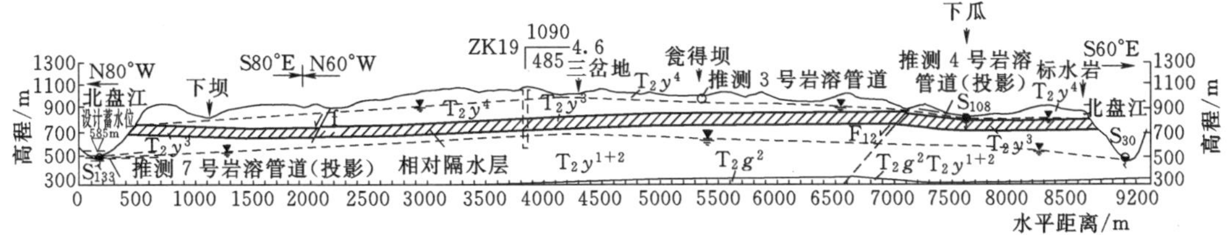

图 5.3-2　库首左岸河湾地块渗漏分析地质剖面示意图

S_{108}、S_{93}、S_{102}等）。坝址左岸尖山村分水岭左岸河湾地块存在双层地下水位，即 T_2y^4 和 T_2y^{1+2}含水层中的地下水位，上层最低水位为 1048.8m；下层最低水位为 851.85m，高出水库正常蓄水位 266.85m。

左岸河湾地块受 T_2y^3 相对隔水层的作用，T_2y^{1+2}、T_2g^2 岩溶含水岩组岩溶发育程度较弱，发育连通上下游岩溶管道的可能性小。根据钻孔河湾地块存在地下分水岭，且水位高于水库正常蓄水位。因此，水库蓄水后，左岸河湾地块不存在沿补郎向斜槽谷向下游产生岩溶渗漏问题。

右岸因上游补郎与下游九盘之间河流向左岸凸出，地形上形成小河湾，存在可疑渗漏带。水库蓄水后，存在以 S_{100}、S_{98}或 f_5断层为入口，经顺层溶隙、溶缝向下游 S_{101}泉产生渗漏的可能性。地层 T_2g^{2-3}、T_2g^{2-2}为岩溶含水层；下部 T_2g^{2-1}、T_2g^1 为相对隔水层，向岸内其顶板高程高于水库正常蓄水位，且无断层切割，因此无河湾地块渗漏问题，渗漏途径仅分布于近岸地带 900m 宽的范围内。

5.3.1.4　防渗设计

（1）防渗方案。坝基、坝肩为 T_2y^1、T_2g^{2-3}（含 T_2g^{2-3-4}、T_2g^{2-3-3}、T_2g^{2-3-2}、T_2g^{2-3-1}四小层）、T_2g^{2-2}灰岩、白云岩、球粒状泥晶灰岩等可溶岩地层，岩溶发育程度中等，属岩溶裂隙含水岩组，岩体渗透性具有不均一性的特点。大坝无隔水层作防渗依托，因此存在坝基渗漏及坝肩绕坝渗漏问题。结合坝址区地质及岩溶水文条件，坝基及两岸均只能采用悬挂式防渗帷幕方案。

（2）防渗范围。结合坝址区岩体透水特性与地下水位分布特征，坝址区高程 423.8m 以下岩体透水率均小于 3Lu。根据透水率的变化，结合地下水位分布特点，利用此弱岩溶化岩体作为防渗依托，帷幕线两岸向山体延伸，接地下水位。帷幕底线河床最低至高程 408m 并考虑接厚约 3.5m 的泥岩与泥质白云岩，防渗线总长为 1103m，其中左岸长为 481m，右岸长为 622m，防渗面积约为 11.37 万 m^2。

（3）防渗标准。大坝坝高为 109m，结合工程地质条件，根据规范规定，确定防渗标准为 3Lu。

（4）防渗帷幕底线。坝址区高程 423.8m 以下岩体透水率均小于 3Lu。根据透水率的变化，结合地下水位分布特点，坝基帷幕深度按 0.5 倍坝高与岩体透水率小于 3Lu 综合考虑，帷幕线两岸向山体延伸，接地下水位。

（5）帷幕结构设计。两岸坝肩岩体内共设 3 层灌浆隧洞，高程分别为 592m、540m 和 486.5m。

孔距、排距取决于浆液的有效扩散半径，由于岩体的不均一性难以采用理论公式计算其扩散半径，孔距及排距主要类比已建类似工程。

主帷幕按双排孔设计，上排为主孔，孔深垂直达防渗帷幕底线；下排为副孔，孔深为主孔深度的0.7倍。孔距均为2m，排距为1.0m，最终以现场灌浆试验情况进行调整。

由于下游尾水位较高，校核洪水位时，其下游水头近60m，因此设计中考虑了基础抽排降低扬压力的措施，在溢流坝段下游坝趾及坝段内沿横向布置了一排“Ц”形帷幕，与上游帷幕连接，使河床坝段坝基形成封闭式帷幕。下游坝趾帷幕最大幕深为35m，两侧横向最大幕深为45m，孔深垂直达到防渗底线。

（6）灌浆材料及施工工艺。灌浆采用P·O 42.5普通硅酸盐水泥，灌浆采用“孔口封闭，自上而下，小口径钻孔，孔内循环”高压灌浆工艺。初步确定最大灌浆压力为$P_{max}=4.0$MPa，最终以现场灌浆试验情况进行调整。

（7）幕后排水。主排水孔幕靠近上游帷幕，为了不致削弱防渗幕厚度，主排水孔倾向下游30°，孔深为上游防渗帷幕深度的0.5倍，孔距为3m，孔径为110mm。

沿纵、横向排水廊道设置的辅助排水孔深度取下游防渗帷幕深度的0.5倍，且不小于10m，孔距为3m。坝体下游灌浆帷幕廊道内的辅助排水孔为斜孔，倾角为10°，倾向上游，其余三条纵向廊道及横向廊道的辅助排水孔均为直孔。

两岸排水孔，靠近坝基1倍坝高宽度范围内，在中、底层帷幕灌浆廊道下游侧设置仰角及俯角排水孔，倾角为15°，孔深为30m。

电站运行后，除右坝肩接头部位渗水量略高外，其余部位的防渗效果较好。

5.3.2 分期分区防渗处理设计案例

5.3.2.1 工程概况

格里桥水电站位于贵州省贵阳市开阳县与黔南布依族苗族自治州瓮安县交界的清水河干流上，是清水河干流的第四个梯级，距上游大花水水电站厂房约19.5km，其下游接构皮滩水电站，距清水河出口约44km。工程任务以发电为主，属Ⅲ等中型工程，水库正常蓄水位为719m，装机容量为150MW，安装两台单机容量为75MW的水轮发电机组。电站枢纽主要由碾压混凝土重力坝、左岸引水系统和地面厂房等建筑物组成。碾压混凝土重力坝坝顶高程为724m，最大坝高为124m。电站于2007年1月开工建设，2009年12月下闸蓄水，2010年1月两台机组并网发电。

5.3.2.2 水库区工程地质概况和岩溶渗漏评价

水库区地貌特征表现为岩溶峡谷地貌。库区内最高峰为东南部的云雾山，高程为1604m，库尾河水位为717m，电站坝址区河水位为627m，相对高差为900～950m。受区内地层岩性及构造展布特征的影响，库区地貌具多样性特征，总体上属岩溶中高山地貌，侵蚀地貌次之。

水库区主要支流有库尾右岸的冷水河和库首右岸的丑岩河。水库左岸下游邻谷主要有马路河支流及鱼粮河；右岸主要邻谷为库尾以东的重安江（洞庭湖）水系卡龙河、北侧的高洞河（乌江支流）、右岸库首下游的白沙河及青塘河支流。清水河与坝址下游左岸的马路河支流形成的河间地块较为单薄。

水库区以可溶性碳酸盐岩类为主，可溶性岩类约占80%。根据水库岩溶水文地质条件分析，水库区不存在向左、右岸的低邻谷渗漏问题。

5.3.2.3 坝址区工程地质概况和岩溶渗漏特征

坝址位于久长断裂带下游300m峡谷河段上，河谷为U形，距下游马路小河约为800m，枯季河水位为626.6m，河水流向为N76°W。河谷狭窄，两岸峭壁陡峻，坝轴线处两岸在高程800m以上地形相对较缓，自然边坡坡角为23°～34°，高程800m以下较陡，左岸综合坡度为60°，右岸约为80°，部分为近乎直立的基岩陡壁或存在倒坡现象。

坝址区出露三叠系下统薄层至厚层白云岩、灰质白云岩、白云质灰岩、角砾状白云岩、角砾状灰岩及灰岩，两岸基岩多裸露。可溶岩地层主要为大冶组第三段第一、二层（T_1d^{3-1}、T_1d^{3-2}）中厚、厚层灰岩，其次为安顺组第二、三段（T_1a^2、T_1a^3）厚层块状、中厚层白云岩、白云质灰岩、灰质白云岩及安顺组第一段（T_1a^1）、大冶组第三段第三层（T_1d^{3-3}）角砾状白云岩、角砾状灰岩地层，两地层在河床及两岸坡均有分布，由两岸斜坡至坡顶，地表均有出露，地表水补给面积较大，岩溶较发育，地表水主要沿溶洞、断层、裂隙等入渗补给。

坝址区岩溶发育属中等，岩溶形态主要以溶洞、溶缝及溶隙为主，地表见沿断层及裂隙发育溶沟、溶槽。溶洞主要发育在安顺组第二、第三段（T_1a^2、T_1a^3）及大冶组第三段第一层（T_1d^{3-1}）地层中，安顺组第一段（T_1a^1）地层中发育较少。大冶组第三段第一层（T_1d^{3-1}）地层中岩溶规模相对较小，以顺层面发育的小溶洞为主。地表共见发育溶洞6个，但规模均不大，一般直径为1～3m，溶洞倾斜河流或竖直发育，最深达40m，溶洞多位于地下水位以上。

坝基为安顺组第一段（T_1a^1）角砾状白云岩，微新岩体，发育f_9、f_{10}断层，其中f_{10}断层破碎带宽为0.3～1.0m，两条断层多为方解石及钙质胶结，胶结较好，均为硬性结构面。坝基岩溶发育微弱，主要岩溶类型为小溶孔及沿断层发育的小溶缝。

坝址左岸为安顺组、大冶组第二、第三段可溶岩地层。发育有F_4、F_6断层，沿F_4、F_6断层岩溶发育，地下水活动强烈，渗漏类型包括沿可溶岩的面状绕坝渗漏、向马路河邻谷的面状和带状渗漏。

坝址右岸为安顺组、大冶组第二、第三段可溶岩地层，隔水性能良好的大冶组第一段（T_1d^1）地层分布于厂区及下游陡壁脚缓坡地带。坝轴线下游发育S_{11}及S_{101}泉，高程为644.95m，枯季流量为0.15L/s；右岸顺河向裂隙发育及溶洞发育，主要是沿裂隙、溶蚀区分散渗漏及岩溶管道渗漏问题，需进行防渗处理。

5.3.2.4 防渗设计

1. 防渗方案

坝基岩性为T_1a^2、T_1a^1、T_1d^{3-2}可溶岩地层，岩溶微发育，无隔水层作为依托。左右岸为T_1a^2、T_1d^{2-1}、T_1d^{2-2}、T_1d^{2-3}、T_1d^{3-1}、T_1d^{3-2}、T_1d^{3-3}可溶岩地层，左岸岩溶中等发育，右岸岩溶强发育，而坝址两岸隔水性能良好的T_1d^1则距离坝址相对较远。

坝址区在防渗帷幕有效深度内没有相对隔水层作为依托，坝基防渗帷幕为悬挂式，左右岸防渗帷幕由坝头向下游接相对隔水层的T_1d^1地层，下部为悬挂式防渗帷幕。

由于相对隔水层分布相对距离坝址较远，受前期勘察深度所限，从经济角度考虑，左右岸防渗帷幕分两期实施，即先实施一期防渗帷幕，后期经开挖及试验、补充勘探验证，

若地下水位与前期勘测成果一致，且无大型岩溶管道发育，即可终止防渗灌浆处理；若仍存在不可预知因素，则实施二期防渗处理，接至相对隔水层的 T_1d^1 地层。同时根据不同的部位及地质条件将防渗帷幕平面分为 6 个灌浆区（图 5.3-3）。

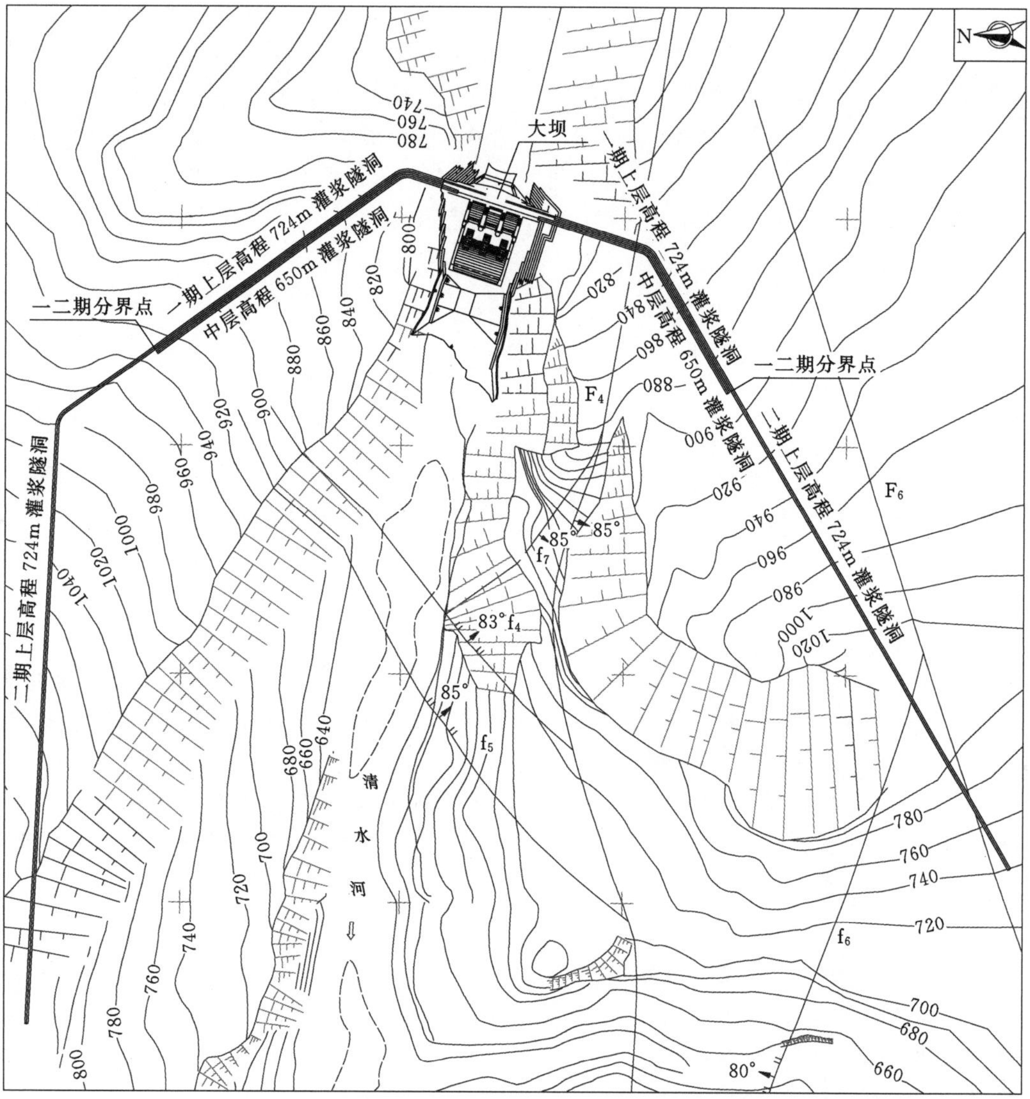

图 5.3-3　格里桥水电站防渗帷幕平面布置略图

2. 防渗范围

河床坝基防渗底界按 0.5 倍坝高考虑，高程为 540.0m，防渗顶界为建基面，防渗线长为 107m，防渗面积约为 0.93 万 m²。

左岸防渗线路由左坝头以 N17.48°E 向山里延伸 92.61m，再以 N50.89°E 向山里延伸 643.91m 与 T_1d^1 相接，并深入大冶组第一段 5m，防渗顶界高程为 719m，防渗线长为 750m，防渗面积约为 7.74 万 m²，其中一期帷幕线长为 207m，一期防渗面积为 3.38 万 m²。

右岸防渗线路由右坝头以 N17.48°E 向山里延伸 92.66m，经转弯段再以 N37.18°W 向山里延伸 372.63m，再经转弯以 N88.89°W 向山里延伸 524.50m，与大冶组隔水层 T_1d^1 相接。防渗顶界按高程 719m 考虑，防渗线总长为 945m，防渗面积为 10.66 万 m^2，其中一期帷幕线长为 311m，一期防渗面积约为 4.99 万 m^2。

总防渗面积一期约为 9.3 万 m^2，二期约为 10 万 m^2。

3. 防渗标准

大坝坝高为 124m，大于 100m，根据《混凝重力坝设计规范》（DL 5108—1999）的规定，其防渗标准为 1～3Lu。具体标准如下。

一期防渗帷幕区：高程 724m，主帷幕 $K_{上}$ 0+540～$K_{上}$ 0+683.31，透水率 $q\leqslant$5Lu；$K_{上}$ 0+683.31～$K_{上}$ 0+915.75，透水率 $q\leqslant$3Lu；$K_{上}$ 0+915.75～$K_{上}$ 1+172.90 透水率 $q\leqslant$5Lu。高程 650m 主帷幕 $K_{中}$ 0+116.78～$K_{中}$ 0+251.00，透水率 $q\leqslant$3Lu；$K_{中}$ 0+251～$K_{中}$ 0+509.65（含坝基主灌浆廊道中的帷幕灌浆），透水率 $q\leqslant$1Lu；$K_{中}$ 0+509.65～$K_{中}$ 0+761.71，透水率 $q\leqslant$3Lu。坝基副防渗帷幕区，透水率 $q\leqslant$3Lu。

二期防渗帷幕区，透水率 $q\leqslant$5Lu。

4. 防渗帷幕底线

左岸与右岸帷幕端头二期分别接 T_1d^1 地层，中间部分为悬挂式帷幕。河床部分坝基帷幕深度根据岩体透水性特征并按 0.5 倍坝高考虑，防渗深度到高程 540m，左右岸防渗深度随防渗帷幕远离坝体而逐渐减小。

5. 帷幕结构设计

由于坝肩部位帷幕最大深度达 170m，故两岸均设置两层灌浆隧洞，高程分别为 724m、650m，灌浆隧洞断面为 3.0m×3.9m（宽×高），灌浆隧洞采用全断面钢筋混凝土衬砌，衬厚为 40cm。为解决灌浆施工时灌浆设备摆放，在灌浆隧洞下游侧每隔 90m 布置一个设备洞，断面为 3.8m×3.0m×3.6m（宽×高×长），灌浆隧洞总长为 2399m。

防渗帷幕灌浆根据不同的部位及地质条件将防渗帷幕分为两期，设 6 个灌浆区，各分期及分区的灌浆参数如下。

（1）一期防渗帷幕区。

1）高程 650m 以上主帷幕 $K_{上}$ 0+683.31～$K_{上}$ 0+915.75，双排孔，孔距为 2.5m，排距为 1.2m，最大灌浆压力为 3.0MPa，防渗标准 $q\leqslant$3Lu；高程 650m 以上其他区域，单排孔，孔距为 2.5m，最大灌浆压力为 3.0MPa，防渗标准 $q\leqslant$5Lu。

2）650m 高程以下主帷幕 $K_{中}$ 0+251.00～$K_{中}$ 0+485.15，双排孔，孔距为 2.5m，排距为 1.2m，最大灌浆压力为 4.0MPa，防渗标准 $q\leqslant$1Lu；除了强溶蚀区及溶洞区外，高程 650m 以上其他区域，单排孔，孔距为 2.5m，最大灌浆压力为 4.0MPa，防渗标准 $q\leqslant$3Lu。

3）高程 650m 以下强溶蚀区及溶洞区，即 $K_{中}$ 0+485.15～$K_{中}$ 0+536.60，6 排孔，副帷幕及补强帷幕，孔距为 1.5m；主帷幕，孔距为 2.0m，排距为 1.2m，最大灌浆压力为 4.0MPa，防渗标准 $q\leqslant$1Lu。

4）坝基副防渗帷幕区，单排孔，孔距为 2.5m，最大灌浆压力为 3.0MPa，防渗标准 $q\leqslant$3Lu。

(2) 二期防渗帷幕区。左右岸二期防渗帷幕，单排孔，孔距为 2.5m，最大灌浆压力为 3.0MPa，防渗标准 $q \leqslant 5$Lu。

6. 灌浆材料及施工工艺

灌浆采用 P·O 42.5 普通硅酸盐水泥，混合浆液水胶比采用 0.8∶1、0.5∶1 两个比级，开灌水胶比为 0.8∶1。灌浆工艺采用“孔口封闭，自上而下，小口径钻孔，孔内循环”高压灌浆工艺。初步确定最大灌浆压力 $P_{max}=4.0$MPa，最终以现场灌浆试验结果进行调整。

7. 幕后排水

左、右岸坝肩 50m 范围以内的防渗帷幕后设置一排排水孔，排水孔孔径为 110mm，间距为 3.0m，向下的排水孔为倾向下游 15°，向上的排水孔为倾向下游 30°。考虑到大坝右岸岩石条件较差，为保证坝体稳定，右岸高程 650m 隧洞内向下的排水孔深为 30m，向上的排水孔深为 50m。

8. 溶洞处理

$K_{上2}$溶洞发育于右岸 724m 高程隧洞 1+070 左边墙，洞口直径近 1m，洞溶总长近 80m，洞内宽为 1.5～3.0m，上宽下窄，高为 6～10m，洞底充填黄色黏土及块碎石，溶洞向低高程发育，穿过帷幕后向上游发育，端头高程为 685～690m，全溶洞仅端头处见流水。对 $K_{上2}$溶洞采取堵排的方法处理：将帷幕线下的溶洞进行封堵，封堵长度为 8.0m，再进行帷幕灌浆，以达到防渗要求。为避免溶洞内的水位在暴雨情况下上涨，击穿帷幕及威胁堵漏措施的安全性，在上游布置排水洞至 f_{10} 断层，然后分别在两侧布置支洞，支洞底坡为 1%，直至揭露出溶洞，将溶洞封堵，并将汛期地下水经帷幕灌浆隧洞和 5 号施工支洞引至下游。

$K_{下1}$溶洞发育于右岸 0+530 底板，宽度为 3～4m，开挖后，在 0+489～0+574 进行了 3 对物探测试。从物探成果看，廊道底部 5m 下为强溶蚀及岩溶管道区，物探揭露岩溶管道为溶洞群，单个溶洞直径约为 10m，最深的部位为 0+499～0+539，管道底部高程为 625m。$K_{下1}$溶洞处理的基本方案为：在右岸高程 650m 溶洞范围内以设计的第二排帷幕孔为基础，上下游各增加两排辅助帷幕。该辅助帷幕先于主帷幕施工，可为主帷幕施工创造施工条件，同时可对溶洞区域的帷幕进行加强加厚。具体施工工序为：在进行溶洞封堵前，自上游侧布置排水孔将溶洞内的水向外引出，经 7 号施工支洞排出，避免水位抬高之后对溶洞灌浆施工带来难度；之后在灌浆隧洞内通过上下游的辅助帷幕对溶洞区域进行特种灌浆，使之可以在短时间内具备防渗堵漏的能力，最后再按照设计要求完成主帷幕的施工。辅助帷幕施工时先施工上游排辅助帷幕，以堵住溶洞内的地下水；再施工下游排辅助帷幕，起到截断溶洞下游侧通道的作用，以保证主帷幕的施工质量。主帷幕施工完毕后，在该部位增设检查孔，并进行灌后物探测试，以确定主帷幕的施工质量。

5.3.2.5 实施效果

完成一期帷幕灌浆后，从灌浆施工的情况来看，左岸灌浆孔造孔未遇较大的溶洞，右岸岩溶发育，灌浆过程中除断层及溶洞部位灌浆孔的吸浆量较大外，绝大多数灌浆孔吸浆量也普遍偏大。Ⅰ序孔平均单位耗灰量为 900～1000kg/m，Ⅱ序孔平均单位耗灰量为 500～600kg/m，Ⅲ序孔平均单位耗灰量为 200～400kg/m。

从下闸蓄水后的观察和监测，一期防渗帷幕施工完成后，水库渗漏量较小，满足规范要求，因此二期防渗帷幕未再实施。

水库在正常蓄水位下运行，从现场情况及监测资料分析，防渗帷幕运行正常，说明防渗帷幕的分期分区设计是成功的。由于二期帷幕未实施，节约了约50%的防渗工程量，取得了良好的经济效益。

第 6 章

岩溶水库防渗处理技术

在岩溶地区修建水利水电工程，主要存在库（坝）址渗漏、基础及边坡稳定、地下洞室涌水及稳定、岩溶塌陷、水库诱发地震等问题。其中，渗漏问题是岩溶地区水利水电工程建设中最为关键的问题。岩溶地区渗漏问题的处理常遇到地下暗河、溶蚀大厅、溶洞、溶槽、溶沟、溶蚀带、(断层）溶蚀破碎带、落水洞、溶隙等岩溶现象。而较大溶蚀空腔或通道，有的有充填物，有的没有充填物或半充填；充填物有的类似泥石流，有的是比较纯的粉细砂，有的有高流速、大流量的动水，有的在地下水位（蓄水前）以上。因此，在进行岩溶防渗漏处理时，防渗处理工作比较复杂，技术措施多样，需具体问题具体分析。

总结岩溶地区的渗漏处理方法，可以概括地归纳为以下几种："堵"（堵塞漏水的洞穴、泉眼)、"灌"（在岩石内进行防渗帷幕灌浆)、"铺"（在渗漏地区做黏土或混凝土铺盖)、"截"（修筑截水墙)、"围"（将间歇泉、落水洞等围住，使与库水隔开)、"导"（将建筑物下面的泉水导出坝外）等。在实际工程中，多是以其中一两项防渗措施为主，而加以其他辅助措施，尤以灌浆加其他辅助措施为较有效且经济的解决方案，不仅能满足水库防渗要求，还能提高工效，节省工程投资。

6.1 防渗帷幕钻灌施工技术

6.1.1 防渗帷幕钻孔施工技术

6.1.1.1 机械设备选型

根据工程的单孔深度、地质岩性情况、岩溶发育的不可预见性及工程任务，为有利于钻进过程中遇到岩溶问题的处理，防渗帷幕钻孔常选用 XY-2 型、XY-2PC 型、SGZ-Ⅲ型等回转式地质钻机，动力以电动为主。设有灌浆廊道的水利水电工程，固结灌浆及回填灌浆钻孔常采用 YT-28 型手风钻，排水孔常选用 MD-60、MS-100 锚固钻机施工。常用的部分回转钻机主要技术性能见表 6.1-1。

表 6.1-1　　常用的部分回转式地质钻机主要技术性能

项　　目	XY-2	XY-2PC
钻机深度/m	300	150
钻孔直径/mm	56～300	56～150
钻孔倾角/(°)	0～90	0～90
立轴转速/(r/min)	65～1172	81～1190
配用动力电动机/kW	22	18.5
钻机重量/kg	950	650

6.1.1.2　钻孔技术

1. 钻孔孔位

开孔前严格按施工图纸进行测量放样，用全站仪及钢卷尺按设计给定的控制坐标点确定出每个孔的具体孔位，并安装好钻机。安装钻机时，班组人员先加固校正水平，使立轴方向与孔向一致，经检查合格后，才能开孔钻进。钻孔应按设计图纸统一编号、放样，开孔孔位偏差不得大于 10cm。因故变换孔位时，应征得设计和相关单位同意，实际孔位、孔深、孔口高程予以测量、记录。

防渗帷幕灌浆钻孔必须按排序加密、分段的原则进行。

2. 钻孔孔径与钻头、钻具选择

在覆盖层中采用硬质合金钻头为主钻进，在基岩中采用金刚石钻头或合金钻头为主钻进。先导孔、物探测试孔、抬动观测孔、质量检查孔的孔径常为 91～76mm，配相应级配钻具和取芯钻头；主帷幕灌浆孔孔口段孔径为 91mm，以下各段为 56mm，其中 91mm 配相应级配钻具和取芯钻头，56mm 常选用全断面无岩芯钻头或配置内带破碎结构扩孔器的金刚石钻头；搭接帷幕钻孔孔径为 56mm。

3. 帷幕灌浆钻孔分段

防渗帷幕第 1 段（接触段）一般为 2m，第 2 段为 3m，第 3 段为 4m，第 4 段及以下各段一般为 5m。岩溶发育部位或断层破碎带等地质缺陷部位经相关单位批准可适当缩短段长，终孔段根据实际情况，可适当加长段长，但最大段长不得大于 8m。

4. 钻孔的防斜与纠偏

钻孔应采取可靠的防斜措施，保证孔向准确，孔斜值应控制在允许范围内。垂直孔或顶角小于 5°的钻孔，其孔底偏差值不得大于表 6.1－2 的规定。顶角大于 5°的斜孔，其方位角偏差值不得大于 2°，孔底偏差值亦按表 6.1－2 的规定控制。

表 6.1－2　　钻孔孔底最大允许偏差值表

孔深/m	20	30	40	50	60	＞70	终孔方位角
允许偏差值/m	0.25	0.5	0.8	1.15	1.5	2.5%孔深	＜3°

钻孔过程中采用测斜仪进行孔段测斜，孔口段 10m 内至少检测孔斜一次，以下每一钻灌段需要测斜一次，其孔底偏差值严格控制在设计规定的允许偏差内。经测斜发现钻孔的偏斜值超过最大允许偏差值时，应及时采取纠偏措施，若纠偏无效需重新开孔时，经相关单位批准，应在距原报废孔位 0.2m 处开孔。

（1）孔斜的预防。

1）认真做好机械的就位安装和开孔工作，选用短的、直的机上钻杆，对中性能好的立轴卡盘，不得使用立轴晃动的钻机开孔。

2）开孔时要校正钻机，使立轴中心对准孔位。孔口管要下正，固牢。

3）采用合理的钻进技术参数，减小孔壁间隙。

4）不要轻易换径。换径时使用变径导向钻具，或采用其他导正定位措施。

5）采用刚性好、长而直的岩芯管。基岩钻进时，常规钻具岩芯管的长度不短于 2.5m。

6）采用钻铤孔底减压等措施，增加钻具的稳定性。

7）在钻进溶洞地层、软硬互层时，采用长岩芯管低转速、轻钻压钻进。

（2）纠偏措施。

1）导向板纠偏。导向板挂在安装钩上，用钻杆装板顺纠斜方位送至纠斜位置，检查无误后，压下钻杆，切断安装钩一下销钉，使安装钩脱出，回填水泥砂浆至导向板顶端，待凝固后钻进。

2）孔底埋管纠偏。钻孔偏斜时，将小一级、长 2～3m 的套管底部用木塞封住，管内装入细砂，上端拧好盖头，用铅丝由盖头中心孔穿出，下至孔底需要纠偏孔段，将铅丝上端固定在孔口中心，然后以适量水泥灌注孔底套管与孔壁的间隙至 2m 左右。待凝后将铅丝拉断，使套管形成孔底中心导向器。再用无内出刃钻头，以埋定的套管为轴心钻进。

3）调整钻机立轴方向。当孔浅、偏斜不大时，可将钻机的立轴方向适当向钻孔偏斜相反方向偏转，然后进行钻进，可获得纠偏的效果。

5. 钻孔取芯

先导孔、质量检查孔、物探测试孔以及设计文件中规定和相关单位指示的有取芯要求的钻孔应采取岩芯。

取芯钻孔的岩芯获得率要求为：先导孔、物探测试孔应达 80%以上，质量检查孔应达 90%以上。所有岩芯均应统一编号，填牌装箱，并进行岩芯描述，绘制钻孔柱状图，特殊地段的岩芯须摄影存档。

单元工程帷幕灌浆完成并经验收合格后，对有水泥结石的岩芯和监理人指示须保存的岩芯应予保存，并在工程移交时负责运送至指定地点存放。

钻孔时遇到大断层、大溶洞的地段，其相邻一定范围内Ⅰ序孔应按先导孔的要求取芯、编号及装箱，由承包人或现场设代人员进行岩芯描述，有关资料尽快报送设计和相关单位，以便制订处理方案。

6. 孔口保护

钻孔结束待灌或灌浆结束待钻孔，孔口均加木塞或孔口保护器妥善保护，以防其他杂物和污水进入孔内。

7. 钻孔记录

钻孔施工中，在钻孔记录报表内应翔实记录钻孔情况，如钻进情况、材料消耗情况、出勤情况、孔内特殊情况（如钻孔漏水、涌水、塌孔、掉块、遇溶洞掉钻、回水颜色等）等。

6.1.2 防渗帷幕灌浆施工技术

6.1.2.1 机械设备选型与灌浆原材料选用

1. 机械设备选型

防渗帷幕灌浆机械设备常包括四部分：①制浆系统设备，因岩溶地区常存在大耗量灌浆、控制灌浆等情况，现一般多采用集中制浆站；②搅拌系统设备；③灌浆系统设备，如 3SNS 型高压灌浆泵、BW200/50 型灌浆泵等；④灌浆监测系统，如采用灌浆自动记录仪（两参数/三参数）对灌浆的全过程进行实时监控，相匹配的压力表进行压力监测等。所有灌浆设备、仪器、仪表均应始终保持正常工作状态，并配有足够的备用设备。

灌浆自动记录仪按照规范要求或相关单位指示进行定期校验和检定，使用前和检修后必须进行率定。

2. 灌浆原材料选用

(1) 水泥。防渗帷幕灌浆原材料主要为水泥。其强度等级不应低于42.5MPa，灌浆用的水泥必须符合规定的质量标准，不得使用受潮结块的水泥，水泥不应存放过久，不应使用出厂期超过3个月的水泥。

(2) 掺合料及外加剂。在岩溶发育、有大溶洞或大溶蚀裂隙的地段，为了节省水泥或改善浆液的性能，经常需要灌注混合浆液，即在水泥浆液中加入砂、矿渣、砾石、锯末、粉煤灰、膨润土、速凝剂和水玻璃等掺合料，根据充填物和水流速的条件也可选用热沥青、化学材料单独作为灌浆材料。所用灌注材料的品种很多，需根据灌注实际情况和效果而定，其浆液的组成和配比一般需通过室内浆材试验和现场灌浆试验获得，其所遵循的原则是：有效、经济、施工方便。

6.1.2.2　防渗帷幕灌浆技术要点

1. 岩溶水库防渗灌浆的特点

(1) 地质条件复杂。岩溶地区地质条件往往非常复杂，溶腔类型、地下水状况、充填物状态、埋深等不尽相同，其组合形式多种多样，可能的组合形式详见表6.1-3。

表6.1-3　岩溶水库岩溶发育组合形式

<table>
<tr><th>溶腔类型</th><th colspan="2">地下水状况</th><th colspan="2">充填物状态</th><th>埋深</th></tr>
<tr><td rowspan="2">线状（闭合或微张开）</td><td colspan="2">有</td><td colspan="2">有</td><td>深</td></tr>
<tr><td colspan="2">无</td><td colspan="2">无</td><td>浅</td></tr>
<tr><td rowspan="2">片状（溶隙、溶缝、溶蚀层面等）</td><td colspan="2">有</td><td colspan="2">有</td><td>深</td></tr>
<tr><td colspan="2">无</td><td colspan="2">无</td><td>浅</td></tr>
<tr><td rowspan="5">大空腔（岩溶管道或溶洞）</td><td rowspan="4">有</td><td rowspan="2">静水</td><td rowspan="4">有</td><td>砂</td><td rowspan="4">深</td></tr>
<tr><td>黏土</td></tr>
<tr><td rowspan="2">动水</td><td>砾</td></tr>
<tr><td>混合</td></tr>
<tr><td colspan="2">无</td><td colspan="2">无</td><td>浅</td></tr>
</table>

(2) 施工技术复杂。岩溶地区灌浆相对普通地层灌浆复杂。勘探、试验、施工三者并行的特点更突出，处理前常常不可能将施工区的地质情况勘察得十分详尽，因而在施工过程中往往会发现各种地质异常，设计和施工需要及时变更调整，且常分区分期实施。同时要求施工人员有丰富的经验，以便应对施工过程的突发问题。

(3) 施工工程量大、施工强度高。防渗帷幕灌浆作为主要防渗手段，设计总体灌浆工程量较大，工程量可从几千米到几十万米；灌浆工作全面展开又往往在土建工程基本完工后才能提交工作面，因此施工工期短且集中，导致施工强度高。

(4) 灌浆工艺复杂。岩溶地区灌浆工艺不是一成不变的，需要根据岩溶程度等不同的边界条件采用不同的处理方案，在施工过程中遇到新问题需及时调整处理方案。

2. 防渗帷幕结构型式及有关参数的确定

根据地质条件和设计要求，参考灌浆试验取得的成果资料，确定合理并有效的帷幕结构型式。

(1) 帷幕灌浆孔的排数布设。实践经验证明，一般防渗部位或远坝区域岩溶弱发育透水率低部位，宜布置单排孔；但在岩溶发育、透水性大的地段，为确保形成的防渗帷幕满足运行及安全需要，防渗帷幕宜布置双排孔、三排孔乃至多排孔；且对设有两层以上灌浆廊道的防渗帷幕灌浆，为确保帷幕线闭合，上下层帷幕灌浆采用搭接灌浆连接。

(2) 帷幕孔深度控制。

1) 达到设计图纸及技术文件规定的底线高程。

2) 终孔段基岩透水率应满足设计防渗标准，否则应根据相关要求加深至满足标准为止。

3) 终孔段遇性状较差、规模较大的断层、强溶蚀带、溶蚀裂隙密集带等地质缺陷时，应根据相关单位指示加深钻孔至穿过该地质缺陷 5m 以上。

(3) 防渗帷幕灌浆序次。灌浆次序与钻孔次序相同。灌浆应按分序加密的原则进行。两排帷幕灌浆孔时，应先灌下游排，后灌上游排；同排孔分 3 个序次，其施工顺序为先导孔→Ⅰ序→Ⅱ序→Ⅲ序。

(4) 灌浆方法。采用小口径无塞高压灌浆法。对于高压帷幕灌浆地段：帷幕灌浆孔第一段采用常规“阻塞灌浆法”施工，灌浆阻塞器阻塞在结合面以上 0.5m 处，灌浆后安装孔口管。第二段及以下各段采用“自上而下、小口径钻进、孔口封闭、不待凝、孔内循环”的高压灌浆工艺。射浆管距灌浆段孔底一般不得大于 0.5m。

孔口无涌水的孔段，灌浆结束后可不待凝，但在断层、破碎带等地质条件复杂地区则宜待凝，待凝时间应根据地质条件和工程要求确定。

3. 监测仪器的保护

防渗帷幕灌浆施工前，应由相关单位提供布置于帷幕轴线部位的各种监测仪器、电缆、孔、管等布置详图，现场进行标示清楚。施工中应进行妥善保护，避免造成仪器的损坏。排水孔及渗压观测孔应在相应部位帷幕灌浆结束并检查合格后方可钻进。

6.1.2.3 防渗帷幕灌浆试验

1. 试验目的

由于岩溶发育的不均一性，岩溶地区防渗帷幕线可溶岩地层的可灌性及耗灰量不均匀，为达到灌浆防渗的目的，有效控制耗灰量，对于较大规模的灌浆工程，防渗帷幕灌浆试验是一项十分重要的工作程序。灌浆试验目的是为寻求出适合于工程地质条件的合理灌浆参数、有效灌浆工艺、经济投资等。防渗帷幕灌浆作业正式开工前，按已报送相关单位且经审批的试验大纲，进行室内浆材试验及现场生产性灌浆试验。防渗帷幕灌浆试验应达到以下目的：

(1) 选择适宜的灌浆材料和较优的浆液配比。

(2) 得出合理的灌浆参数，包括孔距、排距、灌浆工艺、钻灌工效、灌浆压力、灌浆段长、钻孔灌浆定额、防渗帷幕的防渗能力、帷幕的耐久性。

2. 试验内容

（1）室内试验。

1）原材料调研和取样：根据设计要求，到水泥、粉煤灰产地对原材料的性能、运输距离、产量、质量稳定性等进行调研，初步确定能满足设计要求的可用于灌浆工程的原材料品种并进行取样。

2）灌浆材料品质鉴定：对水泥、混合材等原材料进行品质检验，筛选出满足设计要求可用于灌浆工程的原材料。

3）浆液配比试验：进行水泥浆净浆、水泥浆掺加外加剂、水泥粉煤灰浆、水泥粉煤灰浆掺加外加剂不同水灰比的黏聚力、塑性黏度、抗渗、抗拉、弹性模量、泌水率、凝结时间等项目的测试。纯水泥浆和水泥粉煤灰浆水灰比比级以及粉煤灰掺量占水泥重量的比例按设计文件和相关规范执行，外加剂可按其品种选取合适的掺量。根据浆液配合比研究结果及技术经济分析，提出适用于帷幕灌浆工程的浆液配比。

（2）现场生产性灌浆试验。

1）灌浆试验段选择应遵循的原则：①试验地段所具备的水文地质条件对整个防渗帷幕线有一定的代表性，以求得合适的灌浆指导；②为寻求复杂岩溶地质条件下的灌浆成幕技术，至少一个试验段选在强溶蚀带、导水断层带、裂隙密集带等主要渗漏地段上；③尽量避开施工干扰；④为节省工程投资，试验地段可选取在帷幕线上，若非溶洞充填物挤压、劈裂等压力与工艺试验需要，一般不得进行破坏性灌浆试验。

2）试验段的选定。根据以上原则，与相关单位共同选定具有代表性的灌浆试验段。其帷幕试验孔孔距根据设计要求确定。

3）布孔方式。孔位布置的方式、数量、孔深具体按设计图纸或相关单位指示执行，检查孔根据灌浆资料确定。

4）灌浆分段及灌浆压力。施工时根据设计资料执行。在灌浆过程中，根据岩层注入率情况及对地表观察，视有无冒浆或抬动变形情况作试验性的压力调整，抬动最大允许值为0.2mm。

5）灌浆试验效果检查。主要通过检查孔常规压水试验、耐久性压水试验、取芯观察法及物探测试检查试验效果。

a. 常规压水试验。灌浆全部完工后14d，根据灌浆成果分析，布置检查孔，压水压力为1.0MPa。钻孔、取芯、压水试验按地质勘探相关标准检查防渗帷幕的防渗效果。钻孔采用ϕ76mm钻具钻进，岩芯获得率应大于90%，有水泥结石的岩芯应及时制成试件进行容重、黏聚力及抗渗等指标的测试。

b. 耐久性压水试验。在检查孔进行常规压水检查后，选一个孔进行全孔长期高压压水试验，压水试验压力超过大坝抬高水头一定余倍即可，在该压力保持不变的条件下，压水时间持续360h，以检测帷幕的防渗能力随时间衰减或透水性随时间增大的趋势。

c. 取芯观察法。取芯观察浆液在缝隙的充填和水泥结石凝结情况。

d. 物探测试。鉴于岩溶发育的不均一性，为针对岩溶发育部位进行有效的防渗处理，一般在钻灌工作开始前须作结合物探测试开展先导孔施工。钻孔孔径根据物探测试要求一般不小于ϕ76mm。其钻孔、取芯、压水试验按地质勘探相关标准进行，以查明岩石性状，并进行灌前弹性波速或动弹性模量的测试，之后进行封孔灌浆，试区钻灌工作结束后将测试孔重新扫孔，进行灌浆后弹性波速或动弹性模量的测试及对比分析。

6）灌浆试验资料成果分析。现场生产性灌浆试验结束后及时进行资料整理，分析各序孔和检查孔的单位吸水率、单位耗灰量等试验资料，绘制平均透水率和单位注入量顺序递减曲线，各序孔透水率和单位耗灰量分级累计曲线，物探测试的灌前、灌后成果报告等报送相关单位。再根据耗灰量情况，分析岩溶发育部位的灌浆处理情况，必要时结合压水试验、物探对比测试等情况，作补充灌浆处理。

通过试验、检查和分析，对灌浆设计的适宜性进行分析评价，最终确定出合理的灌浆工艺参数，如灌浆孔孔深、孔排距、灌浆段长和压力、灌浆单位耗灰量等，验证“自上而下、小口径钻进、孔口封闭不待凝、孔内循环高压灌浆技术”在灌浆工程的可行性。

6.1.2.4 防渗帷幕灌浆工艺

1. 单孔施工工艺

钻机对中孔位、调平及固定钻机→钻进第一段→测斜→下阻塞器→洗孔→压水试验→灌浆→孔口管安装→（待凝）→第二段钻孔→洗孔→压水试验→第二段灌浆→第三段钻孔→测斜→…（以下各段钻孔、洗孔、压水试验、灌浆）……终孔段灌浆→全孔机械封孔→人工封孔。帷幕灌浆施工工艺流程框图如图 6.1－1 所示。具体施工要求如下。

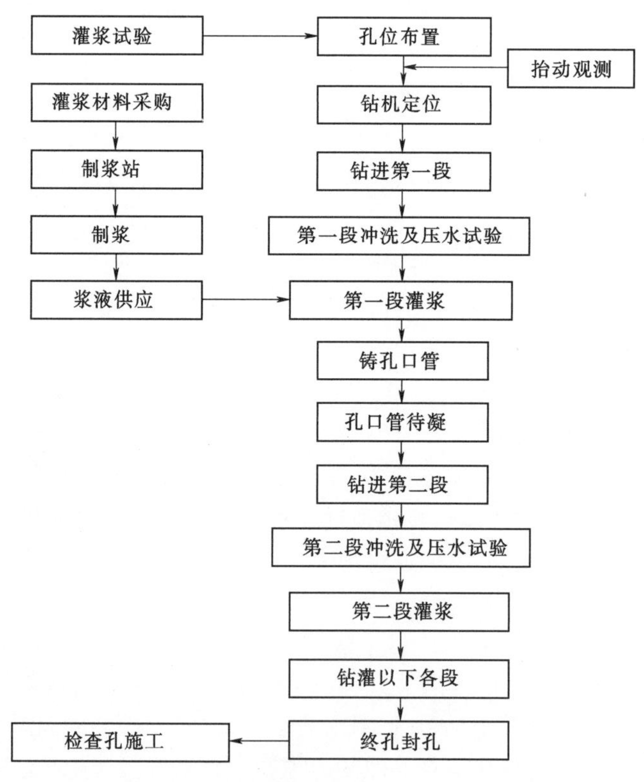

图 6.1－1　帷幕灌浆施工工艺流程框图

（1）测量布孔。所有钻孔严格按施工详图的尺寸和位置进行测量放线布设，并在显著位置注明孔号和序号，开孔孔位偏差不得大于 10cm。

（2）钻孔施工顺序。钻孔施工顺序为先导孔→Ⅰ序孔→Ⅱ序孔→Ⅲ序孔→检查孔→排水孔。排水孔施工也可在其周边30m范围内的灌浆孔灌浆完成后进行。

（3）抬动变形观测。抬动变形观测装置安装完成，且能进行正常观测。依据地质条件和灌浆压力情况或按相关单位指示执行。设有抬动观测装置的部位，对其周边10.0m范围内的灌浆孔段在裂隙冲洗、压水试验及灌浆过程中均应进行观测，并将观测成果记录在原始记录表上。

（4）孔口管的镶铸。开孔孔径为91mm，钻至基岩面以下2.0m。以设计压力灌浆后，置入一根ϕ89mm的钢管，钢管应高出孔口10cm，并且有丝扣。用灌浆的方法向孔内压入0.5∶1的水泥浆，待孔口管外壁与壁之间返出同一浓度水泥浆后，灌浆结束。

导正孔口管，待凝36h后，方可钻灌第二段。为加快施工进度可以将孔口管段分序灌浆后，同时镶铸孔口管。

（5）钻孔分段与灌浆压力。根据灌浆试验确定的灌浆段长及相应高程的分段灌浆压力进行分段施工。段长误差不大于30cm。遇有断层、地质缺陷部位，段长不宜超过3.0m。钻孔穿过软弱破碎岩体发生塌孔和集中漏水时，应作为一段先进行灌浆。待凝24h后再钻进。

（6）钻孔冲洗。钻孔结束，灌浆前对灌浆孔段进行钻孔冲洗及裂隙冲洗。裂隙冲洗时应进行抬动观测。

（7）简易压水试验。

1）钻孔冲洗结束后及时进行压水试验。帷幕灌浆先导孔和Ⅰ序孔灌浆前均需作简易压水试验，Ⅱ序和Ⅲ序孔按灌浆孔数的5%进行灌前简易压水试验，位置由相关单位根据前序孔段的压水试验和灌浆情况确定。

2）压水试验稳定标准。简易压水试验压力采用灌浆压力的80%，最大不超过1.0MPa，每5min测读1次压入流量，连续读取4次，取最后的流量值作为计算流量。

在稳定压力下，每3～5min测读1次压入流量，连续4次读数中最大值与最小值之差小于最终值的10%，或最大值与最小值之差小于1L/min，该阶段试验即可结束，取最终值作为计算值。

（8）浆液水灰比及浆液变换。普通水泥浆液和掺粉煤灰水泥浆液的水灰比比级根据灌浆试验确定后执行。根据灌浆试验成果，亦可采用批准的其他水灰比施灌。灌浆浆液应由稀到浓逐级变换。

采用粉煤灰水泥浆液时应加入高效减水剂，以改善浆液的流动性，其品种及掺量应通过室内浆材试验确定。

浆液变换应遵循如下原则：

1）当灌浆压力保持不变，注入率持续减少时，或注入率不变而压力持续升高时，不得改变水灰比。

2）当某级浆液注入量已达300L以上，或灌注时间已达30min，而灌浆压力和注入率均无显著改变时，应换浓一级水灰比浆液灌注。

3）当注入率大于30L/min时，根据施工具体情况，可越级变浓。

灌浆过程中，灌浆压力或注入率突然改变较大时，应立即查明原因，并及时汇报，经批准后，采取相应的处理措施。

（9）灌浆结束标准。根据灌浆试验成果确定的标准执行。一般规定如下：

1）采用自上而下分段灌浆法时，灌浆段应在最大设计压力下，注入率不大于1L/min后，继续灌注60min，灌浆即可结束。

2）采用自下而上分段灌浆法时，灌浆段应在最大设计压力下，注入率不大于1L/min后，继续灌注30min，灌浆即可结束。

3）若最后连续3个注入率读数均大于1L/min，则不能结束灌浆。当长期达不到结束标准时，应报请相关单位共同研究处理措施。

（10）封孔。帷幕灌浆孔全孔灌浆结束后，立即会同相关单位及时进行验收，验收合格的灌浆孔才能进行封孔。帷幕灌浆采用自上而下分段灌浆法时，采用“分段压力灌浆封孔法”进行封孔；采用自下而上分段灌浆时，采用“全孔灌浆封孔法”。灌浆孔封孔应采用机械压浆置换法。

2. 孔内事故的预防和处理

（1）钻孔事故预防和处理。灌浆工程发生的事故大部分是钻孔事故。预防和减少钻孔事故、快速处理好事故是提高灌浆工程施工效率和降低工程成本的主要组成部分。

1）孔内事故的预防措施。

a. 严格施工工艺。施工开始前，认真调查和分析地质条件和工程要求，制定周密细致的钻孔工序施工细则。

b. 保证设备完好、各种钻孔器材质量符合要求。

c. 对深孔钻进专门进行钻孔结构、事故预防的施工设计。

d. 在基岩中钻进时，采用清水钻进。

2）孔内事故的处理。各种事故发生后，应勘查分析事故的性质、程度和准确部位，根据事故的原因及性质制订处理事故的方案，谨慎和稳妥实施。常见事故的原因和主要处理措施如下。

a. 由于岩溶渗漏导致循环液漏失时，停止钻进，进行堵漏灌浆处理。

b. 操作不当芯岩脱落，采用钻具套取。

c. 钻杆折断、脱扣，用丝锥或捞管器打捞。

d. 岩芯管、钻头脱扣，用丝锥捞取，小钻头透孔。

e. 由于岩溶发育及遇断层、溶蚀破碎带等原因，孔壁坍塌、掉块卡钻时，采用吊锤冲打、千斤顶顶拔消除卡塞物。

f. 当岩体溶蚀破碎透水性强，钻进过程中易因塌孔等情况造成埋钻，可采用强力冲孔、吊锤冲打、千斤顶顶拔、扩孔套取、钻头磨灭处理。

g. 钻进水量太小造成烧钻时，采取尽量上提钻头，反除上部钻杆，透孔、扩孔进行处理。

h. 地层溶蚀破碎、松散造成塌孔时，停止钻进，用浓浆进行灌浆处理。

i. 钻孔孔斜超过规定范围时，停止钻进，进行纠斜。

（2）采用钻铸孔口管封闭技术进行灌浆预防。超深孔帷幕灌浆具有孔深、灌注时间长的特点，极易发生钻杆堵塞、铸管事故。发生后处理难度极大，且对灌浆质量有较大影响。因此采用钻铸孔口管封闭技术防止埋钻杆事故发生。该技术在广西百色电站、新疆喀腊塑克电站、锦屏一级电站等深帷幕灌浆施工中均获成功应用，效果良好。

该技术主要采用钻铸高压孔口封闭器进行孔口封闭灌浆。此种孔口封闭器采用表面镀铬技术和高压密封技术，解决了高压状态下旋转、漏浆问题。使用此封闭器，孔内浆液在孔内射浆管的强制搅拌作用下始终处于受搅动状态，可有效地防止沉淀、析水，对细小裂隙和夹泥破碎带有更好的穿透能力。同时，免去了降压、活动射浆管的操作，有利于减轻劳动强度。孔口封闭器的技术指标为：搅动转速 0～300r/min；可上下活动 10～40cm。

（3）深孔帷幕灌浆施工专项措施。

1）深孔帷幕灌浆主要施工难点：①造孔难度大；②孔深、灌浆压力大，且采用孔口封闭方式灌浆，极易发生钻杆堵塞、铸管事故；③孔深、孔斜控制困难。为解决以上难题，需要结合工程实际地质条件，借鉴国内类似工程经验，一般采用钻孔新工艺“自上而下、小口径钻进、孔口封闭、不待凝、孔内循环高压灌浆技术”予以解决。

2）深帷幕孔钻孔方案。

a. 采用功率大、能力强的钻孔设备。

b. 选配合理的钻具。现场使用不同类型的钻头进行钻孔工艺试验。选用钻进效率最高、寿命最长的钻头，以保证快速、连续地进行钻灌施工，超深孔尽量使用新工艺钻进。根据经验，可初步考虑选用孕镶金刚石钻头钻孔。选用 ϕ56mm 钻杆，与孔径仅差一级，相对刚度较大。各种钻具使用前进行检查，不使用有缺陷的钻具，避免发生孔内事故。

c. 选择合理的钻孔结构。根据现场施工条件，对地质条件差、成孔困难的深帷幕灌浆孔钻孔，开孔孔径采用 ϕ130mm，镶铸 ϕ110mm 孔口管，前 100m 钻孔孔径为 ϕ91mm，100m 后钻孔孔径为 ϕ76mm。

3）安排参加过类似工程、钻孔施工经验丰富的技术工人操作钻机，同时加强理论和技术培训，配备技术人员跟班进行技术指导。

3. 防渗帷幕灌浆特殊情况处理

（1）灌浆过程中，如地表发生冒（漏）浆现象时，一般可采用低压、浓浆、限流、限量、间歇灌注等方法处理，必要时应采取嵌缝、地表封堵方法处理。

（2）在钻孔穿过溶洞及断裂构造发育带发生塌孔、掉块或集中渗漏时，应立即停钻，查明原因，采取缩短段长进行灌浆处理。同时应及时上报相关单位。

（3）在钻孔过程中发生与混凝土构造分缝、埋设仪器、混凝土冷却水管串通时，应立即停钻并报相关单位研究处理。

（4）灌浆工作应连续进行，如因故中断应尽早恢复灌浆。否则应立即冲洗钻孔，再恢复灌浆。若无法冲洗或冲洗无效，则应进行扫孔，再恢复灌浆。恢复灌浆时，使用开灌水灰比的浆液灌注，如注入率与中断前相近可改用中断前水灰比的浆液灌注，如注入率与中断前减少很多，且在短时间内停止吸浆，应报告相关单位，研究相应的处理措施。

（5）当采用最大浓度浆液施灌，注入率很大而不见减少时，可采用定量供浆、间歇灌浆，低压、浓浆、限流、限量灌浆，灌注速凝浆液，灌注混合浆液或膏浆等方式处理。

（6）灌浆过程中，灌浆压力或注入量突然改变较大时，应立即查明原因。发现与灌浆孔串通时，如串浆孔已具备灌浆条件，应一泵一孔同时进行灌浆。否则，应塞住串浆孔，待灌浆孔灌浆结束后，再对串浆孔进行扫孔、冲洗，而后继续钻进或灌浆。

（7）在帷幕灌浆施工时，对孔口有涌水的孔段，灌浆前应测记涌水压力和涌水量。根据涌水情况采取相应措施综合处理，如缩短段长、提高灌浆压力、进行纯压式灌浆、灌注浓浆、灌注速凝浆液、屏浆、闭浆、待凝等。灌浆结束时，将孔口闸阀先关闭再停机，待孔内浆液凝固后才可解除孔口闭浆装置。采用分段灌浆封孔法或全孔灌浆封孔法封孔。

（8）定期对回浆管浆比进行检查，当发现回浆失水变浓时，即 20～30min 内回浆密度超过一个比级且注入率在 1～2L/min 时，换原比级的新鲜浆液，若不发生回浆变浓或回浆变浓不明显，则正常结束灌浆；若继续发生回浆密度超过一个比级的现象，则判为吸水不吸浆，可换用相同水灰比的新浆灌注，若效果不明显，继续灌注 30min，即可结束灌注，也不再进行复灌，但总灌注时间仍要求不小于 60min。其回浓情况应反映在灌浆综合成果表中，并及时上报相关单位。

（9）灌浆孔段遇特殊情况，无论采取何种措施处理，其复灌前应进行扫孔，复灌后应达到灌浆结束的要求。必要时采取化学灌浆或用超细水泥灌浆。

6.2 大注入量岩溶地层综合控制灌浆技术

帷幕灌浆遇到强透水岩溶地层时，多以钻进过程中不返水或返水小、灌前透水率大为主要特点，且在灌浆时表现为单位注入量大甚至很大，灌浆难以正常结束等状态，这将严重影响工期及大幅度增加工程投资。

针对大注入量岩溶孔段，应暂停灌浆作业，对灌浆影响范围内的钻孔、岸坡岩溶发育特征、结构面发育特征等进行彻底勘察，查明具体情况和原因，并采取合适的灌浆浆液，根据控制性灌浆规范选取膏浆等控制性灌浆措施恢复灌浆，灌浆时可采用低压、浓浆、限流、限量、间歇灌浆法灌注，必要时亦可掺加适量速凝剂灌注，该段经处理后应待凝 24h，再重新扫孔、补灌。其灌浆资料须及时进行分析，以便根据灌浆情况及该部位的地质条件，分析研究是否需进行补充钻灌处理，从而避免浆液扩散半径过大，造成不必要的浪费。对强透水岩溶地层进行帷幕灌浆处理时，需采用有效控制灌浆技术，才能满足防渗与工期要求，实现节省工程投资的目的。

通过多次研究与试验，取得较为成熟的黏土水泥系列浆液控制性灌浆技术，针对岩溶地区防渗灌浆处理效果较好。黏土水泥系列浆液包括黏土水泥稳定浆液、黏土水泥膏浆、黏土水泥膏状快凝浆液等。对于吸浆量较大的岩溶灌浆段，可按照先黏土水泥稳定浆液开灌，并根据设计灌浆压力与结束标准要求按照每灌浆段（5m 段长）每种浆液灌入 300～500L，并依照黏土水泥稳定浆液→黏土水泥膏浆液→黏土水泥膏状快凝浆液等进行浆液变换，直至其中一种浆液或最终黏土水泥膏状快凝浆液灌浆结束。其中黏土水泥膏状快凝浆液组分中可根据设备泵送能力掺加适量砂或砂砾等惰性材料；速凝剂可采用水玻璃或喷射混凝土专用速凝剂等，掺量可根据工艺对浆液初凝时间要求通过现场配比试验确定。从而也总结出钻灌一体高压冲挤灌浆法工法、膏浆自封高压冲挤灌浆法工法等新的灌浆工法。

6.2.1　大注入量灌浆段预判

6.2.1.1　灌浆段分类

在实际工作中，常以主材干重注入量大于某单位注入量（符号 C，单位 kg/m）来划分大注入量灌浆段，如单位注入量大于 500kg/m 的灌浆段称为大注入量灌浆段。对于岩溶地层，常按单位注入量大小作为预判标准划分为常规、较大、大、特大 4 类灌浆段，其具体划分标准为：①常规注入量灌浆段：$C \leqslant 100$kg/m；②较大注入量灌浆段：100kg/m$<C \leqslant 500$kg/m；③大注入量灌浆段：500kg/m$<C \leqslant 1000$kg/m；④特大注入量灌浆段：$C>1000$kg/m。

6.2.1.2　大注入量灌浆段预判

岩溶强透水地层指其透水率大于 100Lu 的可溶岩地层，其注入量大小与地层结构、地质构造、岩溶发育程度等地质条件密切相关。在帷幕灌浆施工过程中，可按以下方法（不限于）来预判可能出现大注入量的灌浆段：

（1）前期勘察或先导孔揭示的强溶蚀区或中等—强透水区。

（2）灌浆孔在钻进过程出现（不限于）：①钻进时不返水；②钻进时返水较小，灌浆前简易压水不起压。

（3）灌浆时出现（不限于）：①灌浆前压水试验的压力小于 0.5MPa 时的压入流量大于 30L/min（此时对应的透水率大致为 15～20Lu）的孔段；②初始灌浆时无压或压力较小、无返浆的孔段；③初始灌浆正常，但至某一压力值时，压力和流量不再改变（如注入流量大于 30L/min）且无法结束的孔段。

6.2.2　大注入量岩溶地层综合控制灌浆技术

6.2.2.1　低压、浓浆、限流、限量、间歇灌注

1. 适用条件

当压水时注入流量小于 30L/min，或初始灌浆时有一定压力但注入率大于 30L/min 且小于 50L/min 时（较稳定），可采用该技术。

2. 一般原则

（1）降压。采用低压或自流式灌注，待裂隙或岩溶裂隙逐渐充满浆液并降低流动性后，再逐渐升高灌浆压力并按正常的施工技术要求进行灌浆。

（2）限流（限制进浆量）。将注入流量（进浆量）控制在 15～20L/min 并使用浓浆进行灌注，等注入流量（进浆量）明显减少后，升高灌浆压力，使注入流量（进浆量）又达到 15～20L/min，仍继续使用浓浆灌注，至注入流量（进浆量）又明显减少时，再次升高灌浆压力，增大注入流量（进浆量），如此反复进行灌注，直至达到设计要求的灌浆结束标准为止。

（3）增大浆液浓度（浓浆或较浓浆）。使用浓浆或较浓浆或掺细砂以降低浆液的流动性，同时配合适当地降低压力、限制浆液的流动范围，不使浆液流失过远。待注入率已降低到一定程度，再换成较稀的水泥浆灌注，并采用逐级升高压力灌至符合设计要求的结束条件为止。

(4) 限量及间歇。在灌浆过程中，每连续灌注一定时间并达到限量标准（1～1.5t/m）后暂时停灌，待凝24h后再扫孔复灌，如此反复，直到达到设计要求。

(5) 以上方法或措施可根据灌浆具体情况单独或组合使用。

6.2.2.2 水泥砂浆灌注

1. 适用条件

当压水时压入流量大于30L/min，或初始灌浆时有一定压力但注入率大于50L/min时，可采用水泥砂浆灌注。

2. 灌浆材料及设备

灌浆材料：0.5∶1的水泥浆；符合相关要求的细砂、中砂及粗砂并分类堆放。

灌浆设备：配置砂浆泵及其他灌注砂浆必备机具。

砂浆泵参数应满足：能灌注粒径5mm以内的砂，灌注压力能满足最大灌浆压力的1.5倍，操作简单。

3. 水泥砂浆灌注的一般原则

(1) 在灌注砂浆前，先灌浓浆，其目的是了解灌段注入率及是否能起压，若在灌注过程中能逐步升压、流量（注入率）在逐步减小，则继续灌注浓浆；若在灌注过程中压力上升缓慢、流量（注入率）稳定且无较大变化或呈现增大时，则应进行砂浆灌注。

(2) 灌注水泥砂浆应由细到粗，以确保帷幕有足够的厚度。

(3) 掺砂比例（砂浆配比）可按10%、20%、30%、100%逐级增加。

4. 水泥砂浆灌注过程控制

(1) 在灌注10%的砂浆量时，若注入量较大且"不起压"，可越级改灌30%砂浆，若仍"不起压"再逐级加砂直至灌注到100%砂浆（每级配砂浆量按400L控制）后可闭浆停灌待凝。

(2) 当某孔段某级别砂浆的注入量较小但压力逐步上升时，应注意观测压力与注入率变化情况，若压力相对稳定（如1.5MPa）且注入率有上升趋势，可改换浓一级砂浆继续灌注；若压力继续上升，注入率减小再继续灌注但不得改变砂浆比例；当注入率小于10L/min时，可改灌浓浆直至压力达到设计压力，此时无论是否达到结束标准均应闭浆待凝。

(3) 闭浆后待凝时间不少于24h，达到待凝时间均应扫孔并按正常灌浆复灌。

(4) 以上方法或措施应根据现场实施情况进行适当调整，最好选取有代表性的孔段进行试验性灌注。

6.2.2.3 膏浆灌注

1. 适用条件

当压水时压入流量大于30L/min，或初始灌浆时有一定压力但注入率大于50L/min时，可采用膏浆灌注。

2. 灌浆材料及设备

①0.5∶1水泥浆；②优质膨润土；③常规高压灌浆泵及辅助灌浆机具。

3. 膏浆灌注的一般原则

(1) 纯水泥浆预灌注。在灌注膏浆前，宜先灌浓浆，其目的是了解灌段注入率及是否能起压，若在灌注过程中能逐步升压、流量（注入率）在逐步减小，则继续灌注浓浆；若在灌注过程中压力上升缓慢、流量（注入率）稳定且无较大变化或呈现增大时，则应采用膏浆灌注。

（2）膏浆灌注的一般原则。

1）配合比：膏浆配合比应通过现场试验确定。根据类似工程经验，建议配合比见表6.2-1。膏浆拌制的质量检测以控制流动度为主，流动度检测采用锥形流动度筒进行。

表6.2-1　膏浆建议配合比

编号	配合比（水∶水泥∶膨润土）	搅拌时间/min	流动度/cm
1	0.5∶1∶0.1	≥5	10～12
2	0.5∶1∶0.2	≥5	7～9
3	0.5∶1∶0.25	≥5	6～8

2）膏浆灌注的过程控制。膏浆灌注可根据纯水泥浆预灌注情况按以下方式进行浆液变换控制：

a. 当预灌浆的注入流量为50～80L/min时，可采用0.5∶1∶0.1的膏浆开灌（即水∶水泥∶膨润土）。若0.5∶1∶0.1的膏浆灌注250L后，灌浆压力、注入流量均无明显变化，则变换为0.5∶1∶0.2的膏浆灌注。

b. 当预灌注的注入流量较大时，可采用0.5∶1∶0.29（即水∶水泥∶膨润土）较浓的膏浆灌注。若0.5∶1∶0.1的水泥膨润土膏浆灌注较多时，其灌浆压力、注入流量无明显变化，则改用0.5∶1∶0.2（即水∶水泥∶膨润土）的浓浆进行堵漏灌浆。在进行堵漏时限量不限流，每次的限量标准为1.5t/m。

当达到限量标准后，应至少待凝24h再扫孔复灌，如此反复，直至达到设计要求。

c. 以上方法或措施应根据现场实施情况进行适当调整，特别是配合比。

6.2.2.4　钻灌一体高压冲挤灌浆法

钻灌一体高压冲挤灌浆法主要是针对溶洞充填物等松软地层防渗灌浆普遍存在成孔难、升压难、分段难、控制难等技术问题，而研究推出的一种全新工法。该工法钻孔采用小口径“满眼”钻进技术，直接利用灌浆液（纯水泥或水泥黏土稳定浆液）兼作钻孔冲洗液，并采用一种脉冲式高压灌浆设备，通过调控脉冲浆量与脉冲频率，借助“满眼”钻进小间隙拥挤封阻作用，产生一种脉冲式瞬间冲挤高压，随钻随灌，钻灌一体，并可按照自上而下每间隔钻灌0.5～1.0m后，上提孔内钻灌机具一个间隔段，进行孔口封闭与回浆压力控制，进一步按照规定的灌浆控制标准对间隔段实施有效的小段原位高压冲挤灌浆。

钻灌一体高压冲挤灌浆法为一种全新的自上而下、钻灌一体、小段原位、冲挤劈楔控制性灌注工艺，较常规灌浆工艺操作简便、工效快捷、浆材可控、灌浆均一、经济环保。采用钻灌一体高压冲挤灌浆法进行灌浆防渗，钻灌孔布置可根据工程需要按孔间距1.5～2.0m、单排或多排布置。

1. 钻灌浆液

钻灌一体高压冲挤灌浆法可采用纯水泥稳定浆液或水泥黏土稳定浆液；纯水泥稳定浆液水灰比一般为0.7∶1～0.8∶1；水泥黏土稳定浆液水固比一般为0.8～0.9，其中黏土加量可根据工程要求的试验配比进行确定，通常情况下可为水泥重量的10%～50%。对于黏土资源缺乏的地区，也可采用商品膨润土替代黏土。典型的黏土水泥稳定浆液配合比及其性能见表6.2-2。

表6.2-2　典型的黏土水泥稳定浆液配合比及其性能

浆液配合比（重量比）			浆液和结石性能					
水泥/%	黏土/%	水固比	漏斗黏度/S	析水率/%	初凝时间/h	终凝时间/h	结石体28d抗压强度/MPa	结石体28d渗透系数/(cm/s)
50～90	5～10	0.8～1.0	25～35	<3	>8	<10	>3.0	<10^{-7}

2. 工艺参数

钻灌一体高压冲挤灌浆法主要工艺技术参数包括钻灌间隔、脉冲浆量、脉冲压力等。其中间隔段灌浆回浆压力主要根据上部已灌浆段不产生二次重复劈裂进行控制。钻灌一体高压冲挤灌浆法间隔分段与压力控制可参照表6.2-3进行。

表6.2-3　钻灌一体高压冲挤灌浆法间隔分段与压力控制表

孔序	Ⅰ序		Ⅱ序		Ⅲ序	
钻灌间隔/m	0.5～1.0					
脉冲浆量/(L/冲次)	1～5（冲挤频率根据地层密实性通过试验确定）					
脉冲压力/MPa	进浆	回浆	进浆	回浆	进浆	回浆
	>1.5	<0.5	>2.0	<1.0	>2.5	<1.5

3. 施工技术

（1）钻灌成孔。

1）钻灌一体高压冲挤灌浆法所用钻机宜采用全液压动力头式地质回转钻机，也可采用普通地质回转钻机；脉冲灌浆泵可采用机械传动单缸往复泵或液压驱动单缸与双缸往复泵；孔内高压冲挤钻具组长度不小于3m为宜；钻灌钻头可根据地层条件分别选用合金钻头、复合片钻头、金刚石钻头。

2）钻灌可分Ⅱ序孔或分Ⅲ序孔进行，按照先Ⅰ序孔、后Ⅱ序孔、再Ⅲ序孔的顺序进行。

3）钻灌开孔孔径一般为91mm，开孔钻进穿过底板混凝土或找平混凝土进入灌浆地层0.5～1.0m后，先下入ϕ89mm孔口管，便于实施间隔段高压冲挤灌浆作业时进行孔口封闭，孔口管采用浓浆进行镶铸，孔口管镶铸后待凝3d。

4）钻灌孔径一般采用75mm孔径一径到底。

（2）浆液变换与控制。

1）钻灌浆液采用纯水泥稳定浆液或水泥黏土稳定浆液，钻灌过程中严格控制浆液性能，并适时进行调整。

2）钻灌一体过程中时，孔口回浆须进行沉淀处理后回收循环使用。

3）钻灌一体过程中应适时检查与确认浆液性能，凡浆液接近初凝后进行弃浆处理，纯水泥浆液弃浆时间不大于 4h；水泥黏土浆液弃浆时间不大于 6h。为适当延长浆液初凝时间，可于浆液中掺加适量缓凝型减水剂。

（3）灌浆压力控制。

1）钻灌一体钻灌进浆脉冲压力不宜过低，可通过调整脉动高压灌浆泵的脉冲频率与脉冲量，以及调整高压冲挤灌浆机具的结构配合尺寸来实现。

2）进行间隔段原位冲挤灌浆时，采用孔口回浆压力与孔底进浆双压力控制技术。

（4）灌浆结束标准。间隔分段高压冲挤灌浆结束标准为：当实际单位灌入量达到设计单位灌入量，且冲挤灌浆压力达到设计冲挤灌浆压力时，结束本间隔段高压冲挤灌浆，进行下一个间隔段钻灌，以此类同，直至全孔灌浆段钻灌结束。

6.2.2.5　膏浆自封高压冲挤灌浆法

膏浆自封高压冲挤灌浆法，就是采用膏浆进行高压冲挤灌浆时，利用膏浆所具有的抗剪屈服强度与高压泌水固结特性，在钻灌机具与孔壁之间产生一种膏浆黏滞或固封效应，达到对灌浆段的局部封阻，并采用一种高压脉冲膏浆泵向灌浆孔段脉冲灌入膏浆，对灌浆孔段实施有效的充填、挤密、挤劈灌注。膏浆自封高压冲挤灌浆法，可有效解决岩溶灌浆施工中深部岩溶灌浆封闭施压技术问题。

膏浆自封高压冲挤灌浆法应采用流动度较低的膏浆，膏浆材料组成主要包括水泥、粉煤灰、黏土或膨润土、膏浆组剂等，并可根据设备泵送能力添加适量的砂或砂砾石。其中黏土加量可根据工程要求的试验配比进行确定，通常情况下为水泥重量的 10%～50%。黏土水泥膏浆典型配比与性能见表 6.2-4。

表 6.2-4　黏土水泥膏浆典型配比与性能

配比（重量比）						流动度/mm	28d 抗压强度/MPa
水泥/%	黏土/%	粉煤灰/%	砂或砂砾石	水固比	膏浆组剂		
50～80	10～30	10～20	适量	0.8～1.0	适量	<150	>3.5

注　膏浆流动度指标为水泥胶砂流动度测定仪测定值。

6.2.3　工程应用实例

6.2.3.1　重庆市酉阳县九龙眼水库岩溶大注入量控制灌浆法

岩溶水库帷幕灌浆出现大注入量灌浆段主要与其地质条件密切相关。防渗区域内的地质条件是否明朗尤其重要，特别是岩溶发育情况及岩体的透水性一定要查明。由于受各种条件限制，在前期勘察过程中难免对整个防渗区域内的岩溶发育情况及岩体的透水性判断出现一定偏差。因此，在防渗帷幕灌浆实施前，必须利用灌浆先导孔来进一步查明其地质条件，并进行岩溶发育程度划分及岩体透水性划分，以指导帷幕灌浆施工。

重庆市酉阳县九龙眼水库地处岩溶区，防渗区为强透水岩溶地层，帷幕灌浆施工中有许多部位的灌浆孔出现了大注入量灌浆段，其中仅单一采用普通灌浆方法或未采取控制灌浆技术措施的平均单位注入量高达 6.85t/m，在采取综合控制灌浆技术措施后，其平均单位注入量为 0.71t/m，单位降耗效果明显。

1. 工程概况

九龙眼水库位于酉阳县龙潭镇龙潭河支流王家河上游河段板溪镇境内，距县城 15km，是一座以城乡供水、农业灌溉为主，兼顾防洪等综合效益的中型水库。水库正常蓄水位高程为 517m，总库容为 1159 万 m^3，设计灌溉面积为 1.61 万亩；大坝为沥青混凝土心墙石渣坝，最大坝高为 73.00m，坝顶宽度为 8.00m，坝轴线长为 165.16m。

2. 地质条件

防渗区经先导孔复核，地层岩性、地质构造基本未发生变化，但水文地质条件、岩溶发育程度则出现了较大变化。

（1）地形地貌。坝址河谷底宽约为 40m，两岸山顶高程为 690～722m，相对高差达 240～270m。河床枯水位高程为 449.54m。王家河在坝址区略有弯曲，河流在坝址处的流向为 100°～120°，在坝轴线下游 50m 折向 70°，岩层走向与河流流向夹角 55°～75°，为横向谷，坝轴线处河谷较狭窄，河谷形态总体呈 V 形，高程 480m 以下因两岸陡立呈 U 形。水库正常蓄水位 517m 时谷宽为 156.1m，宽高比为 2.20。

（2）地层岩性。防渗区内的地层主要为寒武系中统高台组（$\in_2 g$）及下统石龙洞组（$\in_1 s^1$）地层。

（3）地质构造。

1）地层产状：坝址位于桐麻岭背斜北西翼近核部，岩层产状倾向为 285°～320°，倾角为 9°～20°，岩层倾向上游偏左岸。倾角左岸一般为 12°～14°，上游为 20°，右岸岩层倾角为 9°～12°。

2）断层：坝址区无区域性断裂通过，但小规模断层较发育，如 f_1、f_2、f_3、f_4、f_5 断层。

3）裂隙：坝址区主要发育 5 组裂隙。此外，坝址区层间（缓倾角）裂隙也较发育，并伴有溶蚀现象，性状普遍较差。

（4）岩溶水文地质条件。

1）地下水类型。坝址区地下水为岩溶裂隙水，主要赋存于高台组下部（$\in_2 g^2$）厚层灰岩中。

2）地下水位。经先导孔复核，防渗线地下水位总体低平，在河水位 449.5m 时，左、右岸均存在低于河水位 8～11m 的地下水位低槽区；两岸地下水水力坡降从 23%～33%变为小于 3%。

3）岩体透水性。经先导孔复核，防渗区内岩体的透水性发生较大变化，从微—中等透水层变为中等—强透水层。防渗线渗透剖面如图 6.2-1 所示。

4）岩溶。防渗区主要涉及高台组（$\in_2 g^2$）的白云岩、灰岩、页岩及石龙洞组（$\in_1 s^1$）的白云岩、灰岩。在坝址区，地表岩溶主要为溶沟、溶槽、小型竖井状溶洞，未发现隐伏溶河；据先导孔复核，在高台组及龙洞组上部钻孔时均遇见高度为 0.6～6.3m 的半充填型溶洞，溶蚀裂隙也较为发育。经钻孔 CT 测试，也存在局部强溶蚀区。因此，防渗区的岩溶发育程度发生较大变化，从原推测的岩溶发育微弱变为岩溶发育中等且局部

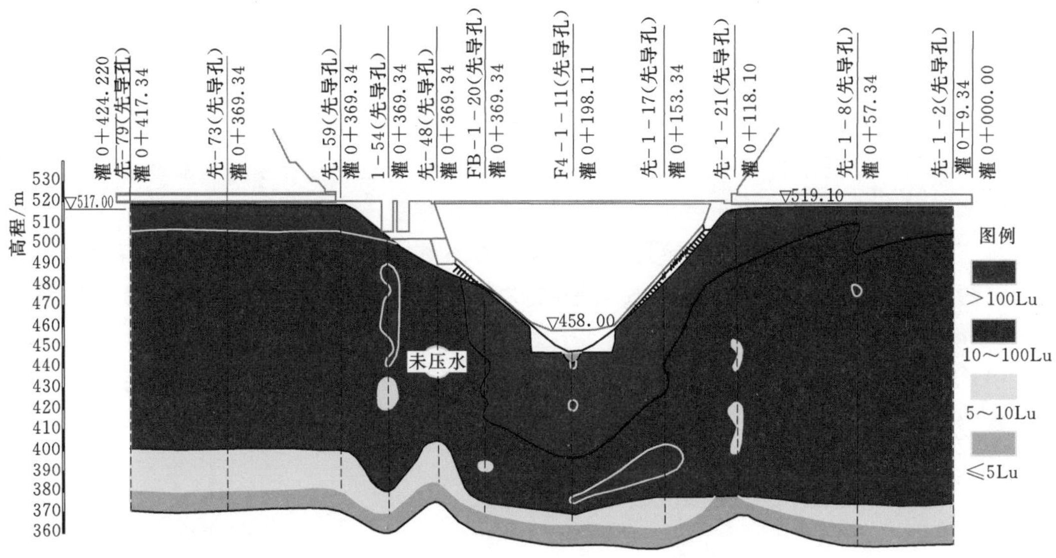

图 6.2-1　防渗线渗透剖面示意图

岩溶发育强烈。

3. 防渗帷幕设计

大坝基岩防渗采用水泥灌浆帷幕，帷幕线总长为 1314m，分两期实施，其中一期防渗长度为 604m，防渗面积约为 7.36 万 m^2。

(1) 帷幕灌浆布置。帷幕灌浆布置如图 6.2-2 所示。坝体段原设置有灌浆廊道，后优化取消，帷幕灌浆在心墙基座上实施，两岸各设置一层灌浆平洞。

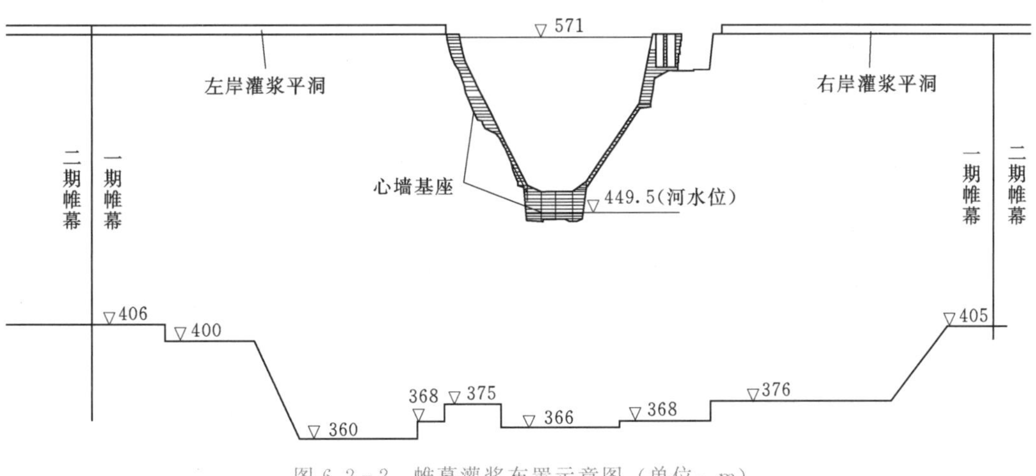

图 6.2-2　帷幕灌浆布置示意图（单位：m）

(2) 灌浆孔排数与孔排距。原设计在坝体段的河床部位设置两排孔，两岸坡底部为两排孔，两岸坡中上部及两岸灌浆平洞则为单排孔。经先导孔复核及部分灌浆孔实施后检查，如果不能满足防渗要求，设计单位随即进行调整：①河床段及两岸坡底部调整为三排孔，即在原上、下游排间增设一排补强孔。排距受心墙混凝土基座宽度限制，仅为

0.75m，孔距为2.0m；②两岸坡中上部及两岸灌浆平洞则调整为两排孔，排距为1.2m，孔距为2.0m。

(3) 帷幕深度。前期勘察成果认为，河床在高程420m、两岸在高程420～435m存在相对不透水层（透水率$q \leqslant 5$Lu），一般灌浆深度为河床30～35m，两岸50～95m。在帷幕灌浆施工期间，发现原相对不透水层并不存在或不明显，先导孔压水试验反映其透水率较大，河床段以大于100Lu为主，两岸则以20～50Lu为主，灌浆孔则表现为单位注入量极大，达到10～17t/m。经布设先导孔，查明了相对不透水层（透水率$q \leqslant 5$Lu）顶板高程，河床及两岸坡高程为366m，两岸灌浆平洞高程为380～400m，故将帷幕深度延深为80～160m。

(4) 灌浆压力。灌浆压力按表6.2-5控制。灌浆压力以回浆管上压力传感器及压力表读数为准。

表6.2-5　　灌浆压力控制表

孔序	孔深/m	压力值/MPa
Ⅰ序	0～2	0.3～0.5
	2～5	0.5～0.8
	5～20	1.0～1.5
	20～孔底	1.5～2.0
Ⅱ序	0～2	0.5～0.6
	2～5	0.8～1.2
	5～20	1.5～2.0
	20～孔底	2.0～2.5
Ⅲ序	0～2	0.6～0.8
	2～5	1.0～1.5
	5～20	2.0～2.5
	20～孔底	2.5～3.0

(5) 帷幕灌浆质量合格标准。

1) 检查合格标准：幕体透水率$q \leqslant 5$Lu。

2) 耐久性检查合格标准：对于不良地质段（如断层、溶洞等）进行幕体耐久性压水试验检查。在2倍坝前水头压力（不超过2.0MPa）下全孔持续48h耐久性检查，幕体透水率$q \leqslant 5$Lu且压水试验流量稳定即为合格。

4. 大注入量灌段综合控制灌浆技术

当灌浆钻孔位于强溶蚀发育区、宽大溶蚀裂隙或溶缝发育区，或在钻进过程中出现掉钻、不返水、灌前压水无压力、初始灌浆时无压力无回浆等情况时，一般注入量都较大，甚至“无限大”。此时，应采取有针对性的控制灌浆技术进行施工，以期达到既能满足设计要求，又能减少灌浆材料的目的。

强透水岩溶地层大注入量灌段综合控制灌浆施工流程如图6.2-3所示。

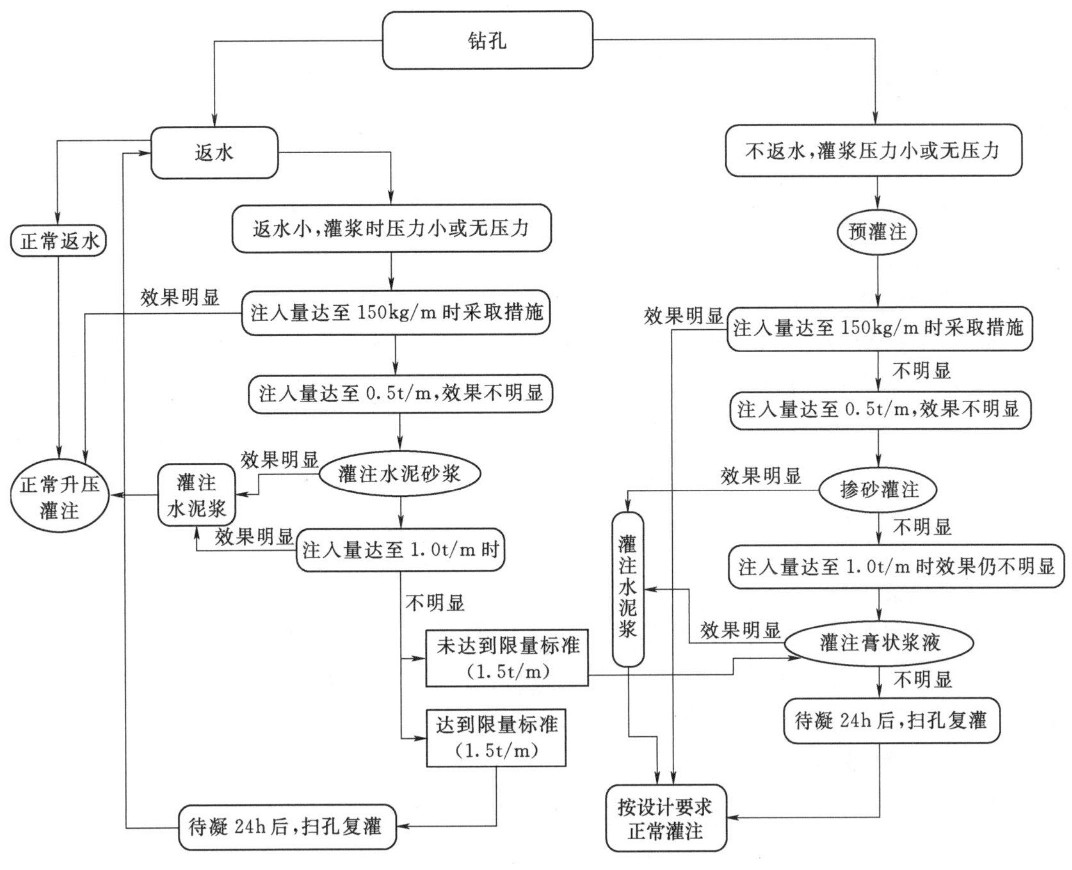

图 6.2-3　强透水岩溶地层大注入量灌段综合控制灌浆施工流程示意图

5. 帷幕灌浆资料分析与效果评价

(1) 帷幕灌浆资料综合分析。

1) 灌前透水率变化特点。对坝体段各序次孔的透水率资料进行综合分析，可以得出透水率变化有以下特点：

a. 随着排内灌浆孔次序的增加，其透水率呈明显的递减规律（即 $q_{\mathrm{I}}>q_{\mathrm{II}}>q_{\mathrm{III}}$），且后序孔较前序孔的递减幅度较大，特别是下游排特别明显，如 q_{II} 比 q_{I} 减小了 50.2%，q_{III} 比 q_{II} 减小了 70.5%，说明在灌注前序孔时对后序孔影响较大，符合强岩溶地层防渗帷幕灌浆的基本规律，也说明孔距设计较为合理。

b. 随着灌浆排序的增加，其透水率呈递减的规律（即 $q_{下}>q_{上}>q_{补或中}$），且前序排较后序排的减小幅度较大（如 $q_{上}$ 比 $q_{下}$ 减小了 79%，$q_{补}$ 比 $q_{上}$ 减小了 83.3%），说明前序排的灌浆对后序排影响大，也符合强岩溶地层防渗帷幕灌浆需设置多排孔的基本规律。

2) 注入量变化规律。对坝体段各排、各序次孔注入量资料进行分析，可以得出，各孔排序的单位注入量（C）随着孔、排序的不断加密呈现以下规律：

a. 随着排内灌浆孔次序的加密，其单位注入量逐渐减小的趋势明显（即 $C_{\mathrm{I}}>C_{\mathrm{II}}>C_{\mathrm{III}}$），特别是下游排的各序次递减幅度更大，比如 $C_{下\mathrm{II}}$ 比 $C_{下\mathrm{I}}$ 减小了 55.3%，$C_{下\mathrm{III}}$ 比

$C_{下Ⅱ}$减小了 74.7%，符合强透水岩溶地层的基本灌浆规律。

b. 排间单位注入量也呈现出随着排序的增加而逐渐减小的变化趋势（即 $C_{下}>C_{上}>C_{补}$），也符合基本的灌浆规律。

3）排内先行施工的Ⅰ序次孔单位注入量大于后施工的其他序次孔，先完成的下游排平均单位注入量大于上游排，也基本符合溶蚀裂隙发育区因其发育不均一从而导致帷幕灌浆注入量变化较大的灌浆规律，即先施工的前排序灌浆孔对被灌浆岩体中的宽大裂隙或溶蚀裂隙通道进行封堵表现为注入量大，而后施工的排序灌浆孔则封堵较小的裂隙或溶蚀裂隙通道，表现为注入量相对较小一些。

4）为了大致判断灌前透水率（q）与注入量（C）的相关性（定量估算分析），从多个类似工程中利用双对数图，将各段的注入量与透水率关系点绘制在图中，从分布图中大致找出一条 $C—q$ 关系曲线及回归方程，即 $\ln C=K\ln q+m$（式中 C 为注入量，kg；q 为岩体透水率，Lu；K 为曲线斜率；m 为截距）。我们可利用公式中的截距（m）来评估岩体的可灌性。通过统计计算，坝体段上、下游排的回归方程如下：

上游排：$\ln C_{上}=344.53\ln q_{上}+329.36$

下游排：$\ln c_{下}=1127.6\ln q_{下}+2743.30$

从回归方程中可以看出，坝体段先施工的下游排截距大于后施工的上游排，说明下游排孔的可灌性较上游排要好，而后施工的上游排孔的可灌性受下游排孔的影响较小，也说明排距相对合适，与前述定性分析基本一致。

（2）帷幕灌浆效果评价。

1）合格性检查：坝体段帷幕灌浆布设了 15 个检查孔，压水 304 段，合格 299 段，合格率为 98.36%，不合格的有 5 段但不集中，且透水率小于设计要求值的 150%，总体满足设计要求的质量检查合格标准（$q\leqslant5$Lu）。

2）耐久性检查：坝体段属于岩溶强透水地层，共布置了 5 个耐久性压水试验孔，采用孔口封闭、全孔压水的方式（压力 1.5～2.0MPa）进行试验，时间为 48h。压水试验表明：所有耐久性压水试验孔的透水率均小于 2.5Lu，满足设计要求。

（3）强透水岩溶地层防渗帷幕灌浆采用不同措施效果分析。

1）单一措施：坝体段施工初期，在河床的 W5 单元帷幕灌浆时，遇到大注入量灌段时仅采用了 5t/m 限流及待凝措施，完成灌浆 1483.7m，注入水泥 9541.3t，平均单位注入量为 6.431t/m。检查孔检查不合格，增加一排补强孔后才满足设计要求。

2）综合控制灌浆措施：分析实际地质条件，查看设计施工技术要求，现场跟踪灌浆施工过程。灌区地层因裂隙或溶蚀裂隙影响，其透水性大，属于强透水岩溶地层。而施工技术在对此类地层的技术措施针对性较差，特别是针对宽大裂隙或溶蚀裂隙的灌浆措施不全，干灰（水泥）限量标准过大（5t/m），施工过程中也仅仅采用了限量、待凝等单一措施，导致整个帷幕灌浆水泥消耗过大，且不一定能满足设计要求的防渗标准。为此，采用针对性的综合控制灌浆技术措施，灌注后效果明显。采用综合控制灌浆措施完成防渗帷幕灌浆进尺 19083.39m，注入水泥 15132.4t，平均单位注入量为 0.793t/m，水泥消耗量减少了 87.7%。检查孔压水试验检查及耐久性检查均为合格，满足设计要求，说明综合控制处理措施是适应灌区地质条件的一种行之有效的灌浆方法。

6.2.3.2　托口水电站河湾地块大注入量岩溶防渗控制灌浆技术

1. 工程概况

托口水电站大坝和厂房之间河湾地块长约9km，地层以震旦系南沱冰碛岩组的非可溶性碎屑岩类为基底，顶部为白垩系红层覆盖，石炭系、二叠系碳酸盐岩类地层夹于其间。红层砾岩与下伏碳酸盐岩接触带溶蚀严重，溶蚀沟槽洞穴极为发育（图6.2-4）。钻灌过程中严重失水，深部灰岩段岩溶发育。钻灌揭示岩溶最大垂直掉钻约8.5m，溶蚀腔体多为部分充填，充填物多为流塑或软塑状泥沙物；局部岩溶发育区出现水位低槽，且低槽水位接近下游河水位，分析表明部分岩溶管道内有一定梯度的动水渗流。因此，需设置帷幕进行防渗处理。

图6.2-4　洞室开挖过程溶蚀沟槽洞穴充填

托口水电站河湾地块防渗工程靠近大坝侧和厂房侧布置，分别设置有上下两层灌浆平洞，帷幕线路总长达2.3km。设计孔间距为3.0m，最大单孔灌浆孔深为120m，最深覆盖层厚度为50m，设计防渗标准为$q\leqslant 5$Lu。

2. 灌浆工艺

托口水电站河湾地块为深厚覆盖型岩溶防渗灌浆，上部红层及其深部完整灰岩孔段，采用黏土水泥稳定浆液钻灌一体高压冲挤灌浆法。深部灰岩钻灌遇岩溶时，先采用黏土水泥膏浆或黏土水泥速凝膏浆进行孔口封闭与孔内封阻低压脉冲充填封堵灌浆，而后采用黏土水泥膏浆，对岩溶管道内的软弱充填物采用膏浆进行自封高压挤密灌浆施工。

图6.2-5　岩溶膏浆充填与挤密灌浆后芯样

3. 处理效果

托口水电站河湾地块深厚覆盖层岩溶防渗灌浆钻灌施工过程中，先后遇到各种大小岩溶沟槽、管道、洞穴共计数百段次，多个钻孔钻遇岩溶时出现孔内瞬间失水与虹吸动水渗流现象。对钻灌所遇到的较大规模动水渗流岩溶管道，分别实施了单孔或群孔充填封堵灌注，以及对岩溶软弱充填物膏浆自封高压挤密灌注。工程质量检查孔检查成果显示，采用水下不分散黏土水泥速凝膏浆充填封堵与膏浆自封高压挤密灌浆处理后，所有岩溶管道透水率均小于1Lu，取出的芯样密实、完整（图6.2-5）。

6.3　不同充填类型溶洞段的特殊灌浆技术

在岩溶地区特别是强岩溶发育区，帷幕灌浆孔经常会遇到不同类型的溶洞。在钻孔灌浆施工过程中遇到失水、掉钻、涌水等现象时，首先应进行探测，查明是否存在岩溶管道等情况后再进行针对性的处理。岩溶管道常用的探测手段有：综合地质勘察、钻探、连通（或示踪）试验、投红试验、孔内CT扫描、孔内录像等。具体为根据施工异常现象进行分析，然后采用有效的方法或孔内录像、周围加孔钻探、连通试验、投红试验、孔内CT扫描等，探明溶洞走向、水平范围及顶底板高程、有无充填物及充填物类型，再根据实际溶洞状况，采取适宜的处理措施。

目前，岩溶主要分为无充填型、半充填型、充填型、复杂大型溶洞4种类型。对于不同类型的溶洞，其处理方法不尽相同。而有充填物的溶洞，则应主要根据充填物的性状、溶洞的大小等条件制定有针对性的灌浆处理方法。

6.3.1 无充填型溶洞灌浆处理

无充填型溶洞或岩溶管道，灌浆的处理主要以回填法、级配料充填法为主。

（1）大型无充填物空洞型溶洞，主要指无充填物或有充填物但充填物与回填的混凝土或水泥砂浆结合后对工程质量无影响及有充填物但已被清出的溶洞或溶缝。优先采用“回填密实法”灌注高流态混凝土或水泥砂浆处理，“化大为主，化空为实”后再进行常规灌浆处理，使回填的混凝土或砂浆与原溶洞或溶缝周围的岩石胶结成整体，从而改善岩体的整体受力性能和防渗性能。

具体的施工方法为：采用SGZ－ⅢA型钻机配用ϕ150mm潜孔锤配合ϕ160mm合金球齿钻头在原孔附近重新造孔。然后采用HB－30型混凝土泵、ϕ146mm泵管泵入C15高流态混凝土对溶洞进行回填封堵，采用人工孔口下料法或混凝土泵下料法。下料孔径不小于ϕ110mm，若溶洞发育较深则需采用溜槽、导管的方式进行，以避免混凝土出现分离，待混凝土达到一定强度后，再施行灌浆。

级配料充填法，实质就是利用钻孔用清水往孔内冲填土、砂、砾石级配料。具体操作方法要点如下。

1）主要选用砂砾石为充填材料，其粒径以2～40mm为宜。

2）钻孔孔径以不小于ϕ110mm为宜。

3）充填步骤或过程：先用粒径2～5mm的级配料，接着用5～10mm、10～20mm、20～40mm等，由细逐级变粗。充填中不断下入钻具扫、搅，直到在某一级不能再继续填进时为止。最后再灌注M20水泥砂浆或水泥浆，待凝7d后进行常规补强灌浆。

4）在充填过程中达到一定量如10m^{3}可以间隔以水泥浆充填；在充填过程中根据充填量情况控制水量大小。

5）对于规模较大的溶洞，宜交替往孔内投入干净碎石或砾石（粒径40～50mm）与注入C15或C20细石混凝土，填满后灌注水泥砂浆或0.5：1或0.6：1水泥浓浆。灌注后待凝7d后进行补强灌浆。

（2）对于无充填物的溶洞，若溶洞规模较小，可直接灌入M20水泥砂浆，水泥砂浆配合比可采用0.5：0.7：1（水：水泥：砂），水泥砂浆中可加入一定比例的减水剂，待其达到一定强度后再施行灌浆。或投入细碎石（细石的直径宜小于孔径的1/4），填满后再灌注水泥砂浆，待其达到一定强度后再施行灌浆。水泥浆开灌水灰比可以为0.5：1，若注入量很大又无压力，可改用水泥砂浆或膏浆灌注直至不能灌入为止。

（3）钻孔遇较大型岩溶无地下水或地下水流速不高时，可采用填筑骨料法（亦称骨料压浆法）处理。填筑骨料为粒径小于 ϕ40mm 的碎石，下料孔径不小于 ϕ110mm，在填筑骨料前将 ϕ25mm 注浆花管下到溶洞底，待骨料填满后从 ϕ25mm 注浆花管内送入有压力的水泥浆液或水泥砂浆，注入一定量后将注浆花管上提一段。若溶洞较大，为防止浆液扩散半径过大，可在浆液中掺加适量的速凝剂，但初凝时间控制在 10～30min，并且只能间断性掺加速凝剂。

无充填型溶洞灌浆处理示意如图 6.3－1 所示。

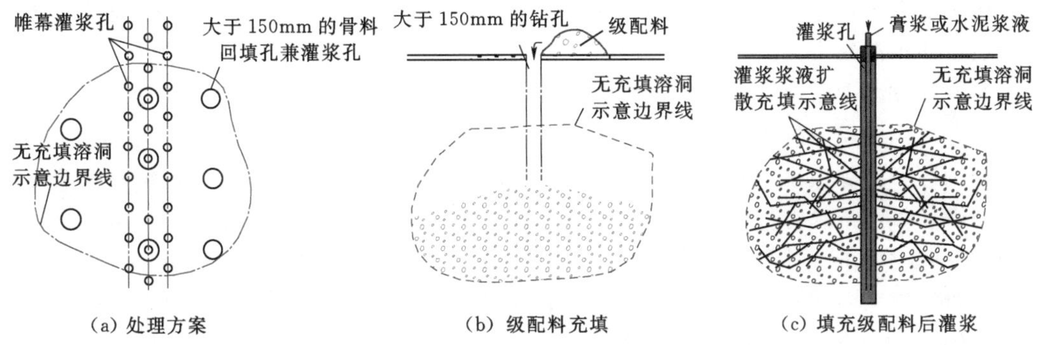

图 6.3－1　无充填型溶洞灌浆示意图

6.3.2　半充填型溶洞灌浆处理

防渗帷幕线上的无充填或半充填型溶洞防渗、加固处理应相互结合进行。原则是变半充填为全充填，最终以灌浆形成防渗帷幕线。

对于半充填型溶洞，一般说来必须将其灌注充满，施工方案主要考虑如何采用相对廉价的灌浆材料和便于施工的针对性措施。

（1）创造或改造现有条件，如利用已有钻孔或扩孔，或专门钻孔，向溶洞中灌注流态混凝土，也可以先填入级配骨料，再灌入水泥砂浆或水泥浆。

（2）溶洞回填满后进行回填固结和帷幕灌浆施工。

6.3.3　不同埋深溶洞特殊灌浆技术

6.3.3.1　浅层溶隙溶洞的处理

对与地表连通的或在开挖过程中已暴露的溶隙、溶洞、暗河进行处理，首先应探明溶隙、溶洞、暗河的规模，充填情况，地下水情况，与周围溶隙、溶洞、暗河的串通情况，然后再采取相应的措施。其处理应遵循“先封闭，再密实”的原则。查明溶隙、溶洞、暗河的情况常采用目测、丈量以及钻孔取芯、开挖探洞等方式。

对灌浆区域附近的开挖边坡可采用喷混凝土或浇筑护坡混凝土的方式对边坡裂隙进行封闭处理。喷混凝土厚度可视灌浆压力及其影响程度经现场试验确定，一般喷混凝土厚度为 10～15cm，对破碎带、软弱层需进行混凝土置换处理，对不稳定岩体还需进行锚杆或锚束加固。

对于埋藏较浅或出露在灌浆隧洞周围的大溶洞，是挖除充填物并回填混凝土，再进行回填灌浆和固结灌浆，以封闭浆液串漏通道，为高压灌浆创造条件。

浅层溶洞内有充填物，视溶洞的大小及深度可采用人工开挖、钻爆扩槽、高压风水联合冲洗等方式对充填物进行清除。采用钻爆扩槽的方式清除充填物应采取相应的技术措施，确保开挖过程中人员的安全。在开挖过程中应视溶隙围岩的稳定情况采用相应的支护措施，开挖应视溶隙、溶洞深度确定是否采取分层开挖。溶洞内充填物清除干净后根据溶洞规模采取上述方法进行处理。

对于大的或连通的溶槽、溶洞等漏水严重地段，可通过大口径钻孔或开挖竖井等手段，让施工人员入内将溶槽或溶洞内充填的松散、不稳定的杂物、碎石土和残渣等清除干净，然后回填混凝土，最后进行补强灌浆。

对开挖过程中已暴露的暗河，可根据工程需要在相对帷幕线上游适当的位置对其进行分段封堵，再回填混凝土。封堵方式可根据暗河大小而定。若暗河较大，可先用围堰堵住来水，围堰中间预设排水管（排水管尾部设有阀门和灌浆短管），管径可根据暗河流量而定，但必须保证排水管自由排水量大于暗河流量，再对其进行封堵，混凝土达到强度后再关闭阀门并对排水管进行灌浆处理。若暗河较小，可用混凝土和水泥砂浆掺加速凝剂强行封堵。对于施工中遇到的大孔隙动水条件下溶洞渗漏段，可采用模袋灌浆法为主、其他措施为辅的综合堵漏手段进行灌浆处理。

6.3.3.2 深层充填型溶洞的灌浆处理

1. 充填型溶洞防渗帷幕处理基本要求

（1）在遇到溶洞段时可采用一些“非常规”（特殊处理）的处理方法，如不按灌浆序次进行处理，待通过溶洞段后再按序次施工。

（2）遇到充填黄泥的溶洞或溶蚀时，取消简易压水；为避免充填物性质恶化，可不进行一般性的钻孔冲洗（特殊处理除外）。

（3）需要灌注砂浆时，可根据注入量的大小，掺砂比例按10%、20%、30%、…、100%逐级增加，参照以下方法变换掺砂比例：

1）灌注10%的砂浆量时，其注入量较大（30L/min）且升不起压力，改灌30%砂浆，仍“不起压”再逐级加砂直至灌注到100%砂浆后闭浆停灌待凝。

2）如果某孔段某级别注入量较小（小于30L/min）压力逐步升起，应注意观测压力与注入率变化情况，若压力相对稳定（2MPa左右）且有上升趋势可改换浓一级砂浆继续灌注，若压力上升、注入率减小再继续灌注时不得改变砂浆比例；当注入率小于20L/min时，可改灌0.5：1或0.6：1的水泥浆直至压力达到2MPa时闭浆待凝。应特别注意，灌注0.5：1水泥浆时必须采取间歇、限流、降压等措施以保证灌浆质量。

3）为节约投资，宜采用水泥-粉煤灰浆灌注，粉煤灰比例宜小于30%（重量比），并应进行室内及现场试验。

2. 溶洞充填物类型与针对性灌浆方法

许多埋藏较深的深层溶洞内充满了黏土、砾、砂、淤泥等充填物，通过灌浆可以将这些松散软弱物质相对地固结起来，在其间形成一道帷幕。在这样的溶洞中灌浆就相当于在覆盖层中灌浆，根据充填物类型可选择不同的处理方法，如：①袖阀管法；②高压循环钻灌法；③高压旋喷灌浆法；④化学灌浆等。其中，袖阀管法为中国电建集团贵阳勘测设计研究院有限公司一项专利技术，即在高压旋喷管上仅布设3～5个喷射孔，孔位、孔向根据地质条件针对性设置以有效进行高压砂浆灌注。

充填型溶洞灌浆示意如图6.3-2所示。

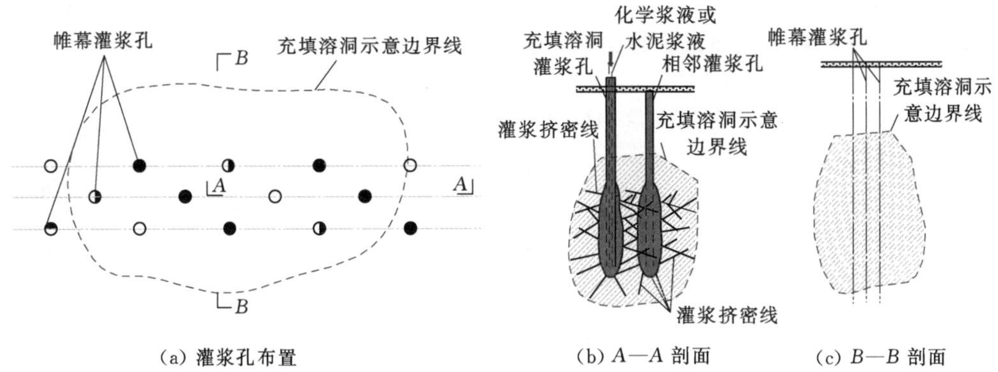

(a) 灌浆孔布置　(b) A—A 剖面　(c) B—B 剖面

图6.3-2 充填型溶洞灌浆示意图

根据充填物的不同，一般可分为如下几种类型和灌浆方法进行处理。

(1) 溶洞中充填物以黏土、砾、砂、淤泥为主。此类充填物不密实、强度不高、不稳定，可直接采用高压灌浆或推移回填法的方式，使充填物在一定外力作用下沿溶洞、溶缝或相关裂隙外移（至不影响工程质量的地方或被挤压密实形成相对不透水的稳定体），充填物移动后形成的空隙为水泥浆或水泥砂浆所填充。水泥浆或水泥砂浆与原溶洞或溶缝周围的岩石胶结成整体，原充填物在高压作用下被挤出或被挤压密实从而改善岩体的防渗性能。

充填物较密实或充填物含有较多黏土料时，可采用高压旋喷灌浆法处理。即在原孔附近采用XY-2PC型钻机选用金刚石回转钻进，溶洞段采用泥浆护壁，形成孔径ϕ110mm的钻孔。然后用高喷泵进行高压喷射灌浆，高压喷射灌浆采用三重管法。喷射压力采用35～38MPa，提升速度为3～6cm/min，旋转速度为7～9r/min，水泥浆浓度采用0.5∶1。高压喷射灌浆法是利用高压水破坏充填物，使其在高压水影响范围内形成相对空间，同时注入的水泥浆及时填充并与被破坏成较粗颗粒的充填物形成凝结体，若溶洞竖向空间较大宜采用分段分期施工，一般段长不宜大于5m且相邻段施工时差亦大于24h，相邻段施工还需考虑1m的搭接段。

充填物主要为流沙层或较松散的黏土层时，可根据其宽度在该段采用如上的高压旋喷灌浆方法分序加密进行，孔距可根据实际情况而定，一般为1～1.2m。或将该段周围钻孔灌浆均进行至此层后，采用高流量、高压力的风水联合冲洗，再进行高压灌浆。

(2) 充填物为砂卵（砾）石或易液化的细砂、粉细砂，同时伴有地下水，或当溶洞、溶槽范围处理太大，采用高压灌浆难以处理时可采用高压旋喷灌浆方法处理。现介绍一种适合于廊道内施工的高压旋喷技术：利用HT-150B型旋喷钻机（该钻机体积小，最低转速为19r/min），灌浆泵采用BW250/50型高压注浆泵（最大压力为32MPa，排浆量为90L/min）。钻机就位后，钻孔至溶洞底板以下0.5m，将安装有水平喷嘴的喷头或带喷嘴的钻头打入或钻到上述孔深位置。采用喷嘴钻头钻到预定深度后，卸开高压注水器的丝堵，投入钢球，堵住进水口，按要求进行旋喷灌浆。施工参数初步拟定为：孔距 0.5m，水灰比 0.5 ∶ 1 的水泥浆液，压力 25～30MPa，旋转速度 19r/min，提升速度 10～20cm/min。

在上述方法处理难度较大时，可采用混凝土防渗墙将溶洞截断，再进行帷幕轴线上的墙下帷幕灌浆。混凝土防渗墙处理溶洞示意如图 6.3-3 所示。

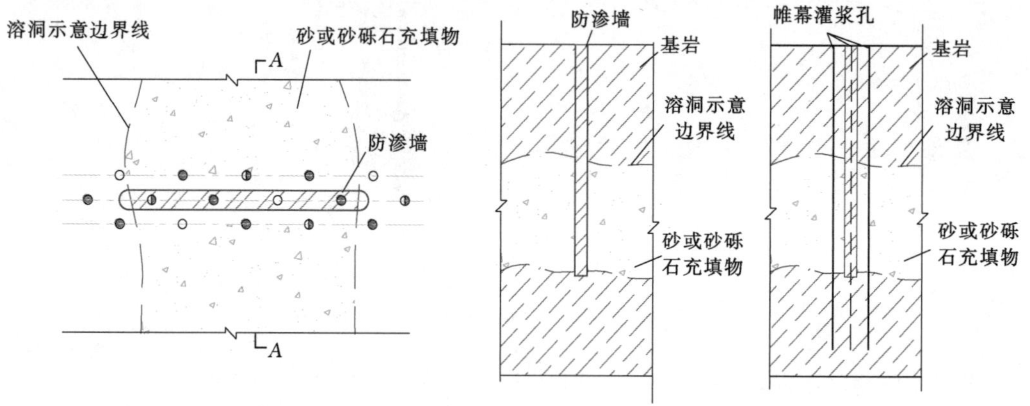

(a) 砂或砂砾石充填溶洞防渗墙封堵平面示意图　(b) A—A 剖面示意图　(c) 防渗墙完成后再进行帷幕灌浆

图 6.3-3　混凝土防渗墙处理溶洞示意图

(3) 在充填物溶洞钻进难以成孔时，可采用跟管钻进，在充填物段置入花管，然后在花管内自上而下进行分段灌浆，灌浆段长一般控制在 1～2m，初始水灰比不大于 1 ∶ 1。

(4) 如溶洞充填物泥质含量高，可灌性较差，可选用丙烯酸盐等化学灌浆材料进行化学灌浆。

6.3.3.3　其他岩溶防渗灌浆处理技术

1. 高压联合冲洗灌浆法

高压联合冲洗灌浆法是针对溶洞、溶蚀裂隙等地质缺陷地段的一种经济、高效的灌浆处理技术，具有方法简单（不需要增加特殊施工设备和作业人员）、冲洗效果显著、大幅度提高施工工效、保证灌浆质量等优点。在岩溶地区溶洞、溶蚀裂隙等地质缺陷地段进行灌浆冲洗与灌浆时，能有效、快速达到设计要求，且能大幅度提高施工工效和减少灌浆原材料浪费。

按现行规范（DL/T 5148—2012 或 SL 62—2014）要求，灌浆孔（段）在灌浆前要进行裂隙冲洗和简易压水（最大压力不大于 1MPa），对于溶洞、断层等特殊地段规范中规定可根据设计要求确定是否进行特殊冲洗。目前，在水利水电工程中设计单位对溶洞、断层等特殊地段一般要求进行常规冲洗，这种常规冲洗方法既不能很好地将溶洞内充填物冲出，又影响施工进度及质量，在实际施工中基本做不到。

(1) 适用条件。当灌浆区域内存在充填型或半充填型溶洞、充填型宽大溶蚀裂隙等地质缺陷时，可采用高压联合冲洗灌浆法。

(2) 灌浆孔布置。灌浆时遇到充填型溶洞时，至少要布置 3 个钻孔，其中的 2 个钻孔布置为高压风水进口，1个为冲洗出口，且2个风水进口分别位于冲洗出口的两边，如图6.3-4所示。

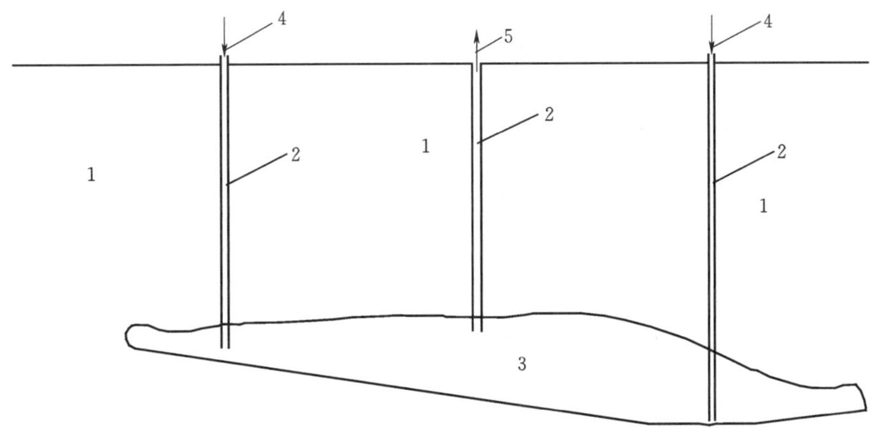

图6.3-4　高压联合冲洗灌浆法孔位布置示意图

1—基岩；2—钻孔；3—充填型溶洞；4—高压风、水进口；5—冲洗出口

(3) 灌浆方法。通过高压水或高压风、水将充填物冲出后回填水泥砂浆或0.5：1的水泥浆，待凝24～72h后再采取常规水泥灌浆方法进行灌注，具体方法如下：

1) 通过钻孔或物探方法查明溶洞发育规模、充填物的性质、顶底板孔深或高程；此项工作一般利用灌浆先导孔（不再增加灌浆钻孔）进行。

2) 根据查明的溶洞发育情况，合理布置溶洞、溶蚀裂隙等地质缺陷地段的灌浆孔作为冲洗孔，这些灌浆孔在钻至相应溶洞或溶蚀裂隙所处的孔深后，利用两台常规高压灌浆泵（并联，压力控制在3～6MPa，孔深40～100m时最大压力不超过25MPa）或联合空压机（压力控制在3～4MPa）进行高压水冲洗或风水联合冲洗，将溶洞内充填物从钻孔冲出，直到孔口回水清澈时止。

3) 冲洗完成后应快速灌注0.5：1的水泥浆或水泥砂浆，并待凝24～48h。

4) 达到待凝时间后扫孔并进行常规补强灌浆，在此过程中一定配合采用“限压、限流、限量、间歇”等处理措施，直至达到设计要求。

(4) 工程应用。重庆市巫溪县中梁水电站地处岩溶区，岩溶较为发育。为切断库水从库内星溪沟沿灰岩段向库外的白马穴泉渗漏，在大坝上游布设了一道防渗帷幕。防渗工程分别在高程626m、540m的上、下层灌浆平洞内进行，上层防渗帷幕长为517m，下层帷幕长度为498m，灌浆总量约为10.5万m，防渗面积约为9.5万m^2。采用三排灌浆孔布置，排距为1.3m，孔距为2.0m。

在上层灌浆平洞桩号0+201～0+219段施工时，发现孔深45m以内存在多层溶洞，其充填物主要是泥、泥夹砂以及强风化岩等，采用常规的高压灌浆方法很难达到设计要求。该部位自2008年10月开工至2009年3月，在施工过程中采取了一些常规处理措施，灌注水泥769.15t、砂浆305m^3、水玻璃862L，各孔累计复灌了120次（其中A057孔复灌达20次），溶洞段的单位注入量高达2.95t/m，灌浆效果不明显，施工进度迟缓，耗用灌浆材料也较多。而下层灌浆平洞桩号0+300～0+310及桩号0+335～0+355两个洞段灌浆时分别在孔深5～40m、75～90m也遇到充填型溶洞，充填物为含水量较高的黏土；灌浆时，多孔出现串浆，注入量较大，溶洞段平均单位注入量为2.13t/m。

为了解决充填型溶洞灌浆问题，工程建设单位诚邀中国电建集团贵阳勘测设计研究院有限公司驻现场咨询。2010年3月咨询单位到现场后，通过认真分析相关资料，建议布设先导孔、Ⅰ序灌浆孔查明溶洞规模及性状。根据先导孔及灌浆孔成果，及时提出了有针对性的灌浆方法。对于上层平洞桩号0+201～0+219洞段，建议采用自上而下、分段高压联合冲洗与控制灌浆相结合的灌浆方法；下层平洞桩号0+300～0+310洞段，采用自上而下、分层高压联合冲洗与高压置换相结合的灌浆方法；下层平洞桩号0+335～0+355洞段，则采用溶洞顶板以上底板以下常规高压灌浆与溶洞段高压置换灌浆相结合的方法处理。

1）分层高压联合冲洗。鉴于上层平洞桩号0+201～0+219洞段及下层平洞桩号0+300～0+310洞段遇到的溶洞充填物成分复杂，为避免充填物性状恶化，取消了溶洞范围内所有灌浆孔一般的灌浆冲洗，在下游排采用自上而下、分段高压联合冲洗与控制灌浆相结合的方法处理，上游排与中间排则采用常规高压灌浆。

冲洗孔布置：冲洗孔布置在下游排，孔距为2.0m，每3个孔为一组，中间孔为进口，两侧孔为出口。

冲洗段长：为保证冲洗效果，采用自上而下冲洗，段长控制在2.0～3.0m。

冲洗压力：采用双泵并联高压水冲洗或单台高压泵与空压孔风、水联合冲洗，冲洗压力控制在3.0～6.0MPa。

结束标准：冲洗至出口孔回水清澈即可结束冲洗。

冲洗结束后应迅速灌注0.5：1的浓水泥浆或水泥砂浆，并待凝24～48h。

2）控制灌浆。前述冲洗段达到待凝时间后，即扫孔复灌。复灌过程中若能达到正常灌浆段的要求，则按设计要求完成该段灌注，否则，应采用以下措施控制灌注。

若灌浆段灌浆一次不能达到设计压力时，则应遵循“低压、浓浆、限流、限量、间歇”的原则进行施工。所谓“浓浆”系指水灰比为0.5或0.6的浓水泥浆、水泥基质稳定性浆、水泥粉煤灰浆、膏浆以及水泥砂浆等。限流标准为注入率小于15L/min，限量标准为灌浆干料0.4～2t/m，间歇时间暂定为24～36h。

适当调整灌浆压力，最大灌浆压力不超过2MPa，并逐次提高灌浆压力，直至达到2MPa，如每次升压可暂定为0.3～0.5MPa（视灌浆情况可以调整）。

每次当复灌材料已达限量时停灌，或当灌浆压力升到此次预定的灌浆压力时停灌；为缩短待凝时间，每次复灌将近结束时可灌注速凝浆液。

3）灌浆效果评价。采用以上方法灌注后，该部位的帷幕灌浆基本上达到一个灌浆段一次灌浆成功，仅个别灌段进行了复灌，施工工期及灌注材料均大幅度减少，平均单位注入量为0.59t/m，比采用常规灌浆方法减少了80%。

经检查孔压水检查，幕体平均透水率小于1Lu，且每一试段均满足设计要求的防渗标准即透水率$q \leqslant 3$Lu。

经过多年蓄水验证，未出现异常，防渗效果良好。

2. 高压群孔置换灌浆法

岩溶水库防渗灌浆处理工程以水泥灌浆为主。在灌浆施工过程中，经常会遇到不同规模的充填型溶洞，充填物多为黏土、砂质黏土，采用常规的灌浆方法达不到设计要求。现行规范（DL/T 5148—2012 或 SL 62—2014）中虽然对充填型溶洞灌浆有专门要求，即可采用高压灌浆、高压旋喷灌浆、低压、浓浆、限流、限量、间歇等工程措施，但在实际施工过程中这些方法往往存在施工期长、费用高、防渗效果较差等缺点。

当灌浆孔遇到黏土、砂质黏土等充填溶洞时，经常出现塌孔、卡钻、埋钻、串孔漏浆等问题，除了吸浆量非常大外，还严重影响施工进度及施工质量，虽然采用常规灌浆措施处理有一定效果，但是当重新施工至该溶洞段后，其施工用水往往又将其性状恶化，又不得不重复进行灌浆，如此往复多次，造成了灌浆材料的极大浪费，且还达不到理想的处理效果。

高压群孔置换灌浆法可较好地解决岩溶地区中小型充填型溶洞等地段的灌浆问题，具有方法简单、施工工期大幅度提高、费用低、效果显著、保证灌浆质量等优点。

（1）适用条件。当灌浆孔遇到充填黏土、砂质黏土的中小型溶洞或溶蚀裂隙时，可采用高压群孔置换灌浆法，尤其是当遇到充填物含水量较大、沿防渗轴线延伸较长、溶洞高度小于5m的溶洞时，处理效果更好。

（2）灌浆孔布置。高压群孔置换灌浆孔布置示意如图6.3-5所示。

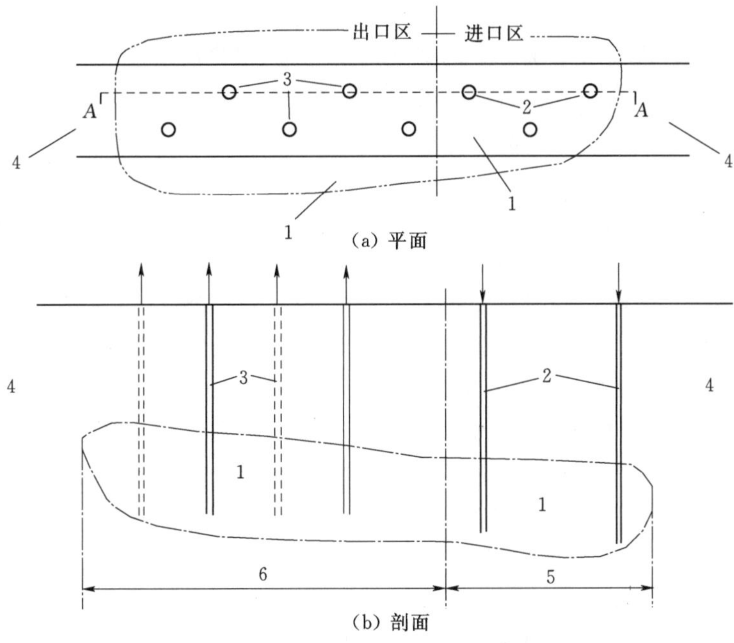

图6.3-5　高压群孔置换灌浆孔布置示意图

1—充填型溶洞区；2，3—置换钻孔；4—基岩区；5—进口区；6—出口区

（3）灌浆方法。

1）高压群孔置换灌浆使用常规高压灌浆施工的钻孔设备、灌浆设备及灌浆材料。

2）当遇到充填型溶洞时，应首先查明溶洞规模及充填物性状。

3）将溶洞区内所有灌浆孔按设计要求的灌浆次序施工至溶洞顶板以上1～2m后，再钻入溶洞底板以下完整基岩1～2m。

4）确定置换进口区和置换出口区，并确定可作为置换进口区和置换出口区的钻孔、灌浆孔，然后在所有钻孔的孔口处安装孔口密封器，其中置换出口区钻孔上的孔口密封器上的阀门处于打开状态。也就是将现有的灌浆孔作为置换灌浆的钻孔，不用进行二次钻孔。确定置换进口区和出口区的钻孔原则是：当溶洞发育为水平或近水平方向时，溶洞区内的灌浆孔均可作为置换进口区和出口区钻孔；当溶洞发育为倾斜方向时，溶洞区内低高程的灌浆孔作为置换进口区的钻孔。

5）将高压砂浆泵上的高压胶管与置换进口区的孔口密封器相连，并加压向孔内注入水灰比为0.5∶1的水泥浆，灌浆压力控制在4～6MPa。

6）当置换出口区钻孔孔口出现溶洞充填物时，把置换进口区钻孔内注入物调整为掺砂水泥浆，掺砂比（水泥重量比）为10%、20%、30%三级，且按从小至大逐级向水泥浆内掺入细砂。

7）当置换出口区钻孔孔口出现水泥浆时，暂停置换操作；将置换出口区钻孔上的孔口密封器阀门关闭后再继续灌注掺砂水泥浆，至进口钻孔注入率不大于5L/min即可结束置换，并待凝36～48h。

8）达到待凝时间后，对溶洞区按常规灌浆方法和次序进行补强灌浆，直到通过该溶洞灌浆段。

（4）工程应用。重庆市巫溪县中梁水电站在下层平洞桩号0+335～0+355洞段，遇到了一充填型溶洞，经先导孔和物探（电磁波CT）查明，该溶洞顺防渗轴线发育长度为19m，洞高为4～6m，充填物为黏土，呈软塑～流塑状，溶洞底顶板孔深为70～84m，底板孔深为75～90m。

根据先导孔和物探成果资料，为顺利通过该溶洞段，经参建各方确定，按设计要求孔、排序完成0+335～0+355溶洞顶板2m以上所有灌浆孔后，再采用“高压群孔置换灌浆法”处理溶洞充填物，最后按设计要求孔、排序完成溶洞区以下帷幕灌浆。

1）在桩号0+335～0+355不同位置选取5个灌浆孔，将其扫孔或钻孔至溶洞区内，并试灌注3∶1的稀水泥浆，以了解串浆情况，为置换孔布置提供依据。

2）根据先导孔和物探成果及试浆情况，确定溶洞底板低的一侧为置换进口区，并布设2个置换孔，溶洞底板高的一侧为出口区，并布设不少于3个置换孔，其布置方式类似图6.3-5。

3）在进口区的置换孔安装特制的双泵孔口密封器，出口区也安装带阀门的孔口密封器，并处于打开状态。

4）利用进口区的置换孔双泵灌注0.5∶1的水泥浆或0.5∶1的掺砂水泥浆，并观察出口区置换孔情况。当出口区置换孔开始出水后，拆掉出口区所有置换孔上的孔口密封器；逐渐增加灌注压力，直到充填物被充分挤出且出现水泥浆后，再次安装出口区置换孔的孔口密封器并关闭阀门，继续灌注30～60min后待凝48～72h。溶洞充填物置换过程如图6.3-6所示。

5）达到待凝时间后，对溶洞区按设计要求的孔、排序进行复灌。复灌过程中若出现

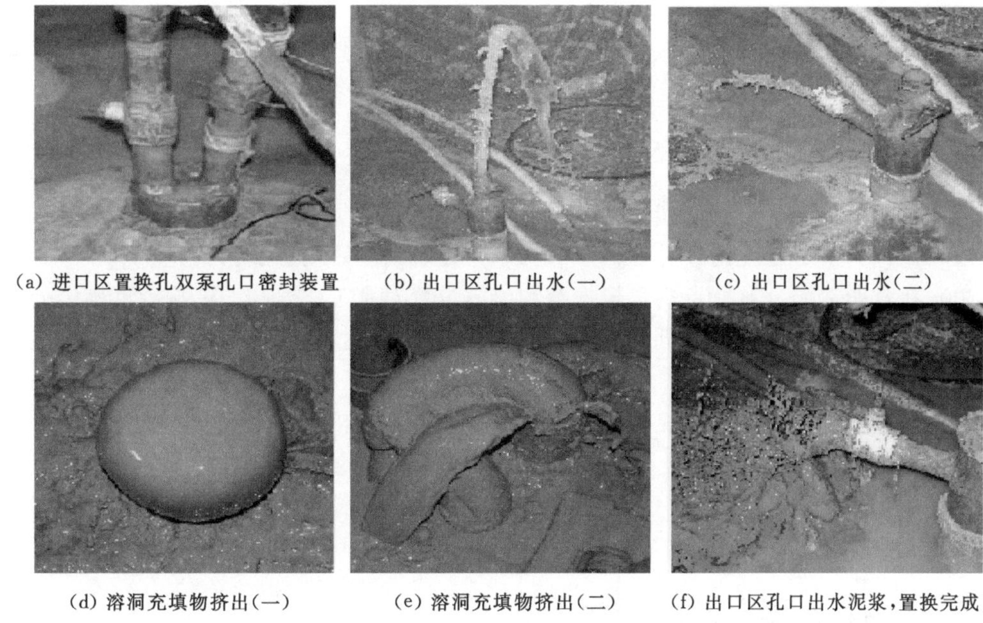

(a) 进口区置换孔双泵孔口密封装置　(b) 出口区孔口出水(一)　(c) 出口区孔口出水(二)

(d) 溶洞充填物挤出(一)　(e) 溶洞充填物挤出(二)　(f) 出口区孔口出水泥浆，置换完成

图 6.3-6　溶洞充填物置换过程

注入量较大、不能一次性达到设计要求灌浆压力等情况时，可采用控制灌浆方法进行灌注，直至达到设计要求。

6）灌浆效果评价。溶洞段采用高压置换措施后，其帷幕灌浆段基本上能按设计要求一次灌浆成功，不仅节省了灌注材料，还大幅度提高了施工工效。

经检查孔压水检查，幕体透水率均满足设计要求。

经过多年蓄水验证，未出现异常，防渗效果良好。

3. 溶洞段最终灌浆处理

(1) 溶洞段不管采用何种方法进行专门处理，最终均需采用常规高压防渗灌浆方法灌注，直至达到灌浆结束标准为止。

(2) 布孔位置、孔排距均按设计施工图纸和技术要求执行，灌浆工艺与方法不变。

(3) 溶洞边缘是否进行补强灌浆处理，按相关技术要求执行。

6.4　大型复杂溶洞渗漏通道防渗处理技术

6.4.1　大型复杂溶洞处理的基本原则

大型溶洞处理应在查明溶洞分布、规模、充填等边界条件后，根据工程目的有针对性地采用多种方法综合处理，以保证工程效果并兼顾经济性为基本原则。

对于以水库防渗为工程目的的溶洞处理，可采用“堵（填）”与“截”等工程措施，其中“堵（或填）”就是指封堵溶洞或管道产生的渗漏，通过在其适当部位（如进口部位等）设置堵体（填筑体），将溶洞或管道封堵（或回填）起来，根据工程需要，可部分封堵或全部封堵。“截”就是指在溶洞内部岩体完整且比较狭窄处设置截水墙，或设置防渗墙（有充填物的溶洞）进行防渗封堵。对于以提高地基承载力和岩体完整性为目的的溶洞处理，可采用“填”“灌”“桩”“开挖置换”等工程措施，或组合工程措施。

6.4.2 大型复杂溶洞处理的基本方法

（1）利用各种勘察手段（如钻探、物探、洞探等）尽量查明溶洞或溶洞群的分布、规模等边界条件，并通过理论计算分析溶洞对水工建筑物的影响程度。

（2）在查明溶洞分布特点后，根据溶洞出露位置对水工建筑物的影响程度确定处理范围；选用有针对性的工程处理措施，并采用多种方法进行技术经济对比优化，选取最优方案进行处理。

（3）借鉴其他类似工程的成功经验，可取得“事半功倍”的效果；实施过程中应根据工程需要安排观测与检测工作，如变形观测、渗流观测等。

（4）溶洞处理结束后应选用有针对性的检查方法。如检查溶洞是否回填密实，可采用电磁波CT及声波CT方法检查等。

6.4.3 大型复杂溶洞处理的设计要点

大型复杂溶洞或溶洞群在其边界条件不甚清楚的情况下，若采用一次性处理方案设计，则存在较大的工程风险。因此，在进行大型溶洞处理设计时，应以其所处的工程部位及工程影响程度，并根据溶洞发育特点、处理原则、基本方法等进行溶洞处理设计，可满足施工进度要求，又可确保工程经济安全。溶洞处理方案设计要点主要有以下5个方面：

（1）在查明溶洞发育分布特征基础上进行分析计算，为方案设计提供基础数据。

（2）根据溶洞对工程的影响程度确定处理的方法与施工顺序。

（3）进行多方案的比选，确定最终处理方案。

（4）对于不同类型溶洞，应分别采用不同的处理措施。

（5）确定溶洞处理效果的检查方法。

6.4.4 大型复杂溶洞的特殊处理方法

在岩溶水库建设过程中，经常会遇到各种类型、大小不等的溶洞，这些溶洞有可能危及建筑物安全，更多的则成为库水外漏的通道，并严重影响工程效益。溶洞如何处理没有专门的规程规范，一般是由工程设计单位根据溶洞的实际情况（规模、类型等）及工程影响提出处理方案。处理方法多以清除溶洞内的充填物后再回填混凝土或其他材料（清挖回填法）或修改防渗线路等，这对于中小型溶洞或对建筑物安全有较大影响的大型溶洞是合适的。但对于水利水电工程防渗处理过程中遇到的大型或特大型溶洞来讲，采用“清挖回填法”来处理，存在工程量大、投资大、施工面多、工期长等缺点。因此，对于岩溶水库防渗工程中遇到的大型溶洞如何处理，现有技术中依然没有较为完善的方法。

中国电建集团贵阳勘测设计研究院有限公司依托承担的类似工程进行了长期研究总结，并能以简单、便捷、高效的方式较好地解决岩溶水库大型溶洞的防渗问题，包括半

充。这种特殊处理方法是针对大型溶洞的一种经济、高效的防渗处理技术，具有方法简单，防渗效果显著，且能有效、快速地达到设计要求等特点，同时也能大幅度提高施工工效和减少工程投资。

6.4.4.1　大型半充填型溶洞复合防渗结构与施工方法

1. 大型半充填型溶洞复合防渗结构

当大型或巨型半充填溶洞对防渗工程有较大影响时，可选用溶洞复合防渗结构。溶洞复合防渗结构从溶洞顶板以上至溶洞底板以下由 3 部分组成，如图 6.4-1 所示。

(1) 溶洞顶板以上的基岩为常规水泥灌浆帷幕防渗区。

(2) 溶洞区内又分为以下 3 部分。

1) 充填物复合防渗区，即在充填物中布设高压旋喷防渗墙用于防渗及提高充填物的承载能力，增布小型钢管进一步增加充填物的承载能力。

2) 在溶洞区空腔部位设置混凝土防渗墙，使其与下部的"高喷防渗墙"及溶洞顶板基岩相衔接。

3) 溶洞底板以下基岩为常规水泥灌浆帷幕防渗区。

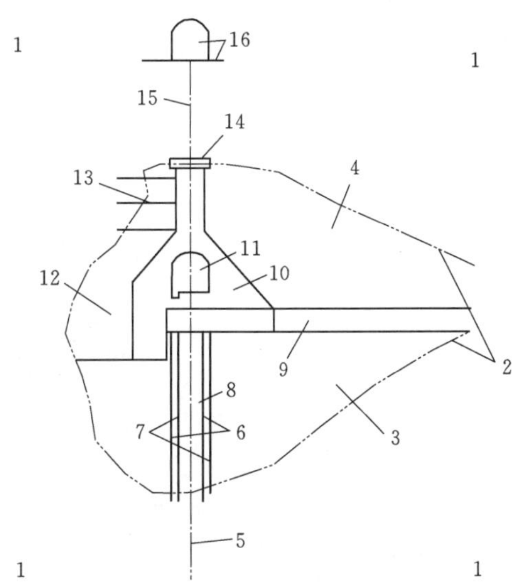

图 6.4-1　大型半充填型溶洞复合防渗结构示意图

1—基岩；2—溶洞边界；3—溶洞充填物；4—溶洞空腔；5—溶洞底板以下常规帷幕灌浆；6—小型钢管桩；7—溶洞充填物高压喷射（旋喷）孔；8—溶洞底板以下帷幕灌浆长孔口管；9—换填层（碎石及素混凝土垫层）；10—溶洞空腔混凝土防渗墙；11—防渗墙内灌浆廊道；12—素混凝土回填区；13—锚杆区；14—防渗墙与溶洞顶板衔接槽（人工槽）；15—溶洞顶板以上基岩帷幕灌浆孔；16—灌浆平洞（或地面）

2. 大型半充填型溶洞复合防渗施工方法

(1) 利用综合勘察手段（如勘探钻孔、物探技术及施工开挖等）查明溶洞的发育规模、充填物的性质、顶底板高程等参数，并划分溶洞类型。

(2) 将溶洞充填物顶部整平，换填 1.0m 厚的碎石层，其上再浇筑 1.0m 厚的素混凝土。之后，在防渗轴线上、下游各布置 2 排（排距 1.0m）高压喷射（旋喷）孔（孔距 0.8m），并按设计及规范要求施工。

(3) 为满足溶洞空腔混凝土防渗墙承载能力及稳定要求，通过计算及现场试验，在溶洞空腹混凝土防渗墙荷载影响范围内的充填物中格式型布设多排小型钢管桩（管径为 110mm，桩排距及桩间距均为 1.5m，深入基岩 3～5m，其中 2 排设置为溶洞以下基岩帷幕灌浆孔），在其溶洞混凝土防渗墙顶部上游侧基岩内梅花形布置锚杆或锚桩，并按设计及规范要求完成。

(4) 在溶洞空腔内设置混凝土防渗墙，墙内设置灌浆廊道，防渗墙与上游侧基岩间则采用素混凝土回填，并按设计及规范要求完成。

(5) 为解决溶洞空腔混凝土与溶洞顶板间的衔接与防渗问题，在溶洞顶顶板基岩内开挖一条宽 1.0m、深 0.6m 的"人工槽"，并埋设接触灌浆盒及止水铜片。

(6) 溶洞以上的基岩则布置常规帷幕灌浆孔，在地面或灌浆平洞中按设计及规范要求实施完成。

(7) 复合防渗结构的质量采用多标准进行检查，如帷幕灌浆以检查孔压水检查为主，高喷防渗墙采用注水试验检查，充填物复合地基承载力则采用现场大型载荷试验检查，溶洞变形采用埋设仪器长期监测。

6.4.4.2 深层动水条件下的复杂岩溶防渗处理

1. 各种浆液对动水流速的适应性

深层岩溶、裂隙中含动水的灌浆处理，应根据地下动水流速的大小，选用不同的浆液，各种浆液对动水流速的适应性见表 6.4-1。

表 6.4-1 各种浆液对动水流速的适应性

浆液种类	灌浆工艺	可灌最大流速/(cm/s)
浓水泥浆	常规设备与工艺	<0.15
水泥黏土膏浆	混凝土拌和机搅浆，螺杆泵灌浆，纯压式	<12
级配料加黏土浆	水力充填级配料，而后灌注黏土浆	<12
级配料加速凝水泥浆	水力充填级配料，而后灌注双液速凝浆	动水下可瞬凝

在大口径灌浆孔内投入砂石料或混合料回填，或进行模袋灌浆，并降低地下水的流速，然后灌注。必要时可灌注水泥浆、水玻璃双液浆或粉煤灰水泥浆、水玻璃双液浆、膏浆、速凝膏浆，采用双液浆孔底混合灌浆技术和速凝膏浆灌浆技术，因掺加了活性剂和速凝水泥，其凝结时间很短（10～30s），可控制浆液的扩散距离，防止浆液流失，从而快速地封堵住渗水通道，便于进行高压灌浆，形成防渗帷幕。

如灌浆困难，可改灌速凝浆液，包括双液浆液、改性水玻璃浆液、化学浆液和热沥青灌浆等。

速凝膏浆灌浆技术是近年来发展起来的一门新的堵漏防渗技术。其基本机理是在水泥浆中掺入一定比例的黏土、膨润土、粉煤灰等掺合料及少量外加剂来构成低水灰比的膏浆。用水泥膏浆灌浆时，则形成明显的扩散前沿，在其后面的裂隙就会被膏浆完全填满，在水泥凝固以后，膏浆就形成坚硬而密实的水泥结石。通过速凝剂调节水泥膏浆的凝结时间，在普通水泥膏浆的基础上掺加一定比例的速凝水泥，研究出速凝水泥膏浆，解决了普通水泥膏浆在水下凝结时间长、不利于动水下堵漏施工的难题。

2. 模袋堵漏灌浆法

模袋堵漏灌浆法是近年来发展起来的一门新的堵漏防渗技术方法，是在流速较大、漏水量较大、溶洞较大等各种不利条件组合下进行帷幕灌浆施工的一种有效的方法，已在许多工程中成功使用。其基本操作工艺为：在钻孔中下入由土工织物特制的大小与溶洞相适应的模袋，然后向模袋中灌入高黏度速凝浆液。其基本原理是向袋内灌入浓水泥浆时，在灌浆压力作用下，水泥浆中的水分可以从袋内析出，而水泥不能外漏，从而降低水灰比，提高结石强度，缩短凝结时间。水泥在模袋中固化凝结，在水下不具分散性，即使水流流速大，也不会被冲走；而且模袋在压力作用下膨胀，适应不同形状，有利于填塞各种类型的溶洞。模袋堵漏灌浆法示意如图 6.4-2 所示。

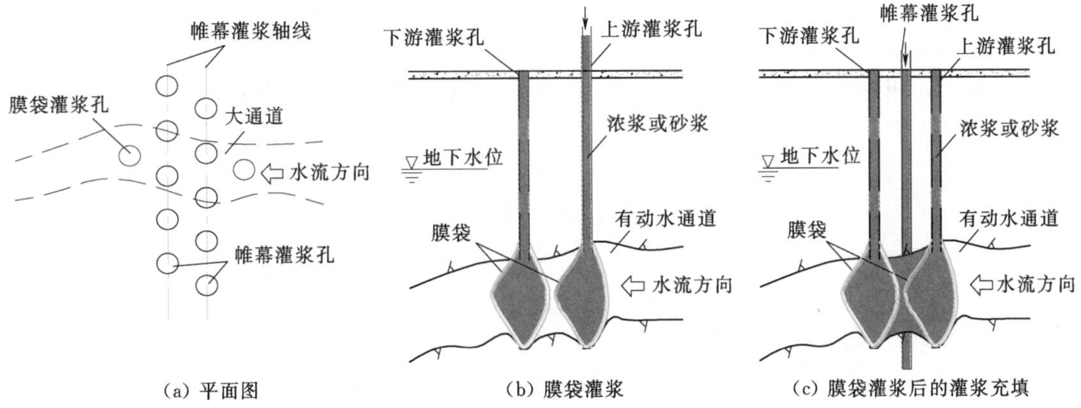

图 6.4-2　动水条件渗漏通道模袋堵漏灌浆法示意图

模袋堵漏灌浆法的具体操作要点如下。

(1) 模袋堵漏灌浆技术的优点：耐高速水流（15m/s）。在高速水流下，保证水泥不分散，不被冲走；水泥浆经模袋析水后，不但硬化速度加快，而且固化强度有很大提高；模袋材料在压力作用下膨胀，适应不同形状，可以堵塞不同形状的溶洞，袋内材料可根据现场岩溶管道情况具体确定。

(2) 模袋灌浆的关键：灌浆压力和浆液速率的控制。

(3) 灌浆材料：在动水条件下，采用水泥浆或水泥砂浆灌浆，因凝结时间长，易被水稀释、冲走，更不能适应大流量、高流速堵漏的需要。经过多年的研究，结合其他外加剂改善灌浆材料性能，其优缺点对比见表 6.4-2。

表 6.4-2　　灌浆浆材优缺点对比表

浆材名称	优　　点	缺　　点
水泥-水玻璃	胶结时间几秒至几十分钟可调整，来源广，价格低。	终凝时间长，初凝后，抗冲性差
聚氨酯	能直接与水反应后凝固，体积膨胀，抗渗性好	价格高，与水泥的和易性较差，水流速较大时易被冲走
丙烯酰胺-水泥类	胶结时间几秒至几十分钟可调整	有毒性
丙烯酸盐	防渗堵漏效果好，与水泥结合后，强度高，胶结时间几秒至几十分钟可调整，来源广，价格低	有少许毒性

为降低堵漏工程造价，推荐选用以丙烯酸镁为主剂的 AC-MS 浆材，此种浆材具有以下特性：

1) 浆液在聚合反应前黏度低（小于 4×10^{-3} Pa·s），表面张力小；反应开始后黏度急剧增加，可灌性和速凝性好。

2) 胶凝体有较好的不透水性和弹性，渗透系数为 $10^{-6}\sim10^{-10}$ cm/s。

3) 在氧化还原体系引发下，浆液胶凝时间可以在数秒到数小时之间调节。

4) AC-MS 水泥浆液胶体有更好的耐冲性和黏结性能，采用双液控制灌浆，对于较大水流及流速小于 0.34m/s 的堵漏有较好的效果。

6.4.4.3 埋深大、动水断面大、流速高的溶洞封墙处理

在溶洞下游部位设置钢管格栅桩并在上游回填灌浆模袋，然后在钢管格栅桩和灌浆模袋的上游回填级配料，辅助预固结灌浆、控制性灌浆及帷幕灌浆形成帷幕的综合封堵处理方案，处理方案示意如图6.4-3所示。

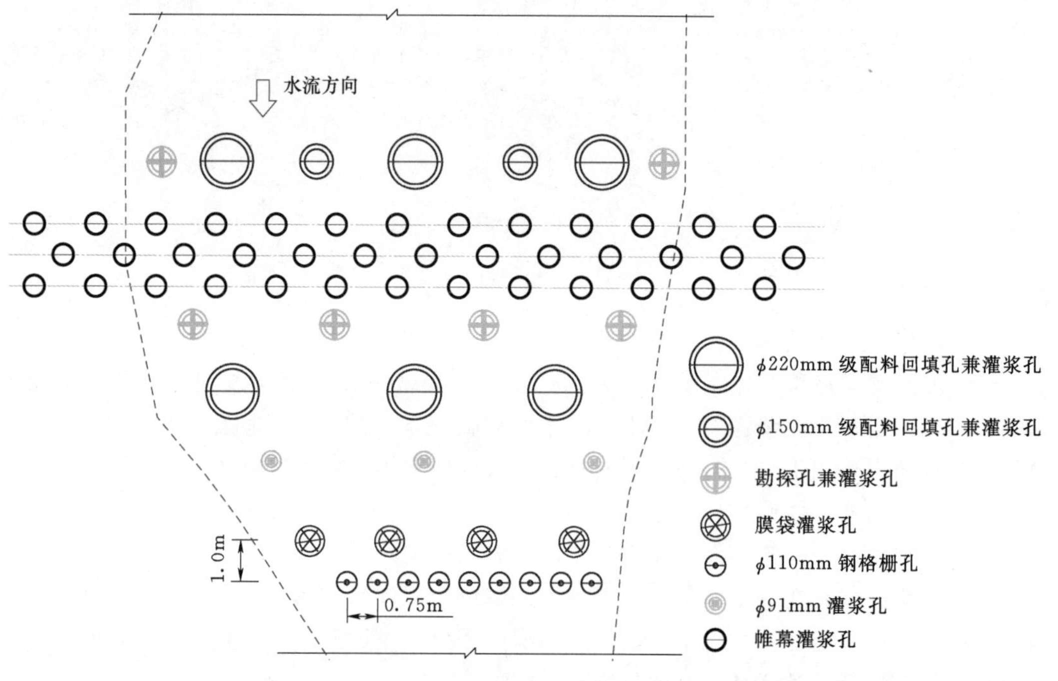

图6.4-3 大埋深、大断面、高流速溶洞处理方案示意图

国电红枫水力发电厂窄巷口水电站位于乌江右岸一级支流猫跳河下游，处于深山峡谷及岩溶强烈发育区，1972年工程竣工。限于当时的历史条件和技术水平，造成电站建成后水库深岩溶严重渗漏，初期渗漏量约$20m^3/s$，约占多年平均流量的45%，虽经1972年和1980年两次库内渗漏堵洞，取得一定效果，但渗漏总量仍为$17m^3/s$左右。实际上，主岩溶渗漏通道就是几个过流面大小不一的地下暗河，且流速高、流量大，主要集中岩溶渗漏通道为左岸Ⅲ-3溶洞，其最大高度17m，最大宽度13m，其顶部距灌浆隧洞的埋深超过70m。主要岩溶渗漏通道的封堵是该工程的重点和难点。该溶洞埋深大、动水断面大、流速高，国内外均无可借鉴的成功经验，被称为世界级堵漏难题。

要控制岩溶渗漏总量，必须首先封堵这些地下暗河。针对该溶洞特殊情况，综合应用钢管格栅、模袋灌浆、级配料回填、膏浆灌浆、帷幕灌浆等组合技术。其施工工艺流程为：补充勘探→钢管格栅→模袋灌浆→级配料回填→预固结灌浆、灌注砂浆→帷幕灌浆→质量检查。窄巷口水电站岩溶渗漏通道封堵后，渗漏总量减少90%以上，水库得以高水位正常运行，达到了预期效果。

6.4.5 工程综合应用实例

重庆市秀山县隘口水库为一座以灌溉、防洪为主并兼顾供水、发电等综合效益的中型

水利工程，水库正常蓄水位为544.45m，总库容为3580万m^3，大坝为沥青混凝土心墙堆石坝，最大坝高为86.2m。

6.4.5.1　工程地质条件

（1）地层岩性：主要为寒武系上统与奥陶系下统地层，岩性以灰岩、白云岩为主，局部夹页岩。

（2）地质构造：岩层走向为50°～80°，倾向为320°～350°，倾向左岸偏下游，倾角左岸一般为25°～35°，向下游变化为16°，右岸一般为28°～35°。受褶皱构造影响，岩体受构造运动破坏大，结构面发育，主要发育有NE、NW向断层（如F_2、f_4、F_{13}等）、裂隙。

（3）水文地质条件：坝址区地下水位高于河水位，为地下水补给河水，其中右岸地下水主要为王家坟洼地、上沱、坑沱的地表水、地下水补给平江河；地下水类型主要为河床砂卵石孔隙水及基岩岩溶水（暗河及岩溶泉水）。防渗区域主要为中等透水层，局部为强透水层。

6.4.5.2　岩溶发育特征

（1）岩溶发育规律。岩溶发育与岩性及厚度、新构造运动、构造、地形地貌、地下水的补排条件、地下水水质特征等因素相关，其中新构造运动主要控制区域内大面积岩溶的发育状况。岩性、厚度是影响坝址区岩溶发育的重要因素，在岩性相同的情况下，构造、地形地貌对岩溶发育有重要的影响。隘口水库坝址区岩溶发育具有以下主要特征：

1）溶洞顺构造方向（走向或倾向）发育，如K_8、K_5等溶洞，其长轴方向与地层倾向及F_2、f_4断层倾向基本一致，呈多层状分布。

2）岩溶（溶洞）发育与地层密切相关。岩性是岩溶（溶洞）发育的基础，如果岩石CaO含量高、层厚、连续性好，岩溶（溶洞）发育愈强烈；而不溶物及MgO含量与岩溶发育成反比。如防渗线上寒武系地层、二叠系地层质纯层厚，溶洞基本上发育在该地层中。

3）岩溶类型主要包括溶洞或管道（如右岸的K_6、K_5、K_8等溶洞），且以充填型或半充填型溶洞及溶隙为主，充填物主要为黏土、黏土夹砂、溶塌块石等。

（2）防渗线上的典型溶洞系统。经前期各阶段及施工阶段补充勘测，查明了隘口水库坝址区发育的多个岩溶系统，其中左岸发育有K_{W1}、K_{W2}、K_{W3}、K_{W7}、K_{W8}等岩溶系统，右岸发育有K_4、K_5、K_6、K_8、K_9、K_{W12}、K_{W51}等岩溶系统，呈现分布广、规模大、类型多样等特征。防渗线上的岩溶系统主要发育在右岸，如图6.4-4所示，包括K_4、K_5、K_6、K_8、K_9等溶洞。

1）K_6溶洞系统。该溶洞发育在右坝肩，并贯穿至坝基以下，最低发育高程为450m。溶洞顶部主要发育溶沟、溶槽、溶洞，并夹强烈溶蚀岩体，充填钙华及黄色可塑～软塑状黏土；溶洞中部为空洞，呈宽缝状，宽一般为1.0～1.5m，贯穿整个中层灌浆平洞，无充填，洞壁附钙华。溶洞下部则为充填型溶洞，主要充填黄色可塑～软塑状黏土、溶蚀残留岩体，砂卵砾石等。其中溶蚀残留岩体体积巨大（块径为1.0～3m），卵、砾石磨圆度、磨光度好，直径一般小于5cm，成分与河床一致。分析认为，K_6溶洞由坝顶到河床、由上游至下游贯穿右坝肩，形成一个分离面，对右坝肩稳定及水库防渗都有较大影响。

2）K_5溶洞系统。该溶洞两侧分别为K_6、K_8溶洞，是右岸规模最大的一个溶洞，发

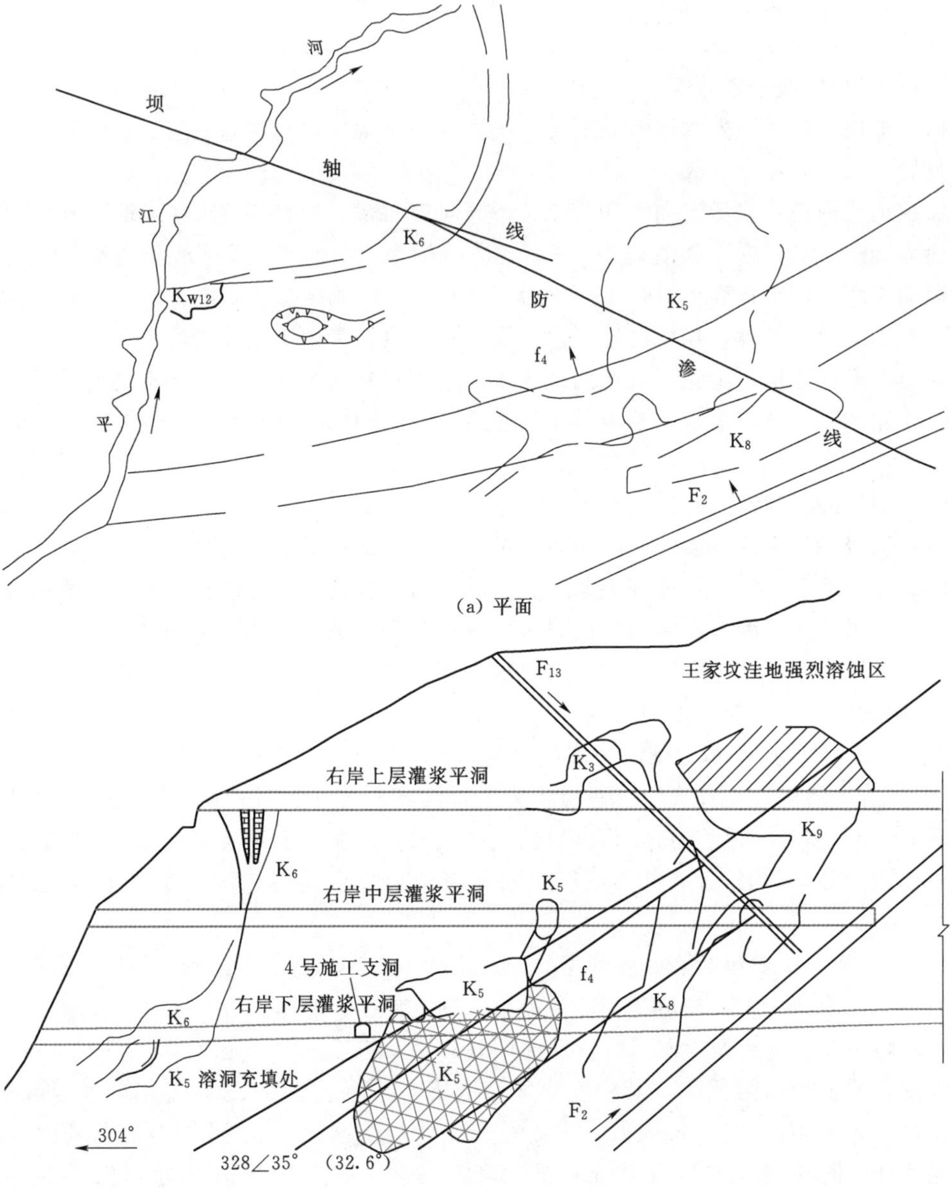

(a) 平面

(b) 剖面

图 6.4-4 防渗线（右岸）溶洞系统发育分布示意图

育在坝址区岩溶最发育的灰岩及白云岩地层中，并沿 f_4 断层发育。经现场实测，K_5 溶洞系统为一半充填型溶洞群系统，高程 487m 以上无充填或少量充填，并呈多管道状，其中高程 487～511m 为一长 62m、宽 50m 的溶蚀大厅，体积约为 5 万 m^3；高程 487m 以下充填粉砂质黏土、砂、夹卵砾石、溶蚀塌陷岩块、碎石等，厚 23.4～36.6m。K_5 溶洞揭露总高差为 107.91m，溶洞高为 3～24m，溶洞边界在平面上最大投影面积约为 2420m^2，计算出溶洞总体积约为 11.2 万 m^3。分析认为：K_5 溶洞右岸防渗线，其上部与地表 K_{27}（坑坨洼地）、王家坟洼地连通，下部与上游的 Kw_{12} 溶洞连通并向下游 Kw_{51} 溶洞泉排泄，对水库防渗及右岸地下洞室稳定有较大影响，施工过程中存在严重安全隐患。

3）K_8 溶洞系统。该溶洞发育在灰岩及白云岩地层中，并顺层面及 F_2 断层影响带发育，为一半充填型溶洞。高程 470～494.20m 为粉土、砂卵砾石及架空状直径达数米的塌陷大块石充填；高程 494.20～522.5m 为空腔，最大断面面积为 $291m^2$，估算其体积约为 1.2 万 m^3；高程 522.5m 以宽 1.5～10m 的管道在防渗轴线上游 5～40m 与 K_9 溶洞相连。有长流地下动水，流量为 0.1～0.5L/s，并经 K_5 溶洞排出。分析认为，K_8 溶洞既影响坝肩防渗，也影响坝肩变形稳定。溶洞中的充填物稳定性差，在施工过程中存在安全隐患。

4）K_4、K_9 溶洞系统。K_4 溶洞发育在寒武系上统毛田组（$\in_3 m^1$）地层中，在右上平洞桩号 0＋056.7 底板下游侧被揭露，实测发育高程为 523.24～549.5m，溶洞顶部以宽 1.0～1.7m 管道与 K_9 溶洞连通；向下为直径约 0.5m、高 3～8m 的落水洞及宽 12～17.5m、长 50～55m 的顺层溶洞，层面组成洞顶、底板，高 4～8m。K_4 溶洞估算总体积约为 $2129m^3$。有地下动水向下排泄，枯季流量约为 0.03L/s。K_9 溶洞发育在寒武系上统毛田组（$\in_3 m^1$）地层中，并在右上平洞桩号 K0＋063.5～K0＋082.5、K0＋105.5～K0＋151.95 及右中平洞桩号 K0＋160.0～K0＋181.5 等部位出露，为一半充填型溶洞，充填物主要为溶蚀塌陷块石、黏土夹砂卵砾石等。溶洞由上向下发育，空洞部分位于灌浆平洞顶部，高程为 543～570m，洞高为 5～27m；洞底覆盖有厚度不详的溶蚀塌陷岩块、碎石，因此溶洞岩基底板更低。经初步推测，溶洞空洞部分最大断面面积为 $139.11m^2$，估算空洞部分体积约为 1.5 万 m^3。洞内无地下水流，但充填物成层韵律明显，属于早期流水沉积。分析认为，K_4 溶洞对防渗有一定影响；K_9 溶洞对王家坟洼地稳定及右岸上层灌浆平洞稳定有一定影响，因溶洞下部低于水库正常蓄水位且横穿帷幕线，既影响防渗帷幕的形成，也影响到帷幕在运行期间的稳定。

5）河床段多层溶洞。受 f_4 断层等因素的影响，防渗线河床段岩溶极其发育。据帷幕灌浆先导孔钻孔及电磁波 CT 揭示，河床以下发育有多层溶洞，先导孔溶洞遇洞率高达 100%；溶洞主要发育在河床以下高程 50～80m，最低发育高程为 390m；在钻孔中的高度一般为 1.5～10m，最高达 15.4m，多为黏土、细砂充填。该段溶洞处理是防渗处理工程的重点部位之一。

6.4.5.3　大型溶洞处理综述

隘口水库防渗处理工程包括帷幕灌浆和溶洞处理，是隘口水库的控制性工程，而强岩溶区处理（溶洞及强溶蚀区）又是岩溶防渗处理工程的关键项目。因受前期勘察精度的限制，坝址区内的溶洞及强溶蚀区未被完全揭露，在施工右岸平洞灌浆过程中先后部分揭露了 K_6、K_5 等大—巨型溶洞或溶洞群，对工程建设造成较大影响，溶洞处理成为主要技术难题之一；河床段经帷幕灌浆先导孔钻孔及电磁波 CT 揭露了多层充填型溶洞或强溶蚀区，且多为深部岩溶，为库水渗漏的主要通道之一，其有效处理又成为主要技术难题。为解决这些技术难题，工程建设单位委托中国电建集团贵阳勘测设计研究院有限公司开展现场技术咨询，并采取“设计＋现场技术咨询＋专家咨询”的技术攻关模式，成功研究实施了溶洞处理关键技术、强溶蚀区帷幕灌浆综合处理技术，为隘口水库工程建设提供了技术保障。

根据隘口水库右岸工程地质条件、溶洞发育的边界条件，以及处理后达到的工程目的等，对右岸溶洞或溶洞群采取了有针对性的工程处理措施，确保了工程安全。现以 K_5、K_6 溶洞为例，简述其处理方法。

（1）K_5 溶洞群处理。

1）设计过程与方案比选。施工揭示 K_5 溶洞后，设计单位主要提出了清挖回填及混凝土重力坝防渗墙（空腔部分）处理设计方案。鉴于 K_5 溶洞右岸规模巨大，其清挖回填工程量大且施工难度大，咨询单位根据地质、物探成果资料分析认为，溶洞充填物具有一定抗压强度和防渗性能，可考虑处理利用，建议先进行溶洞安全处理后再进行主溶洞处理，同时又推荐了防渗线局部改线、全防渗墙、溶洞空腔钢筋混凝土壳、充填物上拱桥防渗墙等处理方案。通过方案对比并邀请国内专家咨询，设计单位最终选取了分期处理方案，其中主洞处理采用全防渗墙方案，即溶洞充填物采用工程措施形成地下防渗墙＋溶洞空腔混凝土防渗墙方案。

2）K_5 溶洞一期处理。K_5 溶洞在中层与下层灌浆平洞间（高程 488～515m）为一溶蚀大厅，且跨度大（大于 50m）。经理论计算分析，施工过程中存在洞顶变形并有可能发展为洞顶坍塌，危及右坝肩稳定，应先期处理。所采用的工程处理措施主要包括：①溶洞空腔中的上游边壁（防渗墙边壁）在清理完危岩后采用“系统锚杆＋局部锚桩”方式；②溶洞底板即充填物表层采用“2.0m 碎石层＋厚 1.5m 混凝土筏板”的方式；③顶板则采用“锚杆＋挂网喷混凝土”的方式处理；④其他边壁则采用“在筏板上设置厚 1.5m 钢筋混凝土支撑墙”的方式；⑤最后在洞壁设置观测系统，进行溶洞变形观测。

3）K_5 溶洞永久处理。在一期处理完成且 K_6、K_8 溶洞处理完成后，进行 K_5 溶洞永久处理。处理分为 2 个区，即溶洞充填物区与空腔区；先对溶洞充填物区进行处理，再处理空腔区。

a. 溶洞充填物区处理：溶洞充填物厚度为 23.4～36.6m，以黏土、砂为主，夹卵砾石、溶蚀塌陷岩块、碎石为主，其承载力及防渗能力不能完全满足设计要求，经计算分析，采用“高压旋喷＋钢管桩”方式处理后可满足要求。高喷防渗墙设置了 5 排高喷孔，孔、排距均为 0.6～0.8m，防渗标准不大于 10^{-7}cm/s。钢管灌注桩作为竖向荷载受力结构，直径为 ϕ168mm，壁厚为 6mm，分为 A、B 两类桩。其中 A 类桩桩内预埋帷幕灌浆钢管，管径 ϕ76mm，壁厚为 4mm，灌浆钢管与钢管管壁间采用压力注浆；B 类桩桩内预埋一根 ϕ25mm 钢筋，并压力注浆。A 类桩设计承载力为 350kN，B 类桩设计承载力为 545kN。

b. 溶洞空腔区处理：对于下层平洞揭露的溶蚀大厅，在一期处理及充填物处理完成后进行，以高程 518m 为界分为上、下两个处理区域。高程 518m 以下的空腔岩溶大厅（空洞）部分采用混凝土心墙防渗，即下部为混凝土廊道，上部为混凝土防渗心墙，墙体上游与溶洞上游壁间利用一期锚杆、锚桩与防渗墙同时浇筑，以增强防渗墙的稳定；防渗墙与溶洞顶板采用“倒锚桩”连接并设置止水；顶板以上岩石采用帷幕灌浆（深入防渗墙顶面以下 5m）。高程 518m 以上的空腔因位于防渗线上游，在中层平洞上游侧设置混凝土堵头进行封堵。

（2）K_6 溶洞处理。

1）设计过程与方案比选。K_6 溶洞群发育在右坝肩，自右坝肩顶部断续贯穿至坝基以下，且自上游至下游切割整个右岸坝肩。稳定计算表明，K_6 溶洞对右坝肩稳定及防渗都有较大影响，且控制大坝填筑进度。原处理设计方案包括“锚索＋地面钢管灌注桩”“中层及下层平洞清挖回填混凝土”等，但因受该溶洞发育边界条件及施工条件限制，不能满足工程建设要求。为此，设计单位采纳了咨询单位提出的“分区处理”的建议，并以中下层灌浆平洞为界划分为三个处理区域，分别采用不同的工程措施进行处理。

2）K_6 溶洞处理措施。

a. 下层灌浆平洞（高程为 485.5m）以下区域主要采取了钢管灌注桩、自密实细石混凝土或自密实砂浆回填、水泥灌浆补强等措施。

b. 下层与中层灌浆平洞之间（高程 485.5～518m）的区域，主要采取局部开挖并回填自密实混凝土、深孔固结灌浆（孔深大于 15m）、高压冲洗回填等措施。

c. 中层灌浆平洞与坝肩顶部（高程 518～544.45m）区域，在中层灌浆平洞上游侧沿 K_6 溶洞采用追踪清挖并回填混凝土、利用坝顶平台采用钻孔回填自密实混凝土或自密实砂浆、水泥灌浆补强等措施。

6.4.5.4　处理效果评价

（1）K_5 溶洞：经埋设在 K_5 溶洞溶蚀大厅顶板、边壁上的变形仪器多年观测，溶洞变形较小，其变形量小于设计值；钢管灌注桩经现场载荷试验验证，其承载力为设计承载力的 1.5～2.0 倍；高喷防渗墙经钻孔检查，其防渗指标满足设计要求。

（2）K_6 溶洞：经钻孔取芯检查与声波 CT 检查，满足设计要求；经埋设的变形仪器多年观测，其变形量小于设计值，说明处理效果明显。

（3）经多次试验蓄水及多年蓄水检验，未见异常。

6.4.5.5　大型复杂溶洞处理经验总结

在岩溶地区修建水利水电工程，防渗处理是关键。通过窄巷口、隘口水库等典型溶洞处理实践，得到如下几个关键经验：

（1）岩溶地区水利水电工程防渗处理具有技术复杂、工期长、投资大等特点。

（2）对于大型复杂溶洞处理，查明其发育的边界条件并进行理论分析计算是基础。

（3）采用“设计＋咨询”的现场动态设计模式，使溶洞处理设计方案更加符合工程实际（有效处理）是关键。

第 7 章

岩溶海子成库论证与防渗处理

海子在岩溶地区是一种特有的岩溶地貌现象或景观，由暗河管道沿线的岩溶天窗或竖井等地下水出露而成，或为排泄不畅的岩溶洼地、盲谷等积水而成。所在区域多为可溶岩或可溶岩与相对隔水层相间分布组成。可溶岩地层中岩溶强烈发育，岩溶洞穴、溶蚀裂隙、断裂溶蚀、岩溶管道或伏流、暗河等岩溶现象发育，地表则表现为岩溶槽谷、岩溶洼地、峰丛洼地、峰林洼地等岩溶景观或多种景观的组合。图 7.0－1 为贵州安龙天盖海子枯季岩溶地貌景观，该海子为岩溶地区典型的岩溶槽谷及盲谷，上游为典型的岩溶槽谷地貌，末端受伏流排泄能力影响，常年反复内涝、淤积，形成地形平坦的宽缓河床。河床内河流具有典型的平原河流特征，河道蜿蜒蛇曲，末端由溶洞处进入伏流。由于伏流进口多溶蚀崩塌堵塞，排泄能力差，枯季可自然排泄地表河水；但至汛期，基本每年均被淹没，洪水稍大时甚至抬高成湖，如图 7.0－2 所示。

图 7.0－1　贵州安龙天盖海子枯季岩溶地貌景观

图 7.0－2　贵州安龙天盖海子汛期淹没成湖情况

图 7.0-3 为贵州毕节金海湖岩溶海子远眺景观。该湖盆为岩溶高原面上残留的岩溶湖盆，是另一种类型且在高原面上广泛分布的因岩溶洼地排水不畅积水而成的海子。该海子受岩溶发育影响，湖水由规模较小的岩溶管道排向下游相邻槽谷并以承压泉的方式排出；因渗漏影响，湖水水位一直较低，不能有效利用。

图 7.0-3　贵州毕节金海湖岩溶海子远眺景观

该类岩溶海子在贵州等高原台地地区分布较为普遍，并多形成绝美的岩溶景观。但排涝不畅及常年反复淹没亦导致岩溶海子仅作季节性观赏而不能充分利用；若利用其蓄水成库又存在库区岩溶水文地质条件十分复杂，溶洞、暗河管道发育，天然条件下难以成库等因素制约。因此，如何查明其岩溶发育特征及水文地质条件，并采用必要的方法进行防渗处理，充分发挥其天然“库盆”的先天优势，造福当地，是岩溶地区水利及水环境工程治理的重要意义所在。

7.1　岩溶海子成库勘察

7.1.1　岩溶海子成库勘察的重点

(1) 查明库盆地层结构及可溶岩、隔水层分布特征，尤其是可作防渗依托的隔水层或相对隔水岩体的分布情况，为岩溶发育处理奠定基础。

(2) 查明切穿库盆的断裂展布情况及导水性特征，以及可能影响岩溶发育规律与方向的长大构造裂隙的发育规律。后者往往影响库盆所在区域岩溶总体发育规律及发育程度，但前者在某种程度上可能决定岩溶管道水或暗河的发育规律与排泄。

(3) 根据可溶性岩组的分布情况，查明库盆及邻近区域岩溶发育特征，尤其是库盆所在地层的岩溶发育规律，对可能影响库盆渗漏及洪水排泄的主要岩溶管道、洞穴、暗河等，应重点调查。

(4) 查明海子所在区域岩溶地下水的补径排条件与地下水动态特征，结合岩溶水文地质单元划分，理清地下水流动系统与海子的关系；对可能影响岩溶海子渗漏的地下水流动系统，应重点开展调查分析与实物勘察。

7.1.2 岩溶海子成库防渗勘察思路

岩溶海子成库防渗勘察思路应是由面（区域）至线（地下水流动系统）再到点（库盆及防渗区域及勘探点）的一个循序渐进的过程，切忌仅针对库盆本身或在伏流（或岩溶管道水）入口处开展盲目甚至网格状的勘探工作。

岩溶及水文网的演化是地质历史时期多期溶蚀与变迁的结果，其最大的特点是岩溶发育的不均一性、多期性、继承性，地表岩溶现象与地下岩溶现象并非线性对应，地下分水岭与地表分水岭多不重叠，地表河流与地下水系上下重叠、并行等现象常常存在。因此，对岩溶海子所在岩溶渗漏与防渗处理勘察应是一个从宏观至微观的过程，是一个广泛搜索到针对性研究的过程；各种勘察技术方法及手段的应用都应是对岩溶水文地质条件分析的验证与测试，各种勘察方法与手段应有效且具针对性。

（1）地质调查与测绘。前期地质调查与测绘是基础，通过地质调查，应对海子所在区域的地层岩性与结构、构造发育特征、岩溶发育规律、地下水流动系统与动态特征、已有岩溶地下水的开发与利用、海子洪涝现象历史特征等进行调查，并进行系统分析，划分岩溶水文地质单元，初步分析及划定可能发育的地下水流动系统及其补径排条件，分析岩溶海子所在地表水系统及地下水流动系统与邻近岩溶地下水流动系统的关系。根据前述地质调查与分析结果，实际判定岩溶海子所在区域的岩体可溶性与透水性特征、岩溶发育规律、地下水流动系统及其之间的相互关系、与海子有关的地下水流动系统的空间展布及地下水动态特征，初步分析岩溶海子成库的可能性、可疑的渗漏通道与渗漏方式，并针对可疑的渗漏通道布置勘探剖面。

（2）针对初步分析的可能岩溶渗漏通道，根据勘探剖面布置必要的 EH－4 法（深部探测）或高密度电法（浅部探测）的物探探测孔，了解可疑渗漏通道的位置与深度等所在区域岩溶发育规律与规模，分析岩溶异常区与可疑渗漏通道的关系。

（3）布置必要的验证性钻孔，重点了解库盆所在区域地层岩性及结构特征、可靠隔水层的深度与厚度、可能的岩溶发育规律与充填情况、地下水位及动态变化特征；并利用钻孔开展示踪试验、地下水动态观测、岩体透水性测试、地下水温度与电导率测试、pH 测试、水样采集等。钻孔的布置要有针对性，不在乎多。另外，钻孔的布置除验证可能的渗漏通道及可能的岩溶发育规律及地下水动态特征外，应尽量结合可能的防渗处理部位布置，少做无用功。

钻孔深度的控制应以探明隔水层的深度或有效观测地下水位动态特征为原则。当需探明物探测试的溶蚀异常区时，应以揭穿异常区为原则；当无明确隔水层存在而需查明岩体透水率特征时，应根据初步分析所在流动系统现代岩溶可能发育的下限、岩体透水率连续 20m 低于 5Lu 时作为相对隔水岩体的深度，并以此控制钻孔勘探深度。

（4）水文地质测试与观测，包括压水试验、注水试验、连通试验、水位及泉水动态观测、水质水温量测及化学分析等。其中物理试验的重点是调查岩溶地下水的补径排特征、泉水流量与动态特征、岩体的透水性特征，并据此分析岩溶海子所在地表水、地下水流动系统的补径排特征与相互关系；而化学试验的重点是了解地下水温度、pH、电导率、离子含量与变化特征等，以及地下水与地表水的水质关系，了解地下水渗流特征及其与地表水关系。

通过上述地质调查、物探、钻孔及相应的水文地质试验，可对岩溶海子的地下水流动系统、地下水渗流特征、可能的渗漏位置与通道进行系统的分析与探明，消除“可疑”，确定通道。针对已探明的通道，后序需开展防渗处理时，应布置必要的钻孔 CT 等精确探测方法，进一步查明其规模及形态等，为设计提供准确的依据。

7.2　岩溶海子成库渗漏型式与防渗处理原则

岩溶海子的渗漏受地层结构及岩溶发育特征等控制，主要分为洼地型岩溶海子、槽谷型岩溶海子和岩溶“天窗”3 种。

7.2.1　洼地型岩溶海子

源头区或高原面上的洼地型岩溶海子，其地下水渗流以垂直补给或水平补给为主。岩溶在库盆周边及底部均有发育，相对较为均匀。地表水可能带状渗漏，也可能存在面状渗漏。地下水的渗流深度受下部相对隔水层或相对隔水岩体以及下游排泄点高程的控制。渗漏地层中溶隙裂隙、小型岩溶管道等多共同存在，渗透通道规模大小并存。

对以垂直下渗为主的面状渗漏型洼地型岩溶海子，因隔水层分布较深，海子区域岩溶发育下限受地下水循环条件控制。地下水的渗流以垂直、分散方式为主时，库水渗透范围宽，采用垂直防渗方式不能有效解决渗漏问题，需采用黏土铺盖、HDPE 膜或灌浆型式水平防渗层等方法进行水平防渗处理。在进行铺盖处理前，需对库底进行适当清理、整平，并对可能影响地基不均匀沉降的溶沟、溶槽或小型溶洞进行必要的清挖、回填，以防止上覆水压力作用导致库底不均匀变形而破坏并导致渗漏。当底部发育有大型溶洞时，需进行必要的混凝土回填或灌浆处理，以防止库盆岩溶塌陷问题。水平铺盖防渗处理方式主要适用于规模较小的洼地型岩溶海子的防渗处理；对大型海子，该类防渗处理方式成本高、代价大，不建议使用。

对一定深度范围内分布有相对隔水层，且渗流方向与渗漏带相对确定、渗漏带宽度有限的岩溶海子，可采用物探、钻孔等方法查明其渗漏带宽度、深度、主要通道位置与规模、岩溶管道的充填情况等参数后，采用垂直防渗的方式进行“扎口袋”处理，是较为节省、有效的方法，如贵州毕节金海湖防渗处理。此类岩溶海子的防渗处理相对明确，但前提是相对隔水层的可靠性，以及隔水层或相对隔水岩体的分布深度，若相对隔水层分布较深时，受现有施工技术（尤其是超深钻孔垂直施工精度）处理难度较大甚至无效果。另外，此类岩溶海子成库需注意库底的地下水顶托与消排问题。因水平防渗层的铺设仅限于水库蓄水范围内，其周边尚有地表水及地下水入渗补给，短时降雨入渗可能导致库底地下水位抬升，会对防渗层产生顶托作用，对其正常运行与防渗可能产生一定影响，因此，在有条件的情况下，建议在库盆底部设置必要的排水设施。

7.2.2 槽谷型岩溶海子

处在渗流带上或地表河流与伏流相间带上的槽谷型岩溶海子，其渗漏更多受渗漏或径流途径上隔水层的控制。此种情况下，在盲谷入口或伏流入口上游多分布有可靠的相对隔水层或相对不透水岩体。上游受隔水层截阻，地下水多“浮”出地表以泉水形式排泄并汇入地表水系，地表水、地下水均以地表水流形式存在。而隔水层下游，地表水多再次进入地下，转为伏流或暗河，且伏流段可溶岩体岩溶多强烈发育，地下水以岩溶管道水或暗河、伏流的形式存在，入口及上游常发育有河谷裂点，导致局部河床地下水位低于地表水位。

槽谷型岩溶海子成库的方式主要采取堵洞成库，或在上游建坝成库，并利用下游伏流洞排洪或新建排洪洞排洪。上游建坝成库的关键是相对隔水层的可靠性及伏流洞的排洪能力，因隔水层的存在，水库的防渗处理相对明确、容易。对隔水层上游的海子库盆，不管其岩溶水文地质条件如何复杂，除因蓄水可能产生的邻近洼地的内涝等影响外，防渗处理可不予以考虑。

由于伏流堵洞成库较为复杂，因此能形成伏流入口者多为强可溶岩地层，且分布厚度巨大、岩溶发育、岩溶规模大、岩溶发育深度较深、溶蚀范围较宽。堵洞成库看似筑坝工程量较小，实则防渗工程量巨大，其复杂的岩溶水文地质条件常导致防渗工程功亏一篑。此类岩溶海子的防渗处理需布置大量的物探、钻探、连通试验等工作，查明伏流洞段岩溶发育特征及规模，并采用多层深帷幕进行防渗。防渗帷幕的两端接头应接至地下水位或上游隔水岩体，下限应深至岩溶弱发育岩体（相对不透水岩体），并考虑现有施工技术可能达到的灌浆深度，目前钻孔深度超过150m后其精度难以控制。由于岩溶发育的不均一性，以及受限于前期勘探工作的投入，在施工期需布置必要的超前钻孔及物探CT，进一步查明防渗线上的岩溶发育情况及可能的渗漏通道的规模，采用模袋灌浆、控制性灌浆，甚至回填混凝土、砂浆、化学灌浆等方式进行防渗处理。

7.2.3 岩溶“天窗”

岩溶“天窗”是地下暗河在地表的出露口，有时单一分布，有时串珠状分布。该类海子多发育在大范围巨厚层分布的强可溶岩地层中，除部分岩溶“天窗”底部偶见隔水层分布外，大部分岩溶“天窗”四周及底部均为岩溶强发育地层，岩溶多期多层发育，且规模较大，要想找到一定范围连续分布的相对不透水岩体或弱透水岩体较为困难。因此，对此类岩溶海子的防渗处理原则是在出口处适当堵洞后，在不做水平防渗处理的情况下能抬高多少是多少，期望按常规方式进行防渗处理并达到大规模抬水成库目标的成本较高，不适宜建库。

7.3 毕节金海湖岩溶勘察设计与防渗处理

7.3.1 金海湖概况

金海湖位于贵州省毕节市金海湖新区，为位于高原的四周高、中部低的洼地型岩溶海子，现蓄水位高程为1400m，水域面积约为0.5km²，自然景观优美。金海湖水库库区出露地层岩性为三叠系中统关岭组（T_2g）灰岩、白云岩、泥质白云岩、白云质泥岩等地层，属典型的溶丘洼地地貌类型。该海子因库盆岩溶渗漏问题，除汛期偶有抬升外，湖水位常年较低，不能有效利用作为城区生态景观湖及湿地公园。但该湖位于金海湖新区核心部位，为综合利用金海湖水库所在位置的自然生态环境，建设新型生态城市，需采取必要的措施，查清其岩溶水文地质条件，并采取相应防渗处理措施，对金海湖水库水位进行抬升，将现有水面面积扩大至0.7km²左右，并以其为中心建设城市景观园区，提升新区品质，有利于新区可持续发展。

7.3.2　基本地质条件概况

7.3.2.1　地形地貌

金海湖水库库区位于山盆期第二亚期夷平面上，湖面高程为1400m左右。水库区地形相对平缓，为典型的溶丘洼地地貌，地势总体上南高北低，六冲河北源落脚河及其支流清沟河从水库区西面、北面环绕金海湖水库，河床高程为1240～1360m，为水库区最低排泄基准面。南面的营盘山顶峰为水库区最高点（高程为1585.8m），往北水库周边地形高程逐渐降低，水库周边山顶高程降至1456m以下，北东面最低降至1425.5m，低矮垭口地形高程仅为1410m左右。金海湖水库南面的营盘山构成金海湖水库库区周边的地形分水岭。金海湖地貌俯视和原始地貌如图7.3-1和图7.3-2所示。

图7.3-1　金海湖地貌俯视

7.3.2.2　地层岩性

金海湖水库区出露地层岩性为三叠系中统关岭组（T_2g）及第四系地层，由老至新分述如下：

第一段（T_2g^1）：第一层（T_2g^{1-1}）上部为灰绿、黄、紫等杂色薄至中厚层白云质泥

图 7.3-2 金海湖水库原始地貌

岩，夹灰、黄灰色薄至中厚层泥质白云岩及泥云岩；下部为灰、灰黄、深灰色中至厚层泥质白云岩、白云岩及灰岩，底部为斑脱岩化凝灰岩（“绿豆岩”）。第一层厚度为 89～124m。第二层（T_2g^{1-2}）为灰、灰黄色中厚层泥质白云岩夹泥岩、泥灰岩，厚度为 32～55m。

第二段（T_2g^2）：灰、深灰色中至厚层灰岩，上部夹灰色厚层白云岩、灰质白云岩及白云质灰岩，中下部夹深灰色蠕虫状灰岩、泥质灰岩及泥灰岩。厚度为 157～286m。

第三段（T_2g^3）：灰色厚层白云岩夹灰质白云岩、白云质灰岩及角砾状白云岩，下部时夹少量灰色厚层灰岩。厚度大于 100m。

第四系覆盖层（Q）：冲积砂砾，残坡积含角砾黏土、粉质黏土，湖积黏土等。厚度为 0～22m。

7.3.2.3 地质构造

金海湖水库位于北东走向的营盘山向斜北东段核部，其水文地质结构平面略图如图 7.3-3 所示。该向斜轴线总体走向为 N30°～63°E，两翼基本对称，核部地层为三叠系中统关岭组地层，两翼岩层缓倾，岩层倾角一般小于 20°。

7.3.3 岩溶水文地质条件

金海湖水库位于溶洞、暗河中等发育区域。水库北面、西面为六冲河北源落脚河及其支流清沟河，东面发育 23 号岩溶管道水系统，西南面发育 28 号岩溶管道水系统，南偏西面发育 29 号、30 号岩溶大泉（上升泉）。其库盆水文地质结构示意如图 7.3-4 所示。

金海湖水库库区出露地层依次为三叠系第一段至第三段地层（T_2g^1～T_2g^3），根据地层的岩性组合及岩溶发育特征，将其金海湖海子所在区域划分为中等岩溶含水岩组、弱岩溶含水岩组两种类型。隔水岩组为关岭组第一段第一层（T_2g^{1-1}）。水库区基岩含水岩组类型划分见表 7.3-1。

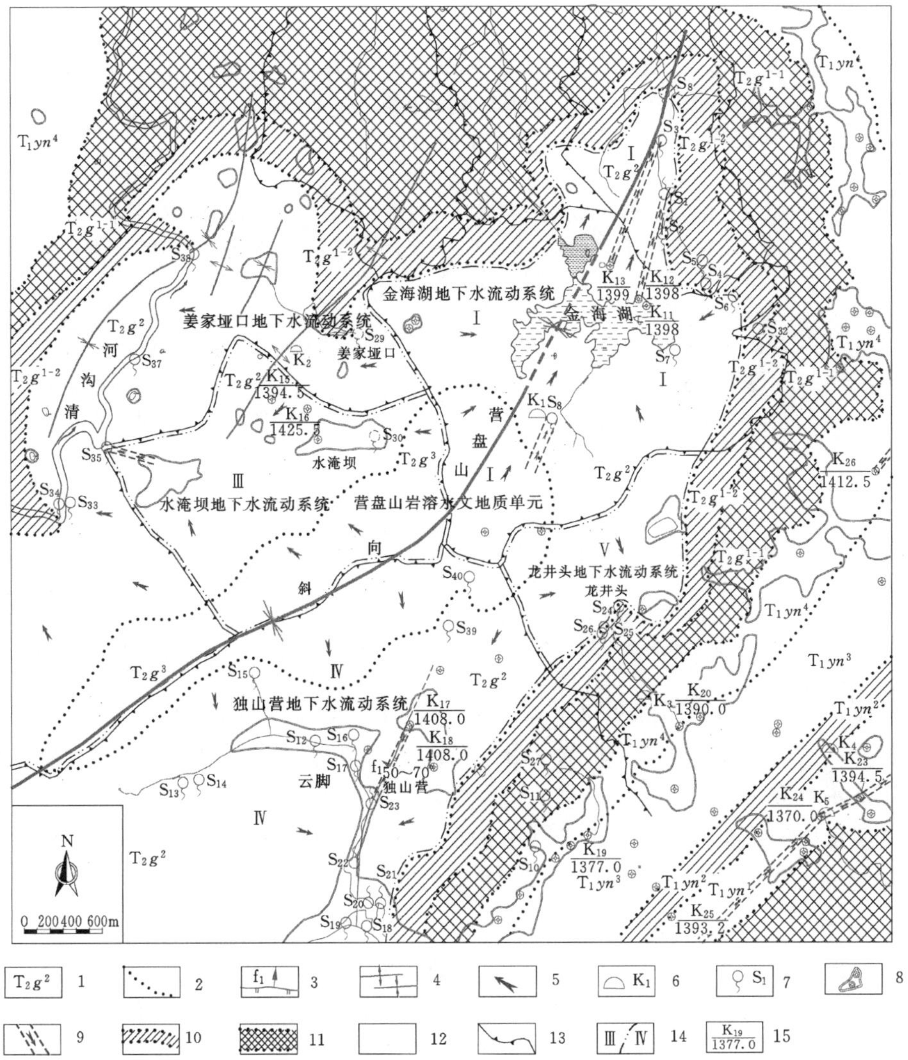

图 7.3-3　金海湖水库区水文地质结构平面略图

1—地层代号；2—地层分界线；3—逆断层；4—背斜、向斜；5—地下水流向；6—溶洞及编号；7—泉水及编号；8—岩溶洼地及落水洞；9—推测岩溶管道及流向；10—相对隔水层；11—隔水层；12—含水层；13—地表分水岭；14—岩溶水文地质单元编号及分区界线；15—落水洞编号，下为洞口高程（m）

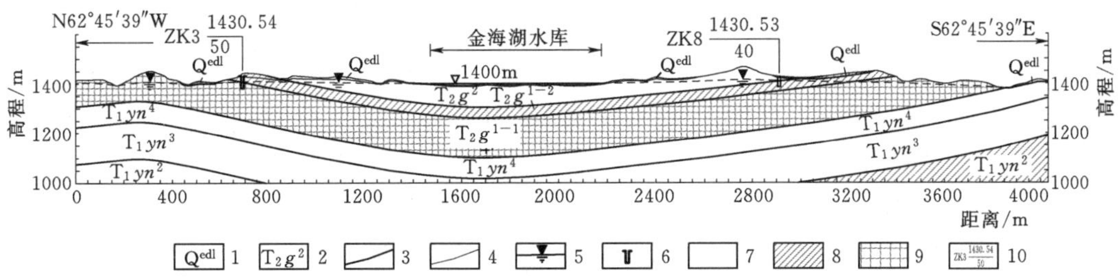

图 7.3-4　金海湖库盆水文地质结构示意图

1—覆盖层代号；2—地层代号；3—覆盖层分界线；4—地层分界线；5—推测地下水位线；6—钻孔；7—岩溶含、透水层；8—相对隔水层；9—隔水层；10—钻孔编号、高程及孔深

表 7.3-1　　水库区基岩含水岩组类型划分表

层组类型	地层	岩　性	厚度/m	水文地质特征
中等岩溶含水透水岩组	T_2g^3	灰色厚层白云岩夹灰质白云岩、白云质灰岩及角砾状白云岩，下部时夹少量灰色厚层灰岩	>100	为裂隙、溶蚀裂隙含水层，落水洞、岩溶管道水发育
	T_2g^2	灰、深灰色中至厚层灰岩，上部夹灰色厚层白云岩、灰质白云岩及白云质灰岩，中下部夹深灰色蠕虫状灰岩、泥质灰岩及泥灰岩	157～286	为溶蚀裂隙含水层，岩溶洼地、落水洞、岩溶泉较发育，局部发育岩溶管道水
弱岩溶含水透水岩组	T_2g^{1-2}	灰、灰黄色中厚层泥质白云岩夹泥岩、泥灰岩	32～55	以弱可溶岩与非可溶岩互层构造为主，地表和地下岩溶现象发育微弱，含水层内地下见细小晶孔、溶孔发育；为局部溶蚀裂隙含水透水层，局部发育小型岩溶泉或裂隙渗水，流量小于 0.2L/s，为相对隔水层
隔水岩组	T_2g^{1-1}	上部灰绿、黄、紫等杂色薄至中厚层白云质泥岩，夹灰、黄灰色薄至中厚层泥质白云岩及泥云岩；下部灰、灰黄、深灰色中至厚层泥质白云岩、白云岩及灰岩；底部 0.1～2m 为斑脱岩化凝灰岩（“绿豆岩”）	89～124	以非可溶岩为主，隔水性能良好

金海湖位于营盘山向斜北东段核部 T_2g^2 地层内，北西、南东两翼依次分布 T_2g^{1-2} 相对隔水层、T_2g^{1-1} 隔水层地层，北东、南西向沿向斜核部及两翼附近 T_2g^2 可溶岩地层内有岩溶管道水及泉水出露。

为查明水库周边岩体透水特征及地下水位，在库周不同水文地质单元布置了 22 个钻孔，钻孔均布置在水库周边分水岭低矮垭口或分水岭斜坡地带，单孔深为 40.0～106.0m，钻孔岩体透水率为 1.6～33.3Lu。

钻孔地下水位为 1388.55～1418.92m，其中分布于北东及南西侧的部分钻孔地下水位低于金海湖水位（高程 1400m）0.65～11.81m，说明该部分钻孔分布的低矮垭口区域存在地下水位低槽带，为金海湖水库库水可能的渗漏区域。

为了解金海湖水库库区地表水及地下水的水质情况，分别取金海湖水库、水库周边代表性泉水、钻孔地下水作水质简分析试验。根据试验成果，金海湖水库水质为 HCO_3^- Ca·Na(K) 型弱碱性微硬淡水。根据水质分析试验成果，水库区及周边地下水（泉水）矿物含量、矿物硬度等指标明显高于地表水（湖水），证明场区地下水对地下可溶岩体的溶解作用较强；S_1 泉水 HCO_3^-、$Na^+ + K^+$、游离 CO_2 等指标与其他泉水有较大差别，却与湖水的指标较接近，说明 S_1 泉水与湖水连通性较好。

7.3.3.1　主要岩溶现象

金海湖位于山盆期第二亚期夷平面上，湖水面高程为 1400m 左右，最高点营盘山顶峰高程为 1558.8m，最低侵蚀基准面为北面、西面的落脚河及其支流清沟河（河床高程为 1361～1246m），地貌类型属溶丘洼地，岩溶发育。

溶沟溶槽主要发育于 T_2g^3、T_2g^2 及 T_1yn^4、T_1yn^3 灰岩及白云岩地层内，为金海湖水库区最普遍的岩溶现象。溶洞及岩溶管道仅发育于三叠系下统永宁镇组（T_1yn）、关岭组第二段（T_2g^2）、第三段（T_2g^3）地层内。

岩溶洼地主要有金海湖岩溶洼地、云脚岩溶洼地、水淹岩溶洼地等，上述洼地均发育于关岭组第二段（T_2g^2）灰岩、白云质灰岩、泥灰岩地层中。其中金海湖所在岩溶洼地分布于营盘山向斜北段核部，形状不规则，东西向长约为 1.7km，南北向宽约为 1.4km，为一封闭型的岩溶洼地。其常年积水，丰水期湖水面高程为 1400m 左右，最枯水位为 1398m 左右，洼地底部高程为 1392m 左右。其北东侧边缘发育 3 个落水洞（K_{11}、K_{12}、K_{13}），并与 S_1 号、S_2 号、S_3 号泉相通。

根据钻孔揭露，关岭组第二段（T_2g^2）灰色、深灰色中厚层灰岩局部夹白云岩及泥灰岩地层中，弱风化带内岩体完整性较差，溶蚀破碎带、溶蚀裂隙较发育，与下伏 T_2g^{1-2} 相对隔水层接触带附近局部揭露岩溶管道或小型地下溶洞，并伴有黏土充填，钻进过程中出现小规模掉钻现象。在关岭组第一段第二层（T_2g^{1-2}）灰、灰黄色中厚层泥质白云岩夹泥岩、泥灰岩地层中，地表强风化～弱风化上部岩体完整性差～较差，岩芯多较破碎，但弱风化岩体的下部相对较完整，岩芯呈短柱状，溶蚀孔洞逐渐减少，以晶孔为主。

7.3.3.2　岩溶水文地质单元及地下水流动系统分布

金海湖岩溶海子所在库盆为三叠系中统关岭组地层构成的岩溶水文地质单元——营盘山岩溶水文地质单元，其四周以三叠系下统关岭组相对隔水层及地表水系为边界。该岩溶水文地质单元内，共分布有金海湖、姜家垭口、水淹坝、龙井头等地下水流动系统，如图 7.3-3 所示。相应泉水点有 NE 面的 S_1、S_3 泉和 SW 侧 S_{13}、S_{14}、S_{18}、S_{23} 等泉。与该次分析有关的地下水流动系统为金海湖地下水流动系统，相应的泉水点为 NE 侧的 S_4、S_8 泉。

S_1 泉：位于金海湖水库北东面的冲沟内，泉点出露高程为 1380.5m，比金海湖湖面高程 1400.34m 低约 20m，距金海湖直线距离约 740m。该泉为一上升泉，流量为 35～40L/s。金海湖 NE 侧 S_1 泉水出口见图 7.3-5。根据金海湖水库区地质结构、EH-4 法测试成果、钻探成果及水化学分析成果综合分析，S_1 泉与金海湖之间有岩溶管道相通，并共同构成金海湖地下水流动系统。

图 7.3-5　金海湖 NE 侧 S_1 泉水出口

S_3 泉：当地称凉水井，位于 S_1 泉北面约 400m 处，距金海湖水库直线距离约为 850m，为一下降泉，流量为 2～3L/s。泉点出露高程为 1380.5m，比金海湖湖面 1400.34m 低约 20m。该泉流量稳定，受降水影响小，为当地村民的主要饮用水水源。该地下水系统与金海湖水库旁的锅底塘有水力联系，20 世纪 90 年代，湖盆北侧锅底塘小水塘一带受养猪场污染，引起 S_3 泉水水质变化，饮用后出现较大范围居民的腹泻。

7.3.4 金海湖渗漏分析与岩溶水文地质勘察

7.3.4.1 金海湖岩溶渗漏初步分析

如图 7.3-6 所示，金海湖岩溶海子位于营盘山向斜核部，湖盆地层为三叠系中统关岭组第二段（T_2g^2）中下部灰、深灰色中至厚层灰岩夹深灰色蠕虫状灰岩、泥质灰岩及泥灰岩（属中等岩溶含水透水岩组）；两翼依次出露 T_2g^{1-2} 中层泥质白云岩夹白云质泥岩、泥岩（属相对隔水层）、T_2g^{1-1} 杂色薄至中厚层白云质泥岩夹泥质白云岩、泥云岩、白云

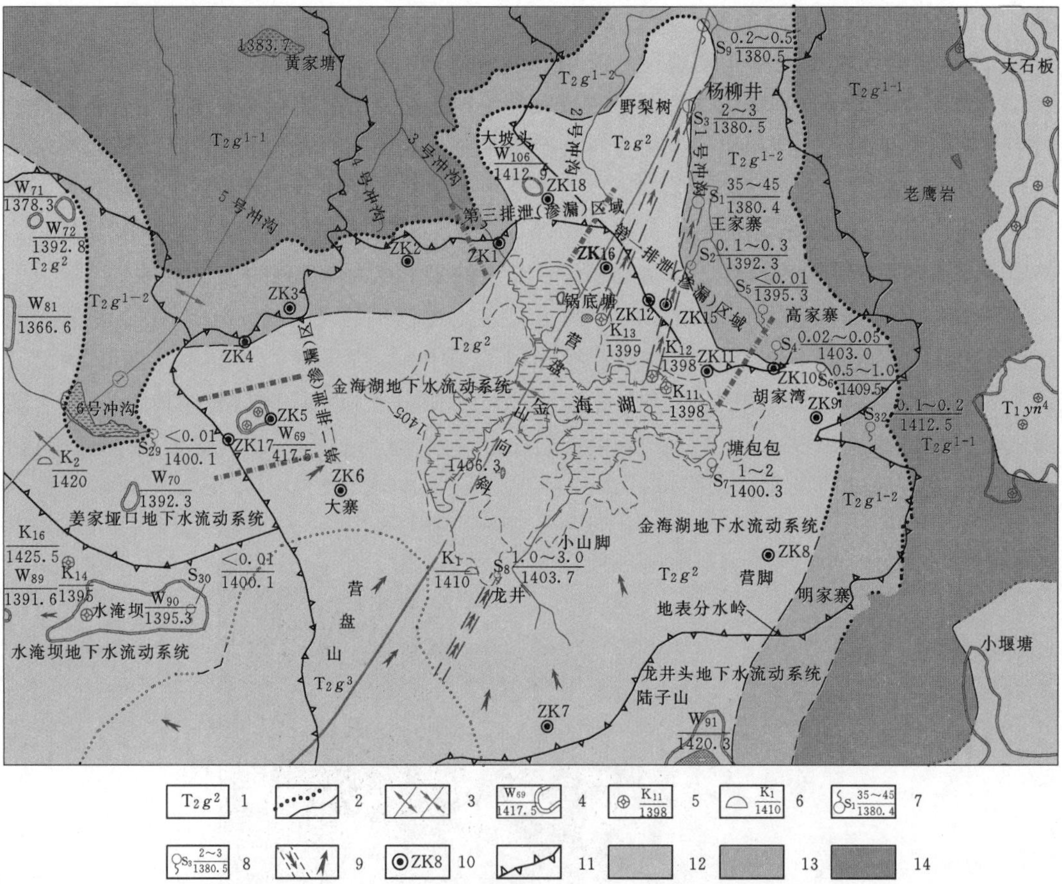

图 7.3-6 金海湖岩溶渗漏分析简图

1—地层代号；2—地层分界线；3—背斜与向斜轴线；4—岩溶洼地及高程（m）；5—落水洞及高程（m）；6—溶洞及高程（m）；7—上升泉及编号，上为流量（L/s），下为出露高程（m）；8—下降泉编号，上为流量（L/s），下为高程（m）；9—推测岩溶管道及地下水流向；10—钻孔及编号；11—地表分水岭线；12—透水含水层；13—相对隔水层；14—隔水层

岩及灰岩（属隔水层）。地质结构上金海湖湖盆地层虽然为中等岩溶含水透水层，但由于底部相对隔水的 T_2g^{1-1} 地层的顶托，金海湖才具备了积水成湖的岩溶区特殊的水文地质条件。

金海湖南侧为营盘山，其地形高程为 1530m 左右，且有 S_8 泉排向金海湖，从地形条件及地下水动力学条件分析，尽管南侧山体仍为关岭组第二段（T_2g^2）含水透水地层，但 S_8 泉排泄口高程天然条件下为 1403.7m，营盘山至陆子山一线地下分水岭高程应在 1404m 以上，因此，金海湖水位抬升至 1401.8m（正常蓄水位）时，湖水越过地下分水岭向南侧的龙井头地下水流动系统发生岩溶渗漏的可能性不大。

东侧陆子山至明家寨、胡家湾一线，地表地形分水岭高程由 1480m 降至 1403m 左右，金海湖一侧 S_7 泉出口高程为 1400.3m，侧分水岭东侧的 S_{32} 泉出口高程为 1412.5m，因此，东侧地下分水岭高程应在 1412m 以下；另外，东侧一线，关岭组第一段第二层（T_2g^{1-2}）泥质白云岩夹泥岩相对隔水层的地表分布高程最低在 1408m 左右。从地形条件、地下分水岭高程及地层结构上分析，金海湖水位抬升至 1401.8m（正常蓄水位）时，湖水向东侧发生岩溶渗漏的可能性不大。

北东侧胡家湾至杨柳井一线，地表分水岭地形高程为 1410～1456m，高于湖水天然水位及抬升后的正常蓄水位（1401.8m），地形上是封闭的。但地质结构上，该区域处于营盘水向斜的核部，三叠系中统关岭组第二段（T_2g^2）灰、深灰色中至厚层灰岩夹深灰色蠕虫状灰岩、泥质灰岩及泥灰岩与下游杨柳井一带的 S_1、S_2、S_3 等泉由该中等岩溶含水透水岩组连通，S_1、S_2、S_3 泉的地表出口高程分别为 1380.4m、1392.3m、1380.5m，低于金海湖天然水位 1398m。根据岩溶水文地质勘察揭露，金海湖湖水与上述泉群直接导通，S_1 泉尚具承压特性。如图 7.3-7 所示，天然情况下，金海湖湖水通过岩溶管道向下游的 S_1、S_2、S_3 泉排泄，并共同构成金海湖岩溶地下水流动系统，在湖水天然条件及抬升条件下，均会向北东侧杨柳井一带的槽谷产生岩溶渗漏。

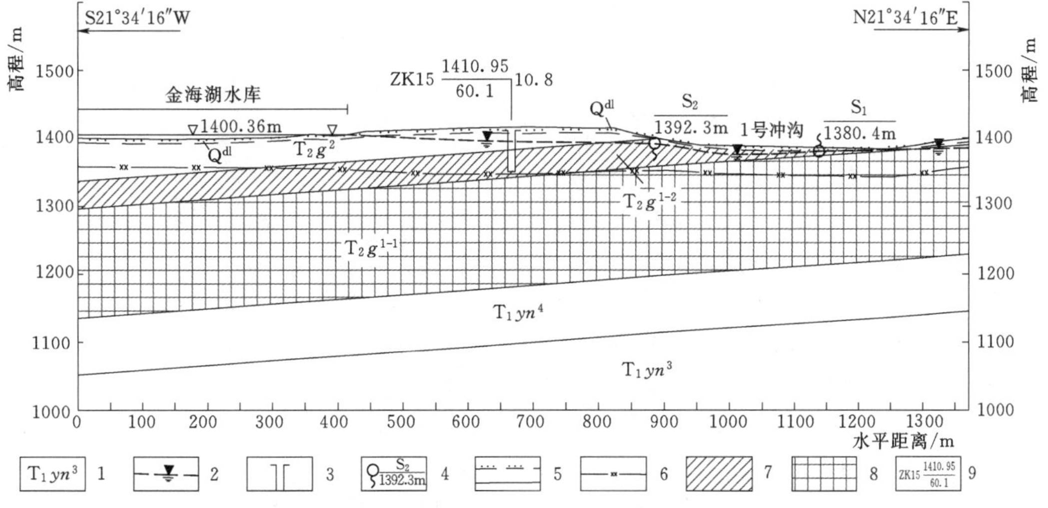

图 7.3-7　金海湖北东侧岩溶渗漏地质结构简图

1—地层代号；2—推测地下水位线；3—钻孔；4—泉水及编号，下为出露高程；5—覆盖层分界线、地层分界线；6—弱风化线；7—相对隔水层；8—隔水层；9—钻孔编号，上为高程（m），下为孔深（m），右为覆盖层厚度（m）

N 侧地形除大坡头人工渠外，地形高程总体在 1420m 以上，且关岭组第一段第二层（T_2g^{1-2}）泥质白云岩夹泥岩相对隔水层的地表分布高程最低在 1408m 左右，从地形地质条件分析，库水总体上越过相对隔水层向北侧的渗漏的可能性不大。该地段在大坝头一带，早期为了排出金海湖海子，在高程 1400m 左右人工开挖了一条沟渠，造成地形上存在缺口，后期可予以封堵。

W 侧及 SW 侧的姜家垭口至大寨一线，地形亦发育有地形分水岭，其高程最高在 1423m 左右，分水岭位置尚发育有高程 1417m 左右的岩溶洼地；分水岭南西侧的水淹坝等岩溶洼地高程多在 1395m 以下，S_{29}、S_{30} 等泉的出口高程在 1400m 左右，与金海湖海子天然水位大概相同。金海湖、姜家垭口、水淹坝三个地下水流动系统在此部位均处于三叠系中统关岭组第二段（T_2g^2）中等岩溶含水透水岩组中。在金海湖地下水流动系统与姜家垭口、水淹坝地下水流动系统之间可能发育地下分水岭高程较低，甚至可能不存在地下分水岭。因此，当金海湖水库抬升至 1401.8m 后，如图 7.3－8 所示，可能由大寨至姜家垭口一线发生岩溶渗漏。但由于抬升水位不高，仅较 S_{29}、S_{30} 等泉水出口高约 1.7m，渗漏的“窗口”高度有限。

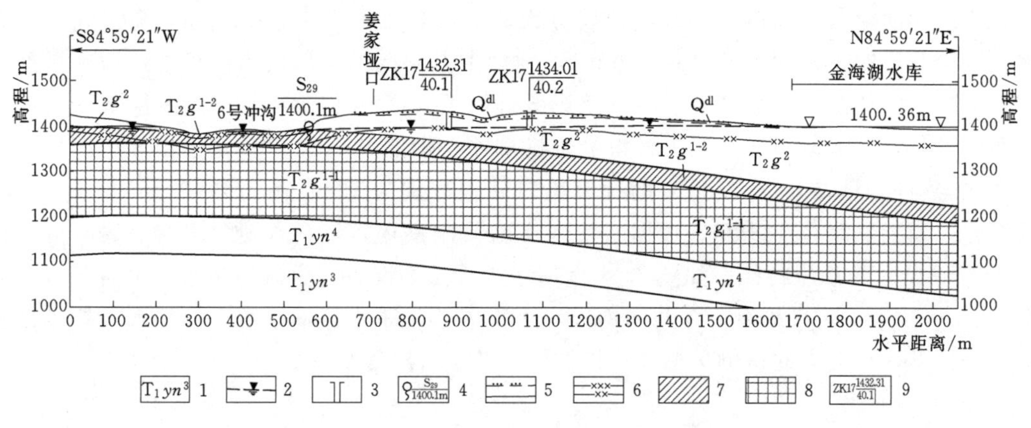

图 7.3－8　金海湖南西侧岩溶渗漏地质结构简图

1—地层代号；2—推测地下水位线；3—钻孔；4—泉水及编号，下为出露高程；5—覆盖层分界线、地层分界线；6—弱风化线；7—相对隔水层；8—隔水层；9—钻孔编号，上为高程（m），下为孔深（m）

从地形地质条件、地下水动力条件初步分析，金海湖岩溶海子天然条件下沿岩溶管道向 NE 侧杨柳井一带的 S_1、S_2、S_3 泉发生岩溶渗漏，并形成该泉群的长期、稳定补给源。当蓄水位抬升至 1401.8m 后，其发生渗漏的通道主要有 3 处。

（1）第一渗漏带，分布在 NE 侧营盘山向斜核部区域的胡家湾至大坡头一线，NE 侧向 S_1、S_2、S_3 泉发生的岩溶渗漏主要沿层面、风化带、溶蚀带及岩溶管道渗流，并主要集中在向斜核部的关岭组第二段（T_2g^2）中等岩溶含水透水岩组中的岩溶管道内，以管道型渗漏为主，沿层面或溶蚀风化带的面状渗漏、带状渗漏为辅。该渗漏带为金海湖岩溶海子的主要渗漏方向，也是今后防渗处理的主要部位。

（2）第二渗漏带，分布在 WSW 侧大寨至姜家垭口一带，主要渗漏原因为地下分水岭低矮或没有地下分水岭，当金海湖水位抬升后，可能向 W 侧及 SW 侧的 S_{29}、S_{30} 泉一带沿浅层溶蚀风化带或层面发育带状或面状渗漏。但由于抬升水位不高，仅较 S_{29}、S_{30} 等泉出口高约1.7m，渗漏的“窗口”高度有限，可根据进一步勘察结果，查明其地下分水岭高程及岩体溶蚀风化程度、透水性特征后，根据其可能的渗漏情况进行处理。

(3) 第三渗漏带。北侧大坡头W侧的人工缺口一带，其向北侧的渗漏属地表人工地形缺口形成的自然溢流。该区域垭口地带地层为T_2g^{1-2}相对隔水层，下伏T_2g^{1-1}杂色薄至中厚层白云质泥岩夹薄至中厚层泥质白云岩及泥云岩，呈强风化状态，岩层缓倾南东，倾角为8°～15°。垭口离湖边距离不足100m，该垭口位置为人工开挖的排洪渠位置，渠底高程1401.32～1402.68m，仅比湖面高约1.6m（此处湖面高程为1401.12m，比南侧湖面1400m略高）。由于岩体风化，该垭口地带为湖水补给地下水，对水库抬升蓄水位有一定影响。

7.3.4.2　岩溶渗漏勘察

根据地质调查成果对金海湖地下水流动系统的基本地质条件、岩溶水文地质条件和可能的渗漏条件进行初步分析后，岩溶渗漏勘察的重点集中在NE侧及W侧、SE侧的主要渗漏部位，同时兼顾验证S、E、N侧的岩溶水文地质分析结论。考虑湖盆四周表层溶蚀风化破碎带及岩溶管道发育的深度、规模特征，采用的手段主要为对岩溶勘察较为有效的EH-4法与水文地质钻孔。前者用于调查W、N、E侧地表分水岭一线覆盖层厚度、溶蚀风化带厚度、岩溶发育规律及可能的溶蚀异常区与岩溶管道的位置、规模，后者重点调查岩体风化与溶蚀特征、覆盖厚度、分水岭部位地下水位高程及动态变化特征、岩溶透水性，并验证物探测试成果，重点对第一、第二渗漏带进行防渗勘察。

1. 第一渗漏带勘察

布置于NE侧第一渗漏带上的EH-4法测试成果如图7.3-9所示。地表残坡积层及浅表层岩体风化较深，一般为10～40m。但在营盘山向斜核部及偏东一侧，溶蚀破碎带明显增厚，强溶蚀带至高程1330m左右，厚约为80m，该部位亦为S_1、S_2、S_3泉岩溶管道所在部位；往西溶蚀破碎带（或表层溶蚀风化带）厚度亦在40～50m。下部岩体亦较其他部位岩体破碎。总体上，岩溶风化岩体的分布特征与向斜核部岩层产状特征相似。

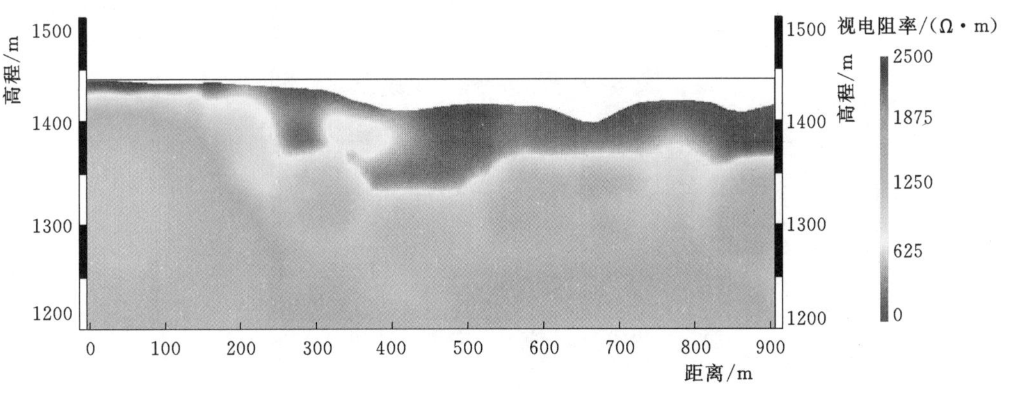

图7.3-9　金海湖NE侧渗漏带EH-4法探测成果

在此区域山脊部位布置了CZK1等8个钻孔。钻孔揭露的地下水位低于湖水位2～11.5m不等，属湖水补给地下水。杨柳井冲沟内靠水库一侧S_1泉流量达40L/s，与金海湖水库直接连通，该冲沟汇集的水量约50L/s，与水文计算成果基本吻合。N侧垭口的

ZK18 钻孔地下水位低于金海湖 N 侧小湖湖水位（高程为 1401.12m）0.72m，虽然垭口 N 侧的 2 号冲沟内未见泉水出露，但该地带仍属于湖水补给地下水径流模式。

根据物探及钻孔揭露情况绘制的金海湖 NE 侧渗漏带营盘山向斜核部地质结构如图 7.3-10 所示。在该向斜区，岩体溶蚀风化主要集中在弱风化的 T_2g^2 地层中，主要溶蚀破碎带及推测岩溶管道水位于向斜核部偏东翼一侧，集中溶蚀带厚度一般为 30～35m，溶蚀风化带主要集中在地下水位以下 30m 左右，推测岩溶管道也位于此带内。因此，水库北东侧 1 号、2 号冲沟与金海湖之间的地带是库水集中排泄（渗漏）地段，是控制金海湖抬升蓄水位的关键地段。

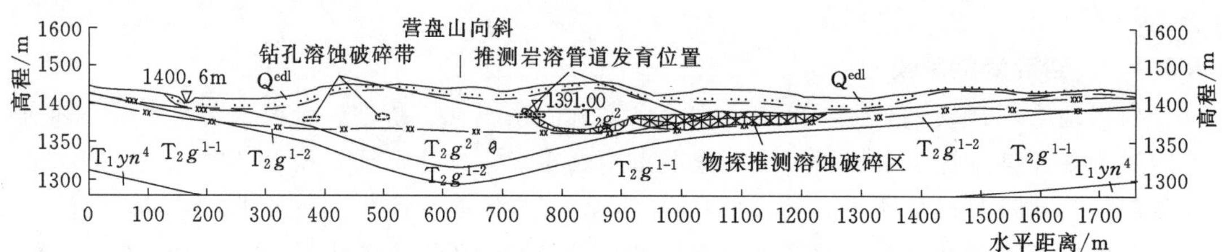

图 7.3-10　金海湖 NE 侧渗漏带营盘山向斜核部地质结构简图

2. 第二渗漏带勘察

湖盆 SW 侧（姜家垭口一带）山体相对低矮，存在低邻沟谷，但未见大型岩溶泉出露。图 7.3-11 显示：库岸沿线较低高程部位残坡积层及浅表层岩体风化较深，一般为 15～30m；剖面桩号 K0+195～K0+217 段高程 1300m 附近存在溶蚀异常区，剖面桩号 K0+360～K0+405 段高程 1355～1380m 存在溶蚀异常区。结合水文地质调查及勘探成果分析认为，上述 2 处低阻异常区应为局部溶蚀破碎所致。从物探测试情况看，该区域岩溶总体上弱发育，且以表层溶蚀风化为主，厚度一般为 15～20m，W59 岩溶洼地一带溶蚀风化略深。

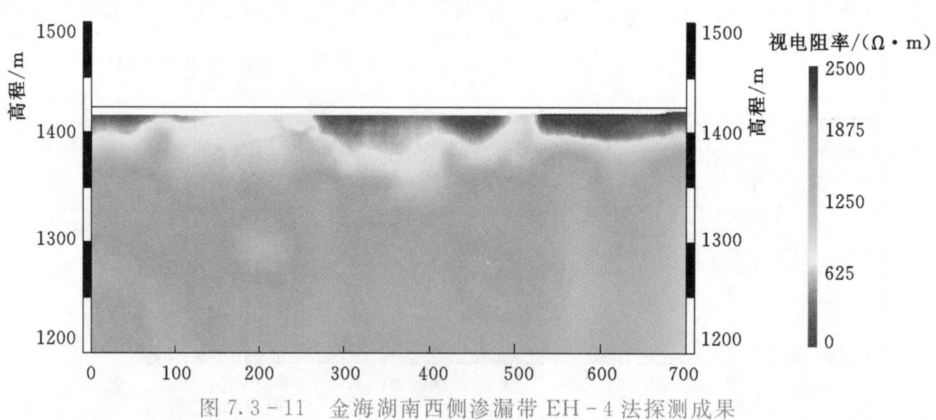

图 7.3-11　金海湖南西侧渗漏带 EH-4 法探测成果

在大寨至姜家垭口地带布置的 CZK9、CZK10、ZK3、ZK4 钻孔的地下水位分别为 1400.8m、1405.4m、1402.7m、1403.8m，总体上略高于正常蓄水位，但 W59 岩溶洼地所在的 ZK5、ZK17 钻孔的地下水位分别为 1398.2m 及 1396.6m，低于目前的湖水位 1400m。垭口西侧冲沟内 S_{29} 泉排泄高程为 1400.1m，因此，在 W59 岩溶洼地一带尽管地表高程高于正常蓄水位10m左右，因地下水位较低，仍可能存在裂隙性面状分散渗漏问题，对水库抬升蓄水位可能会有一定的不利影响，但不存在岩溶管道性大流量渗漏。

除以上重点勘察的第一、第二渗漏带外，在金海湖北西侧低矮垭口亦布置了ZK1、ZK2、ZK18三个水文地质钻孔，ZK1、ZK2布置于T_2g^{1-2}相对隔水地层内，并进入T_2g^{1-1}隔水地层。其中ZK1钻孔地下水位1399.71m，低于金海湖湖水位（高程约为1400m）0.65m，该钻孔距离湖面不足100m，由于岩体风化，地下水和湖水有一定水力联系；ZK2钻孔地下水位为1392.7m，低于湖水位，但ZK2钻孔靠金海湖一侧半坡地带高程1415～1420m安置房地基开挖的基坑内有地下水渗出形成积水，附近的3个抽水孔地下水位高出湖面约6m，说明ZK2钻孔地下水和金海湖湖水应无直接水力联系。ZK18钻孔布置于T_2g^2地层内，进入T_2g^{1-2}地层，钻孔揭露地下水位1400.39m，与湖水位基本一致。综合分析，上述钻孔距金海湖较近，且下部均位于相对隔水的T_2g^{1-2}地层中，部分钻孔地下水位代表性差。从隔水层展布高程看，正常蓄水位高程湖水向北侧渗漏的可能性非常小，除大坡头垭口外，可不对之进行专门的防渗处理。

7.3.5　岩溶渗漏防渗处理

综合分析金海湖湖盆来水补水量、地形地质条件、防渗处理工程量、库区景观等因素，金海湖抬升蓄水位不宜超过1405m，超过此高程后，北、西侧局部存在地形不足问题，北东、北侧、西侧将会出现大范围基岩顶面高度不足问题。结合湿地公园景观设计要求，综合分析公园设计、水文条件、水库防渗处理难度、泄水建筑物布置等四个方面，最终确定通过对岩溶渗漏通道的防渗处理及设溢流堰的方式，将湖水位抬升1.8m，即抬升至1401.8m。

如前所述，湖水位通过人工措施抬升至1401.8m后，在该湖盆北东侧、南西侧存在不同程度的岩溶渗漏问题，尤其是北东侧沿营盘山向斜的岩溶管道型渗漏，将导致金海湖水位一直不能有效抬升，需采取必要措施进行防渗处理，方能达到抬高湖水位，形成一定规模湿地及景观湖的目的。

根据岩溶发育特征及需防渗处理的深度，采用灌浆形成帷幕的方式对之进行防渗处理，需进行防渗处理的部位包括第一、第二渗漏带和N侧人工沟渠缺口三部分，重点是第一渗漏带，然后是第二渗漏带。N侧人工缺口主要设置地表挡水建筑物。

7.3.5.1　防渗线路选择及防渗边界确定

防渗平面布置以防渗线两端接相对隔水层或隔水层、施工质量优、施工方便、最经济为原则。防渗底界布置主要由以下因素综合考虑：相对隔水层、岩体透水率小于5Lu，岩体弱风化下部、岩体完整性情况。NE、SW侧岩溶渗漏带防渗帷幕线布置如图7.3-12所示。

1. 第一渗漏带防渗线路选择及防渗边界确定

第一渗漏带防渗线平面布置考虑沿湖边公路以及沿北侧山体位置。考虑到湖边淤泥层较厚，施工环境差，同时施工可能会造成交通堵塞，为充分利用钻孔资料，同时使施工质量达到最优，防渗线尽量沿钻孔所在位置综合布置。

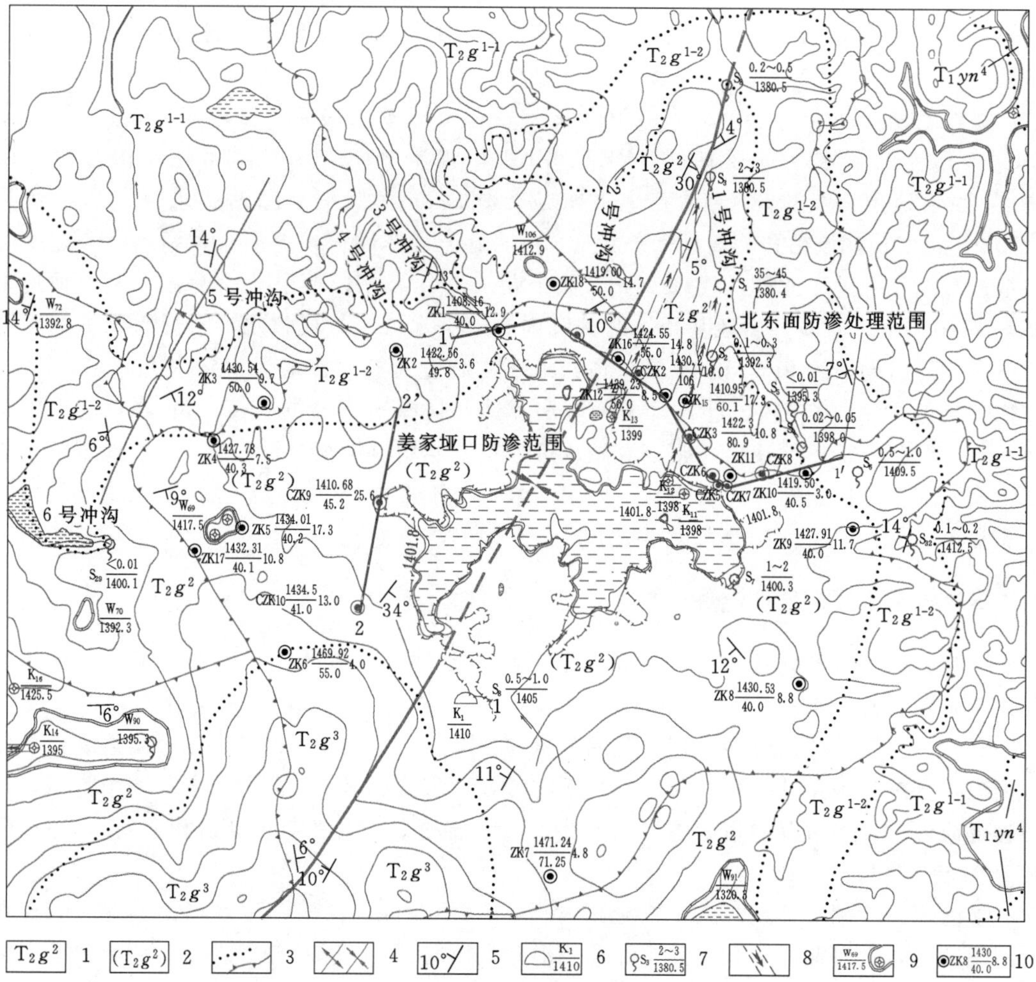

图 7.3-12 金海湖防渗处理范围示意图

1—地层代号；2—下伏地层代号；3—地层分界线、地表分水岭线；4—背斜与向斜轴线；5—岩层产状；6—溶洞及编号，下为高程（m）；7—下降泉及编号，上为流量（L/s），下为高程（m）；8—推测岩溶管道及地下水流向；9—岩溶洼地及落水洞，上为编号，下为高程（m）；10—钻孔及编号，上为高程（m），下为孔深（m），右为覆盖层厚度（m）

如图 7.3-12 所示，防渗路线从 ZK1 钻孔所在冲沟南西侧山体沿 NE 向延伸，延伸至 ZK18 钻孔 N 侧山体后向 SE 向延伸，经 CZK1、ZK16、ZK123 钻孔位置后往泄水建筑物方向延伸，过泄水建筑物后往 ZK10 钻孔方向延伸。防渗线长为 1761m。其中经 ZK1～ZK18、ZK8～ZK10 钻孔位置段为一般防渗区，经 ZK18～ZK8 钻孔位置段为重点防渗区。

防渗线西侧端头接地下水位，防渗上限按水库抬升后库水位高程控制，高程为 1402m。因钻孔揭露的弱风化下部岩体完整性较差，为防止弱风化带岩体渗漏，同时防渗下限接隔水层，因此防渗下限以包住弱风化带并进入弱风化带内 10m 为原则。

向斜核部区域根据物探、钻孔 ZK16、CZK1、CZK2 成果，岩体裂隙发育，存在物探异常区，局部有溶蚀空洞，且发育岩溶管道，是金海湖的主要渗漏区域。防渗下限以低于

T_2g^{1-2} 与 T_2g^{1-1} 地层分界线 2m 考虑，并对溶蚀破碎区及岩溶管道发育部位进行重点处理。

防渗线东侧端头接地下水位，防渗上限按水库抬升后库水位高程控制，高程为 1402m。因钻孔揭露的弱风化下部岩体完整性较差，为防止弱风化带岩体渗漏，同时防渗下限接隔水层。

第一岩溶渗漏带采用单排帷幕孔，孔距为 2m；向斜核部岩体溶蚀破碎区及岩溶管道发育区为重点处理部位，采用双排帷幕孔加密处理，孔距为 2m，排距为 1m；其中第一排帷幕孔底界线为隔水层下 2m，第二排帷幕孔至弱风化线处，且遇物探异常、岩石破碎区时第二排孔需将之覆盖。最大灌浆压力为 1MPa。鉴于该库水主要是岩溶管道来水，天然蒸发量大，存水不易，故将防渗标准设为小于 1Lu。金海湖北东侧第一岩溶渗漏带灌浆帷幕防渗剖面示意如图 7.3－13 所示。

2. 第二岩溶渗漏带防渗线路选择及防渗边界确定

如前所述，第二渗漏带以裂隙性分散渗漏为主，且地下水位以上渗漏“窗口”高约 1.8m，属浅部面状岩溶裂隙性渗漏。

由于金海湖西侧文渊大道以西已全部建成学校，现场不具备防渗灌浆施工条件，因此防渗线布置于文渊大道东侧。防渗路线从 CZK10 钻孔所在位置经 CZK9 钻孔处向北延伸，北部端头接 T_2g^{1-2} 隔水层，防渗线长为 758m。

防渗线南端端头接地下水位，防渗上限按水库抬升后库水位高程控制，即上部高程为 1402m。因钻孔揭露的弱风化下部岩体完整性较差，为防止弱风化带岩体渗漏，防渗下限高程为 1380m。ZK9 钻孔所在位置防渗下限考虑防止弱风化带岩体渗漏，防渗下限高程为 1370m。

北侧端头防渗上限按水库抬升后库水位高程控制，高程为 1402m。因钻孔揭露的弱风化带下部岩体完整性较差，为防止弱风化带岩体渗漏，故防渗下限高程调整为 1380m。

帷幕灌浆（西侧帷幕）采用单排孔布置，孔距为 2m，最深孔深高程根据前期勘察资料定为高程 1370.00m，其余部位孔深为至弱风化层以下 2～4m，并要堵住岩溶管道。最大灌浆压力 1MPa。将防渗标准设为小于 1Lu。金海湖南西侧第二岩溶渗漏带灌浆帷幕防渗剖面示意如图 7.3－14 所示。

第一、第二岩溶渗漏带灌浆防渗处理钻孔共 2000 个，计 6.25 万 m，防渗处理面积总计 11.25 万 m^2。

7.3.5.2 岩溶防渗灌浆处理施工技术与工艺

1. 灌浆材料

灌浆采用 P·O42.5 普通硅酸盐水泥。水泥细度要求通过 80μm 的方孔筛筛余量不大于 5%。灌浆用的水泥必须符合规定的质量标准，严禁使用受潮结块、超过保质期的水泥，水泥应分期分批进行品质鉴定，严禁将不合格的材料灌进孔内。灌浆用水采用金海湖湖水，该水质符合拌制混凝土用水的要求，水温不得高于 40℃。含有油类有机物质及杂质的水不得用于灌浆。质地坚硬的天然砂或人工砂，细度模数不大于 2.0，最大粒径不大于 2.5mm，SO_3 含量小于 1%，含泥量小于 3%，有机物含量小于 3%。灌浆施工过程中根据溶洞封堵及快速地下水流动情况，掺合使用特殊灌浆材料、速凝剂等。

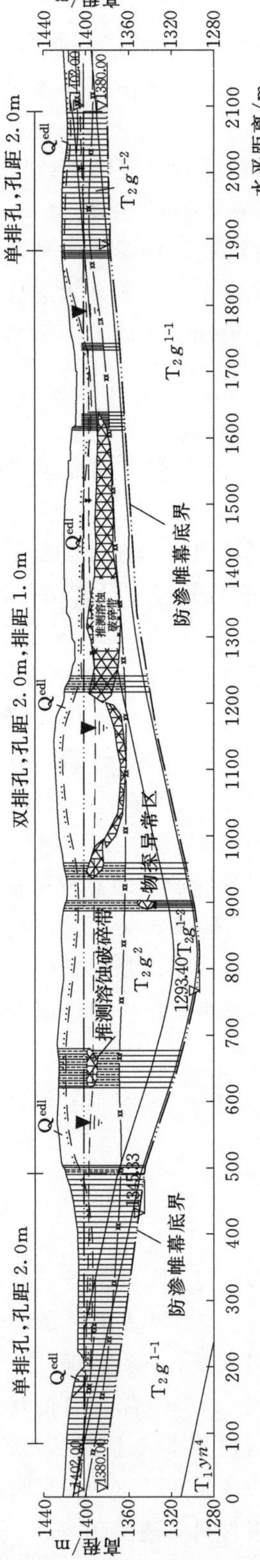

图 7.3-13 金海湖北东侧第一岩溶渗漏带灌浆帷幕防渗剖面示意图

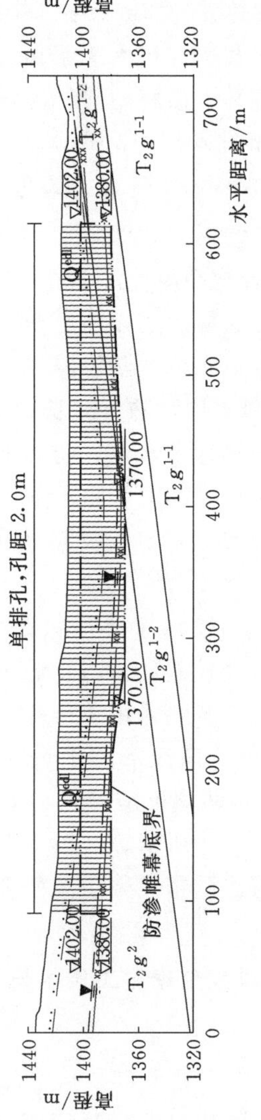

图 7.3-14 金海湖南西侧第二岩溶渗漏带灌浆帷幕防渗剖面示意图

2. 钻孔施工工艺

采用SGZ-ⅢA型回转式地质钻机配人造金刚石钻头或合金钻头进行钻孔，无效钻孔、灌浆孔可采用潜孔钻钻进（铺盖层或人工堆积层进行跟管钻进）或回转式地质钻机配人造金刚石钻头或合金钻头进行钻孔，钻入灌浆高程后下入孔口管。岩溶灌浆处理孔各段孔径不小于91mm，钻进至灌浆孔段后下入直径为90mm的钢管保护钻孔，防止钻孔施工过程中垮孔、塌孔无法灌浆。对已经钻进至渗漏区域或还未开孔的孔段，应根据实际情况，采用孔径大于108mm的钻头进行扩孔钻进至灌段孔深，便于岩溶灌浆处理作业时模袋顺利置入所需灌注深度。

钻孔分段。根据该部位帷幕灌浆设计孔深情况，进行岩溶灌浆处理施工时，其段长的划分原则是同步于该帷幕灌浆孔的段长而控制。如在钻进过程中遇岩层破碎塌孔严重、掉钻和孔口返水较小或无返水的情况时，应立即停止钻进施工，缩短段长进行岩溶专项处理或进行堵水灌浆处理施工，而不再按照原设计防渗帷幕灌浆的段位进行钻孔控制，段长一般应控制在不大于3m范围内。待岩溶处理满足要求后，再按原防渗帷幕灌浆段长钻进，进行常规帷幕灌浆施工。

3. 灌浆施工

灌浆施工采用ZJ-400和ZJ-800型高速制浆机制浆；JJS-10和JJS-2B型搅拌机配浆；3SNS-A和SGB9-12型灌浆泵灌浆；三参数灌浆自动记录仪记录。

灌浆按分序加密的原则进行施工。岩溶灌浆处理孔布设为双排孔，分三序孔施工，即先施工Ⅰ序孔，后施工Ⅱ序孔，最后施工Ⅲ序孔。灌浆采用“自上而下灌浆”工艺；同排相邻两个次序的灌浆孔可采用后序孔较先序孔滞后15m（3个灌浆段）施工，即先序孔施工15 m（3个灌浆段）正常结束后，可施工后一序次的孔。

根据该部位帷幕灌浆设计孔深情况，进行岩溶灌浆处理施工时，其段长的划分原则是同步于该帷幕灌浆孔的段长而控制。如在钻进过程中遇岩层破碎塌孔严重、掉钻和孔口返水较小或无返水情况发生时，可停止钻进，缩短段长进行岩溶专项处理或进行堵水灌浆处理，而不再按照原设计防渗帷幕灌浆的段位进行钻孔控制，段长应控制在不大于3m。岩溶灌浆处理压力应小于等于该孔防渗帷幕灌浆孔段压力的80%，且不大于1MPa。待岩溶段灌浆作业满足结束标准后，方可进行常规防渗帷幕灌浆钻灌施工。

采用1∶1、0.8∶1、0.5∶1三个比级的纯水泥浆液通过高压灌浆泵进行灌注。灌浆采用自上而下分段孔口封闭灌浆法。

岩溶灌浆处理施工结束标准：在最大设计压力下，注入率不大于3L/min后，继续灌注10min即可结束灌浆。当长时间达不到结束标准时，报请监理人共同研究处理措施；在灌注过程中不能灌注结束的孔段，可根据具体情况待凝后扫孔复灌，直至达到结束标准为止。

4. 帷幕灌浆质量检查

帷幕灌浆质量检查应在该部位灌浆结束14d后进行。帷幕灌浆检查孔布置在帷幕中心线上，孔数为灌浆孔数的10%，一个单元工程内至少应布置一个检查孔。灌浆检查孔的钻孔、取芯及压水试验按地质勘探标准进行，取芯应绘制钻孔柱状图并分部拍照，长期保留，其孔径不小于ϕ76mm。

灌浆的质量评定以检查孔压水试验成果为主，重点岩溶区域或灌浆异常区域辅以物探

CT和钻孔全景成像进行检测，结合对施工记录、施工成果资料和检验测试资料的分析，进行综合评定。帷幕灌浆质量检查压水试验采用单点法，压水试验压力为1MPa。防渗帷幕标准为：透水率$q \leqslant 1Lu$。帷幕灌浆工程质量的评定标准为：经检查孔压水试验检查，各段合格率不小于90%，不合格试段的透水率不超过设计规定的150%，且不合格试段的分布不集中，灌浆质量可评为合格。

经检查合格的检查孔及先导孔，当设计需要作为观测孔使用时，必须妥善保护，其余均需按灌浆孔要求进行灌浆封孔。

7.3.5.3 超前钻孔与物探CT

通过对金海湖湿地公园水库区域的地形地貌、地层岩性、地质构造、岩溶发育特征、水文地质条件等水库成库条件的研究，确定了渗漏地段，并对抬升蓄水位方案进行了比较，提出了防渗处理的方式。

防渗灌浆施工前，根据地质勘察报告，对金海湖3个主要渗漏区域尤其是NE面第一排泄渗漏带，依据前期勘察揭露的岩溶发育情况及可能的渗漏通道的位置，有针对性地进行了钻孔压水试验、全景数字成像探测、物探电磁波CT检测。

1. 钻孔压水试验

该次金海湖防渗帷幕灌浆前，在不同排泄区进行了10个渗漏区超前钻孔压水试验，目的是粗略判断金海湖主要渗漏区灌前地层的透水率以及灌浆区域的可灌性。

根据钻孔压水试验成果，透水率较大或压水不起压主要集中在岩溶发育段及岩体溶蚀破碎段，且主要集中在关岭组第二段（T_2g^2）或第一段第二层（T_2g^{1-2}）的顶部。NE侧帷幕重点渗漏区先导孔透水率见表7.3-2。

表7.3-2　NE侧帷幕重点渗漏区先导孔透水率统计表

钻孔编号	孔口高程/m	孔深/m	试验段高程/m	透水率/Lu
BCN76	1426.08	23.3	1402.05～1400.05	＞800
BCB48	1423.33	25.4	1402.01～1400.01	＞700
BCB72	1425.88	25.7	1402.07～1400.07	324
BCB84	1426.54	26.3	1402.02～1400.02	198.67
BCB96	1425.15	28.3	1400.07～1397.07	212.47
BCB108	1422.53	22.7	1402.05～1400.05	222.86
BCB132	1423.65	36.6	1392.03～1387.03	293.20
BCB184	1425.41	27.5	1402.0～1400.00	685.56
BCB256	1427.94	92.3	1402.04～1335.64	21.57
BCN256	1427.94	65.2	1402.04～1362.74	21.50
BCB75	1421.43	66.0	1401.98～1356.48	67.22
BCN78	1421.63	67.0	1402.01～1355.11	90.39
BCB83	1421.84	51.0	1402.04～1370.84	103.89
BCN98	1422.48	67.4	1402.04～1354.34	33.32
BCN86	1422.09	51.8	1402.03～1369.63	47.20

从表 7.3－2 可知，岩体的总体透水性随孔深的增加而降低，透水带主要集中在表层强风化带内，以及中风化带的上部，推测岩溶管道位置及局部岩体溶蚀破碎部位透水率亦较高，高透水率段总体分布在深度 50m 以上。

2. 全景数字成像探测

为了进一步确认钻孔岩溶发育和岩体破碎情况，对钻孔进行全景数字成像探测。由于大部分钻孔存在塌孔情况，因此无法完全按照钻孔实际深度进行探测，表 7.3－3 为 NE 侧第一渗漏带部分先导钻孔全景数字成像测试异常统计结果。图 7.3－16 和图 7.3－17 为其中典型的钻孔录像成果。

表 7.3－3　NE 侧第一渗漏带部分钻孔全景数字成像测试异常统计表

孔号	孔深/m	解释说明
BCN116	0～20.0	套管
	20.3～21.1	发育一条溶蚀裂隙
	22.2～24.0	溶洞
	26.3～27.0	发育一条破碎裂隙
	29.5～30.5	岩体破碎
	36.0～44.2	岩体破碎、溶蚀现象明显
	48.7～50.2	岩体破碎
	56.0～61.0	岩体破碎并卡孔
BCN144	0～24.4	套管
	26.5～26.7	水平层溶蚀裂缝
	33.3～41.4	泥质填充
	42.4～43.0	空腔发育
	46.0～87.9	浆液结石填充
	94.1～94.8	岩体破碎
BCN176	0～10.0	套管
	10.0～30.0	岩体极破碎
	30.0～31.4	空腔
	34.5～35	发育一条裂隙
	44.5～45	发育一条裂隙
	48.0～48.9	发育一条裂隙
	50.9～52.0	岩体破碎
	54.7～57.2	岩体破碎
	61.9～63.3	岩体破碎
	64.6～66.0	岩体破碎
BCN05	0～11.1	套管
	11.1～34.2	岩体破碎
	39.3～40.0	空腔

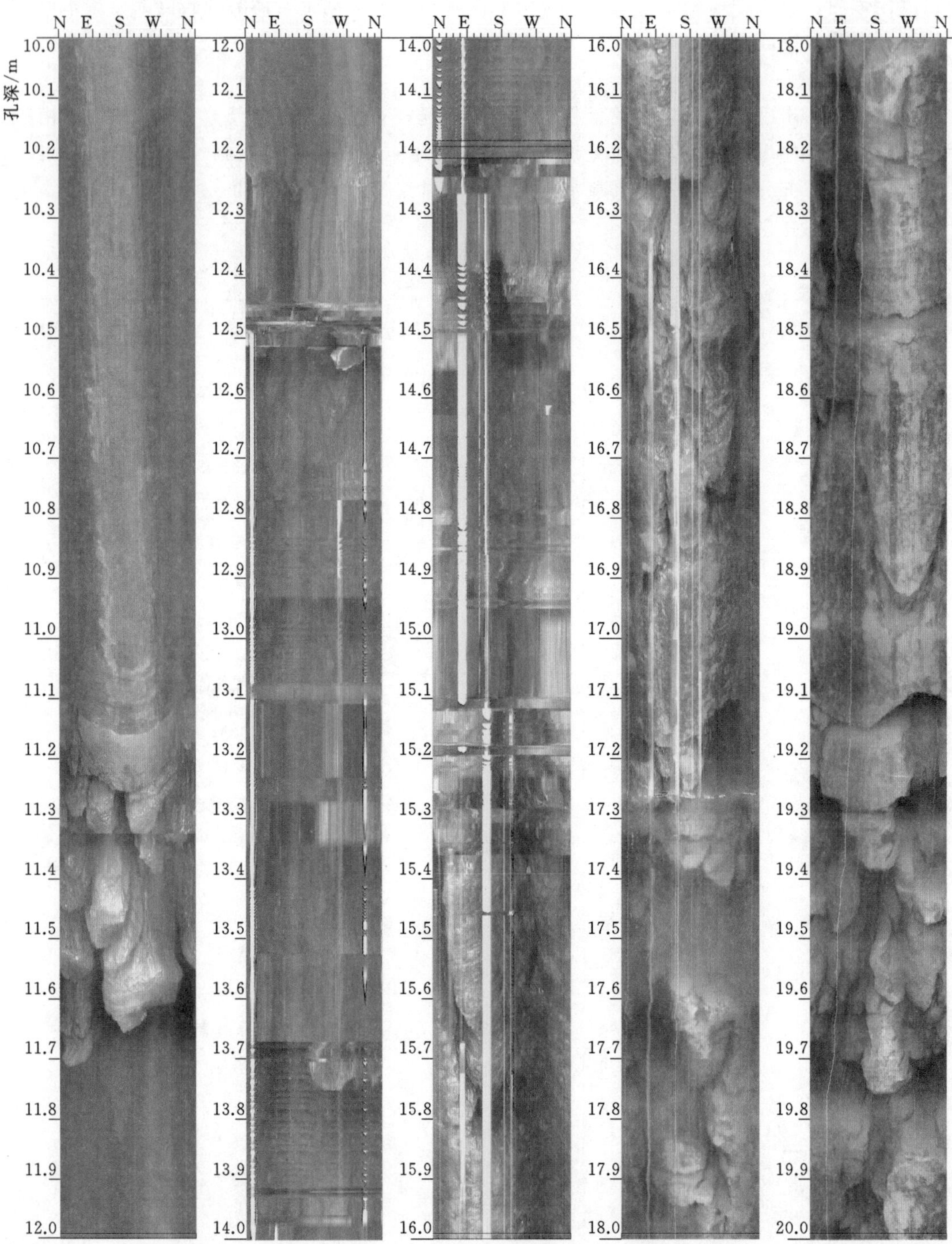

图 7.3-15　NE 侧帷幕Ⅲ区 BCN05 号孔全景数字成像探测成果图（一）

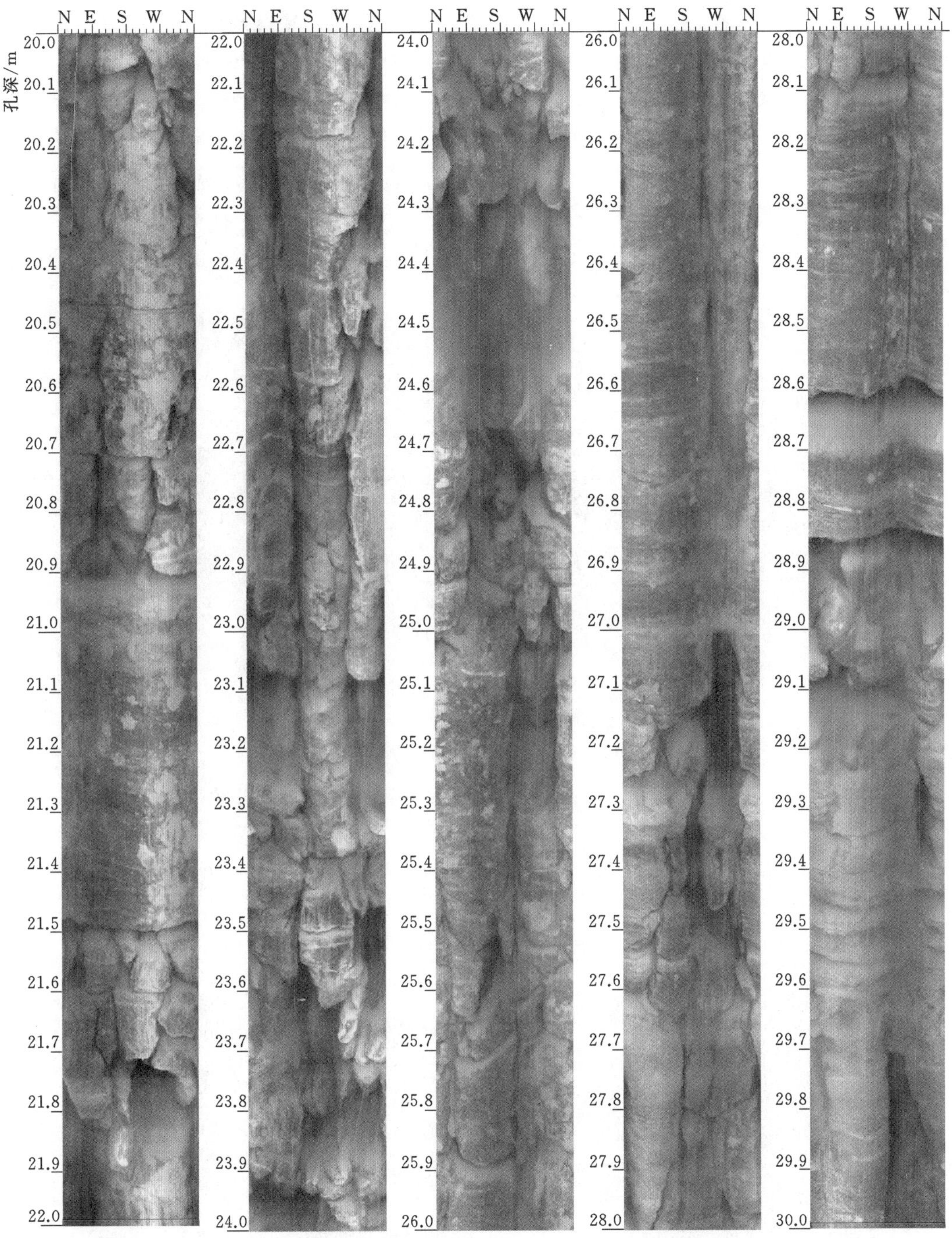

图 7.3-16　NE 侧帷幕Ⅲ区 BCN05 号孔全景数字成像探测成果图（二）

从全景数字成像图片成果和异常统计结果发现，岩体质量相对较差，由于部分钻孔套管深度都在 20m 左右，且在做物探电磁波 CT 检测时钻孔必须下 PVC 管才能完成检测工作，做钻孔全景数字成像时，PVC 管必须拔出来，PVC 管拔出来之后塌孔严重，因此只有两个钻孔的全景数字成像探测深度能够达到实际钻孔深度。

在图 7.3-15 和图 7.3-16 中，11.2m 孔深前为套管，其余均处于表层溶蚀风化带内，岩体溶蚀破碎，沿层面岩溶发育，基本代表了该区岩层风化岩体溶蚀风化特征。

3. 物探电磁波 CT 检测

为了进一步查清主要渗漏区的岩溶发育情况，在灌浆施工前，对东北侧第一渗漏带防渗帷幕Ⅱ区 0+509.00～北侧帷幕Ⅲ区 0+675.00 区以及北侧帷幕Ⅱ区 0+808.00～北侧帷幕Ⅲ区 0+960.00 两个区段进行了物探电磁波 CT 检测，检测成果如图 7.3-17 和图 7.3-18 所示。

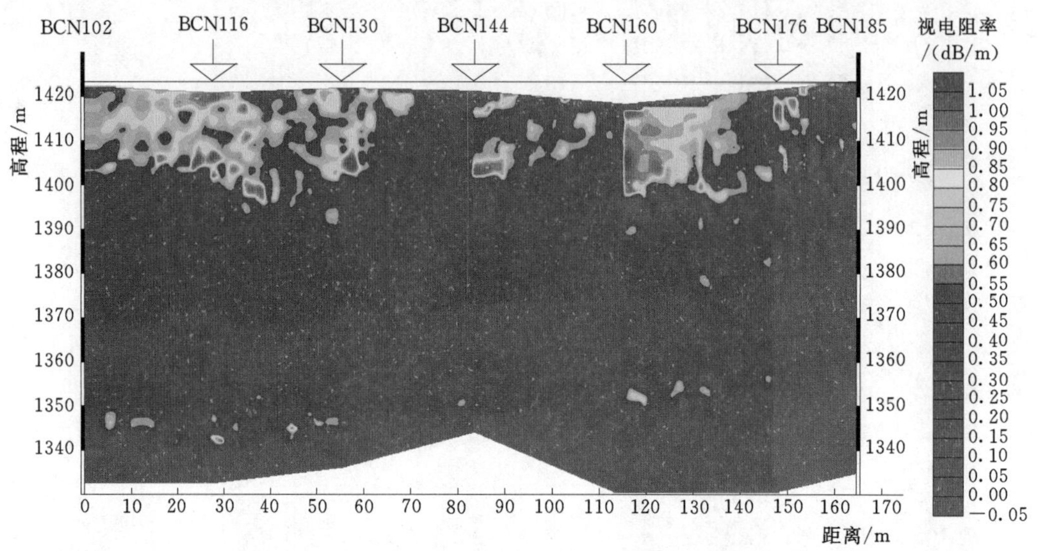

图 7.3-17　东北侧帷幕Ⅱ区 0+509.00～北侧帷幕Ⅲ区 0+675.00 区段物探电磁波 CT 检测成果图

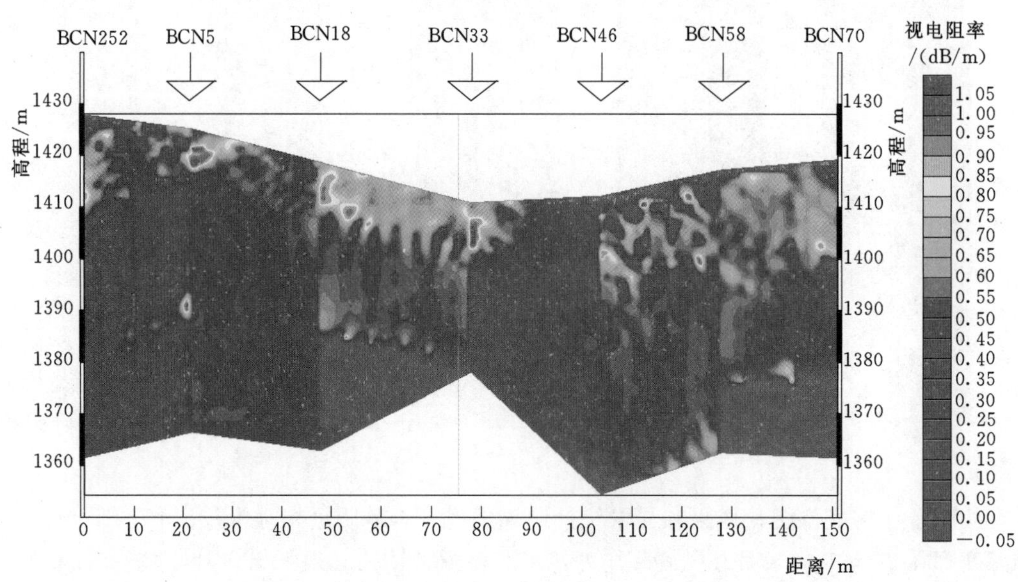

图 7.3-18　东北侧帷幕Ⅱ区 0+808.00～北侧帷幕Ⅲ区 0+960.00 区段物探电磁波 CT 检测成果图

根据两个剖面的物探电磁波CT检测成果资料可知：

(1) 物探电磁波CT检测共探测出21个异常区，其中6处异常区受套管影响，9处异常区推测为溶洞，6处异常区推测为溶蚀破碎或者岩体破碎区。

(2) 物探电磁波CT检测主要异常区集中在金海湖水位变幅带，多为溶蚀破碎带，局部发育岩溶管道，也发育少量深层岩溶管道。

(3) 岩溶发育主要集中在关岭组第二段薄至中厚层灰岩内，部分受结构面影响，在关岭组第一段顶部亦有部分小溶洞发育。岩溶发育下限与岩层结构基本一致，并具向斜构造的凹陷特征。

(4) 据已有地质资料及该次探测成果综合分析，岩溶管道基本位于向斜核部，深度40m左右，无大型岩溶渗流通道发育，以沿层面及结构面发育的中小型溶洞为主。

7.3.5.4 灌浆防渗处理过程中特殊情况的处理

1. 岩溶区溶腔（孔）部位的灌浆施工

由于岩溶区普遍分布可溶岩体，区域内溶蚀孔洞虽较为发育。但前期勘测成果及施工期先导钻孔、物探、施工钻孔揭露，岩溶主要体现为孤立小溶腔，部分为顺层及横切帷幕线发育的串珠状溶腔（溶洞），处理这类岩溶地层的主要方法如下。

(1) 对孤立小溶腔的灌浆起灌应采用1∶1浆液进行灌注，当起压有回浆时，用1∶1浆液一次灌注至设计压力，迅速充填岩溶区域溶孔。

(2) 在灌浆过程中出现注入率突然增大而压力变化不大的情况时，应采用原浆液持续灌注，同时观察灌浆区域是否出现串、冒、漏浆现象。若无串、冒，则直至达到设计压力，灌至规定的标准结束灌浆；若出现串、冒、漏浆现象，应采取镶缝、表面封堵、低压、浓浆、限流、限量、间歇、待凝、复灌等方法进行处理，直至达到规定的结束标准。

(3) 当灌浆过程中出现注入率增加较大而灌浆压力逐渐减小时，应逐级变浓灌注浆液。当变浓一级浆液灌注后，若压力逐渐上升，则不应再变浓一级浆持续灌注，直至达到设计压力，灌至规定的标准结束灌浆。

(4) 当灌注浓浆后灌浆注入率仍然较大且无回浆时，应采取限流、限量、间歇、待凝措施进行灌注，当采取上述措施灌注后出现回浆时，应持续灌注至升压。当采取上述措施灌注后仍无压、无回浆，则待凝，复灌时应查明原因，制定特殊孔段灌浆措施后进行灌注，灌至规定的结束标准。

2. 溶蚀裂隙的灌浆施工

初勘及前期常规帷幕灌浆施工及成果资料表明，金海湖小流域综合治理防渗帷幕灌浆岩溶区溶蚀裂隙主要分为三种，即无充填型溶蚀裂隙，溶蚀夹层或陡倾角溶蚀破碎带和充填型溶蚀裂隙。对这类地层的岩溶进行专项处理的主要方法如下。

(1) 无充填型溶蚀裂隙的灌浆施工。无充填型溶蚀裂隙在钻孔过程中主要表现为轻微掉钻或不返水，这一情况有可能是该溶蚀裂隙与附近某个溶腔或溶蚀管道存在溶蚀裂隙连通，灌浆时必须对与该溶蚀裂隙连通的小溶腔或溶蚀管道进行填充或封堵。

当某段溶蚀裂隙的灌浆经多次待凝、复灌仍未能起到明显效果时，应采取物探方法对该部位进行对穿扫描检测，查明该溶蚀裂隙附近是否存在较大的溶洞或岩溶管道。若查明该溶蚀裂隙附近存在较大溶洞或岩溶管道，则应对溶洞或岩溶管道部位进行处理，待溶洞或岩溶管道处理完成后，再进行溶蚀裂隙灌浆处理。

（2）溶蚀夹层或陡倾角溶蚀破碎带的灌浆施工。溶蚀夹层或陡倾角溶蚀破碎带在钻孔过程中主要出现轻微卡钻及孔内掉块现象，灌浆施工时应尽快升至设计压力，灌至规定的结束标准。

当钻孔过程中出现卡钻、掉块，但孔内有返水时，按照规定进行逐级变浆灌注，若注入率逐渐变小、压力逐步上升，则应一次性灌至设计压力，达到规定的标准结束灌浆。孔内无返水时，应按照无充填型溶蚀裂隙的处理方法进行灌浆。

（3）充填型溶蚀裂隙的灌浆施工。充填型溶蚀裂隙在钻孔过程中主要表现为孔内返水黄泥色，灌浆施工主要采取挤压密实和置换的方法进行处理。灌浆过程中，如其他孔段出现黄泥或黄泥水串出，则待被串孔串出浓浆后，封闭被串孔灌至升压。若其他边墙、边沟、底板出现黄泥或黄泥水串出，待串出黄泥部位串出浓浆后，再利用嵌缝、表面封堵、低压、浓浆、限流、限量、间歇、待凝、复灌等方法进行处理。

3. 溶洞及岩溶管道的灌浆施工

该工程可溶地层岩层产状倾向下游，岩溶沿向斜核部顺层横切帷幕线及纵向发育，如顺层发育的岩溶贯穿防渗帷幕线上下游，将使防渗帷幕灌浆留下极为严重的渗漏隐患，所以，查明、处理好防渗帷幕线附近的岩溶洞穴和岩溶管道对金海湖成功蓄水将起到至关重要的作用。从前期的勘察工作及常规帷幕钻灌施工成果来看，帷幕线附近的岩溶管道（溶洞）多以黄泥充填、半充填型溶蚀管道为主。

（1）充填、半充填型岩溶管道（溶洞）的灌浆施工。充填、半充填型岩溶管道（溶洞）的灌浆主要以浆液充填进行处理，主要方法采取相邻的两孔进行高压灌浆置换，不能全部置换的黄泥充填型溶洞，要对溶洞四周进行补强灌浆处理，即灌浆处理后黄泥充填型的岩溶管道（溶洞）附近不能有渗水通道，否则将产生后期管涌击穿破坏，从而导致防渗帷幕管道型渗漏。

（2）无充填型岩溶管道（溶洞）的灌浆施工。无充填型岩溶蚀管道（溶洞）以细石混凝土、高流态混凝土、级配料配合砂浆灌注回填结合补强灌浆的方式进行处理。

对空洞型岩溶管道，优先采用灌注高流态混凝土方法处理。钻进中遇见较大型岩溶无地下水或地下水流速不高时，可采用填筑骨料法（亦称骨料压浆法）处理。填筑骨料为碎石，待骨料填满后从注浆花管内送入有压力的水泥浆液或水泥砂浆进行灌注；若岩溶管道（溶洞）较大，为防止浆液扩散半径过大，可在浆液中掺加适量的速凝剂。当岩溶管道（溶洞）规模大、地下水流速高时，在大口径灌浆孔内投入砂石料或混合料回填，或进行模袋灌浆，降低地下水的流速，然后按上述措施灌注；必要时可灌注水泥、水玻璃双液浆或粉煤灰水泥、水玻璃双液浆、膏浆、速凝膏浆，采用双液浆孔底混合灌浆技术和速凝膏浆灌浆技术，因掺加了活性剂和速凝水泥，其凝结时间短，可控制浆液的扩散距离，防止浆液流失，从而快速地封堵住渗水通道，便于进行高压灌浆，形成防渗帷幕。

（3）对于较小的空洞岩溶管道，可直接灌入水灰比为0.5：1的水泥浆液，若注入量很大又无压力，可改用水泥砂浆或膏浆至孔口返浆时停止灌注。

（4）连通性较强的溶蚀管道、溶洞及溶槽的灌浆施工。当遇到较大的或连通的岩溶管道（溶洞）、溶槽等漏水严重地段时，可通过大口径钻孔或开挖竖井等手段，施工人员进入岩溶管道（溶洞）内将岩溶管道（溶洞）或溶槽内充填的松散、不稳定的杂物碎石土和残渣等清除干净，然后回填混凝土，最后进行补强灌浆。当溶洞、溶槽范围太大时，可在帷幕轴线上构筑混凝土防渗墙，最后进行墙下帷幕施工。

7.3.5.5　岩溶防渗灌浆处理效果评价

在防渗处理施工前后及施工过程中，对金海湖水位采取全程定时监测，其水位变化特征曲线如图 7.3-19 所示。并对岩溶管道下游 S_1、S_2、S_3 等泉水点进行适时观测，重点观测其水量变化及水泥浆液的串冒情况。

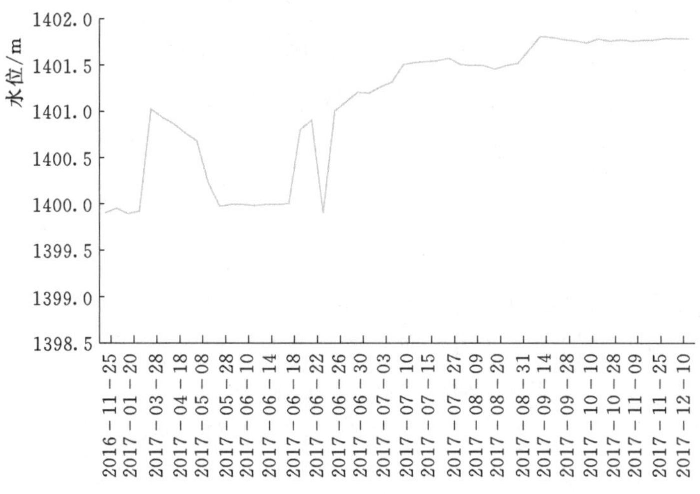

图 7.3-19　防渗施工期间金海湖水位变化特征曲线

在东北侧帷幕钻灌施工过程中，浆液与岩粉均于下游泉眼有串、漏、冒的情况发生，如图 7.3-20 所示。

图 7.3-20　S_1 泉水岩粉及水泥浆液淤积情况

2016年11月金海湖的水位基本保持在1399m左右，2017年3月开始进行灌浆施工时的水位为1399.92m，在进行防渗帷幕灌浆施工前枯期水位均低于1400m。通过全程水位监测数据，结合金海湖小流域防渗帷幕灌浆施工处理后，金海湖水位线已达到设计蓄水位1401.80m高程，并已稳定较长时间。

灌浆过程中，根据先导钻孔及灌浆施工钻孔揭露，向斜核部表岩风化带岩体溶蚀风化严重，其中位于东北侧帷幕Ⅱ区14单元桩号0+579.00的BCN137号孔、Ⅲ区5单元桩号0+908.00的BCN44号孔分别在孔深约为60m（高程为1363.84m）、40m（高程为1374.09m）时揭露小型岩溶管道，且与金海湖岩溶管道水的主要排泄点S_1、S_2泉连通现象明显，钻孔过程中下游冲沟中的S_1、S_2泉出现钻孔岩粉流出，当灌注至一定量水泥后，下游泉眼出现水泥浆液浑浊现象并随泉水流出，说明BCN137号孔、BCN44号孔为金海湖岩溶管道水的主要渗流管道，且为金海湖渗漏的主要通道。根据前期勘察资料及现场灌浆钻孔揭露的岩溶管道发育深度与规模，对BCN137号孔反复待凝、扫孔、复灌6次，累计注入灰量约为33t；对BCN44号孔反复待凝、扫孔、复灌8次，累计注入灰量约为61t。

金海湖岩溶渗漏管道的封堵是随着帷幕灌浆的进行，而逐渐封堵的过程。据金海湖水位观测资料成果，2017年12月（枯水期）金海湖的水位已基本维持在1401.80m，与去年同期水位对比，抬升了1.90m左右，且已长期维持稳定，说明通过该工程防渗帷幕灌浆实现了金海湖水位抬升的目的，效果十分明显。金海湖经防渗处理水位抬升后形成的湿地景观如图7.3-21所示。

图7.3-21　金海湖经防渗处理水位抬升后形成的湿地景观

第 8 章

岩溶防渗处理施工监测与质量检测

岩溶水库防渗处理中，多采用高压帷幕灌浆技术，高压防渗帷幕灌浆有利于浆液的扩散和排除浆液中的过多水分，在岩体裂隙中形成致密的、强度较高的固结体。但过高的灌浆压力往往会导致地表抬动变形和浆液浪费，甚至会危及建筑物的安全。因此，需对灌浆施工过程中的运行期进行渗压、流量、地表变形等监测。在前期进行土建开挖、岩溶防渗处理阶段，可利用水利水电工程现有监测设施，加强对建筑物的安全监测，确保施工期和运营期建筑物的安全。岩溶防渗处理施工监测技术措施主要包括：①建设期临时施工监测，如地表抬动变形监测等；②建设期和运营期长久施工监测，如渗压水位观测孔、长期水位观测孔、设置量水堰安装堰流计等。

有效的防渗处理是岩溶水库能否蓄水及安全、有效运行的关键。帷幕灌浆施工完成后，需鉴定其质量和效果。但灌浆质量的好坏、防渗效果如何，除蓄水后的自然检验外，均无法直观地评定。注入水泥量的多少，也仅能反映基岩的地质条件，并不能完全据此说明灌浆质量。因此，欲评价灌浆质量和防渗效果，应以检查孔压水试验成果为主要依据，辅以灌浆前后物探测试，结合施工成果资料、测压孔的渗压监测资料及其他各项检验测试、观测资料进行综合分析，并形成相应的评价结论，并以最终能否蓄水作为终极检验标准。

8.1 岩溶防渗处理施工监测

8.1.1 施工监测措施

8.1.1.1 渗压计水位观测孔

1. 渗压计用途与技术参数

（1）用途：监测坝基渗压、绕坝渗流孔隙水压力等。

（2）类型：性能指标相当于GK4500型的弦式仪器。

（3）技术要求：①分辨率不大于0.025%F.S；②精度不大于0.1%F.S；③非线性不大于2%F.S；④重复性不大于±0.4%F.S；⑤最大引线长度不小于700m；⑥直径不大于30mm；⑦工作温度为−10～50℃；⑧零漂不大于±2Hz/恒温3个月；⑨每个渗压计应带有不小于5m的专用电缆，其性能应满足国家标准；⑩每个渗压计应能承受孔隙水渗漏压力，在1.2倍量程压力24h作用下无渗漏；配套电缆应符合国家标准，耐渗漏水压力不小于1.8MPa。

2. 渗压计安装

（1）取下仪器端部的透水石，在钢膜片上涂一层黄油或凡士林以防生锈。

（2）安装前需将渗压计在水中浸泡2h以上，使其达到饱和状态。在测头上包上装有干净的饱和细砂的砂袋，使仪器进水口通畅，并防止水泥浆进入渗压计内部。

（3）将包有砂袋的仪器埋入预先完成的钻孔内，周围回填砾石，上部注入水泥浆或水泥膨润土球，并采用水泥砂浆回填钻孔。

8.1.1.2　水位观测孔

1. 水位观测孔用途

水位观测孔主要用于进行地下水位监测。孔位布置根据设计文件执行。地下水位监测通过防渗帷幕轴线上下游布置的水位观测孔实现，对比帷幕灌浆前、灌浆过程中、灌浆后的地下水位变化情况和趋势，判断主要渗漏通道的部位及处理效果；在灌浆过程中根据地下水位变化情况，采取合适的灌浆措施。

2. 水位观测孔施工

（1）终孔孔径为89mm。钻孔结束后用清水冲洗，达到水清砂净无沉淀，并测读地下水位，全孔段安装花管。

（2）测压管用金属管或塑料管加工，包括花管和导管两部分，内径为50mm。花管段长不少于2m，透水孔孔径为4～6mm，面积开孔率为18%～20%，排列均匀。

（3）按照施工图纸所示或相关单位指示浇筑孔口混凝土保护墩和安装孔口保护盖板。

8.1.1.3　量水堰安装堰流计

1. 堰流计用途

堰流计主要监测大坝、帷幕渗漏水量等，安装在量水堰上。

对溶洞渗漏出口处进行适时渗流量监测，对比帷幕灌浆前、灌浆中、灌浆后的渗流量变化情况和趋势，判断不同部位帷幕灌浆对减少渗流所起的作用，针对重点部位采取重点处理措施。分析帷幕灌浆前后减少的渗流量，评定灌浆效果。如贵州窄巷口水电站先通过一期岩溶渗漏稳定处理工程，使坝基（肩）及近坝区域岩体得到了有效加强，在较好地解决建筑物渗漏稳定问题的同时解决了近坝段的渗漏问题；随后的二期岩溶渗漏处理，针对岩溶管道特别是左岸Ⅲ-3溶洞、K_{18-2}溶洞两处岩溶管道的成功封堵，截断了左岸大型岩溶渗漏通道，最终窄巷口水电站的渗漏量由处理前的$17m^3/s$左右降至$1.54m^3/s$，堵水率达90%，堵漏效果明显。

2. 堰流计技术参数

堰流计技术参数：①分辨率不大于0.02%F.S；②精度不大于0.1%F.S；③非线性不大于2%F.S；④重复性不大于±0.4%F.S；⑤最大引线长度不小于700m；⑥直径不大于38mm；⑦工作温度为－10～50℃；⑧零漂不大于±2Hz/恒温3个月；⑨每个堰流计应带有不小于5m专用电缆，专用及配套电缆满足国家标准。

3. 量水堰施工

（1）按照设计要求和现场的渗流量情况选购和加工堰板。

（2）堰槽采用矩形断面，其长度应大于7倍堰上水头，且总长不小于2m，即堰板上游的堰槽长度不小于1.5m，堰板下游的堰槽长度不小于0.5m。

（3）在堰槽的预留位置安装堰板，堰顶至排水沟沟底的高度大于5倍堰上水头，堰板应直立且与水流方向垂直，并使顶缘水平。

8.1.2 施工过程监测

8.1.2.1 抬动变形机理与控制措施

岩溶防渗处理多采用防渗帷幕高压灌浆技术，但过高的灌浆压力往往会导致灌浆廊道等地表抬动变形和浆液浪费，甚至会危及建筑物的安全。

当地表产生过大变形造成混凝土盖板开裂后，上部岩体节理内部固有的“网架”结构将遭受破坏，使得岩体浅表部失去了原有的承压条件，灌浆时在地表裂缝处将会多频次的出现冒浆及进一步抬动变形的现象，孔段往往很难升到设计压力进行灌注。对于这种盖板变形开裂产生的冒浆，往往难灌、封堵困难，一般多采用降压限流、间歇及待凝等措施处理。由于水泥浆液固结形成的阻浆层相对薄弱，下部孔段灌浆时很容易被再次击穿。往往这种冒浆现象有时会伴随于该部位下部孔段灌浆施工的全过程，加大了该部位的灌浆施工难度，施工进度及灌浆效果也将受到很大程度的影响。

1. 地表抬动变形形成的机理

一般认为地表抬动变形仅与灌浆压力有关，只要地表产生过大的变形就会片面理解为灌浆时实施的压力过高，其实地表产生抬动变形的原因很复杂。

地表的抬动变形量与作用于岩体的灌浆压力、进浆量的大小、裂隙的开度、盖重的厚度及质量、岩体的应力条件、浆液的黏度等多种因素有关。采用自上而下的灌浆方式可以增加上覆岩体的 E 值；采用分层分序施工方法对上部岩体集中灌注可以相应增加盖重的厚度及强度，相当于增加 H 及 Y 值。除此之外，合理控制灌浆压力（P）与进浆量协调关系、加快变换浓浆的速度来增加浆液的塑性屈服强度 τ_b 值也都是减小岩体地表抬动变形的重要手段。

2. 地表抬动变形的控制

通过系统地分析地表抬动变形产生的原因，可以得出根据被灌岩体条件和拟采用的灌浆技术选择适宜的灌浆工艺及参数，能够有效地减小地表抬动变形，同时还应配合现场的抬动变形监测进行综合控制。

（1）灌浆前应构造良好的盖重条件。防渗帷幕灌浆工作应在浇筑混凝土盖板后或具有一定的坝体厚度后进行。在浇筑混凝土盖板前，应清除上部松动岩体，尽量清至完整基岩，以保证浇筑的混凝土能与岩面可靠胶结，这是防止上部岩体冒浆的关键，对于陡倾节理发育的岩体尤其如此。清基达到要求后，配制Φ 12@0.25 钢筋并浇筑混凝土，当采用高压灌浆工艺时，混凝土盖重的标号建议不小于 C20，厚度建议不小于 1.5m。

（2）施工采用分层分序的方法。施工时，首先把各序灌浆孔深度 5.0～10.0m 的孔段作为第一层先行灌注，以期形成厚度较大的虚拟阻浆盖板，然后再展开深度 10.0m 以下孔段的灌注。

（3）施工工艺采用自上而下分段灌浆。采用自上而下分段灌浆方式与分序加密相结合，先行灌注上部岩体，可利于减少地表冒浆，减小岩体裂隙承压面积。

（4）应用塑性屈服强度较大的小水灰比浆液灌注。采用快变浆技术，利用小水灰比浆液具有高塑性屈服强度的特性，尽快应用小水灰比浆液（塑性屈服强度 $\tau > 20Pa$）进行灌注。常用的几种纯水泥浆液的流变参数见表 8.1-1。

表 8.1-1　纯水泥浆液的流变参数参考值

水灰比 W	漏斗黏度/S	塑性屈服强度 τ/Pa	黏度 η/(MPa·s)
2	27.4	1.0	2.5
1	28.0	2.5	6.0
0.7	30.5	7.5	32.0
0.6	32.5	11.5	41.0
0.5	38.0	21.4	56.0

(5) 灌浆中合理控制灌浆压力与注浆率的关系。灌浆压力是灌浆能量的来源，注浆率的大小决定浆液在岩体中的扩散半径及承压面积，控制好灌浆压力与注浆率的关系，避免在较大注入率时使用过高的压力，是控制地表抬动变形的关键。《水工建筑物水泥灌浆施工技术规范》(DL/T 5148—2012) 中规定的灌浆压力与注浆率的控制原则，由于在现场操作时较烦琐，建议在灌浆施工时参照表 8.1-2 进行灌浆压力与注浆率的协调控制。

表 8.1-2　灌浆压力与吸浆率控制

灌浆吸浆率/(L/min)	>30	30～20	20～10	<10	备　注
灌浆使用压力/MPa	0.4P	0.6P	0.8P	P	P 为相应段的灌浆压力

(6) 在地表抬动变形仍较大时，可考虑适当降低灌浆压力。受母岩自身强度所限制，在有些工程中灌浆压力的选择可能偏大。在地表频繁发生超限变形时，可参考前期灌浆试验获取的岩体启缝临界压力值，适当降低灌浆压力。

(7) 无盖重灌浆或盖重质量存在严重缺陷时建议采用的灌浆方式：①限制孔口部位首段的灌浆压力，在无盖重灌浆时首段灌浆压力不宜大于 0.3MPa，在有盖重但盖重存在严重缺陷时首段灌浆压力不宜大于 0.5MPa；②采用分层分序、自上而下分段与快变浆技术三者相结合的施工手段；③同时控制好灌浆压力与注浆率的关系。

8.1.2.2　抬动变形监测现场实时控制措施

1. 机械式抬动变形观测

(1) 仪器安装。为了有效地控制地表抬动变形，在灌浆区域内每 10～15m 应安设 1 个抬动观测装置，目前应用较普遍的机械式抬动观测装置主要有两种结构形式，如图 8.1-1 所示。两种观测装置从工作原理上没有什么区别，A 装置与 B 装置相比，安装工序上较为烦琐，但相应成本要低一些。

抬动观测装置结构主要由埋设岩体深部的静位移杆、埋设岩体浅部的动位移杆及千分表组成。静位移杆底端镶铸于灌浆盖板以下约 30m 处，动位移杆底端镶铸于灌浆盖板以下约 0.5m 处，两个位移杆之间处于相对自由状态。在压水试验或灌浆前，首先记录千分表的起始读数，然后在压水试验或灌浆过程中，每隔 10min 观测一次千分表的读数，每次观测的读数与起始读数之差，即为抬动变化值。

对于抬动观测孔的封孔，先清除孔内钢管、油膏等，并用高压水冲洗干净，再按灌浆技术要求执行。

(2) 现场实时控制。

1) 在灌浆过程中安排专人严密监视千分表的变化情况，在抬动值小于 100μm 时，按

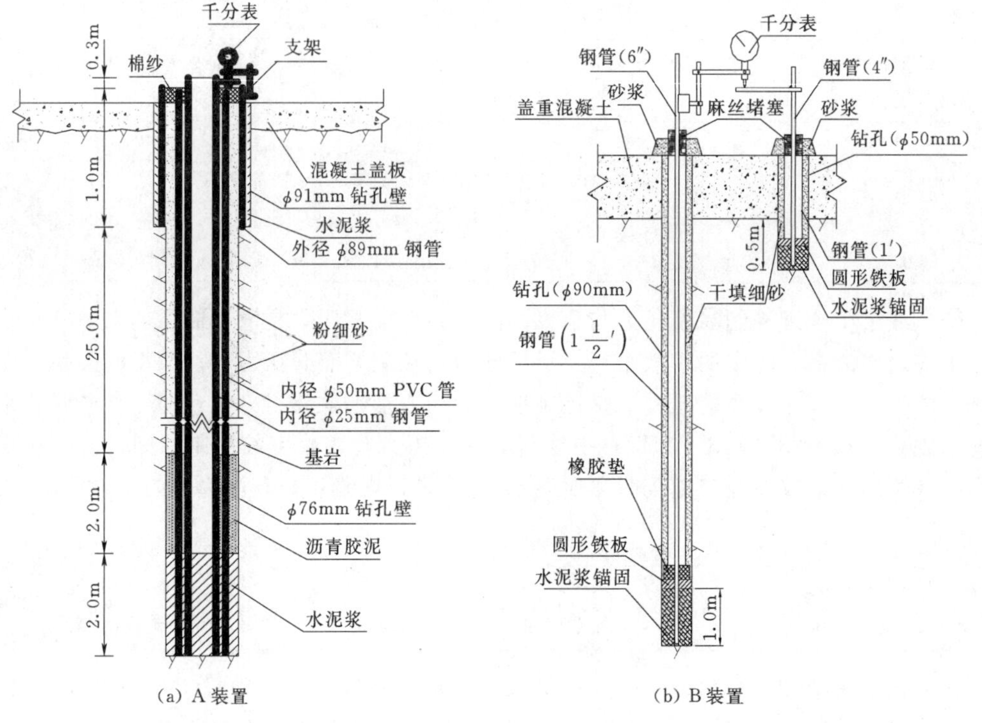

图 8.1-1 抬动观测装置示意图

设计要求正常灌注；在抬动值小于 200μm 且不小于 100μm 时，灌浆升压过程严格控制注入率小于 5L/min，如果抬动值不再上升，逐级升压，否则停止升压；在抬动值不小于 200μm 时，停止灌浆，待凝 8h 后扫孔复灌。

2）要安排专人细心操作灌浆阀门，灌浆过程中尽量避免出现过多、过高的峰值压力；加强灌浆泵的检修及维护，减小输出压力的脉动幅度。

3）加强抬动装置及仪表的保护工作，在灌浆过程中严禁观测仪表受到外界人为的撞击干扰，保证测量数据的真实性。

2. 自动化抬动变形观测

目前采用电子位移传感器代替千分表，并结合灌浆参数自动记录系统，实现抬动变形值现场自动采集及超限报警，使得抬动变形观测更加及时、准确及便利，在重要部位进行防渗帷幕高压灌浆时值得推广使用。

如安装 WE/TD-A 电测式抬动监测仪对灌浆段抬动值进行监测。电测式抬动监测仪由一台测试主机和一支高精度位移传感器组成，其安装结构示意如图 8.1-2 所示，与传统千分表观测相比有如

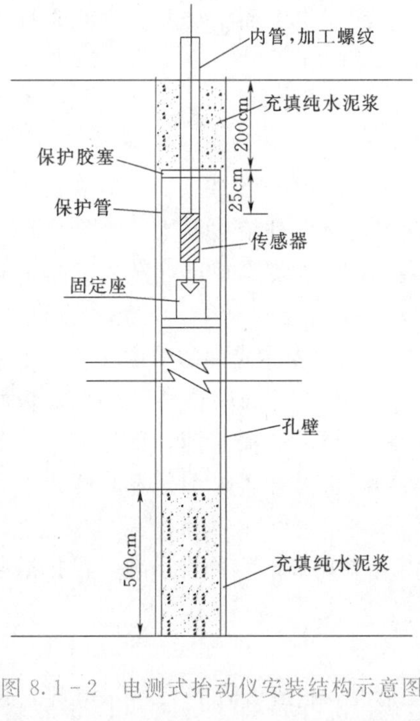

图 8.1-2 电测式抬动仪安装结构示意图

下优点：

（1）可实现在线式抬动监测，一旦发生抬动立即报警，避免千分表间隔式观测的延后性。

（2）量程大，量程可达5cm，而千分表一旦超出1mm就无法读数。

（3）埋入式安装，可防止场地及人员干扰。

（4）电测读数，避免主观读数失误。

（5）可联入计算机进行联机观测分析，便于全局控制。

加强灌浆过程中操作人员与观测人员操作培训，及时信息沟通，灌浆过程中稳定升压，抬动发生时及时降压。

8.2　岩溶防渗灌浆处理质量检测

8.2.1　检查孔施工、取芯与压水试验检测

帷幕灌浆施工完成后，主要通过对施工过程中钻孔、灌浆资料的及时整理，综合分析各序孔和灌前检查孔的单位透水率、单位耗灰量等数据，绘制平均透水率和单位注入量顺序递减曲线、各序孔透水率和单位耗灰量分级累计曲线。综合布设灌后质量检查孔，重点依据检查孔常规压水试验、耐久性压水试验和取芯观察浆液在缝隙的充填和水泥结石凝结情况等检测成果资料，并结合物探测试灌前、灌后成果报告，综合评价灌浆质量和防渗效果，最终得出评价结论。

8.2.1.1　帷幕灌浆检查孔一般规定

（1）帷幕灌浆检查孔的布置，由相关单位根据灌浆资料共同分析确定，由监理发出通知执行。

（2）帷幕灌浆质量的检查应在该部位灌浆结束14d后进行。

（3）帷幕灌浆的质量评定以检查孔压水试验成果为主，结合施工记录、钻灌资料及灌前灌后测试资料的分析进行综合评定。

（4）帷幕灌浆检查孔数量可按灌浆孔数的一定比例确定。单排孔帷幕时，检查孔数量可为灌浆孔总数的10%左右；多排孔帷幕时，检查孔的数量可按主排孔数的10%左右。一个坝段或一个单元工程内至少应布置一个检查孔。

（5）帷幕灌浆检查孔的钻孔、取芯及压水试验按规范及设计要求执行，取芯应做好钻孔操作的详细记录并绘制钻孔柱状图和分部拍照，长期保留，其孔径不小于76mm。按设计要求钻取的芯样应进行试验，并提交试验记录和成果。重要部位的岩芯应按要求予以保存并按指定的地点存放，防止散失和混装。

（6）经检查合格的检查孔及先导孔，当设计需要作为长期观测孔使用时，必须妥善保护，其余均需按灌浆孔要求进行灌浆封孔。检查不合格的孔段应根据工程要求和不合格程度确定是否需进行扩大补充灌浆和检查。

8.2.1.2　帷幕灌浆检查孔布置原则

帷幕灌浆质量检查孔应在分析施工资料的基础上在下列部位布置：

（1）帷幕中心线上。

（2）基岩破碎、断层与裂隙发育、强岩溶等地质条件复杂的部位。

（3）末序孔注入量大的孔段附近。

（4）钻孔偏斜过大、灌浆过程不正常等经资料分析认为可能对帷幕质量有影响的部位。

（5）防渗要求高的重点部位。

8.2.1.3 质量检查孔检测内容

帷幕灌浆质量检查孔检测内容主要包括：钻孔取芯，观察浆液在缝隙的充填和水泥结石凝结情况；封孔质量钻孔取芯检查；检查孔常规压水试验和帷幕灌浆耐久性压水试验等几项。

1. 钻孔取芯

先导孔、质量检查孔、物探测试孔以及设计文件中规定和监理单位指示的有取芯要求的钻孔应采取岩芯。

取芯钻孔的岩芯获得率要求：先导孔、物探测试孔应达 80%以上，质量检查孔应达 90%以上。所有岩芯均应统一编号，填牌装箱，并进行岩芯描述，绘制钻孔柱状图，特殊地段的岩芯须摄影存档。

单元工程帷幕灌浆完成并经验收合格后，对有水泥结石的岩芯和监理人指示须保存的岩芯应保存，并在工程移交时负责运送至指定位置存放。

钻孔时遇到大断层、大溶洞的地段，其相邻一定范围内Ⅰ序孔应按先导孔的要求取芯、编号及装箱，由承包人或现场设代人员进行岩芯描述，有关资料尽快报送设计、监理及业主，以便制订处理方案。

2. 封孔质量钻孔取芯检查

帷幕灌浆封孔质量应进行孔口封填外观检查和钻孔取芯抽样检查，封孔质量应满足设计要求。钻孔取芯抽样检查数量为灌浆孔的 3%～5%，为便于了解浆液结石在基岩中的充填情况及密实程度，一般要求钻孔取芯质量要好，岩芯采取率达 90%以上。

3. 检查孔常规压水试验

常规压水试验分为简易压水试验和地勘标准压水试验。其中地勘标准压水试验又分为单点法或五点法压水试验。

（1）钻孔、取芯、压水试验按地勘标准进行，以检查防渗帷幕的防渗能力。钻孔采用 ϕ76mm 钻具钻进，岩芯获得率应大于 90%，有水泥结石的岩芯应及时制成试件进行容重、黏聚力及抗渗等指标的测试。

（2）帷幕灌浆灌前和灌中压水试验以简易压水试验为主，质量检查压水试验常采用单点法或五点法，以单点法为主。根据《水工建筑物水泥灌浆施工技术规范》（DL/T 5148—2012）附录 A 要求执行，具体技术要求为：

1）帷幕灌浆检查孔应自上而下分段进行压水试验，试验采用单点法或五点法，压水试验压力以孔口压力为准。压水试验压力为灌浆压力的 80%，并不大于 1.0MPa，个别孔段最大压水试验压力超过 1.0MPa 时则以设计压水压力要求为准。

2）压水试验分段长度同灌浆分段长度。

3）压水试验技术要求按《水电水利工程钻孔压水试验规程》（DL/T 5331—2005）执行。

4）压水试验的记录，采用自动记录仪和手工记录同时进行，当两者出现较大差异时，应立即停止压水试验，查明原因并校验正常后，方可继续进行。要求使用性能先进的灌浆自动记录仪，具备实时数据传输的功能，流量计和压力计的精度等级应不低于现行《灌浆记录仪技术导则》（DL/T 5237—2010）要求，以便能够进行网络化实时监控。压水试验装置安装示意图如图 8.2-1 所示。

（3）压水试验施工工艺。灌浆质量检测采用自上而下分段钻进、孔内卡塞压水工艺，其工艺流程如图 8.2-2 所示。

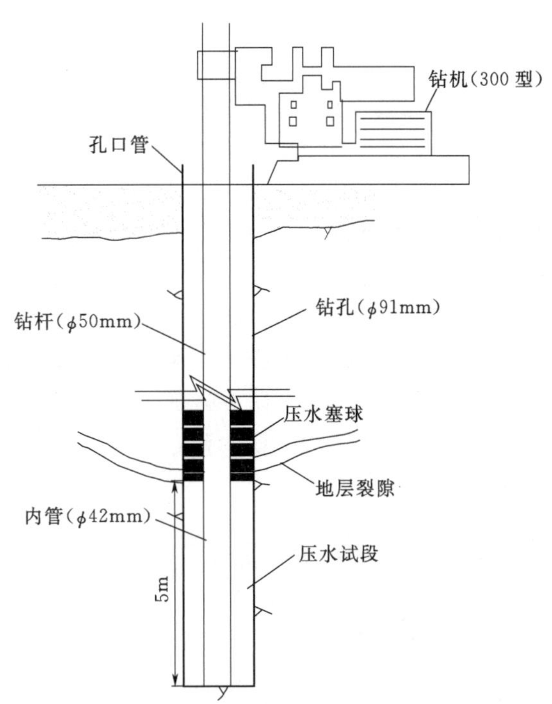

图 8.2-1　压水试验装置安装示意图

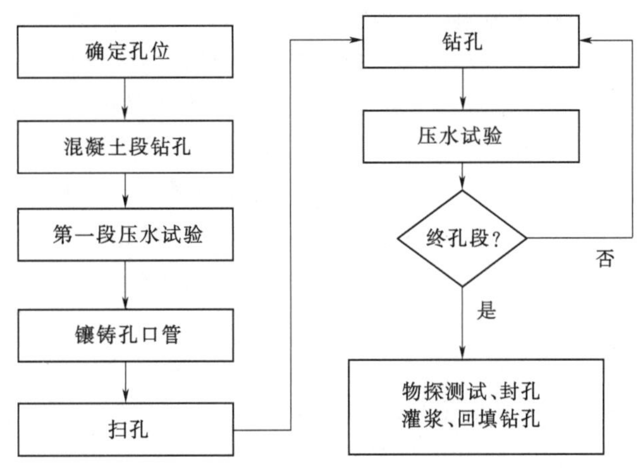

图 8.2-2　灌浆质量检测孔施工工艺流程图

（4）压水试验稳定标准与透水率计算。单点法压水：在稳定压力下，每 5min 测读一次压入流量，连续四次读数中最大值与最小值之差小于最终值的 10%，或最大值与最小值之差小于 1L/min 时，即可结束，取最终值作为计算岩体透水率 q 值的计算值。

q 的计算公式为

$$q=\frac{Q}{PL} \tag{8.2-1}$$

$$P=P_1+P_2 \tag{8.2-2}$$

式中：q 为岩体透水率，Lu；L 为试段长，m；Q 为稳定压水流量，L/min；P 为作用于试段的全压力，MPa；P_1 为安装在回水管路上的压力表指示压力，MPa；P_2 为压力表中心至压力起算零线的水柱压力，MPa。

4. 帷幕灌浆耐久性试验

在检查孔进行常规压水检查后，按设计文件要求确定的检查孔进行全孔长期高压压水试验，压水压力采用设计文件要求压力，在该压力保持不变的条件下，压水时间为设计文件所要求压水的时间，一般为72～360h，以检测灌浆帷幕的防渗能力随时间衰减或透水性随时间增大的趋势。

8.2.1.4 帷幕灌浆防渗评定标准

（1）帷幕灌浆防渗标准：为保证岩溶防渗帷幕灌浆质量，各高程防渗帷幕所要求的压水试验透水率有所不同，防渗帷幕标准压水试验透水率具体以设计文件要求执行。

（2）帷幕灌浆工程质量的评定合格标准为：经检查孔压水试验检查，坝体混凝土与基岩接触段透水率的合格率为100%；其余各段合格率应不小于90%，不合格试段的透水率不超过设计规定的150%，且不合格试段的分布不集中；其他施工或测试资料基本合理，灌浆质量可评为合格。

8.2.2 物探质量检测

物探检测技术是近年发展起来的一种快速检测技术。尽管在各规范中未作明确规定必须使用，但在各工程中都有不同程度的应用，也取得了一定的效果。目前，检测方法以孔内方法为主，地表方法受场地等限制，较少应用。

针对灌浆防渗帷幕质量检测，钻孔物探检测技术主要采用单孔声波、跨孔物探电磁波CT检测、全景数字成像探测等。前两者主要检测、评价灌浆前后帷幕线溶蚀破碎岩体声波的提高率，用以辅助评价灌浆质量；尤其是跨孔物探电磁波CT检测，在灌浆前进行超前测试，了解帷幕线上强溶蚀带及溶洞、溶蚀裂隙的分布，有利于进行针对性防渗灌浆处理，灌后通过物探电磁波CT检测测试验证该部灌浆处理的效果。全景数字成像探测则可直观了解检测孔部位溶洞、裂隙、断层中的浆液结石充填情况及密实度。

8.2.2.1 岩体波速测试

防渗帷幕灌浆检查孔的数量不少于灌浆孔总数的10%，其中声波检查孔数不少于灌浆孔总数的2%。声波检查标准根据现场试验确定。

岩体波速测试一般在该部位灌浆结束14d后进行，其孔位的布置、测试仪器的确定、测试方法、合格标准等，均按施工图纸的规定执行。

关键部位采用声波检测试验进行灌浆前后的对比检测。钻灌工作开始前作灌前物探测试钻孔，钻孔孔径不小于76mm，进行灌前弹性波速测试，之后进行封孔灌浆。钻灌工作结束后将测试孔重新扫孔，进行灌浆后弹性波速测试。85%的测试值达到设计标准，并且小于设计标准的85%的测试值不超过3%，且不集中，即认为声波测试合格。

8.2.2.2 物探电磁波CT检测

采用钻孔间物探电磁波CT检测的方式，在灌浆帷幕线上形成一道完整的孔间综合声波剖面，该剖面能反映灌浆前后不同部位岩体纵波波速的变化情况，结合取样观测及压水试验资料，按标准确定合理参考值（检验标准），并以其为基本值，按一定波速绘制波速等值线。根据低于标准值点的分布区域，重点对强溶蚀带和大型通道的检查，评价帷幕灌浆的效果。该方法的优点是能宏观、统一分析、评价整个帷幕线的灌浆效果，可根据检测情况查缺补漏，什么地方差就补灌什么位置。但该方法也有其缺点：①需在帷幕线上形成一排连续的检查孔，钻孔及物探电磁波CT检测工作量大；②在岩体中进行物探电磁波CT检测，由于钻孔易塌，探头埋、卡的频率较高，钻孔结束后需及时进行测试工作。

物探电磁波CT检测工作可根据灌浆孔揭露的地层分布情况、灌浆成果资料分析等，有选择性地针对部分可能灌浆效果较差的部位进行检测，并根据物探电磁波CT检测资料，决定是否进行补灌。此种有选择地进行物探电磁波CT检测可结合压水试验孔进行，做到一孔多用，不一定单独造孔，从而可节省大量的造孔费用及物探测试费用。另外，通过该方法获得的直接测试数据是纵波波速，须通过一定相关分析，才能转换为变形模量、抗压强度等值。转换方法可通过现场声波测试、室内浆液结石声波测试、室内浆液结石抗压强度试验等方法，建立相关回归方程，然后利用现场测试的波速成果直接换算成相关力学参数。利用纵波波速换算成强度值，目前尚无成熟的办法，主要采取的模式是根据声波波速确定的岩体完整情况及抗压强度值的大小，按经验取值。

为详细探明通过防渗线岩溶管道的位置与规模，根据设计图纸布置先导孔或检查孔进行物探电磁波CT检测。先导孔或检查孔沿帷幕轴线布置，间距为20～25m。

如贵州窄巷口水电站钻孔和物探资料查明，溶洞在帷幕线附近走向约为N68°E，与帷幕线交角约为80°，高程为973～993m（埋深为74～94m），其规模向下游逐步减小。溶洞在隧洞轴线附近发育宽度约为8m，高度约为12.6m，隧洞轴线下游约9m处发育宽度约为6m，高度约为5.5m，溶洞自帷幕线上游向下游发育大体趋势为逐渐收缩的喇叭口。高库水位时洞内水流速最大为0.69m/s，平均为0.42m/s，最大流速在高程981.51m，溶洞内渗漏量为6～10m^3/s。左岸防渗线先导孔物探电磁波CT透视剖面如图8.2-3所示。

8.2.2.3 全景数字成像探测灌浆质量

全景数字成像探测可以直接获取三维虚拟岩芯图像，较真实地反映钻孔孔壁的岩体情况及溶洞、裂隙中的水泥结石充填情况，并可将钻孔采集到的高分辨率、高密度信息进行数字处理并有效缝合，得出地层产状的可视图像或图形，如地层层理、裂隙等。除了对孔内地质现象进行观察，还能实现数据的处理，为更准确地获取地下岩体的结构信息提供很好的技术支持。通过虚拟岩芯图像的分析，可以对裂隙等结构面进行识别与统计，进而可以分析出水点的位置、大小及灌浆后裂隙充填情况等。因而，可以通过全景数字成像探测评价灌浆效果。

8.2.3 岩溶坝基帷幕灌浆质量检测工程实例

8.2.3.1 工程概况

沙沱水电站位于贵州省东北部沿河土家族自治县境内，系乌江流域梯级规划中的第九级，坝址控制流域面积为54508km^2，占整个乌江流域的62%。电站以发电为主，兼顾航运、防洪及灌溉等任务。水库正常蓄水位为365m，死水位为353.5m，总库容为9.10亿m^3，调节库容为2.87亿m^3，属日、周调节水库。电站总装机容量为1120MW（4×280MW），多年平均发电量为45.89亿kW·h。通航建筑物为垂直升船机，年通过能力

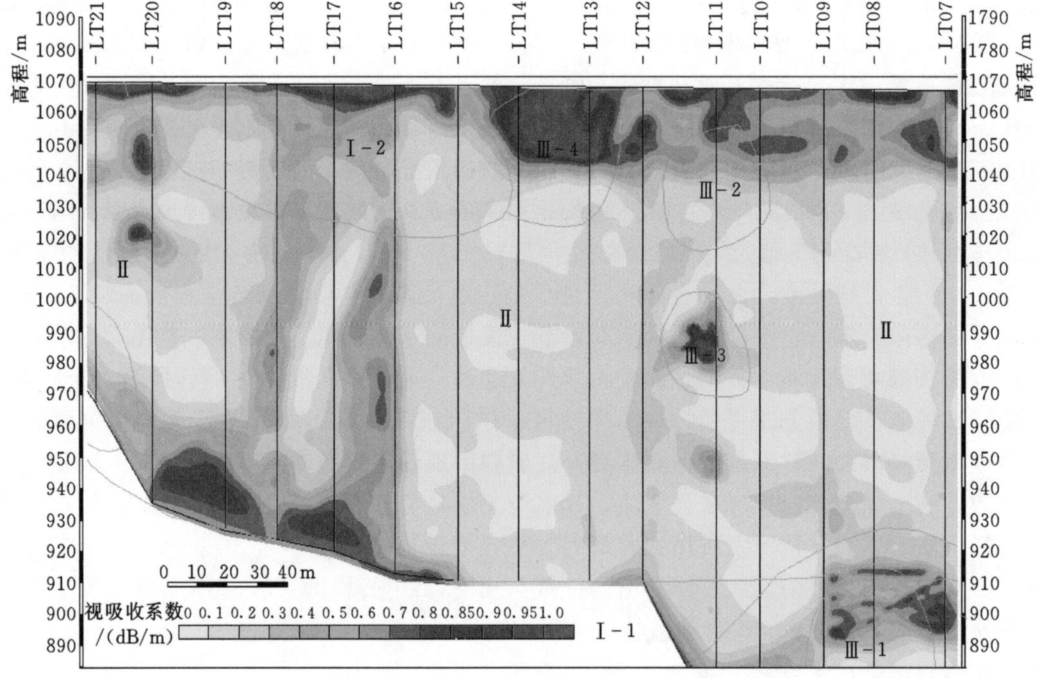

图 8.2-3　左岸防渗线先导孔物探电磁波 CT 检测剖面图

为 334.3 万 t。

右岸高程 328m 灌浆隧洞所处区域出露基岩为奥陶系桐梓组（O_1t）至志留系龙马溪组（S_1ln）地层，岩性包括灰岩、白云质灰岩、泥灰岩、页岩、砂岩等。断层、夹层夹泥、溶蚀交互发育，其中大的断层、溶蚀、夹层夹泥带有 3 处，分别位于桩号右帷 0+465.000～右帷 0+478.000、右帷 0+510.000～右帷 0+540.000，右帷 0+578.000～右帷 0+598.000。在混凝土衬砌之前，隧洞内山体和地表水沿节理、裂隙、断层及溶蚀和夹层夹泥带渗漏到洞内，雨天尤其明显。

8.2.3.2　防渗帷幕灌浆试验施工

1. 帷幕灌浆生产性试验区选取

通过对防渗帷幕线上的地质条件分析，结合设计文件及现场实际施工条件，选在右岸高程 328m 灌浆隧洞（桩号为右帷 0+486.000～右帷 0+510.000、右帷 0+546.000～右帷 0+570.000）做帷幕生产性试验，主要确定出高压灌浆时地层（混凝土）抬动量，验证自上而下、小口径钻进、孔口封闭、不待凝、孔内循环高压灌浆技术在该区的可行性以及判定防渗帷幕底线方法，试验区灌浆结束后通过压水试验检查帷幕防渗能力。主要试验项目包括：抬动观测孔钻孔，多点位移计、千分表抬动观测设备安装，压水、灌浆过程中抬动观测；各种造孔技术试验；灌浆过程中压力、段长、孔口管埋设方式、浆液配比及变浆标准、灌浆结束标准、封孔，特殊情况处理以及特殊地质条件处理等技术参数调整；通过灌前灌后压水试验、物探测试等手段进行灌浆效果对比分析；确定判定防渗帷幕灌浆底线方法；通过最终检查孔压水试验判定灌浆帷幕防渗效果是否满足设计要求。

在每个试验区选一个孔进行全孔高压耐久性压水试验，压水压力为 2.5MPa。在该压力保持不变的条件下，压水时间持续72h，以检测帷幕的防渗能力随时间衰减或透水性随时间增大的趋势。

2. 帷幕灌浆生产性试验区布置

右岸高程328m灌浆隧洞试验段长度为48m，帷幕灌浆试验孔布置在隧洞底板上，按上下游两排呈梅花形布置。试验Ⅰ区（桩号右帷0+546.000～右帷0+570.000）孔距为2.0m，排距为1.2m，共布置25个帷幕灌浆孔、2个抬动孔、2个物探测试孔；试验Ⅱ区（桩号右帷0+486.000～右帷0+510.000）孔距为2.5m，排距为1.2m，共布置19个帷幕灌浆孔、1个抬动孔。先施工下游排，后施工上游排，同排分3序进行施工，先施工Ⅰ序孔，再施工Ⅱ序孔，最后施工Ⅲ序孔。通过对物探孔进行取芯、灌前灌后压水试验以及声波测试，判断岩石的完整情况和灌浆前后岩石地基防渗性能改善程度。

3. 帷幕灌浆生产性试验施工过程

2009年9月17日送样进行灌浆原材料物理、力学性能检测，浆液配合比及性能试验；2009年10月14日开始抬动观测孔、物探孔的钻孔及压水试验；2009年10月21日完成灌前物探测试工作；2009年10月24日开始帷幕灌浆试验Ⅰ区的钻灌施工，2010年2月3日帷幕灌浆试验Ⅰ区灌浆结束；2009年11月8日开始帷幕灌浆试验Ⅱ区的钻灌施工，2010年1月20日帷幕灌浆试验Ⅱ区灌浆结束；2010年3月7日开始试验区检查孔施工；2010年3月14日压水试验结束；2010年3月20日完成灌后物探测试工作；2010年3月26日帷幕灌浆耐久性压水试验结束。

8.2.3.3 帷幕灌浆试验资料分析

1. 灌浆成果汇总统计

右岸高程328m灌浆隧洞共布置2个帷幕灌浆试验区（桩号为右帷0+486.000～右帷0+510.000、右帷0+546.000～右帷0+570.000）。

试验Ⅰ区共设帷幕灌浆孔25个，其中Ⅰ序孔7个，Ⅱ序孔6个，Ⅲ序孔12个。并布置帷幕灌浆检查孔3个、抬动孔2个、物探测试孔2个；右岸高程328m灌浆隧洞试验Ⅰ区帷幕灌浆试验施工资料汇总统计见表8.2-1。

表8.2-1　试验Ⅰ区帷幕灌浆试验施工资料汇总统计表

钻孔类别	孔数/个	钻孔量/m	灌浆量/m	灌入灰量/kg	灌前透水率/kg		单位注入量/(kg/m)		
					最小值	最大值	最小值	最大值	平均值
Ⅰ	7	321	318	709200	0	∞	0	10973.2	2230.9
Ⅱ	6	273	271	318567	0	53.3	0	9544.2	1176.4
Ⅲ	12	550	545	309883	0	21.52	0	6518.7	559.1
合计	25	1144	1134	1337650	0	∞	0	10973.2	1170.3

试验Ⅱ区共设帷幕灌浆孔19个，包括帷幕灌浆检查孔2个、抬动孔1个；其中Ⅰ序孔5个，Ⅱ序孔5个，Ⅲ序孔9个。右岸高程328m灌浆隧洞第Ⅱ试验区帷幕灌浆试验施工资料汇总统计见表8.2-2。

表 8.2-2　　试验Ⅱ区帷幕灌浆试验施工资料汇总统计表

钻孔类别	孔数/个	钻孔量/m	灌浆量/m	灌入灰量/kg	灌前透水率/kg		单位注入量/(kg/m)		
					最小值	最大值	最小值	最大值	平均值
Ⅰ	5	275.5	273.5	486180.1	0	∞	0	7608.0	1777.6
Ⅱ	5	275.3	273.3	184945.4	0	53.3	0	4705.3	671.8
Ⅲ	9	497.6	494.0	226503.9	0	21.52	0	5471.4	455.2
合计	19	1048.4	1040.8	897629.4	0	∞	0	7608.0	862.4

2. 灌前透水率分析

帷幕灌浆试验Ⅰ区共25个孔进行了258段灌前压水试验及2个物探测试孔的压水试验，2个抬动孔观测，帷幕试验第Ⅰ区灌前透水率统计频率及累计频率如图8.2-4所示。

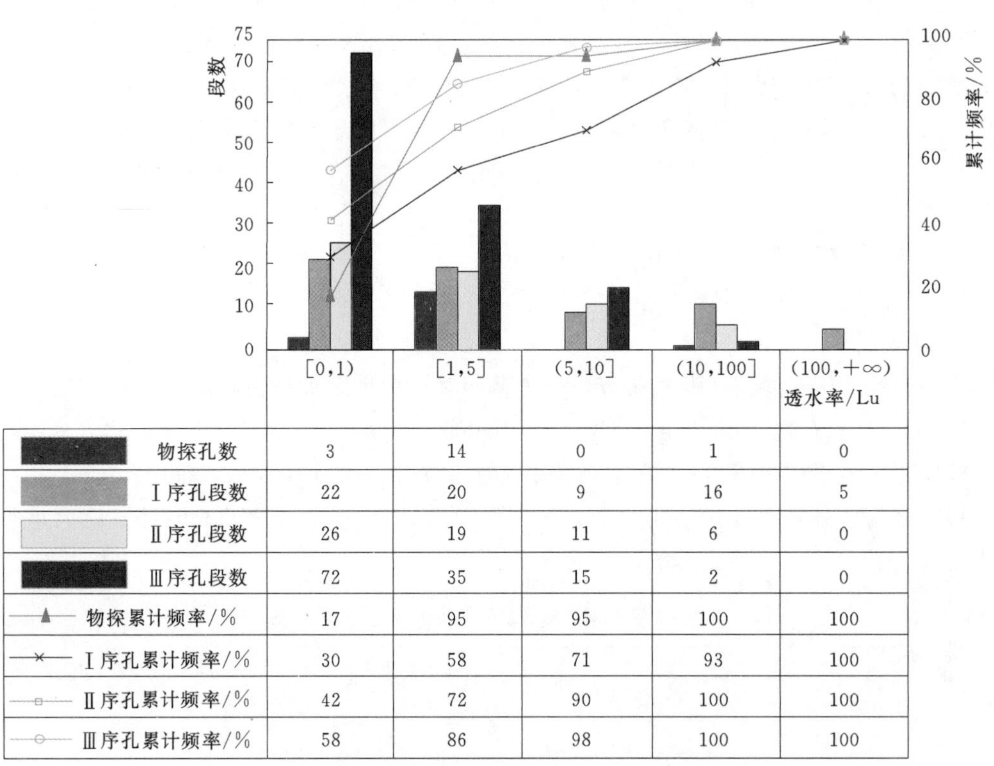

	[0,1)	[1,5]	(5,10]	(10,100]	(100,+∞)
物探孔数	3	14	0	1	0
Ⅰ序孔段数	22	20	9	16	5
Ⅱ序孔段数	26	19	11	6	0
Ⅲ序孔段数	72	35	15	2	0
物探累计频率/%	17	95	95	100	100
Ⅰ序孔累计频率/%	30	58	71	93	100
Ⅱ序孔累计频率/%	42	72	90	100	100
Ⅲ序孔累计频率/%	58	86	98	100	100

图 8.2-4　帷幕试验Ⅰ区灌前透水率频率及累计频率图

从图8.2-4可以看出，透水率在［0，5］Lu区间的有194段，占总段数的75%；透水率区间在（5，10］Lu的段共35段，占总段数的14%；透水率大于10Lu的段共29段，占总段数的11%。从透水率分布区间可以看出，试验区地层发育有细微中等裂隙及裂隙性小断层，局部存在较大岩溶管道。

同时，图8.2-4也反映出：Ⅰ序孔透水率在［0，5］Lu区间的段共42段，占总段数的58.3%；透水率大于5Lu的段共30段，占总段数的41.7%。Ⅱ序孔透水率在［0，

5] Lu 区间的段共 45 段，占总段数的 72.6%；透水率大于 5Lu 的段共 17 段，占总段数的 27.4%。Ⅲ序孔透水率在 [0，5] Lu 区间的段共 107 段，占总段数的 86.3%；透水率大于 5Lu 的段共 17 段，占总段数的 13.7%。随着施工的进行，后序孔的灌前透水率明显向低透水率区域靠拢，说明随着施工的进行，地层的渗透性逐渐减弱。各序孔频率递减较为明显，符合一般灌浆规律。

帷幕灌浆试验Ⅱ区共 19 个孔进行了 231 段灌前压水试验，1 个抬动孔观测，各序孔的灌前透水率统计频率及累计频率曲图如图 8.2-5 所示。

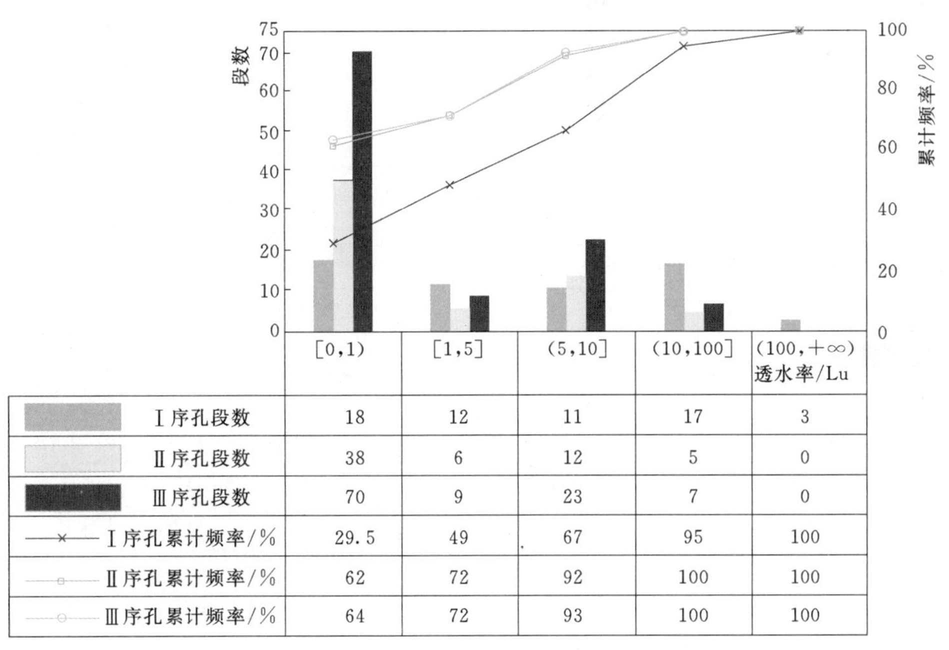

	[0,1)	[1,5]	(5,10]	(10,100]	(100,+∞)
Ⅰ序孔段数	18	12	11	17	3
Ⅱ序孔段数	38	6	12	5	0
Ⅲ序孔段数	70	9	23	7	0
Ⅰ序孔累计频率/%	29.5	49	67	95	100
Ⅱ序孔累计频率/%	62	72	92	100	100
Ⅲ序孔累计频率/%	64	72	93	100	100

图 8.2-5　帷幕试验Ⅱ区灌前透水率统计频率及累计频率图

从图 8.2-5 可以看出，透水率在 [0，5] Lu 区间的段共 153 段，占总段数的 66%；透水率区间在 (5，10] Lu 的段共 46 段，占总段数的 20%；透水率大于 10Lu 的段共 32 段，占总段数的 14%。从透水率分布区间可以说明试验区地层发育有细微中等裂隙及裂隙性小断层，局部存在较大岩溶管道。

同时，图 8.2-5 也反映出：Ⅰ序孔透水率在 [0，5] Lu 区间的段共 30 段，占总段数的 49%；透水率大于 5Lu 的段共 31 段，占总段数的 51%。Ⅱ序孔透水率在 [0，5] Lu 区间的段共 44 段，占总段数的 72%；透水率大于 5Lu 的段共 17 段，占总段数的 28%。Ⅲ序孔透水率在 [0，5] Lu 区间的段共 79 段，占总段数的 72.5%；透水率大于 5Lu 的段共 30 段，占总段数的 27.5%。随着施工的进行，后序孔的灌前透水率明显向低透水率区域靠拢，说明随着施工的进行，地层的渗透性逐渐减弱。各序孔频率递减较为明显，符合一般灌浆规律。

3. 单位注入量分析

帷幕灌浆试验Ⅰ区 25 个灌浆孔共进行了 258 段灌浆，所有段的单位注入量频率及累计频率如图 8.2-6 所示。

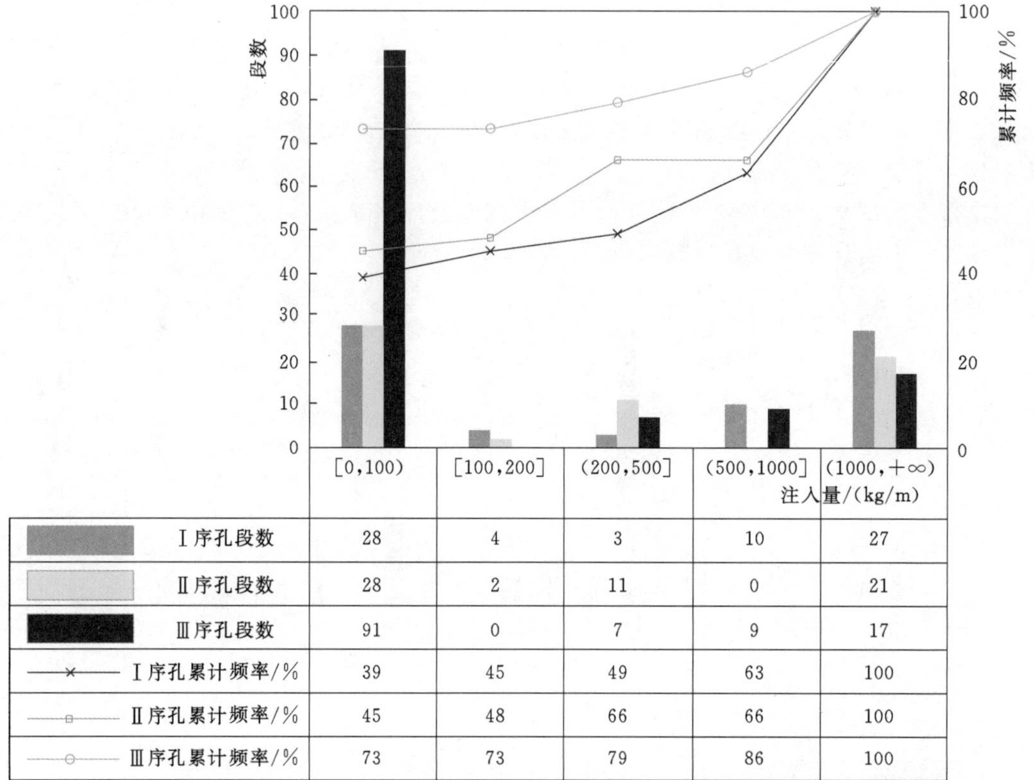

	[0,100)	[100,200]	(200,500]	(500,1000]	(1000,+∞)
Ⅰ序孔段数	28	4	3	10	27
Ⅱ序孔段数	28	2	11	0	21
Ⅲ序孔段数	91	0	7	9	17
Ⅰ序孔累计频率/%	39	45	49	63	100
Ⅱ序孔累计频率/%	45	48	66	66	100
Ⅲ序孔累计频率/%	73	73	79	86	100

图 8.2-6　帷幕试验Ⅰ区单位注入量频率及累计频率图

从图 8.2-6 可以看出，单位注入量在［0，100）kg/m 区间的段有 147 段，占总段数的 57%；单位注入量在［100，1000］kg/m 区间的段有 46 段，占总段数的 18%；单位注入量大于 1000kg/m 的段有 65 段，占总段数的 25%。灌浆单位注入量的变化规律与灌前透水率变化规律基本一致，说明试验区地层发育有细微中等裂隙及裂隙性小断层，局部存在较大岩溶管道，与设计勘探地质资料基本吻合。

单位注入量累计频率曲线在图 8.2-6 中自下而上的排列顺序是：Ⅰ序孔→Ⅱ序孔→Ⅲ序孔，说明随着灌浆施工的进行，地质条件逐步改善，岩石可灌性减弱，符合一般灌浆规律，灌浆效果明显。

Ⅰ序孔的平均单位注入量为 2230.9kg/m，Ⅱ序孔的平均单位注入量为 1176.4kg/m，Ⅲ序孔的平均单位注入量为 568.3kg/m，说明岩石的可灌性是逐序减弱的，至检查孔压水试验时透水率均小于 1Lu，岩石已几乎不具可灌性。

帷幕灌浆试验Ⅱ区 19 个灌浆孔共进行了 231 段灌浆，将所有段的单位注入量统计作频率曲线图如 8.2—7 所示。

从图 8.2-7 可以看出，单位注入量在［0，100）kg/m 区间的段有 144 段，占总段数的 62%；单位注入量在［100，1000］kg/m 区间的段有 41 段，占总段数的 18%；单位注入量大于 1000kg/m 的段有 46 段，占总段数的 20%。灌浆单位注入量的变化规律与灌前透水率变化规律基本相一致，说明试验区地层发育有细微中等裂隙及裂隙性小断层，局部

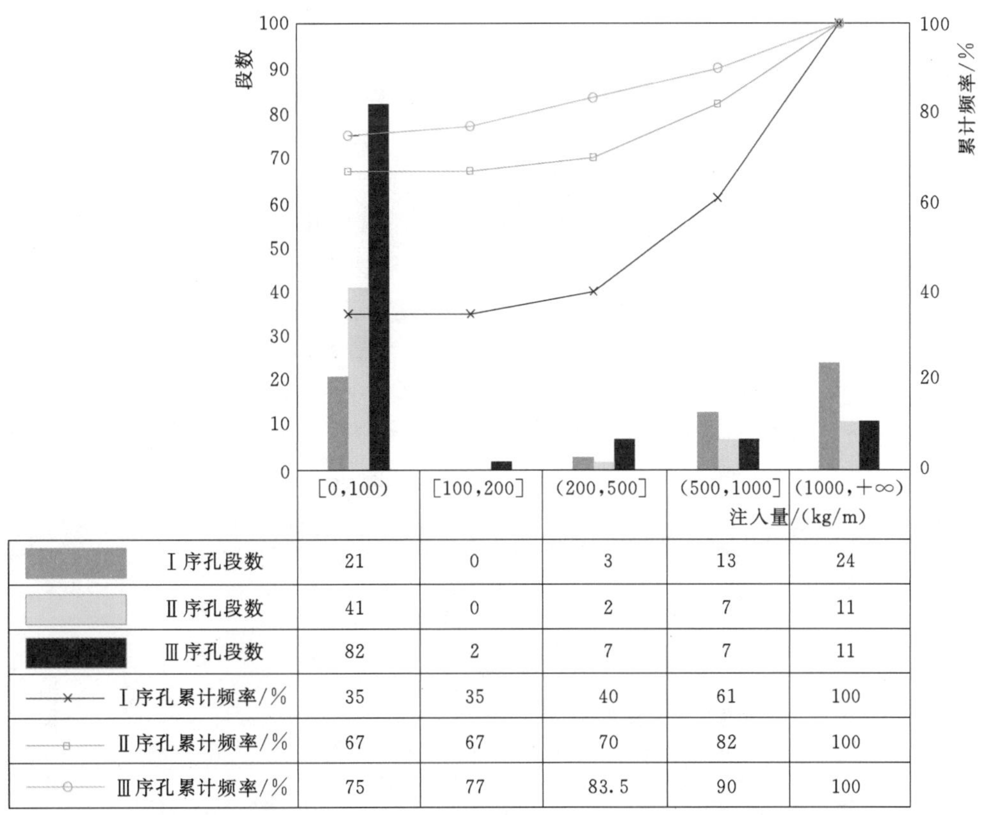

	[0,100)	[100,200]	(200,500]	(500,1000]	(1000,+∞)
Ⅰ序孔段数	21	0	3	13	24
Ⅱ序孔段数	41	0	2	7	11
Ⅲ序孔段数	82	2	7	7	11
Ⅰ序孔累计频率/%	35	35	40	61	100
Ⅱ序孔累计频率/%	67	67	70	82	100
Ⅲ序孔累计频率/%	75	77	83.5	90	100

图 8.2-7　帷幕试验Ⅱ区单位注入量频率及累计频率图

存在较大岩溶管道，与设计勘探地质资料吻合。

单位注入量累计频率曲线在图 8.2-7 中自下而上的排列顺序是：Ⅰ序孔→Ⅱ序孔→Ⅲ序孔，说明随着灌浆施工的进行，地质条件逐步改善，岩石可灌性减弱，符合一般灌浆规律，灌浆效果明显。

Ⅰ序孔的平均单位注入量为 1777.6kg/m，Ⅱ序孔的平均单位注入量为 671.8kg/m，Ⅲ序孔的平均单位注入量为 455.2kg/m。说明岩石的可灌性是逐序减弱的，至检查孔压水试验时透水率均小于 1Lu，岩石已几乎不具可灌性。

4. 孔斜分析

包括帷幕试验检查孔在内，所有帷幕试验孔均进行了控制性测斜，测斜孔数为 44 个，最大偏斜值为 1.1m，最大偏斜率为 1.9%，最大测点孔深为 56.9m，所有钻孔的偏斜值均在设计允许范围之内。随着孔序的变化，平均偏斜率在逐渐降低，说明通过先序孔的灌浆，地质条件有所改善，在后序孔的钻进中，钻头各向所受的力更加均匀，使偏斜率降低，灌浆效果是非常明显的。

8.2.3.4　帷幕灌浆效果检测及评价

1. 物探声波测试灌前、灌后数据分析

试验Ⅰ区内布置了 2 个物探测试孔，孔号分别为 W1 和 W2。对物探测试孔进行了灌前、灌后单孔声波测试、跨孔声波测试及孔内摄像。

（1）W1孔：孔深为46m，0～5m段岩体较破碎，裂隙发育；5～13m处遇黄泥夹层；15.6～16.8m发育溶洞，溶洞未充填，25～27.5m处遇黄泥夹层，其余孔段主要局部发育裂隙。从灌后波形曲线上来看，经过灌浆，岩体低波速带波速得到提高，灌前平均波速为5640m/s，灌后平均波速为5950m/s，灌后波速平均提高5.5%。从统计情况来看，灌前声波波速大于4000m/s的占90.04%，灌后声波波速大于4000m/s的占99.14%。

（2）W2孔：孔深为46m，根据灌前、灌后波速曲线对比：经过灌浆，岩体低波速带波速明显提高，灌前平均波速为5700m/s，灌后平均波速为6020m/s，灌后波速平均提高率为5.6%。从统计情况来看，灌前声波波速大于4000m/s的占97.84%，灌后声波波速大于4000m/s的占100%。

（3）W1～W2孔：从波形曲线反映出，经过灌浆，两空间岩体平均低波速带波速得到提高，灌前平均波速为5500m/s，灌后平均波速为5710m/s，灌后波速平均提高率为3.8%。从统计情况看，灌前声波波速大于4000m/s的占93.55%，灌后声波波速大于4000m/s的占100%。

右岸高程328m隧洞帷幕灌浆试验Ⅰ区灌浆声波检测成果统计见表8.2-3。

表8.2-3　帷幕灌浆试验Ⅰ区灌浆声波检测成果统计表

试验区	孔号或剖面号	灌前 V_p			灌后 V_p			平均值提高率/%
		最大值/(m/s)	最小值/(m/s)	平均值/(m/s)	最大值/(m/s)	最小值/(m/s)	平均值/(m/s)	
Ⅰ号试验区	W1	6450	1540	5640	6450	3450	5950	5.5
	W2	6450	2560	5700	6450	4080	6020	5.6
	W1～W2	6160	2400	5500	6060	4030	5710	3.8

2. 检查孔透水率分析

右岸高程328m灌浆隧洞帷幕灌浆试验Ⅰ区、试验Ⅱ区的质量检查以检查孔的压水试验为主，共布置了5个检查孔；并结合对钻孔、取岩芯资料、灌浆记录和测试成果的分析进行综合评定。

检查孔采用自上而下分段卡塞压水进行压水试验，压水试验采用单点法检查，段长与灌浆段长相同，压水压力为1.5MPa，检查孔各孔的最大、最小透水率见表8.2-4。

表8.2-4　帷幕灌浆试验检查孔压水试验成果表

孔号	JC-WMSⅠ-1	JC-WMSⅠ-2	JC-WMSⅠ-3	JC-WMSⅡ-1	JC-WMSⅡ-2
段数	10	10	11	12	12
最大透水率/Lu	0.18	0.60	0.32	0.28	0.26
最小透水率/Lu	0	0	0	0	0

从表8.2-4中可以看出，试验Ⅰ区3个检查孔所有孔段的最大透水率为0.6Lu，小于设计透水率标准1Lu，完全达到设计的防渗标准，说明试验Ⅰ区岩体已几乎不具有可灌

性；试验Ⅱ区共2个检查孔所有孔段中最大透水率为0.28Lu，小于设计透水率标准1Lu，完全达到设计的防渗标准，说明试验Ⅱ区岩体已几乎不具有可灌性。

3. 检查孔岩芯芯样分析

右岸高程328m灌浆隧洞帷幕灌浆试验Ⅰ区、试验Ⅱ区大部分岩体裂隙较发育，裂隙多呈闭合状或被充填。试验Ⅰ区存在发育溶洞及黄泥夹层，检查孔钻孔发现有返少量黄泥水的现象，但局部孔段能取出水泥结石以及与黄泥的胶结结石。试验Ⅰ区因溶洞（槽）发育，可能较宽，检查孔取芯中，部分孔段仍然有黄泥夹层充填的现象，岩芯采取率及RQD均为80%以上，其他检查孔岩芯采取率可达90%以上；试验Ⅱ区主要为黄泥夹层和破碎带，灌浆后，检查孔部分裂隙中有水泥浆形成的结石充填，灌浆效果比较明显，岩芯采取率及RQD较高，可达90%以上。

4. 抬动观测分析

右岸高程328m灌浆隧洞帷幕灌浆试验Ⅰ区、试验Ⅱ区共设3个抬动孔，且在孔内安装了抬动观测装置，2个物探孔，分别做了灌前、灌后物探测试。该次试验，每一灌浆段的每次灌浆均进行抬动变形观测，帷幕灌浆试验Ⅰ区共测258次，试验Ⅱ区共测231次。在灌浆过程中和以后一段时间内，试验区底板没有发生抬动，说明在最大设计压力4.0MPa的作用下混凝土底板是安全的。

5. 帷幕体耐久性分析

在检查孔进行压水试验结束后，选取检查孔JC-WMSⅠ-2和JC-WMSⅡ-2作帷幕灌浆耐久性试验，压水压力为2.5MPa，压水时间持续72h。其中JC-WMSⅠ-2压入水量最大时透水率为0.09Lu，JC-WMSⅡ-2压入水量最大时透水率为0.06Lu，均小于设计透水率标准。

6. 封孔质量检查取芯分析

右岸高程328m隧洞帷幕灌浆试验区帷幕灌浆施工结束后，对帷幕灌浆孔的封孔质量进行了抽样检查，其中试验Ⅰ区取M28-1-3和M28-1-24号孔，试验Ⅱ区取M28-2-15号孔进行钻孔取芯，孔径为ϕ56mm，钻孔深度为6m。3个抽样检查孔钻孔取芯的采取率和RQD为90%以上，说明封孔水泥结石密实。

检查孔的灌浆效果检查表明，灌浆效果完全满足设计要求，同时结合对透水率、平均单位注入量及其他资料分析，可以得出以下结论：帷幕灌浆试验所采用的参数满足设计对防渗效果的要求，采用的参数与地质条件、施工条件相适应，可以直接指导后续主体帷幕灌浆施工，生产性试验达到了灌浆试验目的。根据灌浆试验及检测结果，提出该电站防渗帷幕灌浆施工方法、参数等如下：

（1）孔口封闭灌浆法适用于沙沱水电站的防渗帷幕灌浆，应在帷幕施工中优先使用，这样可以加快施工进度，同时下一段灌浆时上一段可得到复灌，提高了工程质量。

（2）浆液配合比：采用帷幕灌浆试验的浆液，即水泥粉煤灰浆液，并掺入一定量的减水剂，这样可以提高浆液的流动性，增强岩体的可灌性，同时掺入粉煤灰可减少浆液成本。粉煤灰掺量为水泥重量的30%，外加剂的掺量为胶凝材料重量的0.25%，浆液原材料采用浆液配合比试验用的原材料。

（3）灌浆压力：可采用帷幕灌浆试验的各灌浆段压力。

(4) 水胶比：帷幕灌浆试验所用的水胶比为 0.7∶1 和 0.5∶1 两个比级，建议增加 1∶1比级，开灌水胶比为 1∶1，封孔水胶比为 0.5∶1。

(5) 孔排距：根据灌前压水、平均灌浆单位注入量及灌浆效果检查分析，在地质条件较好的部位，灌浆孔距为 2.5m、排距为 1.2m 较为合适，但在有涌水或岩溶管道区域，建议先堵漏，再在两排之间采用“品”字形加密孔布置。

(6) 段长划分：孔口管段为入基岩 2.0m，第二段为 3.0m，以下各段均为 5.0m。当终孔段达到终孔标准后，灌浆段长不大于 7.0m 时可作一段灌注。

(7) 降低帷幕底线的标准：在溶洞、裂隙发育、强透水地带，若相邻两个Ⅰ序孔最终两个灌浆段（10m）范围内的单位耗灰量大于 200kg/m，需要加深帷幕底限，直到满足设计要求。

(8) 高程 328m 以下帷幕灌浆质量检查孔压水试验第一段最大压力以 1.0MPa、以下各段最大压力以 1.5MPa 为宜，不宜超过 1.5MPa。

(9) 建议在地质条件差的部位，沿着帷幕线满足压重要求，垂直帷幕轴线部位按堵头要求处理。

(10) 如遇特殊地质情况，由参建各方共同研究处理措施及施工工艺。

第 9 章

岩溶水库渗漏勘察与防渗处理工程实例

9.1 索风营水电站岩溶渗漏勘察及坝基防渗处理

9.1.1 工程概况

索风营水电站是乌江干流上第五个梯级电站，上、下游分别接东风水电站和乌江渡水电站。库容为1.686亿m^3，碾压混凝土重力坝高为115.8m，右岸地下厂房装机容量为3×200MW。

该电站是贵州省西电东送首批重点工程之一，于2002年7月开工建设，2005年8月首台机组发电，2006年6月3台机组全部投产发电。该项目获得了贵州省第十二次优秀勘察成果一等奖、2012年贵州省科技进步二等奖、2005年贵州省优秀工程咨询一等奖、2009年度中国电力优质工程奖、第十届中国土木工程“詹天佑”奖等。

索风营水电站水库区可溶岩广泛分布，区域性断裂构造纵横交错，是整个乌江流域中岩溶水文地质条件最为复杂的梯级电站，也由于岩溶水文地质条件复杂，曾在乌江流域水电规划中列为后期开发项目，只是因其地理位置距电力负荷中心近、交通便利、工程施工条件优越，加上西电东送战略实施的有利时机，建设单位将其列为首批重点工程。为了准确把握水库成库条件，在常规的勘测设计合同之外，中国电建集团贵阳勘测设计研究院有限公司对该水库岩溶渗漏勘察问题进行了专题勘察论证。

9.1.2 水库岩溶渗漏专题研究思路

索风营水库区属于乌江上游河段，该段河流由南西流向北东，右岸发育有猫跳河、左岸发育有野鸡河等一级支流，干、支流构成“久”字形的平面分布格局，左、右岸均存在由干流河湾或支流构成的河间地块。受区域性断裂影响，地块内隔水层多被切断，使不同时代的可溶岩相接，形成水库与下游河道连续分布的岩溶含水系统，构成了多个可疑渗漏带。

针对索风营水库区特点，岩溶渗漏勘察的研究技术路线为：以水库区岩溶含水系统在平面上的展布、上下游地下水流动系统边界条件及水位动态特点为研究中心，以地貌研究作为岩溶发育规律的切入点，通过库区地质构造及地层组合，划分岩溶含水系统，再针对各含水系统中发育的地下水流动系统，重点对其地下水位、岩溶发育下限、主要管道分布高程等进行系统的调查和勘察。

在技术手段上，立足于多种方法综合利用、多通道信息相互验证的原则。利用遥感分析、地质测绘、物探、钻探、连通试验、水质分析、岩石化学与矿物分析、溶洞调查、水文地质长期观测、连通试验及水质分析、第四纪地质及地貌研究等技术手段，对水库区岩溶发育规律、岩溶含水系统分布情况、地下水流动系统边界及水位、流量动态特征、水化学场等进行综合分析。索风营岩溶渗漏勘察与评价研究技术路线如图 9.1-1 所示。

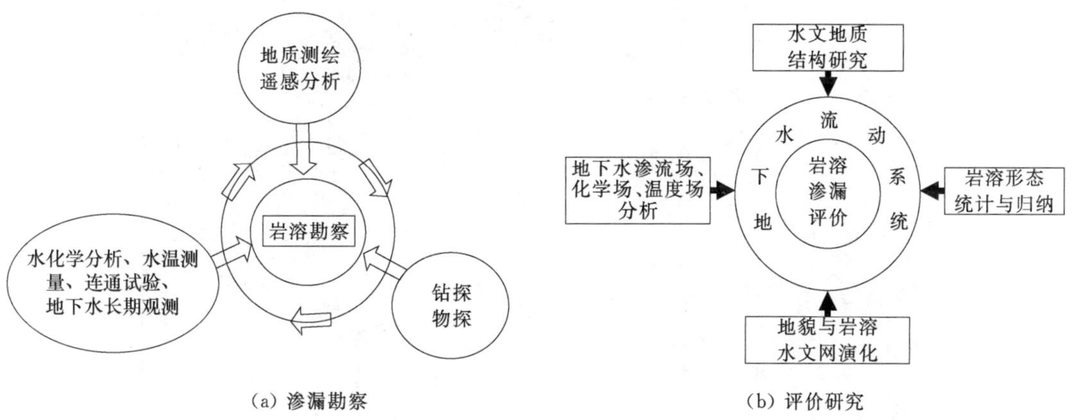

图 9.1-1　索风营岩溶渗漏勘察与评价研究技术路线

9.1.3　勘察工作

9.1.3.1　地质测绘及岩溶调查

进行 1∶50000 和 1∶10000 大面积综合地质测绘，并开展 1∶5000 库首综合地质测绘及相应岩溶调查。测绘的重点是可疑渗漏带上下游进出口和沿线，包括 S_{60} 泉上马渡以上乌江干流及猫跳河库段、下游乌江干流河段及乌渡河右岸与水库相邻河段。测绘内容包括地层岩性、产状、构造，地表岩溶洼地、落水洞、溶洞等规模、形态，泉水发育层位、流量等及地表径流等，并对关键地质现象进行拍照。

对 S_{60} 泉、铁石乡硝洞、六广贾家洞、中寨龙潭麻窝、燕子崖 5 个较大的溶洞进行了详细调查、编录，对岩溶内的沉积物、洞体形态、表皮形态进行深入细致的形态分析、微观结构成分的研究及年代测定，从不同方面了解该区岩溶发育规律。

通过上述工作掌握了地层、构造展布情况，岩溶分布、地下水地表出露等情况，为进一步岩溶、水文地质分析提供了基础。

9.1.3.2　遥感技术应用

在索风营水库岩溶调查初期，中国电建集团贵阳勘测设计研究院有限公司与贵州师范大学合作，利用岩溶在卫星影像色调、形态上有着独有的特征，通过 TM 遥感影像计算机解译，了解了水库两岸及分山岭区大型断裂构造、碳酸盐岩、地表水、大型岩溶的大致位置，初步确定了岩溶考察样本区位置、数量及考察路线，极大地优化了考察方案。索风营水库区 TM 影像如图 9.1-2 所示。

后期又将遥感技术应用于地貌分类、水文网演化及岩溶水文地质分析等工作中，并进行了一系列的数理统计，探讨和研究了该区的岩溶形态成因类型、岩溶地貌发育特征、演化规律。地质图成图利用 GIS 软件，提高了成果质量和工作效率。索风营水库区地貌类型分区图如图 9.1-3 所示，两岸地貌剖面示意图如图 9.1-4 所示。

9.1.3.3　地球物理勘探

为了使岩溶水文地质勘察工作达到点、线、面的有机结合，该工程进行了大量的物探

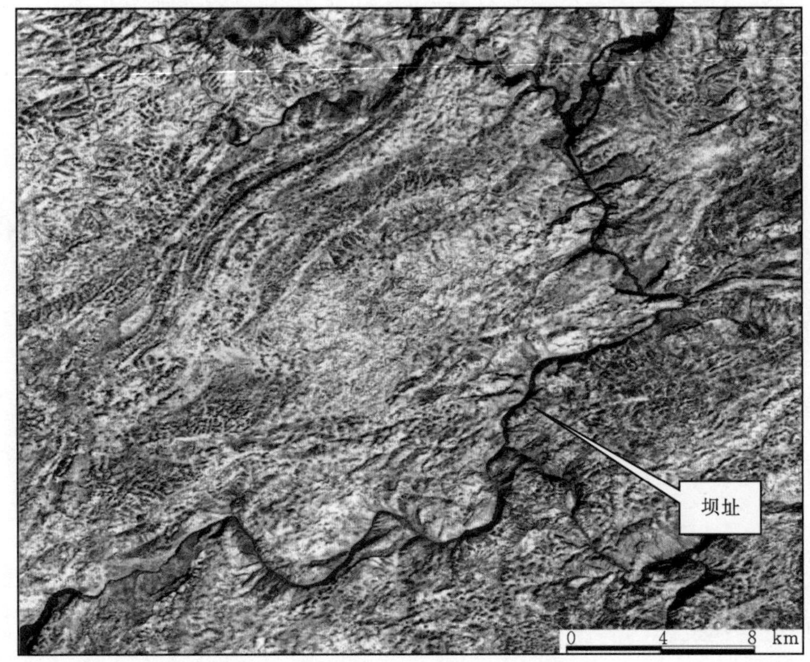

图 9.1-2 索风营水库区 TM 影像图

工作，不仅认识为勘察区域深部地质结构、岩溶发育情况、地下水位情况及主要岩溶含水系统、地下水流动系统提供了必要的资料，并为后期验证性的钻探工作布置提供了重要的参考依据。库区使用的方法有可控源音频大地电磁测深、激发极化、电阻率综合测井、声波综合测井、同位素综合测井等，坝址区增加了孔间电磁波 CT、声波 CT。

（1）可控源音频大地电磁测深：利用岩溶区完整岩体与异常体间的视电阻率差异来进行勘探。采用的仪器有美国 Zonge 公司生产的 GDP-32 多功能、多通道地球物理数据采集仪和美国 Gemotric 公司生产的 EH-4 双源电磁系统。布置在各可疑渗漏带，推测主要岩溶管道、分水岭位置，测线方向垂直管道，并同钻孔相互验证，取得了良好效果。4 个重点地带共布置了近 40km 物探剖面。库区电磁测深（EH-4）法 GDP-32 剖面成果示意图如图 9.1-5 所示。

（2）激发极化：该法已广泛用于寻找地下水，其利用含水层与其他岩层在人工电场下激发极化现象的差异，即利用二次场的大小及衰减快慢的不同来间接推断含水层。在库区结合可控源音频大地电磁测深共进行了 50 个测点，取得了左、右岸的地下水位埋深值，为渗漏评价提供了可靠的基础资料。

（3）电阻率综合测井、声波综合测井、同位素综合测井：电阻率综合测井、声波综合测井主要用于岩体质量的评价，软弱层、裂隙密集带、溶蚀带、地层岩性等的探测；而同位素综合测井主要用于钻孔不同部位地下水水平渗透速度的探测，评价钻孔水位的代表性等。共完成 3000 多 m 综合测井。

（4）电磁波 CT、声波 CT：勘察期间主要利用坝址区坝轴线和防渗线附近的钻孔，在两孔之间进行电磁波或声波穿透，以了解孔间岩溶发育情况及岩体完整性。施工期则在

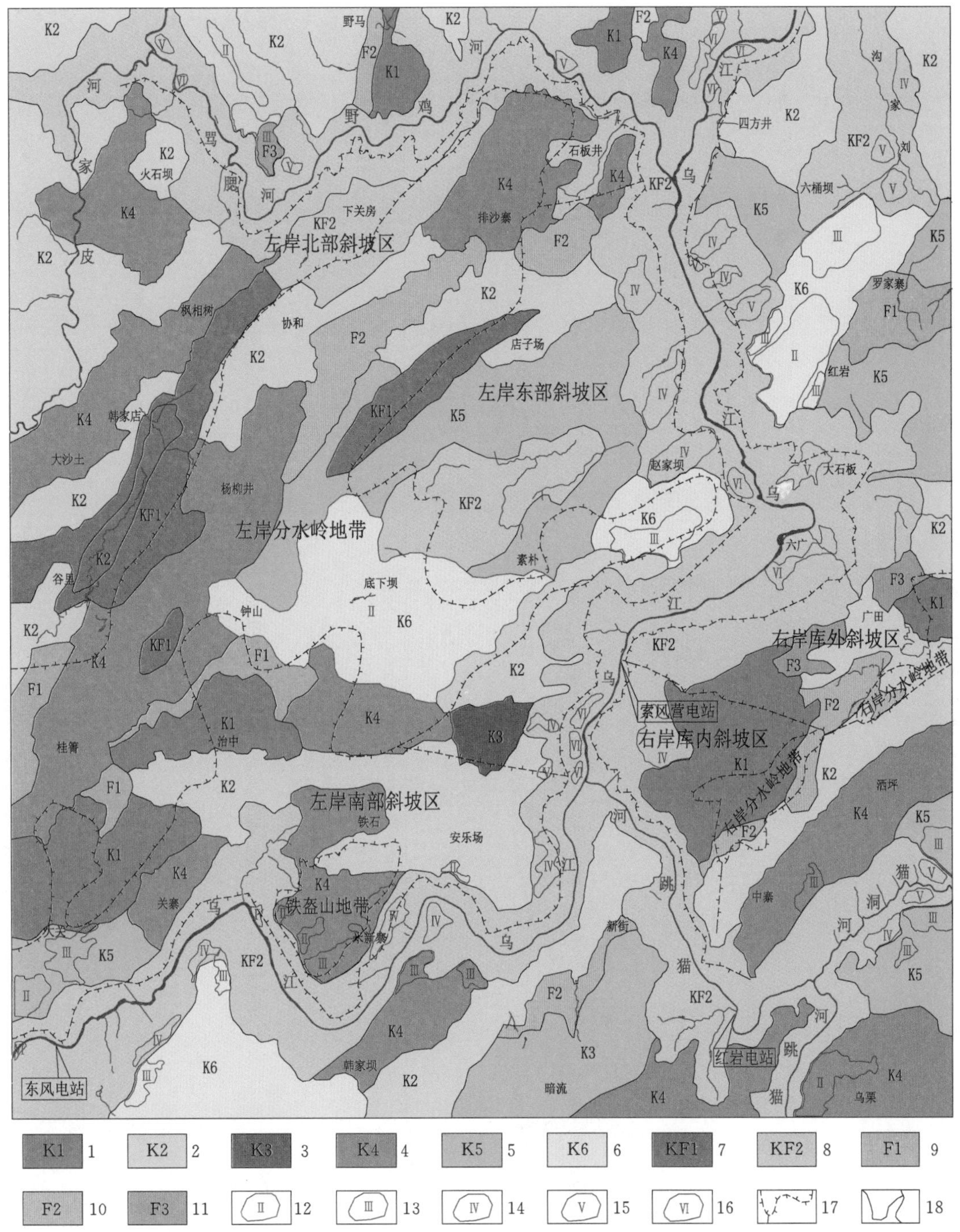

图9.1-3　索风营水库区地貌类型分区图

1—峰丛洼地；2—峰丛谷地；3—峰林洼地；4—峰林谷地；5—溶丘谷地；6—残丘溶原；7—岩溶中山沟谷；8—岩溶中山峡谷；9—侵蚀缓丘斜坡；10—侵蚀中山沟谷；11—侵蚀中山峡谷；12—高程1300～1350m剥夷面；13—高程1200～1250m剥夷面；14—高程1100～1150m剥夷面；15—高程1000～1050m阶地；16—高程850～900m阶地；17—地貌分区界线；18—地貌类型界线

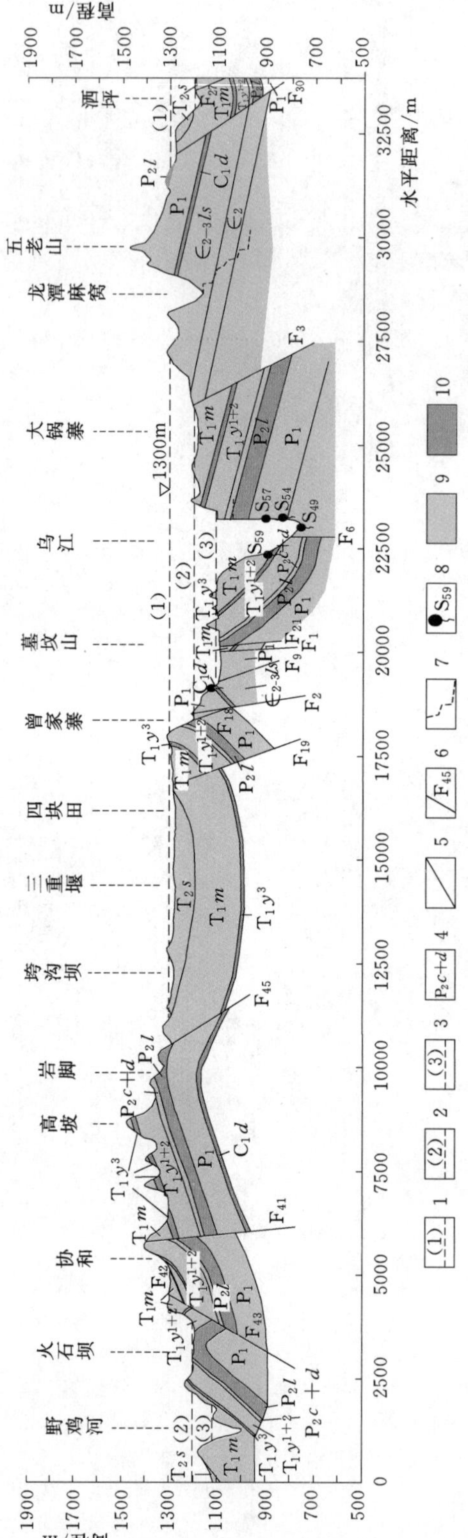

图 9.1-4 索风营水库两岸地貌剖面示意图

1—山盆一期剥夷面；2—山盆二期剥夷面；3—宽谷期剥夷面；4—地层代号；5—地层分界线；6—断层及编号；7—溶洞；8—泉及编号；9—透水岩层；10—相对隔水层

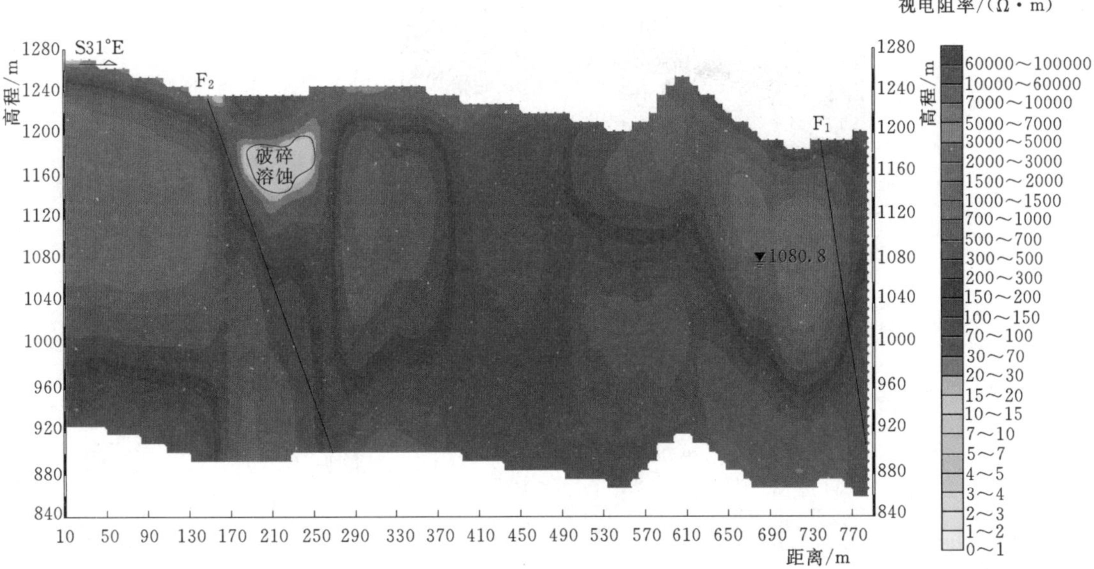

图 9.1-5 库区电磁测深（EH-4）法 GDP-32 剖面成果示意图

坝基与灌浆帷幕先导孔之间增加相应测试，为坝基优化和灌浆优化提供依据。典型成果剖面如图 9.1-6 和图 9.1-7 所示。

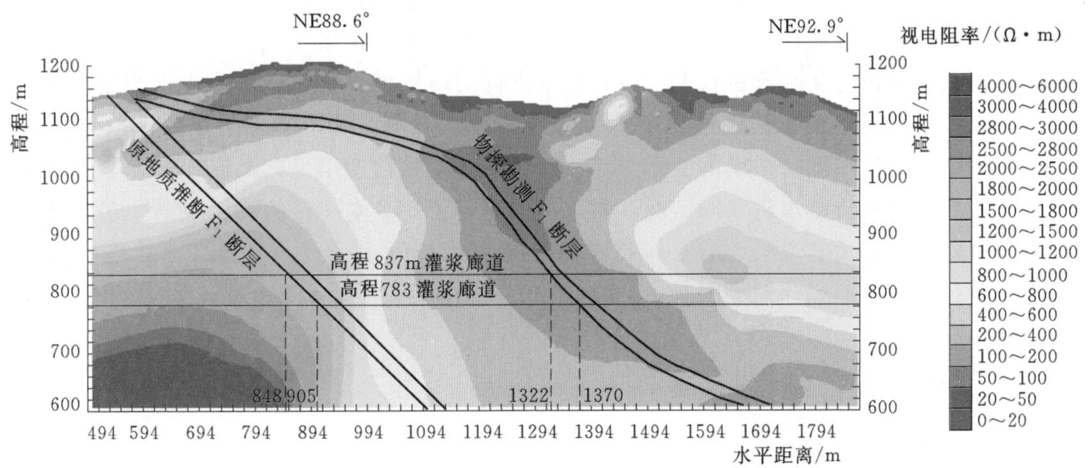

图 9.1-6 防渗线 EH-4 法剖面成果示意图

9.1.3.4 钻孔勘探

钻孔紧密围绕水库区的 4 个可疑渗漏带布置。布置的原则是：尽量布置在各可疑渗漏带的主要岩溶管道上，地表选择大型岩溶洼地底部，以争取最大可能地揭示岩溶管道，钻孔水位能代表岩溶管道的地下水位，重点部位有 2 个以上钻孔相互验证。钻探过程中坚持观测起下钻地下水位，进行分层水位与水位长期观测。

通过钻孔的认真实施，不仅揭示了地层结构，获得各可疑渗漏带代表性地下水位，了解岩溶发育特征，还配合进行了连通试验及物探综合测试等工作，实现了一孔多用。

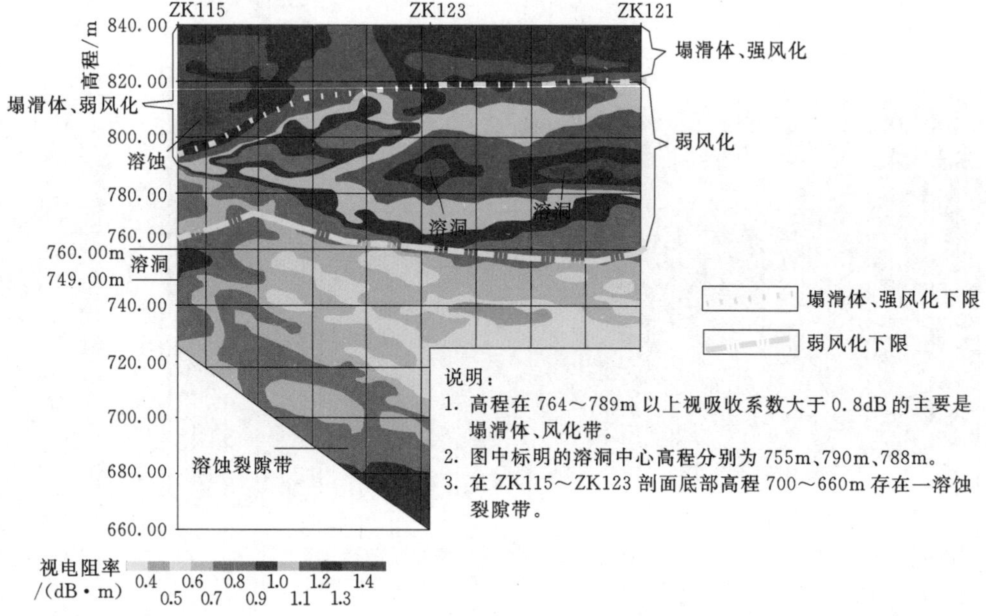

图 9.1-7 坝区钻孔物探电磁波 CT 检测剖面成果示意图

9.1.3.5 岩溶水文试验与观测

(1) 连通试验：作为岩溶调查的常规方法，在调查岩溶管道径流、排泄条件、连通性、规模、地下水渗流速度等有着其他方法不能取代的重要作用。

(2) 钻孔水位及泉水流量长期观测：勘察期间对库区的钻孔水位、泉点流量进行了 1 个多水文年的观测，钻孔钻进过程中进行水位的持续观测，基本掌握了重要地段钻孔水位、主要泉水流量在洪、枯期的变化规律。施工期为复核前期结论，又连续进行了近 5 年的长期观测；为评价蓄水后渗漏情况，蓄水后又进行了 1 个水文年的长期观测。它们是分析与评价岩溶渗漏最具说服力的基础资料和论据。ZK11 号孔水位—孔深关系曲线和库区钻孔水位长期观测曲线分别如图 9.1-8 和图 9.1-9 所示。

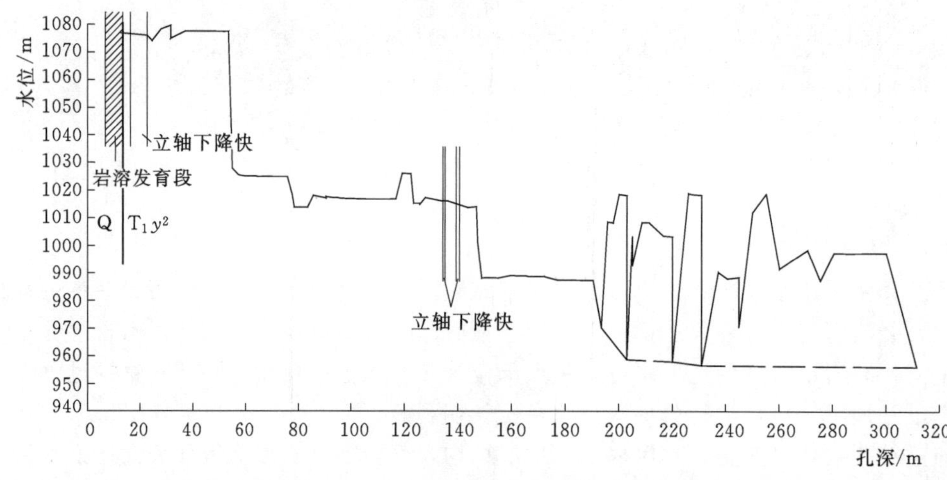

图 9.1-8 ZK11 号孔水位—孔深关系曲线

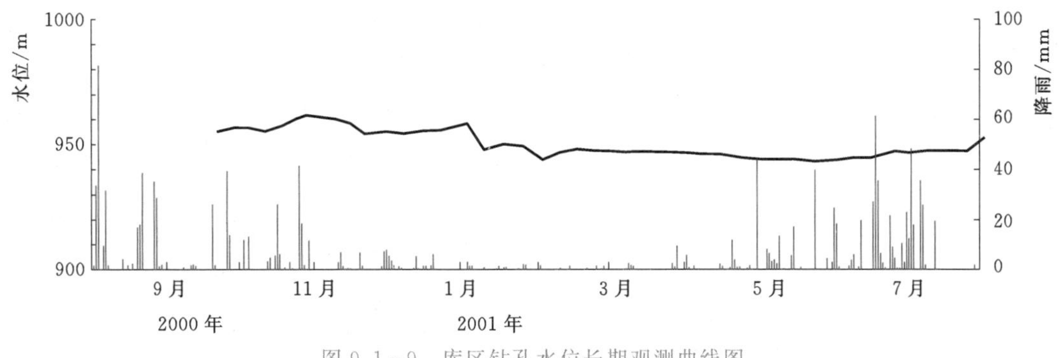

图9.1-9　库区钻孔水位长期观测曲线图

(3) 水质分析、岩石化学分析：用于岩溶水化学场分析，研究含水介质类型，辅助分析岩溶通道性质及补给、径流、排泄区范围，判断地下分水岭位置、补给条件等。

9.1.4　岩溶水文地质条件分析

9.1.4.1　岩溶层组与含水层组

水库区可溶岩出露面积及厚度分别占84.8%和89%。根据岩石类型、岩层单层厚度和岩性组合关系，将可溶岩划分为强、中、弱三类岩溶层组，相应含水性质为岩溶型、岩溶-裂隙型和裂隙型，含水层组亦分别划分为强、中、弱三类。水库区岩溶层组分类见表9.1-1。

表9.1-1　　水库区岩溶层组分类表

层组类型	地层	岩性	CaO/MgO	岩石类型	厚度/m
强可溶岩组/强岩溶含水层	T_2sh	灰岩	>25	均匀状纯灰岩	300
	T_1m	白云质灰岩、灰岩		均匀状纯灰岩	378～400
	T_1y^2	灰岩		均匀状纯灰岩	280～300
	P_1m	灰岩		均匀状纯灰岩	210
	P_1q	灰岩		均匀状纯灰岩	204
中可溶岩组/中岩溶含水层	P_2c	燧石结核灰岩	5～15	间互状纯灰岩	35～50
	$\in_{2-3}ls$	白云岩		均匀状白云岩	310
弱可溶岩组/弱岩溶含水层	T_2s	泥质白云岩	<5	间互状不纯碳酸盐岩	120～393
	$\in_2s$	泥质白云岩		均匀状不纯碳酸盐岩	276

强可溶岩组/强岩溶含水层，主要由T_2sh、T_1m、T_1y^2、P_1m、P_1q等均匀状纯灰岩构成，该类含水层中地下水丰富，岩溶地下水流量一般在10L/s以上，最大的在1000L/s以上。水库区主要岩溶大泉及暗河均发育于该类含水层中。

中可溶岩组/中岩溶含水层，主要由P_2c、$\in_{2-3}ls$等间互状纯灰岩或均匀状白云岩构成，地下水流量一般为2～10L/s，汛期雨后流量最大可达几十到近百升每秒。

弱可溶岩组/弱岩溶含水层，主要由T_2s、$\in_2s$、$\in_2g$等不纯碳酸盐岩构成，为裂隙型或岩溶裂隙型含水类型，地下水流量一般小于2L/s，汛期流量可达50L/s。

非可溶岩组/隔水层，主要由T_1y^3、T_1y^1、P_2l、C_1d等非碳酸盐岩构成，属裂隙型含水岩组，地下水活动微弱、水量贫乏，泉水流量一般小于1L/s。此外，T_2s中部及T_1m上部地层中含有一定厚度的泥岩及页岩、粉砂岩等，也具有一定的隔水作用。相同类型的岩层在二叠系下统及寒武系中统地层中也有分布。

9.1.4.2 岩溶形态统计与分布规模

水库区可溶岩分布广泛，地表、地下岩溶形态发育齐全，表现出岩溶发育程度高、岩溶形态及规模的多样性与复杂性等特点。洼地、落水洞、溶洞及岩溶泉等形态分地层、高程统计如图 3.2-5、图 9.1-10 和图 9.1-11 所示。

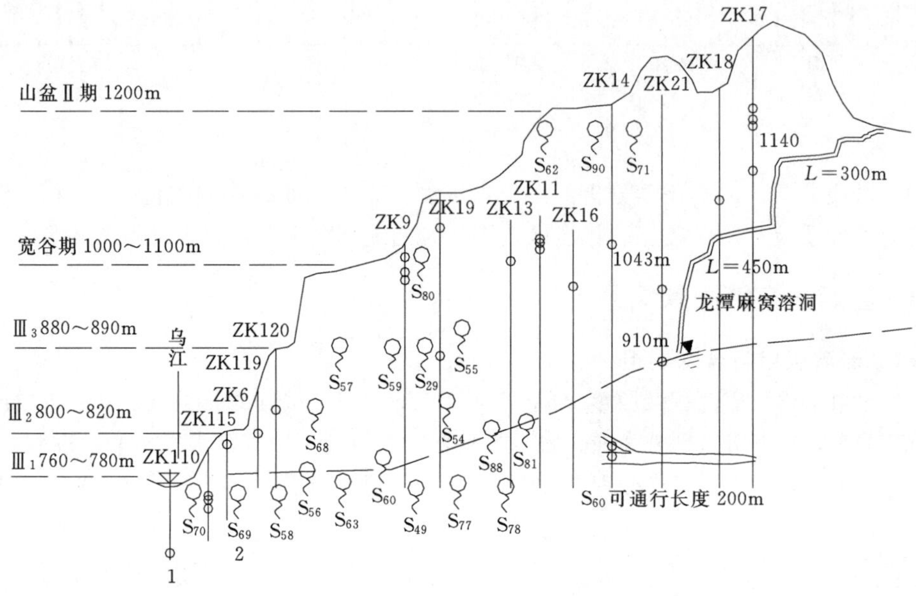

图 9.1-10 库区主要泉水、溶洞与剥夷面及阶地关系示意图

1—钻孔及编号；2—泉及编号

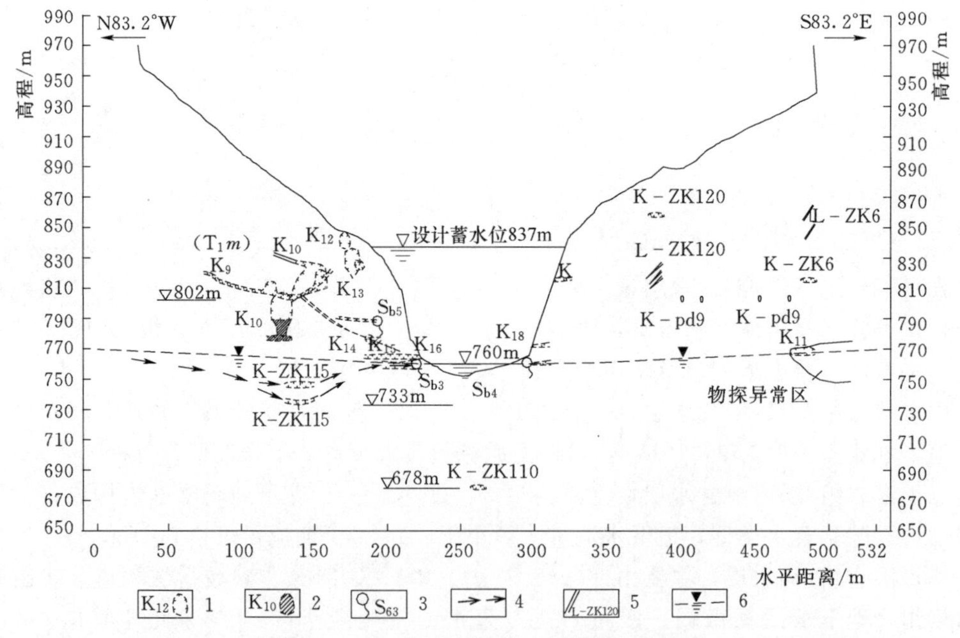

图 9.1-11 坝址区岩溶空间分布示意图

1—无充填型溶洞；2—充填型溶洞；3—泉水及编号；4—推测岩溶管道；5—溶蚀裂隙；6—地下水

岩溶形态发育频数最高的是 T_2sh、T_1m、T_1y^2、P_1m+q 等强岩溶含水层分布地带，其中洞穴占总洞穴数的98.8%，洼地占总数的90%；面积岩溶率达1.4～2.7个/km^2。

右岸分水岭地带附近岩溶发育高程为1140～1240m。左岸分水岭附近岩溶发育高程为1050～1180m。分水岭到地下水排泄区的峡谷地带，溶洞在1020～1090m、810～860m、733～750m等段发育，河床最低岩溶发育高程为678m。对应各级台面、阶地及现代河床，近河床岩溶发育深度低于河水面30m左右。

9.1.4.3　岩溶发育规律

根据岩溶发育在空间上的分布特点分析，水库区岩溶发育具有以下主要规律：

(1) 岩溶发育方向与该区新华夏系构造线平行，受断裂及可溶岩与非可溶岩相间分布影响，形成规模不等、间距不等的岩溶地下水及其管道。

(2) 河间或河湾地块的地形分水岭及地下分水岭明显向上游偏移，以分水岭为界，岩溶发育程度下游高于上游、规模下游大于上游，且地下分水岭与地形分水岭基本一致，局部偏向上游。

(3) 岩溶发育高程与地下水补、径、排区域关系明显。分水岭地带为地下水的垂向补给区，左岸分水岭岩溶发育高程在1050m以上，右岸分水岭岩溶发育高程在1130m以上。分水岭至河谷间的斜坡地带（包括山盆Ⅱ期及宽谷期台面），是地下水的径流区，岩溶发育高程在918m以上，其中右岸罗古垭口附近沿 F_{22} 断层带岩溶发育高程在800m以上，推测为 S_{58} 岩溶管道。乌江河谷为地下水排泄区，岩溶管道的水平发育深度一般在400m以内，大型岩溶管道水平发育深度超过1000m。

(4) 受岩性及河谷发育过程控制，岩溶发育在高程上具有成层性特点。以岩溶泉为例：Ⅱ级阶地以上的岩溶泉以层控型为主，由于下部隔水层的阻隔，其岩溶管道系统未能随侵蚀基准面的下降而转移。Ⅰ级阶地时期的岩溶泉层控与基控兼而有之，如左岸的 S_{60} 及 S_{70}，随早期乌江河谷下切到Ⅰ级阶地高程，主要受侵蚀基准面的控制，至Ⅰ级阶地时期形成的岩溶管道规模巨大，排泄出口畅通；后期下部 T_1y^{2-1} 岩溶化程度相对较弱，减缓了出口随侵蚀基准面下降的速度。出口位于现代河床水面附近或以下的岩溶泉属基控型，该类泉水岩溶管道发育时期长、流量大而稳定，是高原及河谷岸坡地下水的主要排泄出口，也是水库渗漏的重要研究对象，如 S_{88}、S_{77}、S_{49}、S_{63}、S_{58}、S_{69} 泉等。

9.1.4.4　岩溶含水系统

无论是由同一岩溶含水层，还是由不同岩溶含水层构成，只要具有统一水力联系的岩溶含水空间，均称为同一岩溶含水系统。在水库左右岸河间、河湾地块共分为8个岩溶含水系统，其中，从库内向库外贯通分布的有4个，即左岸跨河间地块岩溶含水系统、库首左岸三叠系岩溶含水系统、右岸大锅寨背斜岩溶含水系统和右岸二叠系岩溶含水系统。

(1) 左岸跨河间地块岩溶含水系统。该系统由 F_1 断层北部假角山向斜 T_1y^2、P_1m、P_1q 等岩溶含水层及南部落脚窝向斜的 T_1m、T_1y^2 岩溶含水层构成，其中通过 F_1、F_2 断层带间的 P_1m、P_1q 相接。该岩溶含水系统在高程837m以下基本由库内上马渡至库外野鸡河连续分布。上游发育有 S_{60}、S_{29}、S_{78} 等流动系统，下游发育有 S_{70} 流动系统。

(2) 库首左岸三叠系岩溶含水系统。位于库首左岸，由 F_1 断层及其分支断层 F_2、F_{13} 之间的三叠系 T_1y^2、T_1m 含水层构成，与N部索风营背斜含水系统间以 T_1y^1、P_2l

隔水层为边界，与上游跨河间地块含水系统间以落脚窝向斜N翼的T_1y^1及P_2l隔水层为边界。该含水系统中发育的流动系统主要有S_{63}、S_{61}。

(3) 右岸大锅寨背斜岩溶含水系统。该含水系统主要由车家寨背斜两翼三叠系下统T_1m及T_1y^2含水层构成。车家寨背斜轴线呈NW向展布，并向SE倾伏。SW翼分布于水库区，其中处于正常蓄水位以下的主要是T_1y^2地层；NE翼分布于坝址下游右岸，出露于岸边的是T_1m地层。背斜倾伏端T_1y^2分布高程在837m以下，从而构成跨越河间地块分布的岩溶含水系统。

根据陶家庄K_{15}号落水洞中进行的连通试验资料，F_3断层上盘$\in_2s$地层与下盘三叠系含水层间具有水力联系，构成了统一的岩溶含水系统。

上游库区发育有S_{54}、S_{77}、S_{49} 3个地下水流动系统，下游发育有S_{56}流动系统。

(4) 右岸二叠系岩溶含水系统。位于右岸河间地块东侧，主要由二叠系下统P_1m、P_1q构成，包含寒武系$\in_{2\text{-}3}ls$含水层。

右岸二叠系岩溶含水系统上游发育有S_{88}、S_{55}等流动系统，下游发育有贾家洞（S_{57}）、鱼洞（S_{58}）流动系统。其中上游流动系统规模小，下游流动系统规模大。

9.1.4.5 岩溶地下水流动系统

根据勘察，水库左右岸河间地块上、下游共发育有18个岩溶地下水流动系统，均为局部流动系统，其中发育于跨河间地块岩溶含水层中，且在水库正常蓄水位以下具有可溶岩贯穿水库上、下游连续分布的主要有左岸跨河间地块岩溶含水系统中发育的S_{60}、S_{70}泉，坝址左岸三叠系岩溶含水系统中发育的S_{63}泉，右岸车家寨背斜岩溶含水系统中发育的右岸大锅寨背斜岩溶地下水流动系统（S_{54}、S_{49}、S_{77}）及S_{56}泉，右岸二叠系岩溶含水系统中发育的S_{88}及S_{58}等7个岩溶地下水流动系统，对水库渗漏具有重要影响。

1. S_{60}泉

出口位于水库左岸上马渡渡口，为溶洞集中排泄，沿岩层发育具有两层出口，上部出口高程约为800m，下部高程为780m，其中上部出口只在洪水时流出。该流动系统为发育于左岸跨河间地块岩溶含水层上游库内的局部分系统，主要发育于三叠系下统T_1m及T_1y^2含水层中。北部边界为落脚窝向斜N翼的T_1y^1及P_2l隔水层；NW与下游S_{70}泉的边界在F_{19}及F_1断层带的四块田—治中一带；西侧治中—谢家寨之间，沿F_1断层带有倾向NW的T_1y^1及P_2l隔水层断续分布，谢家寨—易家寨之间约3km段由于F_1、F_2等断层切割，两侧岩溶含水层通过断块间二叠系下统岩溶含水层相互连接，不具备隔水边界。南部与S_{78}及S_{29}之间基本不存在隔水边界。系统汇流面积为45.6km^2。

系统补给区以岩溶峰林谷地或峰林洼地为主，降水均由洼地汇流经落水洞进入地下。地形上主要由两个较大的谷地组成地表水的入渗补给区域，洼地及谷地高程为1050～1175m。沿谷地大型岩溶洼地呈串珠状分布，洼地底部一般发育落水洞构成地表水灌入式补给的入渗通道。落水洞多为半充填型，少量无充填。

根据长期观测资料，S_{60}泉汛期流量一般为200～300L/s，枯期流量一般为40～60L/s，暴雨流量达4000L/s以上。S_{60}泉是库区左岸上游规模和流量最大的岩溶地下水流动系统。

在南部分支岩溶管道安家槽布置了ZK20钻孔、北部管道桶井布置了ZK21钻孔、菜子田坝布置了ZK22、ZK23钻孔，同时利用可控频率电磁测深（GDP－32）、激发极化法等物探技术对岩溶管道的分布情况、地下水位等进行探测。为验证钻孔水位，并确定孔内主要透水地段以及地下水交替作用的强弱，进行了孔内声波、电阻率、同位素等综合测井。根据以上勘探及观测资料，S_{60}泉南部分支系统在安家槽一带的地下水位约为930m，至出口水力坡降为3.3%。北部分支系统在桶井一带地下水位为884m，至出口水力坡降为2.8%。ZK21孔内在高程925～930m及1009～1019m发育两层溶洞；在菜子田坝一带地下水位约为995m，岩溶发育高程主要集中在1080～1140m地段。根据水质分析资料，该流动系统水质中以HCO_3^-及Ca^{2+}离子含量为主，表明地下水介质场主要为T_1m及T_1y^2地层。

根据物探及钻探资料，高程1170m第二级台面上补给区，岩溶发育深度及地下水位大致在高程1020m以上，相应部位的岩溶洞穴及管道系统应发育于乌江宽谷期。桶井、安家槽一带岩溶发育高程在1000～1020m、900～930m两个高程段，其中下部溶洞高程对应乌江Ⅲ级阶地。根据以上分析，S_{60}岩溶地下水系统大致形成于山盆晚期以后，靠近分水岭地带岩溶管道分布高程与宽谷期台面基本对应，大约在1000m以上。根据W1、W2号物探剖面，S_{90}泉伏流段岩溶管道向北部张家寨方向发育，并未指向南部S_{60}岩溶地下水系统，因此高程1175m山盆晚期以前形成的S_{90}泉局部系统被下游的S_{70}泉兼并成为其子系统。S_{60}岩溶地下水系统与下游的边界应在F_{19}断层带以南的治中—扎垄—四块田一线。

2. S_{70}泉

出口位于乌江下游支流野鸡河口右岸F_{45}断层北西盘，地层为三叠系下统玉龙山下部灰岩，高程为762m。S_{70}泉与上部S_{69}泉之间有T_1y^3隔水层作为边界；与上游S_{81}泉流动系统之间通过S_{90}泉子系统接界，其中局部有P_2l、T_1y^1隔水层作为边界，且边界高于1175m；与上游S_{60}岩溶地下水系统边界在四块田、葛家寨一带。汇流面积为81.1km²。

系统主要岩溶管道延伸长度大于19km，基本沿北东向F_{45}断裂带分布。沿F_{45}断层岩溶管道延伸方向，地形上为店子场岩溶峰丛谷地及峰丛洼地区域。大型岩溶洼地呈串珠状分布，多处有集中补给的明显进口，以岩溶洼地的汇流补给为主。在底下坝附近，由于F_{37}断层的切割，汇集了上部T_2s地层的一段地表径流。岩溶管道尾端沿F_{35}断层发育，接纳了上部S_{90}地下水系统的补给。因此S_{70}地下水系统的补给方式有岩溶洼地的汇流补给、地表径流的补给及子系统的补给等多种形式，反映了系统的岩溶发育程度较高、袭夺强烈、规模和控制范围大等特点。

S_{70}泉枯期一般流量为80～120L/s，汛期一般流量在300L/s左右。该系统有两个出口，上部出口高程约800m，位于玉龙山厚层灰岩底部，暴雨时上、下出口均有泉水出露，总流量达3000L/s以上。

在S_{90}泉伏流入口处进行连通试验，示踪剂于15d后由S_{70}泉出现，持续时间约一周。上游S_{90}泉伏流入口下游侧利用物探对地下岩溶管道进行探测，其中W1、W2两剖面显示S_{90}泉的伏流于F_{19}断层进入地下后，岩溶管道沿地表洼地槽谷向北西张家寨方向发育。分析认为S_{90}地下水系统的水向下游经F_{38}、F_{35}、F_{37}、F_{36}断层向S_{70}地下水系统汇集，其中在底下坝F_{37}断层还接纳了上部松子坎地层中的局部地表径流。根据水质资料分析，该流动系统水质中以HCO_3^-及Ca^{2+}为主，表明地下水流动系统介质场主要为T_1y^2灰岩。

根据物探资料及上部 S_{90} 泉出露高程分析，S_{70} 地下水系统大致发育于山盆晚期以后，尾端岩溶管道分布高程在 1000m 以上；与南部 S_{60} 泉的地下分水岭高程亦应高于 1000m。子系统 S_{90} 泉发育于山盆早期，岩溶管道高程在 1170m 以上，由此判断与南部 S_{81} 泉间地下分水岭高程亦高于 1170m。

3. S_{63} 泉

S_{63} 泉位于坝址左岸，属于坝址左岸三叠系岩溶含水系统。出口位于河岸，高程为 760m 左右，地层为 T_1y^2 上部厚层块状灰岩，溶洞沿缓倾上游的层间错动带 f_{j1} 及横河向小断层 f_2 交汇带发育。

所属含水系统为一断块组合的复合系统，与周围系统间以 T_1y^1 及 P_2l 隔水层作为边界。根据 ZK9、ZK19 等钻孔连通试验资料，S_{63} 地下水流动系统穿过近岸的 T_1y^3 及后面的 F_2 断层，发育于 T_1y^2 及 T_1m 含水层中，基本上贯穿了整个含水系统。汇流面积约为 3.2km²。

补给区主要为跑马槽 F_1 断层发育的谷地，沿谷地岩溶洼地呈串珠状分布，洼地底部发育落水洞，是地表水的入渗通道。

出口位于汛期水位以下，无法观测，水上可观测的枯期一般流量小于 1L/s（目测），汛期一般流量为 3～10L/s；暴雨后流量可达 2000L/s 左右，滞后约 3h。

钻探过程中，在坝肩 ZK115 及夏家河 ZK9、ZK19 孔内分别进行了连通试验并取得了成功，示踪剂均在 S_{63} 泉出口出现。ZK115 投放点与连通点的直线距离为 80m，示踪剂流动时间 27h，视流速 3m/h；ZK9 孔投放点与连通点直线距离为 950m，示踪剂流动时间为 7 天，视流速为 5.6m/h；ZK19 孔投放点距连通点直线距离约为 800m，示踪剂流动时间为 96h，视流速为 8.3m/h。

根据钻孔水位观测资料，沿该岩溶管道延伸方向，ZK9 孔地下水位在 850m 左右，ZK19 孔地下水位在 933m 左右。分析认为 ZK9 地下水位代表次级管道附近的地下水位、ZK19 的地下水位代表性差，判断为岩体相对完整的孤立水位。

管道出口部位 ZK115 地下水位为 760～769m、ZK123 地下水位为 758～762m。物探电磁波 CT 资料表明，出口段岩溶发育高程为 700～740m，近岸地带为低于河床的倒虹吸管道。

根据岸边溶洞分布、洞穴堆积物质组成等特征分析，坝址左岸三叠系岩溶含水系统在Ⅱ级阶地以前具有两个流动系统：一个系统为发育于 T_1m 底部的躲兵洞 K_9 系统，另一个为 PD10 揭露的 K_{10} 系统（S_{63} 泉早期系统前身）。后期排泄基准面降低后，K_{10} 局部系统袭夺了 K_9 管道系统并继续发育形成了 S_{63} 泉岩溶管道系统。

发育于坝址左岸含水系统的地下水流动系统，还有坝址下游索风营冲沟口 F_{13} 断层的 S_{61} 泉，该泉流量小，不具备明显的岩溶管道特征，因此未统计在库区岩溶地下水系统表中。但它的存在，代表了坝址左岸 F_{13} 断层 NW 盘至二叠系龙潭煤系地层之间 T_1y^2 含水层地下水的排泄特点。

4. 大锅寨岩溶地下水流动系统（S_{49}、S_{54}、S_{77}）

该流动系统为车家寨背斜岩溶含水系统上游水库右岸发育的地下水流动系统。该流动系统具有 3 个排泄出口，分别为 S_{77}、S_{54} 及 S_{49} 泉。

S_{54}泉位于猫跳河右岸，发育于 T_1m 中厚层灰岩底部，溶洞洞径约为 0.8m×1.5m，下部为 T_1y^3 紫红色泥岩，洞口高程为 840m。S_{77}泉位于 S_{54}泉上游约 200m 河边，高程约为 775m，出露于猫跳河汛期水位以下，地层为 T_1y^2。S_{49}泉位于猫跳河口下游约 1km 乌江干流右岸河边，高程约为 770m，汛期淹没于河水位以下，岩性为 T_1y^2 厚层灰岩。出口沿 F_{16}断层发育。F_{16}断层在此处为直立的正断层，垂直断距约为 15m，走向为 N45°E，向大锅寨方向延伸。

根据连通试验资料，流动系统所属含水系统主要由车家寨背斜 SW 翼三叠系下统 T_1m 与 T_1y^2 含水层构成，包含了沿 F_3 断层部分寒武系$\in_2s$ 弱岩溶含水层。大锅寨流动系统与下游 S_{56}地下水系统之间以车家寨背斜轴部的 P_2l 及 T_1y^1 相对隔水层为边界，与东侧的 S_{58} 地下水系统之间以 C_1d 及$\in_2s$ 顶部的泥云岩及砂岩为边界。总汇流面积约为 10.6km^2。

补给区相对集中，基本以大锅寨、陶家庄大型岩溶洼地汇流补给，大洼地周围坡面水流向洼地底部汇集，由底部的 K_{15}、K_{18}、K_{120}等落水洞进入地下。在 K_{15}落水洞中先后进行两次连通试验，结果均在 S_{54}泉、S_{49}泉同时观测到示踪剂（S_{77}泉位于河水面以下，未观测到），证明该系统具有多个出口。

大锅寨洼地南部$\in_2s$ 地层中地表冲沟发育，降水通过冲沟向大锅寨洼地汇集，东部陶家庄一带沿 F_{22}断层发育一长条形洼地。在 ZK12 号孔旁的 K_{16}落水洞连通试验证明，地下水属于大锅寨流动系统，陶家庄洼地及其上部冲沟亦为大锅寨系统的补给区之一。S_{77}、S_{49}泉两出口汛期淹没于河水位以下，流量无法观测；根据不连续观测，S_{54}泉汛期一般流量为 30L/s 左右，暴雨流量可达 300L/s 以上，枯期流量小于 1L/s。S_{77}泉枯期一般流量为 15L/s 左右，S_{49}泉枯期一般流量约为 4L/s。

根据陶家庄 ZK12 号孔附近 K_{16}落水洞第一次连通试验资料，示踪剂投放当晚暴雨，第二天上午即由 S_{54}泉流出（S_{49}泉、S_{77}泉因河水位太高，且流量大，未发现示踪剂），且在当天即消失。表明该系统补给、排泄区相对集中，系统岩溶管道畅通。

该阶段在该系统的补给区大锅寨岩溶洼地靠 F_{13}断层附近共布置了 ZK11、ZK12、ZK13 三个钻孔，并沿洼地轴线进行了物探探测，孔内进行了综合测井。根据以上勘探资料，系统枯期地下水位在 F_3 断层上盘$\in_2s$ 含水层中为 1060m 左右，在 F_{13}断层下盘的 T_1y^2 含水层中为 929～939m。大锅寨盆地下伏主管道沿盆地长轴方向（S37°W）分布，高程为 880～930m。

根据以上资料，分析大锅寨流动系统发育于乌江宽谷期，主要岩溶管道分布高程应在Ⅲ级阶地（900m）左右。S_{54}泉为乌江Ⅱ级阶地时期出口。后期乌河谷继续下切，由于下部 T_1y^3 隔水层的阻隔，为适应新的排泄基准面，岩溶管道发生改道，在下部 T_1y^2 地层中形成了 S_{77}及 S_{49}泉。水化学分析资料表明 S_{54}泉化学成分中 Mg^{2+} 含量相对较高，S_{77}泉相对较低，与地下水径流途径中的地层环境相互对应。

5. S_{56}泉

S_{56}泉出口位于水库下游右岸桔子寨河边 F_3 断层，高程为 765m，属于车家寨背斜岩溶含水系统下游侧发育的局部流动系统。含水层主要由车家寨背斜 NE 翼三叠系下统 T_1m 及 T_1y^2 强岩溶含水层组成，包括 F_3 断层以东（上盘）寒武系$\in_{2\text{-}3}ls$ 中岩溶含水层与$\in_2 s$弱岩溶含水层，与上游大锅寨系统的边界为车家寨背斜核部的$P_2 l$及$T_1 y^1$相对隔水层。汇流面积约为3.8km^2。

补给区位于F_3断层桔子寨、大树子及坝底下等地。该地区F_3断层下盘三叠系地层中发育大型的岩溶洼地，F_3断层上盘寒武系地层分布区则以斜坡地形为主，降水以坡面水流形式汇入断层带洼地后，由下盘落水洞灌入地下。

S_{56}泉枯期一般流量小于3L/s，有断流现象，汛期一般流量小于15L/s，暴雨流量大于50L/s。

在靠近分水岭的补给区坝底下洼地中布置了ZK16号钻孔，根据观测资料，地下水位在994m左右，岩溶管道在高程1010m附近。

该系统与大锅寨岩溶盆地处于同一地貌单元，流动系统与大锅寨系统为同期发育的岩溶产物，受汇流面积的限制，规模小于大锅寨地下水流动系统。

6. S_{88}地下水流动系统

S_{88}地下水流动系统出口位于羊桥猫跳河右岸河床，高程约为810m，地层为$P_1 q$厚层燧石团块灰岩，为右岸二叠系岩溶含水系统上游侧发育的局部系统，与下游的S_{58}地下水系统同为一含水系统中背向发育的两个局部流动系统。与下游S_{58}地下水系统间的地下分水岭推测在老鸦洞一带。汇流面积约为6.7km^2。

补给区为地形分水岭地区，且有大面积$P_2 l$地层分布，除为数不多的几个小规模岩溶洼地外，没有岩溶发育较强的表现。地形分水岭靠猫跳河一侧，以斜坡地形为主，地表水排泄条件好，入渗条件差。北部峡谷陡壁以上缓坡发育有长约2km的长冲沟，南部羊桥一带斜坡上有$P_2 l$煤系地层覆盖，向下即为陡壁。分析地下水的运移方式以溶蚀裂隙型为主。

由于该系统出口位于猫跳河枯期水位以下，在整个勘测过程中均未取得流量观测资料，从枯季水下出流形态估计，枯期流量一般小于10L/s。

由于宽谷期台面以上为$P_2 l$非可溶岩覆盖，且为斜坡地形，分析该系统在乌江期河谷下切、$P_1 m$出露地表并接受地表水补给后开始发育，因其形成时间晚、发育过程短，规模相对较小。

7. S_{58}泉

S_{58}泉出口位于六广镇乌江桥头右岸上游约300m，高程为745m，处于乌江渡正常蓄水位以下约15m。S_{58}泉为右岸二叠系岩溶含水系统下游端发育的局部流动系统，靠贵毕公路乌江大桥上游侧还发育有贾家洞S_{57}地下水局部系统。因贾家洞S_{57}地下水局部系统发育于近南北向展布的鱼洞背斜西翼，是局部构造条件下形成的局部岩溶地下水流动系统，与含水系统上游的S_{88}地下水流动系统之间不具相邻边界；与S_{58}地下水流动系统之间大致以$P_1 q$顶部的一层炭质、粉砂质泥岩（厚约10m）为界。

S_{58}地下水流动系统补给区在研究图幅内以岩溶洼地汇流补给为主，孟家寨—韩婆岭、土垮—罗古垭口—马家后寨一线，沿F_{23}、F_{22}断层岩溶洼地呈串状分布，南部的小中寨、椿菜树等地沿岩层走向岩溶洼地呈串珠状发育亦构成低洼的谷地。根据地质结构分析，马家后寨往东岩层平缓向东倾斜，与F_{29}断层东盘的T_1含水层相接，分析S_{58}地下水流动系统的补给区部分在东部图幅以外。由此圈定的泉域面积在图幅内为46.2km^2。

由于 S_{58} 泉出口长期淹没于乌江渡水库以下，未取得该系统的流量长期观测资料。根据 1999—2001 年 3 个枯季观测到的情况，一般流量在 500L/s 左右，小雨后一般在 1000L/s 以上。汛期暴雨时浑水由乌江渡水库中顶托而出，致使下游河流被染浑大半。

在该系统延伸方向共布置了 ZK14、ZK15、ZK17、ZK18 等四个钻孔，其中 ZK14 号孔位于 F_{22} 断层罗古垭口岩溶槽谷底部 P_1m 地层中，地下水位在 994m 左右。ZK15 号孔位于龙潭麻窝 $\in_{2-3}ls$ 地层中，地下水位在高程 1018m 附近。ZK17 号孔位于何家屋基 P_1m、P_1q 地层中，终孔稳定水位为 1007.25m。ZK18 位于小中寨 P_1m、P_1q 地层中，终孔稳定水位为 983.15m。

利用物探对岩溶管道搜索，在土垮一带沿 F_{22} 断层岩溶槽谷底异常带（低阻区）的分布高程在 820～850m。在 F_{22} 断层南部的椿菜树一带顺岩溶洼地的 W15 剖面反映沿洼地轴线异常带在高程 880m 以上。

根据调查资料，S_{58} 暗河系统的部分补给区位于东部图幅以外，在牛坝一带有明显的地表径流入口。南部 $\in_{2-3}ls$ 地层分布的龙潭麻窝、燕子岩一带沿岩溶洼地也有地表入渗通道的明显进口，可通行水平深度为 400～700m，下降深度近 150m。以上地区岩溶管道的分布高程为 1040～1140m。

综上所述，该岩溶地下水流动系统补给区与大锅寨系统处于同一地貌单元，因此判断其与大锅寨系统为同期形成，发育于山盆晚期以后。

9.1.5　水库渗漏分析

水库正常蓄水位为 837m，坝址下游河水面为 760m，河间地块上、下游存在 77m 的水头差。根据地质条件、河流展布特点及相应的河水面高程分析，左岸河间地块绝大部分为可溶岩组成，可能产生渗漏的重点地段是从乌江上游的野拉沟至下游野鸡河何家寨一线以东；何家寨以上，野鸡河河水面高程在 840m 以上，不存在水库渗漏条件；干流水库在野拉沟以上河段水面高程在 826m 以上，水库蓄水后水位抬高在 11m 以下，而且有鸭池河桥头岩溶泉（S_{85}）等汇入干流，因此该河段不存在渗漏条件。右岸河间地块羊桥以下绝大部分为可溶岩组成，水库可能产生渗漏的重点是羊桥以下至六广大桥一线以西的地段。羊桥以上至猫跳河六级水电站分布有 P_2l 煤系地层，且水头抬高小于 27m。已运行多年、处于同一构造条件下的六级水电站水库正常蓄水位远高于 837m，至今未发现向下游的大范围渗漏情况，表明该段不具备渗漏条件。

根据以上重点研究区域地质结构、岩溶含水系统、地下水流动系统的分析，水库左右岸河间地块可分为 4 个可疑渗漏带。

9.1.5.1　左岸假角山向斜可疑渗漏带

该可疑渗漏带上游库内发育的流动系统有 S_{81}、S_{62}、S_{80}、S_{29}、S_{78}、S_{60} 等，下游库外发育有 S_{69}、S_{70}、S_{71} 等。其中上游的 S_{62}、S_{80}、S_{29} 流动系统及下游的 S_{71} 流动系统高程均在 890m 以上，远高于水库正常蓄水位；S_{69} 流动系统为假角山向斜核部 T_1m 及 T_2s 含水系统中的流动系统，其下部 T_1y^3 隔水层在地形分水岭地带的分布高程已在 837m 以上，与上游流动系统间不具备水力联系。

该可疑渗漏带可能产生渗漏的途径大致有 3 条：分别是沿 S_{81} 流动系统向 S_{70} 流动系统

的渗漏、沿 S_{78} 流动系统向 S_{70} 流动系统的渗漏、沿 S_{60} 流动系统向 S_{70} 流动系统的渗漏。

渗漏分析如下。

(1) S_{81} 流动系统。剖面上北部受铁盔山向斜翼部扬起的 T_1y^3 隔水层的阻隔，不具备向 S_{70} 流动系统渗漏的条件。平面上，F_1 断层以南有连续的 T_1y^3 泥岩分布，同时 S_{81} 流动系统与 S_{70} 流动系统相接的 S_{90} 流动系统排泄高程为 1175m，下伏有平缓展布的 P_2l 隔水层分布，限制了深部岩溶的发育；另外，S_{81} 流动系统处于水库尾端，库水抬高仅 11m，按 2%的水力坡降推测，在离岸边 1km 左右 S_{81} 流动系统的地下水位已高于库水位。由 S_{81} 流动系统向 S_{70} 流动系统渗漏的可能性不大。

(2) S_{78} 流动系统至 S_{70} 流动系统的渗漏途径。S_{78} 流动系统至 S_{70} 流动系统在 F_{14} 断层南部有 T_1y^3 阻隔、F_1、F_2 断层间有 P_2l 阻隔，不具备直接向 S_{70} 流动系统渗漏的条件。且 S_{78} 流动系统分布于 S_{60} 南部库岸的局部地带，若渗漏，其途径须经过 NE 侧 S_{60} 流动系统，与 S_{60} 流动系统向 S_{70} 流动系统的渗漏途径相同（相应评价见后述）。因此沿 S_{78} 流动系统向北直接向 S_{70} 渗漏的可能性亦不大。

(3) S_{60} 流动系统向 S_{70} 流动系统的渗漏途径。在分析剖面上，有 F_1 断层南部的三叠系含水层，通过 F_1、F_2 断层带下伏的二叠系含水层，与北部的三叠系含水层构成了贯穿分布的条件。但经勘测证实，该带分水岭宽厚，分水岭地带深部（正常蓄水位以下）岩溶发育微弱，渗漏途径长（长达 10km），其中有 T_1y^3、P_2l 隔水层（被断层切断，未封闭）阻隔，分水岭附近 4 个钻孔的水位均高于正常蓄水位，因此认为该带不具备水库渗漏的条件。

基于上述理由，由 S_{60} 流动系统倒灌向 S_{70} 渗漏的条件不存在。而 S_{81} 流动系统至 S_{70} 流动系统及 S_{78} 流动系统至 S_{70} 流动系统两条件渗漏途径在构造及边界条件上就不具备渗漏的可能。

9.1.5.2 左岸库首可疑渗漏带

该可疑渗漏带由于 F_1、F_2、F_{13} 等断层的切割，使各断块间的 T_1m 及 T_1y^2 强岩溶含水层构成统一的岩溶含水系统。含水系统沿乌江左岸并列发育了坝址左岸的 S_{63} 流动系统及坝址下游 F_{13} 断层带的 S_{61} 流动系统。由于两系统间不存在可靠的隔水边界，在地质构造上存在左岸绕坝渗漏条件。

从地质构造分析，左岸库首绕渗的途径相对较为复杂，第一种途径是沿 F_1 断层、F_2 断层及 F_{13} 断层的渗漏；第二种途径是由库首 T_1m 含水层通过 F_1 断层绕过 T_1y^3 向下游的 T_1y^2 含水层渗漏；第三种途径是沿 S_{63} 流动系统向下游 S_{61} 流动系统的小范围绕坝渗漏。分析剖面（图 9.1-12、图 9.1-13 和图 9.1-14）表明，以上 3 条渗漏途径上均具备可溶岩贯穿水库上、下游的条件。

左岸库首绕渗带，特别是第 2、第 3 渗漏途径，处于乌江峡谷岸坡部位，是地下水集中排泄区，岩溶发育深度较大，地下水位低。根据 ZK115、ZK123 等钻孔资料，岩溶发育深度可达高程 733m 左右。在高程 850～740m 之间约 100m 高差范围内为岩溶相对发育的溶蚀带，钻孔内有较微掉钻现象。岩体透水率相对较高，溶蚀带一般在 10Lu 以上，且多数为注水段。坝区左岸平洞揭示，S_{63} 泉早期在高程 800m 附近具有多个出口，其中在 T_1y^2 地层中有 K_{10}、K_7 等，T_1m 地层中有躲兵洞 K_9 等，水库蓄水后存在多个库水倒灌通道。此外，F_{13} 断层从左岸绕渗带直插下游河床，靠近该断层及其分支构造 F_{25} 岩体破碎并普遍发生褶皱，透水性较好。

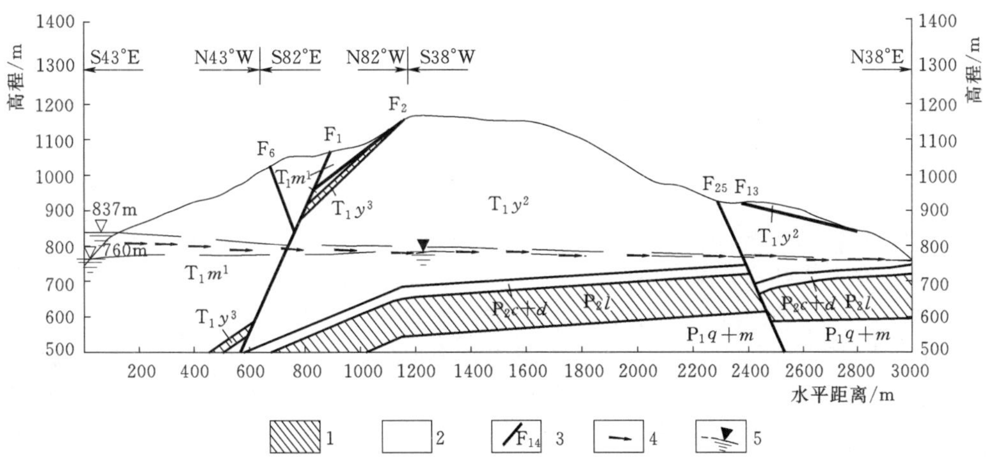

图 9.1-12　左岸库首渗漏示意图（途径 1）

1—隔水层；2—含水层；3—断层及编号；4—示意渗漏途径；5—地下水位

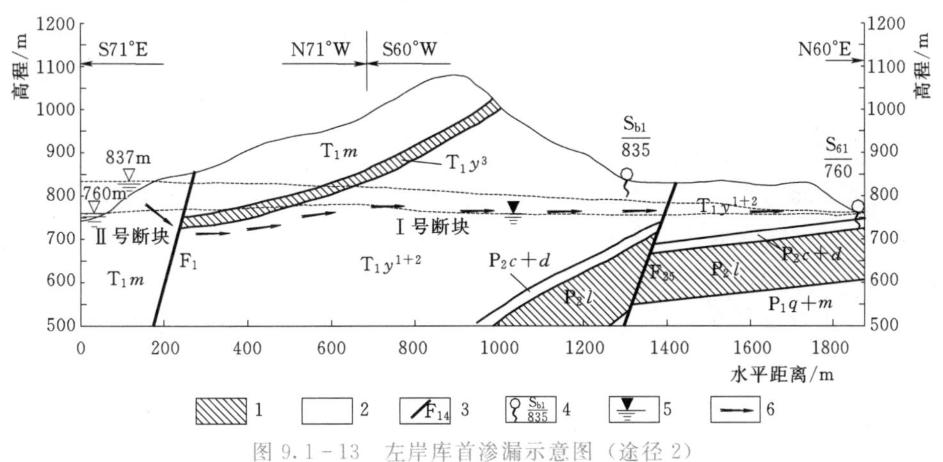

图 9.1-13　左岸库首渗漏示意图（途径 2）

1—隔水层；2—含水层；3—断层及编号；4—泉及编号；5—地下水位；6—示意渗漏途径

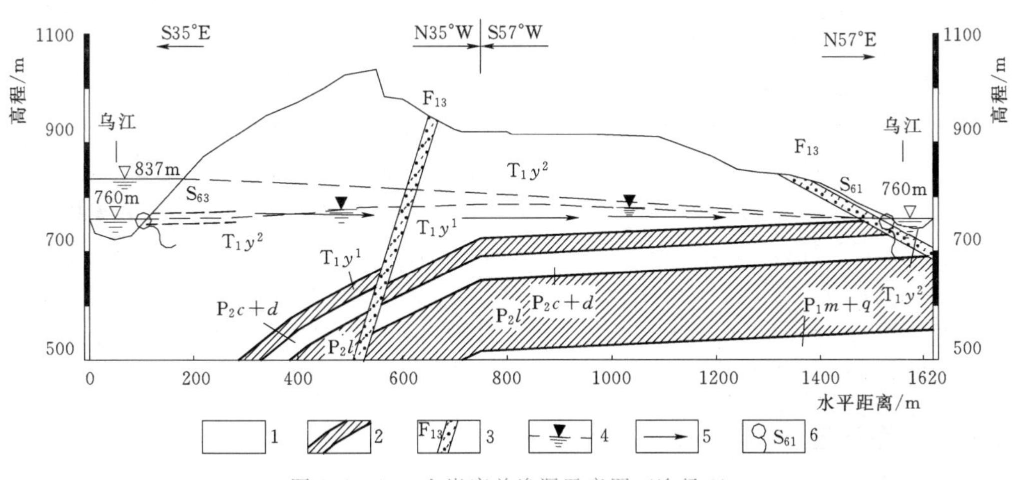

图 9.1-14　左岸库首渗漏示意图（途径 3）

1—含水层；2—隔水层；3—断层；4—地下水位；5—示意渗漏途径；6—泉及编号

根据以上分析，坝前的 S_{63} 与坝后的 S_{61} 流动系统间不存在可靠的隔水边界，3 个可疑渗漏途径中，第二、第三渗漏途径均处于地下水位低平带，上、下游间不具备高于库水位的地下分水岭；第 1 渗漏途径的 ZK9、ZK19 钻孔地下水位虽高于水库正常蓄水位，但分析结构不足以代表主要岩溶管道的地下水位。

基于以上条件，结合该渗漏带距大坝近、渗径短、水头高等特点分析，存在左岸库首绕坝渗漏的问题，需进行相应的防渗处理。

9.1.5.3 右岸大锅寨可疑渗漏带

该渗漏带由车家寨背斜含水系统构成。根据前述含水系统结构特点，在构造上可能产生渗漏的途径可能有两种：①由大锅寨地下水流动系统的 S_{49}、S_{77} 流动系统两处低高程岩溶管道经过分水岭向下游 S_{56} 流动系统的渗漏；②由 S_{49}、S_{77} 流动系统向二叠系岩溶含水系统下游的 S_{58} 流动系统渗漏。

该可疑渗漏带在 F_3 断层附近车家寨背斜倾伏端的隔水层分布于高程 790m 以下，上部为可溶岩贯穿上、下游分布，但背斜 SW 翼发育的大锅寨流动系统和下游的桔子寨 S_{56} 流动系统、贾家洞 S_{57} 流动系统、鱼洞 S_{58} 流动系统间均不具备水力联系。靠近分水岭地带，上、下游流动系统地下水位及岩溶发育深度均高于水库正常蓄水位，高程在 920m 以上。水库蓄水后不存在库水沿上游大锅寨地下水系统向下游流动系统产生水库渗漏的条件。

9.1.5.4 右岸二叠系可疑渗漏带

该可疑渗漏带由右岸贯穿水库上、下游分布的二叠系 P_1q、P_1m 岩溶含水系统构成。如前所述，含水系统东侧边界为 P_2l 煤系地层，西侧边界为 C_1d 砂页岩、局部为 $\in_2s$ 顶部的泥质白云岩及泥岩。

含水系统上游发育有 S_{88} 流动系统、下游发育有 S_{58} 流动系统及贾家洞 S_{57} 流动系统，其中贾家洞流动系统为层控型局部系统，与上游 S_{88} 流动系统之间不存在水力联系。

沿该渗漏带是否存在水库渗漏条件，主要取决于上游 S_{88} 流动系统与下游 S_{58} 流动系统之间的水力零通量边界地下水位高程以及岩溶发育程度和岩溶管道的贯通性。

目前已有资料证明，地形分水岭下游侧岩溶发育程度相对较高的 F_{22} 断层的岩溶发育高程在 800m 附近；F_{22} 断层以南至分水岭斜坡地带岩溶发育深度在高程 1000m 以上。分水岭地带上覆为 P_2l 煤系地层，岩溶发育程度较差，分析在高程 837m 正常蓄水位以下不具备连通上、下游系统的岩溶管道。

钻孔水位资料表明，在 F_{22} 断层以南近分水岭地带，地下水位在高程 1000m 左右；F_{22} 断层 ZK14 号孔水位可能高于主管道水位，以岩溶发育最低高程 800m 计，至 S_{58} 泉出口水力坡降约 1.2%。按此水力坡降推测，地形分水岭部位地下水位在 841m 以上；若按 2%的综合水力坡推测，分水岭地下水位在 900m 以上，远高于水库正常蓄水位。

根据以上分析，贯穿上、下游分布的右岸二叠系岩溶含水系统上、下游背向发育有相应的流动系统，系统间存在地下分水岭，分水岭地带岩溶发育深度及地下水位均在水库正常蓄水位高程以上。因此沿右岸二叠系岩溶含水系统不能构成水库渗漏的条件。

9.1.6 防渗处理设计

经分析，水库左岸假角山向斜可疑渗漏带、右岸大锅寨可疑渗漏带、右岸二叠系可疑渗漏带均不会产生水库渗漏问题。左岸库首存在岩溶管道渗漏问题，必须进行防渗处理。

基于上述岩溶水文地质条件，左岸库首绕坝渗漏的防渗处理必须达到切断水库上、下游水力联系的目的。防渗线布置方案主要有两种思路：一种是沿含水层接高于库水位的地下水位和弱岩溶层，该方案防渗线可基本垂直河床，称之为直线方案；另一种是横截含水层接相对隔水层，该方案防渗线由于隔水层的分布，需向上游或下游偏折，称之为折线方案。

直线方案需在详细查明各岩溶管道分布情况及地下水位的条件下，根据地下水等水位线图，针对地下水位低槽带岩溶管道进行拦截。由于岩溶管道在空间上具有不均匀性和差异性，并受到勘察工作量和工作时间的限制，可行性研究阶段尚难以达到如此的勘测精度，因此该方案尚没有足够的勘探资料作为依据，前期勘察期间首推了折线方案，接相对隔水层。

结合坝区防渗布置，并由于 T_1y^3 的不完整性，左岸防渗线端头需向偏折下游穿过 F_{13}、F_{25} 接 P_2l 煤系地层，右岸需向上游偏折伸至 F_1 断层上盘接 P_2l 煤系地层。

9.1.6.1 防渗帷幕布置

索风营水电站重力坝坝基为玉龙山（T_1y^2）灰岩强岩溶含水透水层，下部相对隔水层沙堡湾（T_1y^1）页岩埋深在230m以下，难以利用，根据坝基钻孔压水资料，岩体透水率 $q<3$Lu 深度均在高程640m以下，坝基8个钻孔均未遇见溶洞，5对大功率声波CT和1对电磁波CT穿透未见异常，表明深部岩溶不发育，无大型顺河床的纵向岩溶管道系统。坝基渗漏主要为溶蚀裂隙型的分散渗漏，其量不大，可采用悬挂式灌浆帷幕接透水率小于3Lu的地层，以减小渗漏量，防止泥化夹层软化、渗透破坏，降低坝基扬压力。

对于两岸绕渗，由于帷幕伸入山体较深，渗径很长（1600m以上），水力梯度很小；除有岩溶管道需封堵外，接隔水层已无必要。索风营水电站右岸大范围的岩溶管道渗漏已不存在，顺 F_1 断层向下游的管道渗漏可能性不大，小量的裂隙渗流（绕渗）采用水泥灌浆可满足设计防渗要求，无须接 P_2l 龙潭煤系；右岸帷幕是地下厂房系统安全运行的，保证需特别重视。左岸坝肩附近的渗漏可封堵 S_{63}、K_{10} 等岩溶管道，对通过 F_{13} 的渗漏通道也应查明并封堵，但允许有少量裂隙性渗流，无须接 P_2l 龙潭煤系隔水层。

经以上分析并结合灌浆隧洞开挖揭露实际地质情况，防渗帷幕线布置如下：

（1）坝基防渗帷幕在坝轴线上游3.5m，沿坝轴线N83.2°W布置，为悬挂式帷幕，底限高程为620m，防渗标准为2Lu，防渗面积为0.9万 m^2，右岸自A2点和ZK2孔连接，防渗轴线为N88.63°E。

（2）左岸防渗帷幕带近乎平行于两地下含水通道（似分水岭），防渗帷幕线沿坝轴线N83.2°W布置，左坝肩截 S_{63} 流动系统，伸入山体869.5m，处理 F_{13} 断层，防渗面积为10.6万 m^2。

（3）右岸帷幕主要解决地下厂房岩溶渗漏问题，防止 K_{11} 和水库连通，截断 f_2 的岩溶管道，伸入山体979m，防渗面积为11.0万 m^2。

（4）后期在施工过程中根据揭露的地质情况，为保证地下厂房的安全运行，在地下厂房上游高程783以下增加一道辅助防渗帷幕；该帷幕上游侧与大坝主防渗帷幕连接，下游伸至尾水平台交通洞，防渗面积为1.47万 m^2。

主帷幕总防渗面积为21.6万 m^2。索风营水电站可行性研究防渗线路地质剖面示意如图9.1-15所示，坝址施工期优化防渗线路地质剖面示意如图9.1-16所示。

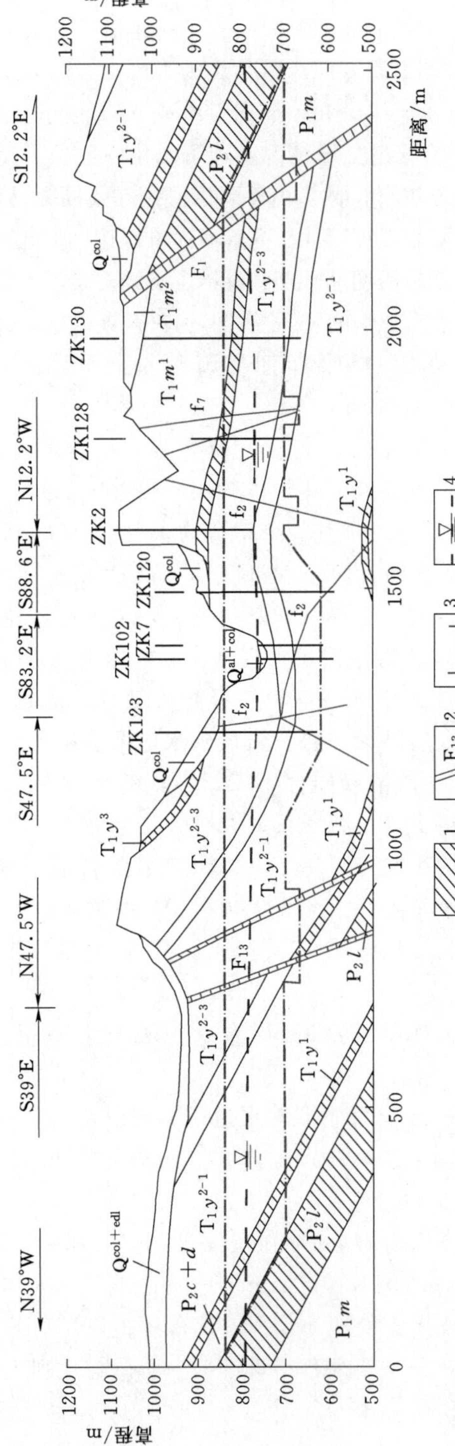

图 9.1-15 索风营水电站可研防渗线路地质剖面示意图

1—隔水层；2—断层及其编号；3—防渗帷幕边界；4—推测地下水位线

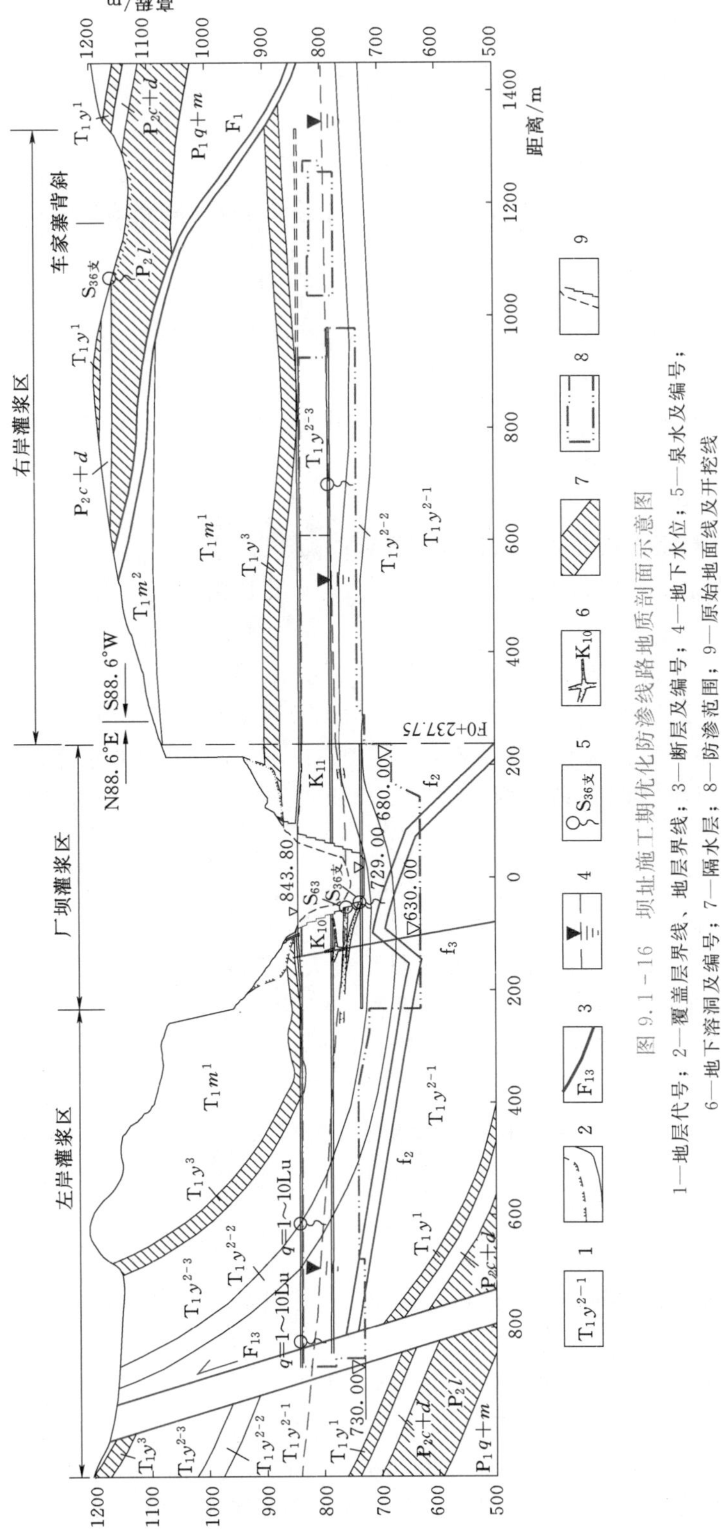

图 9.1-16 坝址施工期优化防渗线路地质剖面示意图

1—地层代号；2—覆盖层界线、地层界线；3—断层及编号；4—地下水位；5—泉水及编号；6—地下溶洞及编号；7—隔水层；8—防渗范围；9—原始地面线及开挖线

9.1.6.2 帷幕灌浆参数设计

1. 防渗帷幕控制标准及原则

防渗帷幕灌浆参数是根据灌浆试验、地质条件、岩溶发育规律、建筑物的布置和要求综合确定。灌浆遵循先下游排后上游排，分序加密的原则进行。

防渗帷幕灌浆根据不同的部位及地质条件分为3个灌浆区，各区的灌浆参数如下：

(1) 大坝左右岸、库区灌浆区：单排孔，孔距为2m，最大灌浆压力为3MPa，防渗标准 $q \leqslant 5$Lu。

(2) 厂坝灌浆区：根据不同的地质条件及不同的作用水头分别布设了单排孔和双排孔两种：单排孔孔距为2m；双排孔孔距为2.5m和3m两种，排距为0.5m，最大灌浆压力为3～4MPa，防渗标准 $q \leqslant 3$Lu。

(3) 厂房右侧辅助防渗帷幕区：单排孔，孔距为2m，最大灌浆压力为3MPa，防渗标准为 $q \leqslant 5$Lu。

2. 主要技术要求

根据室内材料试验和现场灌浆试验结果可以确定：

(1) 帷幕灌浆采用“自上而下、小口径钻进、孔口封闭、不待凝、孔内循环高压灌浆”工艺。

(2) 具备下列条件才能进行帷幕灌浆：

1) 灌浆相应区域的下层灌浆隧洞混凝土衬砌及回填灌浆、固结灌浆施工已完毕。

2) 灌区勘探平洞、施工支洞、溶洞（特别左岸 K_{10} 溶洞）处理已完。

3) 在两岸距坝肩60m范围内，灌浆工作应待坝体混凝土浇筑至与灌区高度一致时开始。

4) 相应区域混凝土达到70%设计强度。

(3) 灌浆材料：①水泥采用贵州水泥厂生产的乌江牌P·O 42.5普通硅酸盐水泥。水泥细度要求通过80μm方孔孔筛的筛余量不得大于5%；②灌浆用的砂应为质地坚硬清洁的天然砂或人工砂，不得含泥团和有机物，粒径不大于2.5mm，细度模数不得大于2.0；③灌浆用的粉煤灰为凯里发电厂生产的Ⅰ级或Ⅱ级粉煤灰；④灌浆用的外加剂可采用木钙或其他减水剂。

(4) 浆液配合比。根据室内材料试验和现场灌浆试验结果，确定采用水泥粉煤灰混合浆液。其水灰比为0.7∶1、0.5∶1两个比级，粉煤灰掺量为水泥量的30%（重量比），木钙为水泥量的0.2%（重量比）。

(5) 钻孔。

1) 帷幕灌浆孔采用回转式钻机和金刚石钻头或硬质合金钻头钻进；开孔孔径不小于 ϕ76mm，终孔孔径为 ϕ56mm。

2) 帷幕灌浆开孔孔位与设计孔位的偏差不大于10cm。

3) 每钻灌段应进行一次孔斜和方位角测量，尤其注意上部20m范围内的偏斜和方位角的控制，如发现孔斜超过要求时应及时纠正，其最大允许偏差按表9.1-2执行。

表9.1-2中允许偏差值包括因方位角偏移而发生的偏差值。经孔斜实测资料分析，对不符合上述要求的部位，应结合压水试验和单位耗灰量等资料综合分析，其结果对灌浆

质量有影响时，应采取补救措施。

表 9.1-2 孔斜控制表

孔深/m	20	30	40	>40	终孔方位角
最大允许偏差/m	0.25	0.5	0.8	2.5%孔深	<5°

（6）灌浆压力控制分段。高程 783m、732m 下游排和上游排帷幕灌浆压力可按表 9.1-3 和表 9.1-4 控制。

表 9.1-3 高程 783m、732m 下游排帷幕灌浆压力控制表

段次	基岩内孔深/m	段长/m	最大灌浆压力/MPa
1	0～2.0（含）	2.0	0.8
2	2.0～5.0（含）	3.0	1.5
3	5.0～10.0（含）	5.0	3.0
以下各段	>10.0	5.0	4.0

表 9.1-4 高程 783m、732m 上游排帷幕灌浆压力控制表

段次	基岩内孔深/m	段长/m	最大灌浆压力/MPa
1	0～2.0（含）	2.0	1.0
2	2.0～5.0（含）	3.0	2.0
3	5.0～10.0（含）	5.0	3.0
以下各段	>10.0	5.0	4.0

高程 837m 下游排和上游排（单排）帷幕灌浆压力可按表 9.1-5 和表 9.1-6 控制。

表 9.1-5 高程 837m 下游排帷幕灌浆压力控制表

段次	基岩内孔深/m	段长/m	最大灌浆压力/MPa
1	0～2.0（含）	2.0	0.8
2	2.0～5.0（含）	3.0	1.5
3	5.0～10.0（含）	5.0	2.0
以下各段	>10.0	5.0	3.0

表 9.1-6 高程 837m 上游排（单排）帷幕灌浆压力控制表

段次	基岩内孔深/m	段长/m	最大灌浆压力/MPa
1	0～2.0（含）	2.0	1.0
2	2.0～5.0（含）	3.0	2.0
3	5.0～10.0（含）	5.0	2.5
以下各段	>10.0	5.0	3.0

（7）变浆标准：①当灌浆压力保持不变吸浆量均匀减小时，或当吸浆量保持不变压力持续上升时，灌浆应持续进行，不得改变水灰比。②当某一级水灰比的吸浆量已达 300L 以上或灌浆时间已达 30min，而灌浆压力及注入率均无明显改变时，即用 0.5∶1 水胶比

灌注。变浆后如压力突增或注入率突减时，应立即查明原因，及时进行处理，并报告监理工程师。③当注入率大于 30L/min 时，即用最浓的浆液灌注。

(8) 帷幕底线降低或抬高应满足下列标准，并由监理工程师和设计代表根据灌浆情况分析确定。

1) 降低帷幕底线的标准：在溶洞、裂隙发育、强透水地带灌浆，若最后孔段单位耗灰量厂坝区大于 50kg/m、两岸库区大于 100kg/m 或灌前岩体透水率大于防渗标准（$q \geqslant$ 2Lu）。

2) 抬高帷幕底线的标准：在设计灌浆孔深范围内，若最后孔段单位耗灰量厂坝区小于 10kg/m、两岸库区小于 30kg/m 或灌前岩体透水率小于防渗标准（$q<$2Lu）。

(9) 特殊孔段的灌浆。

1) 对溶洞段灌浆，采取如下措施处理：

a. 溶洞内无充填物时，根据溶洞大小和地下水活动程度，采用大口径钻孔回填高流态混凝土或水泥砂浆，或投入碎石再灌注混合浆液，或采用模袋投入级配料等。

b. 溶洞内有充填物时，根据充填物类型、特征及充填程度，可采用高压灌浆或高压旋喷灌浆等措施。

2) 大耗灰量灌浆时，应采用的处理措施有：低压、浓浆、限量、限流、间歇灌浆，浆液中掺加速凝剂，灌注稳定浆液或混合浆液。

3. 质量检查标准

(1) 灌浆的质量应以分析压水试验成果为主，结合灌浆资料、钻孔取芯等综合评定。

(2) 质量检查孔数量：帷幕灌浆为帷幕灌浆孔数的 10%，一个单元工程内至少布置一个检查孔。

(3) 检查孔的钻孔与取芯，压水试验一律按地质勘探标准进行，其孔径小于 75mm。

(4) 灌浆质量检查压水试验采用单点法，压水试验压力在高程 732m 坝基为 1.5MPa，其余为 1MPa。

(5) 合格标准：①经检查孔压水试验检查，大坝混凝土与基岩接触段及其下一段的透水率的合格率为 100%，其余各段合格率应不小于 90%；②设计防渗标准为大于或等于 2Lu 时，不合格试段的透水率不超过设计规定的 150%，且不合格试段分布不集中。

(6) 经检查合格的检查孔，当设计需要作为观测孔使用时，必须妥善保护，其余均须按灌浆孔要求进行灌浆封堵。

(7) 对帷幕灌浆孔的封孔质量应进行抽样检查，其数量为灌浆孔的 5%。检查方法为对已完成封孔的钻孔进行钻孔取芯，孔径 56mm 钻孔深度不小于 10m，要求水泥浆液结石连续密实。

9.1.6.3 施工期防渗方案优化调整

可行性研究阶段提出的折线方案有其可靠度大的优点，但也距离地下厂房太远，不利于地下厂房的地下水拦截，同时防渗线距河岸较近，岩体较为风化破碎，灌浆处理难度大，且左岸向下游偏折的防渗线路，需穿越 F_{25}、F_{13} 断层、强烈褶皱区、9 号冲沟等，洞室围岩稳定及防渗灌浆存在较多的不利因素。通过施工期的进一步勘察，表明索风营坝址左岸 F_{13}、F_{25} 断层以压扭性为主，断层炭质较多，具有一定的阻水性能，而断层两盘的薄、极薄层灰岩夹炭质页岩，岩溶微弱，且该区地下水位较高，岩溶透过断层及内侧向下游渗漏的可能很小；而右岸车家寨背斜附近由于上部覆有九级滩泥岩，地表水难以下渗，岩溶发育程度微弱，F_1 断层两侧也无大型岩溶管道，且附近地下水位也比较高，岩溶深部绕渗的可能性也较小。因此，在垂直防渗可行的前提下，为保证地下厂房安全运行和兼顾施工便利，施工期将防渗方案调整为直线方案，结合灌浆隧洞开挖揭露实际地质情况，具体对防渗帷幕线布置调整如下：

(1) 防渗帷幕线左岸沿坝轴线 N83.2°W 布置，坝基防渗帷幕同原方案，右岸自 A2 点和 ZK2 孔连接，防渗轴线为 N88.63°E。

(2) 左岸防渗帷幕带近乎平行于两地下含水通道（似分水岭），左坝肩截 S_{63} 流动系统，伸入山体 869.5m，处理 F_{13} 断层，防渗面积为 10.6 万 m^2。

(3) 右岸帷幕主要解决地下厂房岩溶渗漏问题，防止 K_{11} 和水库连通，截断 f_2、F_1 的岩溶管道，伸入山体 979m，防渗面积为 11.0 万 m^2。

(4) 后期在施工过程中根据揭露的地质情况，为保证地下厂房的安全运行，在地下厂房上游高程 783m 以下增加一道辅助防渗帷幕；该帷幕上游侧与大坝主防渗帷幕连接，下游伸至尾水平台交通洞，防渗面积为 1.47 万 m^2。

主帷幕总防渗面积约为 21.6 万 m^2。实施中，右岸由于 F_1 断层产状的变化，原设计的灌浆洞（加深到桩号 1+332 后终止）未能揭示到 F_1 断层，因此右岸灌浆帷幕实际未截断 F_1，但经蓄水检验，未见明显渗漏，说明 F_1 岩溶不发育，并未构成右岸的岩溶渗漏通道。

9.1.7 防渗处理施工

本节以该工程防渗帷幕右岸为例，对施工工序、浆液材料及配制、灌浆参数及钻灌工艺等进行代表性介绍。

9.1.7.1 防渗帷幕施工

1. 施工顺序

双排孔先施工下游排、再施工上游排，同排按先导孔→Ⅰ序孔→Ⅱ序孔→Ⅲ序孔→质量检查孔的顺序进行施工。

2. 施工工艺

采用“小孔径钻孔、自上而下分段、不待凝、孔口封闭、孔内循环”的高压灌浆工艺。

(1) 钻孔。

1) 孔位布置：双排防渗帷幕灌浆孔沿廊道轴线布设 2 排，间距为 0.5m，孔距为 2.5m；单排防渗帷幕孔距为 2.0m，均分三序施工。

2) 钻头及钻机：帷幕灌浆孔、质量检查孔等均采用 XY-2PC、XY-2 型回转式地质钻机配硬质合金钻头或人造金刚石钻头进行钻孔。搭接帷幕灌浆孔钻孔采用 KHYD75A 电动岩石钻机，固定在可移动式施工平台上进行施工。

3) 孔向、孔斜控制：①钻孔时钻机固定平稳并用罗盘量测钻机立轴角度，使之符合设计孔向；②帷幕灌浆孔、质量检查孔钻孔过程中和钻孔终孔后均进行孔斜测量，以确保防渗帷幕的连续性。采用KXP-1型测斜仪进行孔段测斜。经测斜发现钻孔的偏斜值超过最大允许偏差值时，及时采取纠偏措施。

4）钻孔孔径。帷幕灌浆开孔及第一段采用ϕ91mm钻头成孔，终孔孔径一般为ϕ56mm，先导孔开孔采用ϕ108mm钻头，以下均采用ϕ75mm钻头终孔，质量检查孔均采用ϕ75mm钻头成孔。

5）钻孔深度。钻孔深度与设计孔深误差不大于20cm。若最后孔段单位耗灰量厂坝区大于50kg/m，两岸库区大于100kg/m，则加深1段。

6）钻孔记录。钻孔时，孔内特殊情况（如钻孔漏水、涌水、塌孔、掉块、遇溶洞掉钻、回水颜色等）在钻孔记录报表内均有详细记录。

7）钻孔取芯：①质量检查孔及工程师指定的先导孔均进行钻孔取芯；②为保证岩芯获得率不小于80%，采用双管钻具进行钻孔取芯，并尽可能缩短回次进尺，每回次进尺最大不超过岩芯内管的长度；③钻孔岩芯按要求进行装箱、编录、绘制钻孔柱状图，并送监理工程师指定地点妥善保存。

（2）钻孔冲洗及压水试验。

1）钻孔冲洗。各类钻孔钻进结束之后，加大给水量对钻孔进行冲洗，以将孔内岩粉冲洗出孔外，直至回水澄清，肉眼观察无岩粉为止。洗孔结束后孔内残留岩粉在孔底的沉淀厚度不大于20cm。冲洗压力为灌浆压力的80%，若该值大于1MPa时，采用1MPa。

2）压水试验。

a. 帷幕灌浆Ⅰ序孔灌浆前均作简易压水试验；Ⅱ序和Ⅲ序孔段灌前压水试验。根据前序孔段的压水试验和灌浆情况确定是否进行（或2～3段作1次简易压水）。简易压水试验在裂隙冲洗后或结合裂隙冲洗进行。压水压力不大于灌浆压力的80%，如该值大于1MPa时，采用1MPa，压水时间为20min，每5min测记一次压入流量，取最后一次流量的流量值作为计算流量。

b. 质量检查孔采用自上而下分段钻孔卡塞，单点法压水试验，压水试验各点的压水压力按设计技术要求、施工图纸或监理工程师指示执行，流量稳定标准按《水工建筑物水泥灌浆施工技术规范》（DL/T 5148—2001）附录A中的规定执行。

（3）灌浆。

1）灌浆材料及浆液制备。

a. 帷幕灌浆一般采用水泥粉煤灰浆液，水泥为强度等级P·O 42.5的乌江牌散装普通硅酸盐水泥，后因该水泥厂扩改，改用三峡牌水泥，水泥细度要求通过80μm筛的筛余量不大于5%，灌浆所用水泥新鲜、不受潮、不结块，其性能要求满足GB 175的有关要求；粉煤灰为凯里及遵义火电厂生产的散装二级灰。

b. 制浆站集中拌制0.5：1水泥粉煤灰浆液，粉煤灰掺量为水泥重量的30%。制浆投料顺序为：水、水泥、粉煤灰。制备1000L的0.5：1水泥粉煤灰浆液（密度为1.78g/cm^3）所需原材料为：水泥911.5kg、粉煤灰273.4kg、水592.5kg、木钙2.37kg，其称料误差不得大于5%；制备1000L的0.7：1水泥粉煤灰浆液所需原材料为：水泥737kg、粉煤灰221kg、水670kg、木钙1.92kg，密度为1.63g/cm^3；配1000L的0.7：1水泥粉煤灰浆液需加0.5：1的水泥粉煤灰浆808L、水192L。灌浆过程中可根据实际情况做适当调整。

c. 集中制浆站均对灌浆材料的进、耗料做好详细记录，并按每30min测定浆液密度。

2）灌浆机具：采用JJS-5型储降桶储浆，JJS-2B型搅拌桶配浆，BW100/100型灌浆泵灌浆，LJ-Ⅲ型灌浆自动记录仪记录。

3）灌浆方法：采用“小口径钻进、自上而下分段、不待凝、孔口封闭、孔内循环式”的高压灌浆工艺。

4）镶孔口管。隧洞底板混凝土与基岩的接触段（第一段）先进行单独灌浆，灌浆时采用双管循环式栓塞卡在基岩面以上的混凝土段内，射浆尾管距孔底不大于0.5m，进行孔内循环式灌浆，灌浆结束后采用水灰比0.5∶1水泥浆镶入一根与钻孔同深的、上端车有连接螺纹的孔口管，使孔口管高出底板混凝土面10cm，以防泥水污物流入孔内，孔口管镶入岩石中的长度不得小于2m。并待凝3d后，方可进行以下各段的钻灌施工。

5）灌浆段长。帷幕灌浆段长：第一段为2.0m（孔口管段），第二段为3.0m，第三段为5.0m。以下各段为5.0m，终孔段不大于7m，后征得设计、业主、监理等部门的同意，当灌前压水透水率小于2Lu时，可将两段作一段灌注。段长误差不大于30cm，遇有断层、地质不良地段，段长不超过3.0m。钻孔穿过软弱破碎岩体发现塌孔和集中漏水，将作为一段先进行灌浆。待凝24h后再钻进。

6）灌浆压力。各段灌浆压力按设计施工图纸、设计技术要求及监理工程师的指示执行，灌浆时尽快达到最大设计压力，各层廊道灌浆压力按表9.1-7和表9.1-8控制。

表9.1-7　高程732m、783m帷幕灌浆压力表

段次	下游排			上游排		
	基岩内孔深/m	段长/m	最大压力/MPa	基岩内孔深/m	段长/m	最大压力/MPa
1	0～2（含）	2	0.8	0～2	2	1.0
2	2～5（含）	3	1.5	2～5	3	2.0
3	5～10（含）	5	3.0	5～10	5	3.0
以下各段	＞10	5	4.0	≥10	5	4.0

表9.1-8　高程837m帷幕灌浆压力表

段次	下游排			上游排		
	基岩内孔深/m	段长/m	最大压力/MPa	基岩内孔深/m	段长/m	最大压力/MPa
1	0～2（含）	2	0.8	0～2	2	1.0
2	2～5（含）	3	1.5	2～5	3	2.0
3	5～10（含）	5	2.0	5～10	5	2.5
以下各段	＞10	5	3.0	≥10	5	3.0

在孔段遇到大耗浆量时，采用分段逐级升压来控制浆液注入率的大小，以注入率不大于30L/min为宜（表9.1-9）。

表 9.1-9　　灌浆压力和注入率表

灌浆压力/MPa	1～2	2～3	3～4
注入率/(L/min)	30	20	10

7）浆液配比。采用 0.5∶1、0.7∶1 两个比级，按由稀到浓的原则逐级改变水胶比，开灌水胶比为 0.7∶1。

8）浆液变换：①当灌浆压力保持不变，注入率均匀减小时，或注入率保持不变灌浆压力持续升高时不得改变水灰比；②当某一级水灰比浆液注入量已达 300L 以上，或持续灌注时间已达 30min，而灌浆压力或注入率均无明显改变时，即可采用 0.5∶1 水胶比灌注；③当注入率大于 30L/min，直接采用 0.5∶1 水胶比灌注。

9）灌浆结束标准：帷幕灌浆在规定的设计压力下，当注入率不大于 1.0L/min 时，继续灌注 60min 即可结束；在施工过程中发现屏浆时间过长导致抱钻严重，经与监理、设计协商，部分孔适当减少延续灌注时间，但不得少于 40min。

10）封孔：帷幕孔全孔灌浆结束并经监理工程师单孔验收合格之后，及时进行封孔，采用“全孔灌浆封孔法”封孔，即将注浆管下入孔底，用灌浆泵将 0.5∶1 浓水泥浆液注入孔底，将孔内积水或稀浆置换出孔外，待孔口返出 0.5∶1 浓浆之后提出注浆管，采用孔口封闭器进行纯压式灌浆封孔，封孔压力为灌浆孔使用过的最大灌浆压力，封孔灌浆 60min 后即可结束。

9.1.7.2　搭接帷幕灌浆施工

1. 施工程序

搭接帷幕灌浆待相应部位上、下两层帷幕灌浆结束后进行。施工程序为：放样→钻孔→钻孔冲洗→压水试验→灌浆→封孔→质量检查。

搭接帷幕灌浆按照环间分序、环内加密的原则进行，钻孔及灌浆施工顺序为：Ⅰ序排上Ⅰ序孔→Ⅰ序排上Ⅱ序孔→Ⅱ序排上Ⅰ序孔→Ⅱ序排上Ⅱ序孔。

2. 钻孔

钻孔采用 KHYD40A 电动岩石钻机回转钻进，孔径不小于 ϕ50，孔深为入基岩 6m；质量检查孔采用 XY-2PC 型地质钻机配金刚石钻头钻孔，孔径 ϕ76。钻机固定在可移动式施工平台上进行施工。钻孔孔位、深度、钻孔顺序、孔斜等均符合施工图纸要求。钻孔冲洗和裂隙冲洗及灌前压水试验同主帷幕灌浆。

3. 灌浆

（1）灌浆设备：灌浆施工采用 JJS-5 型储浆桶储浆，JJS-2B 型搅拌桶配浆，BW250/50 型灌浆泵灌浆，三参数灌浆自动记录仪记录。

（2）灌浆方法：采用孔内阻塞、循环式灌浆法，全孔一次性灌浆。灌浆一般采用单孔灌浆法，当相邻孔发生串浆或吸浆量较小时，可采用同一环上的同序灌浆孔并联灌注，并控制压力。

（3）灌浆压力：搭接帷幕灌浆压力按Ⅰ序排 1.0MPa、Ⅱ序排 1.5MPa 执行。在灌浆中，尽快升到设计压力，但当注入率大时，拟定分级升压，使衬砌混凝土抬动变形值控制在允许范围内。发现变形值过大立即停止施工，报告监理工程师，请求指示。

（4）其他如浆液水灰比、浆液变换、灌浆结束标准等均同主帷幕灌浆施工。

9.1.7.3　特殊情况处理

1. 漏冒浆处理

灌浆过程中发现冒浆、漏浆时，视具体情况采用嵌缝、表面封堵、灌注浓浆、降低压力限流、限量和间歇灌浆等方法处理。随着孔深的增加，帷幕灌浆压力随之增大，很有可能上面几段灌浆时地表不漏浆，但在灌注较深孔段时地表有漏、冒浆现象。表9.1-10中孔段，均在灌注较深孔段时发生地表冒浆现象，经采取有效措施，灌浆均达到了结束标准。

表9.1-10　　部分灌浆孔段漏浆情况统计表

施工部位	孔号	灌浆孔段	单耗/(kg/m)	备注
高程732m灌浆廊道	XG31	8	1293	地表冒浆
	XG31	10	1253	
	XG31	11	1580	
	XG69	6	3248	
	XG131	5	811	
	XG141	5	2511	
	XG146	8	660	
	XG180	7	163	
右岸高程783m灌浆廊道	ZG52	2	1700	

2. 串浆处理

（1）灌浆过程中发生串浆时，被串孔正在钻进，串浆量不大，可继续钻进，否则即停止钻进。封闭串浆孔，待灌浆结束后，串浆孔再行扫孔、冲洗，而后继续钻进施工。

（2）如与待灌孔串浆，串浆量不大时，可于灌浆的同时在被串孔内通入水流，使水泥浆不致在孔内沉淀而堵塞钻孔内的岩石裂隙；串浆量较大时，如条件具备可同时灌浆，如不具备同时灌浆的条件，则封闭被串孔，待灌浆孔灌结束之后，立即打开被串孔扫孔冲洗后尽快灌浆。如高程732m廊道进行固结灌浆时，多个待灌的同序孔发生串浆现象，经请示监理，大部分串浆孔采用一泵两孔的方式进行了灌浆处理。

（3）若两个孔同时灌浆，且两孔段使用的灌浆压力又不相同，出现串浆时，若无法灌浆结束，即封闭使用较低灌浆压力的浅孔，待深孔灌浆结束后再灌浅孔。高程732m廊道不同序孔串浆时，先施灌Ⅰ序孔，封闭Ⅱ序孔，待Ⅰ序孔灌浆结束后再进行Ⅱ序孔的灌浆工作。

3. 灌浆中断的处理

灌浆过程中因故中断采用如下措施进行处理：

（1）尽早恢复灌浆，否则立即冲洗钻孔再恢复灌浆，如冲洗无效则扫孔重灌。

（2）恢复灌浆时使用中断前的浆液进行灌注，如注入率与中断前相近，则逐渐加浓浆液直至灌浆结束。

（3）中断时间较长后恢复灌浆时，如注入率较中断前减少较多且在短时间内停止吸浆，采取补救措施进行处理。

对于灌浆过程中出现的因停电、浆液供应不上等情况，均采取以上措施进行了妥善处理。

4. 涌水孔段的处理

在有涌水的孔段，灌浆前测记涌水压力和流量，采取缩短段长、加大灌浆压力、纯压式灌注、掺加速凝剂、延长持续灌浆时间和待凝时间等措施处理。如 XG149 号孔灌浆时涌水压力较大，先后采用了纯压式灌浆、掺速凝剂、待凝等措施，最终达到设计灌浆结束标准。

（1）对于溶洞段灌浆，在查明溶洞情况的前提下，可采取大孔径钻孔回填高流态混凝土或水泥砂浆、或投入碎石再灌注混合浆液、高压灌浆、高压旋喷灌浆等措施。采取以上处理措施时，以工程联系单的形式提出具体措施，经监理、设计批准后方可实施。

（2）当孔段未钻遇溶洞及断层破碎带而出现耗浆量较大，难以达到结束标准时，在灌注 0.5：1 浓浆的前提条件下，可采取降低灌浆压力、限流、限量、间歇灌浆；在浆液中掺加速凝剂、灌注混合浆液等措施。

（3）采取限量、限压措施时，限量灌注不宜过小，每次以灌入干料量 10t 后待凝，或以达到一定灌浆压力控制每次灌注量（如视情况分 0.5MPa、1.5MPa、3MPa、4MPa 多级压力）。

5. 岩溶管道系统处理

在左岸帷幕灌浆施工中，对 S_{63} 等流动系统进行了特殊防渗处理。

（1）S_{63} 岩溶系统处理。

1）回填混凝土。由于左岸高程 783m 灌浆洞正好穿过 S_{63} 流动系统，洞挖至此部位，及时进行了混凝土衬砌，衬砌尽可能地清除溶洞内黄泥。

2）增设辅助帷幕及加长锚杆及适当调整灌浆压力。高程 783m 灌浆洞桩号 0＋194～0＋215 段为 S_{63} 流动系统中心部位，岩层溶蚀严重，地层不能承受较大的灌浆压力，灌浆极易引起混凝土盖板明显抬动。

为了使灌浆能顺利进行，经各方协商同意，采取如下措施：

a. 分别在已有上、下游排帷幕孔的上、下游 50cm 处各增设 1 排辅助帷幕，孔距为 2.5m，孔深为 15m，共计 30 个孔。辅助帷幕分段进行灌浆，灌浆压力为 1.0MPa。

b. 辅助帷幕灌浆完毕后，下入 ϕ30mm、长为 15m 的抗抬锚杆，锚杆上端与底板钢筋焊接。

c. 将 S_{63} 流动系统影响段主帷幕下游排（奇数孔 ZZ361～ZZ389）设计最大灌浆压力降至 2.0MPa，上游排仍按 4.0MPa 控制。后根据检查孔结果，在上游排的上游线上增加了 1 排共计 11 个灌浆孔，最大灌浆压力为 4.0MPa。

（2）K_{10} 溶洞处理。

1）事先用混凝土回填封堵。该次帷幕灌浆前，人工清理了 K_{10} 溶洞空腔内的淤泥，用浆砌石封堵了各出口，从高程 783m 灌浆洞上游边墙钻 ϕ150mm 孔回填混凝土。

2）灌浆过程中回填混凝土。左岸高程 783m 灌浆洞与 K_{10} 溶洞对应的帷幕孔 ZS43 钻灌至 35m 深度后进入 K_{10} 溶洞空腔，经多次灌浆未见回浆，于是停止了灌浆，采取在该灌浆孔旁钻大口径灌注混凝土的措施：钻孔孔径为ϕ150mm，从孔口灌注C10混凝土，当灌注9m^{3}后，对该孔进行再复灌，灌入1.1t，不再吸浆。

(3) 大吸浆量孔的灌浆措施。

2) 灌注水泥砂浆。当钻孔时无脱空，但经多次灌浆而压力一直较低或无压力时，采取加砂灌注（掺砂50%～100%）措施。采用此法灌注的孔段有：783灌浆洞ZZ369第2段、ZZ373第3段及ZZ381第3段；837灌浆洞ZS43第8段、ZS45第9段及11段、ZS79第7段、ZS87第12段等。多数孔在掺砂3～5次后，再改回水泥粉煤灰浆液灌注，很快就达到灌浆结束标准，起到了降低灌浆成本的作用。

2) 加速凝剂灌注。灌浆试验孔G1的第3、第4、第6段，G4的第7段及ZZ381第2段、ZZ369第3段，经多次灌注后压力仍较低，采用了加入水玻璃灌注措施，待其凝固后复灌1次结束，防止了浆液扩散太远。

9.1.8 防渗帷幕施工质量检查

帷幕灌浆检查孔的数量为灌浆孔数的10%，每个单元工程内至少布置有一个质量检查孔。检查孔压水试验在该部位灌浆结束14d后进行。

帷幕灌浆检查孔压水试验采取单点法，压水试验压力高程732m坝基段为1.5MPa，其余为1.0MPa。

帷幕灌浆质量合格标准：坝体混凝土与基岩接触段及下一段的合格率为100%，其余各段的合格率为90%以上；不合格段的透水率值不超过设计规定值的150%，且不合格试段分布不集中。

帷幕灌浆封孔质量进行抽样检查，其数量为灌浆孔的5%，检查方法为对已完成的灌浆孔进行钻孔取芯，孔径为ϕ56mm，钻孔深度不小于10m。

9.1.9 帷幕灌浆防渗处理分析评价

9.1.9.1 高程783m隧洞灌浆资料分析

1. 灌浆单位耗灰量分析

右岸783m灌浆洞帷幕灌浆耗灰分序统计详见表9.1-11。

表9.1-11　右岸783m灌浆洞帷幕灌浆耗灰分序统计表

孔序	孔数/个	灌浆段长/m	耗灰量/kg				平均单位注入量/(kg/m)
			水泥	粉煤灰	外加剂	合计	
Ⅰ	133	6206.7	1657337.7	498048.2	19227.4	2174613.3	350.4
Ⅱ	132	5854.5	712186.1	212805.0	8096.0	933087.1	159.4
Ⅲ	259	11150.0	603231.4	180673.5	7838.6	791743.5	71.0
合计	524	23211.2	2972755.2	891526.7	35162.0	3899443.8	168.0

由表9.1-11可以看出：右岸783m隧洞帷幕灌浆注入总灰量为3899443.8kg（未含孔、管占浆），平均单位耗灰量为168.0kg/m，其中Ⅰ序孔平均单位耗灰量为350.4kg/m，Ⅱ序孔平均单位耗灰量为159.4kg/m，Ⅲ序孔平均单位耗灰量为71.0kg/m。Ⅱ序孔

平均单位耗灰量为Ⅰ序孔平均单位耗灰量的45.5%；Ⅲ序孔平均单位耗灰量为Ⅱ序孔平均单位耗灰量的44.5%，仅为Ⅰ序孔的平均单位耗灰量的20.3%。即：随着孔序增加，单位耗灰量逐渐递减，符合基岩灌浆的一般规律。

2. 灌前透水率分析

右岸高程783m帷幕灌浆各次序孔灌前压水试验成果统计见表9.1-12。

表9.1-12　右岸高程783m帷幕灌浆各次序孔灌前压水试验成果统计表

灌浆次序	总数段	段数 | 频率值/%				
		≤0.5Lu	0.5~1Lu	1~5Lu	5~10Lu	>10Lu
Ⅰ	1205	367 | 30.5	84 | 7	244 | 20.2	279 | 23.2	231 | 19.2
Ⅱ	162	109 | 67.3	9 | 8.6	19 | 11.7	18 | 11.1	7 | 4.3
Ⅲ	774	672 | 87.0	58 | 7.5	38 | 5.0	5 | 1.0	1 | 0.01

帷幕灌浆Ⅰ序孔全部进行了灌前压水，Ⅱ序孔、Ⅲ序孔仅部分孔进行了灌前压水试验。由表9.1-12可以看出，灌浆段总段数中，透水率小的灌浆段的频率值，随着灌浆次序的增进而增加。如：透水率小于0.5Lu的灌浆段的频率值，Ⅰ序孔为30.5%，Ⅱ序孔增为67.3%，Ⅲ序孔又增为87.0%。灌浆段透水率随区间值的增大，其相应的频率值随灌浆次序的增进而逐趋减少。如：透水率区间为1~5Lu的灌浆段的频率值，Ⅰ序孔为20.2%，Ⅱ序孔减为11.7%，Ⅲ序孔又减为5%。经Ⅰ序孔、Ⅱ序孔、Ⅲ序孔灌浆后岩体透水率下降显著，符合灌浆的一般规律。

3. 灌后检查孔压水试验成果分析

右岸高程783m隧洞帷幕灌浆检查孔共57个，压水总段数514段，其压水试验成果见表9.1-13。从总体上看，检查孔各段透水率均中小于1Lu，合格率100%，满足设计防渗标准。

表9.1-13　右岸783帷幕灌浆检查孔压水试验成果表

部　位	孔数/个	段数	段　数				合格率/%
			$q<1$Lu	1Lu≤$q<2$Lu	2Lu≤$q<3$Lu	$q\geq3$Lu	
厂坝区（F0+47.5~F0+237.75）	21	188	188	0	0	0	100
F0+237.75~F0+979.86	36	326	326	0	0	0	100

9.1.9.2　高程837m隧洞灌浆资料分析

右岸高程837m廊道仅进行主帷幕灌浆，无回填、固结及搭接帷幕，下面就主帷幕单耗灰量、灌前透水率、灌后检查孔压水试验情况等三个方面对灌浆资料加以分析。

1. 灌浆单位耗灰量分析

从表9.1-14可以看出：右岸837m隧洞帷幕灌浆注入总灰量为7836718.3kg，平均单位耗灰量317.2kg/m（含管占），其中Ⅰ序孔平均单位耗灰量为744.6kg/m，Ⅱ序孔平均单位耗灰量为352.3kg/m，Ⅲ序孔平均单位耗灰量50.0kg/m。Ⅱ序孔平均单位耗灰量为Ⅰ序孔平均单位耗灰量的47.3%；Ⅲ序孔平均单位耗灰量为Ⅱ序孔平均单位耗灰量的

14.2%，仅为Ⅰ序孔的平均单位耗灰量的6.7%。说明随着孔序增加，单位耗灰量递减非常显著，符合基岩灌浆的一般规律。

表9.1-14　　右岸高程837m灌浆洞帷幕灌浆耗灰分序统计表

孔序	孔数/个	灌浆段长/m	耗灰量/kg	平均单位注入量/(kg/m)
Ⅰ	117	6746.8	5023615.3	744.6
Ⅱ	114	6334.7	2231507.4	352.3
Ⅲ	211	11624	581595.6	50.0
合计	442	24706	7836718.3	317.2

2. 灌前透水率分析

右岸高程837m帷幕灌浆各次序孔灌前压水试验成果统计见表9.1-15。

帷幕灌浆Ⅰ序孔全部进行了灌前压水试验，Ⅱ序孔、Ⅲ序孔仅部分孔进行了灌前压水试验，而且Ⅱ序孔选取的压水段大部分是钻孔不返水或返水量较少的孔段。因此，Ⅰ序孔、Ⅱ序孔之间透水率递减规律不明显。由表9.1-15可以看出，透水率不大于0.5Lu的灌浆段的频率值，Ⅰ序孔为20.7%，Ⅱ序孔为11.3%，Ⅲ序孔增加为73.3%。灌浆段透水率随区间值的增大，其相应的频率值随灌浆次序的增进而逐趋减少。如：透水率区间为大于10Lu的灌浆段的频率值，Ⅰ序孔为34.8%，Ⅱ序孔减为16.4%，Ⅲ序孔仅为0.4%。经Ⅰ序孔、Ⅱ序孔、Ⅲ序孔灌浆后岩体透水率下降显著，符合灌浆的一般规律。

表9.1-15　　右岸高程837m帷幕灌浆各次序孔灌前压水试验成果统计表

灌浆次序	总数段	段数丨频率值/%				
		≤0.5Lu	0.5～1Lu	1～5Lu	5～10Lu	>10Lu
Ⅰ	926	192丨20.7	47丨5.1	157丨16.9	208丨22.5	322丨34.8
Ⅱ	335	38丨11.3	34丨10.1	117丨35.0	91丨27.2	55丨16.4
Ⅲ	954	699丨73.3	103丨10.8	141丨14.8	7丨0.7	4丨0.4

3. 检查孔压水试验成果分析

右岸高程837m帷幕灌浆检查孔共44个，每个单元均布置2个检查孔，压水总段数480段，其成果见表9.1-16。从表9.1-16可以看出，厂坝区帷幕灌浆检查孔压水透水率均小于3Lu，满足设计要求；非厂坝区虽然有5段透水率大于3Lu，但均小于5Lu，满足设计对非厂坝区的防渗要求。故从总体上看，检查孔各段透水率均满足设计防渗标准，合格率为100%。

表9.1-16　　右岸高程837m帷幕灌浆检查孔压水试验成果表

部　位	孔数/个	段数	段　数					合格率/%
			q<1Lu	1Lu≤q<2Lu	2Lu≤q<3Lu	3Lu≤q<5Lu	q≥5Lu	
厂坝区（F0＋64.18～F0＋237.75）	8	100	38	59	3	0	0	100
F0＋237.75～F0＋924.68	36	380	258	97	20	5	0	100
合计	44	480	296	156	23	5	0	100

9.1.9.3 防渗灌浆质量评价

右岸防渗帷幕灌浆处理于2005年全部完成，从灌浆资料分析及钻孔压水试验成果对比情况，均满足设计要求。自2005年8月大坝蓄水发电运行至2020年，通过对廊道渗水量及幕后排水孔地下水扬压力的观察，未发现廊道有渗水现象，底层廊道地下水扬压力也满足设计要求，进一步验证了帷幕灌浆的施工质量满足设计要求及电站运行安全需要。建成蓄水后的索风营水电站枢纽如图9.1-17所示。

图9.1-17 建成蓄水后的索风营水电站枢纽

9.2 窄巷口水电站岩溶渗漏勘察设计及处理

9.2.1 工程概况

窄巷口水电站位于乌江右岸一级支流猫跳河的下游，坝址距贵阳市55km。电站处于深山峡谷及岩溶强烈发育区，为猫跳河开发的第四级水电站。水库正常蓄水位为1092m，坝前抬高水头约为38m，相应库容为70.8万m^3，回水长度为5.5km，多年平均流量为44.9m^3/s，装机容量为3×18MW。该电站1960年开始地质勘探工作，1965年动工兴建，1970年9月发电。在勘测阶段，由于受当时勘探技术手段和工期的限制，对复杂的岩溶问题未能完全查明；在施工阶段，由于各种原因未能完成设计的防渗面貌，电站建成后水库存在严重的深岩溶渗漏。初期渗漏量约20m^3/s，约占多年平均流量的45%，经1972年和1980年两次库内防渗处理，正常蓄水位时的渗漏量仍为17m^3/s左右，渗漏造成的发电损失每年在4000万kW·h以上。从1970年建成发电至2008年，陆续进行了一系列的渗漏勘察和研究工作。2008—2009年，通过对大量资料的系统分析研究，并进行必要的补充勘察和试验，基本掌握了库首坝址区岩溶发育的基本规律，查明了主要渗漏管道的位置、规模及形态。电站渗漏稳定及渗漏处理工程于2009年12月28日开工，2012年12月18日全部完工，2013年5月16日在贵阳顺利通过竣工验收，历时3年，渗漏量减小为1.5m^3/s，攻克了窄巷口水电站深岩溶渗漏这一世界级难题。

9.2.2　地质概况和岩溶渗漏特征

9.2.2.1　地质概况

猫跳河干流从窄巷口峡谷河段至坝址下游K_{11}花鱼洞（洞口高程为1034m）之间，形成一向北凸出的弧形河湾，河道长为1.7km，弦长为1.2km。窄巷口水电站库首左岸岩溶水文地质略图如图9.2-1所示。库首坝址区主要地层有寒武系下统清虚洞组（$\in_1$）页岩夹灰岩、中上统娄山关群（$\in_{2+3}$）白云岩、石炭系中统黄龙组（C_2）、下二叠统栖霞组（P_1^2）和茅口组（P_1^3）灰岩夹数层页岩及上二叠统龙潭组（P_2）砂页岩夹灰岩等。地质构造复杂，地层总体产状N50°～70°W，NE∠20°～30°，倾上游偏右岸。NNE向的F_{19}逆掩断层将库区广泛出露的寒武系白云岩推覆于坝址及下游二叠系灰岩及砂页岩之上；另一条NNE走向的F_{30}正断层位于坝线下游400m，横切河床通过，倾角较陡，地层断距为500～700m，上盘为P_1灰岩，是水库渗漏的主要区域，下盘为$\in_1$泥灰岩及页岩，属相对隔水层，故F_{30}为电站的下游渗漏边界；其余NEE向断层数量较多，但规模较F_{19}和F_{30}较小。

前期勘察揭示了K_{18-1}和K_{18-2}溶洞系统，其中K_{18-2}位于左岸高程1064m灌浆隧洞内，开口位置为K左0＋230.4～0＋241.0m。K_{18-2}溶洞沿灌浆隧洞轴线方向原始底板高程在1050m左右，后开挖至高程1042m左右，形成一个高20m左右的空腔。溶洞向上游方向逐渐抬高至1080m以上，向下游抬高至1080m，之后又快速下降，并在西段形成一个落水洞，与花鱼洞连通。

9.2.2.2　岩溶渗漏特征

电站水库岩溶渗漏为多进口汇流，库首入渗范围为从上游窄巷口进口开始，经窄巷口库段，直到坝前，库段全长1250m。其中窄巷口库段为以多个岩溶管道进口并存的集中渗漏，往下游逐渐减弱为脉管性渗漏和分散的溶隙渗漏。在大坝下游，渗漏水流的出露范围，最远达到坝线下游400m处的F_{30}断层。而渗漏水流集中出水口主要在K_{11}花鱼洞，K_{11}位于左岸坝线下游约360m的河边，发育于F_{30}断层上盘P_1^{2-6}灰岩中，最初水位1030.5m，电站建成后，由于开挖的废渣堵塞洞口，水位上升至1034.13m。

渗漏水流从分散汇入到集中流出，其过程相当复杂。在电站防渗线剖面上，渗漏边界较为明朗。左岸渗漏范围自左岸桩号0＋730至坝肩，垂向上自正常蓄水位1092m至防渗线865m，主要的集中岩溶管道渗漏发生在左岸桩号0＋000～0＋450，其左岸渗漏区防渗线地质简图如图9.2-2所示。

9.2.3　左岸防渗线岩溶集中渗漏管道探测

9.2.3.1　地下水渗流场研究

通过钻孔等查明地下水的空间变化规律，分析地下水补径排条件，以及地下水与库水的相关性等，建立渗流场模型，对渗漏带进行分区，从而宏观掌握库水渗漏管道的方位。

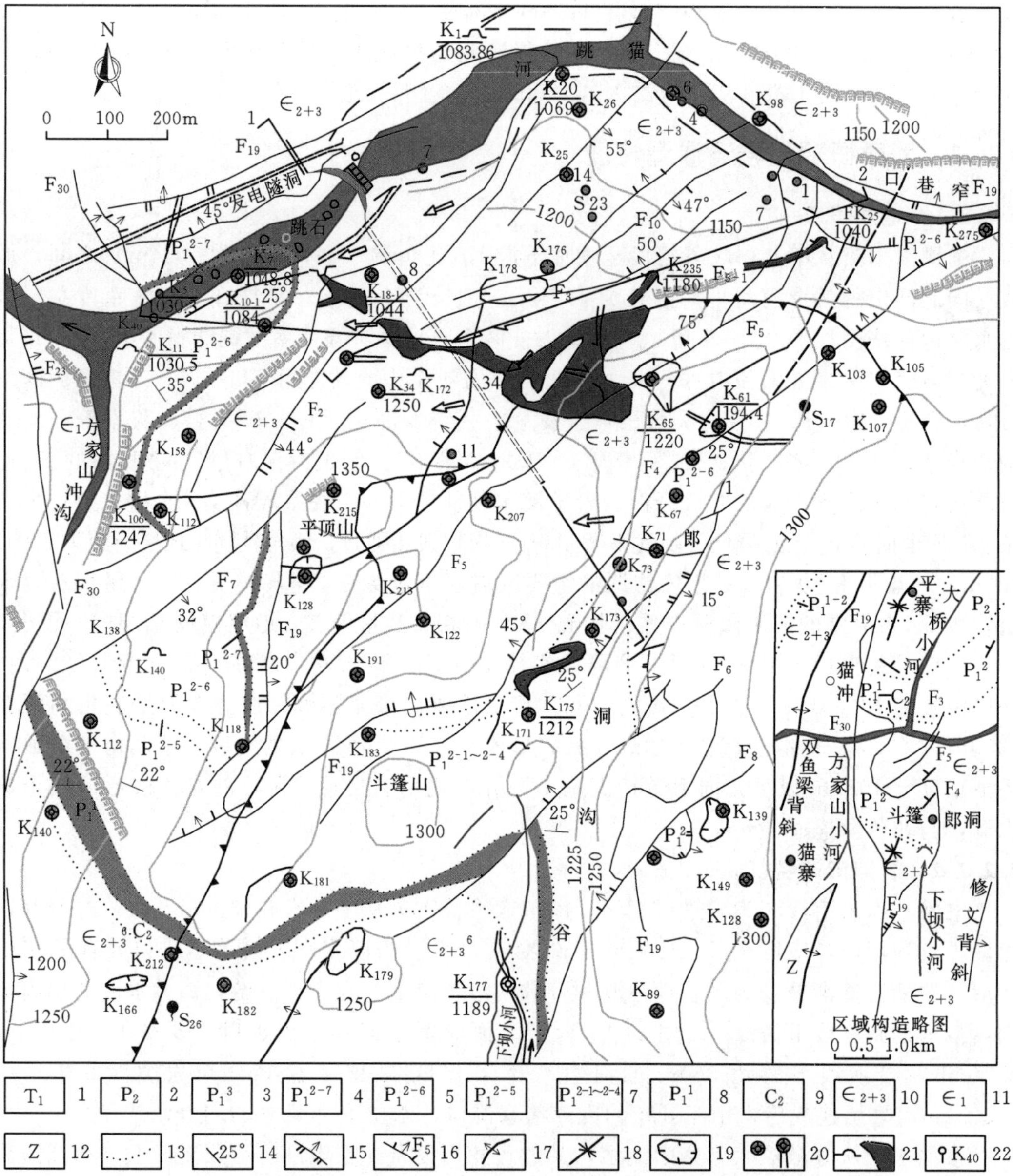

图 9.2-1 窄巷口水电站库首左岸岩溶水文地质略图

1—下三叠统灰岩及页岩；2—上二叠统砂岩夹灰岩及煤层；3—下二叠统厚层灰岩，底部为燧石条带灰岩；4—炭质生物灰岩夹炭质页岩；5—灰岩；6—白云质灰岩；7—灰岩；8—页岩夹砂岩及劣煤；9—中石炭统灰岩、底为铝土页岩及铝土矿；10—中上寒武统白云岩；11—下寒武统页岩夹泥质条带灰岩；12—震旦系变余砂岩及黏土岩；13—地层界线；14—岩层产状；15—逆掩断层；16—正断层；17—背斜轴；18—向斜轴；19—岩溶洼地；20—落水洞及详测落水洞；21—水平溶洞及投影；22—河床涌水洞；23—泉；24—库岸漏水口及编号；25—钻孔及编号；26—主要地下水洼槽位置及水位；27—连通试验起始点；28—水库正常高水位线；29—剖面线及编号；30—地形分水岭；31—相对隔水层

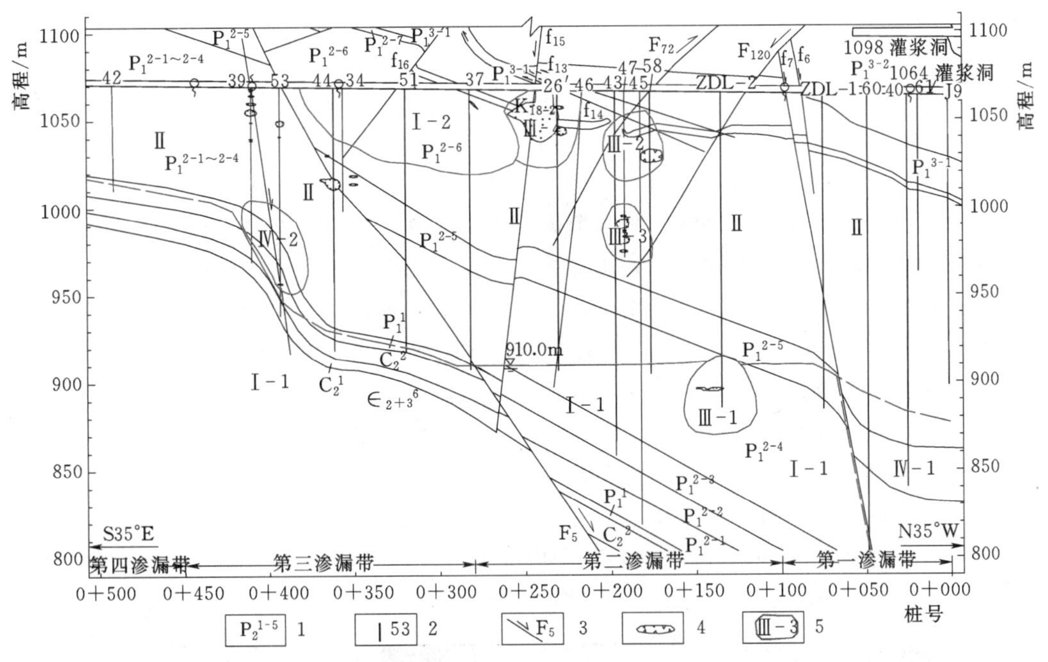

图 9.2-2　左岸渗漏区防渗线地质简图

1—地质代号；2—钻孔及代号；3—断层及代号；4—溶洞；5—渗漏分区

如图 9.2-3 所示，选择库水位为 1080～1090m 时的内管水位编制左岸防渗线剖面上的水头等势线图。根据此图，将左岸渗漏区划分为 4 个渗漏带：第一渗漏带位于左岸防渗线桩号 0+000～0+100；第二渗漏带位于桩号 0+100～0+280，为最严重的水库深岩溶渗漏带；第三渗漏带位于桩号 0+280～0+450；第四渗漏带位于防渗线桩号 0+450～0+730。

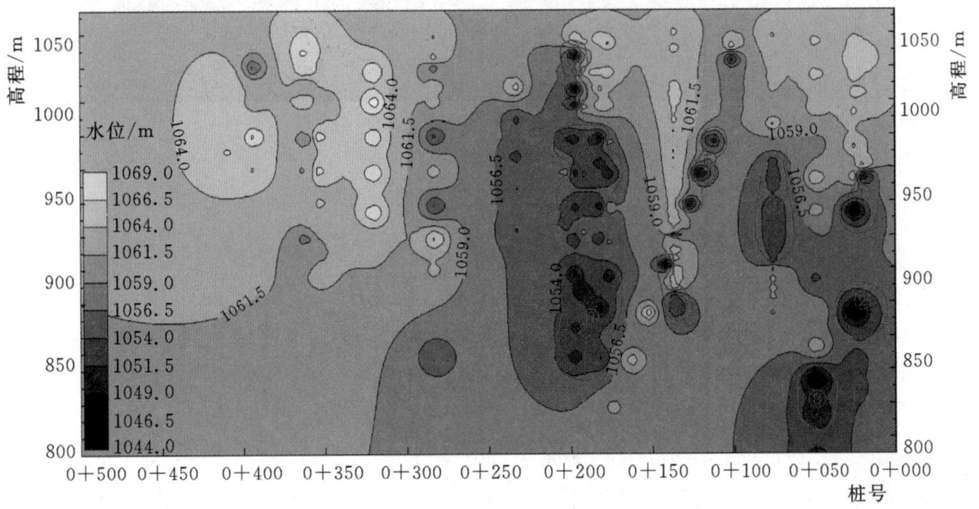

图 9.2-3　左岸防渗线地下水水头等势线图

9.2.3.2 地下水温度场测试

短周期的气候变化对地表水的温度影响既快又明显，而地下水的温度受地温、补给水源温度和循环交替条件控制，浅层地下水的温度还会受气温影响。由气温引起的地下水温度日变化深度大约1m，年温度变化影响深度不超过30m。在30m深度以下的岩体原始温度一般受岩石的热导率和大地热流的控制，按增温梯度有规律提高，当地下水活动剧烈时，岩体温度将发生变化。补给水源的温度和地下水强烈的循环交替条件将严重影响地下水温度的变化幅度和速度，这也是利用地下水温度分析渗漏的最主要依据。

研究过程中对库首坝址区，特别是左岸渗漏区的水温进行了系统的观测。观测时间为2008年9月24—25日，之前数日，白天的最高气温均超过30℃，受气候影响，库水温度较地下水来说，为高温热源。其中库水表面下2m为22.8～23.3℃，库水中下部的水温为21.7～22.2℃，当天库水温度变幅达1.6℃。与测量库水温度同步，对左岸防渗线上9个钻孔的地下水温度进行观测，根据钻探的进度和气候的变化，每个孔测量2～4次，每个钻孔竖向上测量点间隔为0.25～0.5m，通过这些数据获得左岸高程1064m灌浆平洞以下超过210m深度（即高程850m左右）范围内的温度场，如图9.2-4所示，该图对应的库水位为1088～1092m。

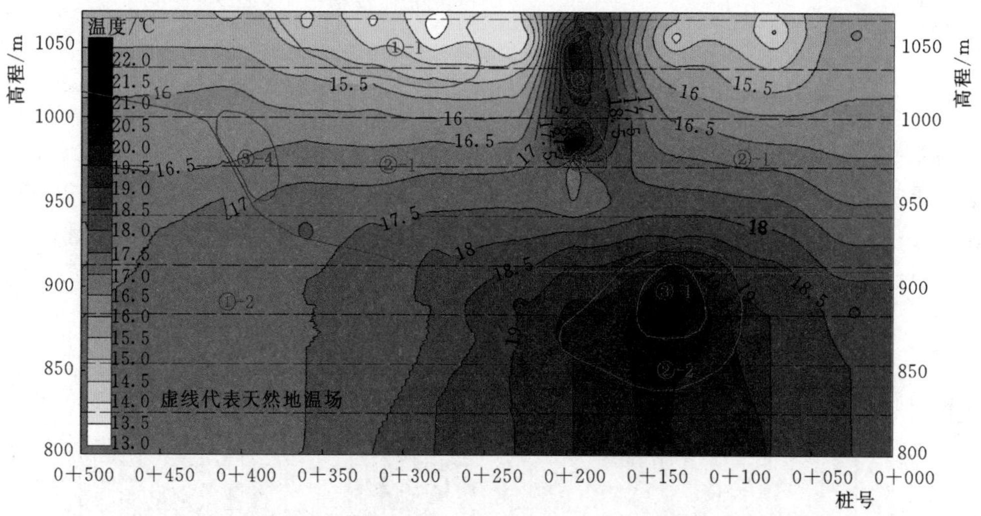

图9.2-4 左岸防渗线地下水温度等值线图

灌浆平洞埋深超过30m，平洞以下的岩体如果不受渗漏库水影响，全年将维持常温。因为渗漏水流为高温热源，而研究测得的钻孔水温最低为13.1℃，位于桩号0+282的37号钻孔，其高程为1050～1059m，所以把它视为高程1059m不受库水影响的天然地下水温度。各钻孔底部的高程和温度各不相同，计算各钻孔高程1059m到孔底的地温梯度，最小为3.4℃/100m，把它作为测区的天然地温梯度k_0，由此可恢复无库水影响的天然温度场。比较实测温度场T_s和天然温度场T_0发现，可以按T_s与T_0的差值ΔT分为3类区域：

(1) $\Delta T \leqslant 0.5$℃，即为相对低温区①，可以认为地下水不受库水影响。

(2) 0.5℃$<\Delta T \leqslant 2.0$℃，即为相对高温区②，可以认为地下水受库水影响，但是影响较弱。水温受库水的影响有两种可能：一种可能是管道渗漏的周边，虽然为非渗漏区，

但由于热量交换，原天然地下水温度也有所升高；另一种可能是，库水渗漏到达此区域，由于库水运移时间较长，与地下冷水发生混合，使得水温介于地下水温度和库水温度之间。后一种情形对应于裂隙或溶隙渗漏。

(3) $\Delta T>2.0$℃，即为高温异常区③，可以认为地下水受库水直接影响，即对应于强渗漏区或管道渗漏区。

9.2.3.3　地下水电导率测试

地下水的电导率是地下水总溶解固体（TDS）的反映，在一定的水文地质条件下与总溶解固体存在着近线性关系。通过对工程区各水体和勘探孔中相同时段不同深度的地下水电导率进行测量，可以宏观掌握区域地下水流状况，划分不同的地下水流系统，为分析地下水的补径排条件增加了研究手段。

测量库水和地下水温度时，同步对电导率进行测量。库水电导率为370～401.1μS/cm，平均为387.3μS/cm。该次同时测量了K_{11}的电导率，为416μS/cm，较库水略微增大，这是渗漏库水沿途溶解了某些矿物成分的缘故。根据左岸防渗线上9个钻孔的地下水电导率制作电导率等值线图，如图9.2-5所示。

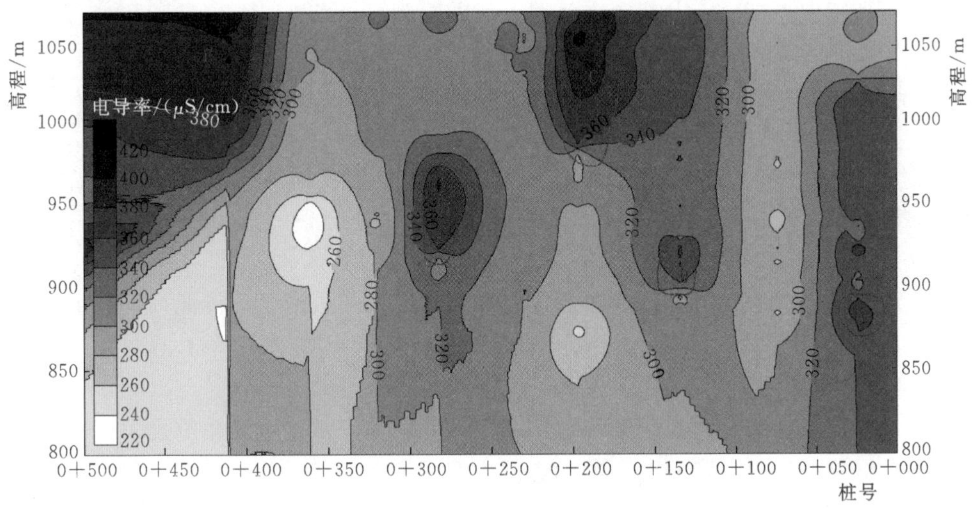

图9.2-5　左岸防渗线地下水电导率等值线图

图9.2-5有A～E五个异常的区域：A区位于40号孔底部高程895m以下，电导率大于350μS/cm，最大为380.5μS/cm。该异常区和地下水水头等势线图低势圈重合，但是，温度场未见明显异常，所以该区不会存在快速的管道性渗漏。B区，位于ZDL-2孔下部高程931～896m，电导率大于350μS/cm，最大为362.9μS/cm，其中911.83～903.83m对应于温度场的高温区的核心部位，其电导率值为360.4～355.3μS/cm。C区，位于43号孔的中上部，底部高程达972m。电导率大于355μS/cm，最大为406.9μS/cm。其上部高程1043.5～1037.5m对应于该区域温度场高温区的核心部位，电导率值为400.1～394.6μS/cm。下部高程988.5～983.5m对应于该区域温度场高温区的核心部位，电导率值为366.7～356.4μS/cm。高程983m以下为电导率剧烈变动区，在高程979.5m为297.7μS/cm，电导率梯度为14.7μS/(cm·m)，这说明管道渗漏的底界高程979.5m以

上。C区对应于地下水水头等势线图低势圈。D区和E区地下水位高，温度场未见明显异常，不会存在快速的管道性渗漏。

9.2.3.4 示踪试验

示踪试验可直接验证渗漏通道的存在与否，各接收点出现示踪剂的速度和浓度，可反映渗漏通道的规模等特征。

从电站运行之后的近40年时间里，成功地进行了24次示踪试验，取得了55个速度成果。试验的投源点主要分布于左岸下坝小河、窄巷口库段和左右岸防渗线等部位。接收点为K_{11}花鱼洞及K_7、K_8、K_{39}、K_{40}等落水洞，S_2泉点以及左右岸防渗线上各钻孔和溶洞等。

窄巷口库段左岸投源点的示踪剂在左岸防渗线桩号0＋100～0＋361.4的41、45、47、43和44等钻孔和K_{18-2}溶洞系统中均有所发现，之后再到达K_{11}和K_7、K_8等地点。窄巷口到防渗线的最大单位水头流速为160～692m/(d·m)，流速快，为脉管流或者管道流；窄巷口左岸到K_{11}的最大单位水头流速为346～757m/(d·m)，流速很快，具有明显的管道流特征。

左岸防渗线前后进行了9次示踪试验。投源点为左岸1064灌浆平洞桩号0＋20～0＋356的各钻孔、溶缝和溶洞。分别在K_{11}和K_7、K_8、K_{39}、K_{40}等落水洞观测到示踪剂。其中45号钻孔、桩号0＋236的19号钻孔以及桩号0＋240上游的K_{18-2}溶洞中的人工斜井到K_{11}的最大单位水头流速为452～914m/(d·m)，表现为明显的管道流特征，而43号钻孔到K_{11}花鱼洞的最大单位水头流速达1298m/(d·m)，速度为整个库首坝址区最大。渗漏最严重的区域即为左岸防渗线第二渗漏带，对应着地下水显著高温异常的③-1～③-3亚区。

综合以上试验成果发现，窄巷口库段左岸存在明显的岩溶管道渗漏，管道主要穿透河湾地带左岸防渗线第二渗漏带，与K_{11}等出水点连通。

9.2.3.5 渗漏分区

地下水渗流场、地下水温度场和地下水电导率场等异常区域互相重叠印证，并结合示踪试验与物探测试成果，准确地对左岸防渗线剖面进行了渗漏分区，按渗漏的强弱和研究的可靠程度把左岸渗漏区分成4类：一类（Ⅰ）为相对不渗漏区，二类（Ⅱ）为裂隙渗漏区，三类（Ⅲ）为管道渗漏区，四类（Ⅳ）为可能存在的管道或裂隙渗漏区。其中的Ⅲ-3区，为最大的集中渗漏岩溶管道。钻孔和物探资料查明，溶洞在帷幕线附近走向约为N68°E，与帷幕线交角约为80°，高程973～993m（埋深74～94m），其规模向下游逐步减小。溶洞在隧洞轴线附近发育宽度约为8m，高度约为12.6m，隧洞轴线下游约9m处发育宽度约为6m，高度约为5.5m，溶洞自帷幕线上游向下游发育大体趋势为逐渐收缩的喇叭口。高库水位时洞内水流速最大为0.69m/s，平均为0.42m/s，最大流速在高程981.51m处，溶洞内渗漏量为6～10m^3/s。

9.2.4 防渗处理

9.2.4.1 防渗处理方案

根据窄巷口水电站坝址区岩溶渗漏特点及工程特性，防渗处理的目的主要是确保建筑物的稳定和减少渗漏损失，据此防渗处理原则主要遵循两点：①距坝较近、影响大坝稳定的范围内，如右岸、河床及左岸的第一渗漏带，以全面的防渗处理为主；②距坝较远、不影响大坝稳定的渗漏，如左岸第二～第四渗漏带，以封堵岩溶管道为主。

根据水库渗漏特性和枢纽布置，渗漏处理初步对“全库盆防渗”“封堵主要漏水进口＋近坝帷幕防渗”“中间拦截防渗”3个方案进行了研究比较。前2个方案由于均存在需放空水库、影响全流域发电的不利条件，并存在铺盖稳定问题或漏水进口难以查明、易产生新的漏水通道等问题，在基本查清主要岩溶渗漏管道的前提下，最终选择了“中间拦截防渗”方案作为实施方案。

“中间拦截防渗”方案，利用现有防渗灌浆设施在帷幕线上进行帷幕灌浆处理，该方案不影响上下游梯级电站发电，能彻底解决建筑物渗漏稳定和水库渗漏问题。防渗线基本垂直两岸山体展布，并分为两期进行，一期重点解决坝基及近坝段渗漏稳定问题；二期以处理左岸岩溶管道集中渗漏为主，最终形成防渗帷幕整体，确保库首及坝址区安全并达到减小渗漏的目的。窄巷口水电站坝址区防渗处理剖面示意如图9.2-6所示。

1. 一期渗漏稳定及渗漏处理范围

一期渗漏稳定及渗漏处理范围分为3个区，第一区为右岸及右坝肩部分，第二区为左岸及左坝肩部分，第三区为河床部分，总的处理面积约为5.5万m^2，其中采用全面帷幕灌浆方式来防渗并保证大坝稳定的面积为3.3万m^2，采用局部岩溶管道封堵或强溶蚀破碎灌浆以单纯减少渗漏为目的面积约2.2万m^2。

第一区为桩号右0－040.0～右0＋127.0，幕线长为167m（接至P_2^{1-5}隔水层及深入F_{71}断层)。其中全面帷幕灌浆防渗底限高程为1000～950m，封闭中等透水岩体及F_{71}断层，防渗面积为1.73万m^2。针对深部岩溶利用先导孔进行探测并处理的底限至高程950～920m。

第二区为桩号左0－030.0～左0＋050.0，幕线长为80m，封闭第一渗漏带的强岩溶发育区及导流洞兼放空洞。全面帷幕灌浆防渗底限高程为1000～980m，封闭中等透水岩体，防渗面积为0.73万m^2。针对深部岩溶利用先导孔进行探测并处理的底限至高程910m。

第三区为桩号右0－040.0～左0－030.0，河床部分在坝后布置。全面帷幕灌浆防渗底限高程为1000m，防渗面积为0.84万m^2。针对深部岩溶利用先导孔进行探测并处理的底限至高程960m。

2. 二期渗漏处理范围

二期渗漏处理范围为桩号左0＋050.0～左0＋730.0。桩号左0＋300～左0＋730，底部受P_1^1隔水层的阻截，渗漏下限为950～1070m；桩号0＋050～0＋300不受P_1^1阻隔，主要渗漏范围在高程950m以上，局部达高程860m。该期以封堵岩溶管道为主，先采用“先导孔＋物探CT”的岩溶探测技术确定防渗处理范围，再采用钢管排桩、模袋等岩溶封堵技术进行封堵，总面积为5.95万m^2。

9.2.4.2 防渗处理的实施

1. 一期渗漏稳定及渗漏处理

利用窄巷口水电站修建之初在左右岸高程1064m及左岸1098m设置的灌浆隧洞，进

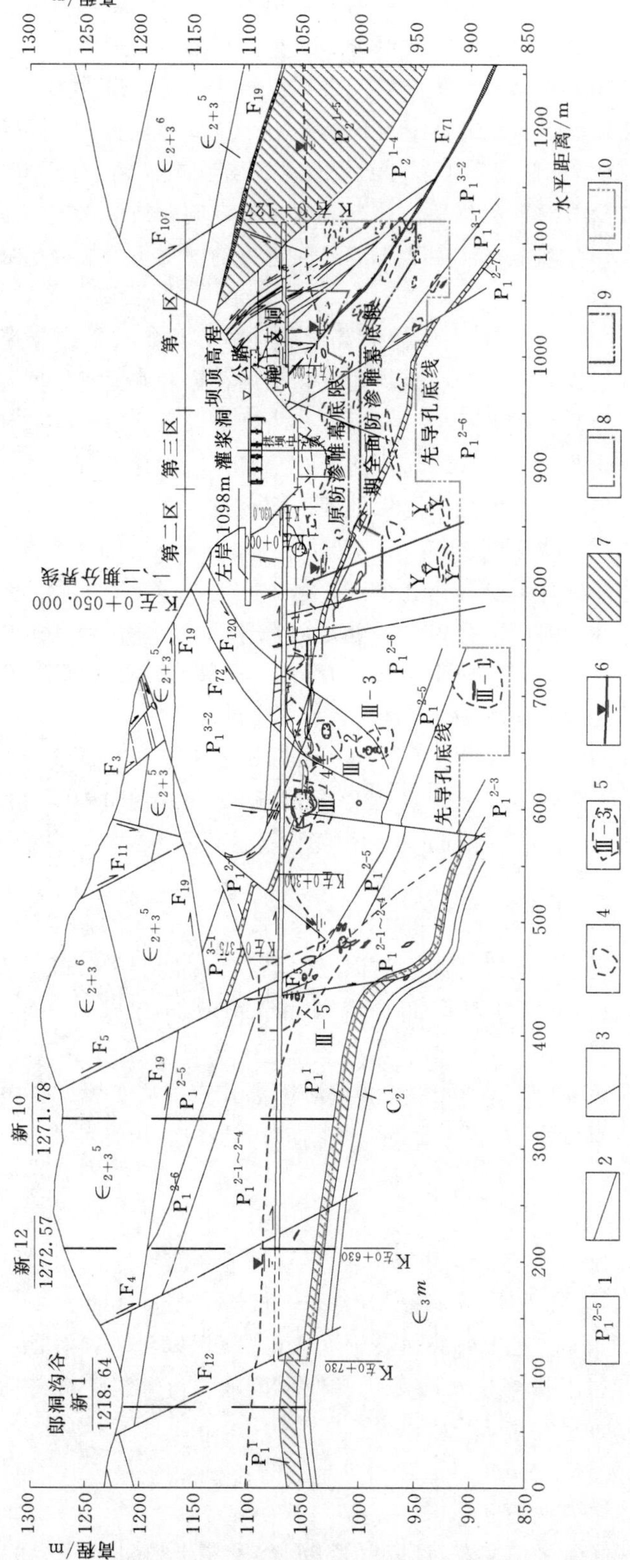

图 9.2-6　窄巷口水电站坝址区防渗处理剖面示意图（2012 年）

1—地层代号；2—地层界线；3—断层及编号；4—溶蚀区；5—强岩溶区及编号；6—地下水位；
7—隔水层或相对隔水层；8—原防渗范围；9—一期全面防渗范围；10—二期防渗及先导孔范围

行扩挖，并布置先导孔进行物探CT测试，先导孔间距为20～25m，孔底高程第一区到920～950m，第二区到910m，第三区到950m。根据需要对部分孔进行孔内摄像。

为加强拱坝与基岩接触面的整体性，在拱坝两坝肩及基础拱桥部位沿拱坝下游坝脚布置2排固结灌浆孔，第三区孔间距为2.5m排距为1m，第一区与第二区孔间距为3m排距为0.5m；孔深入岩（砂砾石）8m，呈辐射状；孔径不小于ϕ76mm，每孔灌浆结束后，置入一束长9m的锚筋束。帷幕灌浆采用“小口径、孔口封闭、自上而下、不待凝、孔内循环高压灌浆”工艺。

防渗标准：左右岸高程1064m以上帷幕透水率$q\leqslant 5$Lu；高程1064m以下及坝后帷幕透水率$q\leqslant 3$Lu，第三区砂砾石层内的帷幕透水率$q\leqslant 5$Lu；搭接帷幕透水率$q\leqslant 3$Lu。

灌浆孔间排距及灌浆压力：高程1064m以上为单排孔，孔距为2.0m；高程1064m以下为双排孔，孔距为2.5m，排距为1.0m，局部排距为0.5m。基岩最大灌浆压力为3.0MPa，砂砾石层内最大灌浆压力为1.5MPa。

灌浆材料：采用水泥粉煤灰混合浆液，水灰比采用0.7∶1、0.5∶1两个比级，开灌水灰比为0.7∶1。

2. 二期渗漏处理

灌浆隧洞的扩挖与处理、先导孔（物探CT）布置等原则同一期处理，孔底控制高程为865～1045m。该期渗漏处理的重点是Ⅲ-3溶洞与K_{18-2}溶洞封堵及F_5断层破碎带的封闭。

（1）Ⅲ-3溶洞封堵。左岸Ⅲ-3溶洞系早期已发现岩溶系统，该处岩溶的处理属于该工程二期渗漏处理工程中的重点部位，其封堵的效果将直接影响水库渗漏量。

如图9.2-7和图9.2-8所示，根据先导孔物探CT测试成果，Ⅲ-3溶洞在左岸

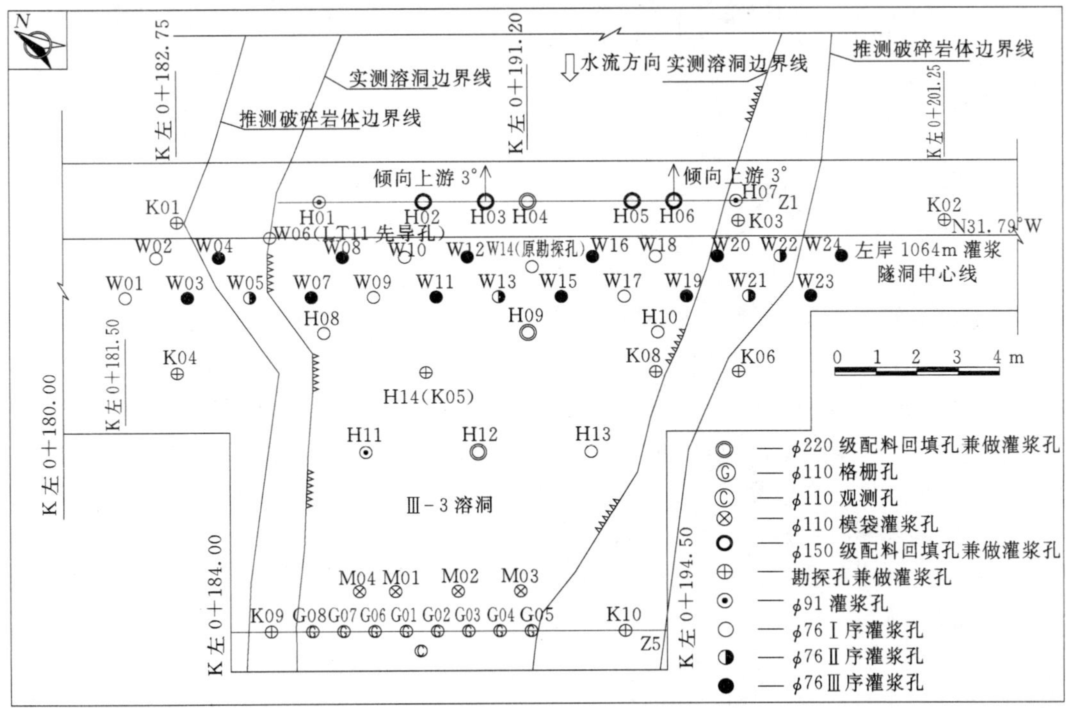

图9.2-7　Ⅲ-3溶洞封堵处理平面布置简图

1064m灌浆隧洞位于K左0+184.0～K左0+197.0间，高程979.2～992.8m（埋深72.7～86.3m）处。为了进一步查明溶洞的走向、空间形状及大小，确定处理方案，先后又增设了8个勘察孔，其中K01～K03号孔倾向上游6°，K04～K06号孔为铅直孔，K07、K08号孔倾向下游6°，并进行了孔间CT测试。最终揭示的溶洞分布高程为973～993m（埋深74～94m），在帷幕线处走向约为N68°E，交角约80°，规模为8m×12.6m，向下游渐小（隧洞线下游约9m处为6m×5.5m）。

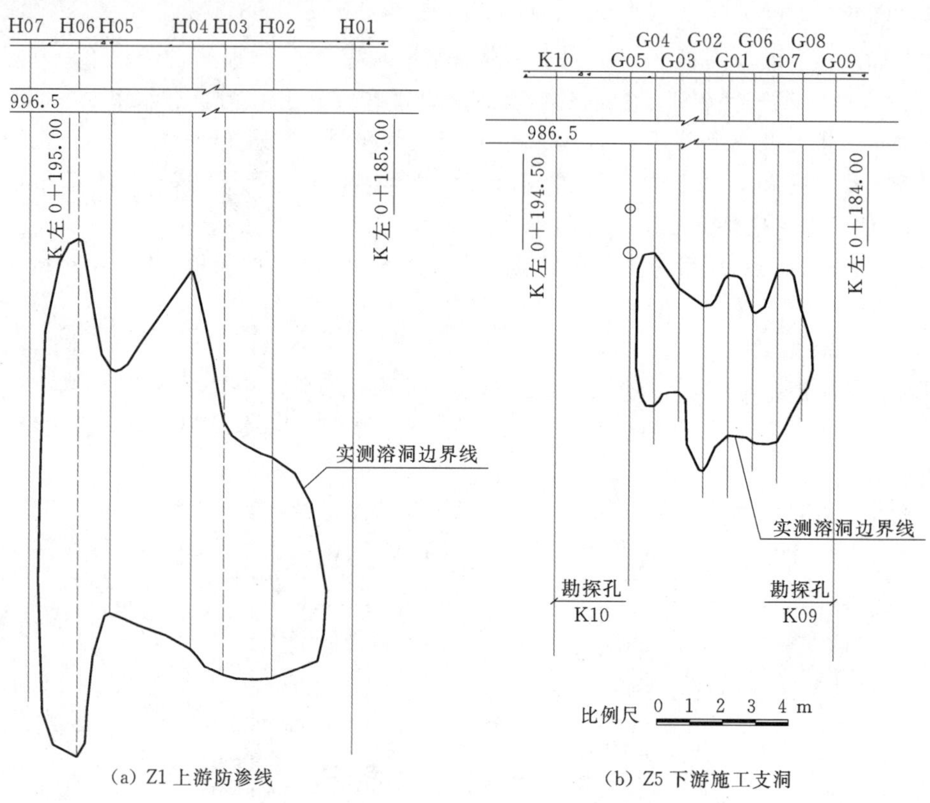

(a) Z1上游防渗线　　(b) Z5下游施工支洞

图9.2-8　实测Ⅲ-3溶洞剖面示意图

根据已探明Ⅲ-3溶洞在帷幕线附近的发育情况，溶洞封堵方案为：在灌浆隧洞内对应溶洞部位向下游进行扩挖，扩挖完成后通过钻孔进行溶洞封堵。溶洞封堵首先在下游设置钢管排桩形成格栅，格栅形成后，在其前部钻孔下设模袋灌浆形成屏障，然后在模袋前部投入级配料，完成封堵体的施工，最后通过对封堵体周边灌浆及帷幕灌浆提高回填料的整体性，保证封堵体长久稳定运行。其施工顺序为：扩挖支护→钻孔→施工钢管排桩形成格栅→模袋灌浆→回填级配料→溶洞周边及封堵体灌浆→帷幕灌浆。

扩挖支护，即在灌浆隧洞内对应溶洞部位向下游扩挖形成地下洞室（10.5m×6m×5m）并支护，提供施工平台。

施工钢管排桩形成格栅，即在溶洞内下游侧设置钢管排桩形成格栅，其目的是为确保溶洞封堵过程中特别是闭气时，能将上游的模袋堵挡不向下游滑移。钢管排桩孔距为0.75m，造孔孔径为ϕ110mm，钢管外径为ϕ89mm，顶底嵌岩大于1m。

模袋灌浆，即向安放在溶洞内的模袋进行灌浆，形成堵体骨架。模袋灌浆孔根据探测的溶洞边界布置，位于格栅上游1m处，孔距为1.5m。灌浆材料采用C15水泥砂浆或水泥浆。模袋灌浆需分层均匀上升，每层填筑高度不大于3m，层间间隔时间不少于8h。

回填级配料，即在模袋灌浆上游侧对溶洞进行级配料回填。回填孔孔径分ϕ220mm、ϕ150mm、ϕ91mm三种规格，其中ϕ220mm钻孔布置于推测溶洞的中心位置，周边辅以小孔径钻孔及勘探孔进行级配料回填。回填级配料根据情况可选择各种级配石料以及细砂完成。在其下游模袋灌浆堆积一定高度后，即可进行级配料回填。级配料回填由下游向上游推进。经简化计算堵头长度10m可满足要求。

级配料回填完成后，即可进行溶洞周边灌浆及封堵体灌浆，目的在于充填由模袋灌浆和回填级配料形成的堵体内部及堵体与溶洞壁间的空缝。上下游侧灌浆孔应采取控制性灌浆，采用水泥砂浆、膏浆或其他可控性浆液灌注。中间部位采用水泥粉煤灰混合浆液进行灌注。封堵体灌浆施工原则上应按“围、挤、压”的顺序进行，即先上下游，后两边，最后中间。上下游侧最大灌浆压力0.2MPa，中间最大灌浆压力0.5MPa。

溶洞周边灌浆及封堵体灌浆完成后即可进行帷幕灌浆的施工，原则上只对溶洞封堵体及周边破碎岩体进行灌浆，目的在于进一步封闭堵体与周边岩体的微小裂隙，增加防渗体的整体性，减少渗漏量。最大灌浆压力为1.5MPa。

（2）K_{18-2}溶洞封堵。左岸K_{18-2}溶洞为早期已发现岩溶系统，在进行Ⅲ-3溶洞封堵过程中，左岸地下水位及渗漏通道发生明显变化，最突出的就是K_{18-2}溶洞涌水，并曾造成左岸1064m隧洞内的停工。

K_{18-2}溶洞在平面上位于Ⅲ-3溶洞靠山体侧33.4m处，其在左岸高程1064m灌浆隧洞内的开口位置为K左0+230.4～0+241.0，溶洞内部空腔大，沿灌浆隧洞轴线方向长度为32.9m。K_{18-2}溶洞在灌浆隧洞部位的原始底板高程在1050m左右，后开挖至1042m左右，形成一个高20m左右的空腔。溶洞向上游方向逐渐抬高至1080m以上，向下游抬高至1080m，之后又快速下降，并在西段形成一个落水洞，与花鱼洞连通。K_{18-2}溶洞在灌浆隧洞下部高程1052m有一个正北方向的斜井，为揭示其延伸情况曾进行过人工开挖追索，底部可达高程1044m，直径为1～3m，局部为4～5m。

施工过程中，水库在2011年5月下旬蓄水时观测，当库水达高程1063m时，K_{18-2}溶洞内人工斜井处有较大水流涌出，水位随库水的上涨持续上升；当水库水位达到1070m后，K_{18-2}溶洞内水位暂时停止上升，花鱼洞出口处水质发生明显变化；水库水位由1072m升高至1077m，K_{18-2}溶洞内水位又开始上涨，并溢流至灌浆隧洞内；水库水位达到1087.7m时，K_{18-2}溶洞至山体内侧总出水量为0.7m^3/s。通过对溶洞涌水情况的分析，认为人工斜井系溶洞与库水联通的主要通道。

该溶洞由于在灌浆洞内已揭露，处理相对较为容易，主要采取了以下三个措施：

（1）局部回填，即对人工斜井及灌浆洞内的另一竖井（高约8m，上宽下窄，竖井下游侧有混凝土浇筑的一段挡墙）进行清理和回填，回填材料为C15三级配微膨胀混凝土。为观测溶洞封堵后的水位变化情况，人工斜井内预埋钢管，管口设阀门、压力表。

（2）整体封堵，即在人工斜井和竖井回填后，沿帷幕线再加一道混凝土截水墙，以彻底切断K_{18-2}溶洞在帷幕线上的连通通道。需将溶洞内浮渣清除，在基岩面上布设插筋，截水墙顶部与灌浆隧洞底板相接，宽为 2m，截水墙上游侧为直立面（局部可回填混凝土至溶洞边壁），下游侧利用已有的混凝土挡墙，在高程 1052m 底宽约为 4m。截水墙前后均埋设钢管进行水位观测。溶洞内倒悬部位与截水墙相接位置布设钻孔后期进行回填灌浆。

（3）固结灌浆，即在截水墙周边进行深孔固结灌浆，以防止截水墙周边的小岩溶渗漏通道长期在水流作用下继续增大。深孔固结灌浆布置范围为 K 左 0＋215.0～0＋263.0，单排孔，孔距按 3m 布置，灌浆下限为 1035m。

（4）F_5 断层破碎带防渗处理。Ⅲ－3 溶洞封堵进行至后期，在水库蓄水过程中，沿左岸 F_5 断层发育的溶蚀带有水从灌浆隧洞内涌出，经分析该部位与水库连通的可能性大。因此对左岸灌浆隧洞 K 左 0＋375～0＋450 洞段进行全断面钢筋混凝土衬砌，对沿断层发育的溶蚀带进行清理后回填混凝土。后为彻底截断库水经断层溶蚀带流向下游的通道且避免形成新的渗漏通道，在 K 左 0＋342～0＋421.3 范围内进行帷幕灌浆，单排孔，孔距为 2.5m，帷幕灌浆上限至正常蓄水位 1092m，下限最低至 1005m。

9.2.4.3 岩溶处理效果

为了及时分析反馈岩溶处理效果，施工期及施工后重点对防渗线上、下游水位及花鱼洞出口流量进行了监测。

1. Ⅲ－3 溶洞封堵过程中的地下水位及 K_{11} 流量变化

Ⅲ－3 溶洞封堵体形成前，Ⅲ－3 溶洞处各钻孔水位基本处于同一高程，并随库水位升高而上升（如库水位 1052m 时，钻孔水位为 1033～1034m；当库水位 1092m 时，钻孔水位为 1048～1049m）。在堵体控制性灌浆过程中，上、下游钻孔逐渐开始出现水头差，并随着控制性灌浆的进行，上、下游水头差不断增大。在库水位达到 1068.8m 时，堵体上游钻孔开始涌水，随后随着库水位升高，孔内涌水压力最大达到 0.18MPa，在此过程中，封堵体下游水位始终维持在 1033～1034m。受Ⅲ－3 溶洞封堵的影响，左岸过水通道发生了明显改变，主要表现为 K_{18-2} 溶洞及 F_5 断层溶蚀带先后涌水。

经 K_{11} 流量观测，Ⅲ－3 溶洞的成功封堵对减小岩溶渗漏起到极为关键的作用。如库水位 1075.0m 时，花鱼洞出流量在封堵前为 13.75m^3/s（2010 年 6 月 14 日），控制性灌浆过程中为 1.9m^3/s（2011 年 6 月 4 日），控制性灌浆完成后 1 个月为 1.55m^3/s（2011 年 8 月 30 日）。

2. K_{18-2} 封堵后的地下水位及 K_{11} 流量变化

K_{18-2} 溶洞封堵完成后水库从空库高程 1060m 开始蓄水，半月达到高程 1091.5m，期间Ⅲ－1 区仍然维持低水位（1038m），与空库相比地下水位仅上升 1～2m；Ⅲ－3 堵头上游钻孔水位由 1048m 升到 1066m，堵头下游的水位一直维持在 1033～1034m；K_{18-2} 中人工斜井内水位与库水保持同步上升（满库时为 1089.5m），截水墙上游水位先升后降到 1068m 左右，截水墙下游水位经两次波动式上升后维持在 1064m 左右；0＋375～0＋450 段由于 F_5 断层的存在，随着库水位上升多处集中涌水；0＋595～0＋630 洞段为 F_4 断层分布段，空库时地下水位即高于洞顶，局部有渗流水现象，高库水位时水流增大，并新增多处渗涌水点。

随着 K_{18-2} 溶洞处理的进行，花鱼洞的渗漏量进一步减小。同Ⅲ－3 溶洞封堵后 K_{18-2} 封堵前的库水位 1075.0m 时相比，观测渗漏量由 1.55m^3/s 变为 0.81m^3/s，减少了约 0.74m^3/s。在扣除了导流洞渗漏量 0.21m^3/s 后，满库时（库水位 1091.5m）经由花鱼洞实际渗流量为 1.54m^3/s，泉水流量主要以地下水补给为主。

以上分析及监测表明，窄巷口水电站先通过一期岩溶渗漏稳定处理工程，坝基（肩）及近坝区域岩体得到了有效加强，在较好地解决建筑物渗漏稳定问题的同时解决了近坝段的渗漏问题；随后二期的岩溶渗漏处理，岩溶管道特别是左岸Ⅲ-3溶洞、K_{18-2}溶洞两处岩溶管道的封堵成功，截断了左岸大型岩溶渗漏通道，堵漏效果明显，最终窄巷口水电站的渗漏量由处理前的 17m^3/s 左右降低至 1.54m^3/s，堵水率达 90%，堵漏效果明显，如图 9.2-9 所示。2014—2016 年增加发电量分别为 6339.9 万 kW·h、6524.4 万 kW·h 和 6557.8 万 kW·h，3 年新增发电收益共计 5504.24 万元。

(a) 处理前

(b) 处理后

图 9.2-9 花鱼洞暗河岩溶防渗处理前后泉水变化对比

参考文献

[1] 《汇编》选编小组，1978. 岩溶地区水文地质及工程地质工作经验汇编 [M]. 北京：地质出版社.

[2] 白学翠，余波，卢昆华，等，2011. 天生桥二级水电站强岩溶深埋长大隧洞勘察与设计 [M]. 北京：中国水利水电出版社.

[3] 曹丽娟，过杰，陈科巨，等，2017. 岩溶地区水库不同防渗处理方案对比分析 [J]. 水利规划与设计 (10)：162-164.

[4] 陈愈炯，1993. 压密和劈裂灌浆加固地基的原理和方法 [J]. 岩土工程学报，16 (2)：22-28.

[5] 杜惠光，喻维钢，张建清，2010. 物探技术在构皮滩水电站建设中的应用 [J]. 人民长江，41 (22)：25-28.

[6] 段如勇，屈昌华，刘杰，2015. 隘口水库典型溶洞特征及综合处理技术探讨 [J]. 水利规划与设计 (1)：41-43.

[7] 费英烈，邹成杰，1984. 贵州岩溶地区水库坝址渗漏问题的初步研究 [J]. 中国岩溶，3 (2)：120-128.

[8] 高祖纯，2003. 岩溶地区高压帷幕灌浆试验研究 [D]. 成都：四川大学.

[9] 黄洪海，2003. 岩溶水库坝基防渗帷幕灌浆幕深与幕长的结构形式及处理 [J]. 贵州地质，20 (4)：223-227.

[10] 黄静美，2006. 岩溶地区水库渗漏问题及坝基防渗措施研究 [D]. 成都：四川大学.

[11] 黄宵寒，2016. 综合物探技术在隧道岩溶超前预报中的应用研究 [D]. 成都：成都理工大学.

[12] 蒋忠信，陈国亮，1994. 地质灾害国际交流论文集 [C]. 成都：西南交通大学出版社.

[13] 《岩土注浆理论与工程实例》协作组，2001. 岩土注浆理论与工程实例 [M]. 北京：科学出版社.

[14] 李术才，李树忱，张庆松，等，2007. 岩溶裂隙水与不良地质情况超前预报研究 [J]. 岩石力学与工程学报，26 (2)：218-225.

[15] 李文纲，杜明祝，陈卫东，等，2009. 水电水利工程坝址工程地质勘察技术规程：DL/T 5414—2009 [S]. 北京：中国电力出版社.

[16] 刘传中，等，2015. 重庆市酉阳县九龙眼水库重大设计变更工程地质专题勘察报告 [R]. 重庆：重庆市水利电力建筑勘测设计研究院.

[17] 刘欢昕，2008. 岩溶地区水库构造缺口处理研究 [J]. 西部探矿工程，20 (8)：37-38.

[18] 刘杰，等，2015. 重庆市酉阳县九龙眼水库重大设计变更报告 [R]. 重庆：重庆市水利电力建筑勘测设计研究院.

[19] 刘锐，李思宇，张新华，2008. 岩溶地区防渗帷幕采用不封闭及间断式布置探讨 [J]. 西南民族大学学报 (自然科学版)，42 (5)：582-586.

[20] 刘三虎，2004. 岩溶地区帷幕灌浆研究 [D]. 长春：吉林大学.

[21] 刘谢伶，等，1995. 红水河恶滩水电站扩建工程可行性研究报告 [R]. 南宁：广西电力工业勘察设计研究院.

[22] 卢耀如，张凤娥，2007. 硫酸盐岩岩溶及硫酸盐岩与碳酸盐岩复合岩溶：发育机理与工程效应研究 [M]. 北京：高等教育出版社.

[23] 欧阳孝忠，2013. 岩溶地质 [M]. 北京：中国水利水电出版社.

[24] 彭土标，袁建新，王惠明，2011. 水力发电工程地质手册 [M]. 北京：中国水利水电出版社.

[25] 屈昌华，2016. 重庆市酉阳县九龙眼水库防渗帷幕地质条件、防渗边界复核分析及咨询意见 [Z].

贵阳：中国电建集团贵阳勘测设计研究院有限公司.

[26] 屈昌华，2016. 重庆市酉阳县九龙眼水库岩溶强透水层帷幕灌浆方法技术咨询建议［Z］. 贵阳：中国电建集团贵阳勘测设计研究院有限公司.

[27] 屈昌华，等，2015. 重庆市秀山县隘口水库溶洞及岩溶防渗处理工程现场技术咨询报告［R］. 贵阳：中国电建集团贵阳勘测设计研究院有限公司.

[28] 屈昌华，等. 喀斯特地区高压联合冲洗灌浆方法及其结构：201410695167.4［P］. 2015-05-06.

[29] 屈昌华，等. 喀斯特地区高压群孔置换灌浆方法及其结构：201410694710.9［P］. 2015-05-06.

[30] 屈昌华. 一种岩溶地区大型溶洞的复合防渗结构及其施工方法：201510650011.9［P］. 2015-12-30.

[31] 阮明，许利琼，余小平，等，2006. 大漏量孔段帷幕灌浆施工质量控制［J］. 人民长江，37（5）：68-69.

[32] 沈春勇，2015. 水利水电工程岩溶勘察与处理［M］. 北京：中国水利水电出版社.

[33] 沈维元，黄启祚，1984. 岩溶区域环境的若干水文工程地质问题［J］. 贵州地质，2（2）：65-75.

[34] 沈玉玲，蒋甫南，李西平，1998. 小南海水库渗漏的地质背景及处理［J］. 水利水电科技进展，18（4）：37-40.

[35] 孙钊，2004. 大坝基岩灌浆［M］. 北京：中国水利水电出版社.

[36] 谭周地，1978. 构造对岩溶的控制意义［J］. 长春地质学院学报，8（2）：43-47.

[37] 王成，2001. 不同地质条件下大坝基础帷幕灌浆的对策和效果［J］. 西北水电（1），47-50.

[38] 王汉辉，邹德兵，夏传星，等，2013. 水利水电工程中防渗帷幕布置原则与方法［J］. 水利与建筑工程学报，8（6）：117-120.

[39] 王梦恕，2004. 对岩溶地区隧道施工水文地质超前预报的意见［J］. 铁道勘查，30（1）：7-9，18.

[40] 王忠民，1997. 岩溶水库渗漏水动力类型［J］. 云南水力发电，32（1）：28-34.

[41] 韦超明，梁喜忠，刘谢伶，2013. 拔贡水电站改扩建工程库坝岩溶水地球化学试验研究［J］. 红水河，32（6）：54-58，79.

[42] 吴光轮，1980. 广西中小型水库岩溶渗漏及防治措施［C］. 南宁：广西中小型水库岩溶渗漏地质条件及防治措施论文选编.

[43] 夏可风，2004. 水利水电工程施工手册：第一卷　地基与基础工程［M］. 北京：中国电力出版社.

[44] 夏可风，2006. 关于灌浆工程量计量方法的研讨与建议［J］. 水力发电，32（10）：56-59.

[45] 夏可风，2013. 再谈灌浆工程的计量方法及施工乱象的治理措施［J］. 水利发电，39（7）：47-54.

[46] 夏可风，赵存厚，肖恩尚，等，2012. 水工建筑物水泥灌浆施工技术规范：DL/T 5148—2012［S］. 中国电力出版社.

[47] 夏可风，赵存厚，肖恩尚，等，2014. 水工建筑物水泥灌浆施工技术规范：SL 62—2014［S］. 北京：中国水利水电出版社.

[48] 肖万春，2008. 水库岩溶渗漏勘察技术要点与方法研究［J］. 水力发电，34（7）：52-55.

[49] 谢群，2004. 白云岩地区岩溶渗漏问题评述［J］. 贵州水力发电，31（2）：28-34.

[50] 熊德森，2003. 水工建筑物岩溶渗漏问题综述［J］. 贵州地质，20（2）：106-110.

[51] 许模，2010. 水电工程中的工程水文地质问题概述［C］//全国地下水与环境科学研讨会论文集. 成都.

[52] 杨泽艳，2008. 洪家渡水电站工程设计创新技术与应用［M］. 北京：中国水利水电出版社.

[53] 余波，张毅，2007. 大花水水电站库区岩溶水文地质特征及库首渗漏评价［J］. 贵州水力发电，21（2）：2-9.

[54] 袁道先，蒋勇军，沈立成，等，2016. 现代岩溶学［M］. 北京：科学出版社.

[55] 张国富，等，2007. 铜仁天生桥水电站工程地质报告［R］. 贵阳：国家电力公司贵阳勘测设计研究院.

[56] 张景秀，2002. 坝基防渗与灌浆技术：第2版［M］. 北京：中国水利水电出版社.

[57] 赵瑞，许模，2011. 水库岩溶渗漏及防渗研究综述 [J]. 地下水，33 (2)：20 - 22.

[58] 中国科学院地质研究所岩溶研究组，1979. 中国岩溶研究 [M]. 北京：科学出版社.

[59] 邹成杰，1987. 国内外岩溶地区水库坝址防渗帷幕设计中的地质问题的综述与分析 [J]. 水利水电技术 (1)：31 - 39，57.

[60] 邹成杰，1994. 水利水电岩溶工程地质 [M]. 北京：水利电力出版社.

[61] 邹成杰，1999. 水库岩溶渗漏地质模型和数学模型的初步研究 [J]. 中国岩溶，9 (3)：231 - 240.

[62] G·隆巴迪，1997. 灌浆强度的选择 [J]. 水利水电快报，(1)：1 - 6.

[63] G·隆巴迪，等，1993. 灌浆设计和控制的 GIN 法 [J]. 水力发电与坝工建设，(6)：15 - 22.

索　引

CT 检测 …… 278
半地下水库 …… 57
滨海岩溶 …… 40
槽谷型岩溶海子 …… 244
测流 …… 71
超前先导孔 …… 176
垂直防渗 …… 142
低邻谷岩溶渗漏 …… 59
地面水库 …… 56
地下水氚分析 …… 121
地下水库 …… 57
地下水位低平带 …… 112
堵洞抬（壅）水试验 …… 117
防渗依托 …… 170
分期分区防渗 …… 174
钢管格栅 …… 232
高台地水库 …… 79
高压冲挤灌浆 …… 209
隔水岩体 …… 74
构造切口岩溶渗漏 …… 64
古岩溶 …… 41
灌浆单耗 …… 180
河谷裂点 …… 141
河谷水文地质结构 …… 94
河湾岩溶渗漏 …… 61
汇流面积 …… 66
混合式帷幕 …… 171
控制灌浆 …… 207
库外库 …… 63
硫酸盐岩岩溶 …… 34
敏感性试验 …… 117
模袋堵漏灌浆 …… 230
模袋灌浆 …… 232
内、外管地下水位 …… 117
趋势水位 …… 48
全封闭帷幕 …… 171
全景数字成像 …… 279
全球岩溶分区 …… 13
深岩溶 …… 43
深岩溶渗漏 …… 138
试验性蓄水 …… 109
水平防渗 …… 142
洼地型岩溶海子 …… 243
帷幕防渗孔间排距 …… 176
帷幕灌浆试验 …… 200
隙管混合渗漏 …… 174
峡谷水库 …… 79
悬挂帷幕 …… 171
悬托型水库 …… 64
压水试验 …… 276
岩溶“天窗” …… 244
岩溶地区地下水径流模数 …… 52
岩溶地下水动态特征 …… 49
岩溶地下水流动系统 …… 45
岩溶管道式渗漏 …… 173
岩溶含水系统 …… 44
岩溶化程度 …… 103
岩溶裂隙性渗漏 …… 173
岩溶水动力垂直分带 …… 47
岩溶水库渗漏型式 …… 58
岩溶水文地质单元 …… 44
岩体波速测试 …… 278
允许渗漏量 …… 168
中国岩溶区域特征 …… 19
纵向径流带 …… 138
钻孔的防斜与纠偏 …… 197

《中国水电关键技术丛书》
编辑出版人员名单

总 责 任 编 辑：营幼峰
副总责任编辑：黄会明　王志媛　王照瑜
项 目 负 责 人：刘向杰　吴　娟
项 目 执 行 人：冯红春　宋　晓
项 目 组 成 员：王海琴　刘　巍　任书杰　张　晓　邹　静
李丽辉　夏　爽　郝　英　范冬阳　李　哲

《岩溶水库防渗处理关键技术》

责任编辑：任书杰　刘向杰
文字编辑：任书杰
审稿编辑：王照瑜　柯尊斌　方　平
索引制作：余　波　曾　创
封面设计：芦　博
版式设计：芦　博
责任校对：梁晓静　张伟娜
责任印制：崔志强　焦　岩　冯　强
排　　版：吴建军　孙　静　郭会东　丁英玲　聂彦环

6.3 Special grouting technology for different filling types of karst cave section ······ 217
6.4 Anti-seepage treatment of large and complex karst cave leakage passage ······ 227

Chapter 7 Karst lake reservoir forming demonstration and anti-seepage treatment ······ 239
7.1 Karst lake reservoir forming investigation ······ 241
7.2 Karst lake reservoir forming leakage formation and anti-seepage treatment principle ······ 243
7.3 Karst investigation, design and anti-seepage treatment of Bijie Jinhai Lake Reservoir ······ 244

Chapter 8 Construction monitoring and quality detection of karst anti-seepage treatment ······ 269
8.1 Construction monitoring of karst anti-seepage treatment ······ 270
8.2 Quality detection of karst anti-seepage grouting treatment ······ 275

Chapter 9 Investigation and anti-seepage treatment engineering example of karst reservoir leakage ······ 289
9.1 Karst leakage investigation and dam foundation anti-seepage treatment of Suofengying Hydropower Station ······ 290
9.2 Karst leakage survey, design and treatment of Maotiaohe (4 - step) Hydropower Station ······ 324

Reference ······ 338
Index ······ 341

Contents

General Preface

Introduction …… 1

Chapter 1 Karst development law and groundwater percolation characteristics …… 11

1.1 Regional Karst characteristics …… 12

1.2 General law of karst development …… 35

1.3 Karst hydrogeological structure and groundwater percolation characteristics …… 44

Chapter 2 Leakage form of reservoir in Karst area …… 55

2.1 Karst reservoir type …… 56

2.2 Leakage form analysis of various karst reservoirs …… 58

2.3 Basic types of karst reservoir leakage …… 63

Chapter 3 Reservoir karst leakage conditions analysis …… 65

3.1 Key problems of reservoir forming condition demonstration in karst area …… 66

3.2 Condition analysis of topography and geomorphology …… 80

3.3 Influence of stratum structure on karst leakage of reservoir …… 90

3.4 Influence of structural conditions on reservoir karst leakage …… 94

3.5 Influence of karst development law on reservoir karst leakage …… 102

Chapter 4 Karst reservoir leakage investigation evaluation …… 107

4.1 Reservoir karst leakage investigation technology …… 108

4.2 Geological evaluation method of reservoir karst leakage …… 156

Chapter 5 Karst reservoir anti-seepage treatment design …… 169

5.1 Key point and principle of karst reservoir anti-seepage treatment …… 170

5.2 Anti-seepage treatment design of karst reservoir …… 176

5.3 Anti-seepage treatment design example of karst reservoir …… 184

Chapter 6 Karst reservoir anti-seepage treatment technology …… 195

6.1 Drilling and grouting construction technology of anti-seepage curtain …… 196

6.2 Comprehensive control grouting technology of large injection karst stratum …… 206

most recent up-to-date development concepts and practices of hydropower technology of China.

As same as most developing countries in the world, China is faced with the challenges of the population growth and the unbalanced and inadequate economic and social development on the way of pursuing a better life. The influence of global climate change and extreme weather will further aggravate water shortage, natural disasters and the demand & supply gap. Under such circumstances, the dam and reservoir construction and hydropower development are necessary for both China and the world. It is an indispensable step for economic and social sustainable development.

The hydropower engineering technology is a treasure to both China and the world. I believe the publication of the *Series* will open a door to the experts and professionals of both China and the world to navigate deeper into the hydropower engineering technology of China. With the technology and management achievements shared in the *Series*, emerging countries can learn from the experience, avoid mistakes, and therefore accelerate hydropower development process with fewer risks and realize strategic advancement. The *Series*, hence, provides valuable reference not only to the current and future hydropower development in China but also world developing countries in their exploration of rivers.

As one of the participants in the cause of hydropower development in China, I have witnessed the vigorous development of hydropower industry and the remarkable progress of hydropower technology, and therefore I am truly delighted to see the publication of the *Series*. I hope that the *Series* will play an active role in the international exchanges and cooperation of hydropower engineering technology and contribute to the infrastructure construction of B&R countries. I hope the *Series* will further promote the progress of hydropower engineering and management technology. I would also like to express my sincere gratitude to the professionals dedicated to the development of Chinese hydropower technological development and the writers, reviewers and editors of the *Series*.

Ma Hongqi

Academician of Chinese Academy of Engineering

October, 2019

river cascades and water resources and hydropower potential. 3) To develop complete hydropower investment and construction management system with the aim of speeding up project development. 4) To persist in achieving technological breakthroughs and resolutions to construction challenges and project risks. 5) To involve and listen to the voices of different parties and balance their benefits by adequate resettlement and ecological protection.

With the support of H. E. Mr. Wang Shucheng and H. E. Mr. Zhang Jiyao, the former leaders of the Ministry of Water Resources, China Society for Hydropower Engineering, Chinese National Committee on Large Dams, China Renewable Energy Enginnering Institute, and China Water & Power Press in 2016 jointly initiated preparation and publication of *China Hydropower Engineering Technology Series* (hereinafter referred to as "the *Series*"). This work was warmly supported by hundreds of experienced hydropower practitioners, discipline leaders, and directors in charge of technologies, dedicated their precious research and practice experience and completed the mission with great passion and unrelenting efforts. With meticulous topic selection, elaborate compilation, and careful reviews, the volumes of the *Series* was finally published one after another.

Entering 21st century, China continues to lead in world hydropower development. The hydropower engineering technology with Chinese characteristics will hold an outstanding position in the world. This is the reason for the preparation of the *Series*. The *Series* illustrates the achievements of hydropower development in China in the past 30 years and a large number of R&D results and projects practices, covering the latest technological progress. The *Series* has following characteristics. 1) It makes a complete and systematic summary of the technologies, providing not only historical comparisons but also international analysis. 2) It is concrete and practical, incorporating diverse disciplines and rich content from the theories, methods, and technical roadmaps and engineering measures. 3) It focuses on innovations, elaborating the key technological difficulties in an in-depth manner based on the specific project conditions and background and distinguishing the optimal technical options. 4) It lists out a number of hydropower project cases in China and relevant technical parameters, providing a remarkable reference. 5) It has distinctive Chinese characteristics, implementing scientific development outlook and offering

General Preface

China has witnessed remarkable development and world-known achievements in hydropower development over the past 70 years, especially the 4 decades after Reform and Opening-up. There were a number of high dams and large reservoirs put into operation, showcasing the new breakthroughs and progress of hydropower engineering technology. Many nations worldwide played important roles in the development of hydropower engineering technology, while China, emerging after Europe, America, and other developed western countries, has risen to become the leader of world hydropower engineering technology in the 21st century.

By the end of 2018, there were about 98,000 reservoirs in China, with a total storage volume of 900 billion m^3 and a total installed hydropower capacity of 350GW. China has the largest number of dams and also of high dams in the world. There are nearly 1000 dams with the height above 60m, 223 high dams above 100m, and 23 ultra high dams above 200m. There are also 4 mega-scale hydropower stations with an individual installed capacity above 10GW, such as Three Gorges Hydropower Station, which has an installed capacity of 22.5 GW, the largest in the world. Hydropower development in China has been endeavoring to support national economic development and social demand. It is guided by strategic planning and technological innovation and aims to promote project construction with the application of R&D achievements. A number of tough challenges have been conquered in project construction and management, realizing safe and green development. Hydropower projects in China have played an irreplaceable role in the governance of major rivers and flood control. They have brought tremendous social benefits and played an important role in energy security and eco-environmental protection.

Referring to the successful hydropower development experience of China, I think the following aspects are particularly worth mentioning. 1) To constantly coordinate the demand and the market with the view to serve the national and regional economic and social development. 2) To make sound planning of the

Informative Abstract

The main contents include karst development law and groundwater seepage characteristics, reservoir leakage formation in karst area, karst reservoir leakage condition analysis, karst reservoir leakage investigation and evaluation, anti-seepage treatment design, anti-seepage treatment technology, as well as construction monitoring and quality detection of karst anti-seepage treatment, etc. This book puts forward a set of systematic ideas and methods for leakage investigation and treatment of karst reservoir, and explains them in detail with classic engineering examples. The corresponding investigation ideas and treatment techniques have been systematically applied in reservoir formation demonstration, investigation and treatment of many complicated karst reservoirs in China, with good effect, significant benefit and good promotion value.

This book is mainly for the professional technicians of water conservancy and hydropower engineering geology who are engaged in the front-line work and the teachers and students of relevant majors in relevant colleges and universities.

China Hydropower Engineering Technology Series

Key Technology of Anti-Seepage Treatment for Karst Reservoirs

Yu Bo Xu Guangxiang Guo Weixiang Liu Xianggang et al.

中国水利水电出版社
China Water & Power Press
· BeiJing ·